高等学校水利类教材

水工混凝土结构

（第三版）

卢亦焱　李传才　编著

WUHAN UNIVERSITY PRESS

武汉大学出版社

图书在版编目(CIP)数据

水工混凝土结构/卢亦焱,李传才编著.—3版.—武汉:武汉大学出版社,2023.9(2024.4重印)
高等学校水利类教材
ISBN 978-7-307-23879-4

Ⅰ.水⋯ Ⅱ.①卢⋯ ②李⋯ Ⅲ.水工结构—混凝土结构—高等学校—教材 Ⅳ.TV331

中国国家版本馆 CIP 数据核字(2023)第 143344 号

责任编辑:杨晓露   责任校对:汪欣怡   版式设计:马　佳

出版发行:**武汉大学出版社**　(430072　武昌　珞珈山)
　　　　　(电子邮箱:cbs22@whu.edu.cn 网址:www.wdp.com.cn)
印刷:武汉邮科印务有限公司
开本:787×1092　1/16　印张:30　字数:708 千字　插页:1
版次:2001 年 10 月第 1 版　　2011 年 3 月第 2 版
　　2023 年 9 月第 3 版　　2024 年 4 月第 3 版第 2 次印刷
ISBN 978-7-307-23879-4　　定价:79.00 元

第三版前言

国家"十四五"规划纲要明确提出了构建现代化能源体系，加快西南水电基地建设，加强水利基础设施建设，加强河流水系治理和骨干工程建设，强化大、中、小、微水利设施协调配套等目标要求。规划纲要还提出了建设高质量教育体系，培养造就高水平水电建设人才队伍，激发人才的创新活力等目标要求。本书第三版正是为了适应新时代的发展理念和党的二十大提出的奋斗目标以及规划纲要的要求着手编写的。

本书第一版于 2001 年 10 月由武汉大学出版社出版。第一版是依据当时的高等学校水利水电类专业教学指导委员会建筑材料和建筑结构教学组"水工钢筋混凝土结构"课程教学大纲以及当时正在实行的水利和电力行业标准 DL/T 5057—1996 和 SL/T 191—96《水工混凝土结构设计规范》编写的水利水电工程类本科的必修课教材。主要内容有：混凝土结构材料的力学性能，混凝土结构的计算原则，混凝土结构设计的基本理论和应用，几种主要的水工混凝土结构（梁板结构、水电站厂房的楼板和刚架结构、水工非杆件结构）的设计理论和应用。这一版教材主要用于水利水电专业的教师和学生的教学，也可以作为土建类专业师生及工程结构设计、施工和研究单位的工程技术人员的参考书。

本书第二版在 2012 年出版发行。第二版是依据电力行业标准 DL/T 5057—2009《水工混凝土结构设计规范》并在第一版的基础上编写的。第二版与第一版比较主要进行了如下修改：按规范 DL/T 5057—2009 对第一版的内容进行了修改；第一版中第 3 章轴心受力构件的内容分解后并入了第二版的第 6 章受压构件和第 7 章受拉构件；对第 12 章、第 13 章的内容进行了较大的删节，在第 13 章中增加了预应力闸墩的内容；新增了第 14 章 SL 191—2008《水工混凝土结构设计规范》的简介。

本书第一版和第二版相继出版发行后，至今已经在高等学校水利水电专业教学中使用 20 多年，受到广大师生和其他读者的欢迎。

本书第三版在第一版和第二版的基础上编写完成。编写本书是为了更好地反映水工混凝土结构学科的科研和教学的新成果、新进展，并为了适应新颁行的 NB/T 11011—2022《水工混凝土结构设计规范》和其他国家现行标准变更的新情况，使学生能直接按新规范的规定从事水利水电工程的设计、施工和管理工作。本书的主要内容仍然是：混凝土结构材料的力学性能，混凝土结构的计算原则，各种混凝土结构基本构件的承载力计算、变形和裂缝控制验算，预应力混凝土结构构件的计算，梁板结构、水电站厂房楼板及刚架结构、水工非杆件结构的设计理论和应用。全书共 13 章，还有 6 个附录。为了方便教学，各章还编写了适量的例题、习题和思考题。编写内容在满足教学大纲要求的基础上，尽可能地反映水工混凝土结构学科的最新科技成果和进展。

本书与第二版比较，主要做了如下修改：严格按新的规范 NB/T 11011—2022《水工混

1

凝土结构设计规范》对相关内容进行修订；为了节省篇幅并适应课程授课学时缩减的情况，删除了原第14章，并对其他各章的一些内容做了删节；在第13章"水工非杆件结构"中增加了一节"水工平面闸门门槽结构"；对其他有关内容进行完善和修订，使之更加精益求精。

编写本书时在一些基本概念和基础理论方面力求讲得透彻，通俗易懂；力求文字简练，深入浅出；并注意掌握以教学为主、少而精的原则，注意与其他课程的有机衔接。

武汉大学土木建筑工程学院是《水工混凝土结构设计规范》（SDJ 20—78、DL/T 5057—1996、SL/T 191—96、DL/T 5057—2009、SL 191—2008）、GBJ 10—89《混凝土结构设计规范》、JTJ 267—98《港口工程混凝土结构设计规范》、GB 50367《混凝土结构加固设计规范》以及最新的 NB/T 11011—2022《水工混凝土结构设计规范》的主要起草单位之一。已故前辈俞富耕、贺采旭、钱国梁教授以及参加本教材编写的李传才、侯建国、卢亦焱、何英明、安旭文等都是这些规范的主要起草人，也是上述规范多个专题研究项目的负责人，专题研究成果均被这些规范所采用。参加本书编写的所有人员均在结构工程学科领域从事数十年的科研和教学工作，并具有丰富的教学经验，这为本教材的编写创造了更为有利的条件。

本书第一版由李传才主编，参加编写的有李传才、侯建国、何英明、卢亦焱、李大庆。本书第二版由卢亦焱、李传才主编，参加编写的有卢亦焱、李传才、侯建国、何英明、李大庆、安旭文、李杉。

本书第三版由卢亦焱、李传才主编，参加编写的有卢亦焱、李传才、侯建国、何英明、李大庆、安旭文、李杉。具体的编写分工为：内容简介、前言、第13章由李传才编写；第1章绪论由卢亦焱、李传才编写；第2章、第4章由李大庆编写；第3章、第9章由侯建国编写；第5章由安旭文编写；第6章、第8章由卢亦焱编写；第7章由李杉编写；第11章由卢亦焱、李杉编写；第10章、第12章由何英明编写；全书由卢亦焱、李传才修改和统稿。

本书在编写过程中得到了武汉大学出版社的大力支持，编写中参考并引用了许多作者的文献。在此一并表示感谢。

武汉大学土木建筑工程学院 彭公予、许维华、何少溪等前辈及其他教师，他们长期从事"水工钢筋混凝土结构"课程建设与教学，积累了丰富的教学经验。几代人薪火相传，为本书的编写提供了宝贵的源泉和财富。借此机会也向他们表示深深的敬意和感谢。

对于书中存在的错漏和不足，恳请广大读者批评指正。

作　者
2023 年 3 月

目　　录

第1章 绪 论

1.1 混凝土结构的基本概念

混凝土结构是土木工程中按材料来区分的一种结构，其材料组成是混凝土和钢筋等增强材料，它主要包括素混凝土结构、钢筋混凝土结构和预应力混凝土结构。事实上，混凝土结构的范围还可以更广泛一些。19世纪中叶以后，人们开始在素混凝土中配置抗拉强度高的钢筋来获得加强效果。如果用"加强"的概念来定义"钢筋混凝土结构"（reinforced concrete structure），则钢纤维混凝土结构、钢管混凝土结构、钢-混凝土组合结构、钢骨混凝土结构、纤维增强聚合物混凝土结构等，均属于钢筋混凝土结构的范畴。

在现代土木工程结构中，混凝土结构比比皆是。但是，对混凝土结构的认识不能仅停留在"它是由水泥、砂、石和水组成的人工石"，也不能只停留在"混凝土中埋置了钢筋就成了钢筋混凝土结构"的简单概念上，而应从本质上即力学概念上去认识它，去了解它的基本工作原理。

钢筋混凝土是由钢筋和混凝土两种物理力学性能不相同的材料所组成。混凝土的抗压强度高、抗拉强度低，其抗拉强度仅为抗压强度的 $1/20 \sim 1/8$。它是一种非均质、非弹性、非线性的建筑材料。同时，混凝土破坏时具有明显的脆性性质，破坏前没有征兆。因此，素混凝土结构通常用于以受压为主的基础、柱墩和一些非承重结构。与混凝土材料相比，钢筋的抗拉强度和抗压强度均较高，破坏时具有较好的延性。为了提高构件的承载力和使用范围，将钢筋和混凝土按照合理的方式结合在一起协同工作，使钢筋主要承受拉力，混凝土承受压力，充分发挥两种材料各自的特长，则可以大大提高结构的承载能力，改善结构的受力特性。

如图1-1（a）所示的简支素混凝土梁，在跨中集中荷载 P_1 作用下，当梁跨中截面受拉边缘产生的拉应力达到混凝土的抗拉极限强度时，混凝土产生裂缝并很快贯通截面致使混凝土梁被破坏。因此混凝土梁的开裂荷载 P_1 即为其破坏荷载。这种素混凝土梁的承载力很低，而且梁跨中截面受压边缘的压应力还远未达到混凝土抗压强度，破坏时呈脆性断裂，无明显征兆。图1-1（b）为一根截面尺寸、跨度、混凝土材料与图1-1（a）完全相同的钢筋混凝土梁，只是在梁的受拉区配置了适量的钢筋。尽管当荷载约达到 P_1 时，梁的受拉区仍会开裂，但开裂后原来由混凝土承担的拉力转而由钢筋承担，荷载仍可以继续增加。直到钢筋达到受拉屈服，继而截面受压边缘的压应力也达到混凝土抗压强度时，钢筋混凝土梁才破坏，破坏荷载为 P_2。试验证明，钢筋混凝土梁的承载力比素混凝土梁的承载力显著提高。钢筋混凝土梁中混凝土的抗压强度和钢筋的抗拉强度均可得到充分发挥；其承载力可以提高数倍，甚至于提高十多倍，并且破坏时具有明显的征兆。

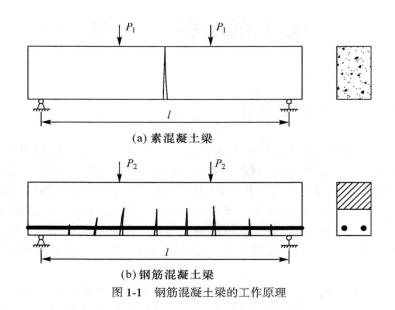

(a) 素混凝土梁

(b) 钢筋混凝土梁

图 1-1   钢筋混凝土梁的工作原理

不了解钢筋混凝土工作原理的非专业人员，常常以为只要是埋置了钢筋的梁，就一定能提高其承载力，其实不然。试想，如果把钢筋埋在梁上方受压区，则梁的承载力几乎不能提高，仍会发生如同素混凝土梁那样的"一裂即穿"的脆性破坏，钢筋则白白浪费了。

除了钢筋的布置位置要正确外，承载力得以提高的另一重要条件是钢筋和混凝土两者必须保证共同工作。由于钢筋和混凝土之间的良好粘结，使两者有机地结合为整体，而且这种整体还不致由于温度变化而被破坏(钢筋和混凝土的线膨胀系数相近)，同时钢筋周围有足够的混凝土包裹，使钢筋不易生锈，从而保证粘结力的耐久性，所以两者的共同工作是可以得到保证的。

由上可知，正确理解钢筋混凝土结构的工作原理，主要有以下几点：

(1) 钢筋混凝土由混凝土和钢筋两种材料组成，这两种材料的力学特性是不相同的；

(2) 两种材料必须各在其所，才能各司其职，各显其能，即钢筋主要置于构件的受拉区，混凝土则承受压力，从而充分发挥各自的力学特性，提高构件的承载能力；

(3) 必须保证两种材料共同工作。

理解了这种工作原理，也就不难理解钢筋混凝土的英文名称"reinforced concrete"(缩写为 RC)的科学性，并且就不难理解为什么前面提及的各种混凝土结构乃至于 20 世纪 50 年代我国曾使用过的竹筋混凝土结构均可归属于"钢筋混凝土结构"的范畴，均可广义地称之为"钢筋混凝土结构"。

1.2 混凝土结构的主要优点和缺点

1.2.1 混凝土结构的优点

(1)易于就地取材。混凝土结构中用量最多的砂、石材料均可就地取材。我国水泥的产地分布很广，水利水电工程均建于江河湖畔，更容易就地取材。还可以有效利用工业废料，诸如矿渣、粉煤灰等制成人工骨料或者水泥的外加掺料。

(2)材料利用合理。钢筋的抗拉强度和混凝土的抗压强度可以得到充分发挥，结构承载力与其刚度比例合适，基本满足局部稳定问题。

(3)整体性好。水工混凝土结构绝大多数为现浇结构，现浇混凝土结构具有良好的整体性，有利于防震、防水、防冲击、防爆炸。通过合适的配筋，还可以获得较好的延性。现浇混凝土结构刚度大，阻尼大，有利于结构的变形控制。

(4)可模性好。混凝土可按设计要求浇筑成各种不同尺寸和形状的结构，能适用于各种复杂的结构，可满足现代建筑师提出的各种建筑形体要求，如拱、曲面、塔体和薄壳等。也可满足水利水电工程中一些形体复杂的结构，如水电站厂房中的蜗壳、尾水管结构，船闸闸首、输水管道等结构。

(5)耐久性好。混凝土材料在一般环境下具有很好的耐久性，且混凝土的强度随着时间的增长还有所提高。当钢筋外的混凝土保护层厚度选择合理时，混凝土一般能有效地保护钢筋，使钢筋不易发生锈蚀，所以在一般环境下，能够长久地保持钢筋和混凝土之间的粘结性能。对于沿海及近海等受盐雾侵蚀环境下的钢筋混凝土结构，通过合理的设计和采用一些特殊的防护措施，也可以满足工程结构耐久性的要求。

(6)耐火性好。混凝土属非可燃性材料，且热传导性差，钢筋又埋在混凝土内部，在火灾发生时钢材不至于短时间内升温软化而导致结构整体破坏。因此，混凝土结构比木结构以及钢结构的耐火性要好。

1.2.2 混凝土结构的缺点

(1)自重大。在同样承载力的条件下，混凝土结构所需要的材料自重比钢结构大，使截面抗力要花费相当大的部分用于抵抗其自身的重量，这给建造大跨度结构和超高层结构造成了困难。

(2)抗裂性差。普通钢筋混凝土结构在正常使用的情况下往往出现裂缝。这一缺点对水工混凝土结构尤为不利。裂缝的存在降低了混凝土抗渗、抗冻的能力。当水和有害气体侵入后又会引起钢筋生锈，影响正常使用和耐久性。一些水工混凝土结构的裂缝还会引起水的渗漏，影响正常使用。民用建筑和公共建筑的裂缝还会造成使用者心理上的不安全感。

(3)承载力有限。与钢材相比，普通混凝土抗压强度较低，因此，普通钢筋混凝土结构的承载力有限，用作承重结构和高层建筑底部结构时，不可避免会导致构件尺寸过大，减小有效使用空间。因此对于一些超高层的结构，采用混凝土结构有其局限性，而更多地选择钢结构或钢-混凝土组合结构。

(4)施工复杂。混凝土结构施工需经过制模、立模、搅拌、浇筑、振捣、养护、凝固等多个工序,施工工期较长,施工技术复杂,施工要求严格。一旦出现质量事故,结构即拆除报废。混凝土结构的施工还受气候和环境条件的限制。大型水利水电工程还要求较大的砂、石料场和混凝土搅拌场。水工大体积混凝土还要有温控措施,否则会因温度应力大而引起质量事故。即使是装配式结构,预制构件在现场装配时也非易事,需填缝、找平,接头构造也较复杂并浇二期混凝土。预应力混凝土结构的设计和施工则更为复杂,要求具有更高水平的专门的施工队伍。

1.2.3 辩证地对待混凝土结构的优缺点

对混凝土结构的优点和缺点应辩证地对待。例如,混凝土自重大固然是个缺点,但在水利水电工程建设中,混凝土自重大就成了重力坝的优点,也是重力式挡土墙的优点。混凝土耐久性好也仅是相对的,混凝土结构如同其他事物一样,也有衰老的过程。早在20世纪70年代,一些发达国家就已经发现:使用仅二三十年的混凝土结构工程,尤其是桥面板这类工作环境较为恶劣的结构,也会过早地出现开裂、病害甚至严重损坏。我国在20世纪70年代后修建的大量混凝土结构工程,尤其是中小型的水利工程、桥梁工程等,也有相当部分过早地发生了不同程度的病害甚至严重损害。这使后来的修复、补强加固工作耗费了大量的人力、物力和财力。因此,混凝土结构的耐久性是在一定条件下相对而言的,而且近二三十年来,混凝土结构的耐久性问题越来越引起人们的重视,在历次规范的修订中都增加了一些耐久性设计的条文。

如前所述的混凝土结构的缺点,目前也随着结构工程技术的进步而逐步得到了克服和改善。例如,采用轻质高强混凝土可以减少结构的自重;采用预应力技术既可以减小截面尺寸,又能在一定程度上减少混凝土开裂问题,从而使混凝土结构也可用于大跨度结构和高层高耸结构;纤维混凝土、水泥基复合材料(engineered cementitious composites,ECC)可提高抗裂性;商品混凝土、泵送混凝土、滑模施工以及各种混凝土添加剂等施工技术的推广应用,都使混凝土结构工程的施工质量和施工进度大大提高。近20年来,我国在施工技术、施工速度和施工质量等方面的进步是十分惊人的,以至于中国的工程建设常常被人誉称为"基建狂魔"。因此上述提及的混凝土结构的缺点也不是一成不变的。

工程结构的建造是选择混凝土结构,还是选择钢结构或其他结构,要按照各种结构各自的优缺点以及具体的工程条件来决定。在水利水电工程建设中,由于其工程结构的特殊功能要求,混凝土结构的应用最为广泛,特别是大型水利水电枢纽的重力坝、水电站厂房、船闸等都必然采用混凝土结构建造,但一些挡水工程也常常因地制宜地选择土坝、堆石坝等。随着我国钢产量的巨大增长以及钢材市场的变化,建设工程中钢结构的应用越来越广泛,特别是工业厂房(如火力发电厂)、超高层和高耸建筑物、桥梁工程等常常选择钢结构。

1.3 混凝土结构的应用和发展概况

自从混凝土材料诞生以来,其卓越的建筑性能使其迅速发展,成为有史以来应用最广、最成功的建筑材料，使得混凝土结构成为近现代最为基本的建筑结构。混凝土结构在土木工程中的应用主要有下列几个方面：

（1）建筑工程中的多层房屋、高层和超高层建筑，各种公共建筑，工业厂房和仓库，火力发电厂和核电厂，还有烟囱、筒仓、冷却塔、电视塔等特种结构；

（2）水利水电工程中的挡水和泄水建筑物，水电站厂房，输水隧洞、压力管道、调压塔、机墩、蜗壳、尾水管、船闸、水闸、渡槽、涵洞、挡土墙等；

（3）港口和海洋工程中的码头、船坞、采油平台等；

（4）市政工程中的水池、水塔、立交桥、高架桥、地铁等；

（5）交通工程中的公路、铁路、桥梁、隧道、车站等；

（6）民用和军用航空工程中的飞机跑道、机库、航站楼等。

混凝土结构的发展，至今也不过 180 多年的历史。土木工程最早应用的是木结构和砌体结构，后来出现钢结构，混凝土结构则是后起之秀。

混凝土结构的产生最早可追溯到 19 世纪 20 年代。1824 年英国人 J. Aspdin 发明了波特兰水泥，这是由于用这种水泥做成的人工石呈青灰色，与英国波特兰岛上的岩石相似而得名。我国则根据其化学成分把这种水泥统称为硅酸盐水泥。水泥的出现使土木工程结构技术的发展进入了一个新的时期。

钢筋混凝土结构是在水泥发明十多年后才出现的。1850 年法国人 J. L. Lambot 做出了第一只钢筋混凝土小船(这种配有钢筋网的水泥船 20 世纪 60—70 年代在我国南方水乡曾大量制造使用)，4 年后英国人 W. B. Wilkinson 做出了第一个钢筋混凝土楼板并取得了专利。1861 年，巴黎的花匠 J. Monier 做出了钢筋混凝土花盆，并于 1867 年获得专利。J. Monier 此后又制造了钢筋混凝土梁、板、管等构件，他的发明通常被称为"蒙氏系列"。在早期混凝土结构的发展中(1824—1920 年)，欧洲对钢筋混凝土结构的研究较为活跃，但由于当时钢筋混凝土的施工和设计方法被视为商业机密，欧洲各国的研究者公开发表混凝土结构的研究成果却不多。从 1920 年至 1950 年，混凝土结构得到了快速的发展，混凝土结构设计理论也不断完善。

为了克服钢筋混凝土结构在使用荷载下出现裂缝的缺点，1928 年法国学者 E. Freyssinet 发明了用高强钢丝作为预应力钢筋的预应力混凝土结构，发明了专用的锚具系统，并在桥梁和其他结构中得到应用，使预应力混凝土技术获得了实际意义的成功。预应力混凝土技术的成功应用不仅克服了使用荷载下混凝土结构出现裂缝的缺点，而且拓宽了混凝土结构在大跨度方面的应用。20 世纪 40 年代中期以后，预应力混凝土技术得到了快速发展。我国预应力混凝土结构发展于 20 世纪 50 年代，最初在预应力混凝土轨枕中应用。目前，预应力混凝土结构已在建筑、桥梁、地下结构和特种结构中得到广泛应用。在水利水电工程中，大推力弧门闸墩、大型渡槽、大型船闸，近几十年越来越多地采用预应力混凝土结构。特别是大型水电站的弧门闸墩，如长江葛洲坝、安康、水口以及世界最大的长江三峡等水电工程均采用了预应力闸墩的结构形式，取得了极大的技术经济效果。

近 30 年来，我国水利水电工程建设有了更大的发展。特别是在西部开发、西电东送的政策指引下，继世界最大的水利枢纽工程长江三峡之后，又相继在金沙江、雅砻江、澜沧江上游建设了许多大型的水电站，如乌东德、白鹤滩、溪洛渡、向家坝、锦屏、二滩等，还有中线和东线的南水北调工程，这些世界级的工程不仅工程规模大而且技术难度高，从而把我国水工结构及其水工混凝土结构的理论设计、施工技术都推向了更高的水平。

为了满足工程建设的需要，我国和其他各国的研究者和技术人员对混凝土材料性能、混凝土结构形式、混凝土结构设计理论、施工技术等方面进行了大量的理论研究和实践应用，极大地推动了混凝土结构的发展。

1.3.1　混凝土结构材料的应用和发展

1. 混凝土材料

混凝土材料的应用和发展主要表现在混凝土强度的不断提高、混凝土性能的不断改善、轻质混凝土和智能混凝土的应用等几个方面。

早期的混凝土强度比较低，到 20 世纪 60 年代，美国采用的混凝土平均抗压强度约为 28MPa。随着高效减水剂的应用，混凝土的抗压强度大幅度提高。20 世纪 70 年代末，日本建筑工地可以配制抗压强度约为 80MPa 的高强混凝土。20 世纪 90 年代，美国、加拿大等国的建筑工地均能实现 60~100MPa 的高强混凝土。在实验室中可以配制更高强度等级的高强混凝土，混凝土抗压强度最高可以达到 300MPa。

我国在 20 世纪 50 年代初所采用的混凝土抗压强度为 15~20MPa，随着我国经济的发展和科技的进步，混凝土抗压强度不断提高。20 世纪 90 年代初，我国在一些工程中也采用了强度在 60MPa 以上的高强度混凝土。目前，我国在结构工程中采用抗压强度为 60MPa 以上的高强混凝土已相当普遍。

为了改善混凝土抗拉性能差、延性差等缺点，提高混凝土抗裂、抗冲击、抗疲劳等性能，在混凝土中掺入纤维来改善混凝土性能的研究发展较为迅速。纤维的种类有钢纤维、合成纤维、玻璃纤维和碳纤维等。其中钢纤维混凝土的技术最为成熟，目前已应用于机场跑道、公路路面、桥面等实际工程[1-2]。美国、日本、欧洲和我国等地都相继编制了钢纤维混凝土结构设计规范和规程。近年来，水泥基复合材料（ECC）的成功研制极大地改善了混凝土材料的抗裂性能，水泥基复合材料的极限拉应变可以在 0.03 以上，在日本、美国等国家已初步应用于桥面板、挡水坝和水工渡槽等工程。

近几十年来，由天然集料（浮石、凝灰石等）、工业废料（炉渣、粉煤灰等）、人造轻集料（黏土陶粒、膨胀珍珠岩等）制成的轻质混凝土得到了广泛的应用和发展。轻质混凝土的容重小，国外轻质混凝土容重一般在 $14~18kN/m^3$，抗压强度一般为 30~60MPa。国内轻质混凝土容重一般在 $12~18kN/m^3$，抗压强度一般为 20~40MPa。轻质混凝土还具有优良的保温和抗冻性能。另外，天然集料和工业废料制作的轻质混凝土具有节约能源、减少堆积废料占用地以及保护环境等优点。在力学性能方面，由于轻质混凝土弹性模量低于同等级强度的普通混凝土，吸收能量快，能有效减小地震作用效应。轻质混凝土已在许多工程中得到应用，如美国休斯敦 52 层的贝壳广场大厦全部是由轻质混凝土建造的。

混凝土智能材料也越来越受到各国学者的高度重视，在混凝土中添加智能修复材料和智能传感材料，可使混凝土具有损伤修复、损伤愈合和损伤预警功能。具有损伤预警功能的智能混凝土已在工程中试用。再生骨料混凝土是解决城市改造拆除的建筑废料、减少环境污染、变废为宝的途径之一。将拆除建筑物的固体废弃物(主要是混凝土)加工成新混凝土的粗骨料或者细骨料,可全部替代或者部分替代天然的砂石骨料。

另外,由于工程的需要,一些特殊性能的混凝土也不断应用于实际工程,如膨胀混凝土、自密实混凝土、聚合物混凝土、耐腐蚀混凝土和水下不分散混凝土等。

在水利水电工程中,重力坝、拱坝、水电站厂房、大型船闸等许多水工结构都是大体积混凝土结构,混凝土早期在凝聚固化过程中水泥产生的水化热常常使这些结构产生温度应力,进而引发温度裂缝,严重地影响工程质量。近20多年来我国开展了低热硅酸盐水泥的理论和应用技术的研究,取得了很大的成功,并在一些大型水利水电工程中得到了很好的应用,如三峡工程、白鹤滩工程等都成功地应用了这种低水化热、低碱含量的水泥,使这些工程的水工混凝土结构的抗裂性、抗震性都有了很大的提高,从而大大地提高了工程的质量。

随着低碳经济发展战略的实施,对混凝土材料提出了更大的挑战。由于作为混凝土主要组成材料水泥的生产过程消耗了大量的能源和资源,这就迫切需要发展耐久性好、高节能、高环保的高性能混凝土。目前,高性能混凝土被认为是适应低碳经济发展战略的新材料和新技术。

2. 配筋及混凝土增强材料

随着冶金科学技术的发展,钢筋的强度不断提高。我国目前用于普通混凝土结构的钢筋强度已达500MPa,预应力构件中采用的钢绞线强度达1960MPa。钢筋锈蚀是结构中最主要的一个病害,为了提高钢筋的防锈能力,带有环氧树脂涂层的钢筋和钢绞线已经用于沿海以及近海的一些混凝土结构工程中。

近年来,采用纤维增强聚合物(简称FRP)筋代替混凝土结构中的钢筋是一种新的思路。FRP是由纤维和聚合物复合而成的,常用的有碳纤维增强聚合物筋、玻璃纤维增强聚合物筋和芳纶纤维增强聚合物筋。FRP筋具有强度高、质量轻、耐腐蚀、抗疲劳性能高等优点;其缺点是不像钢筋那样具有屈服点,而且延性差,所以目前关于这方面的工程应用还比较少。美国及其他一些国家、地区已制定了FRP筋的设计规程,这对其推广应用具有重要的意义。我国学者目前也正在开展FRP筋混凝土结构方面的研究,而且已经取得了一些重要的成果。

1.3.2　混凝土结构形式的发展

早期混凝土结构中的基本受力构件主要以钢筋混凝土结构构件(梁、板、柱和墙等)为主。随着预应力技术的发展,预应力混凝土结构逐步在桥梁、空间结构中得到广泛应用,并在大跨度、高抗裂性能等方面显示出优越性。

为了适应重载、延性等需要,钢-混凝土组合结构得到迅速的发展和应用。如钢-混凝土组合结构用于地下结构,压型钢板-混凝土板用于楼板结构,型钢-混凝土组合梁用于桥梁结构,型钢-混凝土重载柱用于超高层建筑等。

在钢管内填充混凝土形成的钢管混凝土结构,由于钢管能有效地约束核心受压混凝土的侧向变形,使得核心混凝土处于三向受压状态,从而提高混凝土的抗压强度、极限应变、延性等;同时钢管可兼做模板,加快施工速度,节约建设成本。这些新型组合结构具有充分利用材料、延性好、施工简便等特点，极大地拓宽了钢筋混凝土结构的应用范围。

FRP 混凝土结构是近年来出现的一种新型组合结构，主要包括 FRP 管混凝土柱、FRP-混凝土组合桥面板等。由于 FRP 耐腐蚀、强度高等优点，使得这种结构在沿海及近海工程、桥梁结构中具有广阔的应用前景[3]。

1.3.3 混凝土结构理论的发展

混凝土结构理论是试验研究、理论分析和工程实践三个方面相互关联、共同发展的结果。由试验揭示机理、发现规律，为理论分析提供依据；由理论分析解释试验现象，为工程应用建立设计方法；通过工程实践积累经验，修正理论方法、完善理论体系和设计方法，同时发现新的问题。所以，混凝土结构设计中的一些计算公式往往带有由试验所得的参数和直接由试验结果建立的经验公式，并有许多构造要求。

早期的混凝土构件的设计主要是古典的弹性理论及其允许应力法，这种方法采用比钢筋的屈服强度和混凝土的抗压强度的实测值低很多的应力作为允许应力，而截面的内力和应力按材料力学计算。这种设计理论与实际情况有很大出入，其安全可靠性也无法准确揭示。

20 世纪 40 年代，苏联提出了一个新的计算方法，即破坏阶段法。这一方法考虑了材料的塑性以及截面开裂后引起的应力重分布。截面破坏时的承载力由钢筋屈服强度的平均值和混凝土抗压强度的平均值来确定。荷载作用下的内力仍按材料力学和结构力学计算。结构的安全由单一的安全系数 K 来保证。K 取值比较大，而且有很大的经验性。

20 世纪 50 年代，苏联还提出了按极限状态法设计。这一方法明确提出了极限状态的概念，认为达到极限状态时，结构即失去抵抗外力的能力，并失去正常使用的功能。截面的内力虽然按弹性理论计算，但荷载包含了统计分析的内容，材料强度通过统计分析取分位值。结构的可靠性由几个计算系数来保证，而不是一个单一的安全系数。这一方法概念明确，考虑问题比较全面，理论上也比较完善，到 70 年代已被各国普遍采用。

极限状态法从 20 世纪 50 年代至今已走过了两个不同的发展阶段：

一是"定值设计法"阶段。开始时是多系数表达的极限状态法，后来有我国多系数分析单一安全系数表达的极限状态法。这些方法虽然在一部分荷载和材料强度的取值方面应用了概率理论，考虑了它们的变异性，但是设计表达式中的设计参数或安全系数都主要由经验确定，并看成不变的定值，结构的可靠性以安全系数来衡量，属于"定值设计法"。而对于可靠性的概率均未给出量值，这是当时的极限状态法的局限性。

二是"近似概率法"阶段。20 世纪 70 年代后，随着结构可靠度理论的发展，极限状态又进入了新的"近似概率法"阶段。这一方法以概率理论为基础，用失效概率或可靠概率来度量结构的可靠性，并把可靠概率（即可靠度）隐含在几个分项系数之中，从而使计算理论更加完善。

20 多年来，混凝土结构耐久性设计引起了工程界的高度重视，各国学者开展了大量的研究。研究内容涉及环境作用（碳化、氯盐、冻融、酸）下混凝土材料以及构件的损伤机理、混凝土中碱骨料反应、钢筋锈蚀、锈蚀后的钢筋与混凝土界面粘结机理以及钢筋锈蚀后混凝土构件的力学性能等许多方面，建立了相关的材料性能劣化的计算模型，提出了结构设计应采取的一些防护措施。此外，混凝土结构寿命预测模型等研究也有了较大的进展，有些成果已经在实际工程中应用。

在混凝土结构计算机仿真技术方面，随着计算机和有限元方法的发展，钢筋混凝土结构非线性有限元的分析方法也从 20 世纪 60 年代开始有了很大的发展，特别是在水电站蜗壳和尾水管、地下洞室、坝后钢筋钢衬混凝土压力背管、预应力闸墩等水工非杆件结构，以及核电站的核反应堆，建筑工程中的深梁、桩基承台、转换层厚板等的有限元分析方面，都得到了广泛的应用[4-6]。混凝土结构计算机仿真技术发展至今，已逐步发展成与信息论、控制论、人工智能、模拟论等学科相交叉的一门新技术学科。计算机仿真技术可以进行试验模拟、灾害预测、施工模拟、事故再现、设计方案优化和结构性能评估等难以进行甚至由于各种条件限制而不可能进行的一些工作。计算机仿真技术已在混凝土结构工程的研究和应用中占有重要的地位。

除此之外，混凝土结构的其他基本理论研究也以很快的速度发展，如在混凝土强度理论的研究方面，在预应力混凝土设计理论及方法的研究方面，在混凝土结构施工技术的研究方面等都有很大的进展。在施工技术方面，定性化、工业化、模块化、标准化的装配式结构，商品混凝土、泵送混凝土、滑模施工、混凝土坝的碾压施工等技术的研究和应用也都有很大进展。另外，混凝土结构的加固技术和理论也得到了快速发展，例如扩大截面加固法、粘钢加固法、FRP 加固法、FRP 与钢复合加固法等均取得较大的进展，相应的设计理论也得到不断完善[7-8]。这些成果已经广泛应用于实际工程。

1.4　我国混凝土结构设计规范的发展

随着工程建设经验的积累和混凝土结构理论研究和技术的进步，我国混凝土结构设计规范也越来越完善。

20 世纪 50 年代以前，我国混凝土结构设计规范几乎是一片空白。50 年代初主要是照搬苏联的设计规范，如 1955 年制定的《钢筋混凝土结构设计暂行规范》(规范 6—55)采用的即是当时苏联规范中的破坏阶段法。50 年代末，我国开始着手编制规范。1966 年颁布的 GBJ 21—66《钢筋混凝土结构设计规范》，采用了多系数表达的极限状态法。1974 年颁布了新的 TJ 10—74《钢筋混凝土结构设计规范》，1979 年原水利电力部颁布了 SDJ 20—78《水工钢筋混凝土结构设计规范》，这两本规范均采用了多系数分析单一安全系数表达的极限状态法。GBJ 21—66 和 TJ 10—74 规范的颁布实施标志着我国混凝土结构设计规范已步入了从无到有、设计水平由低向高发展的阶段。

从 20 世纪 80 年代开始，我国在开展大量的专题研究的基础上，吸收国外的先进理论和经验，借鉴了国际标准 ISO 2394 的有关规定，开始全面修订工程结构(主要是建筑工程)的设计规范，从而使我国的混凝土结构设计规范进入了一个更高的阶段。1984 年颁布了 GBJ 68—84《建筑结构设计统一标准》，1990 年颁布了 GBJ 10—89《混凝土结构设计规范》，1992 年颁布了第一层次的规范 GB 50153—92《工程结构可靠度设计统一标准》。这标志着我国混凝土结构设计也进入了概率极限状态设计法的崭新阶段。

从 20 世纪 90 年代开始，在上述统一标准的指导下，全国建筑工程、水利水电工程、港口工程、铁路工程、公路桥梁工程等行业的混凝土结构设计规范进行了大规模的修订和编制工作。经过近 20 年的努力，大批国家标准和行业标准及规范陆续颁布实施，完成了我国设计规范从"半经验、半概率单一安全系数表达的极限状态法"向"以概率理论为基础、以分项系数来表达其可靠度的极限状态法"的全面转轨。这些以结构可靠度理论为基础的各种结构设计规范已陆续制定和实施，其规模和深度已超过了一些发达国家，大大提高了我国工程结构设计规范的科学水平，标志着我国工程结构可靠度设计方法已走在世界先进水平的行列。

进入 21 世纪以来，随着我国工程建设事业的发展，对各类标准和规范又进行了新的一轮修订，陆续颁布并施行了一大批新的标准和规范。例如，GB 50010—2010《混凝土结构设计规范》(2015 年版)、水利水电行业的 GB 50199—2013《水利水电工程结构可靠性设计统一标准》，以及新颁行的 NB/T 11011—2022《水工混凝土结构设计规范》、GB/T 51394—2020《水工建筑物荷载标准》等。特别要指出的是，最近几年为了深化标准化工作的改革，正在加快制定全文强制性的标准。新近还颁行了国家标准 GB 55001—2021《工程结构通用规范》和 GB 55008—2021《混凝土结构通用规范》等，这些通用规范都是带有国家法规性质的全文强制性的标准，对工程结构各层次各行业的标准和规范的制定和实施具有统领性的作用。今后各层次各行业的标准和规范修订时都应严格执行通用规范等强制性标准的相关规定。

为了更好地了解混凝土结构设计规范的发展概况，将我国工程结构的国家标准和规范按其层次及相互关联列表如下(表 1-1)。

表 1-1　　　　　　　　　　　工程结构设计规范的组成系列

第一层次	第二层次	第三层次
GB 50153《工程结构可靠度设计统一标准》	GB 50068《建筑结构可靠性设计统一标准》	GB 50009《建筑结构荷载规范》 GB 50010《混凝土结构设计规范》 GB 50011《建筑抗震设计规范》 ……
	GB 50199《水利水电工程结构可靠性设计统一标准》	GB/T 51394《水工建筑物荷载标准》 NB/T 11011《水工混凝土结构设计规范》 NB 35047《水电工程水工建筑物抗震设计规范》 ……
	GB 50158《港口工程结构可靠性设计统一标准》	……
	GB 50216《铁路工程结构可靠性设计统一标准》	……
	……	……

1.5　水工混凝土结构课程的性质、内容、特点及学习方法

混凝土结构是水利水电工程中应用最多的结构。"水工混凝土结构"是继"材料力学""结构力学"等课程后的又一门重要的技术基础课程，是水利学科专业规范规定的水利水电专业核心课程。它的后续课程是"水工建筑物""水电站建筑物"等专业课。学习本课程的目的是掌握水工混凝土结构的基本理论和设计计算方法，为学好后续专业课和从事水工结构设计打下牢固的基础。本书是这一核心课程的教材。

本书的内容可分为以下几个部分：

(1)钢筋和混凝土材料的力学性能；

(2)混凝土结构的设计原则；

(3)混凝土结构各种基本构件的承载力计算；

(4)混凝土结构构件的变形和裂缝控制验算；

(5)预应力混凝土结构构件的计算；

(6)梁板结构、水电站厂房楼板及刚架结构、水工非杆件结构的设计计算。

这些内容既有混凝土结构的基本理论，又有具体的构件和结构的设计计算，以及应采取的结构构造措施。课程的内容与《水工混凝土结构设计规范》紧密相连。可见，这门课虽然是技术基础课，但却具有很强的专业性，可以解决具体的工程设计问题，是一门实践性很强的课程。

基本构件受力性能的研究分析和理论计算公式的建立是混凝土结构的基本理论，而构件计算和结构设计是应用基本理论解决实际工程问题，两者具有紧密的联系。学习本课程时需要注意混凝土结构的复杂性及其与此前所学的"材料力学""结构力学"等课程的相关性，并注意以下几点：

1)钢筋和混凝土两种材料的力学性能及两种材料之间的相互作用

钢筋混凝土结构是由钢筋和混凝土两种材料组成，这两种材料的力学性能以及两种材料之间的相互作用决定了钢筋混凝土结构的受力机理和破坏形态。因此在学习过程中要掌握两种材料的力学性能以及它们之间的粘结性能。由于两种材料的配置比例不同会引起结构构件受力性能和破坏形态的改变，因此几乎所有基本受力构件均存在钢筋在混凝土中的配筋比例的界限，超过这一界限，构件受力性能和破坏形态会发生显著改变。这种界限常常与各种基本受力构件的计算公式是否适用紧密相关。

2)钢筋混凝土结构基本公式建立的基本方法

由于钢筋和混凝土材料力学性能的复杂性，特别是混凝土材料的非匀质、非弹性、非线性的力学特性，使"材料力学"中的许多公式不能直接应用，难以用力学模型严谨地推导建立计算公式。因此，混凝土结构计算公式的建立往往是首先进行理论分析，通过结构试验研究其受力机理和破坏形态，建立相应的数学模型，然后应用变形协调和力的平衡条件建立计算公式，最后应用试验结果确定公式的相关系数和适用条件。有些问题较为复杂，则直接依据试验结果建立经验公式或简化公式。另外还必须满足许多构造要求。所以，在课程学习中一方面要注意混凝土结构基本理论和"材料力学"的异同点，另一方面

也要灵活运用"材料力学"中分析问题的基本原理和方法，同时还应了解混凝土结构试验研究方法，了解构件的受力特性及破坏形态。

3）混凝土结构设计

学习本课程的最终目的就是能应用所学的知识进行混凝土结构设计。结构设计是一个综合性的工作，包括结构方案选定、结构选型、截面形式选择、材料选择、内力和应力的分析计算、配筋计算、构造措施等。同时还需要考虑安全、适用、耐久、经济和施工等方面的因素。设计中可能有多种选择方案，最优方案是经过分析比较、综合考虑上述各种因素来确定。结构设计也是一项创造性工作，学习本课程不仅要掌握混凝土结构基本理论和设计方法，还要学会运用这些基本理论解决实际工程中提出的新问题，努力培养结构工程科学研究的能力。

总之，在这门课程的学习过程中，既要加强基本理论的学习，掌握混凝土结构构件的受力机理、破坏形态、计算理论，又要加强教学过程中的各种实践环节，掌握结构设计的具体方法；既要掌握教材中涉及的理论知识，也要熟悉《水工混凝土结构设计规范》等主要规范的具体条文规定。

第 2 章　混凝土结构材料的力学性能

2.1　混凝土的力学性能

混凝土是由水泥、细骨料(砂子)、粗骨料(碎石等)及水按一定的配合比拌合、振捣，经凝固硬化后形成的人工石材，是一种各组成部分力学性能差异较大，各向不均匀且内部存在着孔隙的多相复合材料。混凝土主要依靠骨料和水泥结晶体组成的骨架体系承受外力，水泥凝胶体形成的弹塑性体系起着将骨料和水泥结晶体黏结成整体及调整扩散内部应力的作用。

2.1.1　单向受力状态下的混凝土强度

混凝土的抗压强度是混凝土最重要的力学指标。混凝土的抗压强度与许多因素有关，如水泥的品种及等级、水泥用量和水灰比、骨料的强度、形状及级配、施工方法、凝固时的环境条件及混凝土的龄期等，甚至还受试件的形状和大小、加载方式和加载时间等因素的影响。因此在量测混凝土的强度时，必须规定标准的试件和标准的试验方法。

1. 混凝土立方体抗压强度 f_{cu}

目前我国混凝土结构设计规范均规定采用 $150mm \times 150mm \times 150mm$ 的立方体试件作为测量抗压强度的标准试件。所测得的抗压强度称为混凝土立方体抗压强度 f_{cu}。立方体抗压强度 f_{cu} 是评价混凝土质量的主要依据[9-13]。

试验方法对立方体抗压强度的影响很大。当试件在试验机的加荷垫板间受压时，其纵向压缩而横向膨胀，加荷垫板与试件表面的摩擦力限制了试件上、下端部的横向变形，延缓了试件裂缝的开展，进而提高了试件的抗压强度。从试件破坏后的形状(图 2-1(a))可以看出摩擦力对试件的围箍影响。如果在加荷垫板与试件间涂抹润滑剂，降低垫板与混凝土之间的摩擦力和摩擦力对横向膨胀变形的围箍影响，则测得的抗压强度就较低，且试件的破坏形状也与前者不同(图 2-1(b))。因此应规定试件的加载方式。

试验中的加载速度也会影响混凝土立方体的抗压强度。加载速度愈快，则测得的强度愈高。为保证测量结果的一致性，应规定试件的加载速度。

混凝土的抗压强度会随混凝土龄期的增长而逐渐提高。强度的提高过程可达数年或十几年，但强度提高速度在初期较快，后期逐渐减缓，见图 2-2。f_{cu} 随龄期的相对增长率见表 2-1[10]。混凝土强度随时间变化这一特性还与环境条件有关。一般而言，在温度较高和潮湿的环境下，混凝土强度增加得较快且过程较长。因此应规定试件的加载龄期和养护环境条件。

(a) 垫板不涂润滑油

(b) 垫板涂抹润滑油

图 2-1 混凝土立方体破坏情况

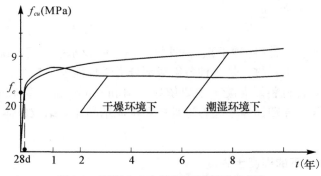
图 2-2 混凝土立方体强度随龄期的变化

表 2-1 混凝土立方体抗压强度随龄期的相对增长率

水泥品种	混凝土龄期				
	7d	28d	60d	90d	180d
普通硅酸盐水泥	0.55~0.65	1.00	1.10	1.20	1.30
矿渣硅酸盐水泥	0.45~0.55	1.00	1.20	1.30	1.40
火山灰质硅酸盐水泥	0.45~0.55	1.00	1.15	1.25	1.30

注：①对于蒸汽养护的构件，不考虑抗压强度随龄期的增长。
②表中数字未计入掺合料及外加剂的影响。
③表中数字适用于 C30 及其以下的混凝土。

综合上述原因，NB/T 11011—2022《水工混凝土结构设计规范》①规定：混凝土立方体抗压强度标准值为：采用标准尺寸（150mm×150mm×150mm）的立方体试件，在标准环境条件（温度为（20±3）℃，相对湿度≥95%）下养护 28d，按标准加载方法（不消除摩擦力，加载速度为 0.3~0.5MPa/s 或 0.5~0.8MPa/s）测得的具有 95%保证率的立方体极限应力值[13]。工程中常以符号 C+立方体抗压强度表示，单位为 MPa。例如 C25 混凝土，表示混凝土立方体抗压强度为 25MPa。

水利水电工程中常用的混凝土强度等级为 C20、C25、C30、C35……C60，共分为 9

---

① 以下均把 NB/T 11011—2022《水工混凝土结构设计规范》简称为"规范 NB/T 11011—2022"。

级。如果实际测得的混凝土立方体强度处于上述某两级别之间时，则该混凝土强度等级应取较低者。

对于非标准尺寸的试件，应将所测得的立方体抗压强度乘以换算系数。根据对试验资料的统计分析，边长为 200mm 的立方体试件，其换算系数取 1.05；边长为 100mm 的立方体试件，换算系数取 0.95[12]。

水利水电工程因工程量巨大，施工周期较长，混凝土在浇筑后需经较长时间方承受预定的设计荷载，因此现行混凝土结构设计规范允许根据建筑物的型式、该地的气候条件及开始承受荷载的时间，经过充分论证，采用 60 天或 90 天龄期的混凝土抗压强度作为设计抗压强度。但结构设计中的混凝土抗压强度按 60 天或 90 天龄期采用时，混凝土的抗拉强度仍采用 28 天龄期的抗拉强度，这是因为影响抗拉强度的因素较多且混凝土抗拉强度的变异性很大。

2. 混凝土棱柱体抗压强度(轴心抗压强度)f_c

混凝土构件的长度一般比其截面尺寸大很多，因此构件长度与截面宽度之比值 h/b 较大的棱柱体试件能较好地反映结构中混凝土的实际受力状态。当 h/b 较大时，加荷垫板与混凝土表面间的摩擦力对试件中部变形的约束影响就较小，当棱柱体的高宽比 $h/b \geqslant 3$ 时，可基本上消除摩擦力和附加偏心的影响，见图 2-3。

棱柱体试件的制作、养护、加载方法均与立方体试件相同，只是标准棱柱体试件的尺寸为 150mm×150mm×300mm。其他尺寸的非标准试件（如 100mm×100mm×200mm 和 200mm×200mm×400mm）也可采用，非标准试件和标准试件的棱柱体抗压强度换算系数仍分别为 0.95 和 1.05。

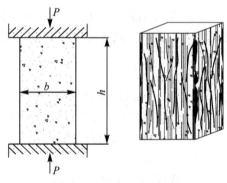

图 2-3 混凝土棱柱体强度试验

根据棱柱体抗压强度 f_c 和立方体抗压强度 f_{cu} 间对比试验的结果可知，两种强度间大致上呈线性关系。通过对大量试验资料的回归分析，得到两种强度的统计关系：

$$\bar{f}_c = 0.76\bar{f}_{cu} \qquad (2\text{-}1)$$

实际结构构件的制作、养护及受力情况均与实验室中的试件有较大的差异。根据对大量试验资料的统计分析，这一差异的修正系数可取为 0.88。因此，混凝土棱柱体抗压强度 f_c 与立方体抗压强度 f_{cu} 的关系修改为：

$$\bar{f}_c = 0.88 \times 0.76\bar{f}_{cu} = 0.67\bar{f}_{cu} \qquad (2\text{-}2)$$

式中，$\bar{f}_{cu}$、$\bar{f}_c$——混凝土的立方体抗压强度试验平均值和棱柱体抗压强度试验平均值。

3. 混凝土轴心抗拉强度 f_t

混凝土的另一个基本强度指标是轴心抗拉强度 f_t，它远小于对应的轴心抗压强度 f_c。影响轴心抗拉强度 f_t 与影响轴心抗压强度 f_c 的因素大体一样，只是影响程度上有较大差异。如加大水泥用量可明显提高混凝土的轴心抗压强度，但对其轴心抗拉强度影响甚小；而骨料形状对混凝土的轴心抗压强度影响较小，但对轴心抗拉强度影响则较大。一般条件下，混凝土的轴心抗拉强度与轴心抗压强度的比值 $f_t/f_c = 1/20 \sim 1/8$；当轴心抗压强度 f_c 较高时，f_t/f_c 值较小；反之，则 f_t/f_c 值较大。

量测混凝土轴心抗拉强度 f_t 的方法主要有以下两种，即直接受拉法和劈裂法，见图 2-4。

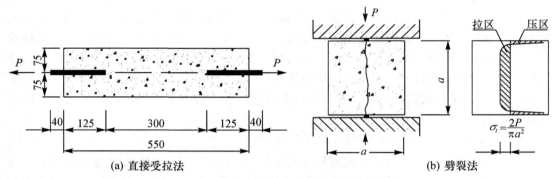

(a) 直接受拉法　　　　　　　　　　　(b) 劈裂法

图 2-4　混凝土轴心抗拉强度试验

（1）直接受拉法。棱柱体抗拉试件的尺寸为 150mm×150mm×550mm，两端设置埋深为 125mm 的带肋钢筋（$d = 16$mm），钢筋轴线应与试件轴线重合。在两端钢筋上施加拉力，使试件均匀受拉。破坏时的平均应力即为混凝土的轴心抗拉强度 f_t：

$$f_t = \frac{P}{A} \qquad (2\text{-}3)$$

式中，P、A——试件破坏时的轴向拉力和试件横截面积。

直接受拉法常因受拉试件安装时的偏心，试件的几何轴心与物理中心不重合等因素的影响，造成试件处在偏心受拉状态下，因此对轴心抗拉强度的量测有较大的不利影响。

（2）劈裂法。劈裂试验采用边长为 150mm 的立方体试件（国外多采用圆柱体试件），在试件上通过钢垫条施加均布线荷载。由弹性理论可知，在此种荷载条件下，试件中间的垂直截面上会产生均匀的水平方向拉应力。测得试件破坏时的荷载，则混凝土的轴心抗拉强度 f_t 可按下式计算：

$$\left. \begin{array}{l} \text{立方体试件：} \quad f_t = \dfrac{2P}{\pi a^2} \\[4mm] \text{圆柱体试件：} \quad f_t = \dfrac{2P}{\pi dl} \end{array} \right\} \qquad (2\text{-}4)$$

式中，P——劈裂破坏时的荷载值；

　　　a——立方体试件的边长；

　　　d、l——圆柱体试件的直径和高度。

根据对两种强度试验数据的统计分析，混凝土的轴心抗拉强度平均值 $\bar{f_t}$ 与立方体抗压强度平均值 $\bar{f}_{cu}$ 间存在着如下的统计关系：

$$\bar{f_t} = 0.26 \bar{f}_{cu}^{2/3} \qquad (2\text{-}5)$$

考虑到实际结构中的构件与试验室中试件间存在的差异，同样需乘以 0.88 的修正系数：

$$\bar{f}_t = 0.88 \times 0.26\bar{f}_{cu}^{2/3} = 0.23\bar{f}_{cu}^{2/3} \tag{2-6}$$

2.1.2 复合受力状态下的混凝土强度

实际工程中的结构或构件很少处在单向受力状态下，因此研究混凝土在复合受力状态下的强度问题十分重要。尽管对混凝土在复合受力条件下的强度进行了长期研究，但因问题十分复杂，目前尚未建立起完善的复合受力状态下的强度理论。根据目前的研究结果，复合受力状态下的混凝土强度也存在着一些基本的变化规律。

1. 双向受力状态下的混凝土强度

对现有的各种双向受力试验结果进行整理分析，可绘制出混凝土在双向受力状态下的强度变化的理想关系曲线。曲线可分成三个区域：双向受压区、双向受拉区及拉压区，见图 2-5[14]。由强度变化关系曲线可得出下列规律：

（1）当混凝土处在双向受压状态时，σ_1 方向的混凝土抗压强度会随 σ_2 方向压应力的增大而逐渐提高，σ_1 方向的混凝土抗压强度最大可提高 25%。但当 σ_2 方向压应力的增大较大时，σ_1 方向的混凝土抗压强度提高幅度较小。

（2）当混凝土处在双向受拉状态时，σ_1 方向的混凝土抗拉强度基本上与 σ_2 方向拉应力大小无关，也即混凝土的双向抗拉强度与单向抗拉强度基本一致。

（3）当混凝土处在一向受压一向受拉状态时，σ_1 方向的混凝土抗压强度随着 σ_2 方向的拉应力增大而降低，或 σ_2 方向的混凝土抗拉强度会随 σ_1 方向的压应力增大而降低，降低程度均较大。

双向受力条件下的混凝土强度可以按下列公式进行近似计算：

双向受压
$$\begin{cases} \dfrac{f_c^*}{f_c} = 1 + \dfrac{\alpha}{1.2 - \alpha} & (\alpha < 0.2) \\[3mm] \dfrac{f_c^*}{f_c} = 1.2 & (0.2 \leqslant \alpha \leqslant 1.0) \end{cases} \tag{2-7}$$

双向受拉
$$\frac{f_t^*}{f_t} = 1.0 \tag{2-8}$$

一拉一压
$$\frac{f_t^*}{f_t} = 1.0 - \frac{f_c^*}{f_c} \tag{2-9}$$

式中，α ——混凝土两向压应力之比；

f_c^*、f_t^* ——双向受力状态下混凝土的抗压、抗拉强度；

f_c、f_t ——单向受力状态下混凝土的抗压、抗拉强度。

2. 三向受力状态下的混凝土强度

三向受力状态下混凝土强度的研究多集中在三向受压的情况。试验结果表明，最大主压应力方向的抗压强度 f_c^* 因侧向压应力 σ_r 的增大而提高，见图 2-6。

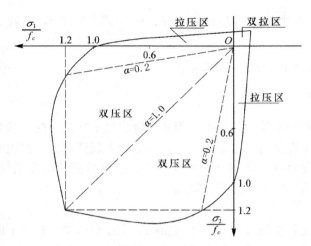

图 2-5 双向受力下的混凝土强度曲线　　图 2-6 三向受压下的混凝土强度曲线

三向受压状态下混凝土的抗压强度可用下式表示：

$$f_c^* = f_c + 4\sigma_r \tag{2-10}$$

3. 剪压受力状态下的混凝土强度

混凝土还常处在单向压应力和剪应力共同作用的复合受力状态下。当压应力 $\sigma \leqslant 0.6f_c$ 时，混凝土的抗剪强度可随压应力的增大而提高；而当 $\sigma > 0.6f_c$ 后，抗剪强度又很快降低，见图 2-7。两者间的关系可用下式表示：

$$\frac{\tau}{f_c} = \sqrt{a + b\left(\frac{\sigma}{f_c}\right)^n - c\left(\frac{\sigma}{f_c}\right)^2} \tag{2-11}$$

式中，a、b、c、n——常数，由试验结果确定；

　　　　σ、τ——混凝土的压应力和剪应力；

　　　　f_c——单向受压时混凝土的轴心抗压强度。

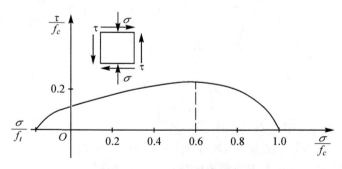

图 2-7 剪压状态下的混凝土强度曲线

2.1.3 混凝土的变形性能

混凝土的变形按其产生的原因可分为两类：因外荷载作用而产生的变形称为受力变

形；因环境条件(温度、湿度等)改变而产生的变形称为非受力变形。

1. 混凝土的受力变形

混凝土的受力变形对结构内力分布的影响很大，因此对其研究也显得更为重要。混凝土受力变形的大小及变化规律与外荷载的大小、持续时间长短和循环次数有很大的关系。据此可将混凝土的受力变形分为如下四种变形。

1)混凝土在一次短期受压作用下的变形性能

对混凝土棱柱体试件进行一次短期受压试验，可以得到混凝土短期受压的应力-应变(σ-ε)关系曲线，见图 2-8。完整的混凝土应力-应变曲线是由上升段和下降段两大部分组成的。

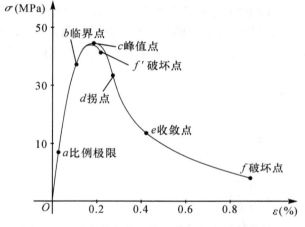

图 2-8　一次短期加载下的混凝土应力-应变曲线

当 $\sigma < 0.4f_c$ (a 点)时(σ-ε 曲线的 Oa 段)，混凝土的变形主要是受力骨架(由骨料和水泥石组成)的弹性变形，而水泥凝胶体的黏性流动及初始微裂缝变化的影响一般均很小，所以应力-应变关系接近于直线。

当 $0.4f_c \leqslant \sigma < 0.8f_c$ 时(σ-ε 曲线的 ab 段)，由于水泥凝胶体的黏性流动和骨料结合面处裂缝的扩展而产生塑性变形，这些塑性变形的产生和发展将导致应力-应变曲线逐渐弯曲，当应力接近 $0.8f_c$ 时，裂缝快速扩展延伸并逐步连贯起来，塑性变形增长更快，导致应力-应变曲线显著弯曲。

当 $0.8f_c \leqslant \sigma \leqslant f_c$ 时(σ-ε 曲线的 bc 段)，在 $\sigma > 0.8f_c$ 后，试件进入裂缝的不稳定扩展阶段，应力增加很小而塑性变形急速增长，导致应力-应变曲线迅速弯曲。

当 $\sigma = f_c$ 时(σ-ε 曲线的 c 点)，试件达到了最大的承载能力。此时应变称为峰值应变 ε_0。在此期间，试件裂缝呈现失稳扩展状态，裂缝全部连贯而形成通长纵向裂缝，试件整体性受到严重的破坏，导致其承载能力急剧下降。但由于裂缝处的骨料间咬合力和摩擦力开始发挥愈来愈大的作用，试件仍能承受一定的荷载；只有在骨料间咬合力及摩擦力的影响完全消失后，试件丧失承载能力。

如果在普通试验机上进行试验，试件达到最大应力后就会立即崩碎，呈脆性破坏特征，其应力-应变曲线见图 2-8 中的 $Oabcf'$ 曲线。如果采用可控制试件应变速度的特殊试验机或在普通试验机中加设弹簧、液压千斤顶等吸能装置，则当应力达到最大应力 f_c 时，试验机所释放出来的弹性变形能大部分将由吸能装置承担，因而试件不会立即破坏，从而可测得应力-应变曲线的下降段。此时的应力-应变全过程曲线见图 2-8 中的 $Oabcdef$ 曲线。曲线末端 f 点的应变称为混凝土的极限压应变 ε_{cu}。ε_{cu} 值越大，表示混凝土的塑性变形能力越大。

研究表明，混凝土的破坏是其内部薄弱结合状态（界面裂缝）造成的，即骨料和水泥石的结合面上存在的界面裂缝不断扩展和延伸造成的。

影响混凝土一次短期受压应力-应变关系曲线的因素很多，如混凝土的强度等级、加载速度等。试验结果表明，不同强度等级混凝土的应力-应变关系曲线上升段的差异较小，而下降段的差异较大[15-16]。混凝土强度越高，下降段的斜率越大，破坏越快，其变形能力越小，见图 2-9。试验结果还表明，加载速度越快，曲线上升段的斜率就越大，下降段延伸长度就越短，变形能力就越差。

混凝土的应力-应变关系是结构设计和理论研究的基础之一，鉴于混凝土应力-应变关系的复杂性，用简单的数学模型难以精确表示，因此均采用近似方法进行拟合。如混凝土单向受压下的应力 σ_c 与应变 ε_c 的关系可近似用下列函数表示，见图 2-10。

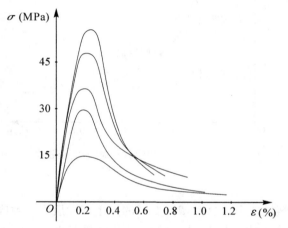 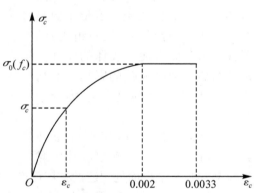

图 2-9　不同强度等级混凝土的应力-应变关系　　　图 2-10　混凝土本构关系的近似模型

$$\sigma_c = \begin{cases} f_c\left[2\dfrac{\varepsilon}{\varepsilon_0} - \left(\dfrac{\varepsilon}{\varepsilon_0}\right)^2\right] & \varepsilon_c < \varepsilon_0 \\ f_c & \varepsilon_0 \leqslant \varepsilon_c \leqslant \varepsilon_{cu} \end{cases} \qquad (2\text{-}12)$$

式中，σ_c、f_c——混凝土的压应力和轴心抗压强度；

　　　ε_c——混凝土的压应变；

　　　ε_0——峰值压应变，取 $\varepsilon_0 = 0.002$；

　　　ε_{cu}——混凝土的极限压应变，取 $\varepsilon_{cu} = 0.0033$。

2）混凝土在一次短期受拉作用下的变形性能

由混凝土拉伸试验得到的应力-应变关系曲线见图 2-11（a），从图中可看出，当拉应力在 $(0.7\sim0.8)f_{tu}$ 范围内时，拉应力 σ_t 与拉应变 ε_t 基本为线性关系，随荷载继续增大，应力-应变关系逐渐偏离直线并明显向下弯曲。拉应力超过峰值 f_{tu} 后，混凝土应力-应变关系快速下降，表现出"软化"特征。

混凝土拉伸试验结果的离散性很大，对大量实测数据进行统计分析，得出拉应力达到

峰值 f_{tu} 时的拉应变 $\varepsilon_{t0} = (0.8 \sim 2.0) \times 10^{-4}$，混凝土断裂时的拉应变极限值 $\varepsilon_{tu} = (1.6 \sim 5.5)$ $\times 10^{-4}$。

根据混凝土拉伸试验得到的实际的应力-应变关系曲线，在不考虑曲线下降段的条件下，可将混凝土的受拉应力-应变关系曲线简化成两折线，见图 2-11（b），相应的表达式为：

$$\sigma_t = \begin{cases} \varepsilon_t E_c & \varepsilon_t \leqslant \varepsilon_{te} \\ f_t \left[1 - \dfrac{0.1}{\varepsilon_{te} - \varepsilon_{t0}} (\varepsilon_t - \varepsilon_{t0}) \right] & \varepsilon_{te} < \varepsilon_t \leqslant \varepsilon_{t0} \end{cases} \qquad (2\text{-}13)$$

式中，ε_{te}——混凝土的弹性拉应变，$\varepsilon_{te} = f_t / E_c$；

$\quad\quad \varepsilon_{t0}$——混凝土的峰值拉应变；

$\quad\quad f_t$——混凝土的轴心抗拉强度。其余符号意义同前述。

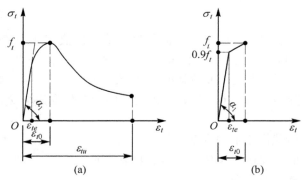

图 2-11　混凝土实际和简化的受拉应力-应变关系曲线

3）混凝土在重复受压作用下的变形性能

混凝土棱柱体在重复受压作用下，其应力-应变关系曲线与一次短期加载下的曲线有明显不同。当荷载加至某一较小应力值后再卸载，混凝土的部分应变（弹性应变 ε_e）可立即得以恢复或经过一段时间后得以恢复；而另一部分应变（残余应变 ε_p）则不能恢复，见图 2-12。因此在一次加、卸载循环的过程中，混凝土的应力-应变关系曲线基本上形成一个闭合环。随着加、卸载重复次数的增加，混凝土的残余变形将逐渐减小，其应力-应变关系曲线的上升段与下降段也逐渐靠近；经过一定次数（5~10 次）的加、卸载，混凝土应力-应变关系曲线退化为直线且与一次短期加载时混凝土应力-应变关系曲线上过原点的切线基本平行，表明混凝土此时基本处于弹性工作状态，见图 2-13。

在较高的应力水平下对混凝土施加重复荷载，经多次的重复加载后，应力-应变关系曲线仍会退化为一条直线。但若继续重复加载，应力-应变关系曲线则逐渐由向上凸的曲线变成向下凸的曲线，同时加、卸载循环的应力-应变曲线不再形成闭合环。这种现象标志着混凝土内部裂缝显著地发展。随着重复加载的次数增多，应力-应变关系曲线的倾角越来越小，最终混凝土试件因裂缝过宽或变形过大而破坏。这种因荷载重复作用而产生的破坏称为混凝土的疲劳破坏。

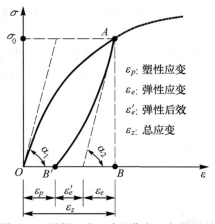
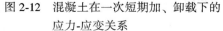

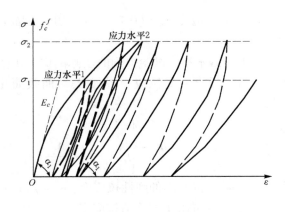

图 2-12　混凝土在一次短期加、卸载下的
　　　　应力-应变关系

图 2-13　混凝土在重复受压下的应力-应变关系

混凝土的疲劳破坏强度与其应力最小值与最大值的比值 ρ' 和荷载的重复次数有直接关系，ρ' 值越小和荷载重复次数越多，混凝土的疲劳强度越低。如当 $\rho'=0.15$，荷载的重复次数为 200 万次，混凝土的受压疲劳强度为 $(0.55\sim0.65)f_c$，当荷载重复次数增至 700 万次时，疲劳强度则降为 $(0.50\sim0.60)f_c$。混凝土的疲劳强度为承受 200 万次重复荷载而发生破坏的压应力值。

4）混凝土在长期荷载作用下的变形

混凝土在荷载长期持续作用和其应力不变的条件下，混凝土变形会随时间的增长而增大，这种现象称为混凝土的徐变。

典型的混凝土徐变曲线见图 2-14。在加载（$\sigma<0.5f_c$）瞬间，混凝土试件产生瞬时弹性应变，若荷载保持不变，则混凝土的应变会随时间增长而继续增大，应变初期增长较快，后期则逐渐减缓，经过相当长的时间才趋于稳定。最终的徐变约为瞬时受力应变的 2~4 倍。

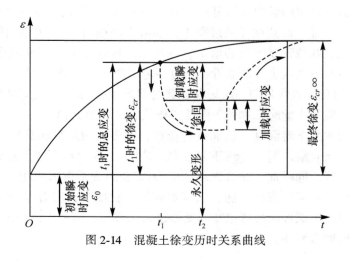

图 2-14　混凝土徐变历时关系曲线

当徐变产生后，再将混凝土试件上的荷载卸去，则混凝土的应变将减小。荷载卸除后立刻减小的部分应变为混凝土的弹性应变，另一部分应变在卸载后的一段时间内可逐渐减小，这部分应变称为弹性徐回。大部分的徐变应变是不可恢复的，称为永久变形。如果再开始加载，则弹性应变和徐变即刻产生，又重复前面的变化。

混凝土产生徐变的原因主要有两方面：一是在荷载的作用下，混凝土内的水泥凝胶体产生过程漫长的黏性流动；二是混凝土内部微裂缝在荷载长期作用下的扩展和增加。

影响混凝土徐变的因素很多，通过对大量试验结果的分析得知，这些因素主要是：

（1）混凝土徐变与其上的应力水平有关。当混凝土应力较小（$\sigma \leqslant 0.5f_c$）时，徐变的大小主要受混凝土内凝胶体流变的影响并与其应力大小成正比，这种徐变称为线性徐变。在线性徐变的条件下，半年时间的徐变可达最终徐变的 $70\% \sim 80\%$，一年后的徐变趋于稳定，数年后徐变结束。当应力超过 $0.6f_c$ 时，徐变的大小主要与混凝土中微裂缝的扩展有关系，而与应力水平不成正比。此时徐变增幅逐渐加大且不能稳定，这种徐变称为非线性徐变，见图 2-15。当应力超过 $0.75f_c$ 时，在一定的加载时间内，混凝土就会破裂，这种现象称为徐变破裂。鉴于混凝土的这一特性，应尽量避免混凝土在高应力状态下工作。

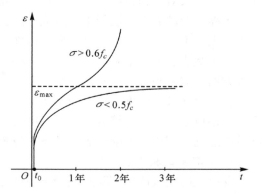

图 2-15　不同应力水平下的混凝土徐变

（2）徐变与混凝土加载时的龄期有关。一般而言，混凝土龄期愈长，其内部凝胶体则愈少，故凝胶体在荷载作用下的流变总量（徐变）就愈小。反之则混凝土的徐变就愈大。

（3）环境湿度对徐变有较大影响。环境湿度愈大，混凝土中水泥的水化作用愈完全，凝胶体含量愈低，徐变值就愈小。

（4）水泥品种和用量也会影响混凝土徐变的大小。水泥活性低会导致水泥水化作用不充分，混凝土中凝胶体的数量就会增多；而水泥用量大亦会增加混凝土中凝胶体的含量，从而导致混凝土徐变值增大。

混凝土徐变对结构的影响既有有利的一面，也有不利的一面。例如混凝土结构的局部应力集中现象会因徐变而得到缓和；徐变也可以调整结构中钢筋与混凝土的应力分布，使结构的应力分布和材料的利用趋于合理。当然混凝土徐变也会加大构件的变形，降低构件的刚度。在预应力混凝土结构中，徐变会增大预应力钢筋的应力损失，降低构件的预应力效果。

2. 混凝土的温度变形和干缩变形

混凝土因外界温度的变化及混凝土初凝期产生的水化热等原因而产生温度变形，这是一种非直接受力的变形。当构件变形受到限制时，温度变形将在构件中产生温度应力。大体积混凝土常因水化热而产生相当大的温度应力，甚至超过混凝土的抗拉强度，造成混凝土开裂，严重时会导致结构承载能力和耐久性的下降。

混凝土的温度变形和温度应力除了与温差或水化热量有关外，主要还与混凝土的温度膨胀系数 α_c 有关，α_c 的大小主要取决于骨料的性质和水泥品种。α_c 一般在 $1.0 \times 10^{-5} \sim 1.5 \times 10^{-5}/℃$ 之间，计算时可取为 $1.0 \times 10^{-5}/℃$。

当混凝土处在干燥的外界环境下，其体内的水分逐渐蒸发，导致混凝土体积减小（变形），此种变形称为混凝土的干缩变形，这也是一种非直接受力的变形。当混凝土构件受到内外部约束时，干缩变形将产生干缩应力。干缩应力过大时构件上将产生裂缝。对于厚度较大的构件，干缩裂缝多出现在表层，仅对其外观和耐久性产生不利影响；而对于薄壁构件而言，干缩裂缝多为贯穿性裂缝，对结构将产生严重的损害。当混凝土处在潮湿环境下，因体内水分得以补充而导致混凝土体积膨胀，由于体积增大值比缩小值小很多，加之体积膨胀一般对结构将产生有利影响，因此设计中可不考虑湿胀对结构的有利影响。

干缩变形的大小与混凝土的组成、配合比、养护条件等因素有关。水泥用量多、水灰比大、振捣不密实、养护条件不良、构件外露表面积大等因素都会造成干缩变形增大。

为了减小温度变形和干缩变形对结构的不利影响，可从施工工艺、施工管理及结构形式等方面采取措施减小结构的非受力变形。如采用低水化热水泥或添加冰块以及布置循环冷水管道等来减小温度变形；减小构件的外表面积和加强混凝土振捣及养护等来减小干缩变形；还可通过设置伸缩缝来降低温度变形和干缩变形对结构的不利影响。对处在环境温度及湿度剧烈变化的混凝土表面区域内设置一定数量的钢筋网可减小裂缝宽度。

3. 混凝土的极限应变值

混凝土的极限应变值除与混凝土的性能有关系外，主要还与加载、量测的方法有关。由于混凝土材料性能的变异性，加之试验方法的不完全统一，因此极限应变的实测值较为分散。

混凝土均匀受压时的 ε_{cu} 为 $0.0008 \sim 0.003$，计算时可取 $\varepsilon_{cu} = 0.002$；混凝土偏心受压时的 ε_{cu} 为 $0.0025 \sim 0.004$，计算时可取 $\varepsilon_{cu} = 0.0033$；混凝土轴心受拉时的 ε_t 为 $0.00005 \sim 0.00022$，计算时可取 $\varepsilon_t = 0.0001$。

2.1.4 混凝土的弹性模量、泊松比及剪切模量

1. 混凝土的弹性模量

从严格意义上说，混凝土不存在所谓的弹性模量。但在计算超静定结构的内力、变形、温度应力、干缩应力及一些特殊问题时，将不可避免地会遇到如何确定混凝土的"弹性模量"的问题。因此需要明确混凝土弹性模量的定义及其具体的计算方法。

1）混凝土的初始弹性模量

混凝土受压时的应力-应变关系呈曲线状，因此混凝土"弹性模量"的大小与其上的应力水平有关系。在低应力水平下，混凝土的应力-应变关系曲线近似于直线，图 2-16 中曲线原点 O 切线的斜率即为混凝土的初始弹性模量，习惯上直接称之为混凝土的弹性模量。确定此弹性模量的方法有两种：

（1）利用混凝土的应力-应变关系曲线的起始段大体为直线的特点，测得低应力时（如 $\sigma \leq 0.4f_c$）混凝土的应力 σ 和应变 ε，初始弹性模量 $E_c = \sigma/\varepsilon$。

（2）利用低应力下多次重复加卸载后混凝土的应力-应变关系曲线近似呈直线状的特

点，测得应力增量 $\Delta\sigma$ 和应变增量 $\Delta\varepsilon$，初始弹性模量 $E_c = \Delta\sigma/\Delta\varepsilon$，见图 2-17。

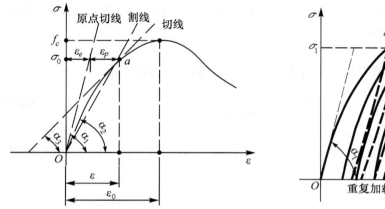

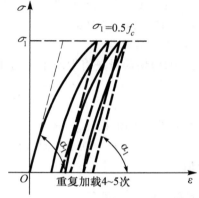

图 2-16 混凝土的各种模量   图 2-17 重复加载法确定混凝土的原点弹性模量

根据大量试验结果的分析，可建立混凝土初始弹性模量 E_c 和立方体抗压强度 f_{cu} 间的统计关系：

$$E_c = \frac{10^5}{2.2 + \dfrac{34.7}{f_{cu,k}}} \qquad (\text{N/mm}^2) \qquad (2\text{-}14)$$

规范 NB/T 11011—2022 关于混凝土弹性模量 E_c 的取值见附录 1 附表 1-3。

随着混凝土龄期的增长，不但混凝土强度随时间会逐渐增加，而且混凝土的弹性模量也会随时间缓慢增大。但是除了加载时龄期较长的大体积混凝土可以考虑初始弹性模量的变化外，一般可不考虑混凝土弹性模量的变化。

2) 混凝土的变形模量

当混凝土所受应力较高时，混凝土的塑性性质较为明显，在实际计算中，常以混凝土应力与应变的比值作为其变形模量 E'，由图 2-16 可知，过曲线上 O 点和 a 点（应力 σ）作割线，割线的斜率即为变形模量（割线模量）。为了便于计算，可建立混凝土变形模量 E' 与弹性模量 E_c 间的关系：

$$E' = \nu E_c \qquad (2\text{-}15)$$

式中，ν 为弹性系数，通常，当 $\sigma \leq 0.3f_c$ 时，$\nu = 1.0$；当 $\sigma = 0.8f_c$ 时，$\nu = 0.5 \sim 0.7$。

3) 混凝土的切线模量

混凝土应力-应变关系曲线上某一点切线的斜率为混凝土的切线模量 E''。即：

$$E'' = \frac{\mathrm{d}\sigma}{\mathrm{d}\varepsilon} \qquad (2\text{-}16)$$

混凝土的切线模量是一变量，它与混凝土的应力大小有关，应力越大，则 E'' 越小。

4) 混凝土的抗拉弹性模量

混凝土的抗拉弹性模量 E_t 可以按其抗压弹性模量值 E_c 取用，混凝土的抗拉变形模量可以按 $E'_t = \nu E_c$ 计算，在混凝土即将开裂时，取 $\nu = 0.5$。

2. 混凝土的泊松比

在轴向压力作用下，混凝土将产生纵向压应变和横向拉应变，其拉、压应变的比值称为混凝土的泊松比。混凝土的泊松比 ν_c 也是随应力大小而变化的。规范 NB/T 11011—2022 规定，泊松比 ν_c 取为 0.167。

3. 混凝土的剪切模量

混凝土的剪切模量是将混凝土视为弹性材料，然后按弹性理论求出：

$$G_c = \frac{E_c}{2(1 + \nu_c)} \tag{2-17}$$

式中，ν_c 为混凝土的泊松比。

由上式可知，当 $\nu_c = 0.167$ 时，$G_c = 0.428E_c$，规范 NB/T 11011—2022 规定 G_c 可按 $0.4E_c$ 取值。

2.1.5　混凝土的重力密度

混凝土的重力密度与所采用骨料的重力密度及混凝土的密实程度有关，在正常条件下，这个差异较小，规范 NB/T 11011—2022 规定，混凝土的重力密度由试验确定，当缺乏试验资料时，素混凝土可取 24kN/m³，钢筋混凝土可取 25kN/m³。

当结构稳定性需由混凝土的自重来保证时，混凝土的重力密度应由试验加以确定。

2.1.6　混凝土的其他特性

混凝土的耐久性是混凝土在使用环境下抵抗各种物理和化学作用的能力。混凝土的耐久性与其抗渗性、抗冻性、抗化学侵蚀性等密切相关。抗渗性是指混凝土抵抗液体在其压力作用下渗透的能力；抗冻性是指混凝土在饱水状态下，经受多次冻融循环作用，仍能保持强度不变和外观完整性的能力。抗侵蚀性是指混凝土在化学物的介质中，不发生物理化学变化或破坏的能力。

在一般正常的环境条件下，混凝土的耐久性是较好的；但在特殊的环境条件下，混凝土的耐久性就显得不足。例如在严寒地区，混凝土因受冻融循环而疏松；在高速水流的冲击下，混凝土容易受到磨损和气蚀；水工混凝土结构还存在渗流的危害等。因此除了要掌握混凝土的强度及变形等主要性能外，还需了解水工混凝土的抗冻性、抗冲耐磨性、抗渗性及抗侵蚀性等，以保证混凝土在特殊环境条件下安全、可靠且具有良好的耐久性。规范 NB/T 11011—2022 对混凝土的特殊性能均作出了具体的规定和要求。

2.2　钢筋品种及力学性能

2.2.1　钢筋的品种及分类

混凝土结构中常用的钢筋有热轧钢筋(光面或带肋)、消除应力钢丝、预应力钢绞线、热处理钢筋、冷加工钢筋等。热轧钢筋是由钢材在高温状态下轧制而成的，根据其强度高低分为四个级别；消除应力钢丝(光面、螺旋肋及刻痕钢丝)是将优质热轧钢筋拉拔后，经中温回火和稳定性处理的钢丝；预应力钢绞线是将多根钢丝绞捻成钢绞线，再经过低温回火处理以消除内应力而成；特定强度的热轧钢筋经过加温、淬火和回火的调质处理后，钢筋强度显著提高而延伸率降低较小，即为热处理钢筋；在常温（或较高温度）下用拉伸、拉拔或轧制等方法对热轧钢筋进行处理，从而得到屈服强度更高的钢筋即为冷加工钢筋。

不同品种的钢筋有不同的化学成分，化学成分的不同及其含量的高低对钢筋的各种力学性能和其他机械性能有着不同的影响。依据钢材的化学成分，钢材可分为普通碳素钢和普通低合金钢两类。当钢材的主要化学成分是铁元素和碳元素时，称为碳素钢。碳素钢按其碳元素含量的高低又可分为低碳钢（碳含量<0.25%）、中碳钢（碳含量为0.25%～0.60%）及高碳钢（碳含量>0.60%）。在碳素钢中加入少量的其他合金元素则可明显地提高钢材的屈服强度及变形性能，这种钢材称为普通低合金钢。在土木工程中，普通低合金钢筋的应用最为广泛。常用的合金元素有锰元素、硅钒元素、硅钛元素及硅锰元素等合金体系。

抗拉强度较低的钢筋多为光圆钢筋，见图2-18（a）。对于抗拉强度较高的钢筋来说，影响其充分发挥强度的重要因素是钢筋与混凝土间的粘结性能。为了提高钢筋与混凝土的粘结性能，常将钢筋表面轧制出各种凸凹不平的纵、横肋，形成月牙纹、人字纹及螺旋纹钢筋等，统称为变形钢筋，见图2-18（b）、（c）及（d）。

钢筋的轧制长度与钢筋的外形及直径有关，直径 $d \leqslant 10\text{mm}$ 的光圆钢筋的轧制长度较大，常绕成圆盘状，直径 $d \geqslant 12\text{mm}$ 的光圆钢筋及带肋钢筋的轧制长度一般为9～12m。

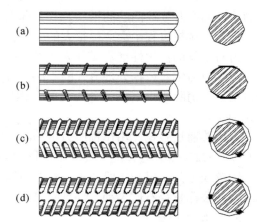

图2-18　钢筋表面及截面形状

由于设计要求的不同，各种钢筋混凝土构件的受力性能存在着差异，所以构件中所采用的钢筋种类也就不同。下面简单介绍钢筋混凝土结构中常用的钢筋种类。

1. 热轧钢筋

热轧钢筋依据其抗拉强度指标的高低分为四个级别：HPB300（符号Φ）、HRB400（符号Φ）、RRB400（符号Φ）、HRB500（符号Φ）；其中HPB或HRB为钢筋牌号，字母H、P、R、B分别表示热轧（Hotrolled）、光面（Plain）、带肋（Ribbed）和钢筋（Bars）。钢筋牌号后的数字为钢筋屈服强度的标准值[17-18]。

（1）HPB300钢筋为热轧光圆低碳钢筋，直径为6～22mm，其塑性变形、焊接及冷加工等性能均很好，但强度不高且与混凝土的粘结性能稍差，常需在钢筋末端设置弯钩。直径在6～14mm的HPB300钢筋多用作小规格梁柱构件的箍筋和其他构件的构造配筋，16～22mm直径的HPB300钢筋可用作预制构件的吊环钢筋。

（2）HRB400钢筋是普通低合金钢钢筋，直径为6～50mm，为变形钢筋；HRB400钢筋强度较高，塑性变形及焊接性能也比较好，因此可用作各类结构中的受力钢筋。

（3）RRB400 余热处理钢筋是热轧后的钢筋经高温淬水、余热处理后的钢筋。余热处理后钢筋的强度得以提高，但其延性、可焊性及施工适应性等有所降低，因其经济性较好，仍可用于对钢筋延性、冷弯性及可焊性要求相对较低的地基基础、大体积混凝土和重要性较低的次要构件上。

（4）HRB500 钢筋也是普通低合金钢钢筋，直径为 6~50mm，为等高肋纹、人字纹或螺旋纹的变形钢筋。因钢筋强度高，一般将其进行冷拉后用作预应力钢筋。因 HRB500 钢筋韧性、塑性变形及焊接性能等均较差，在承受重复荷载和无专门焊接设备的条件下，钢筋不宜有焊接接头。另外 HRB500 钢筋有较严重的冷脆性，低温（≤−30℃）场合下不宜采用。

2. 高强钢丝及钢绞线

螺旋肋钢丝是以热轧低碳钢或热轧低合金钢的钢筋为母材，经冷轧后在其表面冷轧成二面或三面有月牙纹凸肋的钢丝。其公称直径有 5mm、7mm、9mm 等 3 种。

钢丝在拉拔过程中会产生很大的应力，而拉拔后的钢丝上还存有较大的残留应力，残留应力对钢丝的使用性能有着不利的影响。将残留应力消除掉的钢丝则称为消除应力钢丝。消除应力钢丝依据处理方式的不同，可分为低松弛和普通松弛两种，目前主要采用低松弛钢丝。消除应力钢丝可分为光圆、螺旋肋两种[19]，其公称直径有 5mm、7mm、9mm 等 3 种。

采用普通松弛钢丝用作预应力钢筋时，因钢筋松弛造成预应力损失较大，现行国家标准 GB/T 5223—2014《预应力混凝土用钢丝》不推荐采用普通松弛钢丝。

钢绞线分为 3 股和 7 股两种。对 7 根钢丝捻制的钢绞线还可再经模拔而制成钢绞线。钢绞线的公称直径有许多种，详见附录 1 附表 1-5。

3. 热处理钢筋

热处理钢筋的直径为 6~12mm，外形为等高肋纹。热处理钢筋强度很高，变形性能也较好，可直接用作预应力钢筋。但应注意防止钢筋产生腐蚀裂纹进而造成钢筋在高应力状态下的断裂。热处理钢筋不适用于焊接和点焊。

4. 螺纹钢筋

水利水电工程中常采用螺纹钢筋作为预应力锚杆，在水电站地下厂房的预应力岩壁吊车梁中也多采用螺纹钢筋。螺纹钢筋以屈服强度高低来划分级别，无明显屈服强度时用规定的"条件屈服强度"来代替。螺纹钢筋的直径较大，从 18mm 到 50mm 共 5 种。此类钢筋在桥梁工程中也有较多的应用。

各种钢筋的名称及其强度值，见附录 1 的附表 1-4~附表 1-7。

2.2.2　钢筋的力学性能

不同种类钢筋因化学成分不同以及制造工艺上的差异，其力学性能有显著的差别。依据钢筋拉伸试验的应力-应变关系曲线是否存在屈服台阶，可将钢筋划分为软钢及硬钢两大类。

1. 软钢的力学性能

根据软钢的应力-应变关系曲线的变化特点，可以将软钢从开始加载到钢筋拉断的受力全过程分为四个阶段：弹性阶段、屈服阶段、强化阶段及破坏阶段。

图 2-19 给出了 HPB300 钢筋受拉时的应力-应变关系曲线。从图中可知，应力值达到 a 点前，应力与应变按比例变化，因此 a 点所对应的应力值称为比例极限，Oa 段为弹性阶段。超过 a 点后，钢筋开始缓慢流变，相对应的应力称为屈服强度，ad 段为屈服阶段。经过屈服台阶后，钢筋的应力又继续增大并逐步地达到曲线最高点 e，e 点所对应的应力值称为极限强度，de 为强化阶段。此后，钢筋立刻产生急剧变形且截面显著缩小（局部颈缩），应力也随之迅速下降，随后钢筋在 f 点被拉断，ef 段即是破坏阶段。

从图 2-19 可看出软钢有两个明显的强度指标：屈服强度和极限强度。受加载速度、截面形式以及不同材质的影响，钢筋的屈服强度值上、下波动，见图中 b、c 点。屈服强度的最大值及最小值称为屈服强度上、下限值，有明显流幅的钢筋是以屈服强度下限值作为其屈服强度 σ_y 的取值依据。对于一般的钢筋混凝土构件，当钢筋应力达到屈服强度 σ_y 后，钢筋在应力基本不变的情况下仍可产生较大的塑性应变，势必导致构件破坏或产生过大的变形和裂缝而不能正常使用，因此在结构设计计算中均取钢筋的屈服强度 σ_y 作为其强度的标准值，而将强化阶段内的强度增幅作为安全储备。极限强度 σ_u 是应力-应变曲线中的最大应力值，是抵抗结构破坏的重要指标，对钢筋混凝土结构抵抗反复荷载的能力有直接影响。

由图 2-20 可看出，各种热轧钢筋拉伸试验的应力-应变关系曲线是相似的，不同的是钢筋的抗拉强度越高，其伸长率就越低，屈服台阶也就越短。

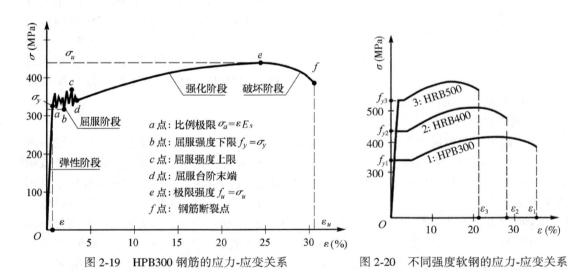

图 2-19　HPB300 钢筋的应力-应变关系　　　　图 2-20　不同强度软钢的应力-应变关系

钢筋塑性变形是指钢筋应力超过其比例极限应力后的变形，其数值的大小对钢筋混凝土结构是非常重要的指标。当钢筋塑性变形能力较强时，结构发生破坏前可出现明显预兆（过大的变形和过宽的裂缝），从而可采取措施防止破坏或减小损失。

钢筋受拉伸长率 δ 和冷加工时的弯转角度 a 是衡量钢筋塑性变形能力的常用指标。

伸长率是钢筋拉断后的伸长量与原长的比值（即应力-应变曲线中钢筋拉断时的最大应

变值），用下式表示：

$$\delta = \frac{l_l - l_0}{l_0} \times 100\% \qquad (2\text{-}18)$$

式中，δ——钢筋伸长率；

　　　l_0——钢筋受拉前的原长；

　　　l_l——钢筋拉断时的实际长度。

伸长率 δ 越大，表明钢材的塑性变形能力越好。伸长率与测量标距有关，热轧钢筋的测量标距取试件直径的 10 倍长度，其伸长率以 $\delta10$ 表示。钢丝的测量标距取 100mm，以 $\delta100$ 表示。钢绞线的测量标距取 200mm，以 $\delta200$ 表示。

冷加工时的冷弯角 a 可用于表述钢筋在常温下承受塑性弯曲变形的能力。最小冷弯角 a 是指将直径 d 的钢筋绕直径 D 的钢辊进行弯转，在保证钢筋表面不产生裂纹、鳞落或断裂等现象下的最小弯转角度。

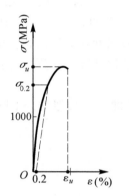

图 2-21　硬钢的应力-应变关系

2. 硬钢的力学性能

硬钢受拉时的应力-应变关系曲线，如图 2-21 所示，其应力-应变关系呈迅速上升的曲线形状，没有明显的屈服台阶且最终应变很小。对比图 2-19 和图 2-21 可知，硬钢的力学性能完全不同于软钢。

硬钢的抗拉强度很高，明显的强度指标只有极限抗拉强度。为了在设计计算中与软钢相一致，在实际应用上可取残余应变（钢筋加卸载后留下的应变）为 0.2% 时的应力值作为硬钢的屈服强度指标，称为"条件屈服强度"或"协定流限"，用 $\sigma_{0.2}$ 表示。"条件屈服强度"大体相当于极限抗拉强度的 70% ~ 90%。NB/T 11011—2022 取极限抗拉强度的 85% 作为硬钢的条件屈服强度。

3. 钢筋的疲劳强度

钢筋内不可避免地存在着微细裂纹和杂质，加上轧制、运输、施工过程中给钢筋造成斑痕、凸凹、缺口等表面损伤，在外力特别是重复性外力作用下，钢筋内外部缺陷处或钢筋表面形状突变处将产生应力集中现象。内外部缺陷处的裂纹在高应力的重复作用下会不断扩展或产生新裂纹，最后导致钢筋的断裂，此时钢筋上的应力水平低于钢筋的屈服强度，这种在重复加载下的钢筋截面平均应力低于屈服强度时的断裂称为钢筋的疲劳破坏。

钢筋的疲劳强度 f_y^f 除了与钢筋的屈服强度 f_y 有关外，还受钢筋的应力特征值 ρ' 的影响。ρ' 为重复荷载作用下钢筋的最小、最大应力的比值。一般而言，ρ' 越小，疲劳强度越低。钢筋的疲劳强度还与荷载的重复次数有关，重复次数越多，疲劳强度 f_y^f 就越低。当荷载重复次数达 200 万次以上时，$f_y^f = (0.44 \sim 0.55)f_y$。

钢筋的疲劳强度是指在规定的应力特征值 ρ' 下，经受规定的荷载重复次数（一般为 200 万次）发生疲劳破坏的最大应力值（按钢筋全截面计算）。

4. 钢筋的弹性模量

软钢在其应力小于屈服强度时，应力-应变曲线处于线弹性阶段，硬钢在其应力小于条件屈服强度时，应力-应变曲线也可近似看成处于线弹性阶段，因此不论是软钢或硬钢都可以把弹性阶段的应力和应变的比值作为钢筋的弹性模量。各种钢筋弹性模量的具体数值见附录 1 附表 1-8。

2.2.3 钢筋的应力-应变关系计算模型

对钢筋拉伸试验所得到的各种应力-应变关系进行合理的理想化处理，得到可用于结构计算的钢筋的应力-应变关系计算模型。

1. 软钢的应力-应变关系计算模型

根据是否考虑应变硬化效应，软钢的应力-应变关系计算模型有双直线和三折线两种[9]，双直线模型(图 2-22(a))的表达式为：

$$\left. \begin{array}{ll} \sigma_s = E_s \varepsilon_s & \varepsilon_s < \varepsilon_y \\ \sigma_s = f_y & \varepsilon_y \leqslant \varepsilon_s \leqslant \varepsilon_u \end{array} \right\} \qquad (2\text{-}19)$$

软钢的三折线模型(图 2-22(b))考虑了钢筋的应变硬化现象，更符合实际情况。三折线模型中前两段仍采用式(2-19)表达(但 ε_u 采用 ε_{ym} 代替)，而应变硬化段的表达式为：

$$\sigma_s = f_y + 0.01 E_s (\varepsilon_s - \varepsilon_{ym}) \leqslant f_u \qquad \varepsilon_{ym} < \varepsilon_s \leqslant \varepsilon_u \qquad (2\text{-}20)$$

式中，f_y、f_u——钢筋的屈服强度和极限强度；

σ_s、ε_s——任意时刻钢筋的应力及应变；

E_s——钢筋的弹性模量；

ε_y——钢筋屈服时的应变，$\varepsilon_y = f_y / E_s$；

ε_{ym}——钢筋屈服阶段的最大应变；

ε_u——钢筋断裂时的应变。

2. 硬钢的应力-应变关系模型

因硬钢无屈服台阶，一般采用双斜线的计算模型，见图 2-22(c)。该模型需考虑"条件屈服强度"点 B 和最大应力点 C 处的应力与应变，具体表达式为：

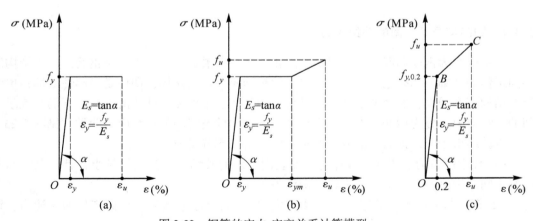

图 2-22　钢筋的应力-应变关系计算模型

$$\left.\begin{aligned}\sigma_s &= E_s\varepsilon_s & \varepsilon_s < 0.002 \\ \sigma_s &= f_{y,\,02} + \frac{f_u - f_{y,\,02}}{\varepsilon_u - 0.002}(\varepsilon_s - 0.002) & 0.002 \leqslant \varepsilon_s \leqslant \varepsilon_u\end{aligned}\right\} \tag{2-21}$$

式中，$f_{y,\,02}$——钢筋的"条件屈服强度"。

2.2.4　钢筋的焊接性能

实际工程中常需接长钢筋，接长钢筋的最常用方法是焊接，因此钢筋应具有良好的可焊性。钢筋化学成分的不同可造成其焊接性能也会有所差别，如钢筋中的硫、磷含量过高则会造成焊接时或焊接后的钢筋产生裂纹或断裂，因此不同的钢筋应采用不同的焊接方法。例如 HPB300 及 HRB400 等钢筋具有良好的焊接性能，一般可采用电弧焊或闪光对焊等方法；而对于焊接性能不好的 HRB500 钢筋等则应采用预热闪光对焊方法，或采用电渣压力焊等方法。

2.2.5　钢筋混凝土结构对钢筋性能的要求

(1)材料强度高。钢筋的屈服强度是混凝土结构设计的主要依据之一。采用较高强度的钢筋可节省钢筋用量，降低工程造价。

(2)塑性变形能力大。塑性变形能力大的钢筋可使构件在破坏前产生明显的破坏预兆，同时在钢筋的弯制过程中不易发生开裂现象。对于所有的钢筋均应满足现行规范所规定的伸长率和冷弯性能的要求。

(3)良好的焊接性能。保证钢筋焊接后不产生裂纹及过大的变形。

(4)与混凝土的粘结性能强。粘结性能直接影响钢筋的受力与锚固，从而影响钢筋与混凝土的共同工作，因此钢筋与混凝土间应具有良好的粘结性能；由于钢筋的表面形状对粘结性能影响最为直接，因此宜优先选用变形钢筋。

2.3　钢筋与混凝土的粘结性能

2.3.1　钢筋与混凝土间的粘结应力

粘结应力为钢筋和混凝土接触面上阻止两者相对滑移的剪应力，是钢筋混凝土结构能共同工作的基础。如果钢筋与混凝土之间的粘结应力遭到破坏，即使是局部性破坏，也将导致结构变形增大，裂缝增多加宽，最终结构破坏。根据受力性质的不同，钢筋与混凝土间的粘结应力可分为钢筋端部的锚固粘结应力和构件裂缝间的粘结应力两种，见图 2-23。

试验结果表明，钢筋与混凝土的粘结应力由三部分组成：

(1)化学胶着力。水泥凝胶体与钢筋表面之间的胶结力，其数值较小，且一旦钢筋与混凝土间产生滑移，化学胶着力将立即消失。

(2)钢筋与混凝土间的摩擦力。因混凝土收缩将钢筋紧紧握裹住而产生的摩擦力，钢筋所受到的挤压力以及接触面的粗糙程度越大，摩擦力就越大。

(3)钢筋表面凹凸不平与混凝土之间产生的机械咬合力。当钢筋与混凝土产生相对滑移时，嵌入混凝土内的钢筋表面"凸齿"将阻止钢筋滑移，因而产生机械咬合力，见图2-24。变形钢筋粘结力中的机械咬合力远大于化学胶着力和摩擦力。

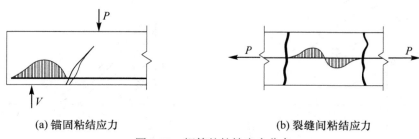

(a) 锚固粘结应力   (b) 裂缝间粘结应力

图 2-23   钢筋的粘结应力分布

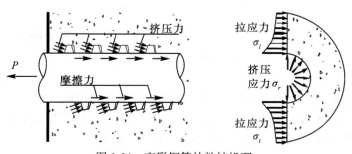

图 2-24   变形钢筋的粘结机理

由拉拔试验得到的粘结应力分布曲线见图2-25，图中上部曲线为钢筋的拉应力分布，下部曲线为钢筋与混凝土间的粘结应力分布。从图中可以看出，光圆钢筋和变形钢筋的粘结应力分布是不同的。光圆钢筋粘结应力分布范围较大，粘结应力的峰值位于分布区间的后半部；而变形钢筋的粘结应力分布范围较短，粘结应力的峰值位于分布区间的前端附近。这些特点表明变形钢筋的粘结能力高于光圆钢筋的粘结能力。

钢筋与混凝土间的粘结应力可采用拉拔试验确定，通过量测钢筋各点处的应变（见图2-26（a）），再根据钢筋微段两端钢筋拉力的差值与微段外表面粘结应力合力相等的静力平衡条件（见图2-26（b）），进而求得钢筋与混凝土间的粘结应力 τ，见图2-26（c）。即

$$
\left.
\begin{aligned}
u\Delta l\tau &= A_s E_s \Delta\varepsilon \\
\tau &= \frac{d}{4\Delta l} E_s \Delta\varepsilon
\end{aligned}
\right\}
\tag{2-22}
$$

式中，$\Delta\varepsilon$ —— Δl 两端的钢筋应变差值；

      Δl ——钢筋应变测量点之间的距离；

      d、A_s、u——钢筋直径、截面面积和截面周长；

      E_s ——钢筋的弹性模量。

影响钢筋与混凝土间粘结性能的主要因素有：

（1）混凝土强度。粘结能力与混凝土的抗拉强度成正比。

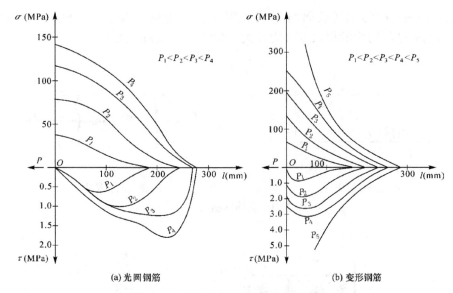

(a) 光圆钢筋　　　　　　　　(b) 变形钢筋

图 2-25　钢筋应力及粘结应力分布图

（2）钢筋表面形状。钢筋的表面形状对粘结能力有重要影响。

（3）钢筋的混凝土保护层厚度和钢筋之间的净间距。保护层厚度和净间距可增大钢筋外围混凝土的握裹范围，从而提高钢筋与混凝土间的粘结能力。

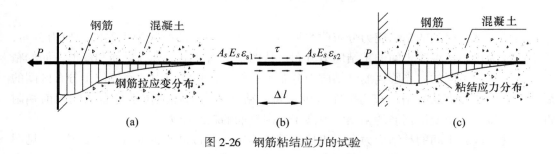

图 2-26　钢筋粘结应力的试验

2.3.2　钢筋的锚固

为了保证钢筋混凝土结构中受力钢筋的可靠工作，必须保证钢筋在混凝土中的可靠锚固，即保证受力钢筋在混凝土中有足够的锚固长度 l_a。而锚固长度 l_a 是根据钢筋达到屈服强度 f_y 时，钢筋开始滑移的静力平衡条件确定的。即：

$$\left.\begin{aligned} f_y A_s &= l_a u \overline{\tau} \\ l_a &= \frac{d}{4} \frac{f_y}{\overline{\tau}} \end{aligned}\right\} \tag{2-23}$$

式中，$\overline{\tau}$——钢筋锚固长度范围内粘结应力的平均值；

　　　　d——钢筋直径。

从上式可知，钢筋锚固长度与钢筋强度 f_y、钢筋直径 d 有关系。强度越高，直径越大，钢筋所需的锚固长度就越长。钢筋锚固长度还与上述影响粘结力的因素有关系，如钢筋表面形状等。在拉力和钢筋直径相同的条件下，变形钢筋的锚固长度小于光圆钢筋的锚固长度；强度较高的混凝土中钢筋锚固长度小于强度较低者。在钢筋受压条件下，因钢筋受压时会挤压混凝土，从而增加钢筋与混凝土间的粘结应力，所以受压钢筋的锚固长度可以短一些。

受拉钢筋的基本锚固长度 l_{ab} 为钢筋强度充分利用截面至钢筋末端的长度。其值不应小于附录 3 附表 3-2 的限值。由于钢筋锚固长度与钢筋强度 f_y、钢筋直径 d、混凝土保护层厚度等有关系，因此实际采用的受力钢筋锚固长度 l_a 需对基本锚固长度 l_{ab} 加以修正，即 $l_a = \zeta_a l_{ab}$，其中锚固长度修正系数 ζ_a 需依据所采用的钢筋直径及强度等级、混凝土保护层厚度及施工环境条件等按规范 NB/T 11011—2022 第 10.3.4 条的规定取值。当纵向受拉钢筋的锚固长度不能满足规范的要求时，可采用在钢筋端部设置弯钩或加焊锚固钢板（钢筋）的方法来提高纵向受拉钢筋的锚固能力，此时纵向受拉钢筋的锚固长度 $l_a = 0.6 l_{ab}$。

普通受拉钢筋的基本锚固长度 l_{ab} 见附录 3 附表 3-2。

纵向受压钢筋也需设置锚固长度，其锚固长度应不小于相对应的纵向受拉钢筋锚固长度 l_a 的 0.7 倍。且纵向受压钢筋不需设置弯钩或加焊锚固钢板（钢筋）来提高锚固能力。

为保证光圆钢筋的可靠锚固，绑扎骨架中的光圆钢筋末端应设置弯钩，弯钩形状如图 2-27 所示。变形钢筋、焊接骨架及轴心受压构件中的光圆钢筋，可不设置弯钩。

2.3.3 钢筋的接长

钢筋长度因受生产、运输和施工等方面的限制，除了直径 $d \leqslant 10\text{mm}$ 的长度较大外（盘条），一般钢筋的长度为 $9 \sim 12\text{m}$，因此实际工程中常常需要将钢筋接长。实际工程中接长钢筋的常用方法有三种：绑扎接长、焊接接长、机械接长。

钢筋的绑扎接长是在钢筋的搭接处用铁丝绑扎而形成。但两段钢筋间力的传递是利用混凝土与钢筋间的粘结应力完成的，见图 2-28。为了保证钢筋接长后承载力的可靠性，钢筋间应有足够的搭接长度 l_l。钢筋的搭接长度 l_l 与其锚固长度一样，受钢筋强度、直径、外形和受力状态等因素的影响。钢筋直径越大，强度越高，所需要的搭接长度 l_l 越大。当钢筋处在受压状态时，因钢筋对混凝土的挤压可间接提高钢筋的锚固性能，故其搭接长度可短一些。钢筋的搭接长度可按下式选用。

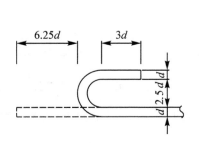

图 2-27 钢筋弯钩的形式与尺寸

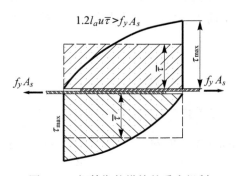

图 2-28 钢筋绑扎搭接的受力机制

$$l_l \geqslant \begin{cases} \zeta_l l_a \\ 300\text{mm} \end{cases} \text{（受拉钢筋）}, \qquad l_{l\text{压}} \geqslant \begin{cases} 0.7\zeta_l l_a \\ 200\text{mm} \end{cases} \text{（受压钢筋）} \qquad (2\text{-}24)$$

式中，ζ_l 为纵向受拉钢筋搭接长度修正系数，可按表 2-2 选用，而钢筋绑扎接长的尺寸参见图 2-29。

表 2-2　　　　　　　　　　纵向受拉钢筋搭接长度修正系数 ζ_l

钢筋搭接接头面积百分比(%)	≤25	≤50	≤100
ζ_l	1.2	1.4	1.5

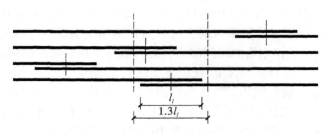

图 2-29　钢筋绑扎接长的尺寸

在实际工程中，当截面中需搭接的钢筋数量较多时，需注意不能过多地将钢筋搭接放在构件的同一连接区段内（$1.3l_l$），即搭接接头的中点不能过多地位于连接区段内。当某区段内的钢筋搭接接头过多时，钢筋的混凝土握裹层将减弱，导致其间产生集中的劈裂裂缝，进而产生贯穿性裂缝或使混凝土保护层剥落。

由于钢筋的绑扎接长不甚可靠，轴心受拉或小偏心受拉等承载力完全取决于钢筋强度的受力构件或直接承受振动荷载作用的构件不应采用绑扎接长钢筋方式。直径 $d>25$mm 的受拉钢筋或 $d>28$mm 的受压钢筋也不宜采用绑扎接长钢筋方式。

关于钢筋的绑扎接头的其他一些详细的规定，可参阅规范 NB/T 11011—2022 第 10.4 的条文。

钢筋的焊接接长分为压焊和熔焊两种主要形式。压焊包括闪光对焊、电阻点焊和气压焊等；熔焊包括电弧焊和电渣压力焊等。常用的钢筋焊接接头形式见图 2-30。焊接接长钢筋具有设备简单、施工简便且效率高、接头受力性能可靠等优点，在实际工程中得到了广泛应用。

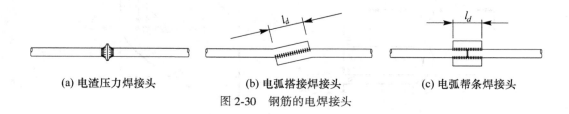

(a) 电渣压力焊接头　　　　　(b) 电弧搭接焊接头　　　　　(c) 电弧帮条焊接头

图 2-30　钢筋的电焊接头

钢筋的机械接长是利用挤压套筒、螺旋接头等机械连接方式来接长钢筋，见图 2-31。钢筋挤压套筒接头是在两根待接钢筋端头上设置钢套筒，再用钢筋挤压机挤压套筒，使钢筋与套筒间形成牢固接头，此方法适用于直径 18~40mm 的各种带肋钢筋。螺旋接头是采用套丝机将钢筋端部套出螺纹，再用内螺纹套筒将钢筋连接成一体，此方法适用于各种直径的钢筋，是值得推广的钢筋连接方式。

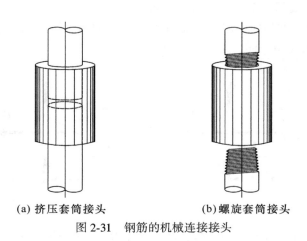

(a) 挤压套筒接头　　　　　　　(b) 螺旋套筒接头

图 2-31　钢筋的机械连接接头

钢筋的接长方式在施工条件允许的情况下应优先采用焊接连接和机械连接，在抗震结构以及受力较复杂的结构中更应如此。但与钢筋搭接接头的限制条件一样，在同一连接区段（$35d$ 与 500mm 两者中较大者）内焊接接头的面积百分比不得大于规范的限制要求。

思考题与计算题

一、思考题

1. 常用的钢筋有哪几大类？它们的应力-应变关系曲线有何不同？各自的抗拉强度取应力-应变曲线上何处的应力值？

2. 普通钢筋混凝土结构宜采用哪些钢筋？能否采用高强度钢丝？为什么？

3. 什么是钢筋的疲劳强度？其影响因素有哪些？

4. 绘出混凝土在一次短期荷载下的应力-应变关系曲线，并分析曲线的主要特点。

5. 什么是混凝土的立方体抗压强度？什么是混凝土的棱柱体抗压强度？棱柱体抗压强度的量测为何采用 $h/b = 2~3$ 的试件？

6. 试比较单向、双向及三向受压时混凝土抗压强度的大小，并分析原因。

7. 一般条件下混凝土均匀受压时的极限压应变为多少？非均匀受压时的极限压应变又为多少？试分析造成此差距的原因。

8. 混凝土的极限拉应变为多少？当钢筋混凝土构件中的混凝土应变达到极限拉应变时，相应地钢筋的应力大体上为多少？

9. 如何确定混凝土的初始弹性模量和割线弹性模量？两者间有何关系？ν 的意义是什么？

10. 什么是混凝土的徐变和干缩变形？它们对结构有何影响？如何防止和减少它们对结构的不利影响？

11. 钢筋和混凝土为何能很好地共同工作？钢筋与混凝土间的粘结应力是由哪几部分构成的？光圆钢筋与变形钢筋的粘结应力是否一样？

12. 钢筋的锚固长度如何确定？在如图 2-32 所示的两个拉拔试验中，如果仅是钢筋的埋长不同，而其他条件均一样，是否一定有 $P_1 > P_2$？

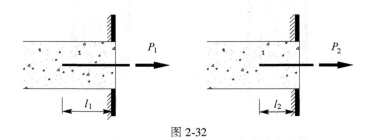

图 2-32

13. 钢筋的接长方式有哪几种？各有哪些优缺点？工程中宜采用的方式有哪些？

二、计算题

1. 有三种立方体试件：100mm×100mm×100mm、150mm×150mm×150mm、200mm×200mm×200mm，它们承受的破坏荷载分别为 238kN、450kN、630kN，它们的立方体抗压强度各为多少？

2. 用劈裂法测定混凝土的抗拉强度，如图 2-33 所示，试件为 150mm×150mm×150mm，破坏荷载为 53kN，试问其抗拉强度为多少？

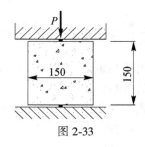

图 2-33

3. 规范给定混凝土的极限拉应变 $\varepsilon_{tu}=0.00015$，对应于此应变的 HRB400 钢筋应力为多少？

4. C20 混凝土在应力为 $0.6f_c$ 时的变形模量 $E=21.5\text{GPa}$，求此时混凝土的塑性变形、弹性变形及弹性系数。

第3章 混凝土结构的基本设计原则

3.1 混凝土结构设计理论的发展和结构可靠度的有关概念

3.1.1 混凝土结构设计理论的发展

结构设计的基本目标就是在结构的安全可靠与经济合理之间寻求一种最佳的平衡,力求以最低的代价,使所建造的结构在规定的结构设计工作年限内,能够满足预定的安全性、适用性和耐久性等功能要求[20-25]。为了达到这个目标,近百年来人们已先后采用过多种设计方法。在混凝土结构设计方法的发展历程中,就经历了容许应力设计法、破损阶段设计法、半经验半概率的极限状态设计法和概率设计法等四个阶段。

1. 容许应力设计法

最早的混凝土结构设计方法采用的是以弹性理论为基础的容许应力设计法。它假定材料为匀质弹性体,计算出截面在使用荷载下的最大应力,要求其不超过材料的容许应力。例如,对于钢筋混凝土受弯构件而言,就是要求混凝土的最大压应力 σ_c 和钢筋的最大拉应力 σ_s 不大于各自的容许应力,即:

$$\left.\begin{array}{l}\sigma_c \leqslant [\sigma_c] \\ \sigma_s \leqslant [\sigma_s]\end{array}\right\} \tag{3-1}$$

式中,容许应力 $[\sigma_c]$、$[\sigma_s]$ 系由各自材料强度的平均值除以安全系数 K 确定的。

由于混凝土并不是一种匀质弹性材料,而是具有明显的弹塑性性能,这种以弹性理论为基础的计算方法不能如实地反映构件截面的应力状态;其次,安全系数主要是凭经验和主观判断确定的,缺乏足够的科学依据,因而属于定值设计法的范畴。

2. 破损阶段设计法

随着力学方法的发展以及人们对混凝土构件受力性能的认识,20 世纪 30 年代出现了考虑钢筋混凝土塑性性能的破损阶段设计法。这种方法的设计准则是,结构构件的最大内力不应大于相应的承载力,其表达式为:

$$KS \leqslant R = R(\mu_{fc}, \mu_{fy}, a) \tag{3-2}$$

式中,结构构件的最大内力取为按使用荷载求得的内力 S 与单一安全系数 K 的乘积。结构构件的承载力(又称"抗力")R 根据截面破坏时的应力图形求出,它是混凝土强度的平均值 μ_{fc}、钢筋屈服强度的平均值 μ_{fy} 以及截面几何特征 a 的函数。其中安全系数 K 仍然是根据经验和主观判断确定的。所以,此法也属于定值设计法的范畴。与传统的容许应力设计法相比,计算结构的承载力时,所采用的截面应力分布图形考虑了混凝土材料的弹塑性性能，因而对于具有明显弹塑性性能的混凝土结构构件，其设计效果比容许应力设计法经济。这一方法的优点是应用简便，且利于试验检验。自 20 世纪 30 年代提出后，直到 20 世纪 50 年代初期，一直在混凝土结构设计中应用。

3. 半经验半概率的极限状态设计法

随着人们对荷载和材料强度变异性的研究，在 20 世纪 50 年代又提出了半经验半概率的极限状态设计法。这种方法是破损阶段设计法的发展，它规定了结构的极限状态，并把单一的安全系数分解为三个分项系数，即荷载系数 n、材料强度系数 k 和工作条件系数 m，故又称为三系数法，其设计表达式为：

$$S(n \cdot Q_k, \cdots) \leqslant R(m, k \cdot f_k, a_k, \cdots) \tag{3-3}$$

式中，Q_k 为荷载标准值；f_k 为材料强度标准值；a_k 为几何参数标准值。这种方法中的部分荷载和材料强度标准值是根据实测或调查资料统计分析确定的，且材料强度系数 k 的取值也有一定的概率含义，但荷载系数 n 和工作条件系数 m 仍按经验确定。我国 1966 年颁布的 BJG21—66《钢筋混凝土结构设计规范》即采用这一方法。

我国 20 世纪 70 年代颁布的 TJ 10—74《钢筋混凝土结构设计规范》和 SDJ 20—78《水工钢筋混凝土结构设计规范》采用的极限状态设计法，较上述方法已有很大的发展，明确规定了设计的极限状态，荷载和材料强度的标准值大多根据各自的统计资料按概率方法来确定，而设计表达式则采用了简便的单一安全系数的形式，即：

$$KS \leqslant R = R(f_k, a_k, \cdots) \tag{3-4}$$

式中，K 称为构件强度设计安全系数，$K=K_1K_2K_3=K_jK_3$；K_1 为荷载系数，$K_1 = 1.2$；K_2 为构件强度系数，类似于式(3-3)中的材料强度系数 k；$K_j=K_1K_2$，称为基本安全系数；K_3 为附加安全系数，类似于前述的工作条件系数 m；S 为荷载标准值作用下的内力。上述设计表达式(3-4)也称为多系数分析、单一安全系数表达的极限状态设计法（简称单一安全系数法）。

需要说明的是，无论是三系数法还是单一安全系数法，关于荷载和材料强度的取值虽然在一定程度上已部分考虑了其变异性，在设计方法上是一个很大的进步，但由于它没有将荷载效应 S 和结构构件的抗力 R 联合起来进行概率分析，仍然不能从定量角度来说明结构构件的失效概率，安全系数的取值仍按经验确定，因而仍属于定值设计法的范畴，故只能称为半经验半概率的极限状态设计法。

4. 概率设计法

上述三种设计方法对结构可靠度问题的处理虽然逐步有所改进，但都没有脱离以经验为主的方法来估计结构可靠度的范畴，因而都属于定值设计法。事实上，影响结构可靠度的各基本变量（如作用效应 S 和结构抗力 R）并不是确定值，而是随时间或空间而变的随机变量或随机过程。经过国内外许多学者数十年来的研究和探讨，目前国际上比较统一的认识是，用结构的失效概率 p_f 或用与之相对应的可靠指标 β 来度量结构的可靠性，能够比较确切地反映问题的本质。基于结构失效概率的概念所建立起来的设计准则是：对于规定的极限状态，出现作用效应 S 大于结构抗力 R 的失效概率不应大于规定的限值，即：

$$\left. \begin{array}{l} p_f \leqslant [p_f] \\ \beta \geqslant \beta_t \end{array} \right\} \tag{3-5}$$

式中，$[p_f]$——允许失效概率；

　　β_t——与$[p_f]$相对应的目标可靠指标，亦称设计可靠指标。

这种方法将影响结构可靠度的主要因素均看作随机变量，采用以统计分析确定的失效概率或可靠指标来度量结构可靠性，属于非确定性方法，亦称概率设计法。国际上把以概率理论为基础的设计方法按其发展进程分为三个水准：

水准一：半概率设计法；

水准二：近似概率设计法；

水准三：全概率设计法。

水准一的半概率设计法亦称半经验半概率的极限状态设计法。这一方法是对影响结构可靠度的某些参数(主要是荷载和材料强度)用数理统计的方法进行分析，并与经验相结合，引入某些经验系数。该法还不能对结构的失效概率做出定量的分析。20 世纪 70 年代美国的 ACI 318—71、苏联的 СНИП Ⅱ-21—75 和我国的 TJ 10—74 及 SDJ 20—78 等规范，都对一部分荷载和材料强度进行了数理统计分析，可以认为这些规范所采用的设计方法，大体上相应于水准一的水平。

水准二的近似概率设计法是将荷载效应 S 和结构抗力 R 作为两个随机变量(或随机过程)，按给定的概率分布且采用平均值和标准差两个统计参数来计算结构的失效概率或可靠指标。结构设计时，既可直接按式(3-5)的要求进行设计，亦可以式(3-5)为基础，建立结构可靠度与极限状态方程之间的数学关系，将极限状态方程转化成设计人员所熟悉的分项系数设计表达式进行设计，称为"以概率理论为基础的极限状态设计法"，简称"概率极限状态设计法"。

水准三的全概率设计法是以影响结构可靠度的全部基本随机变量(或随机过程)的联合分布为基础的概率设计方法。全概率设计准则要求掌握全部基本随机变量的联合分布，从而得到真正的失效概率，这个失效概率应小于或等于一个人们可以接受的容许概率值，由于需要解决的问题还很多，目前还处于研究探索阶段。

直接以允许失效概率或目标可靠指标按概率分析方法进行结构设计过于繁琐，其计算工作量太大，而且需要做概率运算，设计人员也不太习惯，再加上有关基本变量的统计参数尚不够完备，因此，目前国内外只是对核电站中的压力壳、海上采油平台等特别重要的结构，才直接按式(3-5)进行结构设计。对于量大面广的一般结构物，目前国内外有关规范一般都是以式(3-5)为基础，建立结构可靠度与极限状态方程之间的数学关系，将极限状态方程转化为以基本变量的标准值和分项系数形式表达的极限状态设计表达式进行设计，这样，结构构件的设计可按传统的方法进行，设计人员无须直接进行概率方面的运算。其设计表达式为：

$$\left.\begin{array}{l} S \leqslant R \\ S = S(\gamma_G G_k,\ \gamma_Q Q_k,\ a_k) \\ R = R\left(\dfrac{f_{ck}}{\gamma_c},\ \dfrac{f_{yk}}{\gamma_s},\ a_k\right) = R(f_c,\ f_y,\ a_k) \end{array}\right\} \qquad (3\text{-}6)$$

式中，S——荷载组合的效应设计值；

　　$S(\cdot)$——荷载组合的效应函数；

　　R——结构构件的抗力设计值；

　　$R(\cdot)$——结构构件的抗力函数；

　　G_k、Q_k——永久作用及可变作用标准值；

　　f_{ck}、f_c——混凝土强度标准值与设计值；

　　f_{yk}、f_y——钢筋强度标准值与设计值；

　　γ_G、γ_Q——永久作用及可变作用的分项系数；

　　γ_c、γ_s——混凝土和钢筋的材料性能分项系数；

　　a_k——结构构件的几何参数标准值。

这一方法的主要特点是：

(1)在理论基础上，以概率理论代替过去的定值设计理论，即以随机概念代替定值概念，以统计数学方法代替以经验为主的方法。

(2)在结构可靠性的度量上，以可靠指标(或对应的失效概率)代替过去主要根据经验确定的安全系数。

(3)在设计方法上，以分项系数表达的极限状态设计表达式代替过去单一安全系数的设计表达式。

(4)设计表达式中的各个分项系数是为满足目标可靠指标的要求，按概率分析方法经优选确定的，因此在概念上不能与以往定值设计法的安全系数(包括式(3-3)中的 n、k、m 和式(3-2)及式(3-4)中的 K)相混淆。

目前国际上已公认概率极限状态设计法比过去的各种定值设计法有很大的进步，是结构设计理论的一个重要发展[26-29]。这一方法是在 20 世纪 40 年代提出来的，至 20 世纪 70 年代后期在国际上已进入实用阶段。我国的工程结构设计规范，自 20 世纪 80 年代中期开始已逐步由定值设计法向概率设计法过渡，标志着我国的工程结构设计规范在解决结构可靠度的问题上，已开始由以经验为主的定性分析阶段进入了以统计数学为基础的定量分析阶段。我国现行的 GB 50010—2010《混凝土结构设计规范》(2015 年版)[9] 和 NB/T 11011—2022《水工混凝土结构设计规范》[10] 及国外的混凝土结构设计规范 BS 8110：1997[30]、EN 1992-1-1：2004[31]、ACI 318-19[32] 等即采用这一设计方法。

3.1.2　结构可靠度的有关概念

1. 结构的功能要求

结构在规定的设计工作年限内应满足下述三个方面的功能要求：

(1)安全性。在正常施工和正常使用时，应能承受可能出现的各种作用；在设计规定的偶然事件发生时及发生后，仍能保持必需的整体稳定性。所谓整体稳定性，系指结构仅产生局部的损坏而不致发生连续倒塌。

(2)适用性。在正常使用时，结构或结构构件应具有良好的工作性能，不出现过大的变形和过宽的裂缝。

(3)耐久性。在规定的工作环境中，在正常维护的条件下，结构或结构构件应具有足够的耐久性能。所谓足够的耐久性能，系指结构在设计工作年限内，其材料性能的劣化不应导致结构出现不可接受的失效概率。从工程概念上讲，所谓正常维护包括必要的检测、防护及维修。足够的耐久性能就是指在正常维护条件下，结构能正常使用到规定的设计工作年限。

2. 结构可靠性与可靠度

结构可靠性是指结构在规定的时间内，在规定的条件下，完成预定功能的能力。

结构可靠度是指结构在规定的时间内，在规定的条件下，完成预定功能的概率。

由此可见，结构可靠性是结构安全性、适用性和耐久性的概称；结构可靠度则是结构可靠性的定量描述，是结构可靠性的概率度量。这是从统计学观点出发的比较科学的定义，因为结构设计时要涉及各种荷载作用、材料强度、几何尺寸和计算模式等随机变量，在各种随机因素的影响下，结构完成预定功能的能力只能用概率来度量。结构可靠度的这一定义，与其他各种从定值观点出发的定义有着本质的区别。

以上所说的"规定的时间"，是指结构设计工作年限。所说的"规定的条件"，一般是指正常设计、正常施工、正常使用的条件，不考虑人为过失的影响。人为过失应通过其他措施予以避免。

3. 结构设计工作年限与设计基准期

结构设计工作年限是指设计规定的结构或结构构件不需进行大修即可按预定目的工作的年限，即工程结构在正常使用和维护下所应达到的工作年限。我国 2021 年颁布的国家标准 GB 55001—2021《工程结构通用规范》[24] 和 GB 55008—2021《混凝土结构通用规范》[25] 等，统一将 2018 年以前颁布的国家标准 GB 50153—2008《工程结构可靠性设计统一标准》[21]、GB 50199—2013《水利水电工程结构可靠性设计统一标准》[22] 和 GB 50068—2018《建筑结构可靠性设计统一标准》[23] 等定义的"设计使用年限"改称为"设计工作年限"。GB 50199—2013 规定，1 级挡水建筑物结构的设计工作年限应采用 100 年，其他的永久性建筑物结构的设计工作年限应采用 50 年。临时建筑物结构的设计工作年限应根据预定的工作年限和可能滞后的时间采用 5~15 年。

设计基准期是为确定可变作用等的取值而选用的一个时间参数，比如 50 年或 100 年等。我国现行国家标准 GB 50068—2018 规定，建筑结构的设计基准期应为 50 年。设计基准期不等同于结构的设计工作年限。结构可靠度分析时，可变作用的统计参数(如平均值、标准差及变异系数等)也需根据设计基准期来确定。

当结构设计工作年限与设计基准期不一致时，应对可变作用的标准值进行调整，这是因为结构上的各种可变作用均是根据设计基准期确定其标准值的。以房屋建筑为例，结构的设计基准期为 50 年，即房屋建筑结构上的各种可变作用的标准值取其 50 年一遇的最大值分布上的"某一分位值"，对结构设计工作年限为 100 年的结构，要保证结构在 100 年时具有设计要求的可靠度水平，理论上要求结构上的各种可变作用应采用 100 年一遇的最大值分布上的相同分位值作为可变作用的"标准值"，但这种做法对同一种可变作用会随设计工作年限的不同而有多种"标准值"，不便于荷载规范表达和设计人员使用。为此，GB 50068—2018 给出了考虑结构设计工作年限的荷载调整系数 γ_L，以结构设计工作年限 100 年为例，γ_L 的含义是在可变作用 100 年一遇的最大值分布上，与该可变作用 50 年一遇的最大值分布上标准值的相同分位值的比值，其他年限可类推。GB 50068—2018 对房屋建筑结构给出了 γ_L 的具体取值，设计人员可直接查用；对于结构设计工作年限为 50 年的结构，其结构设计使用年限与设计基准期相同，不需调整可变作用的标准值，则取 $\gamma_L = 1.0$。

4. 结构的极限状态及分类

整个结构或结构的一部分超过某一特定状态就不能满足设计规定的某一功能要求，此特定状态称为该功能的极限状态。结构的极限状态实质上是结构可靠与失效的界限状态。根据结构的功能要求，混凝土结构的极限状态可分为承载能力极限状态和正常使用极限状态两类。

1）承载能力极限状态

承载能力极限状态是指结构或结构构件达到最大承载能力或达到不适于继续承载的变形的状态。当结构或结构构件出现下列状态之一时，即认为超过了承载能力极限状态：

（1）结构构件或连接因超过材料强度而破坏（包括疲劳破坏），或因过度变形而不适于继续承载；

（2）整个结构或结构的一部分作为刚体失去平衡（如倾覆等）；

（3）结构转变为机动体系；

（4）结构或结构构件丧失稳定（如压屈等）。

承载能力极限状态可理解为结构或结构构件发挥允许的最大承载能力的状态。结构构件由于塑性变形而使其几何形状发生显著改变，虽未达到最大承载能力，但已彻底不能使用，也属于达到这种极限状态。

结构或结构构件达到承载能力极限状态后就会造成结构严重破坏，甚至导致结构的整体倒塌，造成人员伤亡。因此，承载能力极限状态应具有较高的可靠度设置水平。结构设计时，对所有结构构件均应按承载能力极限状态进行计算。

2）正常使用极限状态

正常使用极限状态是指结构或结构构件达到正常使用或耐久性能的某项规定限值的状态。当结构或构件出现下列状态之一时，即认为超过了正常使用极限状态：

（1）影响正常使用或外观的变形；

（2）影响正常使用或耐久性的局部损坏，如产生过宽的裂缝等；

（3）影响正常使用的振动；

（4）影响正常使用的其他特定状态，如渗漏、腐蚀、冻害等。

正常使用极限状态可理解为结构或结构构件达到使用功能上允许的某个限值的状态。例如，某些构件必须控制变形、裂缝才能满足使用要求。如吊车梁或门机轨道梁等构件，变形过大时会妨碍吊车或门机的正常运行；过大的变形还会造成房屋内粉刷层剥落、填充墙或隔断墙开裂及屋面积水等后果；过宽的裂缝会影响结构的耐久性；过大的变形、裂缝还会造成用户心理上的不安全感。

结构或结构构件超过正常使用极限状态后，虽然对结构的正常使用或耐久性有一定影响，但其后果一般没有超过承载能力极限状态的后果那样严重。因此，正常使用极限状态的可靠度设置水平可适当降低。结构设计时，一般是对结构构件先按承载能力极限状态进行计算，然后再根据需要对正常使用极限状态进行验算。

5. 结构的失效概率与可靠指标

设影响结构可靠度的各基本变量为 $X_i(i=1,2,\cdots,n)$，则结构的功能函数可用下式来描述：

$$Z = g(X_1,X_2,\cdots,X_m,X_{m+1},\cdots,X_n) \tag{3-7}$$

上述各基本变量 X_i 从性质上可分为两大类：结构的抗力，用 R 表示；结构的作用效应，用 S 表示。则结构的工作状态可以用 R 与 S 之间的关系式来描述，即

$$Z = R - S \tag{3-8}$$

随着 R 和 S 的变化，功能函数 Z 有下面三种可能性（见图3-1）：

（1）$Z>0$，即 $R>S$，结构处于可靠状态；

（2）$Z<0$，即 $R<S$，结构处于失效状态；

（3）$Z=0$，即 $R=S$，结构处于极限状态。

因此，结构安全可靠的基本条件是：

$$\left.\begin{array}{l}Z \geqslant 0\\R \geqslant S\end{array}\right\} \tag{3-9}$$

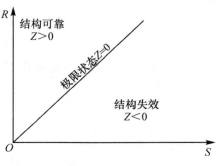

图 3-1 结构所处状态

由于 R、S 均为随机变量，所以 $Z=R-S$ 也是随机变量，研究结果表明，对于工程结构设计而言，Z 可近似假定为正态分布，Z 的概率密度曲线见图3-2。图3-2中，纵坐标轴左边（$Z<0$）的阴影面积表示结构的失效概率 p_f，即结构在正常条件下，在预定的结构设计工作年限内，不能完成预定功能的概率；纵坐标轴右边（$Z>0$）的分布曲线与横坐标轴所围成的面积表示结构的可靠概率 p_s，即结构在正常条件下，在预定的结构设计工作年限内，完成预定功能的概率。根据概率理论，结构的失效概率与结构的可靠概率可分别按下列公式计算：

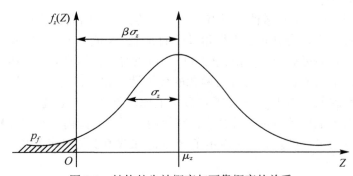

图 3-2 结构的失效概率与可靠概率的关系

$$\left.\begin{array}{l}p_f = P(Z<0) = \displaystyle\int_{-\infty}^{0} f(Z)\,\mathrm{d}Z\\[2mm]p_s = P(Z \geqslant 0) = \displaystyle\int_{0}^{+\infty} f(Z)\,\mathrm{d}Z\end{array}\right\} \tag{3-10}$$

结构的失效概率与可靠概率互补，即：

$$\left.\begin{array}{r} p_s + p_f = 1 \\ p_f = 1 - p_s \end{array}\right\}$$ (3-11)

因此，结构的可靠度既可用结构的可靠概率 p_s 来度量，也可用结构的失效概率 p_f 来度量，而一般习惯于用 p_f。从概率的观点来看，只要结构处于失效状态的概率小到可以接受的程度，就可以认为结构是可靠的。这种从统计数学的观点给出的结构可靠度的概率度量，比从定值观点出发的安全系数来度量结构的可靠度更为科学和合理。

假定 R 和 S 相互独立，且都服从正态分布，其平均值和标准差分别为 μ_R、μ_S 和 σ_R、σ_S，则结构的功能函数 Z 也服从正态分布，由统计数学可得：

$$\left.\begin{array}{r} \mu_Z = \mu_R - \mu_S \\ \sigma_Z = \sqrt{\sigma_R^2 + \sigma_S^2} \end{array}\right\}$$ (3-12)

将 Z 由正态分布转化为标准正态分布，可由下式求得 Z 的失效概率为：

$$p_f = P(Z < 0) = P\left(\frac{Z - \mu_Z}{\sigma_Z} < -\frac{\mu_Z}{\sigma_Z}\right) = \Phi\left(-\frac{\mu_Z}{\sigma_Z}\right)$$ (3-13)

令

$$\beta = \frac{\mu_Z}{\sigma_Z} = \frac{\mu_R - \mu_S}{\sqrt{\sigma_R^2 + \sigma_S^2}}$$ (3-14)

则有：

$$\left.\begin{array}{r} p_f = \Phi(-\beta) \\ \beta = \Phi^{-1}(1 - p_f) \end{array}\right\}$$ (3-15)

式中，μ_Z、σ_Z ——分别为功能函数 Z 的平均值和标准差；

　　　$\Phi(\cdot)$ ——标准正态分布函数；

　　　β ——可靠指标。

式(3-15)表明，β 与 p_f 在数值上具有一一对应的关系，因而也具有与 p_f 相对应的物理意义。已知 β 后即可由正态分布表查得相对应的 p_f 值。β 值越大，p_f 值就越小，结构也就越可靠，因此，称 β 为可靠指标。由式(3-14)还可以看出，结构的可靠指标 β 不仅与作用效应及结构抗力的平均值有关，而且与两者的离散性(标准差)有关，这是传统的定值设计法所无法全面反映的。由于 p_f 的计算在数学上比较复杂，而 β 是以基本变量的统计参数直接表达的，概念上比较清楚，计算上比较简便，因此，国内外有关结构设计规范大多采用 β 来度量结构的可靠度。表 3-1 表示了 β 与 p_f 在数值上的对应关系。

表 3-1　　　　　　　　　　　可靠指标 β 与失效概率 p_f 的对应关系

β	2.7	3.2	3.7	4.2
p_f	3.5×10^{-3}	6.9×10^{-4}	1.1×10^{-4}	1.3×10^{-5}

由于这种方法在结构可靠度分析中是以基本变量的平均值(一阶原点矩)和标准差(二

阶中心矩)为参数,可以考虑基本变量的分布类型,故又称为考虑基本变量分布类型影响的一次二阶矩法(亦称一次可靠度方法(First Order Reliability Method,FORM)。限于目前各基本变量的统计资料尚不够完备,加上可靠度分析中又做了若干近似的线性化处理,因此,目前所采用的概率设计法还只是一种近似概率法(水准二),所涉及的失效概率或可靠指标还只是一种运算值。但是,应用它们来相对地度量结构构件在不同设计状况下的可靠度还是十分可取的,与传统的按经验为主的方法所确定的安全系数有着本质上的区别。采用概率设计法,可以更全面地考虑影响结构可靠度的各基本变量的客观变异性,使设计的工程结构更加经济合理。这是由于有了具体度量结构可靠度的指标,就可以根据工程结构的不同特点来恰当地划分和选择安全等级,合理地选择最优允许失效概率或与之相对应的目标可靠指标及有关分项系数,从而更好地处理结构安全可靠与经济合理之间的矛盾,并且可以做到同类结构构件在不同的设计条件下均具有较佳的可靠度一致性。

6. 目标可靠指标与结构的安全等级

采用概率极限状态设计法时,需要预先给定结构的允许失效概率 $[p_f]$ 或与之相对应的目标可靠指标 β_t,然后按式(3-5)直接进行结构设计;或者以式(3-6)的分项系数设计表达式进行设计。因此,选择最优的 $[p_f]$ 或 β_t,是采用概率极限状态设计法时必须解决的首要问题。限于有关统计资料尚不够完备,目前国内外有关结构设计规范都是采用校准法(calibrating)来确定目标可靠指标。所谓校准法,即以原规范的安全度设置水平为基准,采用概率方法反算出原规范中所隐含的可靠指标 β,摸清原规范结构设计的总体可靠度设置水平,据此确定规范修订稿作为结构设计依据的目标可靠指标 β_t。

规范 NB/T 11011—2022 所采用的承载能力极限状态的目标可靠指标 β_t 如表3-2所示。不同结构安全级别之间的 β_t 值相差0.5,大体上相当于结构的失效概率相差一个数量级。规范 NB/T 11011—2022 沿用了原规范 DL/T 5057—1996[33] 和原规范 DL/T 5057—2009[34] 采用的目标可靠指标。

当年在对原规范 DL/T 5057—1996 进行修编时,武汉大学土木建筑工程学院课题组采用校准法,对原 SDJ 20-78《水工钢筋混凝土结构设计规范》[35] 进行了系统的可靠度校准分析,根据不同水工建筑级别的7种典型受力构件、6种常遇荷载及5种不同的荷载组合、5种不同的材料组合等各种情况下的可靠度校准分析结果,同时参考国内外相关规范的规定,提出了规范修订稿目标可靠指标 β_t 的取值建议[28-29,36-41](参见表3-2)。相应研究成果也为 GB 50199—1994《水利水电工程结构可靠度设计统一标准》[42] 和 GB 50199—2013、DL/T 5057—1996、DL/T 5057—2009、NB/T 11011—2022 等所采纳。

表3-2　　　　水工混凝土结构承载能力极限状态设计时的目标可靠指标

水工建筑物级别	水工建筑物的结构安全级别	目标可靠指标 β_t	
		第一类破坏	第二类破坏
1	Ⅰ	3.7	4.2
2、3	Ⅱ	3.2	3.7
4、5	Ⅲ	2.7	3.2

目标可靠指标 β_t 与结构的极限状态类别、破坏类型及安全级别有关。承载能力极限状态下的 β_t 应高于正常使用极限状态下的 β_t。这是由于承载能力极限状态的设计是关系到结构构件是否安全可靠的根本问题，而正常使用极限状态的验算是在满足承载能力极限状态的前提下进行的，只影响到结构的正常使用。现行国家标准 GB 50199—2013 将结构构件的破坏类型划分为两类：第一类是有预兆的及非突发性的延性破坏，如钢筋混凝土受拉、受弯等构件的破坏，即属于第一类破坏；第二类是无预兆的及突发性的脆性破坏，如钢筋混凝土轴心受压、受剪、受扭等构件的破坏，即属于第二类破坏。由于第二类破坏发生突然，难以及时补救和维修，因此，第二类破坏的目标可靠指标应高于第一类破坏的目标可靠指标。此外，结构的安全级别愈高，目标可靠指标就应愈大。由于水工结构的安全级别还与水工建筑物的级别有关，因此在 GB 50199—1994 和 GB 50199—2013 中，明确给出了水工结构的安全级别与水工建筑物级别的对应关系，见表 3-2。

3.2　荷载代表值与荷载分项系数

3.2.1　荷载与荷载效应

结构上的"作用"是指施加在结构上的集中力或分布力，以及引起结构外加变形或约束变形的各种原因的总称，分为直接作用和间接作用两种。直接施加在结构上的集中力或分布力，称为直接作用，习惯上称为荷载；而引起结构外加变形或约束变形的其他原因，如地震、地基不均匀沉降、温度变化、混凝土的收缩和徐变等，则称为间接作用。

为简便起见，本书以下章节中，均以术语"荷载"表示所有"作用"。

结构构件在荷载作用下产生的变化，如内力、变形、裂缝等称为结构的荷载效应。荷载与荷载效应之间通常按某种关系相联系。

3.2.2　荷载的分类

结构上的荷载可按下列性质分类：

1. **按作用时间的变化分类**

（1）永久荷载。在设计基准期内其量值不随时间而变化，或其变化值与平均值相比可以忽略不计的荷载，如结构自重和永久设备自重等。

（2）可变荷载。在设计基准期内其量值随时间而变化，且其变化值与平均值相比不可忽略的荷载，如楼面活荷载、吊车荷载、风荷载、雪荷载、水压力等。

（3）偶然荷载。在设计基准期内不一定出现，一旦出现，其量值很大且持续时间很短的荷载，如地震作用、爆炸、撞击、校核洪水位对应的水压力等。

2. **按空间位置的变化分类**

（1）固定荷载。在结构上具有固定分布的荷载。

（2）自由荷载。在结构上一定范围内可以任意分布的荷载。

荷载按空间位置的变化分类，是由于进行荷载组合时，应考虑荷载在空间的位置及其所占面积大小。

固定荷载的特点是在结构上出现的空间位置不变，但其量值可能具有随机性。例如，厂房楼面上位置固定的设备荷载、屋盖上的水箱等。

自由荷载的特点是可以在结构的一定空间上任意分布，出现的位置及量值都可能是随机的。例如，楼面的人群荷载、工业厂房的吊车轮压、桥梁上的车辆轮压等。

3. 按结构的反应特点分类

(1)静态荷载。使结构产生的加速度可以忽略不计的荷载。

(2)动态荷载。使结构产生的加速度不可忽略不计的荷载。

荷载按结构的反应特点分类，主要是因为进行结构分析时，对某些出现在结构上的荷载需要考虑其动力效应(加速度反应)。荷载划分为静态或动态荷载的原则，不在于荷载本身是否具有动力特性，而主要在于它是否使结构产生不可忽略的加速度。例如，厂房楼面上的活荷载，本身可能具有一定的动力特性，但使结构产生的动力效应可以忽略不计，这类荷载仍应划为静态荷载。

对于动态荷载，在结构分析时一般均应考虑其动力效应。有一部分动态荷载，例如吊车荷载，结构设计时可采用增大其量值(即乘以动力系数)的方法按静态荷载来处理；另一部分动态荷载，例如地震作用、大型动力设备的振动作用等，则需采用结构动力学的方法进行结构动力分析。

3.2.3 荷载代表值

GB 50199—2013 规定，水工结构设计时，应根据不同极限状态的设计要求采用不同的荷载代表值。永久荷载和可变荷载的代表值应采用荷载的标准值；偶然荷载的代表值可根据具体水工结构设计规范的规定确定。

荷载标准值是指其在设计基准期内可能出现的最大荷载值。由于荷载本身的随机性，设计基准期内的最大荷载也是随机变量，因而荷载标准值原则上应按设计基准期内最大荷载概率分布的某一分位值来确定，也可取其概率分布的特征值，如均值、中值和众值(概率密度最大的值)作为荷载标准值。当设计基准期内最大荷载的概率分布服从正态分布时(图3-3)，荷载标准值可按下列公式确定：

$$F_k = \mu_F + k\sigma_F = \mu_F(1 + k\delta_F) \tag{3-16}$$

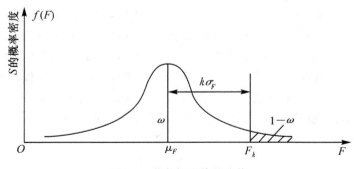

图 3-3 荷载标准值的取值

式中，F_k——荷载标准值；

　　　　μ_F、σ_F、δ_F——分别为设计基准期内最大荷载概率分布的平均值、标准差、变异系数；

　　　　k——相应于设计基准期内最大荷载概率分布的某一分位值的保证率系数。

国际标准化组织(ISO)建议取 $k = 1.645$，此时荷载标准值即相当于具有 95% 保证率的 0.95 分位值(假定荷载为正态分布)。换言之，作用在结构上的实际荷载超过荷载标准值的可能性只有 5%，国外规范一般称此标准值为荷载的特征值(characteristic value)。

实际上，并非所有的荷载都已经或能够取得完备的统计资料，并能通过合理的统计分析来规定其标准值，不少荷载还不得不从实际出发，根据已有工程实践的经验，经过分析判断后，协定一个公称值(nominal value)作为其标准值。

我国现行国家标准 GB/T 51394—2020《水工建筑物荷载标准》[43]就是按上述两种方法确定荷载标准值的。对于按荷载概率分布取值的，规范也没有规定统一的分位值，这主要是考虑到所确定的荷载标准值不宜与以往的规定相差太远，以免设计的结构的材料用量波动过大。

荷载标准值是荷载的基本代表值，而其他代表值都可在其标准值的基础上乘以相应的系数后得出。

1. 永久荷载标准值

永久荷载一般包括结构自重和永久设备自重等，在设计基准期内其变异性不大，而且多为正态分布，一般以其概率分布的均值作为永久荷载标准值，亦即取设计基准期内最大荷载概率分布的 0.5 分位值作为永久荷载标准值。对于自重变异性较大的材料和构件(如现场制作的屋面保温材料、防水材料、找平层以及钢筋混凝土薄板等)，自重的标准值应根据对结构的不利状态，取其上限值或下限值，如 0.95 或 0.05 分位值。

GB/T 51394—2020 规定，水工建筑物(结构)自重等永久荷载的标准值可按结构构件的设计尺寸与其材料重度计算确定；永久设备的自重等永久荷载标准值宜采用设备的铭牌重力。

2. 可变荷载标准值

GB 50153—2008《工程结构可靠性设计统一标准》规定，可变荷载标准值应按设计基准期内最大荷载概率分布的统计特征值，如均值、中值、众值(概率密度最大的值)或指定概率 p 的某一分位值(如 0.90 或 0.95 分位值)来确定；对于某些尚不具备统计资料的可变荷载，则主要根据已有的工程经验，通过分析判断后，协定一个公称值或名义值作为它的标准值；对于某些自然界的可变荷载(如风荷载和冰雪荷载及洪水荷载等自然荷载)，可根据这些荷载的重现期 T_R 来确定其标准值，即以重现期内最大荷载概率分布的众值作为其标准值。重现期是指该荷载值连续两次超过其标准值的平均间隔时间，重现期 T_R、指定概率 p 和确定荷载标准值的设计基准期 T 存在如下的近似关系：

$$T_R \approx -\frac{T}{\ln(1-p)} \tag{3-17}$$

现行国家标准 GB 50009—2012《建筑结构荷载规范》[44]，将风、雪荷载标准值由原来规定的"30 年一遇值"提高到"50 年一遇值"，即 GB 50009—2012 中的风、雪荷载标准值是按 50 年的重现期确定的。

水工结构设计时，可变荷载标准值可按 GB/T 51394—2020 中的有关规定采用。

3. 偶然荷载代表值

水工结构设计时，偶然荷载的代表值除 GB/T 51394—2020 中已有的规定外，可按有关规范的规定取用，或根据观测资料结合工程经验综合分析确定。

4. 可变荷载的组合值

当结构构件承受两种或两种以上的可变荷载时，所有可变荷载均以其标准值相遇的概率是很小的，因此，除了一个主要可变荷载应取其标准值为代表值外，其余可变荷载应取小于其标准值的组合值为代表值。可变荷载的组合值可以由可变荷载的标准值乘以组合值系数求得，即取为 $\psi_{ci}Q_{ik}$。这里 Q_{ik} 为第 i 个可变荷载的标准值，ψ_{ci} 为第 i 个可变荷载的组合值系数，$\psi_{ci} \leqslant 1.0$。

由于水工结构的可变荷载的统计资料还很不完备，因此，目前在水工结构设计中，仍按传统习惯偏安全地取所有可变荷载的组合值系数 $\psi_{ci} = 1.0$，即参与组合的全部可变荷载均采用其标准值进行计算。

5. 可变荷载的准永久值

可变荷载的准永久值是指在设计基准期内可变荷载中经常作用的那部分荷载。它对结构的影响类似于永久荷载，故称为准永久荷载。可变荷载的准永久值是正常使用极限状态按准永久组合设计采用的一种可变荷载代表值，其值等于可变荷载标准值 Q_{ik} 乘以准永久值系数 ψ_{qi}（$\psi_{qi} \leqslant 1.0$）。国际标准 ISO 2394：1998 "General Principle on Reliability for Structures"[20] 建议，准永久值系数可根据在设计基准期内可变荷载达到或超过其准永久值的总持续时间与设计基准期的比值为 0.5 的条件确定。鉴于水工结构中各种可变荷载的统计资料还很不完备及水工结构荷载统计的特殊性，目前还难以给出较为合适的各种可变荷载的准永久值系数。因此，在正常使用极限状态计算中，规范 NB/T 11011—2022 未及考虑可变荷载的准永久值系数，即取 $\psi_{qi} = 1.0$。我国现行标准 GB 50009—2012 根据统计分析给出了各种可变荷载的准永久值系数，可供水工结构设计时参考。

3.2.4　荷载设计值与荷载分项系数

水工混凝土结构按承载能力极限状态设计时，考虑到实际出现的荷载还有超出其标准值的可能，故设计时还要将永久荷载和可变荷载的标准值乘以各自的荷载分项系数 γ_G 与 γ_Q，其乘积称为荷载设计值，即：

$$\left.\begin{array}{r}G = \gamma_G G_k \\ Q = \gamma_Q Q_k\end{array}\right\} \tag{3-18}$$

荷载分项系数是为满足规定的目标可靠指标的要求而设置的分项系数之一。荷载分项系数的具体取值比较复杂。原规范 DL/T 5057—1996 当年修编时，武汉大学土木建筑工程学院课题组在按超载系数的概念确定的荷载分项系数取值的基础上，采用概率方法进行了大量的优化计算[28-29, 36-41]。根据优化计算结果，同时参考国内外相关规范的规定并适当考虑工程经验，提出了如表 3-3 所示的荷载分项系数取值。规范 DL/T 5057—1996 最终采用了这些分项系数的取值。

表 3-3　　　　　　　　　　　　荷载分项系数的优化计算结果

荷载类型		永久荷载 γ_G	可变荷载 γ_Q				
		G	D	W_a	L_1	L_2	W_i
荷载分项系数	计算值	1.05	1.05	1.05	1.25	1.15	1.30
	建议值	1.05	1.05	1.05	1.20	1.20	1.25
DL/T 5057—1996 采用值		1.05	1.10	1.10	1.20	1.20	1.20
NB/T 11011—2022 采用值		1.10	1.20	1.20	1.30	1.30	1.30

注：表中 G 为永久荷载；D 为吊车竖向轮压；W_a 为静水压力；L_1 为楼面堆放活载；L_2 为办公楼楼面活载；W_i 为风载。

　　新颁布的国家标准 GB 50068—2018《建筑结构可靠性设计统一标准》和 GB 55001—2021《工程结构通用规范》关于提高安全度设置水平和相应的荷载分项系数取值的相关规定，向来是国内工程结构设计规范修编和历史演进的风向标，国内的工程结构设计规范按照 GB 50068—2018 或 GB 55001—2021 提高安全度设置水平和相应的荷载分项系数取值的相关规定，做出相应的调整和提高是一种必然发展趋势，《水工混凝土结构设计规范》同样也面临需要适当提高安全度设置水平的问题。经国内同行专家讨论和综合权衡后，规范 NB/T 11011—2022 决定通过提高荷载分项系数 γ_G 和 γ_Q 取值的方式来适当提高《水工混凝土结构设计规范》的安全度设置水平。经过进一步的可靠度校准分析和相当安全系数的对比分析，规范 NB/T 11011—2022 给出了荷载分项系数 γ_G 和 γ_Q 的取值方案：

　　（1）永久荷载的分项系数 γ_G 由 1.05 提高为 1.10；

　　（2）一般可变荷载的分项系数 γ_{Q_1} 由 1.20 提高为 1.30；

　　（3）可控制的可变荷载的分项系数 γ_{Q_2} 由 1.10 提高为 1.20。

　　与原来的规范 DL/T 5057—1996 和规范 DL/T 5057—2009 采用的荷载分项系数取值方案相比，新的规范相应的荷载分项系数的提高幅度分别为 4.76%、8.33% 和 9.09%，永久荷载分项系数的提高幅度略低于 GB 50068—2018 中永久荷载分项系数的提高幅度，可变荷载分项系数的提高幅度略高于 GB 50068—2018 中可变荷载分项系数的提高幅度。

　　由规范 NB/T 11011—2022 的安全度设置水平专题研究成果可知：当荷载分项系数的取值按规范 NB/T 11011—2022 的规定提高后，与规范 DL/T 5057—1996 及规范 DL/T 5057—2009 各基本构件的安全度设置水平相比，规范 NB/T 11011—2022 各基本构件的安全度设置水平的平均提高幅度约为 6%；与 GB 50010—2010（2015 年版）采用提高后的荷载分项系数的安全度设置水平相比也略微偏高一些，平均偏高幅度约为 4%。

　　为了便于比较，这里将国内外有关规范荷载分项系数的取值列入表 3-4，各规范可变荷载分项系数 γ_Q 与永久荷载分项系数 γ_Q 的比值也列于表 3-4 中。

　　由表 3-4 可以看出，规范 NB/T 11011—2022 规定的可变荷载分项系数 γ_Q 与永久荷载分项系数 γ_G 的比值，与国内外混凝土结构设计规范的荷载分项系数的比值是非常接近的，因而可以认为规范 NB/T 11011—2022 提高以后的荷载分项系数取值方案是基本合适的，延续了我国水工混凝土结构设计规范长期经验的总结，符合我国水电工程结构设计规范安全度设置水平略高于建筑工程设计规范安全度设置水平的传统习惯和做法。

表 3-4 国内外混凝土结构设计规范的荷载分项系数及其比值

序号	规范代号	γ_G	γ_Q	γ_Q/γ_G
1	DL/T 5057—1996[33] DL/T 5057—2009[34]	1.05	1.2/1.1	1.143~1.048
2	NB/T 11011—2022[10]	1.10	1.3/1.2	1.182~1.091
3	GB 50010—2010[9]	1.3	1.5	1.154
4	ACI 318—19[32]	1.2	1.6	1.333
5	BS 8110:1997[30]	1.4	1.6	1.143
6	СНиП2.06.07—87[45]	1.05	1.2	1.143
7	EN 1992-1-1:2004[31]	1.35	1.5	1.111

3.3 材料强度设计指标取值

3.3.1 材料强度标准值与设计值的取值原则

1. 材料强度标准值的取值原则

材料强度标准值是结构构件设计时，采用的材料强度的基本代表值，也是生产过程中控制材料性能质量的主要指标；按正常使用极限状态设计时，材料强度应采用材料强度标准值。材料强度标准值一般按材料强度概率分布的某一分位值来确定，国外规范也称为材料强度特征值。规范 NB/T 11011—2022 规定，混凝土和钢筋强度标准值应具有不小于95%的保证率(见图 3-4)，用公式表示即为：

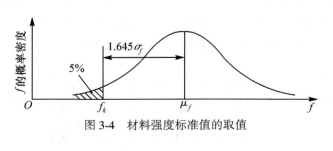

图 3-4 材料强度标准值的取值

$$\left.\begin{array}{l} f_k = \mu_f - k_1\sigma_f = \mu_f(1 - k_1\delta_f) \\ k_1 \geqslant 1.645 \end{array}\right\} \tag{3-19}$$

式中，f_k——材料强度标准值；

μ_f——材料强度平均值；

σ_f —— 材料强度标准差；

δ_f —— 材料强度变异系数，$\delta_f = \sigma_f / \mu_f$；

k_1 —— 材料强度标准值(相应于材料强度概率分布的某一分位值)的保证率系数。

2. 材料强度设计值的取值原则

考虑到原材料性能及施工质量等因素可能使材料强度发生不利的变异，按承载能力极限状态设计时，材料强度应采用材料强度设计值。材料强度设计值 f_d 定义为材料强度标准值 f_k 除以材料性能分项系数 γ_m，即：

$$f_d = \frac{f_k}{\gamma_m} \tag{3-20}$$

这里的 γ_m 是一个大于 1 的系数。因此，材料强度设计值的保证率大于材料强度标准值的保证率。与荷载分项系数的意义一样，材料性能分项系数也是为了满足规定的目标可靠指标的要求而设置的分项系数之一。规范 NB/T 11011—2022 中的混凝土和钢筋的强度设计值及其分项系数是参考国内外有关规范，通过可靠度分析并结合工程经验校准确定的[28-29, 36-41]。

3.3.2　混凝土强度设计指标取值及其分项系数

1. 混凝土立方体抗压强度标准值 $f_{cu, k}$

混凝土立方体抗压强度标准值 $f_{cu, k}$ 是混凝土各种力学性能指标的基本代表值，它是指按照标准方法制作养护的边长为 150mm 的立方体试件，在 28d 龄期，用标准试验方法测得的具有 95% 保证率的抗压强度值，混凝土的强度等级即按这一原则确定，用公式表示即为：

$$f_{cu, k} = \mu_{f_{cu}} - 1.645\sigma_{f_{cu}} = \mu_{f_{cu}}(1 - 1.645\delta_{f_{cu}}) \tag{3-21}$$

式中，$\mu_{f_{cu}}$ —— 混凝土立方体抗压强度的平均值；

$\sigma_{f_{cu}}$ —— 混凝土立方体抗压强度的标准差；

$\delta_{f_{cu}}$ —— 混凝土立方体抗压强度的变异系数。

基于 GB 50199—1994 编制组对全国 28 个大中型水利水电工程合格水平的混凝土立方体抗压强度的调查统计结果[46]，以及对 C40 以上混凝土的估计判断，规范 NB/T 11011—2022 采用的混凝土立方体抗压强度的变异系数 $\delta_{f_{cu}}$ 见表 3-5。

表 3-5　　　　　　　　　水工混凝土立方体抗压强度的变异系数

$f_{cu, k}$	C10	C15	C20	C25	C30	C35	C40	C45	C50	C55	C60
$\delta_{f_{cu}}$	0.23	0.20	0.18	0.16	0.14	0.13	0.12	0.12	0.11	0.11	0.10

2. 结构内混凝土强度与试件混凝土强度差异的修正系数

根据国内棱柱体抗压强度与立方体抗压强度的对比试验[47]，两者平均值的关系为：

$$\mu_{f_c} = 0.76\mu_{f_{cu}} \tag{3-22}$$

式中，μ_{f_c} ——混凝土棱柱体抗压强度的平均值。

　　以上是根据混凝土棱柱体试件与立方体试件的试验结果所建立的轴心抗压强度与立方体抗压强度之间的统计关系。实际上，结构构件中的混凝土强度与棱柱体试件的强度是有差别的。因为混凝土结构构件在施工过程中，由于结构周围环境温度和湿度波动的影响、混凝土施工工艺的不同、混凝土在结构构件中所处部位的不同以及结构内钢筋的影响等，使结构内混凝土的强度与试件混凝土的强度可能会有较大的差别，结构内混凝土强度的概率分布也不同于试件强度的概率分布，即使混凝土试件与结构构件以相同条件养护，其概率分布仍不可能完全相同[48]。

　　考虑到混凝土浇筑过程中可能由于制作原因而导致结构内混凝土振捣不够密实和由于使用期内的环境条件而使强度降低，以及其他不利因素，估计结构内混凝土的强度较试件混凝土的强度最大降低值可能高达 35%～40%[48]。考虑到以上所列不利因素同时出现的可能性很小，因而结构内混凝土的强度大部分仍将保持在与试件混凝土的强度大体相同的水平上。对于超过试件混凝土强度的情况，从偏于安全出发，一般作为安全储备考虑。基于以上分析，规范 NB/T 11011—2022 在修订过程中，将结构内混凝土强度的降低系数 k_c 的取值范围定为 0.65～1.00，并近似地假定其概率分布服从递增的直角三角形分布（见图3-5）。

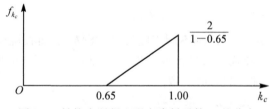

图 3-5　结构内混凝土强度降低系数 k_c 的分布

　　利用统计数学的有关公式，求得 k_c 的平均值和变异系数如下：

$$\begin{cases} \mu_{k_c} = \dfrac{1}{3}(0.65 + 2 \times 1.00) = 0.88 \\[2mm] \delta_{k_c} = \dfrac{\sqrt{2}}{2}\left(\dfrac{1 - 0.65}{2 + 0.65}\right) = 0.09 \end{cases} \tag{3-23}$$

　　据此，规范 NB/T 11011—2022 取结构内混凝土强度与试件混凝土强度差异的修正系数为 0.88。

　　3. 混凝土轴心抗压强度标准值 f_{ck}

　　根据混凝土棱柱体抗压强度与立方体抗压强度的对比试验，同时考虑到结构中混凝土强度与试件混凝土强度之间差异的修正系数 0.88，则结构中混凝土轴心抗压强度平均值与标准立方体抗压强度平均值之间的关系为：

$$\mu_{f_c} = 0.88 \times 0.76\mu_{f_{cu}} = 0.67\mu_{f_{cu}} \tag{3-24}$$

　　根据混凝土强度标准值的取值原则，并假定 $\delta_{f_c} = \delta_{f_{cu}}$（$\delta_{f_c}$ 为混凝土轴心抗压强度的变异系数），利用式（3-21）中 $f_{cu,k}$ 与 $\mu_{f_{cu}}$ 的关系，则结构中混凝土轴心抗压强度标准值为：

$$f_{ck} = \mu_{f_c}(1 - 1.645\delta_{f_c}) = 0.67\mu_{f_{cu}}(1 - 1.645\delta_{f_{cu}}) = 0.67f_{cu,k} \tag{3-25}$$

对于强度等级较高的混凝土，NB/T 11011—2022 引入一个考虑混凝土受压脆性的折减系数 α_c，则混凝土轴心抗压强度标准值可按下式计算：

$$f_{ck} = 0.67\alpha_c f_{cu,k} \tag{3-26}$$

式中，α_c 为考虑混凝土受压脆性的折减系数。对 C45 以下取 $\alpha_c = 1.0$；对 C45 取 $\alpha_c = 0.98$；对 C60 取 $\alpha_c = 0.96$，中间按线性规律变化。

4. 混凝土轴心抗拉强度标准值 f_{tk}

根据国内混凝土轴心抗拉强度与立方体抗压强度的对比试验[47]，两者平均值的关系为：

$$\mu_{f_t} = 0.26\mu_{f_{cu}}^{2/3} \tag{3-27}$$

同样，考虑结构中混凝土强度与试件混凝土强度差异的修正系数为 0.88，则结构中混凝土轴心抗拉强度与标准立方体抗压强度的关系为：

$$\mu_{f_t} = 0.88 \times 0.26\mu_{f_{cu}}^{2/3} = 0.23\mu_{f_{cu}}^{2/3} \tag{3-28}$$

在仍假定轴心抗拉强度的变异系数 $\delta_{f_t} = \delta_{f_{cu}}$ 的条件下，并利用式（3-21）中 $f_{cu,k}$ 与 $\mu_{f_{cu}}$ 的关系，则结构中混凝土轴心抗拉强度标准值为：

$$\begin{aligned} f_{tk} &= \mu_{f_t}(1 - 1.645\delta_{f_t}) = 0.23\mu_{f_{cu}}^{2/3}(1 - 1.645\delta_{f_t}) \\ &= 0.23f_{cu,k}^{2/3}(1 - 1.645\delta_{f_{cu}})^{1/3} \end{aligned} \tag{3-29}$$

规范 NB/T 11011—2022 给出的不同强度等级的混凝土轴心抗压强度和轴心抗拉强度标准值，即是在式（3-26）及式（3-29）计算结果的基础上，经适当的取整后确定的，其值与 GB 50010—2010（2015 年版）的取值一致。

5. 混凝土强度设计值及其分项系数的取值

混凝土强度设计值由其标准值除以混凝土的材料性能分项系数 γ_c 得出，即

$$f_c = \frac{f_{ck}}{\gamma_c} \tag{3-30}$$

$$f_t = \frac{f_{tk}}{\gamma_c} \tag{3-31}$$

原规范 DL/T 5057—1996 的混凝土材料性能分项系数 γ_c 取为 1.35，与国内外相关规范的取值相比，其 γ_c 的取值偏低。为了与国内外规范相协调，规范 DL/T 5057—2009 和现行规范 NB/T 11011—2022 均将 γ_c 从原规范的 1.35 提高到 1.4。

规范 NB/T 11011—2022 规定的不同强度等级混凝土的强度标准值与设计值及弹性模量见附录 1 中附表 1-1～附表 1-3，设计时可直接查用。

3.3.3　钢筋强度设计指标的取值及其分项系数

1. 规范 NB/T 11011—2022 列入的钢筋种类

根据钢筋现行国家标准的修订情况，规范 NB/T 11011—2022 对列入的钢筋种类进行了调整，提倡采用高强、高性能钢筋，列入的钢筋种类及牌号详见附录 1 附表 1-4～附表

1-7，规范 NB/T 11011—2022 列入的钢筋种类所依据的现行国家标准可参阅文献[17-19, 49-52]。规范 NB/T 11011—2022 在条文说明中还对各种牌号钢筋的选用原则做了详尽说明。

2. 钢筋强度标准值

规范 NB/T 11011—2022 规定：钢筋强度标准值应具有不小于 95% 的保证率。

（1）对于普通钢筋和有明显屈服强度的预应力混凝土用螺纹钢筋，规范 NB/T 11011—2022 以钢筋国家标准规定的屈服强度特征值作为钢筋屈服强度标准值 f_{yk} 的取值依据。对于热轧钢筋，国标规定的屈服强度特征值即为钢筋出厂检验的废品限值，大体上相当于钢筋强度总体分布的平均值减去 2 倍标准差，相应的保证率为 97.73%，符合保证率不小于 95% 的要求，用公式表示即为：

$$f_{yk} = \mu_y - 2.0\sigma_{f_y} = \mu_{f_y}(1 - 2.0\delta_{f_y}) \tag{3-32}$$

式中，μ_{f_y} ——钢筋屈服强度的平均值；

σ_{f_y} ——钢筋屈服强度的标准差；

δ_{f_y} ——钢筋屈服强度的变异系数。

由于结构抗倒塌设计的需要，规范 NB/T 11011—2022 增列了钢筋极限强度标准值 f_{stk}，f_{stk} 按钢筋国家标准中的抗拉强度特征值（即钢筋拉断前相应于最大拉力下的强度）确定。

（2）对于没有明显屈服强度的预应力混凝土用钢丝和钢绞线，屈服强度标准值 f_{pyk} 取为其条件屈服强度，可称为条件屈服强度标准值。钢筋国家标准中一般取 0.002 残余应变所对应的应力 $R_{p0.2}$ 作为其条件屈服强度（亦称规定塑性延伸强度），规范 NB/T 11011—2022 对于预应力混凝土用钢丝和钢绞线的条件屈服强度标准值统一取为 $0.85f_{ptk}$。预应力筋的极限强度标准值 f_{ptk} 则仍沿用规范 DL/T 5057—2009 的规定，按钢筋现行国家标准中的抗拉强度特征值确定。

3. 钢筋强度设计值

普通钢筋的抗拉强度设计值取为屈服强度标准值 f_{yk} 除以钢筋材料性能分项系数 γ_s。对于延性较好的热轧钢筋，γ_s 取为 1.10；对于 HRB500 高强钢筋，为了适当提高安全储备，γ_s 取为 1.15。

预应力筋的抗拉强度设计值取为屈服强度标准值（或条件屈服强度标准值）f_{pyk} 除以钢筋材料性能分项系数 γ_s。预应力筋的延性稍差，γ_s 一般取不小于 1.20。对于传统的预应力钢丝、钢绞线和螺纹钢筋，γ_s 取为 1.20，与原规范 DL/T 5057—2009 的取值相同。

普通钢筋的抗压强度设计值 f'_y 取值与抗拉强度设计值相同。对于 HRB500 钢筋，在偏心受压状态下，混凝土所能达到的压应变可以保证 HRB500 钢筋的抗压强度达到与抗拉强度相同的值，规范 NB/T 11011—2022 将 HRB500 钢筋的抗压强度设计值调整到 435N/mm²；对于轴心受压构件，由于混凝土压应力达到 f_c 时混凝土压应变为 0.002，当采用 HRB500 钢筋时，钢筋的抗压强度设计值仍取为 400N/mm²。而预应力筋抗压强度设计值取值较小，这是由于构件中钢筋受到混凝土极限压应变的控制，受压强度受到制约的缘故。

根据试验研究结果，当 HRB500 钢筋用作受剪、受扭、受冲切承载力计算时，钢筋的抗拉强度不能得到充分发挥，规范 NB/T 11011—2022 将 HRB500 钢筋的材料性能分项系数继续沿用规范 DL/T 5057—2009 的取值规定，即取 $\gamma_s = 1.39$，相应的钢筋抗拉强度设计值 f_{yy} 限定为不大于 $360N/mm^2$。但用作围箍约束混凝土的间接配筋时，其抗拉强度设计值可以不受此限。

当构件中配有不同牌号和强度等级的钢筋时，可以采用各自的强度设计值进行计算。因为尽管强度不同，但极限状态下各种钢筋均可先后达到屈服强度。

规范 NB/T 11011—2022 规定的钢筋强度标准值与设计值及弹性模量见附录 1 中附表 1-4~附表 1-8。

4. 普通钢筋及预应力筋的最大力总延伸率限值

参考 GB 50010—2010（2015 年版）的规定和汶川地震震害的经验教训，规范 NB/T 11011—2022 提出了对钢筋延性的要求。根据我国钢筋国家标准的相关规定，规范 NB/T 11011—2022 将最大力总延伸率 δ_{gt}（相当于钢筋国家标准中的 A_{gt}）作为控制钢筋延性的指标。最大力总延伸率 δ_{gt} 不受断口-颈缩区域局部变形的影响，反映了钢筋拉断前达到最大力（极限强度）时的均匀应变，故又称均匀伸长率。规范 NB/T 11011—2022 规定，普通钢筋及预应力筋的最大力总延伸率 δ_{gt} 不应小于规定的限值，见附录 1 附表 1-9。有抗震设防要求时，普通钢筋及预应力筋的最大力总延伸率 δ_{gt} 尚应符合抗震设计的相关规定。

3.4　概率极限状态设计法的设计表达式及结构设计理论发展展望

3.4.1　结构设计状况与荷载组合

规范 NB/T 11011—2022 规定，结构设计时，应根据结构在施工、安装、运行、检修等不同时期可能出现的不同结构体系、荷载和环境条件，按以下三种设计状况进行设计：

（1）持久状况。在结构使用过程中一定出现且持续期很长，一般与工作年限为同一数量级的设计状况。

（2）短暂状况。在结构施工（安装）、检修或使用过程中出现的概率较大且短暂出现的设计状况。

（3）偶然状况。在结构使用过程中出现的概率很小，且持续期很短的设计状况，如地震、校核洪水等。

上述三种设计状况均应进行承载能力极限状态设计。对于持久状况尚应进行正常使用极限状态设计；对于短暂状况可根据需要进行正常使用极限状态设计；对于偶然状况可不进行正常使用极限状态设计。不同设计状况所需要的可靠度设置水平可以有所不同。在规范 NB/T 11011—2022 中，按承载能力极限状态设计时，不同设计状况下的可靠度设置水平通过设计状况系数 ψ 来加以调整。

结构设计时，应根据两类极限状态的要求，对可能同时出现的各种荷载，通过不同设计状况下的荷载组合求得最不利的荷载组合效应值（如最不利的内力、变形或裂缝宽度等），作为结构设计的依据。

对于承载能力极限状态，一般应考虑基本组合和偶然组合两种荷载组合，即

$$\text{承载能力极限状态} \begin{cases} \left.\begin{array}{l} \text{持久状况} \\ \text{短暂状况} \end{array}\right\} ——\text{基本组合(永久荷载+可变荷载的组合)} \\ \text{偶然状况} ——\text{偶然组合(永久荷载+可变荷载+一种偶然荷载的组合)} \end{cases}$$

对于正常使用极限状态，抗裂验算应采用标准组合；裂缝宽度和挠度验算应采用标准组合并考虑长期作用的影响。所谓标准组合，是指结构构件按正常使用极限状态验算时，采用荷载标准值作为荷载代表值的组合，用于抗裂验算；所谓标准组合并考虑长期作用的影响，是指在裂缝宽度和挠度计算的公式中，结构构件的内力和钢筋应力按标准组合进行计算，并对标准组合下的裂缝宽度和刚度计算公式考虑长期作用的影响进行修正。

3.4.2 承载能力极限状态的设计表达式

1. 设计表达式

规范 NB/T 11011—2022 规定的承载能力极限状态的设计表达式为：

$$\left.\begin{array}{l} \gamma_0 \psi S \leqslant \dfrac{1}{\gamma_d} R \\ R = R(f_c, f_y, a_k) \end{array}\right\} \tag{3-33}$$

式中，S——承载能力极限状态下荷载组合的效应设计值；

　　　R——结构构件的抗力设计值；

　　　$R(\cdot)$——结构构件的抗力函数；

　　　γ_0——结构重要性系数，对于结构安全级别为 Ⅰ、Ⅱ、Ⅲ 级的结构构件，γ_0 的取值分别不应小于 1.1、1.0 及 0.9(见表3-6)；

　　　ψ——设计状况系数，对应于持久状况、短暂状况、偶然状况，ψ 应分别取为 1.0、0.95 及 0.85；

　　　γ_d——结构系数，按表3-7采用；

　　　f_c——混凝土强度设计值，按附录1中附表1-2查用；

　　　f_y——钢筋强度设计值，按附录1中附表1-6~附表1-7查用；

　　　a_k——结构构件的几何参数标准值。

但应注意的是，在以下各章的各种结构构件的承载力计算中，所有内力设计值系指由各荷载标准值乘以相应的荷载分项系数后所产生的效应总和(荷载组合的效应设计值)，并再乘以结构重要性系数 γ_0 及设计状况系数 ψ 后的值。

表3-6　　　　　　　　水工建筑物结构安全级别及结构重要性系数 γ_0

水工建筑物级别	水工建筑物的结构安全级别	结构重要性系数 γ_0
1	Ⅰ	1.1
2、3	Ⅱ	1.0
4、5	Ⅲ	0.9

表 3-7　　　　　　　　　承载能力极限状态计算时的结构系数 γ_d 值

素混凝土结构		钢筋混凝土及预应力混凝土结构
受拉破坏	受压破坏	
2.0	1.3	1.2

注：①承受永久荷载为主的构件，结构系数 γ_d 应按表中数值增加 0.05；

②对新型结构或荷载不能准确估计时，γ_d 应适当提高。

2. 结构安全级别与水工建筑物级别的关系

水工混凝土结构设计时，应按水工建筑物的级别采用不同的结构安全级别。水工建筑物的结构安全级别与水工建筑物级别的对应关系见表 3-2 或表 3-6。不同结构安全级别的结构构件，其可靠度设置水平由结构重要性系数 γ_0 予以调整。在确定水工混凝土结构或结构构件的结构安全级别时，可根据其在水工建筑物中的部位和破坏时对建筑物安全影响的大小，采用与水工建筑物的结构安全级别相同或降低一级，但不得低于Ⅲ级。

3. 结构系数 γ_d 的取值

结构系数 γ_d 是采用概率极限状态设计法时，为达到承载能力极限状态所规定的目标可靠指标 β_t 而设置的分项系数。γ_d 主要用来涵盖下列不定性因素：荷载效应计算模式的不定性；结构构件抗力计算模式的不定性；γ_G、γ_Q、γ_c、γ_s 及 γ_0、ψ 等分项系数未能反映的其他各种不利变异性。

规范 NB/T 11011—2022 的结构系数 γ_d 是采用按工程经验校准与按可靠度分析相结合的方法确定的[28-29, 36-41, 53-57]，结构设计时可直接按表 3-7 查用。

武汉大学土木建筑工程学院课题组在综合分析"工程经验校准法"和"可靠度分析法"两种方法确定的结构系数取值的基础上，按照规范修订前后的安全度设置水平不致波动过大和实用方便的原则，经适当的归并与取整后，确定最优的结构系数取值，这些成果均被原规范 DL/T 5057—2009 和现行规范 NB/T 11011—2022 采纳。

4. 关于荷载组合的效应设计值的计算规定

在按式(3-33)进行承载能力极限状态设计时，荷载组合的效应设计值 S 的具体计算规定如下。

对于基本组合，荷载组合的效应设计值 S 应按下列公式计算：

$$S = \gamma_G S_{Gk} + \gamma_{Q1} S_{Q1k} + \gamma_{Q2} S_{Q2k} \tag{3-34}$$

式中，S_{Gk} ——永久荷载效应的标准值。

S_{Q1k} ——一般可变荷载效应的标准值。

S_{Q2k} ——可控制的可变荷载效应的标准值。可控制的可变荷载是指在作用过程中可以严格控制其不超出规定限值的可变荷载，如水库正常蓄水位时的静水压力；在水电站厂房设计中，由制造厂家提供的吊车最大轮压值；设备重力按实际铭牌确定、堆放位置有严格规定并加设垫木的安装间楼面堆放设备荷载等。

γ_G、γ_{Q1}、γ_{Q2} ——分别为永久荷载、一般可变荷载和可控制的可变荷载的分项系数，见表 3-8。

表 3-8   **NB/T 11011—2022 荷载分项系数的取值**

荷载类型	永久荷载	一般可变荷载	可控制的可变荷载	偶然荷载
	γ_G	γ_{Q1}	γ_{Q2}	γ_A
荷载分项系数	1.10(0.95)	1.30	1.20	1.00

注：当永久荷载效应对结构有利时，γ_G 应按括号内数值取用。

对于偶然组合，荷载组合的效应设计值 S 可按下列公式计算，其中与偶然荷载同时出现的某些可变荷载，可对其标准值作适当折减；偶然组合中每次只考虑一种偶然荷载：

$$S = \gamma_G S_{Gk} + \gamma_{Q1} S_{Q1k} + \gamma_{Q2} S_{Q2k} + \gamma_A S_{Ak} \tag{3-35}$$

式中，S_{Ak}——偶然荷载代表值产生的效应值，偶然荷载代表值可按 GB/T 51394—2020 《水工建筑物荷载标准》[43] 和 NB 35047—2015《水电工程水工建筑物抗震设计规范》[58] 的规定确定；

      γ_A——偶然荷载分项系数，按表 3-8 取用。

在计算荷载组合的效应设计值时，一般是先求出荷载标准值作用下的荷载效应标准值 S_{Gk}、S_{Q1k}、S_{Q2k}，然后在进行荷载组合时，再乘以相应的荷载分项系数。

需要特别指出的是，规范 NB/T 11011—2022 中的荷载分项系数 γ_G、γ_Q 与 GB 50009—2012 中的 γ_G、γ_Q 是有差别的。规范 NB/T 11011—2022 和 GB/T 51394—2020 中的 γ_G、γ_Q 主要是考虑荷载本身的变异性确定的，而 GB 50009—2012 中的 γ_G、γ_Q，除考虑了荷载本身的变异性外，还考虑了荷载效应计算模式的不定性等因素对结构可靠度的影响，其数值也比前者大得多。因此，两者不可混用。

3.4.3 正常使用极限状态的设计表达式

正常使用极限状态设计主要是验算结构构件的变形、抗裂或裂缝宽度。结构超过正常使用极限状态虽然会影响结构的正常使用，但不会危及结构的安全，因此，正常使用极限状态下的可靠度要求可适当降低。规范 NB/T 11011—2022 规定，对于正常使用极限状态的验算，荷载分项系数、材料性能分项系数、结构系数、设计状况系数等都取 1.0，而结构重要性系数则仍按前述取值。

由于结构构件的变形、裂缝宽度等均与荷载持续时间的长短有关，故结构构件的变形、裂缝宽度验算，应按荷载的标准组合并考虑长期作用的影响进行验算。

规范 NB/T 11011—2022 规定的正常使用极限状态的设计表达式为：

$$\left.\begin{array}{c} \gamma_0 S_k \leqslant C \\ S_k = S_k(G_k, \ Q_k, \ f_k, \ a_k) \end{array}\right\} \tag{3-36}$$

式中，S_k——正常使用极限状态下荷载组合的作用效应值，抗裂验算时按标准组合计算，裂缝宽度和挠度验算时按标准组合并考虑长期作用的影响进行计算；

      $S_k(\cdot)$——正常使用极限状态下荷载组合的效应函数；

      C——结构构件达到正常使用要求所规定的变形、裂缝宽度或应力等的限值；

      G_k、Q_k——永久荷载与可变荷载的标准值；

f_k——材料强度标准值；

a_k——结构构件几何参数的标准值。

在各种构件正常使用极限状态的计算中，标准组合时的内力设计值系指由各荷载标准值所产生的效应总和，并乘以结构重要性系数 γ_0 后的值。

例 3-1　某排灌站厂房采用 1.5m×6m 的大型屋面板，卷材防水保温屋面，永久荷载标准值为 2.7kN/m²，屋面活荷载标准值为 0.7kN/m²，屋面雪荷载标准值为 0.4kN/m²。该厂房的结构安全级别为Ⅱ级，板的计算跨度 $l = 5.87m$，试求该板每一纵肋的下述弯矩值：

(1)按承载能力极限状态设计时，在持久状况基本组合下的跨中弯矩设计值；

(2)按正常使用极限状态设计时，在标准组合下的跨中弯矩值。

解：荷载标准值的确定：

大型屋面板设计时可取其中一根纵肋进行计算，每一纵肋承担的均布荷载为：

①永久荷载：

$$g_k = 2.7 \times \frac{1.5}{2} = 2.025(\text{kN/m})$$

②可变荷载：

屋面活荷载与雪荷载不同时作用，取较大值，故

$$q_k = 0.7 \times \frac{1.5}{2} = 0.525(\text{kN/m})$$

(1)按承载能力极限状态设计时的跨中弯矩设计值。

查表 3-8 得永久荷载的分项系数 $\gamma_G = 1.10$，活荷载和雪荷载(一般可变荷载)的分项系数 $\gamma_Q = 1.30$；厂房结构安全级别为Ⅱ级，取结构重要性系数 $\gamma_0 = 1.0$；持久状况的设计状况系数 $\psi = 1.0$。先求荷载标准值作用下的效应值：

$$M_{Gk} = \frac{1}{8} g_k l^2 = \frac{1}{8} \times 2.025 \times 5.87^2 = 8.72(\text{kN} \cdot \text{m})$$

$$M_{Qk} = \frac{1}{8} q_k l^2 = \frac{1}{8} \times 0.525 \times 5.87^2 = 2.26(\text{kN} \cdot \text{m})$$

由式(3-33)和式(3-34)求得一根纵肋在持久状况基本组合下的跨中弯矩设计值为：

$$M = \gamma_0 \psi (\gamma_G M_{Gk} + \gamma_Q M_{Qk})$$
$$= 1.0 \times 1.0 \times (1.10 \times 8.72 + 1.30 \times 2.26) = 12.53(\text{kN} \cdot \text{m})$$

(2)按正常使用极限状态设计时的跨中弯矩设计值。

由式(3-36)求得一根纵肋在标准组合下的跨中弯矩设计值为：

$$M_k = \gamma_0 (M_{Gk} + M_{Qk})$$
$$= 1.0 \times (8.72 + 2.26) = 10.98(\text{kN} \cdot \text{m})$$

3.4.4　结构设计理论发展展望

安全可靠、经济合理始终是结构设计的基本原则。在保证结构安全可靠前提下的经济性，永远是结构工程师所追求的目标。采用以概率理论为基础的极限状态设计法，可以更全面地考虑影响结构可靠度的主要因素的客观变异性，在安全与经济之间选择最佳平衡，

实现优化设计。因此，概率极限状态设计法在工程结构设计规范中已得到广泛的应用，使结构可靠度理论的应用进入了一个新的阶段[28-29, 36-41, 53-57, 59-66]。

早在 1971 年，国际上由七个著名的国际学术组织(CEB、FIP、CIB、CECM、LABSE、IASS、RILEM)联合成立了结构安全度联合委员会 JCSS，并先后起草出版了《结构可靠性设计总原则》等多个有关结构安全性的文件。在此基础上，国际标准化组织(ISO)于 1986 年正式发布了国际标准 ISO 2394:1986《结构可靠性总原则》，用于指导各国工程结构设计规范按概率极限状态设计法进行修编。1998 年发布的 ISO 2394:1998 是这一国际标准的最新版本[20]，与 1986 年版相比，概率极限状态设计法在国际上又有了新的进展：首次明确提出了工程结构设计规范采用概率极限状态设计法和分项系数设计表达式的具体规定；提出了设计寿命的概念和相应的设计规定。对于承载能力极限状态，建议目标可靠指标可分别采用 3.1、3.8 及 4.3。与我国现行的几本工程结构可靠性设计统一标准建议的目标可靠指标相比[21-23]，其取值是十分相近的。ISO 2394 的编制，在国际上有很大影响，很多国家有关规范的编制、修订都参考了该标准。

1990 年以来，欧洲标准化委员会(CEN)按照 ISO 2394 标准的规定，已制定了一整套采用概率极限状态设计法的欧洲工程结构设计统一规范，共 9 卷 62 册，包括设计基础和结构上的作用、混凝土结构、钢结构、钢与混凝土组合结构、木结构、砌体结构、基础与岩土工程、结构抗震、铝结构等，正式版本从 2002 年起已开始陆续发布[62, 64]。ISO 与 CEN 已达成《维也纳协议》，规定今后的国际标准与欧洲统一标准将相互协调一致。

为适应国际经济一体化的要求，亚太经济合作组织(APEC)以极限状态设计原理为基础，采用基于性能的设计方法，在结构标准协调方面已取得了较大的进展，标准协调原则与 ISO 确定的原则相一致[28-29, 59-66]。

美国是结构可靠性理论与应用的代表之一，也是国际上较早开展结构可靠度研究的国家之一。1982 年基于概率的荷载准则首次在美国国家标准 A58.1—1982 中得到应用，它后来又以美国土木工程学会(ASCE)的标准 7 出版发行，自 1982 年至今一直为美国所有结构设计规范的极限状态设计方法所参考，包括美国钢结构协会 AISC 的钢结构设计规范 ANSI/AISC 360-10、ANSI/AISC 341-10 和美国混凝土协会 ACI 318 的混凝土结构设计规范 ACI 318-19[32]。美国为增强国际竞争力，由统一建筑规范(UBC)、国家建筑规范(NBC)、标准建筑规范(SBC)联合编制了一本国际建筑规范 IBC 2000"International Building Code"，该规范也是按概率极限状态设计原则编制的，IBC 每 3 年修订一次。

英国标准化协会(BSI)于 1997 年发布了基于可靠度理论的 BS 8110:1997《混凝土结构设计规范》[30]。

日本从 1998 年开始进行结构可靠度理论用于工程结构设计规范的研究，并于 2002 年发布了按结构可靠度理论编制的规范《建筑及公共设施结构设计基础》。

我国在工程结构可靠度研究领域，开展了大量的理论研究、资料收集和数据实测工作，全面总结了我国的工程实践经验，并借鉴了国际标准 ISO 2394 的有关规定，自 1984 年以来，先后编制并颁布了 GBJ 68—1984《建筑结构设计统一标准》、GB 50153—1992《工程结构可靠度设计统一标准》、GB 50158—92《港口工程结构可靠度设计统一标准》、GB 50199—1994《水利水电工程结构可靠度设计统一标准》、GB 50216—1994《铁路工程结构可靠度设计统一标准》、GB/T 50283—1999《公路工程结构可靠度设计统一标准》，其最新版本分别为 GB 50153—2008《工程结构可靠性设计统一标准》[21]、GB 50158—2010《港口工程结构可靠性设计统一标准》、GB 50199—2013《水利水电工程结构可靠性设计统一标准》[22]、GB 50068—2018《建筑结构可靠性设计统一标准》[23]、GB 50216—2019《铁路工程结构可靠性设计统一标准》、JTG 2120—2020《公路工程结构可靠性设计统一标准》。近30 年来，全国建筑工程、港口工程、水利水电工程、铁路工程和公路工程等行业的结构设计规范在上述"统一标准"的指导下，已进行大规模的修订或编制。对于已具备统计参数的基本变量，设计表达式中的分项系数主要按可靠度分析法确定；对于暂时还不具备可靠度分析条件的基本变量，设计表达式中的分项系数则主要按工程经验校准法确定，即分项系数主要是从原规范定值设计法的安全系数换算求得，以求第一步先在形式上与"统一标准"中规定的分项系数设计表达式保持一致，便于今后积极创造条件，在改进设计方法时逐步赋予概率含义[26-29, 65-66]。我国以结构可靠度理论为基础的各种结构设计规范，有的已经颁布实施，有的则正在修订和编制之中，有的还进行了第二轮甚至第三轮修订。目前我国各行业的结构设计规范大多采用了概率极限状态设计法，这项工作的规模和深度已超过了世界上一些发达国家的规模和深度，大大提高了我国工程结构设计规范的科学水平，标志着我国在工程结构可靠度设计方面走在了世界先进水平的前列。

然而也应该看到，由于影响结构可靠度的各基本变量的统计资料尚不够完备以及结构可靠度分析中还引入了一些近似假定，因而以概率理论为基础的可靠性设计原则在结构设计规范中的应用目前还是初步的。今后应对影响结构可靠度的主要因素，如荷载及荷载效应的不定性、材料性能的不定性、几何参数的不定性、计算模式的不定性等进行更为深入的研究，以便为可靠度分析积累更多的资料；同时对结构可靠度理论的应用和分析方法加以改进，使得结构可靠度分析结果更接近实际状况。此外，在影响结构可靠度的不定性因素中，除了随机性以外，还有模糊性和信息的不完备性。目前所采用的概率极限状态设计法，比较多的只是考虑了基本变量的随机性。因此，在结构可靠度理论与应用研究方面，综合考虑基本变量的随机性、模糊性和信息的不完备性将是各国学者今后的研究热点之一。

关于正常使用极限状态设计时的目标可靠指标，由于这方面的研究还不够深入，因而我国目前的有关结构设计规范尚未能给出详细规定。因此，正常使用极限状态下的结构可靠度还需作进一步研究。混凝土结构的耐久性与结构设计工作年限也需进一步开展工作。

我国采用概率极限状态设计法的结构设计规范中，目前仅限于静力荷载下一个构件或一个截面的可靠度，且在可靠度分析中，将影响结构可靠度的基本变量视为随机变量，未及考虑结构的时变性。对于结构系统的可靠度、动力可靠度、疲劳可靠度以及时变可靠度等，近年来国内相关学者也开展了许多研究工作，但编入设计规范用于指导工程设计还需进一步开展工作。

我国现行结构设计规范的可靠度设置水平是否合适？与国外同类规范相比较，我国现行结构设计规范的可靠度设置水平是否偏低？今后规范修订时对现行规范的可靠度设置水平如何进行调整？均有待进一步开展研究。

我国目前正在进行工程建设标准管理体制方面的改革，2016 年 8 月 9 日住房和城乡建设部印发了《关于深化工程建设标准化工作改革的意见》，落实《国务院关于印发深化标准化工作改革方案的通知》（国发〔2015〕13 号）文件的精神，加快制定全文强制性标准，逐步用全文强制性标准取代现行标准中分散的强制性条文。强制性标准具有强制约束力，是保障人民生命财产安全、人身健康、工程安全、生态环境安全、公众权益和公共利益，以及促进能源资源节约利用、满足社会经济管理等方面的控制性底线要求。强制性标准项目名称统称为"技术规范"，相当于技术法规。到 2025 年，我国以强制性标准为核心、推荐性标准和团体标准相配套的标准体系将初步建立，标准有效性、先进性、适用性也将进一步增强，标准的国际影响力和贡献力也将进一步提升。

"技术规范"分为工程项目类和通用技术类。

工程项目类规范，是以工程项目为对象，以总量规模、规划布局，以及项目功能、性能和关键技术措施为主要内容的强制性标准。如：2021 年发布的 GB 55009—2021《燃气工程项目规范》、GB 55011—2021《城市道路交通工程项目规范》等。

通用技术类规范，是以技术专业为对象，以规划、勘察、测量、设计、施工等通用技术要求为主要内容的强制性标准。如：2021 年发布的 GB 55001—2021《工程结构通用规范》[24]、GB 55008—2021《混凝土结构通用规范》[25]等。

其他专业规范都归于推荐性标准或团体标准，如：GB 50010—2010《混凝土结构设计规范》（2015 年版）[9]；NB/T 11011—2022《水工混凝土结构设计规范》[10]等。这些专业规范今后修订时，都必须严格执行相应"项目规范"和"通用规范"等强制性标准的相关规定。

思考题与计算题

一、思考题

1. 何谓结构的可靠性与可靠度？影响结构可靠度的主要因素有哪些？
2. 何谓结构的失效概率和可靠指标？目标可靠指标是怎样确定的？
3. 何谓荷载标准值、荷载设计值及荷载准永久值？
4. 简述现行规范 NB/T 11011—2022 中材料性能标准值和设计值的取值原则。
5. 何谓结构的极限状态？水工混凝土结构设计应考虑哪几种极限状态和设计状况及荷载组合？
6. 水工混凝土结构承载能力极限状态的设计表达式采用了哪些分项系数来保证结构的可靠度？
7. 简述现行规范 NB/T 11011—2022 荷载分项系数的确定原则和方法。
8. 水工混凝土结构设计时，荷载分项系数的取值有哪些规定？
9. 简述现行规范 NB/T 11011—2022 结构系数 γ_d 的物理意义和确定方法。

二、计算题

1. 有一水闸（3 级建筑物）工作桥如图 3-6 所示，T 形梁 1 承受启闭机传来的集中荷载标准值 $Q_k = 70\text{kN}$（$\gamma_Q = 1.30$），桥面上人群活荷载标准值为 3.0kN/m^2（$\gamma_Q = 1.30$），试求：
(1) 梁 1 按承载能力极限状态计算时，在基本组合下的跨中弯矩设计值；
(2) 梁 1 按正常使用极限状态验算时，在标准组合下的跨中弯矩值。

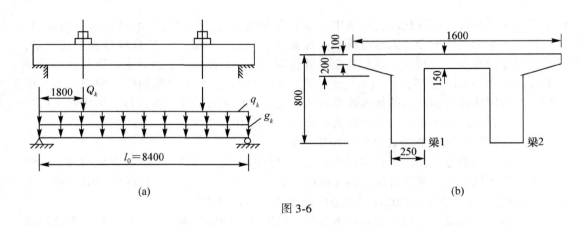

(a)　　　　　　　　　　　　　　　　　　　(b)

图 3-6

2. 一矩形截面渡槽(3 级建筑物)如图 3-7 所示，可变荷载为槽内水重($\gamma_Q = 1.20$)及人群活荷载($\gamma_Q = 1.30$)，人群活荷载标准值为 2.0kN/m²，试求：

(1) 槽身纵向分析时，在基本组合下的跨中弯矩设计值及支座边缘的剪力设计值；

(2) 按正常使用极限状态验算时，槽身纵向跨中截面在标准组合下的弯矩值。

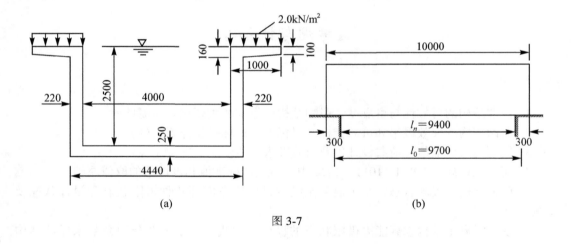

(a)　　　　　　　　　　　　　　　　　　　(b)

图 3-7

第4章　受弯构件正截面承载力计算

钢筋混凝土受弯构件是土木工程中最常见的构件，以梁、板构件最为典型，见图4-1。其受力特点是在外荷载作用下，截面主要承受弯矩 M 和剪力 V，而轴向力 N 很小，可忽略不计。受弯构件上弯矩 M 和剪力 V 数值变化较大，在不同的受力条件和不同的配筋条件下，受弯构件可出现两种不同的破坏形式，即正截面弯曲破坏和斜截面剪切破坏，前者的破坏面与梁轴线正交，而后者的破坏面与梁轴线斜交。因此受弯构件的承载力计算可分成两种：

(1)弯矩作用下的正截面承载力计算；

(2)弯矩、剪力共同作用下的斜截面承载力计算。

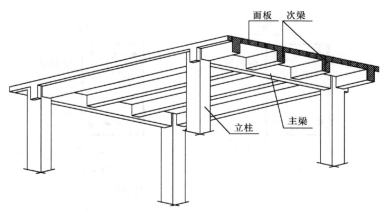

图 4-1　实际工程中的受弯构件

本章讲述正截面承载力计算，斜截面承载力计算将在下一章中讲述。

受弯构件的截面形式一般为对称形式。常用的有矩形、T形、I字形、槽形、箱形及环形等，见图 4-2。在特殊情况下，也可采用非对称形式截面，如倒 L 形、Z 形。

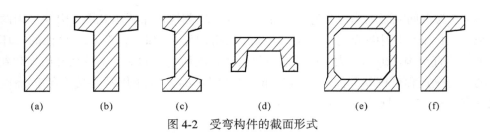

| (a) | (b) | (c) | (d) | (e) | (f) |

图 4-2　受弯构件的截面形式

受弯构件中的主要钢筋有：沿构件轴线方向布置的纵向受力钢筋和架立钢筋，前者的主要作用是承受因弯矩而产生的拉力或压力，后者的主要作用为固定箍筋位置；在构件中腹部分设置弯起钢筋和箍筋（统称"腹筋"），其主要作用是承受剪力。上述几种钢筋组成一受力骨架（见图 4-3），以保证构件的正截面受弯承载力和斜截面受剪承载力。

仅在受拉区配置纵向受力钢筋的受弯构件称为单筋截面受弯构件，同时在受拉区及受压区配置纵向受力钢筋的为双筋截面受弯构件（见图 4-4）。

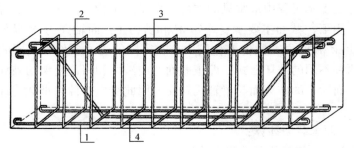

1. 纵向受拉钢筋
2. 弯起钢筋
3. 架立钢筋
4. 箍筋

图 4-3 受弯构件中的钢筋种类

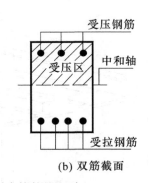

(a) 单筋截面   (b) 双筋截面

图 4-4 单筋和双筋受弯构件的区别

4.1 受弯构件正截面受力全过程及破坏特征

4.1.1 适筋受弯构件正截面受力全过程

图 4-5 为钢筋混凝土构件受弯试验加载装置和量测仪器布置示意图，构件采用两点对称加载，以保证构件中间部分为纯受弯区段（忽略构件自重时）。荷载按预计的破坏荷载分级施加，直至构件破坏。大量的试验结果表明：配筋适当的受弯构件从开始加载到构件破坏的受力全过程可按其截面的应力分布情况（图 4-6）、裂缝开展情况及弯矩-挠度曲线变化特点（图 4-7），划分为三个受力阶段。

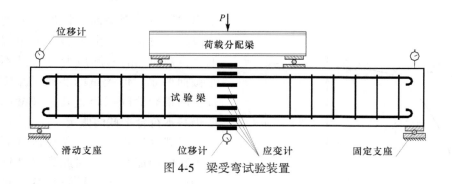

图 4-5 梁受弯试验装置

（1）未裂阶段（第Ⅰ阶段）。开始加载时，因截面上的弯矩较小，钢筋及混凝土均在弹性范围内工作，截面上未出现裂缝；截面上的应变分布符合平截面假定，混凝土受拉区和受压区的应力分布大体呈线性，受力特点基本上与匀质弹性受弯构件相同。见图 4-6(a)。

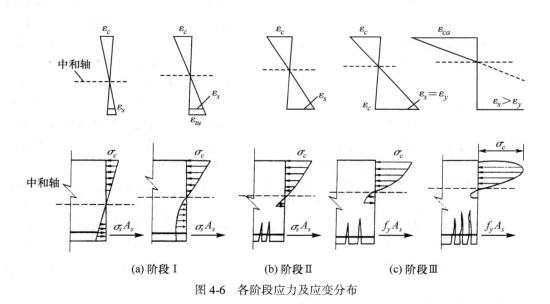

(a) 阶段Ⅰ　　　　　　 (b) 阶段Ⅱ　　　　　　 (c) 阶段Ⅲ

图 4-6 各阶段应力及应变分布

随着荷载的增大，截面上的应变也增大，但其分布仍然符合平截面假定；由于混凝土受拉、受压的力学性能差异很大，受拉区混凝土在应变不大时也表现出一定的塑性性质，导致截面受拉区的应力分布呈现曲线状。而受压区混凝土仍处于弹性范围，截面上的应力分布仍为线性分布。由于混凝土拉应力小于其压应力，因而中和轴的位置略有上升。当荷载增加到使受拉区边缘的应变达到混凝土极限拉应变 ε_{tu} 时，截面处于即将开裂的状态，即为本应力阶段末期，以 I_a 表示；此时截面上的弯矩为受弯构件的开裂弯矩 M_{cr}，相应的截面应力状态是受弯构件进行抗裂验算的依据。

在此受力阶段中，构件基本处在弹性范围内，其弯矩-挠度关系基本呈直线，见图 4-7。

（2）裂缝工作阶段（第Ⅱ阶段）。当受弯构件上的弯矩逐渐增加到使某一薄弱截面的下

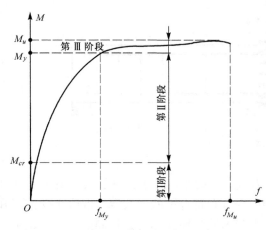

图 4-7　梁弯矩-挠度曲线

部出现第一条裂缝时，构件进入裂缝工作阶段的受力状态。由于裂缝两边混凝土的回弹，截面上的实际应变分布已不再符合平截面假定。但大量的实测结果表明，构件上两条裂缝间或跨越几条裂缝的平均应变仍基本符合平截面假定。

当裂缝出现之后，受拉区混凝土上的拉力转由钢筋承担，因此裂缝处钢筋的应变和应力明显增大，导致裂缝一旦出现即有一定的宽度和长度，中和轴也随之上移。随着荷载的增大，裂缝逐渐增多同时也不断地向上延伸。同时混凝土受压区随中和轴的上移而逐渐减小，其上压应力逐渐增大，混凝土呈现较明显的塑性性质，其应力分布也逐渐呈现出曲线形状，见图 4-6(b)。此受力阶段内钢筋应力的增幅也加快较多。

裂缝的出现会导致截面抗弯刚度的降低，因此构件挠度的增幅大于弯矩的增幅，弯矩-挠度曲线出现明显的转折点。随着弯矩的增加，裂缝会不断地扩展，构件的抗弯刚度也随之不断降低，其挠度也有较快的增长，因此弯矩-挠度关系呈明显的曲线形状(图 4-7)。当钢筋的拉应力达到屈服强度时，弯矩-挠度曲线上出现第二个明显转折点。第 Ⅱ 阶段即告完结，以 Ⅱ$_a$ 表示。普通钢筋混凝土受弯构件在正常使用时均带有裂缝，因此第二阶段末 Ⅱ$_a$ 的应力状态是受弯构件正常使用极限状态的验算依据。

(3)破坏阶段(第Ⅲ阶段)。钢筋屈服后，随着弯矩的增大，裂缝迅速向上扩展，中和轴随之快速上移，混凝土受压区面积减小且应力也愈来愈大，混凝土压应力分布呈现出非常显著的曲线形状，表现出充分的塑性特征，见图 4-6(c)。当弯矩增加到极限弯矩 M_u 时，受压区边缘达到混凝土极限压应变 ε_{cu}，构件因受压区混凝土压碎而完全破坏。此时的受力状态为第Ⅲ阶段结束时状态，以 Ⅲ$_a$ 表示，此应力状态可作为构件"极限承载力"的计算依据。

钢筋屈服后，受弯构件的挠度大幅度增加，尽管构件在荷载作用下仍可继续变形，但弯矩-挠度曲线几乎呈水平直线状，表明此时梁已达到承载力极限状态，见图 4-7。

梁破坏时的极限弯矩稍大于钢筋屈服时的弯矩。这是因为钢筋拉应力还会稍有增加，且截面内力臂 Z 随中和轴上移也有所增大，只是这二者的增加幅度均很小。

4.1.2　受弯构件正截面破坏特征

将受拉钢筋截面面积 A_s 与混凝土有效截面面积 bh_0 的比值定义为受弯构件的配筋率 ρ，即 $\rho = \dfrac{A_s}{bh_0}$。此处 b 为梁的截面宽度，h_0 为受拉钢筋的重心至混凝土受压区外边缘的距离，称为梁截面的有效高度。

大量的试验结果表明，钢筋混凝土受弯构件的受力特点和破坏特征与构件中纵向受力钢筋配筋率ρ、钢筋强度f_y、混凝土强度f_c诸因素有关。但在钢筋与混凝土强度等级确定的条件下，破坏形态只与配筋率ρ有关。一般情况下，受弯构件随着配筋率ρ的增大依次产生少筋破坏、适筋破坏、超筋破坏三种破坏形式。

1. 适筋破坏

配筋率ρ适当的受弯构件称为适筋受弯构件。分析、总结钢筋混凝土适筋受弯构件的受力全过程，可以得到适筋破坏的几个特点：

(1)适筋受弯构件的破坏是从纵向受力钢筋达到屈服强度f_y开始，到混凝土受压区边缘达到混凝土极限压应变ε_{cu}时完结，即受拉钢筋先屈服，受压区混凝土后压碎。

(2)适筋受弯构件从钢筋屈服到构件完全破坏，受力钢筋能产生较大的塑性变形，构件上的裂缝大量出现和扩展，挠度大幅度地增加，但破坏有较长的变化过程，而且有明显的破坏预兆，属于所谓的"延性破坏"，见图4-8(a)。

(3)适筋受弯构件的受力全过程可划分为如上所述的三个具有明显区别标志的受力阶段，见图4-6、图4-7。

(4)构件未产生裂缝时，适筋受弯构件的截面应变呈线性分布；构件开裂后，其截面平均应变大体符合线性分布。

2. 超筋破坏

配筋率ρ过大的受弯构件称为超筋受弯构件。分析超筋受弯构件的试验结果，可看出其破坏有以下特点：

(1)超筋受弯构件的破坏是在钢筋应力低于其屈服强度f_y时，受压区混凝土先压碎而发生的破坏。

(2)因构件中受力钢筋配置过多，当弯矩达到M_u时，钢筋应力达不到屈服强度，导致裂缝扩展缓慢，裂缝间距较小，裂缝开展高度不大且裂缝宽度较小。从开始加载到构件破坏，构件挠度变化不明显，即破坏无明显的预兆，是突然性的"脆性破坏"，见图4-8(b)。

(3)超筋受弯构件的受力全过程无明显的阶段性，整个受力全过程的弯矩-挠度曲线较陡峭且不存在明显的转折点，见图4-9曲线2。

3. 少筋破坏

配筋率ρ过小的受弯构件称为少筋受弯构件，从少筋受弯构件的试验结果可以看出如下破坏特征：

(1)因构件中纵向受力钢筋配置太少，当弯矩达到开裂弯矩M_{cr}时，截面受拉区即产生裂缝，钢筋因承受原受拉区混凝土的拉力而很快屈服进入强化阶段，甚至出现颈缩或拉断现象。裂缝出现后即迅速发展而形成一条既宽又长的裂缝，构件随之破坏，表现出"一裂即坏"的"脆性破坏"的特征，见图4-8(c)。

(2)少筋受弯构件破坏时，其受压区混凝土的应力较小，一般不出现压碎现象。因此少筋受弯构件能承受的最大弯矩即为开裂弯矩。

(3)少筋受弯构件的弯矩-挠度曲线如图4-9曲线3所示。构件开裂前，抗弯能力主要取决于截面尺寸和混凝土抗拉强度，因此其弯矩-挠度曲线与适筋受弯构件的第Ⅰ阶段基本相同；构件开裂后，截面上的拉力由钢筋承担，但此时截面能承担的弯矩低于截面的开裂弯矩，因此弯矩-挠度曲线有所下降；当钢筋屈服后，因钢筋变形很大，但应力增大很小，故弯矩-挠度曲线也有一不太长的水平段。

综上所述，超筋受弯构件和少筋受弯构件的破坏均无明显预兆，破坏呈现突发性的脆性破坏特点。超筋受弯构件中纵向受力钢筋的强度未得到充分利用，而少筋受弯构件的钢筋也起不到提高承载力的作用，而且常因构件截面尺寸过大而造成浪费，因此，这两种构件均不经济。因此在受弯构件设计中不允许出现"超筋"或"少筋"的正截面破坏。

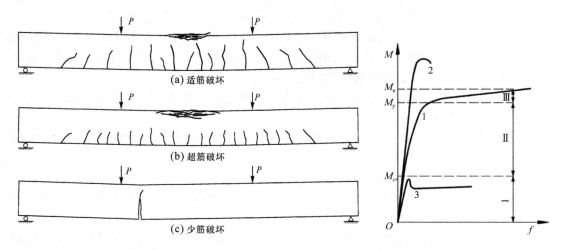

图 4-8　各类正截面破坏的特点　　　　图 4-9　钢筋混凝土梁弯矩-挠度曲线

4.2　正截面受弯承载力计算假定和破坏界限条件

4.2.1　计算假定

1. 平截面假定

平截面假定是指构件某一垂直截面变形前后均保持为平面。若截面变形后，其上任意点的应变与该点到中和轴的距离成正比，则截面的应变分布完全符合平截面假定。

大量的受弯构件正截面承载力试验结果均表明，构件截面上的应变分布具有以下特点：

（1）构件开裂前，截面的应变分布基本符合平截面假定。

（2）构件开裂后，就某一具体截面而言，平截面假定已不成立。但构件上若干条裂缝间的平均应变大体上仍符合平截面假定，见图 4-10。

（3）受压区混凝土的压碎是在一定长度范围内发生的，且受拉钢筋也是在一定长度范围内屈服的，因此截面上的应变可采用一定长度范围内的平均应变。

由上述特点出发并考虑到计算中引入平截面假定可以增强分析的逻辑性，简化计算过程，因此，钢筋混凝土结构的基本理论分析中常常把平截面假定作为基本假定之一。

2. 材料的应力-应变关系

1) 钢筋的应力-应变关系

对有屈服台阶的软钢, 其应力-应变关系取为理想的弹塑性曲线, 见图 2-22(a); 按式 (2-19) 进行计算。

2) 混凝土的应力-应变关系

混凝土受压的应力-应变关系采用图 4-11 所示的理想化曲线; 混凝土压应力按式 (4-1) 计算:

$$\left.\begin{array}{ll} \sigma_c = f_c \left[2\left(\dfrac{\varepsilon_c}{\varepsilon_0}\right) - \left(\dfrac{\varepsilon_c}{\varepsilon_0}\right)^2 \right] & \varepsilon_c < \varepsilon_0 \\[3mm] \sigma_c = f_c & \varepsilon_0 \leqslant \varepsilon_c \leqslant \varepsilon_{cu} \end{array}\right\} \tag{4-1}$$

式中, σ_c、f_c ——混凝土的压应力和峰值压应力(棱柱体抗压强度);

ε_c、ε_0、ε_{cu} ——混凝土的压应变、峰值压应变和极限压应变; $\varepsilon_0 = 0.002$, $\varepsilon_{cu} = 0.0033$。

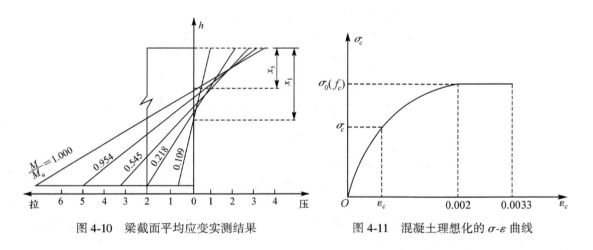

图 4-10 梁截面平均应变实测结果   图 4-11 混凝土理想化的 σ-ε 曲线

3. 不计受拉区混凝土的抗拉作用

在裂缝截面靠近中和轴的附近, 仍存在部分混凝土受拉区; 但受拉区面积及拉应力均很小, 所产生的拉力不大; 且拉力靠近中和轴, 故其内力臂较小, 所产生的内弯矩有限, 对截面抗弯能力的影响很小, 因而在设计计算中可忽略不计。

4.2.2 适筋破坏与超筋破坏的界限条件

如前所述, 适筋受弯构件的破坏特点是受拉钢筋先达到屈服强度 f_y, 受压区混凝土边缘后达到极限压应变 ε_{cu}; 而超筋受弯构件的破坏特点是受压区混凝土边缘达到极限压应变 ε_{cu} 时, 受拉钢筋应力低于屈服强度 f_y。如果受拉钢筋应力达到屈服强度 f_y 时, 受压区混凝土边缘处恰好达到极限压应变 ε_{cu}, 则这种破坏称为受弯构件的适筋和超筋的界限破坏。

根据平截面假定, 可绘出单筋矩形截面受弯构件的三种类型破坏的应变分布, 见图

4-12。当构件产生界限破坏时，其纵向受拉钢筋的应变为 $\varepsilon_s = f_y/E_s$，受压区边缘混凝土的压应变为 $\varepsilon_{cu} = 0.0033$。根据相似图形的比例关系，可求出构件产生界限破坏时的受压区高度 x_{0b}：

$$x_{0b} = \frac{h_0}{1 + \dfrac{f_y}{0.0033E_s}} \tag{4-2}$$

式中，h_0 为受弯构件的有效高度，其余符号意义同前。

由图 4-12 可知，适筋破坏和超筋破坏的受压区高度 x_1、x_2 与界限破坏的受压区高度 x_{0b} 之间存在 $x_1 \leqslant x_{0b} < x_2$ 的关系，所以可根据构件破坏时的受压区高度 x_0 来判断构件的破坏类型。

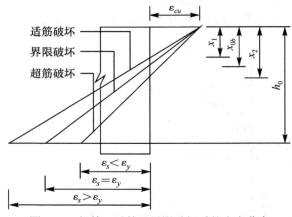

图 4-12　超筋、适筋及界限破坏时的应变分布

设计计算中采用截面的相对受压区高度 $\xi_0 = x_0/h_0$ 较为便利和直观，因此界限破坏时的截面相对受压区高度 ξ_{0b} 为：

$$\xi_{0b} = \frac{x_{0b}}{h_0} = \frac{1}{1 + \dfrac{f_y}{0.0033E_s}} \tag{4-3}$$

4.2.3　适筋破坏与少筋破坏的界限条件

为防止因受力钢筋过少而产生的少筋破坏，受弯构件的配筋率 ρ 应大于最小配筋率 $\rho_{\min}$。$\rho_{\min}$ 的确定原则为，当配筋率大于 $\rho_{\min}$ 时，受弯构件一般将发生适筋破坏；而当配筋率小于或等于 $\rho_{\min}$ 时，构件将发生少筋破坏，此时钢筋混凝土构件承载力基本上与同样截面的素混凝土构件相同。

受弯构件中最小配筋率 $\rho_{\min}$ 的确定除了遵循上述原则外，还须考虑温度应力、收缩应力的影响以及工程实践经验。

受弯构件最小配筋率 $\rho_{\min}$ 见附录 3 附表 3-3。

4.3 单筋矩形截面构件正截面受弯承载力计算

4.3.1 计算应力图形的确定

受弯构件的适筋破坏实际截面应力图如图 4-13(a)所示。根据上述的平截面计算假定（图 4-13 和理想化的 σ-ε 曲线（即式(4-1)），可以得到理想化的截面应力分布图，见图 4-13(c)。由于理想化的应力分布图为曲线，直接进行计算的工作量较大且计算较复杂，因此有必要根据静力等效的原则（应力分布图的合力大小不变，合力作用点位置不变），将理想化的应力分布图简化成便于计算的等效矩形应力分布图。等效的矩形应力分布图如图 4-13(d)所示。

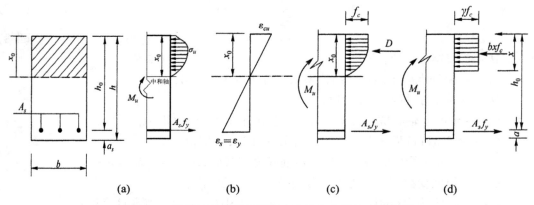

图 4-13 单筋受弯构件的截面应力分布和等效应力图形

由图 4-13(c)可得到混凝土受压区应力分布图的合力 D 及对中和轴的合力矩 M：

$$\begin{cases} D = b \int_0^{x_0} \sigma \mathrm{d}x \\ M = b \int_0^{x_0} \sigma x \mathrm{d}x \end{cases}$$

将式(4-1)代入上式，经积分计算求得：

$$\begin{cases} D = 0.798 f_c b x_0 \\ M = 0.469 f_c b x_0^2 \end{cases}$$

如令图 4-13(d)等效应力图形的高度 $x = \beta x_0$，应力值为 γf_c，则可得到合力 D 及合力矩 M 如下：

$$\begin{cases} D = (\gamma f_c) b (\beta x_0) \\ M = (\gamma f_c) b (\beta x_0)(\beta x_0 - 0.5\beta x_0) \end{cases}$$

由等效原则可以得到 $\beta = 0.823$，$\gamma = 0.969$；为简化计算，规范 NB/T 11011—2022 取 $\beta = 0.8$，$\gamma = 1.0$。

由于应力图形的等效性，因此可按图 4-14(d)所示的应力图计算构件的正截面受弯承载力。

4.3.2　基本计算公式

由等效矩形应力图，可以导出受弯构件正截面的内力平衡方程式。

$$f_c bx = f_y A_s \tag{4-4}$$

$$M_u = f_c bx(h_0 - 0.5x) = f_y A_s(h_0 - 0.5x) \tag{4-5}$$

再由第 3 章的承载力极限状态设计表达式，可写出单筋矩形截面构件的正截面受弯承载力的设计表达式：

$$M \leqslant \frac{M_u}{\gamma_d} = \frac{1}{\gamma_d} f_c bx(h_0 - 0.5x) \tag{4-6}$$

或

$$M \leqslant \frac{M_u}{\gamma_d} = \frac{1}{\gamma_d} f_y A_s(h_0 - 0.5x) \tag{4-7}$$

$$f_c bx = f_y A_s \tag{4-8}$$

式中，M ——弯矩设计值；

γ_d ——钢筋混凝土结构的结构系数，可按表 3-7 取用；

M_u ——截面抵抗弯矩设计值；

f_c ——混凝土轴心抗压强度设计值，按附录 1 附表 1-2 取值；

f_y ——钢筋抗拉强度设计值，按附录 1 附表 1-6 取值；

b、h、h_0 ——构件的截面宽度、截面高度和截面有效高度，$h_0 = h - a_s$；

a_s ——纵向受拉钢筋合力点至截面受拉边缘的距离；

x ——截面受压区的计算高度，即等效应力图形中混凝土受压区高度；

A_s ——纵向受拉钢筋的截面面积。

4.3.3　适用条件

由于上述基本公式是建立在适筋破坏的应力图形基础上的，因此仅适用于适筋受弯构件。为保证受弯构件不产生其他类型的破坏，可根据适筋破坏与超筋破坏、少筋破坏的界限条件导出基本公式的适用条件。

1. 界限相对受压高度 ξ_b

设截面的界限相对受压高度为 $\xi_b = x_b/h_0$，因 $x_b = 0.8x_{0b}$，则有：

$$\xi_b = \frac{0.8x_{0b}}{h_0} = \frac{0.8}{1 + \dfrac{f_y}{0.0033E_s}} \tag{4-9}$$

2. 防止超筋破坏的界限条件

由前述的适筋破坏和超筋破坏的界限条件可知，当满足 $x_0 \leqslant x_{0b}$ 也即 $x_0 \leqslant x_b$ 时，才会发生适筋破坏。所以不产生超筋破坏的界限条件为：

$$x \leqslant x_b \quad \text{或} \quad \xi \leqslant \xi_b \tag{4-10}$$

如以 $x = \xi h_0$ 代入式(4-8)中，可得：

$$\rho = \xi \frac{f_c}{f_y} \tag{4-11}$$

当 $\xi = \xi_b$ 时，上式可写成：

$$\rho_b = \xi_b \frac{f_c}{f_y} \tag{4-12}$$

ρ_b 即为适筋受弯构件与超筋受弯构件的界限配筋率，或称为适筋受弯构件的最大配筋率 ρ_{max}，即：

$$\rho_{max} = \rho_b = \xi_b \frac{f_c}{f_y} \tag{4-13}$$

因此，防止构件产生超筋破坏的条件也可写成：

$$\rho \leqslant \rho_{max} \tag{4-14}$$

如以 $x = \xi h_0$ 代入式(4-6)中，可得：

$$M_u = \xi(1 - 0.5\xi)f_c b h_0^2 = \alpha_s f_c b h_0^2 \tag{4-15}$$
$$\alpha_s = \xi(1 - 0.5\xi) \tag{4-16}$$

α_s 称为截面的塑性抵抗矩系数。它是对应于图 4-13(c)表示的等效矩形应力图形的抵抗矩系数。

当 $\xi = \xi_b$ 时，则有：

$$M_{max} = M_u = \alpha_{sb} f_c b h_0^2 \tag{4-17}$$
$$\alpha_{sb} = \xi_b(1 - 0.5\xi_b) \tag{4-18}$$

此处的 M_{max} 和 α_{sb} 为适筋受弯构件的最大抵抗弯矩和最大塑性抵抗矩系数。

配置热轧钢筋的混凝土受弯构件的截面相对界限受压区高度 ξ_b 及对应截面的塑性抵抗矩系数 α_{sb} 的限值可见表 4-1。

表 4-1 各类热轧钢筋的 ξ_b、α_{sb} 表

钢筋类别	HPB300	HRB400	RRB400	HRB500
ξ_b	0.576	0.518	0.518	0.485
α_{sb}	0.410	0.384	0.384	0.367

3. 防止少筋破坏的条件

根据前述理由，为了防止少筋破坏，受弯构件受拉钢筋的配筋率 ρ 应满足：

$$\rho \geqslant \rho_{min} \tag{4-19}$$

式中，ρ_{min} 为受弯构件纵向受拉钢筋的最小配筋率，可按附录 3 附表 3-3 选用。

4.3.4 设计计算方法

受弯构件正截面承载力计算包括两方面的内容：

(1)截面设计。根据构件所承受的荷载效应(设计弯矩)和初步拟定的截面形式、尺

寸、所选用的材料强度等级等条件,计算纵向受力钢筋的截面面积。

(2)截面校核。按已确定的构件尺寸、材料强度及纵向受力钢筋的截面面积,计算构件截面所能承担的最大设计弯矩值。

1. 截面设计

1)截面尺寸的拟定

一般可借鉴设计经验或参考类似结构来确定构件截面高度 h,再根据截面宽高比的一般范围确定截面宽度 b。由于能满足承载能力要求的截面尺寸可能有很多,因此截面尺寸的拟定不能仅考虑承载能力的要求,而应综合考虑构件承载能力和正常使用等要求以及施工和造价等因素。

一般条件下,构件截面尺寸与受力钢筋配筋率有着紧密关系,截面尺寸大则配筋率较小,反之则配筋率较大。而配筋率过大或过小,不仅容易产生脆性破坏且不经济。为此应将配筋率控制在使构件各方面的性能及指标均较好的范围内,此范围内的配筋率称为经济配筋率。

一般的梁、板等受弯构件,其经济配筋率为:

板(一般为薄板)　　　　0.4%~0.8%;

矩形截面梁　　　　　　0.6%~1.5%;

T形截面梁　　　　　　0.9%~1.8%;　　　(相对梁肋而言)。

2)材料强度等级的选用

材料强度等级的选用直接影响构件的承载能力和受力性能;混凝土强度等级不宜过高(脆性增大且经济性差),一般条件下,现浇梁板构件可采用 C25~C30 混凝土,预制梁板构件可采用 C30~C40 混凝土。因高强度钢筋达到设计抗拉强度后的应变较大,造成构件裂缝宽度和挠度过大,所以不宜选用高强度钢筋,常用的钢筋为 HPB300、HRB400、RRB400 等。

3)计算受力钢筋面积

确定截面尺寸和材料强度后,可按下面两种方法计算纵向受拉钢筋的截面积 A_s。

(1)利用基本计算公式直接求解

取式(4-6)的不等式为等式并与式(4-8)联立求解,可求得截面受压区高度 x 和纵向受拉钢筋截面积 A_s, 且应满足 $x \leqslant x_b$ (或 $\xi \leqslant \xi_b$)和 $\rho = A_s/bh_0 \geqslant \rho_{min}$。

(2)利用公式计算

由式(4-15)并令 $\gamma_d M = M_u = \alpha_s bh_0^2 f_c$, 可得:

$$\alpha_s = \frac{\gamma_d M}{bh_0^2 f_c} \tag{4-20}$$

再由式(4-16)求得:

$$\xi = 1 - \sqrt{1 - 2\alpha_s} \tag{4-21}$$

如 $\xi \leqslant \xi_b$, 则可用 $x = \xi h_0$ 代入式(4-8)求得 $A_s = \dfrac{f_c bx}{f_y}$, 然后再验算 $\rho = \dfrac{A_s}{bh_0}$ 是否满足 $\rho \geqslant \rho_{min}$。 也可以由式(4-11)计算截面配筋率 ρ, 若 $\rho \geqslant \rho_{min}$, 按实际 ρ 取用,若 $\rho < \rho_{min}$, 则取 $\rho = \rho_{min}$; 钢筋截面面积 $A_s = \rho bh_0$。

如 $\xi > \xi_b$，则表明构件将发生超筋破坏，因此需修改构件截面尺寸和混凝土强度等级，再重复上述计算。

4）截面设计的步骤

（1）根据受弯构件的计算简图、荷载及结构重要性系数 γ_0 及设计状态系数 ψ，求得控制截面上的弯矩设计值。

（2）预估钢筋直径并根据钢筋排列的情况确定 a_s 值。钢筋一排布置时 $a_s = c + d/2$；钢筋两排布置时 $a_s = c + d + e/2$；其中 c 为混凝土保护层厚度，d 为钢筋直径（近似地取为 20mm），e 为两排钢筋间的净距（取最大钢筋的直径和 30mm 中较大者）。一般条件下，还可根据受弯构件类型及所处的环境条件等查表 4-2 得 a_s 值。

表 4-2　　　　　　　　　　　受弯构件钢筋重心位置 a_s 值表

环境条件类别	梁、柱、墩			板、墙		厚度≥2.5m 的底板与墩墙	
	保护层 c(mm)	钢筋重心位置 a(mm)		保护层 c(mm)	钢筋重心位置 a(mm)	保护层 c(mm)	钢筋重心位置 a(mm)
		一排钢筋	两排钢筋				
一	25	40	65	20	25	30	40
二	35	45	70	25	30	40	50
三	45	55	80	30	35	50	60
四	55	60	85	45	50	60	70
五	60	65	90	50	55	65	75

（3）按前述步骤计算受力钢筋面积 A_s。

（4）根据所求出的钢筋截面积 A_s，选择合适的钢筋直径和根数（利用附录 2 附表 2-1 或附表 2-2），并由钢筋根数、直径和净间距的要求，确定钢筋需放置多少排。

（5）绘制截面配筋图。

2. 截面校核

根据已给定的截面尺寸、材料强度等级及受力钢筋截面积，可由基本计算公式（4-6）或式（4-7）求得该截面所能承受的弯矩设计值 M，具体计算过程可按下述步骤进行：

（1）由式（4-8）计算出截面受压区高度 x 及相对受压区高度 ξ 并判断是否为超筋截面；

（2）若为超筋截面，则取 $\xi = \xi_b$，按式（4-17）计算构件的抵抗弯矩；

（3）若为适筋截面，则根据计算所得的相对受压区高度 ξ，按式（4-15）计算构件的抵抗弯矩；

（4）由承载能力极限状态设计表达式，求出截面所能承受的弯矩设计值：$M \leqslant M_u/\gamma_d$。

例 4-1　泵站屋面为预制楼盖，屋面梁两端支承于砖墙上，布置方式见图 4-14（a），梁上支承着屋面板，屋面板及其防水隔热层自重的标准值为 7kN/m²，屋面上的人群荷载标准值为 2.5kN/m²。泵站为 3 级水工建筑物，设计状况为持久，环境类别为一类，试设计此梁。

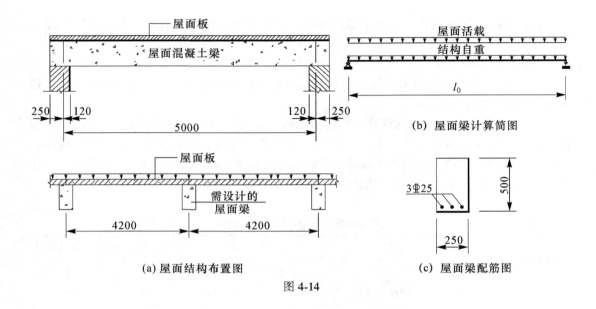

图 4-14

解：(1)梁截面尺寸的拟定：因一般梁的高度与跨度之比常在 1/12 ~ 1/8 之间，且梁截面的宽高比多为 1/3 ~ 1/2。由此可确定梁的截面尺寸为 $b \times h = 250\text{mm} \times 500\text{mm}$。

(2)材料强度等级的选用：普通钢筋混凝土构件的材料强度等级不宜选用过高，本例混凝土强度等级采用 C25，纵向受力钢筋选用 HRB400 钢筋。

(3)设计参数的取用：因泵站是 3 级水工建筑物，结构安全等级属 Ⅱ 级，由第 3 章表 3-6 查得结构重要性系数 $\gamma_0 = 1.0$，由第 3 章表 3-7 查得钢筋混凝土结构的结构系数 $\gamma_d = 1.2$；持久状况的设计状况系数 $\psi = 1.0$。

由第 3 章表 3-3 查得永久荷载分项系数 $\gamma_G = 1.1$，可变荷载分项系数 $\gamma_Q = 1.3$。

由附录 1 表 1-2 和表 1-6 查得 C25 混凝土轴心抗压强度设计值 $f_c = 11.9\text{MPa}$；HRB400 钢筋抗拉强度设计值 $f_y = 360\text{MPa}$。

根据工程经验，普通钢筋混凝土构件的重力密度 $\gamma = 25\text{kN/m}^3$。

(4)荷载计算。此梁承受两类荷载：结构自重及人群荷载，其中屋面板及防水隔热层的自重及其板上分布的人群荷载均为均布荷载，因此仅需计算一根屋面梁所需承受的屋面板自重及人群荷载，下面分别计算。

①永久荷载

梁自重：标准值　　　$g_{1k} = bh\gamma = 0.25 \times 0.5 \times 25 = 3.125（\text{kN/m}）$

梁自重：设计值　　　$g_1 = \gamma_G g_{1k} = 1.1 \times 3.125 = 3.438（\text{kN/m}）$

屋面板及防水隔热层标准值　　　$g_{2k} = g_w \times l = 7 \times 4.2 = 29.4（\text{kN/m}）$

屋面板及防水隔热层设计值　　　$g_2 = \gamma_G g_{2k} = 1.1 \times 29.4 = 32.34（\text{kN/m}）$

②可变荷载

屋面人群荷载标准值　　　$q_k = q_r \times l = 2.5 \times 4.2 = 10.5（\text{kN/m}）$

屋面人群荷载设计值　　　$q = \gamma_Q q_k = 1.3 \times 10.5 = 13.65（\text{kN/m}）$

(5)梁内力计算。因梁两端支承于砖墙上，两端均可视为铰支座，可按简支梁进行内力计算，见图 4-14(c)。

①计算跨度的确定。梁的计算跨度 l_0 取以下两者中的较小值：

$$l_0 = l_n + a = 4.76 + 0.37 = 5.13(\text{m})$$

$$l_0 = 1.05 l_n = 1.05 \times 4.76 = 5.0(\text{m})$$

所以取计算跨度 $l_0 = 5.0\text{m}$，式中符号意义见图 4-14(b)。

②梁中最大弯矩设计值。简支梁的最大弯矩在跨中，且可直接计算荷载效应的组合：

$$M = \gamma_0 \psi \left[\frac{1}{8}(g_1 + g_2) l_0^2 + \frac{1}{8} q l_0^2 \right]$$

$$= 1 \times 1 \times (3.438 + 32.34 + 13.65) \times 5.0^2 / 8 = 154.46(\text{kN} \cdot \text{m})$$

(6)配筋计算。因屋面梁环境类别为一类，由附录 4 中附表 4-1 查得，其混凝土保护层厚度为 30mm，预估受力钢筋的直径 $d = 20$mm 且钢筋一排布置，所以受力钢筋合力作用点到梁受拉区外缘的距离：$a = c + d/2 = 30 + 10 = 40(\text{mm})$；

因此，截面的有效高度：$h_0 = h - a = 500 - 40 = 460(\text{mm})$。

①设计方法 1

将设计参数、几何尺寸代入基本设计公式(4-6)和式(4-8)中，得到下列方程组：

$$1.2 \times 154.46 \times 10^6 = 11.9 \times 250 \times x \times (460 - 0.5x)$$

$$11.9 \times 250 \times x = 360 \times A_s$$

联立求解方程组得：$x = 165.05\text{mm}$

$$A_s = 1363.95\text{mm}^2$$

适用条件判别：因 $\xi = x/h_0 = 0.359 < \xi_b = 0.518$，梁不会产生超筋破坏。

又因 $\rho = A_s/bh_0 = 1.186\% > \rho_{\min} = 0.2\%$，梁不会产生少筋破坏。

②设计方法 2

由式(4-20)计算截面抵抗矩系数

$$\alpha_s = \frac{\gamma_d M}{f_c bh_0^2} = \frac{1.2 \times 154.46 \times 10^6}{11.9 \times 250 \times 460^2} = 0.2944$$

由式(4-21)计算截面相对受压区高度

$$\xi = 1 - \sqrt{1 - 2\alpha_s} = 1 - \sqrt{1 - 2 \times 0.2944} = 0.3588 < \xi_b = 0.518，梁不会产生超筋$$

破坏。

此时受压区高度：$x = \xi \cdot h_0 = 0.3588 \times 460 = 165.05(\text{mm})$。

再由式(4-11)计算纵向受力钢筋的配筋率 $\rho = \xi f_c/f_y$，最后钢筋截面面积 A_s：

$$A_s = \rho bh_0 = \left(\xi \frac{f_c}{f_y} \right) bh_0 = \left(0.3588 \times \frac{11.9}{360} \right) \times 250 \times 460 = 1363.99(\text{mm}^2)$$

计算梁的配筋率并与经济配筋率进行比较：

$$\rho = \frac{A_s}{bh_0} = \frac{1363.99}{250 \times 460} = 1.18\% > \rho_{\min} = 0.2\%，梁不会产生少筋破坏。$$

梁配筋率符合经济配筋率的要求(0.6%~1.5%)，因此梁截面尺寸合适。

(7)选配钢筋。由附录 2 附表 2-1 查得可取用 3 Φ 25，实际截面积 $A_s = 1473\text{ mm}^2$。钢

筋的实际配置见图 4-14(c)。

由计算结果可知, 上述两种计算方法得到的结果完全一样, 故在设计中, 可以任意采用其中一种方法进行计算。

例 4-2　某渡槽为 3 级水工建筑物(结构安全级别为 Ⅱ 级), 设计状况为持久, 渡槽所处的环境条件为二类。渡槽侧板的截面尺寸及受力条件见图 4-15(a)。渡槽采用 C25 混凝土, HPB300 钢筋, 试对渡槽侧板进行配筋计算。

解：(1)设计参数的取用。因为渡槽为 3 级水工建筑物, 由表 3-6 查得结构重要性系数 $\gamma_0 = 1.0$, 由表 3-7 查得钢筋混凝土结构的结构系数 $\gamma_d = 1.2$; 持久状况的设计状况系数 $\psi = 1.0$。

由第 3 章表 3-3 查得永久荷载分项系数比 $\gamma_G = 1.1$, 可变荷载分项系数 $\gamma_Q = 1.3$。

由附录 1 表 1-2 和表 1-6 查得 C25 混凝土轴心抗压强度设计值 $f_c = 11.9\text{MPa}$; HPB300 钢筋抗拉强度设计值 $f_y = 270\text{MPa}$。

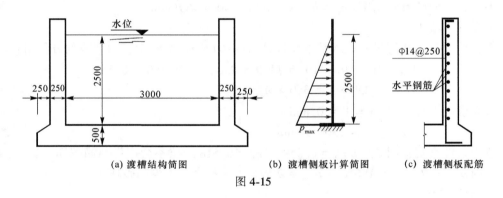

(a) 渡槽结构简图　　　　　(b) 渡槽侧板计算简图　　　(c) 渡槽侧板配筋

图 4-15

(2)荷载计算。由于渡槽侧板自重对其横截面的受弯无影响且渡槽侧板在垂直板面方向上无其他可变荷载作用。且因渡槽长度很大, 实际设计中常沿槽身方向取一单位长度(1m)的侧板来进行设计。

水体对侧板的压力是线性分布的, 最大的压力在渡槽底板顶面处, 其值为:

标准值　　$p_{k\max} = \gamma h b = 10 \times 2.5 \times 1.0 = 25(\text{kN/m}^2)$

设计值　　$p_{\max} = \gamma_G p_{k\max} = 1.1 \times 25 = 27.5(\text{kN/m}^2)$

(3)内力计算。因渡槽侧板是与渡槽底板整体浇捣的, 其底板厚度较大, 可视为渡槽侧板的固定端, 因此渡槽侧板受力特点为一悬臂板, 其嵌固端在底板顶面处, 因而侧板的最大弯矩在渡槽底板顶面处。其计算简图见图 4-15(b)。

$$M_j = \frac{1}{2} p_{\max} bh\left(\frac{h}{3}\right) = \frac{1}{2} \times 27.5 \times 1 \times 2.5 \times \frac{2.5}{3} = 28.6458(\text{kN} \cdot \text{m})$$

侧板上的弯矩设计值:

$$M = \gamma_0 \psi M_j = 1 \times 1 \times 28.6458 = 28.6458(\text{kN} \cdot \text{m})$$

(4)计算参数确定。因环境类别为二类, 查表 4-2, a 取 45mm。

截面的有效高度　　$h_0 = h - a = 250 - 45 = 205(\text{mm})$

（5）配筋计算。由式（4-20）计算截面抵抗矩系数：

$$\alpha_s = \frac{\gamma_d M}{f_c b h_0^2} = \frac{1.2 \times 28.6458 \times 10^6}{11.9 \times 1000 \times 205^2} = 0.06874$$

再由式（4-21）计算截面相对受压区高度：

$$\xi = 1 - \sqrt{1 - 2\alpha_s} = 1\sqrt{1 - 2 \times 0.06874} = 0.0713 < \xi_b = 0.576$$

构件不会产生超筋破坏。

再由式（4-11）计算纵向受力钢筋的配筋率 $\rho = \xi f_c / f_y$，最后钢筋截面面积 A_s 为

$$A_s = \left(\xi \frac{f_c}{f_y}\right) b h_0 = \left(0.0713 \times \frac{11.9}{270}\right) \times 1000 \times 205 = 644.0\,(\text{mm}^2/\text{m})$$

截面配筋率　　　$\rho = \dfrac{A_s}{b h_0} = \dfrac{644.0}{1000 \times 205} = 0.314\% > \rho_{\min} = 0.2\%$

所以截面尺寸合理。

（6）选配钢筋及钢筋布置。根据所计算出的 A_s 由附录 2 附表 2-2 查得，板中钢筋可采用 $\phi 14@250(A_s = 616\ \text{mm}^2)$，也即钢筋直径取为 14mm，钢筋间距为 250mm（当板厚 $h >$ 150mm 时，钢筋间距应满足 $s \leqslant 1.5h$ 或 $s \leqslant 300\text{mm}$ 中的较小值）。

渡槽侧板钢筋的布置见图 4-15(c)。

例 4-3　某梁截面尺寸为 $b \times h = 200\text{mm} \times 500\text{mm}$，混凝土强度等级为 C25；纵向受拉钢筋为 HRB400，数量为 3 Φ 18，见图 4-16。试确定此梁所能承受的最大设计弯矩 M。此梁的结构安全等级为 Ⅱ 级，结构的重要性系数 $\gamma_0 = 1.0$，结构的设计状态系数 $\psi = 1.0$，钢筋混凝土的结构系数 $\gamma_d = 1.2$。此梁所处的环境条件为二类。

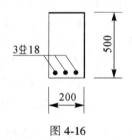

图 4-16

解：（1）设计参数的取用。由附录 1 表 1-2 和表 1-6 查得 C25 混凝土轴心抗压强度设计值 $f_c = 11.9\text{MPa}$。查得 HRB400 钢筋抗拉强度设计值 $f_y = 360\text{MPa}$。

（2）承载力的校核。因钢筋单排布置，由表 4-2 查得受拉钢筋的合力点到混凝土受拉区边缘的距离 $a = 45\text{mm}$，由此可以得出：

截面有效高度 $h_0 = h - a = 455\,(\text{mm})$

受拉钢筋的截面积 $A_s = 763.4\ \text{mm}^2$

由式（4-4）计算截面受压区高度

$$x = \frac{f_y A_s}{f_c b} = \frac{360 \times 763.4}{11.9 \times 200} = 115.5\,(\text{mm})$$

$\xi = x/h_0 = 0.2538 < \xi_b = 0.518$，此梁为适筋破坏。

再由式（4-16）计算出截面抵抗系数 α_s

$$\alpha_s = \xi(1 - 0.5\xi) = 0.2538 \times (1 - 0.5 \times 0.2538) = 0.2216$$

再根据式（4-15）计算截面的极限弯矩

$$M_u = \alpha_s f_c b h_0^2 = 0.2216 \times 11.9 \times 200 \times 455^2 = 109.2\,(\text{kN} \cdot \text{m})$$

也可由式(4-6)直接计算截面的极限弯矩值

$$M_u = f_c bx(h_0 - 0.5x) = 11.9 \times 200 \times 115.5 \times (455 - 0.5 \times 115.5)$$
$$= 109.2 \times 10^6 \text{N} \cdot \text{m} = 109.2(\text{kN} \cdot \text{m})$$

由以上计算结果可知，两种方法可任选一种方法来计算。

最后由承载能力极限状态设计表达式求该梁所能承受的最大弯矩设计值

$$M \leqslant \frac{M_u}{\gamma_d} = \frac{109.2}{1.2} = 91.0(\text{kN} \cdot \text{m})$$

4.4 双筋矩形截面构件正截面受弯承载力计算

受弯构件除在截面受拉区中配置受力钢筋外，有时受各种因素的影响，还需在截面受压区内配置受力钢筋，即形成双筋截面受弯构件。双筋截面受弯构件常用于以下特殊场合：

(1)构件承受很大的弯矩，而截面高度受到使用要求的限制不能增大且混凝土强度等级也不宜再提高时，因单筋截面构件无法满足适筋破坏的限制条件 $x \leqslant \xi_b h_0$，此时可采用双筋截面。由于超筋破坏是因受压区混凝土抗压能力不足而产生的，因此需在受压区内配置纵向钢筋以补充混凝土受压能力的不足。

(2)某些受弯构件在不同的荷载组合情况下产生相反弯矩，需在截面的顶部和底部均配置纵向受力钢筋，因而形成了双筋截面。如在水平荷载作用下的框架横梁。

由于双筋截面构件采用钢筋协助混凝土承受压力，造成用钢量增大，一般情况下是不经济的，因此应尽量少用。但是双筋截面可以提高构件的承载力和延性，同时可承受正、反两方向的弯矩，在地震区和承受动荷载时则应优先采用。

4.4.1 计算应力图形

大量的试验结果表明，只要满足 $\leqslant \xi_b$ 的条件，双筋受弯构件仍然具有适筋受弯构件的延性破坏特征，即受拉钢筋首先屈服，然后经历一个较长的变形过程，受压区混凝土才被压碎(混凝土压应变达到极限压应变 ε_{cu})。受压钢筋压应力 σ'_s 的大小与受压区高度 x_0 有关，当受压区高度 x_0 比较大时，受压钢筋可达到抗压屈服强度 f'_y；而在受压区高度 x_0 太小时，受压钢筋应力 σ'_s 可能低于抗压屈服强度 f'_y。除此之外，双筋截面破坏时的应力分布图形与单筋截面的应力分布图形相同。双筋截面破坏的应力分布图形见图 4-17(a)、(b)。双筋截面梁也需将混凝土压应力曲线分布图形等效变换成矩形应力分布图形，见图 4-17(c)。确定了截面的应力分布图形后，双筋截面的设计计算就与单筋截面相类似。

上述应力图形中受压钢筋的应力均采用其抗压强度设计值 f'_y，下面来讨论受压钢筋应力达到抗压强度设计值 f'_y 的必要条件。

试验结果表明，当受弯构件内布置封闭箍筋约束了受压钢筋时，受压钢筋不会过早向外屈曲，因而能与受压区混凝土共同变形，直到混凝土压碎为止。构件截面破坏时，受压钢筋应力水平取决于它的压应变大小。对于 HPB300、HRB400、RRB400 等热轧钢筋而

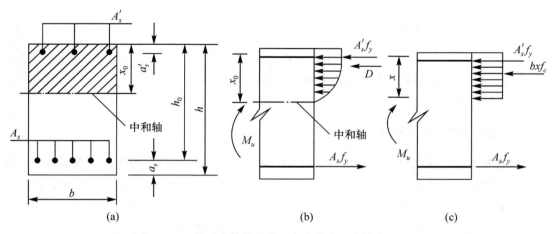

图 4-17 双筋受弯构件的截面应力分布和等效应力图形

言，应力达到抗压强度设计值时的应变 ε'_y 分别为 0.0013、0.0018、0.0018。因此根据平截面假定，由受压区的应变分布（图 4-18）可求得受压钢筋达到抗压强度设计值 f'_y 时的实际受压区高度 x_0 的限制条件。

$$x_0 = \frac{\varepsilon_{cu}}{\varepsilon_{cu} - \varepsilon'_s}a'_s \qquad (4\text{-}22)$$

式中，a'_s——受压钢筋重心至截面受压区边缘的距离；

ε_{cu}——混凝土受压区边缘的极限压应变，可取为 0.0033。

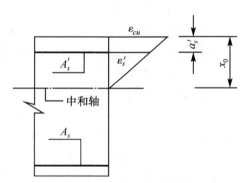

图 4-18 受压钢筋的屈服条件

将各种钢筋的 ε'_s（由钢筋的抗压强度设计值 f'_y 计算得出）代入上式中，并取 $\varepsilon_{cu} = 0.0033$，求得 $x_0 = (1.65 \sim 2.2) a'_s$，由于实际受压区高度 x_0 与等效受压区高度 x 间有着 $x = 0.8x_0$ 的关系，因此保证受压钢筋屈服的 $x = (1.32 \sim 1.76) a'_s$。为了确保受压钢筋能达到抗压强度设计值 f'_y，等效受压区高度 x 应满足如下条件：

$$x \geqslant 2a'_s \qquad (4\text{-}23)$$

即当 $x \geqslant 2a'_s$ 时，上述各类热轧钢筋均可达到其抗压强度设计值 f'_y。

4.4.2 基本计算公式

根据图 4-17(c) 所示的等效矩形应力图形，可由静力平衡条件得出：

$$M_u = f_c bx(h_0 - 0.5x) + f'_y A'_s (h_0 - a'_s) \qquad (4\text{-}24)$$

$$f_c bx + f'_y A'_s = f_y A_s \qquad (4\text{-}25)$$

依据承载力极限状态设计的基本原则，将上述静力平衡方程改写成极限状态设计表达式：

$$M \leqslant \frac{M_u}{\gamma_d} = \frac{1}{\gamma_d}[f_c bx(h_0 - 0.5x) + f'_y A'_s (h_0 - a'_s)] \tag{4-26}$$

$$f_c bx + f'_y A'_s = f_y A_s \tag{4-27}$$

式中，A'_s、f'_y——受压钢筋的截面面积和抗压强度设计值；

a'_s——受压钢筋合力点至受压区外边缘的距离；其余符号意义同前。

4.4.3　基本计算公式的适用条件

双筋截面应保证受拉钢筋先达到屈服强度 f_y，然后混凝土达到极限压应变 ε_{cu}，即不发生超筋破坏，因此其受压区高度 x 和相对受压区高度 ξ 同样应满足式(4-10)的要求。

为了保证受压钢筋的应力能达到 f'_y，受压区高度还应满足 $x \geqslant 2a'_s$。

综上所述，双筋截面受弯构件基本计算公式的适用条件为：

$$2a'_s \leqslant x \leqslant \xi_b h_0 \tag{4-28}$$

由于双筋截面承受的弯矩很大，所配置的受拉钢筋也较多，所以可不进行受拉侧钢筋的最小配筋率的验算，但受压侧钢筋的最小配筋率验算仍需进行。

4.4.4　设计计算方法

1. 截面设计的补充条件

双筋矩形截面的设计内容是应用基本计算公式来确定受拉、受压钢筋的面积 A_s 和 A'_s。而截面尺寸的拟定、材料强度等级的选用等内容与单筋矩形截面完全一样，但其截面高度常受到某些条件的限制。

由于双筋截面的设计表达式(4-26)和式(4-27)需求解三个未知量：A_s、A'_s 和 x，而能满足设计表达式的解答有许多组，因此应对计算结果给出限制性条件。在满足承载能力的条件下，经济性最优则应成为限制性条件；而经济性最优的条件等价于钢筋总用量最小的条件(因钢筋价格较高的缘故)。

受压钢筋的截面积 A'_s 由式(4-26)求出(取式(4-26)为等式时)

$$A'_s = \frac{\gamma_d M - f_c bx(h_0 - 0.5x)}{f'_y(h_0 - a'_s)}$$

将所求 A'_s 代入式(4-27)，求得受拉钢筋的截面积 A_s（考虑 $f_y = f'_y$）

$$A_s = \frac{\gamma_d M + f_c bx(0.5x - a'_s)}{f_y(h_0 - a'_s)}$$

由上两式可得到受拉、受压钢筋面积的总和

$$A_s + A'_s = \frac{1}{f_y f'_y}\left[\frac{\gamma_d M}{(h_0 - a'_s)}(f_y + f'_y) + \frac{f_c bx}{(h_0 - a'_s)}\left(0.5x(f'_y + f_y) - f_y\left(h_0 + a'_s \frac{f'_y}{f_y}\right)\right)\right]$$

令 $d(A_s + A'_s)/dx = 0$，可导出

$$x = \frac{h_0 f_y + a'_s f'_y}{f_y + f'_y}$$

即在截面受压区高度 x 满足上式时，钢筋的总用量为最小。利用工程实际条件可进一

步化简上式：一般条件下截面中的受拉、受压钢筋的强度等级相同，即 $f_y = f'_y$；在一般的截面高度条件下，$h = (1.05 \sim 1.1)h_0$。由这些条件可求得 $x \approx 0.5h = (0.53 \sim 0.55)h_0$。而由表 4-1 可知，界限受压区高度 x_b 为 $(0.485 \sim 0.576)h_0$。

由上述情况可以看出，钢筋面积总和最小的条件可以近似地等价于破坏时受压区高度 x 为界限受压区高度 x_b，因此可补充经济性最优条件为

$$x = \xi_b h_0 \tag{4-29}$$

从截面受力角度来看，此限制条件实际上是最大限度地利用混凝土去承担压力，从而减少受压钢筋 A'_s 的用量。

2. 截面设计

双筋截面的配筋计算，会遇到下列两种情况：

1）A_s 和 A'_s 均未知情况。已知弯矩设计值、构件截面尺寸、混凝土和钢筋强度等级，需确定 A_s、A'_s 的值。具体计算步骤如下：

(1) 由给定的条件，按单筋截面进行设计。当求得的 $\xi > \xi_b$ 时，则应按双筋截面进行设计。

(2) 首先补充限制条件式(4-29)，则可由式(4-26)、式(4-27)及式(4-29)求得：

$$A'_s = \frac{\gamma_d M - f_c b h_0^2 \xi_b (1 - 0.5\xi_b)}{f'_y (h_0 - a'_s)} \tag{4-30}$$

$$A_s = \frac{f_c b \xi_b h_0 + f'_y A'_s}{f_y} \tag{4-31}$$

(3) 验算 A'_s 是否太少，鉴于规范 NB/T 11011—2022 未给出受弯构件中受压钢筋的最小配筋率 ρ'_{min}，因此实际设计中，可参照偏心受压构件中受压钢筋的最小配筋率采用。若 A'_s 满足 $A'_s \geq \rho'_{min} b h_0$，则计算过程结束，最后根据 A_s、A'_s 值选择钢筋直径及根数。

(4) 如果 $A'_s \leq \rho'_{min} b h_0$，则取 $A'_s = \rho'_{min} b h_0$，然后按下面 A'_s 为已知的第 2 种情况进行计算。

2）A'_s 已知情况。已知弯矩设计值、构件截面尺寸、混凝土和钢筋强度等级、受压钢筋截面积 A'_s（一般是由截面的构造要求确定），需确定 A_s 值。具体设计步骤如下：

(1) 由式(4-26)计算截面抵抗矩系数 α_s：

$$\alpha_s = \xi(1 - 0.5\xi) = \frac{\gamma_d M - f'_y A'_s (h_0 - a'_s)}{f_c b h_0^2} \tag{4-32}$$

(2) 再由式(4-21)计算截面相对受压高度 ξ 和受压区高度 x：

$$\xi = 1 - \sqrt{1 - 2\alpha_s}$$

$$x = (1 - \sqrt{1 - 2\alpha_s}) h_0$$

并检查是否满足适用条件 $\xi \leq \xi_b$ 和 $x \geq 2a'_s$。

(3) 如果上述两个条件均满足时，则按式(4-27)计算受拉钢筋面积 A_s。

(4) 如果 $\xi > \xi_b$，构件将产生超筋破坏，也表明原 A'_s 配置过少，此时应按第 1 种情况重新计算 A_s 和 A'_s。

(5) 如果 $x < 2a'_s$，则受压钢筋应力 $\sigma'_s < f'_y$，受压钢筋不能充分发挥作用，因此可取

$A'_s = \rho'_{\min}bh_0$。同时因受压区高度很小，受压区混凝土的合力与受压钢筋的合力相距很近，可以近似地认为二者重合，即取 $x \approx 2a'_s$。所以受拉钢筋可按下式计算：

$$A_s = \frac{\gamma_d M}{f_y(h_0 - a'_s)} \tag{4-33}$$

（6）根据求得的 A_s，选择钢筋直径和根数，绘制截面配筋图。

3. 截面校核

截面校核是在截面尺寸、材料强度及纵向受拉及受压钢筋截面面积均已知的情况下，求此截面所能承受的抵抗弯矩 M_u，并验算 M_u/γ_d 是否大于弯矩设计值 M。具体步骤如下：

（1）由式（4-25）计算双筋截面受压区高度 x：

$$x = \frac{Af_y - A'_s f'_y}{f_c b} \tag{4-34}$$

并检查是否满足适用条件 $x \leqslant \xi_b h_0$ 和 $x \geqslant 2a'_s$。

（2）如果上述两个条件均满足时，则按式（4-26）计算截面能承受的抵抗弯矩 M_u：

$$M_u = f_c bx(h_0 - 0.5x) + f'_y A'_s(h_0 - a'_s)$$

（3）如果 $x > \xi_b h_0$，构件将产生超筋破坏，此时取 $x = x_b = \xi_b h_0$，按式（4-26）计算截面能承受的抵抗弯矩 M_u：

$$M_u = f_c bx_b(h_0 - 0.5x_b) + f'_y A'_s(h_0 - a'_s)$$

（4）当 $x < 2a'_s$ 时，按式（4-33）计算截面能承受的抵抗弯矩 M_u：

$$M_u = f_y A_s(h_0 - a'_s) \tag{4-35}$$

（5）根据极限状态设计表达式，计算出双筋截面能承受的弯矩设计值 M：

$$M \leqslant \frac{M_u}{\gamma_d}$$

例 4-4　某矩形截面梁为 3 级水工建筑物，设计状况为持久，其所处的环境条件为二类。其截面尺寸为 $b \times h = 200\text{mm} \times 500\text{mm}$，采用 C25 混凝土制作，纵向受力钢筋采用 HRB400，纵筋的保护层厚度为 35mm；梁上荷载产生的截面弯矩为 $M_g = 175\text{kN} \cdot \text{m}$；试设计此梁。

解： 由表 3-6 查得结构重要性系数 $\gamma_0 = 1.0$，由表 3-7 查得钢筋混凝土结构的结构系数 $\gamma_d = 1.2$；持久状况的设计状况系数 $\psi = 1.0$。

由附录 1 表 1-2 和表 2-6 查得 C25 混凝土轴心抗压强度 $f_c = 11.9\text{MPa}$；

　　　　HRB400 钢筋抗拉及抗压强度 $f_y = f'_y = 360\text{MPa}$。

1）按单筋截面计算截面抵抗矩 α_s

因截面承受的弯矩较大，因此下部受拉钢筋较多，故应分两排布置。

所以，$a = 35 + d + 30/2 = 35 + 20 + 15 = 70(\text{mm})$

$$h_0 = h - a = 430(\text{mm})$$

设计弯矩为 $M = \gamma_0 \psi M_g = 175(\text{kN} \cdot \text{m})$；

按式（4-20）计算截面抵抗矩

$$\alpha_s = \frac{\gamma_d M}{f_c b h_0^2} = \frac{1.2 \times 175 \times 10^6}{11.9 \times 200 \times 430^2} = 0.4772$$

因 $\xi = 1 - \sqrt{1 - 2\alpha_s} = 0.7865 > \xi_b$，截面为超筋截面，应按双筋截面设计。

2）按双筋截面设计

查表 4-1，当采用 HRB400 钢筋时，$\xi_b = 0.518$。

受压钢筋混凝土保护层厚度为 35mm，故 $a'_s = 45$mm。

补充经济最优条件 $x = \xi_b h_0$。

则受压钢筋截面积 A'_s 按式（4-30）计算

$$A'_s = \frac{\gamma_0 \psi \gamma_d M - \xi_b (1 - 0.5\xi_b) f_c b h_0^2}{f'_y (h_0 - a'_s)} = \frac{(2.1 - 1.6891) \times 10^8}{1.386 \times 10^5} = 296.4 (\text{mm}^2)$$

选用 2φ14，$A'_s = 307.9$ mm²（满足要求）。

受拉钢筋截面积 A_s 按式（4-31）计算

$$A_s = \frac{f_c b \xi_b h_0 + A'_s f'_y}{f_y} = \frac{5.3629 \times 10^5 + 1.1084 \times 10^5}{360} = 1797.6 (\text{mm}^2)$$

选用 6φ20，$A'_s = 1884$ mm²。

截面配筋见图 4-19。

例 4-5 某矩形截面梁为 3 级水工建筑物，设计状况为持久，其所处的环境条件为二类。其截面尺寸为 $b \times h = 250\text{mm} \times 500\text{mm}$，采用 C25 混凝土制作，纵向受力钢筋采用 HRB400，截面内已配置 2φ20 的受压钢筋，纵筋的保护层厚度为 35mm；梁上荷载产生的截面组合弯矩为 $M_g = 220$kN·m；试计算此梁下部受拉钢筋。

解： 由表 3-6 查得结构重要性系数 $\gamma_0 = 1.0$，由表 3-7 查得钢筋混凝土结构的结构系数 $\gamma_d = 1.2$；持久状况的设计状况系数 $\psi = 1.0$。

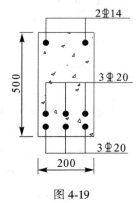

图 4-19

设计弯矩为 $M = \gamma_0 \psi M_g = 220$kN·m；

由附录 1 表 1-2 和表 2-6 查得 C25 混凝土轴心抗压强度 $f_c = 11.9$MPa；

HRB400 钢筋抗拉及抗压强度 $f_y = f'_y = 360$MPa；

查表 4-1，钢筋为 HRB400 时，$\xi_b = 0.518$。

（1）按双筋截面计算截面抵抗矩 α_s。

因截面承受的弯矩较大，因此下部受拉钢筋较多，故应分两排布置；

所以：$a = 35 + d + 30/2 = 35 + 20 + 15 = 70$（mm）；$h_0 = h - a = 430$（mm）；

受压钢筋混凝土保护层厚度为 35mm，故 $a'_s = 45$mm。

由式（4-32）计算截面抵抗矩系数 α_s

$$\alpha_s = \frac{\gamma_0 \psi \gamma_d M - A'_s f'_y (h_0 - a'_s)}{f_c b h_0^2} = \frac{1.2 \times 220 \times 10^6 - 87.0824 \times 10^6}{11.9 \times 250 \times 430^2}$$

$$= 0.3216$$

（2）计算受压区高度。

$$\xi = 1 - \sqrt{1 - 2\alpha_s} = 0.4027$$

受压区高度　$2a' = 90 < x = \xi h_0 = 173.1\text{mm} < \xi_b h_0 = 222.7(\text{mm})$

截面合适且受压钢筋能达到抗压强度设计值。

(3)计算纵向受拉钢筋。

受拉钢筋截面积由式(4-31)计算

$$A_s = \frac{f_c b \xi h_0 + A_s' f_y'}{f_y} = \frac{5.1515 \times 10^5 + 2.2610 \times 10^5}{360} = 2059.5(\text{mm}^2)$$

选用 3⊕22+3⊕20　$A_s = 2083.0\text{mm}^2$，截面配筋见图 4-20。

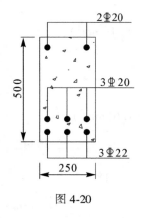

图 4-20

例 **4-6**　某矩形截面梁为 2 级水工建筑物，设计状况为持久，其所处的环境条件为二类。其截面尺寸、所用材料及受压钢筋配置等均与上例相同，但梁截面上的弯矩组合值为 155kN·m；试计算此梁下部受拉钢筋。

解： 由表 3-6 查得结构重要性系数 $\gamma_0 = 1.0$，由表 3-7 查得钢筋混凝土结构的结构系数 $\gamma_d = 1.2$；持久状况的设计状况系数 $\psi = 1.0$。

设计弯矩为 $M = \gamma_0 \psi M_g = 155\text{kN·m}$；

由附录 1 表 1-2 和表 1-6 查得 C25 混凝土轴心抗压强度 $f_c = 11.9(\text{MPa})$；

HRB400 钢筋抗拉及抗压强度 $f_y = f_y' = 360(\text{MPa})$；

查表 4-1，钢筋为 HRB400 时，$\xi_b = 0.518$。

(1)按双筋截面计算截面抵抗矩 α_s。

因此时截面承受的弯矩较小，因此下部受拉钢筋可一排布置；

所以：$a = 35 + d/2 = 35 + 10 = 45(\text{mm})$；$h_0 = h - a = 455(\text{mm})$；

受压钢筋混凝土保护层厚度为 35mm，故 $a_s' = 45\text{mm}$。

由式(4-32)计算截面抵抗矩系数 α_s：

$$\alpha_s = \frac{\gamma_0 \psi \gamma_d M - A_s' f_y'(h_0 - a_s')}{f_c b h_0^2} = \frac{1.2 \times 155 \times 10^6 - 92.74 \times 10^6}{11.9 \times 250 \times 455^2} = 0.1514$$

(2)计算受压区高度。

$$\xi = 1 - \sqrt{1 - 2\alpha_s} = 0.1650$$

受压区高度　$x = \xi h_0 = 75.08\text{mm} < 2a' = 90(\text{mm})$，

截面只出现适筋破坏，但受压钢筋未屈服。

(3)计算纵向受拉钢筋。

由式(4-33)计算受拉钢筋截面积 A_s

$$A_s = \frac{\gamma_0 \psi \gamma_d M}{f_y(h_0 - a_s')} = \frac{1.2 \times 155 \times 10^6}{360 \times (455 - 45)} = 1260.2(\text{mm}^2)$$

选用 4⊕20，$A_s' = 1257\text{mm}^2$。截面配筋见图 4-21。

由计算结果可知，此梁并不需要在受压区设置受压钢筋，也即可设计为单筋矩形梁。

例 4-7 某矩形截面梁为 3 级水工建筑物，设计状况为持久，采用 C25 混凝土制作，纵向受力钢筋采用 HRB400，纵筋的保护层厚度为 35mm；截面尺寸及配筋情况见图 4-22；试计算此梁能承受的设计弯矩。

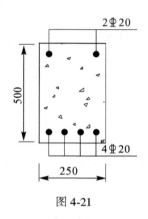

图 4-21

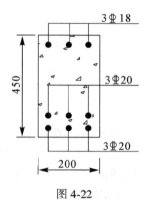

图 4-22

解： 由表 3-6 查得结构重要性系数 $\gamma_0 = 1.0$，由表 3-7 查得钢筋混凝土结构的结构系数 $\gamma_d = 1.2$；持久状况的设计状况系数 $\psi = 1.0$。

由附录 1 表 1-2 和表 1-6 查得 C25 混凝土轴心抗压强度 $f_c = 11.9$MPa；

HRB400 钢筋抗拉及抗压强度 $f_y = f'_y = 360$MPa；

查表 4-1，钢筋为 HRB400 时，$\xi_b = 0.518$。

因下部受拉钢筋为 6Φ20，$A_s = 1884$mm^2；

上部受压钢筋为 3Φ18，$A'_s = 763$mm^2。

梁截面有效高度 $h_0 = h - c - d - e/2 = 450 - 35 - 22 - 15 = 380$（mm）。

（1）按双筋截面计算截面受压区高度 x，由式（4-34）得

$$x = \frac{A_s f_y - A'_s f'_y}{f_c b} = \frac{(1884 - 763) \times 360}{11.9 \times 200} = 169.6(\text{mm})$$

因 $2a' = 90$mm < 169.6mm $< \xi_b h_0 = 195.8$（mm）

因此截面破坏为适筋破坏且受压钢筋可屈服。

（2）按式（4-24）计算截面能承受的极限弯矩

$$M_u \leq [f_c bx(h_0 - 0.5x) + A'_s f'_y(h_0 - a'_s)] = (119.2 + 92.29) \times 10^6 = 211.5(\text{kN} \cdot \text{m})$$

（3）由承载能力极限状态设计表达式求该梁所能承受的弯矩设计值

$$M \leq M_u/\gamma_d = 211.5/1.2 = 176.3(\text{kN} \cdot \text{m})$$

例 4-8 某水电站厂房（结构安全级别为 Ⅱ 级）中的矩形截面简支梁采用 C25 混凝土制作，纵向受力钢筋采用 HRB400，纵筋的保护层厚度为 35mm；梁的跨度、荷载情况、截面尺寸及配筋情况见图 4-23；设计状况为持久，其所处的环境条件为二类。试校核此梁能否承受图示的荷载。

解： 由表 3-6 查得结构重要性系数 $\gamma_0 = 1.0$，由表 3-7 查得钢筋混凝土结构的结构系数 $\gamma_d = 1.2$；持久状况的设计状况系数 $\psi = 1.0$。

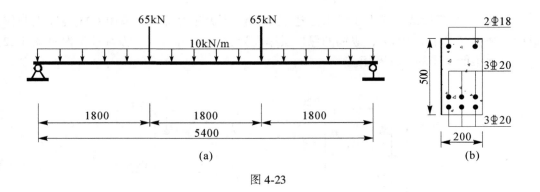

图 4-23

由第 3 章表 3-8 查得永久荷载分项系数 $\gamma_G = 1.1$，可变荷载分项系数 $\gamma_Q = 1.3$。

由附录 1 表 1-2 和表 1-6 查得 C25 混凝土轴心抗压强度 $f_c = 11.9\text{MPa}$；

　　　　　　HRB400 钢筋抗拉及抗压强度 $f_y = f'_y = 360\text{MPa}$；

查表 4-1，钢筋为 HRB400 时，$\xi_b = 0.518$。

因下部受拉钢筋为 6 Φ 20，$A_s = 1884\text{mm}^2$；上部受压钢筋为 2 Φ 18，$A'_s = 509\text{mm}^2$。

梁截面有效高度 $h_0 = h - c - d - e/2 = 500 - 35 - 20 - 15 = 430(\text{mm})$。

（1）计算简支梁跨中最大荷载弯矩。

梁跨中最大荷载弯矩

$$M_g = \gamma_Q P \times a + \gamma_G q l^2/8 = 1.3 \times 65 \times 1.8 + 1.1 \times 10 \times 5.4^2/8$$
$$= 152.1 + 40.095 = 192.195(\text{kN} \cdot \text{m})$$

截面设计弯矩　　$M = \gamma_0 \psi M_g = 192.195(\text{kN} \cdot \text{m})$

截面应承受的极限弯矩　　$M'_u = \gamma_d M = 1.2 \times 192.195 = 230.634(\text{kN} \cdot \text{m})$

（2）按双筋截面计算截面受压区高度 x，由式（4-34）得

$$x = \frac{A_s f_y - A'_s f'_y}{f_c b} = \frac{(1884 - 509) \times 360}{11.9 \times 200} = 208(\text{mm})$$

因　　$2a' = 90\text{mm} < 208\text{mm} < \xi_b h_0 = 222.74(\text{mm})$

因此截面破坏为适筋破坏且受压钢筋可屈服。

（3）按式（4-24）计算截面能承受的极限弯矩。

$$[f_c bx(h_0 - 0.5x) + A'_s f'_y(h_0 - a'_s)]$$
$$= (161.38 + 70.55) \times 10^6$$
$$= 231.9\text{kN} \cdot \text{m} > M'_u = 230.634(\text{kN} \cdot \text{m})$$

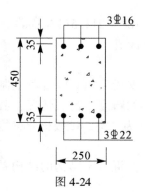

图 4-24

（4）因截面应承受的极限弯矩小于截面能承受的极限弯矩，故梁是安全的。

　　例 4-9　某矩形截面梁为 3 级水工建筑物，设计状况为持久，其所处的环境条件为二类。采用 C25 混凝土制作，纵向受力钢筋采用 HRB400，纵筋的保护层厚度为 35mm；截面尺寸及配筋见图 4-24；试计算此梁能承受的设计弯矩。

解：由表 3-6 查得结构重要性系数 $\gamma_0 = 1.0$，由表 3-7 查得钢筋混凝土结构的结构系数 $\gamma_d = 1.2$；持久状况的设计状况系数 $\psi = 1.0$。

由附录 1 表 1-2 和表 1-6 查得 C25 混凝土轴心抗压强度 $f_c = 11.9$MPa；

　　　　HRB400 钢筋抗拉及抗压强度 $f_y = f_y' = 360$MPa。

查表 4-1，钢筋为 HRB400 时，$\xi_b = 0.518$。

因下部受拉钢筋为 3⏀22，$A_s = 1140.4$mm²；

上部受压钢筋为 3⏀16，$A_s' = 603.2$mm²。

(1)计算截面的有关参数。

因　　$a_s = 35 + 22/2 = 46(\text{mm})$；$a_s' = 35 + 8 = 43(\text{mm})$

梁有效高度　$h_0 = h - a_s = 404(\text{mm})$

(2)按双筋截面计算截面受压区高度 x，由式(4-34)得

$$x = \frac{A_s f_y - A_s' f_y'}{f_c b} = \frac{(1140.4 - 603.2) \times 360}{11.9 \times 250} = 65(\text{mm})$$

因 $x = 65$mm $< 2a_s' = 86$mm，所以构件的截面破坏为适筋破坏但受压钢筋不能达到抗压强度设计值 f_y'。

(3)按式(4-35)计算截面能承受的极限弯矩

$$M_u = f_y A_s (h_0 - a_s') = 1140.4 \times 360 \times (404 - 43) = 148.2(\text{kN} \cdot \text{m})$$

(4)由承载能力极限状态设计表达式求梁所能承受的弯矩设计值

$$M \leqslant M_u / \gamma_d = 148.2/1.2 = 123.5(\text{kN} \cdot \text{m})$$

4.5　T形截面构件正截面受弯承载力计算

4.5.1　概述

在正常使用条件下，受弯构件的受拉区是存在裂缝的，裂缝一旦产生，裂缝截面中和轴以下的混凝土将不再承受或承受很小的拉力，因此受弯构件的受拉区混凝土对截面的抗弯承载力基本不产生影响，反而增加了构件自重。若将受拉区混凝土去掉一部分，并将钢筋集中布置，同时保证受拉钢筋合力点的位置不变，则并不影响该截面的抗弯承载能力，于是形成了如图 4-25(a)所示的 T 形截面。T 形截面的抗弯承载能力与原矩形截面的抗弯承载能力相同，但比矩形截面节省混凝土用量，同时自重也较轻。显然，T 形截面比矩形截面更经济、更合理。但 T 形截面构件的模板较复杂，制作比较困难。

T 形截面是由翼缘和腹板(即梁肋)两部分组成的。T 形截面的受压翼缘范围越大，混凝土受压区高度 x 越小，因而内力臂 $Z = \gamma h_0$ 就越大，截面的抗弯承载力也越高。

在实际工程中，T 形截面受弯构件的应用有两种情况，一是独立的 T 形截面构件，如 I 形吊车梁，见图 4-25(b)，另外空心板、槽形板、箱形梁经过折算后均可视为独立的 T 形截面(见图 4-25(c)、(d)、(e))；二是整浇式肋梁楼盖和桥面结构中的梁系，因楼板与梁整体浇捣，部分楼板参与梁的受力而形成 T 形截面受弯构件，见图 4-25(f)。

试验结果和理论分析均表明，T 形截面构件受弯后，其翼缘承受压力，但靠近肋板处

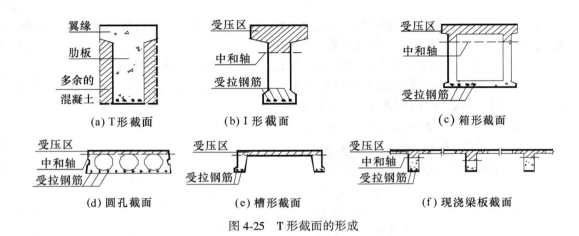

(a) T 形截面　　　　　(b) I 形截面　　　　　(c) 箱形截面

(d) 圆孔截面　　　　　(e) 槽形截面　　　　　(f) 现浇梁板截面

图 4-25　T 形截面的形成

翼缘的压应力较大，远离肋板的翼缘压应力则较小，见图 4-26(a)。因此，在设计计算中不能将离肋板较远、受力较小的翼缘也考虑在 T 形截面构件中。这就存在着一个如何确定翼缘宽度的问题。为了简化计算，可取一计算宽度 b'_f，且认为在 b'_f 范围内的翼缘压应力分布是均匀的，见图 4-26(b)。

翼缘的计算宽度 b'_f 主要与 T 形截面构件的构成方式(独立 T 形构件或整体肋形楼盖)、构件的跨度 l_0、翼缘高度 h'_f 与截面有效高度的比值 (h'_f/h_0) 等因素有关。规范 NB/T 11011—2022 根据上述因素规定了翼缘计算宽度 b'_f 的取值方法(列于表 4-3)。各参数意义见图 4-27 和表下文字说明，计算时，取各项中的最小值。

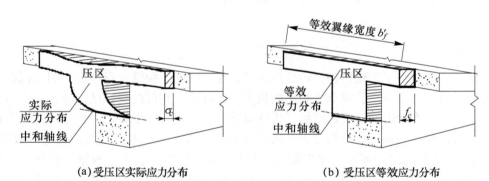

(a) 受压区实际应力分布　　　　　(b) 受压区等效应力分布

图 4-26　T 形截面受压区实际应力分布和等效应力分布图

表 4-3　　　　　　　　　T 形、I 形及倒 L 形截面受弯构件翼缘计算宽度 b'_f 表

项次	考虑情况	T 形、I 形截面		倒 L 形截面
		肋形梁板	独立梁	肋形梁板
1	按计算跨度 l_0 考虑	$l_0/3$	$l_0/3$	$l_0/6$
2	按梁肋净间距 s 考虑	$b + s_0$	—	$b + s_0/2$

项次	考虑情况		T形、I形截面		倒L形截面
			肋形梁板	独立梁	肋形梁板
3	按翼缘厚度 h_f' 考虑	$h_f'/h_0 \geqslant 0.1$ 时	—	$b + 12h_f'$	—
		$0.1 > h_f'/h_0 \geqslant 0.05$ 时	$b + 12h_f'$	$b + 6h_f'$	$b + 5h_f'$
		$h_f'/h_0 < 0.05$ 时	$b + 12h_f'$	b	$b + 5h_f'$

注：① 表中 b 为梁的腹板（梁肋）宽度。

② 如肋形梁在梁跨内设有间距小于纵肋间距的横肋时，则可不遵守表中项次 3 的规定。

③ 对于加腋（托承）的 T 形和倒 L 形截面，当受压区加腋的高度 $h_b \geqslant h_f'$ 且加腋的宽度 $h_b \leqslant 3h_f'$ 时，则其梁的翼缘计算宽度可按表中项次 3 的规定分别增加 $2b$（T 形截面）和 b（倒 L 形截面），见图 4-27。

④独立梁受压区的翼缘板在荷载作用下如可能产生沿纵肋方向的裂缝，则计算宽度取用肋宽 b。

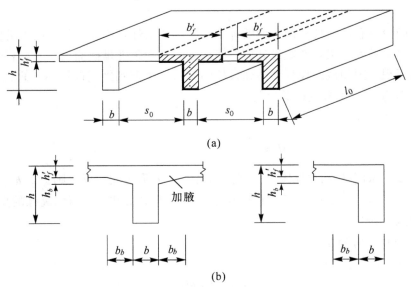

(a)

(b)

图 4-27　T 形、I 形、倒 L 形截面的翼缘计算宽度

4.5.2　两类 T 形截面判别

　　T 形截面的计算应力图形与单筋矩形截面相似：纵向钢筋可达到抗拉强度设计值 f_y，而受压区混凝土的曲线应力分布可简化成矩形应力分布，混凝土压应力为 f_c。与矩形截面不同的是，T 形截面的受压区形状由于中和轴位置的不同，既可能为 T 形截面（中和轴在肋板内），也可能为矩形截面（中和轴在翼缘内）。因此可根据截面中和轴的位置，将 T 形截面分为两类：第一类 T 形截面和第二类 T 形截面。由于这两类 T 形截面的应力图形

及计算公式均不同，因此，在 T 形截面的设计计算中，应首先判别 T 形截面的类别。显然这两类 T 形截面的分界线是截面中和轴恰好处在翼缘的下边缘处，所以可根据此时的应力图形来判别 T 形截面的类型，见图 4-28。

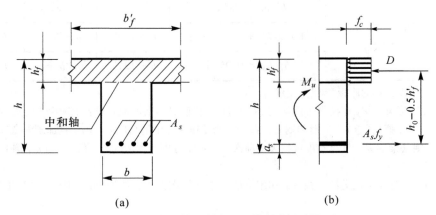

图 4-28 中和轴在翼缘下边缘时截面应力图

由于截面设计和截面校核两方面的计算中，已知条件是不一样的；前者的已知条件是截面尺寸、材料强度等级和弯矩设计值，而后者的已知条件是截面尺寸、材料强度等级及钢筋的截面面积，因而截面设计和截面校核的 T 形梁类型判别式也是不同的。

1. 截面设计时的 T 形截面类型判别

若满足下列条件：

$$M \leqslant \frac{1}{\gamma_d} f_c b'_f h'_f (h_0 - 0.5 h'_f) \tag{4-36}$$

则表明 $x \leqslant h'_f$，即中和轴在翼缘内，截面为第一类 T 形截面。反之则 $x > h'_f$，中和轴通过肋板，截面为第二类 T 形截面。上式中的 h'_f、b'_f 为 T 形截面受压区翼缘的高度和宽度，其中 b'_f 按表 4-3 确定。

2. 承载力校核时的 T 形截面类型判别

若满足下列条件：

$$f_y A_s \leqslant f_c b'_f h'_f \tag{4-37}$$

则表明 $x \leqslant h'_f$，即截面为第一类 T 形截面。反之则表明 $x > h'_f$，截面属于第二类 T 形截面。

4.5.3 计算应力图形和基本计算公式

1. 第一类 T 形截面计算公式

第一类 T 形截面的中和轴位于翼缘内，受压区高度 $x \leqslant h'_f$，受压区形状为矩形，见图 4-29。第一类 T 形截面的正截面抗弯承载能力与截面尺寸为 $b'_f \times h$ 的单筋矩形截面的承载能力相同，因此，可以直接利用单筋矩形截面的设计表达式来计算第一类 T 形截面，只是须将单筋矩形截面设计表达式中的 b 用 b'_f 来代替。第一类 T 形截面的设计表达式为：

$$M \leqslant \frac{1}{\gamma_d} f_c b'_f x (h_0 - 0.5x) \qquad (4\text{-}38)$$

$$f_c b'_f x = f_y A_s \qquad (4\text{-}39)$$

因第一类 T 形截面的受压区高度较小，破坏均为适筋破坏，可不验算 $\xi \leqslant \xi_b$ 的限制条件。

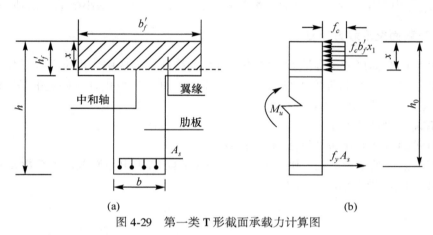

图 4-29　第一类 T 形截面承载力计算图

需要特别指出的是，T 形截面的配筋率是按肋梁的有效面积计算的，即 $\rho = \dfrac{A_s}{bh_0}$。这是因为最小配筋率 $\rho_{\min}$ 是依据钢筋混凝土截面的最低承载力不低于同样尺寸和混凝土强度等级的素混凝土截面承载力的原则确定，而素混凝土截面的抗弯承载力主要取决于受拉区的抗拉能力，素混凝土的 T 形截面与同样高度和肋宽的矩形截面的承载力基本一样，因此，T 形截面的配筋率应满足以下适用条件：

$$\rho = \frac{A_s}{bh_0} \geqslant \rho_{\min}$$

2. 第二类 T 形截面计算公式

第二类 T 形截面的中和轴通过肋板，混凝土受压区高度 $x > h'_f$，受压区形状为 T 形，根据图 4-30 所示的截面应力图形，按静力平衡条件，可列出第二类 T 形截面的设计表达式：

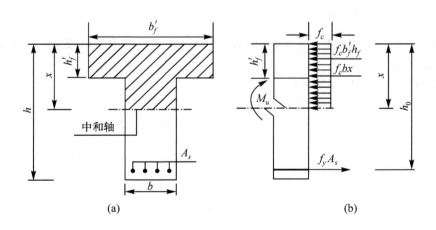

(a)　　　　　　　　　　　　　　　(b)

97

图 4-30　第二类 T 形截面承载力计算简图

$$M \leqslant \frac{1}{\gamma_d}[f_c bx(h_0 - 0.5x) + f_c(b_f' - b)h_f'(h_0 - 0.5h_f')] \tag{4-40}$$

$$f_y A_s = f_c bx + f_c(b_f' - b)h_f' \tag{4-41}$$

与单筋矩形截面一样，T 形截面不应产生超筋破坏，其截面相对受压高度应满足适用条件 $\xi \leqslant \xi_b$。由于第二类 T 形截面的配筋较多，所以不需验算最小配筋率的适用条件。

4.5.4　T 形截面梁承载力计算

T 形截面的截面尺寸可参照类似结构和有关的构造规定选用。也可预先设定，再根据计算结果加以修正。材料强度等级选用与矩形截面一样，需要由计算确定的是截面受压区高度 x 和纵向受力钢筋面积 A_s。

T 形截面的设计计算步骤为：

(1)由式(4-36)来判别 T 形截面的类型；

(2)若为第一类 T 形截面，则由式(4-38)和式(4-39)求出截面抵抗矩系数 α_s、相对受压区高度 ξ 和纵向受力钢筋面积 A_s：

$$\xi = 1 - \sqrt{1 - \frac{2\gamma_d M}{f_c b_f' h_0^2}} \tag{4-42}$$

$$A_s = \xi \frac{f_c}{f_y} b_f' h_0 \tag{4-43}$$

还需验算适用条件 $\rho \geqslant \rho_{\min}$ 是否满足。

(3)若为第二类 T 形截面，则由式(4-40)和式(4-41)求出 ξ 和 A_s。

$$\xi = 1 - \sqrt{1 - \frac{2[\gamma_d M - f_c(b_f' - b)h_f'(h_0 - 0.5h_f')]}{f_c b h_0^2}} \tag{4-44}$$

$$A_s = \xi \frac{f_c}{f_y} b h_0 + \frac{f_c(b_f' - b)h_f'}{f_y} \tag{4-45}$$

还应验算适用条件 $\xi \leqslant \xi_b$ 是否满足。

(4)根据计算所得的 A_s 选择钢筋，绘制截面配筋图。

4.5.5　T 形截面梁承载力校核

在截面尺寸、材料强度等级和钢筋截面积均已知的条件下，可按下列步骤校核 T 形截面的承载能力。

(1)按式(4-37)判别 T 形截面梁的类别。

(2)若满足式(4-37)，则按第一类 T 形梁进行承载力校核。

由式(4-39)和式(4-38)计算受压区高度 x 和截面设计弯矩 M：

$$x = \frac{f_y A_s}{f_c b_f'} \tag{4-46}$$

$$M = \frac{f_c b_f' x(h_0 - 0.5x)}{\gamma_d} \tag{4-47}$$

（3）若不满足式（4-37），则按第二类T形梁进行承载力校核。

由式（4-41）和式（4-40）计算受压区高度 x 和截面设计弯矩 M：

$$x = \frac{f_y A_s - f_c(b'_f - b)h'_f}{f_c b} \leq \xi_b h_0 \qquad (4-48)$$

若受压区高度 $x > \xi_b h_0$，则取 $x = \xi_b h_0$，

$$M \leq \frac{1}{\gamma_d}[f_c bx(h_0 - 0.5x) + f_c(b'_f - b)h'_f(h_0 - 0.5h'_f)] \qquad (4-49)$$

例 4-10 某独立 T 形梁截面尺寸见图 4-31（a），承受的荷载弯矩 $M_g = 220\text{kN} \cdot \text{m}$，该梁采用 C25 混凝土和 HRB400 钢筋制成，梁的结构安全等级为 II 级，考虑持久状况，其所处的环境条件为一类。试设计此 T 形梁。

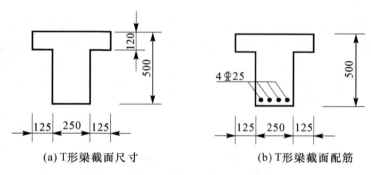

(a) T形梁截面尺寸　　　　　(b) T形梁截面配筋

图 4-31

解：（1）设计参数的确定：由表 3-6 查得结构重要性系数 $\gamma_0 = 1.0$，由表 3-7 查得钢筋混凝土结构的结构系数 $\gamma_d = 1.2$；持久状况的设计状况系数 $\psi = 1.0$。

由附录 1 表 1-2 和表 1-6 查得：

C25 混凝土轴心抗压强度设计值 $f_c = 11.9\text{MPa}$；

HRB400 钢筋抗拉强度设计值 $f_y = 360\text{MPa}$。

（2）计算参数的确定：取钢筋的混凝土保护层厚度 $c = 30\text{mm}$，钢筋直径预估为 $d = 20\text{mm}$。因此有 $a = c + 0.5d = 40(\text{mm})$；梁的有效高度 $h_0 = h - a = 460(\text{mm})$。

因梁为独立 T 形梁，且有 $h'_f/h_0 = 120/460 = 0.261 > 0.1$。

由表 4-3 查得计算翼缘宽度 $b'_f = b + 12h'_f = 1690(\text{mm})$。

因计算翼缘宽度大于梁的实际翼缘宽度，所以计算中按实际翼缘宽度取用。$b'_f = 500\text{mm}$。

（3）判别 T 形截面类别：由式（4-36）判别 T 形截面的类型：

设计弯矩 $M = \gamma_0 \psi M_g = 1.0 \times 1.0 \times 220 = 220(\text{kN} \cdot \text{m})$

$\gamma_d M = 1.2 \times 220 \times 10^6 = 264 \times 10^6(\text{N} \cdot \text{mm})$

$< f_c b'_f h'_f(h_0 - 0.5h'_f) = 11.9 \times 500 \times 120 \times (460 - 60) = 285.6 \times 10^6(\text{N} \cdot \text{mm})$

所以为第一类 T 形截面。

（4）按单筋截面计算截面抵抗矩 α_s。

由式（4-42）有

$$\xi = 1 - \sqrt{1 - \frac{2\gamma_d M}{f_c b_f' h_0^2}} = 1 - \sqrt{1 - \frac{2 \times 1.2 \times 220 \times 10^6}{11.9 \times 500 \times 460^2}} = 0.2380 < \xi_b$$

截面为适筋截面且受压区高度 $x = \xi h_0 = 109.5\text{mm} < h_f' = 120\text{mm}$，为第一类 T 形截面。

（5）计算受拉钢筋截面积 A_s：

由式（4-43）得

$$A_s = \frac{f_c b_f' x}{f_y} = \frac{11.9 \times 500 \times 109.5}{360} = 1809.8\,(\text{mm}^2)$$

配筋率 $\rho = A_s / bh_0 = 1809.8/(250 \times 460) = 1.57\% > \rho_{min} = 0.2\%$

配筋满足要求。

（6）选配钢筋：按计算所得 A_s，查附录 2 附表 2-1，A_s 取为 4 ⏀25。$A_s = 1962.5\ \text{mm}^2$。经验算截面宽度能满足钢筋一排布置的要求，钢筋具体布置见图 4-31（b）。

例 4-11　某独立 T 形梁截面尺寸见图 4-32（a），承受荷载弯矩 $M_g = 240\text{kN} \cdot \text{m}$，该梁采用 C25 混凝土和 HRB400 钢筋制成，梁的结构安全等级为 Ⅱ 级，考虑持久状况，其所处的环境条件为一类。试设计此 T 形梁。

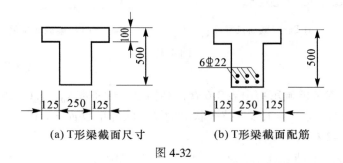

（a）T形梁截面尺寸　　　（b）T形梁截面配筋

图 4-32

解：（1）设计参数的确定：由表 3-6 查得结构重要性系数 $\gamma_0 = 1.0$，由表 3-7 查得钢筋混凝土结构的结构系数 $\gamma_d = 1.2$；持久状况的设计状况系数 $\psi = 1.0$。

由附录 1 表 1-2 和表 1-6 查得 C25 混凝土轴心抗压强度设计值 $f_c = 11.9\text{MPa}$；HRB400 钢筋抗拉强度设计值 $f_y = 360\text{MPa}$。

故设计弯矩 $M = \gamma_0 \psi M_g = 1.0 \times 1.0 \times 240 = 240\,(\text{kN} \cdot \text{m})$。

（2）计算参数的确定：取钢筋的混凝土保护层厚度 $c = 30\text{mm}$，钢筋直径预估为 $d = 20\text{mm}$。考虑弯矩较大，配筋较多，故钢筋需两排布置，因此有：

$$a_s = c + d + 0.5e = 65\,(\text{mm})$$

梁的有效高度 $h_0 = h - a_s = 435\,(\text{mm})$，

因梁为独立 T 形梁，且有 $h_f'/h_0 = 100/435 = 0.230 > 0.1$，

所以计算翼缘宽度　$b_f' = b + 12h_f' = 1450\text{mm}$。

因计算翼缘宽度大于梁实际翼缘宽度，所以应按实际翼缘宽度取用：$b_f' = 500\text{mm}$。

（3）判别 T 形截面类别：由式（4-36）判别 T 形截面的类型

$$\gamma_d M = 1.2 \times 240 \times 10^6 = 288 \times 10^6 \text{N} \cdot \text{mm} > f_c b_f' h_f' (h_0 - 0.5 h_f')$$

$$= 11.9 \times 500 \times 100 \times (435 - 50) = 229.1 \times 10^6 (\text{N} \cdot \text{mm})$$

所以为第二类 T 形截面。

（4）按第二类 T 形截面计算截面抵抗矩 α_s。

由式（4-44）有：

$$\xi = 1 - \sqrt{1 - \frac{2[\gamma_d M - f_c(b_f' - b)h_f'(h_0 - 0.5 h_f')]}{f_c b h_0^2}}$$

$$= 1 - \sqrt{1 - 2 \times \frac{1.2 \times 240 \times 10^6 - 11.9 \times (500 - 250) \times 100 \times (435 - 0.5 \times 100)}{11.9 \times 250 \times 435^2}}$$

$$= 0.3805$$

相对受压区高度 $\xi = 0.3805 < \xi_b$，截面为适筋截面。

受压区高度 $x = \xi h_0 = 165.5 \text{mm} > h_f' = 100 \text{mm}$，确实为第二类 T 形截面。

（5）计算受拉钢筋截面积 A_s：由式（4-45）得

$$A_s = \frac{f_c b x + f_c(b_f' - b)h_f'}{f_y} = \frac{11.9 \times (250 \times 165.5 + 250 \times 100)}{360} = 2194.3(\text{mm}^2)$$

配筋率 $\rho = A_s/b h_0 = 2194.3/(250 \times 435) = 2.02\% > \rho_{\min} = 0.2\%$
配筋满足要求。

（6）选配钢筋：查附录 2 附表 2-1，A_s 取为 6Φ22。$A_s = 2279.6 \text{mm}^2$。

经验算，截面宽度要求钢筋两排布置。钢筋具体布置见图 4-32（b）。

例 4-12 某 T 形梁所处的环境条件为二类，受拉钢筋为 HRB400（$f_y = 360 \text{MPa}$），配筋量为 8Φ22，采用 C25 混凝土（$f_c = 11.9 \text{MPa}$），其截面尺寸如图 4-33 所示；梁的结构重要性系数 $\gamma_0 = 1.0$；设计状况系数 $\psi = 1.0$；结构系数 $\gamma_d = 1.2$。试校核此梁所能承担的最大设计弯矩 M；如果该简支梁的计算跨度为 5m，梁上仅承受均布可变荷载，则此均布荷载设计值最大为多少？

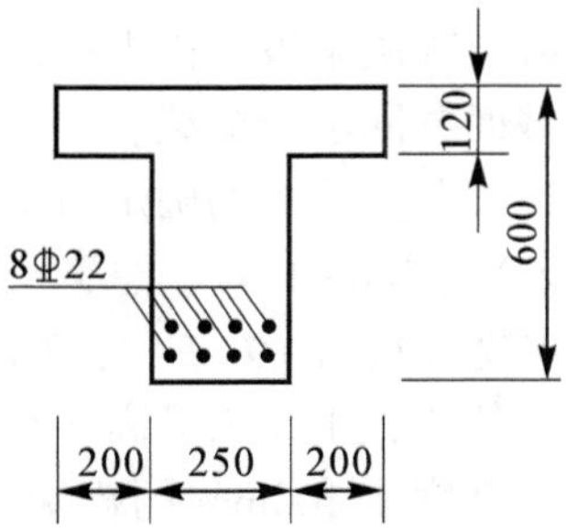

图 4-33

解：（1）计算参数的确定：因钢筋重心位置 $a = 70 \text{mm}$，所以梁的有效高度 h_0：

$$h_0 = h - a = 530(\text{mm})$$

钢筋截面积 $A_s = 3041 \text{mm}^2$。

（2）判别 T 形截面类别。

由式（4-37）判别 T 形截面的类型：

$$A_s f_y = 360 \times 3041 = 10.948 \times 10^5 (\text{N}) > f_c b_f' h_f' = 11.9 \times 650 \times 120 = 9.282 \times 10^5 (\text{N})$$

所以本梁为第二类 T 形截面。

（3）受压区高度计算。

由式（4-48）求截面受压区高度 x：

$$x = \frac{f_y A_s - f_c(b_f' - b)h_f'}{f_c b} = \frac{10.948 \times 10^5 - 11.9 \times (650 - 250) \times 120}{11.9 \times 250} = 176(\text{mm})$$

因 $x = 176\text{mm} > h_f' = 120\text{mm}$，本梁确实为第二类 T 形截面。

(4)梁截面抵抗弯矩 M 的计算。

由式(4-49)可求出：

$$M = f_c [bx(h_0 - 0.5x) + (b_f' - b)h_f'(h_0 - 0.5h_f')]/\gamma_d$$
$$= 11.9 \times [250 \times 176 \times (530 - 88) + (650 - 250) \times 120 \times (530 - 60)]/1.2$$
$$= 416.57 \times 10^6 \text{N} \cdot \text{mm} = 416.57(\text{kN} \cdot \text{m})$$

(5)计算梁能承受的设计荷载。

由题意，均布荷载下的简支梁跨中弯矩：

$$M_j = \gamma_Q \frac{1}{8}ql^2 = 1.3 \times \frac{1}{8} \times q \times 5^2 = 4.0625q(\text{kN} \cdot \text{m})$$

所以该梁能承受的最大均布荷载设计值 $q = \dfrac{M}{4.0625\gamma_0\psi} = 102.54(\text{kN/m})$。

4.6　受弯构件截面尺寸和配筋构造要求

4.6.1　截面形式与截面尺寸

梁和板均为受弯构件，钢筋混凝土梁板可分为预制梁板和现浇梁板两大类。预制板的截面形式有矩形、槽形和多孔形等；预制梁的截面形式多为矩形和 T 形。有时为了降低层高还将截面形式做成花篮形，将板搁置在伸出的翼缘上，并保持板、梁顶面齐平。钢筋混凝土现浇梁板结构中的板不但将其上的荷载传递给梁，而且还和梁一起构成 T 形或倒 L 形截面共同承受荷载。

梁截面尺寸的确定与梁的支撑形式及跨度有关，独立简支梁的截面高度与其跨度的比(h/l)为 $1/8 \sim 1/12$，悬臂梁的 h/l 为 $1/6$ 左右，连续梁的 h/l 为 $1/10 \sim 1/16$。矩形截面梁的高宽比(h/b)为 $2 \sim 3$；T 形截面梁的 h/b 为 $2.5 \sim 4$(此处 b 为梁肋宽)。为了统一模板尺寸和便于施工，当梁高 $h \leqslant 700\text{mm}$ 时，截面高度取 50mm 的模数；当梁高 $h > 700\text{mm}$ 时，截面高度取 100mm 的模数。矩形截面和 T 形截面肋梁的宽度 b 一般取 120、150、180、200、220、250、300mm(以下每级增加 50mm)。

板的厚度应满足承载力、刚度和抗裂等要求。现浇板的厚度变化很大，从 100mm 左右到数米，水工建筑中常常采用厚度比较大的板，如水闸底板、水电站尾水管的底板等。但本章作为受弯构件的板，均指 h/l 值比较小的"薄板"。一般的房屋结构、厂房结构、工作桥或普通桥梁，板的厚度与其跨度比值(h/l)为 $1/10 \sim 1/35$；预制构件的截面尺寸受运输和安装条件的限制，其尺寸一般按实际需要确定。

4.6.2　混凝土强度等级的选择

现浇梁板常用的混凝土强度等级为 C20 ~ C35，预制梁板应采用更高的混凝土强度等级。在选择混凝土强度等级时应注意与钢筋强度的匹配。当采用 HRB500 及以上等级的钢筋或结构承受重复荷载时，混凝土强度等级不应低于 C30。

4.6.3 钢筋的混凝土保护层厚度

为防止构件中的钢筋锈蚀和避免受到外界不利因素的影响，同时保证钢筋与混凝土有良好的粘结性能，钢筋的混凝土保护层应有足够的厚度(见图 4-34(a))。混凝土保护层厚度的最小值与构件种类、钢筋直径、环境条件及混凝土强度等级等因素有关。其数值不得小于受力钢筋直径和骨料最大粒径的 1.25 倍，同时不应小于附录 3 附表 3-1 中的要求。

4.6.4 梁纵向受力钢筋的直径和间距

一般现浇梁板常采用 HPB300、HRB400 钢筋。梁内钢筋直径一般可选用 12～28mm。钢筋直径过小会造成钢筋骨架刚度不足且不利于施工；直径过大则会造成裂缝宽度过大和钢筋加工困难。截面每排受力钢筋直径最好一样，以利于施工，若需要配置两种不同直径的钢筋(可使钢筋截面积更接近于计算所需的面积)，则其直径相差至少 2mm，以便识别。

为了保证混凝土与钢筋间有良好的粘结性能，避免因钢筋过密而影响混凝土浇筑和振捣，影响混凝土的密实性，梁下部纵向钢筋的净间距不得小于钢筋的最大直径 d 和 25mm，上部纵向钢筋的净间距不得小于钢筋最大直径的 1.5 倍和 30mm，同时二者不得小于最大骨料粒径的 1.25 倍和 1.5 倍。见图 4-34(b)。

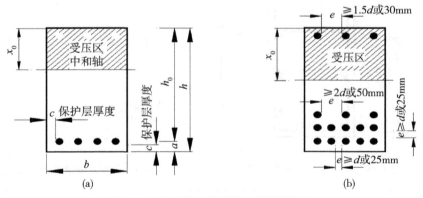

图 4-34　梁的保护层厚度及钢筋净间距

为保证截面内力臂为最大，纵向受力钢筋最好一排布置。当一排布置不下时，可采用两排布置或三排布置。当钢筋布置多于两排时，第三排及以上各排钢筋的间距应比下面两排增大一倍；同时需保证上下层钢筋水平位置一致，见图 4-34(b)。当钢筋数量很多时，可将钢筋成束布置(每束以两根为宜)。

4.6.5 梁的构造钢筋

梁构件中除应配置纵向受力钢筋外，还应配置箍筋、弯起钢筋(两者统称为腹筋)，以满足构件斜截面抗剪承载力的要求。箍筋及弯起钢筋的构造要求将在第 5 章中予以介绍。

　　为保证受力钢筋位置不变且与其他钢筋形成受力骨架,梁截面的上角部应设置架立钢筋(HPB300 或 HRB400),如受压区配有纵向受压钢筋时,可不再配置架立钢筋。架立钢筋的直径与梁的跨度有关:当跨度小于 4m 时,架立钢筋直径≥12mm,当跨度为 4~6m 时,钢筋直径≥14mm;当跨度大于 6m 时,钢筋直径≥16mm,见图 4-35。

　　当梁腹高度(或矩形梁全高)h_w≥450mm 时,梁腹两侧应设置纵向构造钢筋(腰筋)并用拉筋连结(图 4-35)。每侧纵向构造钢筋的截面面积≥0.001bh_w,且单根钢筋直径≥12mm。纵向构造钢筋沿梁高的间距≤200mm。拉筋直径与箍筋相同,其间距多为箍筋间距的 2~3 倍,一般为 500~700mm。

　　薄腹梁下部 1/2 梁高内的腹板两侧应配置直径 10~14mm 的纵向构造钢筋,其间距为100~150mm;上部 1/2 梁高内的腹板每侧纵向构造钢筋的截面面积≥0.001bh_w,纵向构造钢筋沿梁高的间距≤200mm。

　　在独立 T 形截面梁中,为保证受压翼缘与梁肋的整体性,可在翼缘顶面处配置横向受力钢筋(HPB300 钢筋),其直径 d≥8mm,间距 s≤200mm;当翼缘外伸较长而厚度较小时,应按受弯构件确定翼缘顶面处的钢筋截面积,见图 4-36。

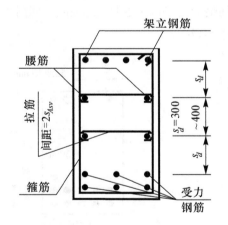

图 4-35　梁内构造钢筋类别及布置

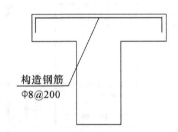

图 4-36　T 形梁翼缘构造钢筋

4.6.6　板受力钢筋及分布钢筋的直径和间距

　　板中受力钢筋的面积应通过承载力计算确定,其直径一般为 8~12mm;当板厚 h≤200mm 时,钢筋间距 s≤200mm;当板厚 200mm<h≤1500mm 时,s≤250mm;当板厚 h>1500mm 时,s≤300mm。同时钢筋间距 s≥70mm(图 4-37)。当板中受力钢筋需要弯起时,其弯起角不宜大于 30°,厚板中的弯起角可为 45°或 60°。单向受力板中除配有受力钢筋外还应配置分布钢筋,分布钢筋与受力钢筋相垂直,其作用是固定受力钢筋的位置并将板上荷载分散到受力钢筋上,同时也能防止混凝土由于收缩和温度变化在垂直于受力钢筋方向产生的裂缝。板中单位宽度内分布钢筋的截面积不应小于受力钢筋截面积的 15%(集中荷载时为 25%)，间距 $s \leqslant 250\text{mm}$。分布钢筋的直径不宜小于 6mm。当结构受混凝土收缩或温度变化影响较大时或对裂缝的要求较严时，分布钢筋应适当增加。(分布钢筋应配置在受力钢筋的弯折处及直线段内。)

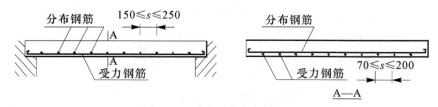

图 4-37 受力、分布钢筋间距

4.7 受弯构件的截面延性

4.7.1 延性的概念

延性是指材料、构件和结构在荷载作用或其他间接作用下，进入屈服状态后在承载力没有显著降低情况下的变形能力。图 4-38 给出了延性和脆性两种性质不同的梁荷载-位移曲线，梁 A(超筋梁)在荷载达到峰值后曲线突然下降，呈脆性破坏；梁 B(适筋梁)在受拉钢筋屈服开始至梁破坏经过较长的变形过程，表现出良好的延性。研究表明：如构件的破坏是由受拉钢筋屈服引起的，构件常表现出良好的延性，如适筋梁受弯破坏；而当破坏是由混凝土拉裂、剪坏和压碎控制的，常表现为脆性，如素混凝土梁板、超筋梁的受弯破坏。

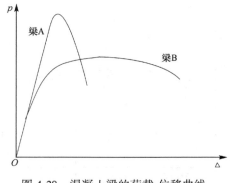

图 4-38 混凝土梁的荷载-位移曲线

4.7.2 延性的度量

描述延性常用的变量有：材料的韧性、截面的曲率延性系数，构件的位移延性系数等。下面主要介绍受弯构件的截面曲率延性系数和位移延性系数。

1. 截面曲率延性系数

截面的曲率延性系数是指受弯破坏的构件临界截面上极限曲率与屈服曲率的比值，表示为：

$$\mu_\varphi = \frac{\varphi_u}{\varphi_y} \tag{4-50}$$

式中，φ_y、φ_u——受弯构件受力钢筋屈服时的截面屈服曲率和构件破坏时的截面极限曲率。

受弯构件的受拉钢筋屈服时截面屈服曲率可按钢筋屈服时的应变求得（图 4-39）：

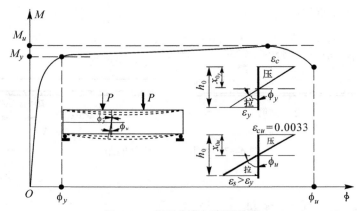

图 4-39　截面曲率与弯矩关系

$$\phi_y = \frac{\varepsilon_y}{h_0 - x_{0y}} \tag{4-51}$$

受弯构件破坏时的截面极限曲率可按下式计算：

$$\phi_u = \frac{\varepsilon_{cu}}{x_{0u}} \tag{4-52}$$

2. 位移延性系数

受弯构件的位移延性系数是指构件的极限位移（Δ_u）与屈服位移（Δ_y）之比，表示为：

$$\mu_\Delta = \frac{\Delta_u}{\Delta_y} \tag{4-53}$$

式中，Δ_y ——构件的屈服位移，取受拉钢筋屈服时构件的位移；

Δ_u ——构件的极限位移，通常取荷载峰值后降低至 85% 峰值荷载时对应的位移（图 4-40）。

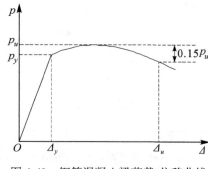

图 4-40　钢筋混凝土梁荷载-位移曲线

4.7.3　影响截面曲率延性的因素

从式（4-50）~式（4-52）可以看出，影响截面曲率延性系数 μ_φ 的因素主要有受拉钢筋屈服应变 ε_y、受拉钢筋屈服时混凝土相对受压区高度 x_{0y}、混凝土极限压应变 ε_{cu} 和混凝土受压破坏时的混凝土相对受压区高度 x_{0u}。因此，与这四个参量有关的因素均影响截面的曲率延性系数。下面简单介绍这些影响因素：

（1）纵向受拉和纵向受压钢筋的影响。当其他条件不变时，减少受拉钢筋配筋率可使钢筋屈服时的截面受压区高度降低，屈服曲率减小。同时极限状态时的截面受压区高度也会降低，极限曲率增大。ϕ_y 的减小和 ϕ_u 的增大，均使截面曲率延性系数 μ_φ 提高，即增加了延性。见图 4-41。而增加受压钢筋配筋率的影响则与减少受拉钢筋配筋率的影响基本一致。同样使延性系数 μ_φ 提高，见图 4-42。

（2）钢筋屈服强度的影响。当其他条件不变时，提高受拉钢筋的屈服强度，则钢筋的屈服应变增大，屈服曲率增大，同时使极限状态时截面受压区高度增大，极限曲率减小，截面的曲率延性系数也就因之降低。

（3）混凝土强度的影响。当构件的截面尺寸和配筋率一定时，提高混凝土强度将使极限状态时的受压区高度减小，屈服曲率减小，从而使截面曲率延性系数增大，增加延性。但混凝土强度过高，其极限压应变 ε_{cu} 也有所减小，从而使延性有所降低。

（4）箍筋的影响。箍筋对梁截面曲率延性的影响主要来自箍筋对受压混凝土的约束作用。这种约束作用会使混凝土受压强度有所提高。同时能阻碍微裂缝发展，延缓混凝土破坏，使混凝土压应变增大。这些都有利于改善截面延性。箍筋对防止剪切的脆性破坏，提高梁的抗剪延性也有很大的影响。

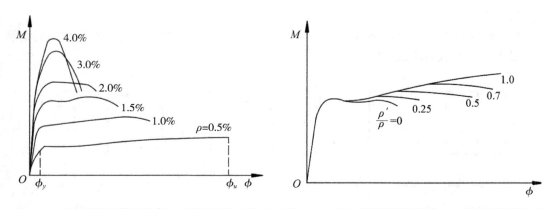

图 4-41　纵向受拉钢筋配筋率 ρ 对截面延性的影响　　图 4-42　纵向受压钢筋配筋率 ρ 对截面延性的影响

思考题与计算题

一、思考题

1. 钢筋混凝土梁中一般配置几种钢筋？它们各起什么作用？钢筋为什么要有混凝土保护层？梁和板中混凝土保护层厚度如何确定？

2. 适筋截面的受力全过程可分为几个阶段？各阶段的主要特点是什么？它们各是哪些计算内容的计算依据？

3. 受弯构件正截面破坏有几种形态？其特点是什么？设计中如何防止这些破坏的发生？

4. 什么是平截面假定？这个假定适用于钢筋混凝土梁的某一截面还是某一范围？为什么？

5. 受弯构件受压区的应力分布图形如何确定？按什么原则将其化成等效矩形应力图形？

6. 分析影响单筋矩形截面梁受弯承载力的因素，如果各因素分别按等比例增加，试证明哪个因素影响最大？哪个其次？哪个最小？

7. 单筋矩形截面梁的最大承载力为多少？过多配置受拉钢筋为何不能提高梁的承载能力？

8. 在何种情况下采用双筋截面梁？为什么在一般条件下采用双筋截面梁是不经济的？

9. 在双筋截面梁设计中要限制 $\xi \leqslant \xi_b$ 和 $x \geqslant a'_s$，作此限制的目的是什么？在 $x < a'_s$ 时，双筋截面梁应如何设计，这样设计是否考虑了受压钢筋的作用？

10. 在双筋截面梁设计中，规范规定 HPB300、HRB400 及 RRB400 钢筋的抗压强度可以取其屈服强度，而 HRB500 及热处理钢筋的抗压强度取值则小于其抗压屈服强度，为什么？

11. 梁的截面类型(T 形、I 形、倒 L 形)是依据什么条件确定的？它与受拉区有关还是与受压区有关？

12. 第一类 T 形截面梁与第二类 T 形截面梁的判别条件是什么？设计和校核中的判别条件为何不同？

13. 如图 4-43 所示的各种梁截面，当 M、V、f_c、f_y、b、h 均一样时，哪个截面的钢筋用量最大？哪个截面的钢筋用量最小？

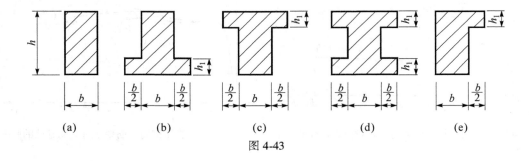

图 4-43

二、计算题

1. 某简支梁截面尺寸 $b \times h = 200\text{mm} \times 500\text{mm}$，采用 C25 混凝土 HRB400 钢筋，承受集中活荷载，标准值为 40kN，见图 4-44；要考虑梁自重，试设计此梁(该梁为 4 级建筑物，仅考虑持久状况，梁所处环境条件为一类)。

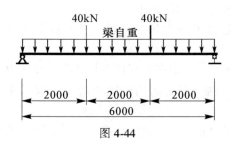

图 4-44

2. 混凝土矩形截面梁为 3 级建筑物，考虑持久状况，梁所处环境条件为一类。计算简图见图 4-45，承受均布活荷载标准值为 26kN/m，设计中应考虑梁自重，混凝土采用 C25，钢筋采用 HRB400，试确定梁截面的高度、宽度及钢筋面积。

3. 某简支板为 4 级建筑物，所处环境条件为一类，设计仅考虑持久状况。板上承受的均布活荷载标准值为 3.2kN/m²，其计算跨度为 2.4m（见图 4-46），混凝土为 C25，钢筋为 HPB300，计算中应考虑板自重，试设计此板。

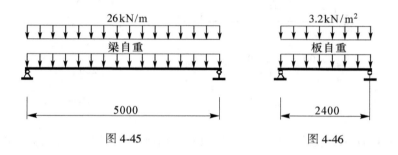

图 4-45   图 4-46

4. 有一批预制钢筋混凝土梁，截面尺寸和配筋同例 4-3，梁混凝土的立方体试验结果：立方体抗压强度平均值 $f_{cup} = 28.5$MPa、均方差 $\sigma_c = 1.72$MPa；钢筋的试验结果：屈服强度平均值 $f_{vp} = 445$MPa、均方差 $\sigma_s = 17.5$MPa，试计算这批梁的抵抗弯矩。

5. 计算表 4-4 中各梁所能承受的弯矩，根据计算结果分析各个因素对承载能力的影响程度。

表 4-4

序号	影响因素	梁高	梁宽	钢筋面积	钢筋等级	混凝土等级	M
1	初始情况	500	200	940	HPB300	C25	
2	混凝土等级	500	200	940	HPB300	C30	
3	钢筋等级	500	200	940	HRB400	C25	
4	截面高度	600	200	940	HPB300	C25	
5	截面宽度	500	250	940	HPB300	C25	

6. 矩形截面受弯构件为 3 级建筑物，所处环境条件为二类，设计仅考虑持久状况。承受恒载作用下的弯矩标准值为 80kN·m，活荷载作用下的弯矩标准值为 90kN·m，梁截面尺寸为 $b \times h = 200$mm×500mm，采用 C25 混凝土，HRB400 钢筋，求受拉及受压钢筋的面积。

7. 矩形截面梁为 2 级建筑物，所处环境条件为一类，设计时可仅考虑持久状况。承受活荷载标准值为 130kN，活荷载布置见图 4-47，受其他条件的限制，截面尺寸限制为 $b \times h = 200$mm × 600mm，采用 C25 混凝土，HRB400 钢筋，计算中需考虑梁自重，试计算梁中受拉及受压钢筋的面积。

8. 如图 4-48 所示，矩形截面受弯构件为 3 级建筑物，截面尺寸为 $b \times h = 200\text{mm} \times 500\text{mm}$，采用 C25 混凝土，受压区已配置 2Φ16 的 HRB400 钢筋，混凝土保护层厚度均为 35mm，承受弯矩设计值 220kN·m，受拉区配置 HRB400 钢筋，求纵向受拉钢筋的面积。梁所处的环境条件为二类，设计时考虑持久状况。

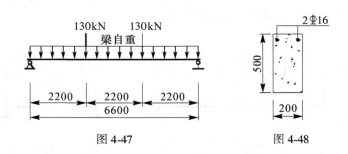

图 4-47　　　　　　　　　图 4-48

9. 如图 4-49 所示，受弯构件为 2 级建筑物，所处的环境条件为二类，设计可仅考虑持久状况。截面尺寸为 $b \times h = 250\text{mm} \times 600\text{mm}$，采用 C25 混凝土，钢筋均采用 HRB400；受拉区配置 6Φ22(双排布置)，受压区配置 3Φ16，梁计算跨度为 6.6m，求此梁能承受的活荷载标准值，计算中应考虑梁自重。

10. 如图 4-50 所示，梁截面尺寸为 $b \times h = 200\text{mm} \times 450\text{mm}$，采用 C25 混凝土，钢筋均采用 HPB300；受拉区配置 3Φ22，受压区配置 3Φ14，混凝土保护层厚度均为 30mm，此双筋梁能否承受 110kN·m 的设计弯矩值。梁为 3 级建筑物，所处的环境条件为一类，校核时仅考虑持久状况。

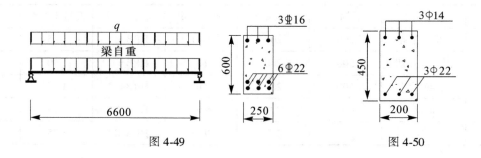

图 4-49　　　　　　　　　图 4-50

11. 梁截面尺寸及下部配筋见图 4-51，混凝土为 C25，受拉及受压钢筋均为 HRB400，梁的安全级别为 Ⅱ 级，所处的环境条件为二类，按持久状况进行计算。试求：(1) 梁产生界限破坏时，受压区应配置的钢筋面积；(2) 梁受压区高度恰好为 $2a'_s$ 时，受压区应配置的钢筋面积。同时计算出两种情况下，截面上的极限弯矩值 M_u。

12. T 形截面梁为 2 级建筑物，所处的环境条件为二类，按持久状况进行设计。截面尺寸见图 4-52，承受恒载作用下的弯矩标准值为 85kN·m，活荷载作用下的弯矩标准值为 200kN·m；采用 C25 混凝土，钢筋均采用 HRB400；求纵向受拉钢筋的面积。

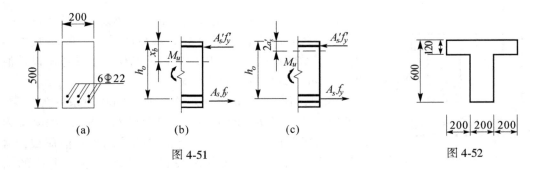

图 4-51   图 4-52

13. 某梁为 3 级建筑物，所处的环境条件为二类，采用 C25 混凝土，HRB400 钢筋；截面尺寸见图 4-53，承受弯矩设计值 280kN·m，按持久状况计算：(1)纵向受拉钢筋的面积；(2)当翼缘厚度增加至 160mm 时纵向受拉钢筋的面积。并分析比较这两种情况。

14. 外伸梁为 3 级建筑物，所处的环境条件为一类，按持久状况设计计算。其截面尺寸及受力情况见图 4-54，采用 C25 混凝土，HRB400 钢筋；承受均布活荷载标准值 40kN/m，考虑梁的自重；试求梁跨中最大弯矩处和 B 支座处的纵向受力钢筋面积。

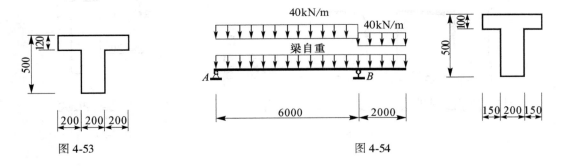

图 4-53   图 4-54

15. 梁截面形状及尺寸如图 4-55 所示，采用 C25 混凝土，HRB400 钢筋；承受弯矩设计值分别为 265kN·m、210kN·m、90kN·m，求各弯矩下纵向受拉钢筋的面积。该梁的安全等级为 Ⅱ 级，所处的环境条件为一类，按持久状况设计计算。

16. T 形截面梁的安全等级为 Ⅱ 级，所处的环境条件为一类，按持久状况进行校核计算。梁采用 C25 混凝土及 HRB400 钢筋制作，截面尺寸及配筋见图 4-56，承受弯矩设计值 130kN·m，试校核此梁是否安全?

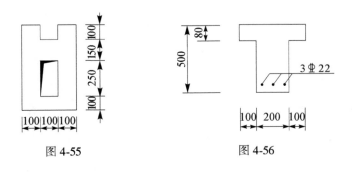

图 4-55   图 4-56

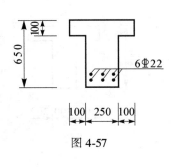

图 4-57

17. T 形截面梁的安全等级为 Ⅱ 级，所处的环境条件为一类，按持久状况进行校核计算。其截面尺寸及配筋见图 4-57，采用 C25 混凝土及 HRB400 钢筋制作，承受弯矩设计值 285kN·m，试校核此梁是否安全？

18. 某箱型梁为 Ⅱ 级建筑物，所处的环境条件为一类，其截面尺寸及配筋见图 4-58，计算跨度 $l_0 = 8m$，混凝土为 C25，钢筋为 HRB400，拟承受 30kN/m² 的均布活荷载，需计算梁的自重，按持久状况校核此梁能否承受上述的活荷载？

19. 梁的安全等级为 Ⅱ 级，所处的环境条件为一类，其截面尺寸及配筋见图 4-59，采用 C25 混凝土和 HRB400 钢筋，原弯矩设计值为 175kN·m，现弯矩设计值增加至 200kN·m，按持久状况进行计算：（1）保持 A_s 不变，仅增加梁的高度，则 h 应为多少？（2）保持梁高 h 不变，仅增加钢筋面积，则 A_s 应为多少？

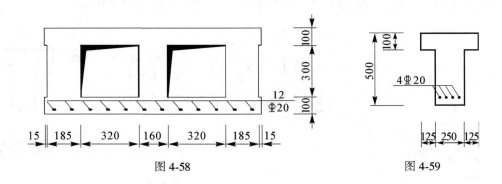

图 4-58　　　　　　　　　　　　　　图 4-59

第 5 章　受弯构件斜截面承载力计算

5.1　斜截面破坏形态与受剪机理

5.1.1　概述

　　受弯构件在荷载作用下，各截面除了作用有弯矩外，一般还同时作用有剪力。在配置了足够的纵向受拉钢筋以防止正截面受弯破坏的前提下，在剪力和弯矩共同作用的区段内还可能产生斜裂缝，发生斜截面受剪或受弯破坏。因此，钢筋混凝土受弯构件设计时还应满足斜截面承载力的要求。斜截面承载力包括斜截面受剪承载力和斜截面受弯承载力。对于斜截面的受剪承载力，主要是通过计算配置腹筋并满足有关构造措施的要求来予以保证。对于斜截面的受弯承载力，则通过有关构造措施来予以保证。

　　图 5-1 为一矩形截面钢筋混凝土简支梁在对称集中荷载作用下的弯矩图、剪力图和应力状态图。图 5-1(a) 中，CD 段为纯弯段，AC、DB 段为剪力和弯矩共同作用的剪弯段。当梁上荷载较小时，梁的剪弯段尚未出现裂缝，可将钢筋混凝土梁视为匀质弹性体，利用换算截面的概念，按材料力学的公式来分析剪弯段的应力。截面上任一点的正应力 σ 和剪应力 τ 可按下列公式计算：

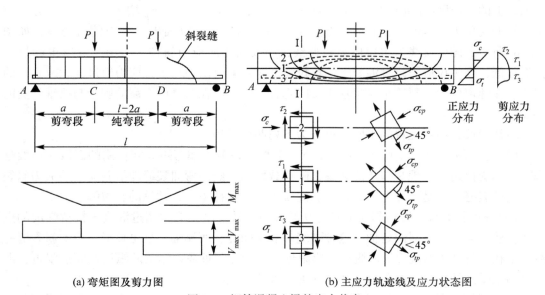

(a) 弯矩图及剪力图　　　　　　　　(b) 主应力轨迹线及应力状态图

图 5-1　钢筋混凝土梁的应力状态

$$
\left.
\begin{aligned}
\sigma &= \frac{M y_0}{I_0} \\
\tau &= \frac{V S_0}{b I_0}
\end{aligned}
\right\}
\tag{5-1}
$$

式中，M、V——作用在截面上的弯矩及剪力；

　　σ、τ——作用在截面上的正应力和剪应力；

　　I_0——换算截面的惯性矩；

　　y_0——计算点至换算截面中和轴的距离；

　　S_0——计算点以上（或以下）的换算截面面积对中和轴的面积矩；

　　b——梁截面宽度。

由正应力 σ 和剪应力 τ 产生的主拉应力 σ_{tp} 与主压应力 σ_{cp} 以及主应力的作用方向与梁纵轴线的夹角 α 可按下列公式计算：

$$
\left.
\begin{aligned}
\sigma_{tp} &= \frac{\sigma}{2} + \sqrt{\frac{\sigma^2}{4} + \tau^2} \\
\sigma_{cp} &= \frac{\sigma}{2} - \sqrt{\frac{\sigma^2}{4} + \tau^2} \\
\alpha &= \frac{1}{2}\arctan\left(-\frac{2\tau}{\sigma}\right)
\end{aligned}
\right\}
\tag{5-2}
$$

分析剪弯段任意截面 I-I 上的三个单元体 1、2、3 的应力状态（图 5-1(b)）可知，三个单元体的主拉应力方向各不相同。在中和轴处（单元体 1）$\sigma = 0$，主拉应力与梁轴线的夹角为 45°。在中和轴以下的受拉区（单元体 3），由于 σ 为拉应力，使 σ_{tp} 增大，σ_{cp} 减小，故 σ_{tp} 的方向与梁轴线的夹角小于 45°。而在截面下边缘，σ_{tp} 的方向则为水平方向。在中和轴以上的受压区（单元体 2），由于 σ 为压应力，使 σ_{tp} 减小，σ_{cp} 增大，故 σ_{tp} 的方向与梁轴线的夹角大于 45°。求出每一点的主应力方向后，可以画出主应力的轨迹线，如图 5-1(b) 所示。图中实线为主拉应力轨迹线，虚线为主压应力轨迹线。由于混凝土的抗拉强度很低，当主拉应力超过混凝土的抗拉强度时，就会出现与主拉应力轨迹线大致垂直的裂缝。在纯弯段内，裂缝是与梁轴正交的垂直裂缝，而在剪弯段，裂缝则为与梁轴斜交的斜裂缝。

斜裂缝按其出现位置的不同，可分为下列两种类型。

(1) 弯剪斜裂缝。弯剪斜裂缝始于弯曲裂缝。在剪力和弯矩共同作用的区段，一般是先在梁的受拉边缘出现竖向弯曲裂缝，随荷载增加，竖向弯曲裂缝即沿斜向发展成为斜裂缝。这种裂缝一般是下宽上窄，是钢筋混凝土受弯构件中较为常见的斜裂缝。

(2) 腹剪斜裂缝。腹剪斜裂缝首先从梁腹中部某一主拉应力超过混凝土抗拉强度的点开始，然后向上、下斜向延伸。这种裂缝一般中间宽、两端细，呈枣核形。腹剪斜裂缝一般发生在 T 形或 I 形截面等薄腹梁支座附近、反弯点附近或连续梁的纵筋截断点附近，尤其是当梁受到轴向拉力时更容易产生腹剪斜裂缝。

由此可见，即使在钢筋混凝土受弯构件中配置了足够的纵向受力钢筋，保证了正截面的受弯承载力，构件仍可能由于斜截面的受剪承载力不足而破坏。所以，在设计受弯构件时，除应配置纵向受力钢筋以保证正截面的受弯承载力外，还应按斜截面受剪承载力的要求配置横向钢筋。横向钢筋也叫作腹筋。腹筋的形式可以采用垂直于梁轴的箍筋和由纵向钢筋弯起的斜筋(也叫作弯起钢筋)。纵向钢筋、弯起钢筋和箍筋组成构件的钢筋骨架，如图 5-2 所示。

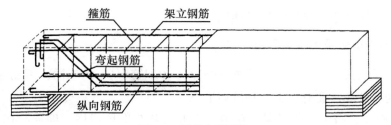

图 5-2 梁的钢筋骨架

5.1.2 剪跨比和配箍率的概念

1. 剪跨比

剪跨比 λ 是指剪弯段同一计算截面上弯矩 M 和剪力 V 的相对大小，即

$$\lambda = \frac{M}{Vh_0} \tag{5-3}$$

式中，h_0 为截面有效高度。

对于集中荷载作用下的梁(图 5-1(a))，设集中荷载 P 与支座的距离为 a，当忽略梁自重的影响时，集中荷载 P 作用点截面的剪跨比为：

$$\lambda = \frac{M}{Vh_0} = \frac{Pa}{Ph_0} = \frac{a}{h_0} \tag{5-4}$$

因 a 称为"剪跨"，故 λ 称为剪跨比。一般地，将 $\lambda = \frac{M}{Vh_0}$ 称为广义剪跨比，$\lambda = \frac{a}{h_0}$ 则称为计算剪跨比。

若将式(5-1)中的 M 及 V 代入式(5-3)或式(5-4)，则可得：

$$\lambda = \frac{S_0}{bh_0 y_0} \cdot \frac{\sigma}{\tau} \tag{5-5}$$

由此可见，剪跨比 λ 实质上反映了同一计算截面上正应力 σ 与剪应力 τ 的相对大小。由上一节的分析可知，梁剪弯段斜裂缝的出现及其发展形态与主应力的状态有密切关系，而主应力的大小和方向则是由正应力 σ 和剪应力 τ 所决定的。因此，剪跨比 λ 对梁的斜截面受剪承载力和破坏形态有着重要的影响。

2. 配箍率

梁中箍筋用量一般用配箍率 ρ_{sv} 表示。它是指沿梁轴方向，在箍筋的一个间距范围内，箍筋各肢的截面面积与混凝土水平截面面积的比值，即：

$$\rho_{sv} = \frac{A_{sv}}{bs} = \frac{nA_{sv1}}{bs} \tag{5-6}$$

式中，A_{sv}——同一截面内箍筋各肢的截面面积；

　　　n——同一截面内箍筋的肢数；

　　　A_{sv1}——单肢箍筋的截面面积；

　　　b——梁的截面宽度；

　　　s——沿构件长度方向箍筋的间距。

5.1.3　斜截面受剪破坏的主要形态

国内外大量的试验研究表明，根据剪跨比 λ 和配箍率 ρ_{sv} 的不同，钢筋混凝土受弯构件的斜截面受剪破坏主要有以下三种破坏形态[14, 67-70]：

(1) 斜压破坏。斜压破坏多发生在剪力大而弯矩小的区段内，即剪跨比 λ 较小（$\lambda < 1$）或剪跨比 λ 适中但腹筋配置过多的梁中（图 5-3(a)）。此外，腹板较薄的梁（如 T 形或 I 形薄腹梁）也易发生斜压破坏。

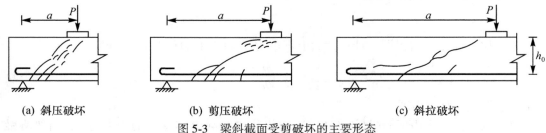

(a) 斜压破坏　　　　　(b) 剪压破坏　　　　　(c) 斜拉破坏

图 5-3　梁斜截面受剪破坏的主要形态

斜压破坏的特征是：由于 λ 比较小，故截面上 τ 较大，σ 较小，截面破坏时 τ 起控制作用。在加载过程中，首先在加载点与支座之间出现若干条大体相互平行的腹剪斜裂缝，将梁腹分割成若干个斜向受压短柱。随荷载增加，斜向受压短柱的混凝土最终被压碎而破坏，故称为斜压破坏。此时，因斜裂缝宽度较小，故腹筋应力不会达到屈服强度，梁的受剪承载力取决于混凝土的抗压强度。

斜压破坏是突然发生的，属脆性破坏，设计时通过限制梁的截面尺寸防止梁发生斜压破坏。

(2) 剪压破坏。当梁的剪跨比适中（$1 \leqslant \lambda \leqslant 3$），且配置的腹筋数量比较合适时，常发生剪压破坏。

剪压破坏的特征是：首先在梁的剪弯区段内出现若干条竖向弯曲裂缝，然后沿斜向发展成弯剪斜裂缝。随荷载增加，斜裂缝向集中荷载作用点延伸，在几条斜裂缝中，有一条明显加宽、加深，成为导致构件破坏的斜裂缝，称为临界斜裂缝。临界斜裂缝形成之后，混凝土开裂退出工作，与临界斜裂缝相交的腹筋应力增大。随着荷载的增大，临界斜裂缝继续向荷载作用点延伸，但它不会贯穿整个截面高度，而是在斜裂缝的末端还存在一个未裂穿的区域。该区域混凝土既要承受剪应力的作用，还要承受压应力的作用，故称为剪压区。截面破坏时，与临界斜裂缝相交的腹筋达到相应的屈服强度，剪压区的混凝土在剪应力和压应力的共同作用下，达到复合应力状态下的极限强度而破坏，这种破坏称为剪压破坏(图5-3(b))，梁的受剪承载力主要取决于与临界斜裂缝相交的腹筋的抗剪能力和剪压区混凝土在复合应力下的强度。

剪压破坏发生时，会产生临界斜裂缝，具有一定的延性，但总体上仍属于脆性破坏，设计时通过受剪承载力计算来防止梁发生剪压破坏。

(3)斜拉破坏。当梁的剪跨比较大($\lambda > 3$)，且配置的箍筋过少时，发生斜拉破坏。

斜拉破坏的特征是：由于 λ 较大，故截面上 σ 较大，τ 较小，截面破坏时 σ 起控制作用。首先在梁的剪弯区段下部出现弯剪斜裂缝，斜裂缝一出现就很快形成临界斜裂缝，并迅速向上延伸到梁顶的集中荷载作用点处，使梁沿斜向被拉裂成为两部分而破坏(图5-3(c))。破坏荷载只略高于斜裂缝出现时的荷载，梁的受剪承载力主要取决于混凝土的抗拉强度。

斜拉破坏是突然发生的，破坏前的变形很小，属于脆性破坏，在设计时通过限制最小配箍率和腹筋间距防止梁发生斜拉破坏。

除了上述三种主要的斜截面受剪破坏形态以外，在不同的条件下，还可能出现纵筋锚固破坏、局部承压破坏等其他破坏形态。

应该注意的是，梁发生斜截面受剪破坏时，无论是哪种破坏形态，破坏前都没有明显的预兆。因此，总的说来，斜截面受剪破坏都属于脆性破坏，相对而言，剪压破坏又具有一定的延性，且发生破坏时，钢筋和混凝土两种材料都能被充分利用。故在斜截面受剪承载力计算中，以剪压破坏为计算对象。由于受剪破坏的脆性性质，我国现行规范在建立梁的斜截面受剪承载力计算公式时，采用的目标可靠指标比正截面受弯承载力计算公式的目标可靠指标要大一些。

5.1.4 斜截面的受剪机理

对于承受集中荷载作用的无腹筋梁，其受剪破坏形态主要与剪跨比有关。与有腹筋梁类似，根据剪跨比的不同，无腹筋梁的破坏形态也有斜压($\lambda < 1$)、剪压($1 < \lambda < 3$)和斜拉($\lambda > 3$)等三种破坏形态。

对于无腹筋梁，在临界斜裂缝形成前，主要由混凝土传递剪力；当临界斜裂缝形成以后，其受力模型可以看成是一拉杆拱结构(图5-4(a))。临界斜裂缝顶部的残余截面为拱顶，纵筋相当于拉杆，拱顶至支座间的斜向受压混凝土为拱体。梁上荷载主要由拉杆拱来传递，而临界斜裂缝以下的齿状体混凝土传递的剪力则很少[14]。当拱顶混凝土强度不足时，将发生剪压或斜拉破坏；当拱体混凝土抗压强度不足时，将发生斜压破坏；当纵筋锚固长度不足时，将发生粘结锚固破坏。

图5-4(b)是以临界斜裂缝左边为脱离体的受力图。与外剪力 V 平衡的力有：剪压区混凝土承受的剪力 V_c、斜裂缝间骨料咬合力的竖向分力 V_a、纵筋穿过斜裂缝形成的销栓力 V_d；与外弯矩 M_a 平衡的力有纵筋拉力 T 与剪压区混凝土压力 C 组成的力偶矩。

对于有腹筋梁，在临界斜裂缝出现以前，腹筋的应力很小，主要由混凝土来传递剪力，腹筋对斜裂缝出现时的开裂荷载影响很小。临界斜裂缝形成后，与斜裂缝相交的腹筋应力明显增大，截面的剪力传递可用桁架模型来模拟(图5-5(a))：纵筋相当于下弦拉杆，箍筋相当于竖向受拉腹杆，斜裂缝间混凝土相当于斜向受压腹杆，顶部残余截面混凝土相当于上弦压杆。

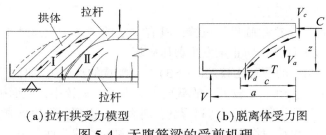

(a)拉杆拱受力模型　　　　(b)脱离体受力图

图 5-4　无腹筋梁的受剪机理

　　与无腹筋梁相比，有腹筋梁的受剪承载力有大幅度提高。首先，与临界斜裂缝相交的腹筋可直接参与受剪，承担很大一部分剪力；其次，腹筋虽不能阻止斜裂缝的出现，但可以限制斜裂缝的开展宽度，延缓斜裂缝向上延伸，增大了斜裂缝末端的剪压区高度，从而提高了剪压区混凝土的受剪承载力 V_c；斜裂缝开展宽度的减小，可以增大裂缝间的骨料咬合力，间接提高了斜截面的受剪承载力；箍筋可限制纵筋的竖向位移，有效地阻止了混凝土沿纵筋的撕裂，从而提高了纵筋的销栓力 V_d。由此可见，从临界斜裂缝的出现直到腹筋屈服之前，有腹筋梁的受剪承载力是由剪压区混凝土承担的剪力 V_c、斜裂缝间骨料咬合力的竖向分力 V_a、纵筋的销栓力 V_d 以及腹筋本身承担的剪力 V_{sv} 与 V_{sb} 所构成。其脱离体受力图如图 5-5(b)所示。

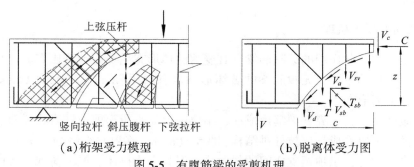

(a)桁架受力模型　　　　(b)脱离体受力图

图 5-5　有腹筋梁的受剪机理

　　应予说明的是，弯起钢筋基本上与斜裂缝正交，因而传力直接。但由于弯起钢筋一般是由跨中纵筋在支座附近弯起，其直径较粗，根数较少，受力不太均匀。箍筋虽不与斜裂缝正交，但分布均匀，对于限制斜裂缝的进一步开展更为有效。因此，在梁中配置腹筋时，首先是按计算和构造要求配置所需要的箍筋，只有在必要时才考虑配置一定数量的弯起钢筋。

5.2　影响斜截面受剪承载力的主要因素

　　影响受弯构件斜截面受剪承载力的因素很多，主要有剪跨比、混凝土强度、配箍率及箍筋强度、纵筋的配筋率等。

5.2.1 剪跨比

由式(5-3)可知，剪跨比 λ 实质上反映了截面上正应力 σ 与剪应力 τ 的比值关系。因此，剪跨比 λ 是影响梁的斜截面受剪承载力的主要因素之一。

图 5-6(a)为一无腹筋简支梁在集中荷载作用下的受剪承载力随剪跨比 λ 而变化的试验结果[71]。从图中可以看出，当 $\lambda<3$ 时，随着剪跨比的增大，梁的受剪承载力 V_u 显著降低；当 $\lambda>3$ 以后，剪跨比的影响已不明显，V_u 与 λ 的关系曲线已接近水平线。

对于有腹筋梁，其受剪承载力 V_u 也是随着剪跨比 λ 的增大而降低，但是，剪跨比 λ 对梁的受剪承载力的影响与箍筋用量有关。当箍筋用量较少时，剪跨比 λ 的影响较大；只有当箍筋用量较多时，剪跨比 λ 对受剪承载力的影响才有所减弱[70]，见图 5-6(b)。

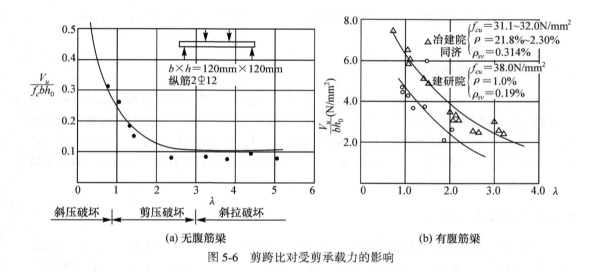

(a) 无腹筋梁   (b) 有腹筋梁

图 5-6 剪跨比对受剪承载力的影响

5.2.2 混凝土强度

图 5-7 为五组无腹筋梁的试验结果，梁的截面尺寸及纵筋数量相同，仅剪跨比及混凝土强度等级不同[71]。从图中可以看出，在剪跨比相同的条件下，梁的受剪承载力随混凝土强度的提高而增大，两者大致成线性关系。但对不同的剪跨比，梁受剪承载力的增长率却不相同。$\lambda=1$ 时，梁发生斜压破坏，梁的受剪承载力取决于混凝土的抗压强度，故混凝土的强度等级对梁受剪承载力的影响最大，直线的斜率也大；$\lambda=3$ 时，梁发生斜拉破坏，梁的受剪承载力取决于混凝土的抗拉强度，而随混凝土强度等级的提高，其抗拉强度的增加速率缓慢，故混凝土强度等级对梁受剪承载力的影响也就有所减小，直线的斜率也较小；$1<\lambda<3$ 时，梁发生剪压破坏，混凝土强度等级对梁受剪承载力的影响介于上述两者之间。

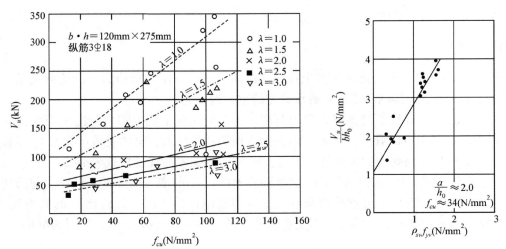

图 5-7　混凝土强度对梁受剪承载力的影响　　图 5-8　配箍率和箍筋强度对梁受剪
承载力的影响

5.2.3　配箍率及箍筋强度

试验表明，当箍筋用量适当时，梁的受剪承载力随箍筋用量的增加和箍筋强度的提高而有较大幅度的提高，如图 5-8 所示，梁的受剪承载力与配箍率及箍筋强度的乘积大致成线性关系[69]。但当配箍率较大时，箍筋有可能达不到其屈服强度。此时，斜裂缝没有足够的开展宽度，而混凝土有可能被压碎，发生斜压破坏，其承载力取决于混凝土的抗压强度，与配箍率无关。

5.2.4　纵筋的配筋率

与斜裂缝相交的纵筋能抑制斜裂缝的开展，增大斜裂缝末端的剪压区高度，且增加骨料之间的咬合力，从而提高梁的受剪承载力。同时，纵筋本身也参与受剪，此即纵筋的销栓作用。因此，纵筋的配筋率越大，梁的受剪承载力也越大。图 5-9 为梁的受剪承载力与纵筋配筋率 ρ 的关系，两者大体上成线性关系[70]。

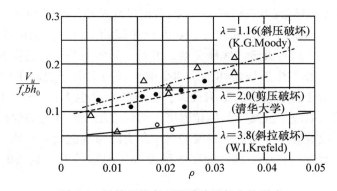

图 5-9　纵筋配筋率对梁受剪承载力的影响

5.2.5 其他因素

除上述主要影响因素之外，构件类型(简支梁、连续梁等)、构件截面形式与尺寸、加载方式(直接加载、间接加载)、截面上是否存在轴向力等因素，也都将影响受弯构件斜截面的受剪承载力。

5.3 斜截面受剪承载力计算

5.3.1 计算原则

国内外许多学者在分析受弯构件斜截面受剪机理的基础上，对钢筋混凝土受弯构件的斜截面受剪承载力提出过多种计算公式。由于影响梁斜截面受剪承载力的因素很多，且比较复杂，因而迄今为止，有关斜截面受剪承载力的计算方法还不完全一致。我国与世界多数国家的混凝土结构设计规范，目前所采用的方法都是在考虑几个主要影响因素的基础上，对试验数据进行统计分析而建立的半理论、半经验的实用计算公式。

对于受弯构件斜截面的三种主要破坏形态，工程设计时都采取不同的方式设法避免。对于斜压破坏，通过限制梁的最小截面尺寸来防止；对于斜拉破坏，通过限制最小配箍率和箍筋最大间距的要求来防止；对于剪压破坏，则应通过斜截面受剪承载力的计算并满足有关构造要求来防止。我国现行混凝土结构设计规范所规定的斜截面受剪承载力计算公式就是根据剪压破坏的特征而建立的。

5.3.2 斜截面受剪承载力的计算公式

图 5-10 给出了有腹筋梁发生剪压破坏时的脱离体受力图。鉴于斜裂缝间骨料咬合力的竖向分力 V_a 和纵筋的销栓力 V_d 在临界斜裂缝产生以后将大大减小，且该两项均难以进行独立的定量计算。因此，为了方便设计，将 V_a 和 V_d 并入剪压区混凝土的受剪承载力 V_c 中。由图 5-10 竖向力的平衡条件可得斜截面受剪承载力的计算公式为：

$$\left.\begin{aligned} V_u &= V_c + V_{sv} + V_{sb} \\ V &\leqslant \frac{1}{\gamma_d}V_u = \frac{1}{\gamma_d}(V_c + V_{sv} + V_{sb}) \end{aligned}\right\} \quad (5\text{-}7)$$

仅配箍筋时

$$V \leqslant \frac{1}{\gamma_d}V_{cs} = \frac{1}{\gamma_d}(V_c + V_{sv}) \quad (5\text{-}8)$$

同时配有箍筋和弯起钢筋时

$$V \leqslant \frac{1}{\gamma_d}(V_{cs} + V_{sb}) \quad (5\text{-}9)$$

式中，V_u——斜截面受剪承载力(抗力)设计值；

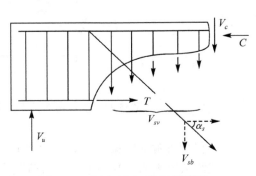

图 5-10　剪压破坏时的计算模型

　　　　V——计算截面的剪力设计值；

　　　　V_{cs}——混凝土和箍筋的受剪承载力；

　　　　V_c——混凝土的受剪承载力；

　　　　V_{sv}——箍筋的受剪承载力；

　　　　V_{sb}——弯起钢筋的受剪承载力。

　　下面说明 V_{cs} 和 V_{sb} 的具体计算公式。

　　我国现行混凝土结构设计规范关于 V_{cs} 的具体计算公式，是在对试验数据进行回归分析的基础上确定的。由前述主要影响因素的分析可知，名义剪应力 $\dfrac{V_{cs}}{bh_0}$ 与 $\rho_{sv}f_{yv}$（图 5-8）以及 $\dfrac{V_{cs}}{bh_0}$ 与 f_t 之间均为线性关系。若以相对名义剪应力 $\dfrac{V_{cs}}{f_tbh_0}$ 和配箍特征值 $\dfrac{\rho_{sv}f_{yv}}{f_t}$ 为参变量，通过对大量试验数据的回归分析可知，$\dfrac{V_{cs}}{f_tbh_0}$ 与 $\dfrac{\rho_{sv}f_{yv}}{f_t}$ 基本上成线性关系（图 5-11）。据此，我国现行混凝土结构设计规范采用了两项之和的形式来反映 $\dfrac{V_{cs}}{f_tbh_0}$ 随 $\dfrac{\rho_{sv}f_{yv}}{f_t}$ 的变化规律：

$$\frac{V_{cs}}{f_tbh_0} = \alpha_1 + \alpha_2\frac{\rho_{sv}f_{yv}}{f_t} \tag{5-10}$$

式中，α_1、α_2 为待定系数，可由试验数据的回归分析确定。

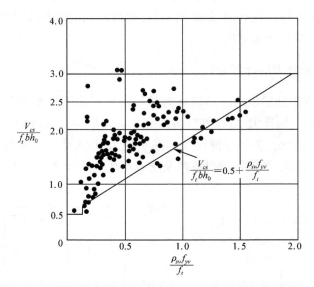

图 5-11　受弯构件斜截面受剪承载力的实测值与计算值的比较

　1) 仅配置箍筋时梁的受剪承载力 V_{cs} 的计算公式

　　试验结果表明，受剪承载力与荷载形式的关系和斜截面所承受的剪力取值方法有关。对一般荷载梁，由于忽略了在斜截面范围内作用于梁顶面的分布荷载，其斜截面受剪承载力比相同条件下集中荷载作用梁的受剪承载力要高。但是当计算剪力取斜截面末端的剪力时，斜截面受剪承载力基本上不随荷载形式及剪跨比的不同而变化。因此，规范 NB/T 11011—2022 对均布荷载和集中荷载的不同情况，采用相同的受剪承载力计算公式，偏于安全地取系数 $\alpha_1 = 0.5$，并取 $\alpha_2 = 1.0$，见图 5-11。相应 V_{cs} 的计算公式为：

$$V_{cs} = 0.5\beta_h f_t bh_0 + f_{yv}\frac{A_{sv}}{s}h_0 \tag{5-11}$$

$$\beta_h = \left(\frac{800}{h_0}\right)^{\frac{1}{4}} \tag{5-12}$$

式中，β_h——截面高度影响系数：当 $h_0 < 800$mm 时，取 $h_0 = 800$mm；当 $h_0 > 2000$mm 时，取 $h_0 = 2000$mm。

f_t——混凝土轴心抗拉强度设计值。

b——矩形截面的宽度或 T 形、I 形截面的腹板宽度。

h_0——截面有效高度。

f_{yv}——箍筋抗拉强度设计值，按附录 1 中附表 1-6 采用，但取值不应大于 360N/mm²。

A_{sv}——配置在同一截面内箍筋各肢的全部截面面积，$A_{sv} = nA_{sv1}$。这里，n 为同一截面内箍筋的肢数，A_{sv1} 为单肢箍筋的截面面积。

s——沿构件长度方向箍筋的间距。

试验表明，混凝土的受剪承载力随截面高度的增加而降低，因此，在式(5-11)混凝土受剪承载力项中引入了高度影响修正系数 β_h。

2) 弯起钢筋受剪承载力 V_{sb} 的计算公式

弯起钢筋的受剪承载力可按下式计算：

$$V_{sb} = 0.8f_y A_{sb}\sin\alpha_s \tag{5-13}$$

式中，f_y——弯起钢筋的抗拉强度设计值；

A_{sb}——同一弯起平面内弯起钢筋的截面面积；

α_s——弯起钢筋与构件纵向轴线的夹角，一般取 $\alpha_s = 45°$，当梁截面高度 $h \geqslant 700$mm 时，也可取 $\alpha_s = 60°$。

由于斜裂缝的出现位置具有一定的随机性，弯起钢筋可能在接近斜裂缝的末端与之相交，其应力就达不到屈服强度。因此，对弯起钢筋的受剪承载力引入了应力不均匀系数 0.8。

应该说明的是，在采用绑扎骨架的钢筋混凝土梁或现浇梁中，应优先采用箍筋承受剪力，必要时才采用弯起钢筋。

3) 同时配置箍筋和弯起钢筋时梁的受剪承载力计算公式

将式(5-11)和式(5-13)代入式(5-9)，可得同时配置箍筋和弯起钢筋时梁的受剪承载力公式：

$$V \leqslant \frac{1}{\gamma_d}\left(0.5f_t\beta_h bh_0 + f_{yv}\frac{A_{sv}}{s}h_0 + 0.8f_y A_{sb}\sin\alpha_s\right) \tag{5-14}$$

式中各项符号同前。

4) 计算截面的位置

受弯构件斜截面受剪承载力计算时，计算截面一般应选择支座边缘处的截面和受剪承载力有变化的截面，具体如下：

(1)支座边缘处的截面(图 5-12 截面 1-1)；

(2)受拉区弯起钢筋弯起点处的截面(图 5-12(a)截面 2-2、截面 3-3)；

(3)箍筋截面面积或间距改变处的截面(图 5-12(b)截面 4-4)；

(4)腹板宽度改变处的截面；

(5)集中荷载作用处的截面。

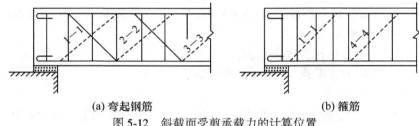

(a) 弯起钢筋　　　　　　　　　　　　　　　　(b) 箍筋

图 5-12　斜截面受剪承载力的计算位置

5)计算截面剪力设计值的取值

受弯构件斜截面受剪承载力计算时，计算截面的剪力设计值 V 可按下列规定采用：

(1)当计算支座截面的箍筋和第一排(对支座而言)弯起钢筋时(图 5-12 截面 1-1)，取用支座边缘处的剪力设计值；对于仅承受直接作用在构件顶面的分布荷载的受弯构件，也可取距离支座边缘为 $0.5h_0$ 处的剪力设计值。

(2)当计算以后的每一排弯起钢筋时(图 5-12(a)截面 2-2、截面 3-3)，取用前一排(对支座而言)弯起钢筋弯起点处的剪力设计值。例如，当计算图 5-13 中的 A_{sb2} 时，V 应取 A_{sb1} 弯起点处的剪力设计值 V_2。弯起钢筋的计算一直要进行到最后一排弯起钢筋弯起点处的剪力设计值进入 V_{cs}/γ_d 控制的截面为止。

(3)当箍筋数量和间距改变时(图 5-12(b)截面 4-4)，取用箍筋数量和间距改变处的剪力设计值。

(4)腹板宽度改变处的剪力设计值。

5.3.3　计算公式的适用范围

由于斜截面受剪承载力的计算公式是根据剪压破坏的受力特征建立的，因而公式具有一定的适用范围，也即公式有其上、下限值。

1)截面最小尺寸限制条件(上限值)

为了防止由于配箍率过高而发生斜压破坏(或腹板压坏)，限制使用阶段的斜裂缝开展宽度过大，规范 NB/T 11011—2022 规定，矩形、T 形和 I 形截面的受弯构件，其受剪截面尺寸应符合下列限制条件(即斜截面剪压破坏配箍率的上限条件)：

当 $h_w/b \leqslant 4$ 时

$$V \leqslant \frac{1}{\gamma_d}(0.25f_c bh_0) \tag{5-15a}$$

当 $h_w/b \geqslant 6$ 时

$$V \leqslant \frac{1}{\gamma_d}(0.2f_cbh_0) \qquad (5\text{-}15\text{b})$$

当 $4 < h_w/b < 6$ 时，按线性内插法取用。

式中，V——构件斜截面上的最大剪力设计值；

$\quad\quad f_c$——混凝土轴心抗压强度设计值；

$\quad\quad b$——矩形截面的宽度、T 形截面或 I 形截面的腹板宽度；

$\quad\quad h_w$——截面的腹板高度；矩形截面取有效高度，T 形截面取有效高度减去翼缘高度，I 形截面取腹板净高。

对于 T 形截面或 I 形截面的简支梁，当有实践经验时，式(5-15a)中的系数 0.25 可以提高为 0.3；对于截面高度较大、控制裂缝开展宽度较严的构件，即使 $h_w/b < 6$，其截面应符合式(5-15b)的要求。

当截面尺寸及混凝土强度等级给定时，式(5-15)是仅配箍筋梁的受剪承载力上限值，因而式(5-15)既是梁截面必须具有的最小尺寸的限制条件，同时也是最大配箍率的控制条件。例如，对于 $h_w/b \leqslant 4$ 的一般受弯构件，由式(5-15a)和式(5-11)可求得最大配箍率为：

$$\rho_{sv,\,max} = (0.25f_c - 0.5\beta_hf_t)/f_{yv} \qquad (5\text{-}16)$$

设计中如果不能满足式(5-15)的要求，则应加大截面尺寸或提高混凝土的强度等级。

2）最小配箍率条件（下限值）

试验表明，如果配箍率过小，或箍筋间距过大，一旦出现斜裂缝，则可能使箍筋很快达到屈服强度，甚至被拉断，导致梁发生斜拉破坏。为了避免梁发生斜拉破坏，规范 NB/T 11011—2022 规定了配箍率的下限值，即最小配箍率：

$$\rho_{sv,\,min} = \begin{cases} 0.12\% & (\text{HPB300}) \\ 0.10\% & (\text{HRB400}) \end{cases} \qquad (5\text{-}17)$$

为了控制使用荷载下的斜裂缝宽度，并保证必要数量的箍筋穿越每一条斜裂缝，防止产生斜拉破坏，规范除规定了最小配箍率的条件外，还对箍筋的最大间距 s_{max} 和最小直径 d_{min} 做出了限制，见表 5-1。梁中箍筋间距不应大于箍筋的最大间距 s_{max}；弯起钢筋的间距（前一排弯起钢筋的弯起点至后一排弯起钢筋的弯终点的距离以及第一排弯起钢筋的弯终点至支座边缘的距离）也不应大于箍筋的最大间距 s_{max}，见图 5-13。

表 5-1 　　　　　　　　　　　　梁中箍筋最大间距 s_{max} 和最小直径 d_{min}

项次	梁高 h(mm)	s_{max}		d_{min}
		$V > 0.5f_tbh_0/\gamma_d$	$V \leqslant 0.5f_tbh_0/\gamma_d$	
1	$h \leqslant 300$	150	200	6
2	$300 < h \leqslant 500$	200	300	6
3	$500 < h \leqslant 800$	250	350	6
4	$h > 800$	300	400	8

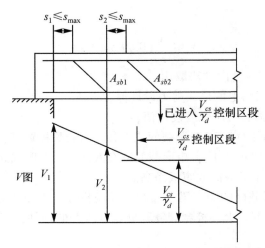

图 5-13　计算弯起钢筋时剪力设计值 V 的取值规定和间距要求

当梁承受的剪力较小或截面尺寸较大，并满足下列条件时，可不进行斜截面受剪承载力计算，即不需要按计算配置箍筋，仅需按构造要求配置箍筋。按构造配箍的条件为：

$$V \leqslant \frac{1}{\gamma_d} V_c = \frac{1}{\gamma_d}(0.5\beta_h f_t bh_0) \tag{5-18}$$

5.3.4　T 形和 I 形截面梁的斜截面受剪承载力计算

梁发生剪压破坏时，其受剪承载力与斜裂缝末端剪压区混凝土的面积及其抗压强度有关。因此，对于翼缘位于受压区的 T 形或 I 形截面梁，由于受压翼缘的存在将增大剪压区的面积，因而其受剪承载力要比矩形截面梁的高。试验表明，对于无腹筋梁，受压翼缘可使梁的受剪承载力提高 10%～20%；但对于有腹筋梁，受压翼缘对提高梁受剪承载力的作用有所减小。因此，对于 T 形和 I 形截面梁，可以不考虑受压翼缘对受剪承载力的有利影响，按腹板宽度为 b 的矩形截面梁，采用式(5-11)计算其受剪承载力。

5.3.5　斜截面受剪承载力的计算方法与步骤

在工程设计中，斜截面受剪承载力的计算包括截面设计和截面复核这两类问题，下面分别说明其计算方法与步骤。

1)截面设计

已知梁所承受的剪力设计值和梁的截面尺寸、材料强度等级，求箍筋用量或箍筋与弯起钢筋的用量。其计算步骤如下：

(1)确定斜截面受剪承载力的计算截面位置和相应的剪力设计值 V，必要时作出梁的剪力图，如图 5-13 所示。

(2)验算截面尺寸。按式(5-15)验算梁的截面尺寸，如不满足要求，则应加大梁的截面尺寸或提高混凝土的强度等级。

(3)确定是否需要按计算配置腹筋。按式(5-18)进行验算，满足要求时，可不进行斜截面受剪承载力计算，仅需按构造要求配置箍筋，否则，需按受剪承载力公式计算腹筋用量。

（4）计算腹筋用量。

当梁中仅配置箍筋时，可按式(5-8)和式(5-11)计算箍筋用量 A_{sv}/s，并验算最小配箍率，然后选择合适的箍筋直径 d 和肢数 n，再计算箍筋的间距 s，并满足相应的构造要求。也可先按构造要求(参考表 5-1)选配一定数量的箍筋，并验算最小配箍率，然后按式(5-11)计算 V_{cs}，再按式(5-8)验算所选箍筋是否满足斜截面受剪承载力的要求。如果 $V \leqslant V_{cs}/\gamma_d$，说明所选箍筋满足要求；如果 $V > V_{cs}/\gamma_d$，则可另选直径较粗或间距较密或强度较高的箍筋，使其满足式(5-8)的要求。

当梁中同时配置箍筋和弯起钢筋时，可根据梁中纵筋的配置情况，先选定弯起钢筋的数量 A_{sb}，按式(5-13)计算弯起钢筋的受剪承载力 V_{sb}，然后由式(5-9)求出 V_{cs}，再按式(5-11)计算箍筋用量。也可先根据前述构造要求选配箍筋的 n、d 和 s，并按式(5-11)计算 V_{cs}，然后按式(5-9)和式(5-13)计算弯起钢筋的用量 A_{sb}。

按计算需配置弯起钢筋时，若剪力图为三角形(均布荷载作用情况)或梯形(集中荷载和均布荷载共同作用情况)，弯起钢筋的计算应从支座边缘开始向跨中逐排计算，直到不需要弯起钢筋时为止(见图 5-13)；若剪力图为矩形(集中荷载情况)，则在每一个等剪力区段内只需计算一个截面，然后按允许的箍筋最大间距 s_{max} 在所计算的等剪力区段内确定所需弯起钢筋的排数，每排弯起钢筋的截面面积均不应小于计算值。弯起钢筋布置时除应满足计算要求外，还应符合有关构造要求。

2) 截面复核

已知梁的截面尺寸、材料强度等级、箍筋用量和弯起钢筋用量等，要求复核斜截面受剪承载力是否满足要求。其计算步骤如下：

（1）验算截面尺寸。首先按式(5-15)复核截面尺寸是否满足要求。若截面尺寸不满足要求时，说明该梁斜截面受剪承载力不满足要求；若截面尺寸满足要求时转步骤(2)。

（2）验算最小配箍率，并复核箍筋最大间距和最小直径是否满足要求。若不满足要求时，说明该梁斜截面受剪承载力不满足要求；若满足要求时转步骤(3)。

（3）当仅配有箍筋时，按式(5-8)和式(5-11)计算梁的斜截面受剪承载力；当配有箍筋和弯起钢筋时，则按式(5-9)和式(5-11)或式(5-14)计算梁的斜截面受剪承载力。

如果已知梁的截面尺寸、跨度、材料强度等级以及纵筋、箍筋和弯起钢筋的用量，要求复核截面所能承受的荷载设计值，则应分别按正截面受弯承载力和斜截面受剪承载力计算截面所能承担的荷载设计值，两者比较，取小者为所求。

5.3.6 实心板的斜截面受剪承载力计算

水工结构中常有承受较大荷载的实心板(板的横截面为实心截面)，这类板有可能发生斜截面的受剪破坏，故对这种实心板，除应计算正截面的受弯承载力外，还应计算斜截面的受剪承载力。

这里介绍 $l_0/h > 5$(l_0 为板的计算跨度，h 为板厚)的实心板的斜截面受剪承载力计算。这类板不便布置箍筋，常只配弯起钢筋与混凝土共同承担剪力。至于 $l_0/h \leqslant 5$ 的实心厚板则已属深受弯构件,其斜截面的受剪承载力计算参见本书第 13 章。

规范 NB/T 11011—2022 规定,不配置弯起钢筋的实心板,其斜截面的受剪承载力可按下列公式计算:

$$V \leqslant \frac{1}{\gamma_d}(0.7\beta_h f_t b h_0) \tag{5-19}$$

当实心板承受的剪力很大,不满足公式(5-19)的要求时,可考虑配置弯起钢筋,其斜截面受剪承载力可按下列公式计算:

$$V \leqslant \frac{1}{\gamma_d}(0.7\beta_h f_t b h_0 + 0.8 f_{yb} A_{sb} \sin\alpha_s) \tag{5-20}$$

式中,A_{sb}——单位宽度或计算宽度内的弯起钢筋截面面积;

f_{yb}——弯起钢筋抗拉强度设计值。

为了限制弯起钢筋的数量和板的斜裂缝开展宽度,要求 $f_{yb}A_{sb}\sin\alpha_s \leqslant 0.8 f_t b h_0$。

当板上作用分布荷载时,截面宽度 b 取单位宽度计算;当板上作用集中荷载时,截面宽度 b 应采用计算宽度,计算宽度的取值规范 NB/T 11011—2022 未做出明确规定,此时 b 和 V_c 可参照其他有关规范计算。计算 V_{sb} 时,A_{sb} 应取单位宽度或计算宽度内的弯起钢筋截面面积。

例 5-1　承受均布荷载的矩形截面简支梁,支承条件及跨度如图 5-14 所示。承受永久荷载标准值(含自重)$g_k=20$kN/m,$\gamma_G=1.10$;可变荷载标准值 $q_k=29$kN/m,$\gamma_Q=1.3$。混凝土强度等级为 C25,箍筋采用 HPB300 钢筋,纵向受力筋采用 HRB400 钢筋。设纵筋按正截面受弯承载力计算已选用 3Φ20,已知 $\gamma_0=1.0$,$\psi=1.0$,$\gamma_d=1.2$。试分别按下列两种情况确定腹筋用量:

(1)仅配置箍筋;

(2)同时配置箍筋和弯起钢筋。

解:采用 C25 混凝土,$f_c=11.9$N/mm²,$f_t=1.27$N/mm²;纵向受力筋采用 HRB400 钢筋,$f_y=360$N/mm²;箍筋采用 HPB300 钢筋,$f_{yv}=270$N/mm²。取 $a_s=40$mm。

1)计算支座边最大剪力设计值

$$V = \frac{1}{2}(\gamma_G g_k + \gamma_Q q_k)l_n = \frac{1}{2}(1.10 \times 20 + 1.3 \times 29) \times 3.56 = 106.3(\text{kN})$$

2)验算截面尺寸

$h_w = h_0 = h - a_s = 500 - 40 = 460$mm,$\frac{h_w}{b} = \frac{460}{200} = 2.3 < 4.0$,由式(5-15a)得:

$0.25 f_c b h_0 = 0.25 \times 11.9 \times 200 \times 460 = 273.7kN> \gamma_d V = 1.2 \times 106.3 = 127.5(\text{kN})$
故截面尺寸满足要求。

3)验算是否按计算配置箍筋

$h_0 = 460$mm<800mm,取 $\beta_h = 1.0$

$V_c = 0.5\beta_h f_t b h_0 = 0.5 \times 1.0 \times 1.27 \times 200 \times 460 = 58.4$kN $< \gamma_d V = 127.5(\text{kN})$
故需要按计算配置箍筋。

4)计算腹筋用量

（1）仅配置箍筋。

由式（5-8）及式（5-11）得：

$$\frac{nA_{sv1}}{s} = \frac{\gamma_d V - 0.5\beta_h f_t b h_0}{f_{yv} h_0} = \frac{(1.2 \times 106.3 - 58.4) \times 10^3}{270 \times 460} = 0.556$$

参考表 5-1，选用双肢（$n=2$）$\phi 6$（$A_{sv1} = 28.3\text{mm}^2$）箍筋，则由上式计算结果求得：

$$s = \frac{2 \times 28.3}{0.556} = 102\text{mm}, \quad 取\ s = 100\text{mm} < s_{max} = 200(\text{mm})$$

$$\rho_{sv} = \frac{nA_{sv1}}{bs} = \frac{2 \times 28.3}{200 \times 100} = 0.28\% > \rho_{sv,min} = 0.12\%, \quad 可以。$$

（2）同时配置箍筋和弯起钢筋。

参考表 5-1 的构造要求，选用双肢 $\phi 6@180$，则

$$\rho_{sv} = \frac{2 \times 28.3}{200 \times 180} = 0.157\% > \rho_{sv,min} = 0.12\%, \quad 故由式（5-11）计算\ V_{cs}：$$

$$V_{cs} = 0.5\beta_h f_t b h_0 + f_{yv} \frac{A_{sv}}{s} h_0 = 0.5 \times 1.0 \times 1.27 \times 200 \times 460 + 270 \times \frac{2 \times 28.3}{180} \times 460$$

$$= 97.4\text{kN} < \gamma_d V = 127.5(\text{kN})$$

故需按计算配置弯起钢筋。

首先计算第一排弯筋截面面积。支座边缘处剪力设计值 $V_1 = 106.3\text{kN}$，$\gamma_d V_1 = 1.2 \times 97.0 = 116.4(\text{kN})$，取弯起角度 $\alpha_s = 45°$，由式（5-9）及式（5-13）得：

$$A_{sb1} = \frac{\gamma_d V_1 - V_{cs}}{0.8 f_y \sin\alpha_s} = \frac{(127.5 - 97.4) \times 10^3}{0.8 \times 360 \times \sin 45°} = 147.7(\text{mm}^2)$$

利用 1Φ20 纵筋弯起，$A_{sb} = 314.2\text{mm}^2 > 147.7(\text{mm}^2)$，可以。

再验算是否需要第二排弯筋。设第一排弯筋弯终点距支座边为 50mm，则弯起点距支座边的距离为 50+（500-40×2）=470（mm），该处剪力设计值 $V_2 = \frac{1.78 - 0.47}{1.78} \times 106.3 = 78.2(\text{kN})$，$\gamma_d V_2 = 1.2 \times 78.2 = 85.7\text{kN} < V_{cs} = 97.4(\text{kN})$，故不需再弯起第二排。

梁的配筋构造见图 5-14。

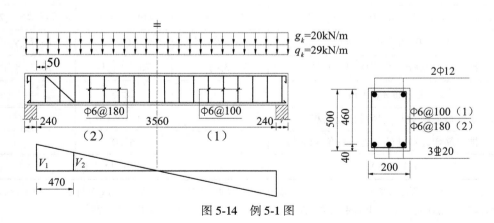

图 5-14 例 5-1 图

例 5-2　　均布荷载作用下的 T 形截面外伸梁，如图 5-15 所示，$\gamma_0 = 1.0$，$\psi = 1.0$，$\gamma_d = 1.2$。简支段和外伸段承担的荷载设计值分别为 $q_1 = 24\text{kN/m}$ 及 $q_2 = 28\text{kN/m}$，混凝土为 C25 级，箍筋采用 HPB300 钢筋，纵筋采用 HRB400 钢筋。设按正截面受弯承载力计算，跨中与支座 B 已配纵筋分别为 3Φ16 及 2Φ16+2Φ14，试确定腹筋用量。

解：梁的剪力设计值见图 5-15。对于斜截面受剪承载力而言，共有三个控制截面，即支座 A 的截面和支座 B 的左、右截面。梁采用 C25 混凝土，$f_c = 11.9\text{N/mm}^2$，$f_t = 1.27\text{N/mm}^2$；纵向受力筋采用 HRB400 钢筋，$f_y = 360\text{N/mm}^2$；箍筋采用 HPB300 钢筋，$f_{yv} = 270\text{N/mm}^2$；取 $a_s = 40\text{mm}$，截面有效高度 $h_0 = 360\text{mm}$，$h_w = h_0 - h_f' = 360-70 = 290\text{mm}$。现列表计算如表 5-2 所示。

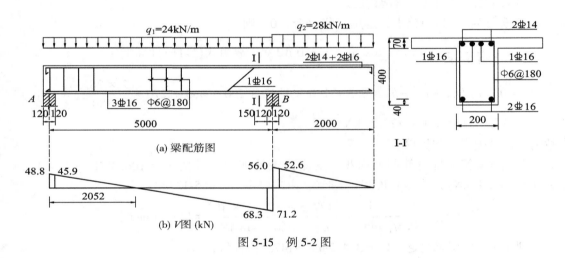

图 5-15　例 5-2 图

表 5-2　　　　　　　　　　　　　　斜截面受剪承载力计算

计算内容	A	$B_左$	$B_右$
剪力设计值 V(kN)	45.9	68.3	52.6
$\gamma_d V$ (kN)	55.1	82.0	63.1
因 $h_w/b = 1.45 < 4$，$0.25f_c bh_0$ (kN)	214.2 > $\gamma_d V$	214.2 > $\gamma_d V$	214.2 > $\gamma_d V$
$V_c = 0.5\beta_h f_t bh_0$ (kN)	45.7 < $\gamma_d V$	45.7 < $\gamma_d V$	45.7 < $\gamma_d V$
箍筋选用双肢Φ6@180，V_{cs}(kN)	76.3 > $\gamma_d V$	76.3 < $\gamma_d V$	76.3 > $\gamma_d V$
第一排弯筋 A_{sb1}(mm^2)		28.0	
实配弯筋根数与直径及截面面积		1Φ16(201.1)	
第一排弯筋弯起点处的剪力设计值 V(kN)		57.0	
$\gamma_d V$ (kN)		68.4 < V_{cs}	

注：$B_左$由跨中弯起 1Φ16，弯终点至支座边的距离取为 150mm，满足斜截面抗剪要求的 $s \leqslant s_{max} = 200\text{mm}$；弯终点到支座中心线的距离为 270mm > $h_0/2 = 180\text{mm}$，满足斜截面的抗弯要求。

例 5-3 钢筋混凝土矩形截面简支梁，受荷情况如图 5-16 所示。均布荷载为梁自重，$\gamma_G = 1.10$；集中荷载为可变荷载，$\gamma_Q = 1.3$。C25 混凝土，箍筋为 HPB300 钢筋，纵向受力钢筋为 HRB400 钢筋。设纵筋按正截面受弯承载力计算已选用 $4\,\Phi\,25 + 2\,\Phi\,22$。已知 $\gamma_0 = 1.0$，$\psi = 1.0$，$\gamma_d = 1.2$，试确定箍筋用量。

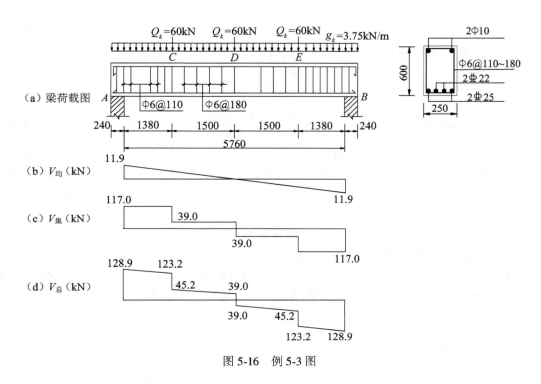

图 5-16 例 5-3 图

解：采用 C25 混凝土，$f_c = 11.9\text{N}/\text{mm}^2$，$f_t = 1.27\text{N}/\text{mm}^2$；纵向受力筋采用 HRB400 钢筋，$f_y = 360\text{N}/\text{mm}^2$；箍筋采用 HPB300 钢筋，$f_{yv} = 270\text{N}/\text{mm}^2$；取 $a_s = 40\text{mm}$，截面有效高度 $h_0 = 560\text{mm}$。

1）求剪力设计值

永久荷载设计值　　　$g = \gamma_G g_k = 1.1 \times 3.75 = 4.125\,(\text{kN}/\text{m})$

可变荷载设计值　　　$Q = \gamma_Q Q_k = 1.3 \times 60 = 78.0\,(\text{kN})$

剪力设计值见图 5-16(d)。

2）验算截面限制条件

$$h_w = h_0 = 560\text{mm}, \quad \frac{h_w}{b} = \frac{560}{250} = 2.24 \ < \ 4.0$$

$0.25 f_c b h_0 = 0.25 \times 11.9 \times 250 \times 560 = 416.5\text{kN} > \gamma_d V_A = 1.2 \times 128.9 = 154.7\,(\text{kN})$
故截面尺寸符合要求。

3）验算是否按计算配置箍筋

$h_0 = 560\text{mm} < 800\text{mm}$，取 $\beta_h = 1.0$

$V_c = 0.5\beta_h f_t b h_0 = 0.5 \times 1.0 \times 1.27 \times 250 \times 560 = 88.9 \text{kN} < \gamma_d V_A = 1.2 \times 128.9 = 154.7 (\text{kN})$
故应按计算配置箍筋。

4）计算箍筋用量

AC 段和 EB 段之间以支座边缘截面为验算截面：

$$\frac{nA_{sv1}}{f_{yv} h_0} = \frac{(154.7 - 88.9) \times 10^3}{270 \times 560} = 0.435$$

参考表 5-1，箍筋选用双肢Φ6。由上式计算结果可得：

$$s = \frac{2 \times 28.3}{0.435} = 130.0 (\text{mm})$$

取 $s = 120 \text{mm} < s_{\max} = 250 \text{mm}$，且 $\rho_{sv} = \dfrac{nA_{sv1}}{bs} = \dfrac{2 \times 28.3}{250 \times 120} = 0.19\% > \rho_{sv,\min} = 0.12\%$，可以。

CE 段之间以 C 点右边截面为验算截面，$V_{C右} = 45.2 \text{kN}$，$\gamma_d V_{C右} = 1.2 \times 45.2 = 54.2 \text{kN} < V_c = 0.5 f_t b h_0 = 0.5 \times 1.27 \times 250 \times 560 = 88.9 (\text{kN})$，故按最小配箍率配筋，选用双肢 Φ6，则

$$s = \frac{nA_{sv1}}{b\rho_{sv,\min}} = \frac{2 \times 28.3}{250 \times 0.12\%} = 189 (\text{mm})$$

取 $s = 180 \text{mm}$。配筋图如图 5-16（a）所示。

例 5-4　已知数据同例 5-1，设箍筋已配双肢Φ6@150，要求按斜截面受剪承载力复核斜截面所能承受的剪力设计值 V 以及作用在梁上的均布荷载设计值。

解：1）由截面尺寸

$h_w = h_0 = 460 \text{mm}$，$\dfrac{h_w}{b} = \dfrac{460}{200} = 2.3 < 4.0$，由式（5-15a）得：

$$0.25 f_c b h_0 = 0.25 \times 11.9 \times 200 \times 460 = 273.7 (\text{kN})$$

2）验算最小配箍率

$$\rho_{sv} = \frac{nA_{sv1}}{bs} = \frac{2 \times 28.3}{200 \times 150} = 0.19\% > \rho_{sv,\min} = 0.15\%，\text{满足要求。}$$

3）计算斜截面受剪承载力 V

由式（5-11）得：

$$V_{cs} = 0.5\beta_h f_t b h_0 + f_{yv} \frac{A_{sv}}{s} h_0$$

$$= 0.5 \times 1.0 \times 1.27 \times 200 \times 460 + 270 \times \frac{2 \times 28.3}{150} \times 460$$

$$= 105.2 \text{kN} < 0.25 f_c b h_0 = 273.7 (\text{kN})$$

由式（5-8）得：

$$V = \frac{1}{\gamma_d} V_{cs} = \frac{1}{1.2} \times 105.2 = 87.7 (\text{kN})$$

由 V 可以求出该梁满足斜截面受剪要求所能承受的荷载设计值 q。由 $V = \dfrac{1}{2} q l_n$ 得：

$$q = \frac{2V}{l_n} = \frac{2 \times 87.7}{3.56} = 49.3(\text{kN/m})$$

5.4 斜截面受弯承载力

5.4.1 问题的提出

前述斜截面受剪承载力计算的基本公式(5-8)~(5-14)主要是根据竖向力的平衡条件而建立的，满足这些公式的要求以及相应的构造规定就能保证斜截面的受剪承载力。但是，斜截面除了应满足竖向力的平衡条件外，还应满足力矩的平衡条件。在实际工程设计中，在保证正截面承载力的前提下，部分纵筋往往要弯起，有时还要截断，这就有可能引起斜截面的受弯承载力不足。现以图 5-17 所示简支梁为例来说明这一问题。

均布荷载作用下，梁的弯矩图见图 5-17(b)，任一正截面 AA' 上作用的弯矩 M_A 可根据图 5-17(c)所示脱离体 $DCA'A$ 的平衡条件求得。当出现斜裂缝 BA 以后，作用在斜截面上的弯矩 M_{BA} 则应由脱离体 $DCBA$(图 5-17(d))的平衡条件求得，$M_{BA} = M_A < M_{max}$。所以，按照跨中截面的最大弯矩 M_{max} 所配置的纵向受拉钢筋 A_s，只要在梁全长内不截断也不弯起，就可足以抵抗任一斜截面上的弯矩 M_{BA}；但如果有一部分纵筋在截面 B 之前被弯起或截断，剩余钢筋就可能不足以抵抗斜截面上的弯矩 $M_{BA}(M_{BA} = M_A)$。因此，在纵筋被弯起或截断的截面，梁的斜截面受弯承载力就有可能不足。由于斜截面受弯承载力的计算十分繁琐，设计时一般是通过绘制抵抗弯矩图并满足纵筋不过早地被弯起或截断的构造要求来保证。

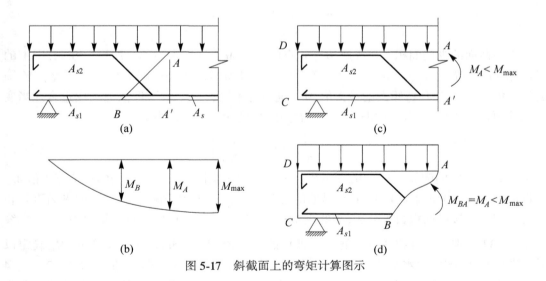

图 5-17 斜截面上的弯矩计算图示

5.4.2 抵抗弯矩图的绘制

抵抗弯矩图(简称 M_R 图)，是在由外荷载引起的弯矩图形上，按同一比例绘制的由实际配置的纵筋所确定的梁上各个正截面能够抵抗的弯矩图形。图形上各点的纵坐标就是各截面实际能够抵抗的弯矩值，可根据各截面的实配纵筋面积，利用正截面受弯承载力的计算公式求得。作 M_R 图的过程也是对钢筋布置进行图解设计的过程。

1. 纵筋的充分利用点及理论截断点

图 5-18 为某连续梁支座左侧负弯矩区段的纵筋配置情况及设计弯矩图。按支座最大负弯矩计算需配置 3⏀20+2⏀16 的纵筋，其中②号钢筋(1⏀20)是由跨中纵筋弯起而来，纵筋布置及编号见图 5-18。

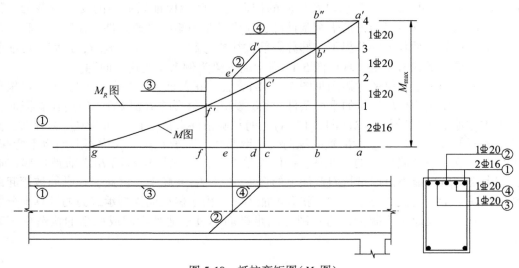

图 5-18　抵抗弯矩图(M_R图)

支座截面的纵筋面积是按支座边缘 a 点的弯矩 M_{max} 计算得出的，所以，在 M_R 图上的纵坐标 aa' 就等于 M_{max}。由于实际配筋面积与计算所需面积一般略有出入。因此，M_R 图的最大值 a' 点与设计弯矩图的最大值 M_{max} 也略有不同，但一般可近似地画成重合。当实配纵筋面积大于计算所需面积较多时，M_R 图的纵坐标可按下式确定：

$$M_R = \frac{1}{\gamma_d}f_yA_s\left(h_0 - \frac{f_yA_s}{2f_cb}\right) \tag{5-21}$$

式中，A_s 为实际的配筋面积。M_R 图纵坐标的最大值确定以后，每根纵筋的抵抗弯矩值 M_{Ri} 可近似地按该纵筋的截面面积 A_{si} 与纵筋的总截面面积 A_s 按比例确定。当所配纵筋直径相等时，则直接按纵筋根数等分 M_R 图的纵坐标 aa' 定出每根纵筋的抵抗弯矩值 M_{Ri}，例如线段 $\overline{43}$ 和 $\overline{32}$ 分别为④号和②号钢筋所能抵抗的弯矩值 M_{R4} 和 M_{R2}。每根钢筋的 M_{Ri} 确定以后，即可在 M_R 图中用水平线表示出每根钢筋的抵抗弯矩，参看图 5-18 中过 1、2、3、4 点的水平线。在纵筋无变化的区段，M_R 图呈水平线，表示该区段内各截面能抵抗的弯矩都相同。

图 5-18 中 a' 点处①~④号钢筋的强度均被充分利用，b' 点处①~③号钢筋的强度也被充分利用，而④号钢筋在 b' 点以左就不再需要；c' 点处①、③号钢筋的强度被充分利用，

而②号钢筋在 c' 点以左就不再需要；同样，f' 点处①号钢筋的强度被充分利用，而③号钢筋在 f' 点以左也不再需要。故称 a' 点为①~④号钢筋的"充分利用点"，b' 点为④号钢筋的"不需要点"，同时，b' 点又是①、②、③号钢筋的"充分利用点"；同样，c' 点是②号钢筋的不需要点，同时又是①、③号钢筋的充分利用点。余类推。一根钢筋在 M_R 图中的"不需要点"又称作"理论截断点"，因为对正截面受弯承载力而言，这根钢筋在理论上便可予以截断。当然，实际截断点还需从理论截断点延伸一段长度 ω，见后述。

2. 纵筋截断与弯起时 M_R 图的表示方法

纵筋截断反映在 M_R 图上便是截面抵抗弯矩值的突变。例如，图 5-18 中④号钢筋在截面 b 处被截断，因而 M_R 图发生突变，从 b'' 降到 b'。

图 5-18 中②号钢筋在截面 d 处弯下，因而，该截面以左的 M_R 值必然要降低。由于在下弯过程中，弯起钢筋多少还能够抵抗一些弯矩，所以 M_R 图的下降不像截断钢筋那样发生突变，而是逐渐下降。在截面 e 以左，弯起钢筋穿过了梁截面的中和轴，开始进入受压区，故其正截面抗弯作用完全消失。沿弯起钢筋的弯起点及弯起钢筋与梁截面中和轴的交点向 M_R 图作投影线，与 M_R 图中②号钢筋抵抗弯矩图的水平线分别相交于 d' 点及 e' 点，将 d' 点与 e' 点连以斜直线 $d'e'$，那么，斜直线 $d'e'$ 即为②号弯起钢筋在截面 d 与截面 e 之间的 M_R 图。

3. M_R 图与 M 图的关系

M_R 图代表梁的各个截面实际的正截面受弯承载力。因此，在各个截面上都要求 M_R 不小于 M，也即 M_R 图应能完全包住 M 图，这样才能保证梁的正截面受弯承载力。设计中为了充分利用每根钢筋的强度以节约钢材，宜尽量使 M_R 图接近 M 图。当然也要照顾到施工的方便，不宜片面追求钢筋的利用程度而使钢筋构造复杂化。

M_R 图包住 M 图后虽然可以保证梁的正截面受弯承载力，但纵筋弯起和截断时还应保证斜截面的受弯承载力，同时还应满足其他一些要求，详见下述。

5.4.3 纵向钢筋的弯起

规范 NB/T 11011—2022 规定，纵向受拉钢筋在梁的受拉区弯起时，弯起钢筋的弯起点，应设在该钢筋的充分利用点以外，其距离 s_1 不应小于 $h_0/2$；同时，弯起钢筋与梁中心线的交点应位于该钢筋的不需要点以外。前一要求是为了保证斜截面的受弯承载力；而后一要求则是为了保证正截面的受弯承载力，即可保证弯起钢筋处的 M_R 图包住 M 图。例如，在图 5-18 中，也就是要求 d' 点离开②号钢筋的充分利用点 b' 点的距离应 $\geq h_0/2$，且 e' 点应位于按计算不需要钢筋②的 c' 点以左。又如图 5-19 所示，钢筋 a 和钢筋 b 的弯起点 1 到其充分利用点 4 的距离应 $\geq h_0/2$，且钢筋 a 与梁中心线的交点应位于其不需要点 5 以右，钢筋 b 与梁中心线的交点应位于其不需要点 2 以左。

现在来证明为什么 $s_1 \geq h_0/2$ 时，才能保证斜截面的受弯承载力。以图 5-20 所示梁为例，设截面 AA' 承受的弯矩为 M_A，按正截面受弯承载力计算需配置纵筋 A_s，其抵抗弯矩为：

$$M_{RA} = f_y A_s z \tag{5-22}$$

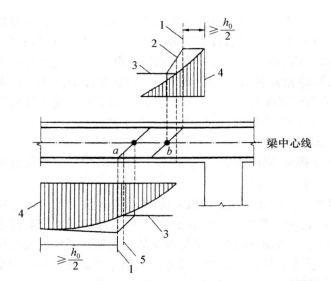

1—在受拉区的弯起点；
2—按计算不需要钢筋 b 的截面；
3—正截面受弯承载力图形；
4—按计算钢筋充分利用的截面；
5—按计算不需要钢筋 a 的截面

图 5-19　弯起钢筋弯起点与弯矩图形的关系

式中，z 为受拉钢筋的拉力 $f_y A_s$ 对受压区混凝土合力作用点的力臂。假定②号钢筋充分利用点所在截面为 AA'，伸过截面 AA' 一段距离 s_1 后被弯起，弯起钢筋的截面面积为 A_{sb}，余下的①号钢筋（$A_{s1} = A_s - A_{sb}$）伸入支座。当出现斜裂缝 BA 以后，由斜截面 BA 的脱离体图（图 5-20（c））可知，斜截面 BA 需要抵抗的弯矩与正截面 AA' 需要抵抗的弯矩都是 M_A，即要求 $M_{RA} \geq M_A$，$M_{RBA} \geq M_A$。如果不考虑箍筋的有利作用，则 M_{RBA} 的计算公式为：

$$M_{RBA} = f_y A_{s1} z + f_y A_{sb} z_b \tag{5-23}$$

式中，z_b 为②号弯起钢筋对受压区混凝土合力作用点的力臂。比较式（5-22）和式（5-23）可知，为保证斜截面的受弯承载力，就应要求 A_s 在斜截面上的抵抗弯矩 M_{RBA} 不小于在正截面 AA' 上的抵抗弯矩 M_{RA}，若要使 $M_{RBA} \geq M_{RA}$，就必须满足下列条件：

$$z_b \geq z \tag{5-24}$$

由图示几何关系可得：

$$z_b = s_1 \sin\alpha_s + z\cos\alpha_s$$

代入式（5-24）得：

$$s_1 \geq \frac{1 - \cos\alpha_s}{\sin\alpha_s} z \tag{5-25}$$

通常 $\alpha_s = 45°$ 或 $60°$，近似取 $z = 0.9h_0$，则 s_1 在 $0.37h_0 \sim 0.52h_0$ 之间。设计时为方便起见，规范 NB/T 11011—2022 规定取 $s_1 \geq h_0/2$，即弯起钢筋的弯起点应设在该钢筋的充分利用点以外不小于 $h_0/2$ 的位置处。因此，在确定弯起钢筋弯起点的位置时，只要能满足条件 $s_1 \geq h_0/2$，则必有 $z_b \geq z$，亦即有 $M_{RBA} \geq M_{RA}$。

对于承受支座负弯矩的外伸梁、连续梁和框架梁，纵筋选配的原则一般是先跨中、后支座，在保证梁底至少有两根纵筋伸入支座的前提下，其余纵筋则可弯起到支座上部，参与抵抗支座的负弯矩或斜截面的受剪。因此，选配支座截面的纵筋时，在扣除参与抗弯的弯起钢筋截面面积后，余下所需抵抗负弯矩的纵筋面积则通过另加直钢筋来解决。当考虑弯起钢筋同时参与支座抗弯和抗剪时，抗弯要求 $s_1 \geqslant h_0/2$，而抗剪要求第一排弯起钢筋的弯终点到支座边缘的距离，不应大于箍筋的最大间距 s_{max}。因此，同时满足这两个要求有时就可能会发生矛盾。此时，一般是先满足抗弯要求，即让纵筋的弯起点满足 $s_1 \geqslant h_0/2$，而抗剪要求则通过增设附加弯筋的办法来解决。这种专为抗剪而设置的弯筋，一般称为"鸭筋"（图 5-21（a））。但不得采用"浮筋"（图 5-21（b））；或者加配抗弯所需的直钢筋，而弯起钢筋仅作抗剪之用。

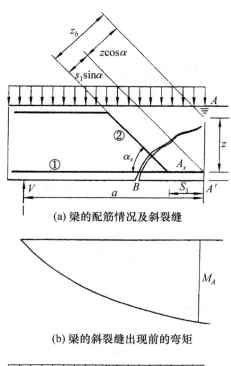

(a) 梁的配筋情况及斜裂缝

(b) 梁的斜裂缝出现前的弯矩

此外还应说明，对于承受支座负弯矩的区段，当第一排弯起钢筋在负弯矩区段的弯起点（对正弯矩而言为弯终点，对负弯矩而言则为弯起点）到支座边缘的距离取为 $s_1 \leqslant s_{max}$，且满足 $s_1 \geqslant h_0/2$ 的要求时，就可以考虑该弯起钢筋同时参与支座截面的抗弯和抗剪，从而使配筋较为经济。但工程实践中，为了加强斜截面的抗剪，第一排弯起钢筋弯起点的位置，习惯做法是设在距支座边缘 50mm 的地方，此时，其弯起点的位置就不能满足 $s_1 \geqslant h_0/2$ 的要求，因而也就不能考虑该弯起钢筋在弯起点一侧的支座截面的抗弯作用。不过，若该弯起钢筋穿过支座截面并延伸一定长度后，则可考虑该弯起钢筋参与支座截面另一侧

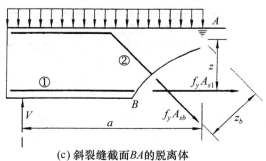

(c) 斜裂缝截面 BA 的脱离体

图 5-20 弯起钢筋的弯起点位置

的抗弯。例如，图 5-22 所示某梁中间支座的配筋情况，①号钢筋不能抵抗支座左侧的负弯矩，但伸过支座一段距离以后，s_1 已大于 $h_0/2$，因而也就可以考虑①号钢筋参与抵抗支座右侧的负弯矩；同理，②号钢筋不能参与抵抗支座右侧的负弯矩，但伸过支座一段距离以后，就可考虑②号钢筋参与抵抗支座左侧的负弯矩。因此，在计算抵抗支座负弯矩的受力钢筋截面面积时，对于弯起点设在支座左右两侧各 50mm 的弯起钢筋，两根（或两排）只能算一根（或一排），且以直径较细的弯起钢筋为准。本例①、②号钢筋直径不同，故在计算抵抗支座负弯矩的钢筋截面面积时，只能以直径较小的②号钢筋的截面面积为准。当然，在绘制 M_R 图时，根据支座左右两侧弯起钢筋的配筋情况，M_R 图在支座左右两侧的纵坐标可能相同，也可能不同，如图 5-22 所示。图中为梁、柱整体浇筑的情况，梁中抵抗支座负弯矩的纵筋截面面积系按削减以后的支座边缘的弯矩值确定的，故 M_R 的纵

坐标小于支座中心线的最大负弯矩。

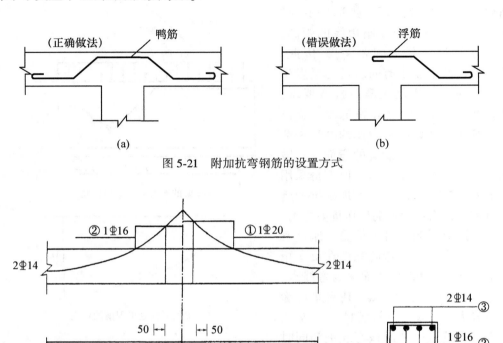

图 5-21　附加抗弯钢筋的设置方式

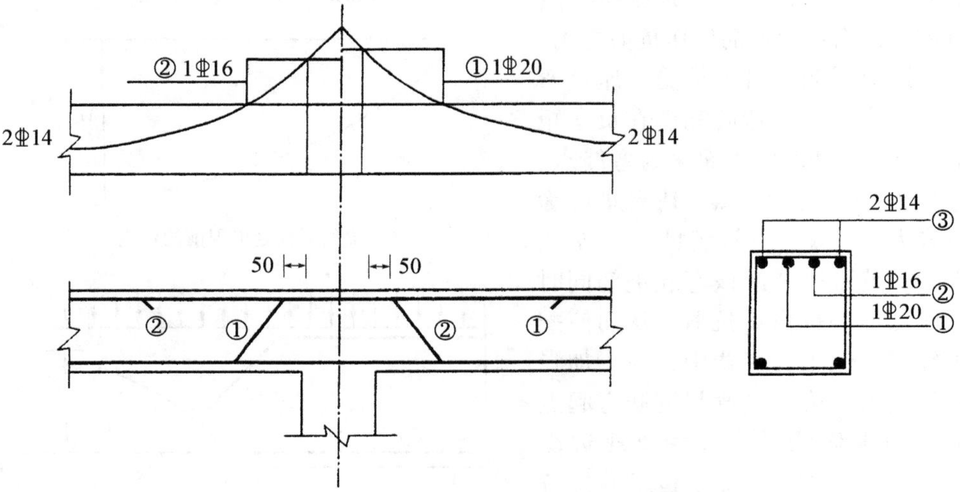

图 5-22　弯起钢筋参与抵抗支座负弯矩的情况

5.4.4　纵向钢筋的截断

如前所述，钢筋的截断同样可能导致正截面受弯承载力和斜截面受弯承载力的不足，下面以图 5-23 来说明纵筋截断的正确位置。

对于梁底部承受正弯矩的纵向受拉钢筋，一般不宜在跨中受拉区截断，而是将计算中不需要的纵筋弯起，作为受剪的弯起钢筋，或作为抵抗支座截面负弯矩的纵向受拉钢筋。对于外伸梁、连续梁或框架梁等构件的负弯矩区段，为了节约钢材，通常可将负弯矩区段的钢筋，按弯矩图形的变化，在跨间分批截断。将纵向受拉钢筋在跨间截断，特别是当一次截断的根数较多时，由于钢筋面积骤减，将在混凝土中产生应力集中现象，在纵筋截断处就可能出现裂缝或使裂缝开展宽度过大。如图 5-23 所示连续梁中间支座的负弯矩区段内，①号钢筋若在其不需要点处截断，则不仅由于①号钢筋没有足够的锚固长度而使截面 bb' 的正截面受弯承载力严重不足，而且当出现斜裂缝 ba' 时，因斜截面 ba' 的弯矩设计值 $M_{ba'}=M_a$，大于截面 bb' 的弯矩设计值 M_b，则斜截面 ba' 的受弯承载力也有可能不足。这时，只有当斜裂缝范围内箍筋承担的拉力对斜裂缝末端受压区混凝土的合力作用点的新增抵抗弯矩，能够补偿所截断的①号钢筋的抵抗弯矩时，才能保证斜截面的受弯承载力。因此，为了保证斜截面的受弯承载力，当正截面受弯承载力已不需要某一根钢筋时，应将该钢筋伸过其理论截断点一定的长度(称为延伸长度)ω 后才能将其截断。如图 5-23 所示的钢筋①，自不需要点伸过一段长度 ω 后再截断，就可以保证在出现斜裂缝 ba' 时，①号钢筋仍具有一定的抗弯作用。而在出现斜裂缝 ca' 时，①号钢筋虽已不再具有抗弯作用，但却已有足够的箍筋穿越斜裂缝 ca'，其拉力对斜裂缝末端 a' 点的力矩，已能补偿①号钢筋的抗弯作用。

延伸长度 ω 的大小与所截断钢筋的直径 d 及其抗拉强度、混凝土的抗拉强度、箍筋间距等诸多因素有关。设计中为简便起见，根据试验研究和工程经验，规范 NB/T 11011—2022 作出如下规定(图 5-23)：

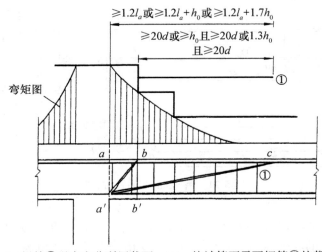

aa'—钢筋①强度充分利用截面；bb'—按计算不需要钢筋①的截面

图 5-23 纵向受拉钢筋截断时的延伸长度

(1)纵向受拉钢筋截断时，从该钢筋充分利用截面开始延伸的长度 ω，根据剪力设计值 V 的大小，应满足下列要求：

当 $V > 0.5\beta_h f_t b h_0/\gamma_d$ 时，$\omega \geq 1.2 l_a + h_0$；

当 $V \leq 0.5\beta_h f_t b h_0/\gamma_d$ 时，$\omega \geq 1.2 l_a$。

式中，l_a 为纵向受拉钢筋的最小锚固长度，详见附录 3 附表 3-2。

(2)纵向受拉钢筋的截断点应延伸至按正截面受弯承载力计算不需要该钢筋的截面以外，延伸长度为：

当 $V > 0.5\beta_h f_t b h_0/\gamma_d$ 时，$\omega \geq h_0$，且 $\omega \geq 20d$；

当 $V \leq 0.5\beta_h f_t b h_0/\gamma_d$ 时，$\omega \geq 20d$。

式中，d 为所截断钢筋的直径。

(3)若按上述规定确定的截断点仍位于负弯矩受拉区内，则应延伸至按正截面受弯承载力计算不需要该钢筋的截面以外，延伸长度 $\omega \geqslant 1.3h_0$，且 $\omega \geqslant 20d$；另外，该钢筋充分利用截面的延伸长度还应满足 $\omega \geqslant 1.2l_a + 1.7h_0$。

此外，为了缓解钢筋截断处造成应力集中的矛盾，要求一次截断的钢筋根数不应多于两根。

对于纵向受压钢筋在跨中截断时，其理论截断点以外的延伸长度不应小于 $15d$。

5.4.5　抵抗弯矩图举例

例 5-5　试绘制例 5-1 简支梁配有弯起钢筋时的抵抗弯矩图。

解：先按比例画出梁配筋的纵剖面图和设计弯矩图（M 图），再在 M 图上作 M_R 图（图 5-24）。按斜截面受剪承载力计算需要配置一排弯起钢筋，故由跨中已配纵筋中弯起 1Φ20；弯终点习惯上设在距支座边 50mm 处，故弯起点离开支座边的距离为 470mm。

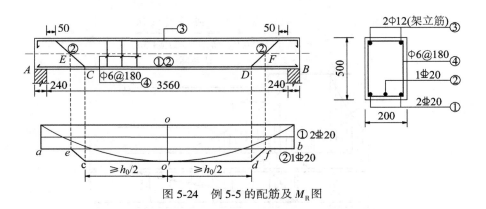

图 5-24　例 5-5 的配筋及 M_R 图

绘制 M_R 图时，先确定 M_R 图的纵坐标。由于跨中截面的配筋是按 M_{max} 计算出来的，故可近似认为 M_R 图上的纵坐标 oo' 就等于 M_{max}。又由于纵筋直径相等，故按纵筋根数等分线段 $\overline{oo'}$，即可得出每根钢筋的 M_{Ri}，然后连以水平线表示每根钢筋的 M_{Ri}。在 CD 段，共有 3Φ20 的纵筋，故 M_R 图为水平线 cd。②号钢筋在弯起点 C、D 处以45°的角度弯起（$h=500mm<700mm$）交梁纵轴线于点 E、F，由 C、D 点和 E、F 点作投影线分别交 M_R 图于 c、e 点和 d、f 点并连以斜线。由于弯起点 c、d 离开充分利用点 o' 的距离均大于 $h_0/2$，且 e、f 点均位于②号钢筋的不需要点 g、h 以外，满足弯起钢筋弯起时的构造要求，故斜线 ce 和 df 即为②号钢筋弯起时的 M_R 图。若绘 M_R 图时，弯起点以及弯起钢筋与梁纵轴线的交点不满足要求，则应调整弯起点的位置使之满足要求。①号钢筋伸入支座，故 M_R 图为水平线 ae 及 fb。

例 5-6　试绘制例 5-2 外伸梁的抵抗弯矩图。

解：先绘出梁配筋的纵剖面图和设计弯矩图（图 5-25）。由于跨中已配有 3Φ16，故可考虑弯起 1Φ16 抵抗支座负弯矩。而要考虑弯起钢筋参加支座截面的抗弯，其上弯点距支座中心的距离应满足 $s_1 \geqslant h_0/2$ 的要求。根据斜截面受剪承载力计算，该弯起钢筋还要参与斜截面的抗剪，因此，上弯点距支座边的距离 s 还应满足 $s \leqslant s_{max}$ 的要求。综合考虑上述两个因素，初步确定上弯点到支座边的距离为 $s=150\text{mm}<s_{max}=200\text{mm}$，到支座中心线的距离 $S_1=270\text{mm}>360/2=180\text{mm}$。在绘制 M_R 图时，若弯起点的位置不合适，可再作适当调整。

跨中 AB 段的 M_R 图作法与例 5-5 类似。对于支座负弯矩区段，弯起点（上弯点）也应满足 $s_1 \geq h_0/2$ 的要求；当与斜截面抗剪要求的 $s \leq s_{max}$ 相矛盾时，可另加仅作为抗剪的鸭筋。根据弯矩图形的变化，在各钢筋的不需要点处延伸一段长度 ω 后，分批截断，ω 的取值规定见前述。最后在确定截断点处的钢筋长度时，为方便施工，一般都是取为 50mm 的倍数。

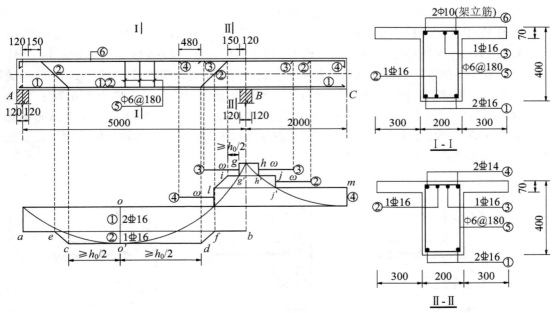

图 5-25　例 5-2 的 M_R 图

5.5　受弯构件的配筋构造要求

5.5.1　纵筋的构造要求

1. 纵向受力钢筋在支座中的锚固

(1)简支板或连续板下部纵向受力钢筋伸入支座的锚固长度 l_{as} 不应小于 $5d$，d 为下部纵向受力钢筋的直径，且宜伸过支座中心线。当连续板内温度、收缩应力较大时，伸入支座的锚固长度宜适当增加。

(2)简支梁的下部纵向受力钢筋伸入支座内的锚固长度 l_{as} 应符合下列要求：

当 $V \leq 0.5\beta_h f_t bh_0/\gamma_d$ 时，$l_{as} \geq 5d$；当 $V>0.5\beta_h f_t bh_0/\gamma_d$ 时，带肋钢筋 $l_{as} \geq 12d$；光面钢

筋 $l_{as} \geqslant 15d$。

如纵向受力钢筋伸入支座的锚固长度不符合上述规定时，则可将钢筋上弯或采用贴焊锚筋、镦头、焊锚板，将钢筋端部焊接在支座的预埋件上等专门的锚固措施。

如焊接骨架中采用光圆钢筋作为纵向受力钢筋时，则在锚固长度 l_{as} 内应加焊横向钢筋：当 V 不大于 $0.5\beta_h f_t bh_0/\gamma_d$ 时，至少加焊 1 根；当 V 大于 $0.5\beta_h f_t bh_0/\gamma_d$ 时，至少加焊 2 根。横向钢筋直径不应小于纵向受力钢筋直径的一半。同时，加焊在最外边的横向钢筋应靠近纵向钢筋的末端。

（3）连续梁中间支座或框架梁中间节点处的上部纵向受力钢筋应贯穿支座或节点，且自支座或节点边缘伸向跨中的截断位置应符合第 5.4.4 节的规定。下部纵向受力钢筋应伸入支座或节点，其在中间节点或支座范围的锚固与搭接应符合下列要求：

当计算中不利用其强度时，伸入长度应符合上述简支梁中纵向受力钢筋当 $V > 0.5\beta_h f_t bh_0/\gamma_d$ 时的锚固长度规定，即 $l_{as} > 12d$（带肋钢筋）或 $l_{as} > 15d$（光面钢筋）；当计算中充分利用其强度时，下部钢筋在支座和节点内可采用直线锚固形式（图 5-26（a）），受拉钢筋伸入支座或节点内的长度不应小于 l_a；受压钢筋的伸入长度不应小于 $0.7l_a$；当柱截面尺寸不足时，可采用下部纵向钢筋 90°弯折锚固的方式（图 5-26（b））；下部纵向钢筋也可在支座或节点外梁中弯矩较小处设置搭接接头（图 5-26（c）），搭接长度的起始点至支座或节点边缘的距离不应小于 $1.5h_0$。

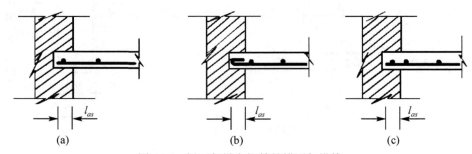

图 5-26　梁下部纵向钢筋的锚固与搭接

（4）框架中间层端节点处，梁上部纵向钢筋的锚固应符合下列规定：

梁上部纵向钢筋可采用直线锚固的形式，锚固长度不应小于 l_a，且应伸过柱中心线，伸过的长度不宜小于 $5d$；当柱截面尺寸不满足直线锚固要求时，梁上部纵向钢筋可采用钢筋端部加锚头的机械锚固方式（图 5-27（a）），梁上部纵向钢筋宜伸至柱外侧纵向钢筋内边，包括机械锚头在内的水平投影锚固长度不应小于 $0.4l_{ab}$；也可采用 90°弯折锚固的方式，此时梁上部纵向钢筋应伸至柱外侧纵向钢筋内边并向节点内弯折，其水平投影长度不应小于 $0.4l_{ab}$，弯折钢筋的竖向投影长度不应小于 $15d$（图 5-27（b））。

框架顶层端节点处纵向受力钢筋的锚固要求详见 NB/T 11011—2022。

2. 纵向受力钢筋的接头

梁中钢筋需要接长时，可采用绑扎搭接、焊接或机械连接。

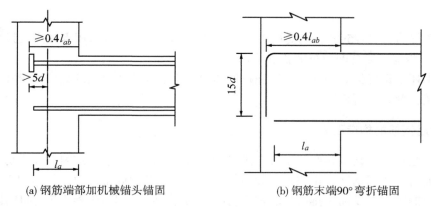

(a) 钢筋端部加机械锚头锚固   (b) 钢筋末端90°弯折锚固

图 5-27 梁上部纵向钢筋在框架中间层端节点处的锚固

采用焊接或机械连接时，连接区段的长度为 $35d$，且对于焊接接头不应小于 500mm（凡接头中点位于该连接区段长度内的接头均属于同一连接区段），位于同一连接区段内受拉钢筋接头面积的百分率不宜大于 50%，受压钢筋接头面积的百分率可不受限制。但对板和预制构件的拼接处采用机械连接时，可根据实际情况放宽。装配式构件连接处及临时缝处的焊接接头钢筋可不受此限制。直接承受动力作用结构构件中的机械连接接头，位于同一连接区段内受力钢筋接头面积的百分率不应大于 50%。

不同直径的受力钢筋不应采用帮条焊。搭接焊和帮条焊接头宜采用双面焊缝，受力钢筋的搭接长度或帮条长度不应小于 $5d$。当施焊条件困难而采用单面焊缝时，其搭接长度或帮条长度不应小于 $10d$。

采用绑扎搭接时，连接区段的长度取为 $1.3l_l$（l_l 为纵向受拉钢筋绑扎搭接的搭接长度），梁、板构件中位于同一连接区段内受拉钢筋搭接接头面积的百分率不宜大于 25%；确有必要增大受拉钢筋搭接接头面积百分率时，梁类构件不宜大于 50%；板及预制构件的拼接处，可根据实际情况放宽；当直径不同的钢筋搭接时，按直径较小的钢筋计算。

采用绑扎搭接时，受拉钢筋的搭接长度 l_l 应根据位于同一连接区段内钢筋搭接接头面积百分率按式（5-26）计算，且不应小于 300mm。

$$l_l = \zeta_l l_a \tag{5-26}$$

式中，l_l ——纵向受拉钢筋绑扎搭接的搭接长度（mm）；

   ζ_l ——受拉钢筋搭接长度修正系数，应按表 5-3 取值。当受拉钢筋搭接接头面积的百分率为表内中间值时，修正系数可按内插取值。

表 5-3   **受拉钢筋搭接长度修正系数**

钢筋搭接接头面积百分率（%）	≤25	50	100
ζ_l	1.2	1.4	1.6

受压钢筋的搭接长度不应小于纵向受拉钢筋的搭接长度 l_l 的 0.7 倍，且不应小

于 200mm。

受拉钢筋直径 $d>25$mm，或受压钢筋直径 $d>28$mm 时，不宜采用绑扎搭接接头。

3. 架立钢筋、腰筋和拉筋的设置要求

在梁中还要设置架立钢筋、腰筋和拉筋等构造钢筋，这些钢筋的设置要求在第 4 章中已做了介绍，此处不再赘述。

5.5.2　弯起钢筋的构造要求

梁中弯起钢筋的数量和弯起位置应满足抵抗弯矩图的要求。当按斜截面受剪计算需配置弯起钢筋时，弯起钢筋的排数和根数由斜截面受剪承载力确定。第一排弯起钢筋的弯终点到支座边的距离以及前一排(从支座算起)的弯起点到后一排的弯终点之间的距离不应大于表 5-1 中 $V > V_c/\gamma_d$ 栏的箍筋最大间距的规定。梁跨中纵向受拉钢筋最多弯起 2/3，至少应有 1/3 且不少于 2 根纵筋沿梁底伸入支座。位于梁底层两侧的钢筋不应弯起。当梁宽较大(例如 $b>350$mm)时，为了使弯起钢筋在梁截面的整个宽度范围内受力均匀，在一个截面内宜同时弯起两根。

梁中弯起钢筋的弯起角度一般为 45°，当梁高 $h\geqslant700$mm 时，也可取为 60°。

为了防止弯起钢筋因锚固不足而发生滑动，导致斜裂缝开展宽度过大而使弯起钢筋的强度不能充分发挥，在绑扎骨架的钢筋混凝土梁中，当设置弯起钢筋时，弯起钢筋的弯终点以外应留有足够长的直线段锚固长度。规范规定，弯起钢筋直线段的锚固长度，在受拉区不应小于 $20d$，在受压区不应小于 $10d$(d 为弯起钢筋的直径)。对于光面钢筋尚应设置弯钩(图 5-28)。

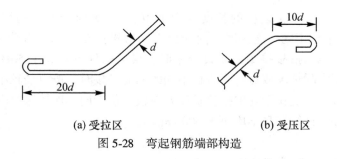

(a) 受拉区　　　　　　　　　　　　　(b) 受压区

图 5-28　弯起钢筋端部构造

5.5.3　箍筋的构造要求

1. 箍筋的形式与肢数

箍筋的形式有封闭式和开口式两种(图 5-29)。一般应采用封闭式箍筋。现浇 T 形梁不承受扭矩和动荷载时，在跨中也可采用开口式箍筋。当梁中配有计算的受压钢筋时，为了防止纵筋压屈，箍筋必须采用封闭式。

箍筋的肢数有单肢、双肢、四肢等，如图 5-29 所示。箍筋肢数的选取，取决于斜截面受剪承载力计算的需要和梁宽以及一排内纵向钢筋的根数。当梁截面宽度 $b\leqslant400$mm 时，常用双肢箍；当梁截面宽度 $b>400$mm 且一层中纵向受压钢筋多于 3 根，或当梁截面

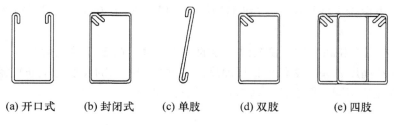

| (a) 开口式 | (b) 封闭式 | (c) 单肢 | (d) 双肢 | (e) 四肢 |

图 5-29　箍筋的形式与肢数

宽度 $b \leqslant 400\text{mm}$ 但一层内的纵向受压钢筋多于 4 根时，应设置复合箍筋，如四肢箍或六肢箍。

2. 箍筋的直径与间距

箍筋的最小直径和最大间距除按计算确定外，还应满足表 5-1 的构造要求。当 $V > 0.5f_t b h_0/\gamma_d$ 时，还应满足最小配箍率的要求。当梁中配有计算需要的受压钢筋时，箍筋直径尚不应小于 $d/4$，d 为受压钢筋中的最大直径。

当梁中配有计算需要的纵向受压钢筋时，箍筋间距在绑扎骨架中不应大于 $15d$；在焊接骨架中不应大于 $20d$（d 为受压钢筋的最小直径），同时在任何情况下均不应大于 400mm；当一层内纵向受压钢筋多于 5 根且直径大于 18mm 时，箍筋间距不应大于 $10d$。

在纵向钢筋绑扎搭接接头的长度范围内，当纵筋受拉时，箍筋间距不应大于 $5d$，且不大于 100mm；当纵筋受压时，箍筋间距不应大于 $10d$，且不大于 200mm。这里 d 为搭接钢筋中的较小直径；箍筋直径不应小于搭接钢筋较大直径的 0.25 倍。

5.5.4　钢筋混凝土构件施工图

1. 模板图

模板图主要用来标注构件的外形尺寸及预埋件的位置及编号，供制作模板之用，同时还可用来计算混凝土方量。模板图一般比较简单，因而比例尺不必太大，但尺寸应标注齐全。简单的构件，也可将模板图与配筋图合并在一起。

2. 配筋图

配筋图用来标明钢筋的布置情况及在模板中的位置，包括构件配筋纵向剖面图和横剖面图，主要为制作钢筋骨架用。为了避免混乱，对于规格、长度或形状不同的钢筋均应编以不同的编号，并在纵向剖面图和横剖面图中用小圆圈示出，钢筋编号则写在小圆圈内，在横剖面图的编号引线旁注明钢筋的根数与直径（箍筋则注明钢筋直径与间距）。简支梁的配筋图如例 5-5 中图 5-24 所示。

3. 钢筋表

钢筋表列出构件中所有钢筋的品种、规格、形状、长度及根数，主要为钢筋下料和加工成型用，同时可用来计算钢筋用量。下面对钢筋的细部尺寸作一些说明。

(1)直钢筋：按实际长度计算。HPB300 钢筋两端需做弯钩，一个弯钩的长度为 $6.25d$。图 5-24 中的①号钢筋为 HRB400 钢筋，考虑锚固需要，两端另加直钩。

(2)弯起钢筋：弯起钢筋的高度以钢筋外表面至外表面的距离作为控制尺寸，即梁截面高度减去上下混凝土保护层厚度(纵筋的保护层厚度取为 30mm),然后按弯起角度算出斜长。

(3)箍筋:宽度和高度均按箍筋内表面的净距计算,故箍筋的宽度和高度分别为构件截面的宽度 b 和高度 h 减去 2 倍保护层厚度。箍筋弯钩增加的长度与主筋直径有关。根据箍筋与主筋直径的不同,箍筋两个弯钩增加的长度见表 5-4。

表 5-4　　　　　　　　　　　　　　箍筋两个弯钩增加的长度(mm)

主筋直径	箍筋直径			
	6	8	10	12
10~25	100	120	140	180
28~32	120	140	160	210

作为示例,这里列出图 5-24 简支梁的钢筋表,见表 5-5。

表 5-5　　　　　　　　　　　　　　图 5-24 简支梁的钢筋表

编号	形状	直径(mm)	长度(mm)	根数	总长(m)	重量(kg)
①	150 | 3980 | 150	20	4280	2	8.56	21.11
②	260 620 2580 620 260	20	4340	1	4.34	10.70
③	3980	φ12	4130(含弯钩)	2	8.26	7.33
④	490 140 440 190	φ6	1260	20	25.20	5.59

注:表中①号钢筋考虑在支座处的锚固要求,两端各加 150mm 直钩。

应该指出的是,钢筋表内的钢筋长度还不是钢筋加工时的下料长度。由于钢筋弯折及弯钩时会伸长一些。因此,下料长度为计算长度扣除钢筋伸长值。伸长值与弯折角度的大小有关,可参阅文献[72]或有关施工手册。

需要说明的是,目前在绘制混凝土结构的梁、柱施工图时,工程上还采用平面整体表示方法。结构施工图平面整体表示法(简称平法)是把结构构件的尺寸和配筋等,按照平面整体表示方法的制图规则,整体直接表达在各类构件的结构平面布置图上,再与标准构造详图相配合,即构成一套完整的结构施工图。详请参阅《混凝土结构施工图平面整体表示方法制图规则和构造详图》[73]。这种表示方法对我国传统的混凝土结构施工图的设计表示方法作了重大改革,具有传统设计表示方法不可比拟的优势。

例 5-7　均布荷载作用下的外伸梁如图 5-30 所示,$\gamma_0 = 1.0$,$\psi = 1.0$,$\gamma_d = 1.2$。简支段的荷载设计值为 $q_1 = 57\text{kN/m}$,外伸段的荷载设计值为 $q_2 = 115\text{kN/m}$,采用 C25 混凝土,

纵向受力钢筋采用 HRB400 钢筋，箍筋采用 HPB300 钢筋，取 $a_s = 40\text{mm}$。试设计此梁并进行钢筋布置。

解：1）计算梁的剪力和弯矩设计值

支座反力：

A 支座

$$R_A = \frac{\left(\frac{1}{2}q_1l_1^2 - \frac{1}{2}q_2l_2^2\right)}{l_1} = \frac{\left(\frac{1}{2} \times 57 \times 7.0^2 - \frac{1}{2} \times 115 \times 1.86^2\right)}{7.0} = 171.08(\text{kN})$$

B 支座

$$R_B = \frac{\left[\frac{1}{2}q_1l_1^2 + q_2l_2\left(\frac{1}{2}l_2 + l_1\right)\right]}{l_1} = \frac{\left[\frac{1}{2} \times 57 \times 7^2 + 115 \times 1.86 \times \left(\frac{1.86}{2} + 7\right)\right]}{7}$$

$$= 441.82(\text{kN})$$

支座中心线处的剪力设计值：

$$V_A = 171.08(\text{kN})$$

$$V_{B左} = 171.08 - 57 \times 7 = -227.92(\text{kN})$$

$$V_{B右} = -227.92 + 441.82 = 213.90(\text{kN})$$

支座边剪力设计值：

$$V_{A边} = 171.08 - 57 \times 0.37/2 = 160.5(\text{kN})$$

$$V_{B左边} = -227.92 + 57 \times 0.37/2 = -217.4(\text{kN})$$

$$V_{B右边} = 213.90 - 115 \times 0.37/2 = 192.6(\text{kN})$$

弯矩设计值：

跨中最大弯矩截面至支座 A 的距离 $x_1 = V_A/q_1 = 171.08/57 = 3.0\text{m}$，故跨中最大弯矩设计值为：

$$M_{\max} = \frac{1}{2}q_1x^2 = \frac{1}{2} \times 57 \times 3^2 = 256.5(\text{kN} \cdot \text{m})$$

支座 B 弯矩设计值

$$M_B = -\frac{1}{2}q_2l_2^2 = -\frac{1}{2} \times 115 \times 1.86^2 = -198.9(\text{kN} \cdot \text{m})$$

2）正截面受弯承载力计算

取 $a = 40\text{mm}$，则 $h_0 = 610\text{mm}$，$f_y = 360\text{N/mm}^2$，$f_c = 11.9\text{N/mm}^2$，计算结果见表 5-6。

表 5-6 　　　　　　　　　　　　　　　　**纵向受拉钢筋计算表**

计算截面	跨中截面 C	支座截面 B
M（kN·m）	256.5	198.9
$\alpha_s = \dfrac{\gamma_d M}{f_c b h_0^2}$	0.2780	0.2156

续表

计算截面	跨中截面 C	支座截面 B
$\xi = 1 - \sqrt{1 - 2\alpha_s}$	$0.334 < \xi_b = 0.518$	$0.246 < \xi_b = 0.518$
$A_s = \dfrac{f_c b h_0 \xi}{f_y}$ （mm²）	1683	1239
实配钢筋	2Φ25(直)+2Φ22(弯)	2Φ18(直)+2Φ22(弯)
实配钢筋截面面积(mm²)	1742	1269

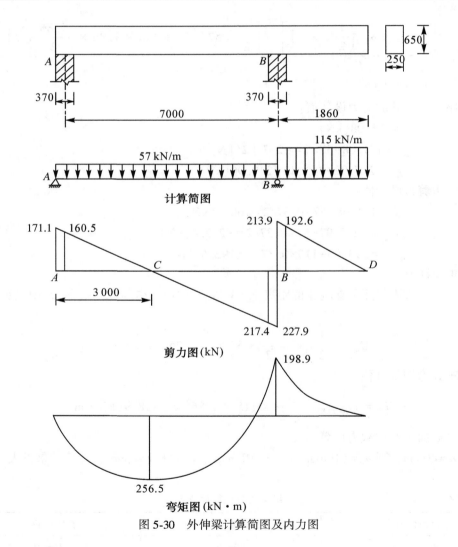

图 5-30　外伸梁计算简图及内力图

对于外伸梁或连续梁，选配钢筋时，一般先跨中，后支座。对于抵抗支座负弯矩的钢筋，可在保证梁下部有两根纵筋伸入支座的前提下，其余则可弯起到支座上部抵抗负弯矩。当抵抗负弯矩的钢筋还不够时，则另加直钢筋。弯起到支座上部的纵筋，要想利用其参与抵抗支座负弯矩，则必须满足弯起点到充分利用点的距离 $s_1 \geqslant h_0/2$ 的要求。有时还需考虑弯起钢筋同时参与抗剪，而考虑弯起钢筋参与抗剪时，第一排弯起钢筋弯终点至支座边的距离及弯起钢筋之间的距离还应满足 $s \leqslant s_{max}$ 的要求。因此，当同时考虑弯起钢筋参与抗弯和抗剪发生矛盾时，一般是先满足抗弯要求，而抗剪要求所需弯起钢筋则可通过加设鸭筋来解决，或者另加直钢筋抗弯，而弯起钢筋仅作抗剪之用。

3）斜截面受剪承载力计算

取 $f_t = 1.27 \text{N/mm}^2$，$f_{yv} = 270 \text{N/mm}^2$，$h_w = h_0 = 610 \text{mm}$，斜截面受剪承载力计算见表5-7。

表5-7   **斜截面受剪承载力计算表**

计算内容	A 支座边	B 支座左侧	B 支座右侧
剪力设计值 $V(\text{kN})$	160.5	217.4	192.6
$\gamma_d V(\text{kN})$	192.6	260.8	231.2
因 $h_w/b = 2.44 = 0.25 f_c bh_0(\text{kN})$	$453.7 > \gamma_d V$	$453.7 > \gamma_d V$	$453.69 > \gamma_d V$
$V_c = 0.5 f_t bh_0(\text{kN})$	$96.8 < \gamma_d V$	$96.8 < \gamma_d V$	$96.8 < \gamma_d V$
$V_{cs}(\text{kN})$，箍筋选用双肢Φ8@180	$188.9 < \gamma_d V$	$188.9 < \gamma_d V$	$188.9 < \gamma_d V$
第一排弯起钢筋 A_{sb1}	18.5	353.4	207.5
实配根数与直径及面积(mm^2)	2Φ22(760，构造)	1Φ22(380.1)	1Φ22(380.1)
第一排弯起钢筋弯起点处剪力设计值 $V(\text{kN})$	119.5	176.3	109.8
$\gamma_d V(\text{kN})$	$143.4 < V_{cs}$	$211.6 > V_{cs}$	$131.8 < V_{cs}$
第二排弯筋面积 $A_{sb2}(\text{mm}^2)$		111.5	
实配根数与直径及截面面积		1Φ22(380.1)	
第二排弯起钢筋弯起点处剪力设计值 $V(\text{kN})$		135.3	
$\gamma_d V(\text{kN})$		$162.4 < V_{cs}$	

注：①考虑弯起钢筋参与抵抗支座 B 的负弯矩时，第一排弯起钢筋的弯终点(对负弯矩而言即为弯起点)离开支座边的距离取为 $s = 150\text{mm}$，则第一排弯筋的弯起点离开充分利用点的距离为335mm>$h_0/2$=305mm，故可以考虑第一排弯筋参与 $B_{左}$ 的抗弯；两排弯起钢筋之间的距离也取为 $s = 150\text{mm}$。上述 s 均小于 $s_{max} = 250\text{mm}$，满足弯起钢筋参与斜截面抗剪的构造要求。

②支座 A 处所需弯起钢筋截面面积很小，弯起1Φ22已足够。这里弯起2Φ22主要是从加强斜截面抗剪及抵抗支座 A 可能出现的负弯矩考虑，多加的1Φ22属按构造弯起。

4）钢筋的布置设计与抵抗弯矩图

先按比例绘出梁的纵剖面图及弯矩图(M图)，再根据钢筋的布置情况绘出 M_R 图(图5-32)。绘出每根钢筋能够抵抗的弯矩值，从而定出每根钢筋的充分利用点。

对于 AC 段，考虑支座 A 的抗剪需要及构造要求，弯起2Φ22(钢筋②、③)，弯起点离开充分利用点的距离大于 $h_0/2 = 305\text{mm}$，且弯起钢筋与梁纵轴线的交点位于不需要点以外；支座边至弯终点的距离 $s = 150\text{mm} < s_{\max} = 250\text{mm}$，满足抗弯及抗剪方面的构造要求。余下的 $2\phi25$（钢筋①）则直接伸入支座，锚固长度 $370-30 = 340\text{mm} > 12d = 12 \times 25 = 300\text{mm}$。$CB$ 段，在满足跨中抗弯要求的前提下，综合考虑支座 B 的抗弯和抗剪要求。跨中纵筋分两排弯起，②、③号筋的弯起点离开充分利用点的距离均大于 $h_0/2$，且与梁纵轴线的交点均位于不需要点以外。由此绘出跨中 AC、CB 段的 M_R 图（见图 5-32）。

再绘支座 B（负弯矩区段）的 M_R 图。支座 B 需配纵筋 1239mm^2，考虑跨中纵筋已弯起 $2\phi22$，故再加 2 根直钢筋 $2\phi18$ 即可，总截面面积为 1269mm^2，略大于计算值，故 M_R 的最大值近似绘成与 $-M_{B\max}$ 重合。要想利用跨中弯起的②、③号筋参与抵抗支座 B 的负弯矩，也应满足弯起点离开充分利用点大于 $h_0/2$ 的要求，同时考虑支座 B 左侧抗剪需配两排弯筋。因此，②号钢筋离开支座边的距离及②、③号弯筋的间距应小于 $s_{\max} = 250\text{mm}$，由此取②号钢筋离开支座边的距离及②、③号弯筋的间距均为 150mm。对于支座 B 左侧，在弯下②号筋后，可先弯下③号筋，再截断④号筋。亦可先截断④号筋，再弯下③号筋，本例采用后一做法。④号钢筋的充分利用点和理论截断点分别为 E 和 F，由于 E 截面处 $\gamma_d V > V_c$，故④号筋应从 E 点延伸 $\omega = 1.2l_a + h_0 = 1.2 \times 35 \times 18 + 610 = 1366\text{mm}$，且应从 F 点延伸 $\omega = 20d = 20 \times 18 = 360\text{mm}$，$E$ 到 F 的水平投影长度为 340mm，故截断点到 F 的距离为 $1366-340 = 1026\text{mm} > 20d = 360\text{mm}$，故 ω 应取大值；然后在 G 截面再弯下钢筋③。同理可绘出支座 B 右侧的 M_R 图。

5）钢筋长度计算及钢筋表的制作

配筋图见图 5-32，钢筋表见表 5-8。

表 5-8   例 5-7 梁的钢筋表

编号	形状	直径（mm）	长度（mm）	根数	总长（m）	重量（kg）
①	7350	25	7350	2	14.7	56.6
②	490 ⟍840⟋ 5140 ⟍840⟋ 670 ⟍840 250	22	9070	1	9.07	27.03
③	⟍840⟋ 490 4390 ⟍840⟋ 3090	22	9600	1	9.60	28.61
④	3520	18	3520	2	7.04	14.08
⑤	5700	12	5850	2	11.70	10.39
⑥	2030	12	2180	2	4.36	3.87
⑦	200 | 600 内口	8	1700	45	76.50	30.22
⑧	8740	10	8980	6	53.88	33.24
⑨	220	6	260	69	17.94	3.98

总重 208.02kg

应该说明的是，图 5-31 是为教学需要而作的，以反映钢筋布置设计中经常遇到的一些问题，实际工程设计时，钢筋布置设计还可作一些简化。

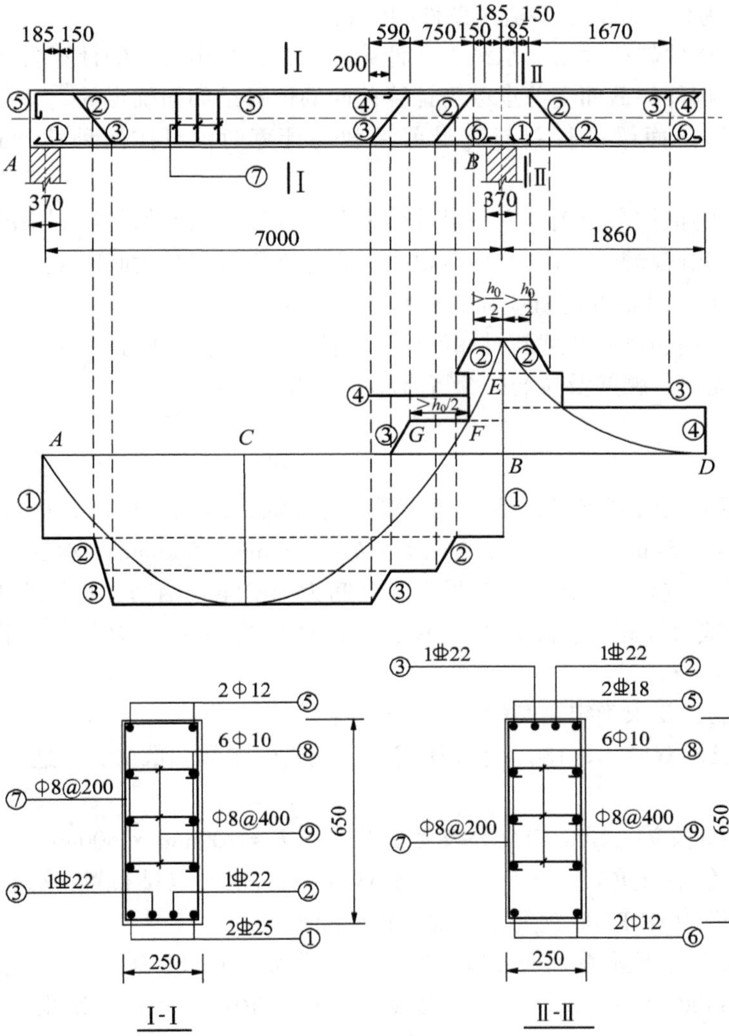

图 5-31　钢筋的布置设计与抵抗弯矩图

思考题与计算题

一、思考题

1. 什么叫弯剪斜裂缝？什么叫腹剪斜裂缝？它们产生的原因和位置有什么不同？

2. 受弯构件斜截面的主要破坏形态有哪几种？各在什么情况下发生？设计中分别采取哪些措施来加以防止？

3. 影响受弯构件斜截面受剪承载力的主要因素有哪些？

4. 受弯构件斜截面受剪承载力的计算公式是依据哪一种破坏形态建立的？公式的适用条件有哪些？为什么要有这些适用条件的限制？

5. 简述受弯构件斜截面受剪承载力的计算步骤，并写出有关的计算公式。

6. 简述受弯构件斜截面受剪承载力计算截面的位置是如何确定的。

7. T 形或 I 形截面梁进行斜截面受剪承载力计算时，可按何种截面进行计算？为什么？

8. 什么是梁的抵抗弯矩图？它与设计弯矩图是什么关系？如何绘制梁的抵抗弯矩图？

9. 梁中箍筋和弯起钢筋有哪些构造要求？为什么要限制最大间距 s_{max}？梁中配有计算所需的受压钢筋时，其箍筋配置应注意哪些问题？为什么？

10. 纵向受拉钢筋弯起和截断时如何保证斜截面的受弯承载力？

11. 梁中架立筋、腰筋及拉筋的配置有哪些要求？

二、计算题

1. 已知一矩形截面简支梁，结构安全等级为 Ⅱ 级，两端支承在 240mm 厚的砖墙上，梁的计算跨度 $l_0 = 5.54\text{m}$，净跨 $l_n = 5.3\text{m}$，$b \times h = 200\text{mm} \times 500\text{mm}$，承受均布荷载设计值 $q = 39\text{kN/m}$（包括自重），采用 C25 混凝土，纵筋为 HRB400 钢筋，箍筋为 HPB300 钢筋。按正截面受弯承载力计算，已配有 3Φ20+2Φ18 纵筋（第一排 3Φ20，第二排 2Φ18，$h_0 = 440\text{mm}$）。试求：

（1）只配箍筋，要求确定箍筋的直径和间距；

（2）如箍筋已配双肢Φ6@180，计算所需弯起钢筋的排数和数量，并选定钢筋的直径和根数。

2. 矩形截面简支梁，结构安全等级为 Ⅱ 级，$b \times h = 200\text{mm} \times 600\text{mm}$，承受荷载设计值 $g+p = 8\text{kN/m}$（包括自重），$Q = 55\text{kN}$（图 5-33）；纵向钢筋双排布置，$h_0 = 540\text{mm}$，采用 C25 混凝土，箍筋为 HPB300 钢筋，试确定箍筋配置。

3. 如图 5-34 所示矩形截面简支梁，结构安全等级为 Ⅱ 级，采用 C25 混凝土，纵筋已配 4Φ20 的 HRB400 钢筋，箍筋已配双肢Φ6@120 的 HPB300 钢筋，试求梁的允许荷载设计值 q。

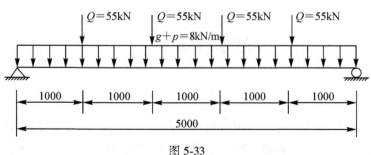

图 5-33

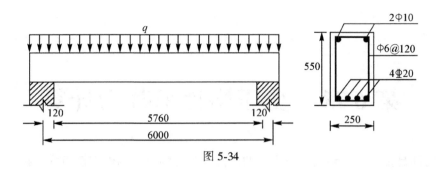

图 5-34

4. 图 5-35 所示为矩形截面简支梁，结构安全等级为 Ⅱ 级，承受均布荷载设计值 $g+q=50\text{kN/m}$(包括自重)，$b \times h = 250\text{mm} \times 550\text{mm}$，采用 C25 混凝土，纵筋用 HRB400，箍筋用 HPB300。

(1)确定纵向受力钢筋的直径和根数；

(2)确定腹筋(包括弯起钢筋)的直径和间距；

(3)绘制抵抗弯矩图及配筋详图；

(4)列出钢筋表。

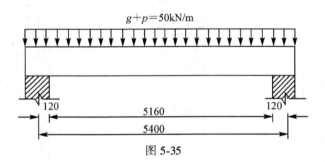

图 5-35

5. 支承在砖墙上承受均布荷载作用的矩形截面外伸梁(图 5-36)，结构安全等级为 Ⅱ 级；承受永久荷载设计值 $g=20\text{kN/m}$，简支段可变荷载设计值 $p_1=35\text{kN/m}$，外伸段可变荷载设计值 $p_2=100\text{kN/m}$；$b \times h = 250\text{mm} \times 700\text{mm}$，采用 C25 混凝土，纵筋用 HRB400 钢筋，箍筋用 HPB300 钢筋。试设计该梁并绘出配筋详图。

提示：在确定梁的控制截面内力时，应考虑活荷载的最不利布置。

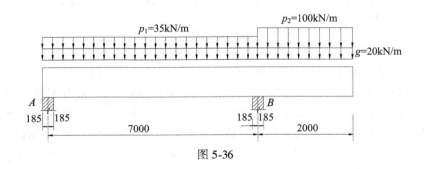

图 5-36

第 6 章　受压构件承载力计算

受压构件是指以承受轴向压力为主的构件，常见的受压构件有桥墩柱、桩、水工建筑物中的渡槽排架柱、水闸闸墩、启闭台的排架柱、厂房中的吊车梁柱、民用建筑中的排架柱等，如图 6-1 所示。当轴向压力作用线与构件的截面形心轴线重合时，称为轴心受压构件，如图 6-2(a)所示。当轴向压力作用线偏离构件截面形心或构件上同时作用有轴向压力及弯矩时，称为偏心受压构件。当轴向压力作用线仅与构件截面的一个方向的形心线重合时，称为单向偏心受压构件，如图 6-2(b)和(c)所示；当轴向压力作用线与构件截面的两个方向都不重合时，称为双向偏心受压构件，如图 6-2(d)所示。

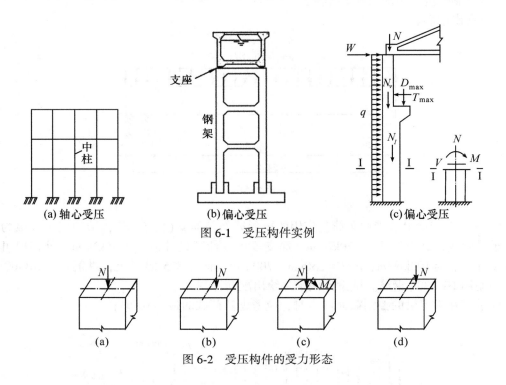

图 6-1　受压构件实例

图 6-2　受压构件的受力形态

由于混凝土是一种非匀质材料，加之施工上的误差，很难做到构件任意横截面上的几何形心与质量中心相重合，无法保证构件每一横截面都处于轴心受压状态，所以严格地说，实际工程中不存在真正的轴心受压构件。但在一些结构中，外加荷载的实际微小偏心对构件承载力影响很小，同时按轴心受压构件进行设计又非常简单方便，所以，对于偏心距很小的轴向受压构件可以近似地按轴心受压构件来设计，这样简化所产生的误差很小。

例如，几十年前曾使用过的钢筋混凝土屋架中的腹杆，等跨柱网结构中弯矩值很小的内柱、码头结构中的桩等可以视为轴心受压构件。在工程结构中偏心受压构件有单层厂房的排架柱、水工渡槽的框架柱等。

6.1 轴心受压构件的承载力计算

轴心受压柱分为短柱和长柱，影响两者承载力大小的因素不一样，故两者的破坏形态有所不同。如果构件的承载力仅取决于构件的截面尺寸和材料强度，此类受压构件称之为短柱；如果构件的承载力除了与上述因素有关系外，还与构件的长细比及其侧向变形的大小有关系（构件的侧向变形可产生附加弯矩），此类受压构件则属于长柱。一般认为满足下列关系式时为短柱，否则为长柱。

$$\left.\begin{array}{ll} 任意形状截面 & \dfrac{l_0}{i} \leqslant 28 \\[2mm] 矩形截面 & \dfrac{l_0}{b} \leqslant 8 \\[2mm] 圆形截面 & \dfrac{l_0}{d} \leqslant 7 \end{array}\right\} \tag{6-1}$$

式中，l_0——受压构件的计算高度；

b，d——矩形截面的短边尺寸，圆形截面直径；

i——任意截面的最小回转半径。

6.1.1 轴心受压短柱的破坏特征及应力重分布过程

1. 破坏特征

当轴心受压短柱配置有适量的纵向受力钢筋和横向箍筋时，从大量的试验结果可以看出，在轴向压力的作用下，整个截面上的应变基本上是均匀分布的，钢筋与混凝土有相同的变形。但由于钢筋与混凝土的弹性模量值相差较大，因此钢筋的应力比混凝土的应力大得多。对于纵向钢筋强度较低的短柱，在混凝土达到其极限压应变之前，钢筋可先到达抗压屈服强度 f_y'。随着荷载的增大，钢筋的应力基本保持不变，而混凝土的压应力有较快增长。当混凝土压应力临近或达到其抗压强度，或者应变达到极限压应变 ε_{cu} 时，柱子四周出现明显的纵向裂缝，箍筋的应力及变形也随之增大，混凝土保护层开始脱落，纵向受压钢筋产生向外凸出的压屈现象，最终混凝土被压碎，受压构件破坏，如图 6-3(a) 所示。

试验结果表明，纵向受力钢筋除了可以协助混凝土承受轴向压力外，还可以防止构件突然崩裂破坏，提高构件的延性，增大构件的变形能力。而箍筋一方面可限制纵筋的外凸，另一方面可约束核心混凝土的变形。箍筋的这种作用的大小与其直径和间距相关。

2. 轴心受压短柱的应力重分布过程

从上述受压短柱的破坏特征可以知道，在整个加载过程中，组成受压短柱的钢筋和混

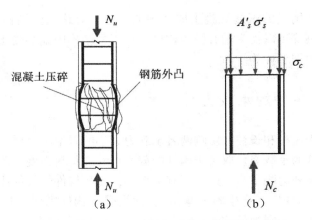

图 6-3　轴心受压短柱破坏形态和截面应力分布

凝土的应力不是成比例的增大，而是根据应变的大小按各自的应力-应变关系变化，这种变化过程，即是轴压短柱的应力重分布过程。

　　在整个加载过程中，钢筋与混凝土具有相同的变形，由钢筋与混凝土的应力-应变关系曲线可得到：

$$\left.\begin{array}{l} \sigma_c = v\varepsilon_c E_c \\ \sigma_s' = \varepsilon_s E_s \end{array}\right\} \tag{6-2}$$

式中，σ_c，σ_s'——混凝土及受压钢筋的压应力；

　　　　ε_c，ε_s——混凝土及受压钢筋的压应变；

　　　　E_c——混凝土的原点切线弹性模量；

　　　　v——混凝土的弹性系数；

　　　　E_s——钢筋的弹性模量。

由图 6-3（b）所示的截面应力分布和静力平衡可以得到：

$$N_c = \sigma_c A_c + \sigma_s' A_s' \tag{6-3}$$

将式（6-2）代入上式，并取 $\varepsilon_c = \varepsilon_s$，$\alpha_E = E_s/E_c$，$A_c = A$，$\rho' = A_s'/A$，则得：

$$N_c = \sigma_c A\left(1 + \frac{\rho'\alpha_E}{v}\right) \tag{6-4}$$

或

$$N_c = \sigma_s' A_s'\left(1 + \frac{v}{\rho'\alpha_E}\right) \tag{6-5}$$

从而可以得出：

$$\left.\begin{array}{l} \sigma_c = \dfrac{N_c}{A\left(1 + \dfrac{\rho'\alpha_E}{v}\right)} = \dfrac{\sigma_0}{1 + \dfrac{\rho'\alpha_E}{v}} \\[3em] \sigma_s' = \dfrac{N_c}{A_s'\left(1 + \dfrac{v}{\rho'\alpha_E}\right)} = \dfrac{\sigma_0}{\rho' + \dfrac{v}{\alpha_E}} \end{array}\right\} \tag{6-6}$$

式中，N_c——构件上的轴向压力；

   ρ'——受压钢筋的配筋率；

   A，A_c——构件截面面积和混凝土净面积；

   σ_0——构件截面上的平均压应力，$\sigma_0 = N_c/A$；

   α_E——钢筋与混凝土的弹性模量比。

由式（6-6）可作出如图 6-4 所示的 $\sigma_c - N_c$ 和 $\sigma_s' - N_c$ 关系曲线。由曲线可知，当 N_c 较小时，$\sigma_c - N_c$ 和 $\sigma_s' - N_c$ 基本上呈线性关系；随着 N_c 增大，由于混凝土塑性变形的发展，$\sigma_c - N_c$ 曲线趋于平缓，即混凝土应力的增长速度变慢；而 $\sigma_s' - N_c$ 曲线趋于陡峭，即钢筋应力的增长速度加快。

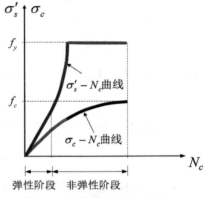

图 6-4 钢筋及混凝土应力与轴向力 N 的关系

当钢筋应力达到屈服强度时，钢筋应力不再增长，$\sigma_s' - N_c$ 曲线呈水平直线变化，而混凝土的压应力增长速度开始加快，直至构件破坏。

当外荷载长时间作用于轴心受压短柱上时，由于混凝土徐变变形的影响，造成混凝土"变软"，因此混凝土的压应力随时间而降低，而钢筋的压应力随时间而增大。随着时间的增加，混凝土的徐变变形逐渐减小，混凝土与钢筋的压应力不再产生较大的变化，如图 6-5（a）、（b）中曲线①所示。这种应力重分布的程度除了与混凝土徐变大小有关系外，还与纵向受力钢筋的配筋率 ρ' 有关系。一般来说，ρ' 较大，则这种应力重分布的程度高一些，反之则低一些。图 6-5（a）、（b）中曲线②表示在长期荷载作用下，构件卸载后再加载时，混凝土应力和钢筋应力的变化过程。由图中曲线②可知，当构件配筋率较大（$\rho' \geq 2\%$）时，卸载后，钢筋的压应力并不恢复到零，甚至混凝土中还可能出现拉应力，这是由于混凝土存在残余应变而钢筋的弹性恢复受到混凝土阻碍而引起的。如图 6-5（c）所示，在轴向压力 N_c 的作用下，轴压柱产生 Δl_1 变形，荷载长期作用下又产生徐变变形 Δl_2，卸载并回徐后残余变形为 Δl_3，可知钢筋仍存在压应力，而混凝土由于受钢筋的顶托而受拉。

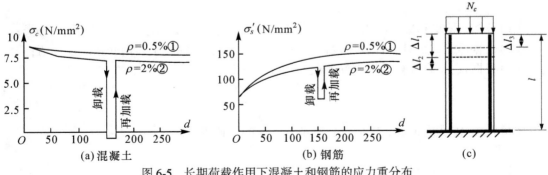

图 6-5 长期荷载作用下混凝土和钢筋的应力重分布

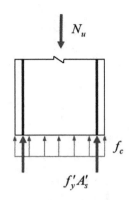

图 6-6　轴心受压短柱承载力计算简图

6.1.2　轴心受压短柱承载力计算

大量的试验表明，钢筋混凝土轴心受压短柱中混凝土达到应力峰值时的压应变一般为 0.0025 ~ 0.0035，远大于素混凝土轴心受压短柱达到应力峰值时的压应变(0.0015 ~ 0.002)，可知柱中纵向受力钢筋可先达到其屈服强度，然后混凝土达到最大压应变值 ε_{cu} 而破坏。在设计计算时，可偏安全地取混凝土的极限压应变等于 0.002 作为受压钢筋抗压强度设计取值的依据，并认为受压钢筋与混凝土达到其各自的强度设计值，于是可得出轴心受压短柱破坏时的截面应力图形，如图 6-6 所示，并由应力图形导出钢筋混凝土轴心受压短柱的承载力计算公式：

$$N \leqslant \frac{N_u}{\gamma_d} = \frac{1}{\gamma_d}(f_c A + f'_y A'_s) \tag{6-7}$$

式中，N——轴向压力设计值(荷载效应设计值)；

$\quad\quad N_u$——构件能承受的轴向压力设计值(抗力设计值)；

$\quad\quad \gamma_d$——结构系数；

$\quad\quad f_c, f'_y$——分别为混凝土和钢筋的抗压强度设计值；

$\quad\quad A$——构件截面面积，在受压钢筋配筋率大于 3% 时，A 应取混凝土净截面面积 A_c，

$\quad\quad\quad A_c = A - A'_s$；

$\quad\quad A'_s$——纵向受压钢筋的截面总面积。

值得注意的是，钢筋抗压强度设计值的取值不仅与钢筋的等级有关，同时还与混凝土的极限压应变值有关。由于混凝土轴心受压时的极限压应变值为 0.002，与此应变值相适应，受压钢筋能达到的最大压应力 $\sigma'_s = 0.002 \times 2.0 \times 10^5 = 400\text{N/mm}^2$。从这个应力的限值来看，在受压柱中，HPB300、HRB400、RRB400 钢筋均可以达到其抗压强度设计值，而 HRB500 钢筋的抗压强度设计值则只能取为 400N/mm^2。

钢筋混凝土轴心受压短柱的设计内容包括截面设计和截面校核。具体的计算步骤如下。

1. 截面设计

(1)按构造要求和参考已建成的建筑物选择截面尺寸、混凝土的强度等级和钢筋种类；

(2)根据已给的设计条件查得设计参数 γ_0、ψ、γ_d 以及混凝土和钢筋强度设计值；

(3)根据式(6-7)计算受压钢筋的截面积 A'_s，即

$$A'_s \geqslant \frac{\gamma_d N - f_c A}{f'_y} \tag{6-8}$$

(4)根据 A'_s 选配钢筋，A'_s 应符合本节 6.1.5 的构造规定。

2. 截面校核

(1)根据已给的设计条件查得设计参数和材料的强度设计值；

（2）由式（6-7）计算构件所能承受的最大轴向压力设计值。

6.1.3 轴心受压长柱破坏特征及稳定系数

轴心受压长柱除承受轴向压力外，还承受因初始偏心距而产生的附加弯矩，柱将产生侧向挠曲。而侧向挠曲又进一步增大初始偏心距产生的弯矩，如此相互影响，最终使长柱在轴向压力和弯矩的共同作用下而破坏。当柱的长细比 $\dfrac{l_0}{b}$ 太大时，还可能造成长柱失稳破坏。

由于长柱受轴向压力和附加弯矩的共同作用，破坏时其截面上的应力分布是不均匀的。当截面上某一部分的混凝土及钢筋达到其极限强度时，另一部分则处于稍低的应力状态，甚至在构件的长细比很大的情况下，构件失稳破坏时截面上的应力均低于材料的极限强度，所以长柱承载力低于相同截面尺寸和材料强度的短柱承载力。采用稳定系数 φ 来反映长柱承载力降低的程度，即

$$\varphi = \frac{N_u^l}{N_u^s} \tag{6-9}$$

式中，N_u^l ——长柱受压承载力；

$\quad\quad N_u^s$ ——短柱受压承载力。

根据大量试验数据的分析和理论计算，可以得知受压柱的稳定系数 φ 主要与构件的长细比有关，此外还与混凝土及钢筋的强度等级、钢筋的配筋率等因素有关。如图 6-7 所示，通过对国内外大量试验数据作回归分析，可以得出稳定系数 φ 的经验公式如下：

$$\varphi = 1.177 - 0.021 \frac{l_0}{b} \quad (\text{当} 8 < \frac{l_0}{b} \leq 34 \text{时})$$
$$\varphi = 0.870 - 0.012 \frac{l_0}{b} \quad (\text{当} 34 < \frac{l_0}{b} \leq 50 \text{时}) \tag{6-10}$$

式中，l_0——构件的计算长度，l_0 的取值见表 6-2；

$\quad\quad b$——矩形截面柱的短边长度。

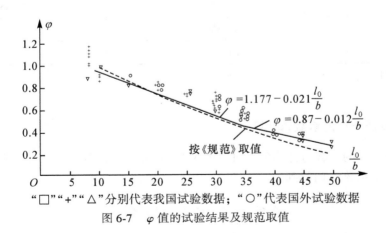

"□""+""△"分别代表我国试验数据；"○"代表国外试验数据

图 6-7　φ 值的试验结果及规范取值

159

　　由于长细比较大的轴压构件受初始偏心距的不利影响较明显，为了保证安全，φ 的实际取值比经验公式(6-10)得到的 φ 值要小一些。而对于长细比较小的轴压构件，φ 的实际取值略偏大一些，以保证用钢量不至于增加过多。根据上述原则，规范 NB/T 11011—2022 给出了 φ 值计算用表，见表 6-1。

表 6-1　　　　　　　　　　钢筋混凝土轴心受压构件的稳定系数 φ

$\dfrac{l_0}{b}$	≤8	10	12	14	16	18	20	22	24	26	28
$\dfrac{l_0}{i}$	≤28	35	42	48	55	62	69	76	83	90	97
φ	1.0	0.98	0.95	0.92	0.87	0.81	0.75	0.70	0.65	0.60	0.56
$\dfrac{l_0}{b}$	30	32	34	36	38	40	42	44	46	48	50
$\dfrac{l_0}{i}$	104	111	118	125	132	139	146	153	160	167	174
φ	0.52	0.48	0.44	0.40	0.36	0.32	0.29	0.26	0.23	0.21	0.19

　　注：l_0 为构件的计算长度，l_0 的取值见表 6-2；b 为矩形截面柱的短边长度；i 为截面最小回转半径。

表 6-2　　　　　　　　　　　　　　构件的计算长度

构件及两端约束情况		计算长度 l_0
直杆	两端固定	0.5l
	一端固定，一端为不移动铰	0.7l
	两端均为不移动铰	1.0l
	一端固定，一端自由	2.0l
拱	三铰拱	0.58S
	双铰拱	0.54S
	无铰拱	0.36S

　　注：l 为构件支点间长度；S 为拱轴线长度。

6.1.4　轴心受压长柱的承载力计算

　　轴心受压长柱的承载力计算公式可以由短柱的承载力公式(6-7)乘以反映长柱承载力降低程度的稳定系数 φ 而得到：

$$N \leqslant \frac{N_u}{\gamma_d} = \frac{1}{\gamma_d} \varphi (f_c A_c + f_y' A_s') \tag{6-11}$$

式中，φ——轴心受压柱的稳定系数，按表 6-1 选用，其余符号意义见式(6-7)。

实际上，无论是轴心受压短柱还是长柱均可用式(6-11)进行承载力计算，只是短柱的稳定系数 $\varphi = 1.0$。

轴心受压长柱的截面设计及承载力校核的计算步骤与受压短柱的基本一样，仅多出计算稳定系数一步，这里不再详细论述。

6.1.5 受压构件的构造规定

1. 截面形状和截面尺寸

为了便于施工，轴心受压构件截面形式一般采用正方形。在有特殊要求的场合下，也可以采用矩形、正多边形或圆形。而偏心受压柱则多采用矩形、T 形、I 字形及双肢柱形等截面形状。对于一些特殊的偏心受压构件也可以采用正方形、圆形和环形等截面形状，如灌注桩、预制桩、管桩等。

当截面尺寸过小时，构件的纵向弯曲较严重，此时施工误差及缺陷对小截面尺寸柱的不利影响更大一些。因此，方形截面边长或矩形截面的短边边长在预制柱中不宜小于250mm，现浇柱中则不宜小于 300mm。正多边形截面对角线或圆形截面直径也不宜小于300mm。由于受压柱长细比过大会造成承载力大幅度下降，使得长柱既不安全也不经济，因此有必要限制受压柱的长细比，一般情况下轴心受压时宜取 $\dfrac{l_0}{b} \leqslant 30$。对 T 形、I 字形、环形截面其翼缘和腹板厚不宜小于 120mm 和 100mm。这些截面形状的外形尺寸由构件的受力条件、连接条件以及施工条件确定，但此类构件的长细比宜取较小值，具体可查阅有关的规范和规程。

为方便施工，截面尺寸一般取整数，柱边长在 800mm 以下时以 50mm 为模数，柱边长在 800mm 以上时则以 100mm 为模数。

2. 材料强度

柱中混凝土强度等级较高时，可以减小柱子截面尺寸及钢筋的用量，提高建筑面积的利用率。因而对一般的受压柱宜采用 C30、C35、C40 混凝土，而对于承受很大荷载的高层建筑中的受压柱，则可采用更高强度等级的混凝土。对于由构造规定决定截面尺寸的构件则可以采用较低等级的混凝土。

受压柱纵向受力钢筋宜采用 HRB400 钢筋。如前所述，对于抗拉强度设计值较大的钢筋，其高强度不能充分发挥，所以不宜应用于受压柱中。受压柱中的箍筋一般采用HPB300 钢筋。

3. 纵筋及保护层厚度

轴心受压柱中纵向受力钢筋宜沿截面周边均匀布置，而偏心受压构件的纵向钢筋则应布置在弯矩作用方向的两边，纵向受力钢筋间的净间距应大于 50mm，以保证混凝土的振捣质量。当此条件不满足或截面形状有折拐时，应另加受力钢筋或构造钢筋。

柱中钢筋直径应不小于 12mm，宜选用较粗的钢筋。为了便于施工，钢筋直径也不宜大于 32mm。圆柱中钢筋根数不宜少于 8 根，且不应少于 6 根。为了避免截面配筋过多而影响混凝土浇筑质量，全部纵筋的配筋率不宜大于 5%。当轴心受压柱承受很大荷载且该荷载又可能一次性地卸载时，为了避免柱中混凝土因钢筋弹性恢复力过大而产生较大的拉应力，甚至出现混凝土开裂现象(见图 6-5 中曲线②)，应对钢筋配筋率加以限制。为了使轴心受压构件能够承受可能产生的附加弯矩以及抵抗因收缩、温度变形等产生的拉应力，全部纵筋的配筋率(配筋率 $\rho' = \dfrac{A'_s}{bh}$)规定：当纵向钢筋为 HPB300 时不应小于 0.6%；当纵向钢筋为 HRB400、RRB400 和 HRB500 时不应小于 0.55%。

在正常的室内环境条件下，混凝土保护层最小厚度取 25mm，环境条件差时，保护层应取大一些，具体数值参阅附录 3 附表 3-1。

4. 箍筋

箍筋在钢筋混凝土柱中能起到约束纵向受力钢筋，防止其屈曲及能限制裂缝开展的作用。同时箍筋能承受水平剪力和增加构件的延性，所以所有柱子均应配箍筋。箍筋与纵筋应绑扎或焊接成受力骨架，以便于施工。

(1)箍筋直径。箍筋应采用热轧钢筋，其直径不应小于 $0.25d_0$(d_0 为纵向受力钢筋的最大直径)，也不应小于 6mm。当纵向受力钢筋配筋率大于 3%时，箍筋最小直径不宜小于 8mm。

(2)箍筋间距。箍筋间距不应大于 400mm；当钢筋骨架为焊接骨架时，箍筋间距不得大于 20d；当钢筋骨架为绑扎时，箍筋间距不得大于 15d。无论是绑扎或焊接骨架，箍筋间距均不得大于截面短边尺寸。纵向受力钢筋配筋率大于 3%时，箍筋间距不应大于 10d (d 为纵向受力钢筋的最小直径)，且不应大于 200mm。在绑扎骨架中非焊接的搭接接头长度范围内，箍筋应加密。具体如图 6-8 所示。

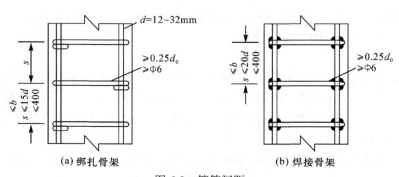

图 6-8　箍筋间距

(3)附加箍筋。箍筋的每条直线边最多可约束 3 根纵向受力钢筋，因此当每边上纵筋数量多于 4 根时，则应设置复合箍筋，以防止中间的纵筋向外凸出。对于纵向钢筋中心距较大的受压柱，为了防止箍筋的弯曲，截面中应添加纵向构造钢筋并加设复合箍筋。复合箍筋的直径及间距的要求同前述箍筋的要求一样。复合箍筋的形状无具体规定，但应遵守安全、可靠、经济、方便的原则，如图 6-9 所示。

对于 T 形、I 字形、L 形等有内折角的截面，箍筋应按图 6-10(b)所示的方式布置，而不得采用图 6-10(a)所示的有内折角的箍筋形式，以防止转角处的混凝土崩落。

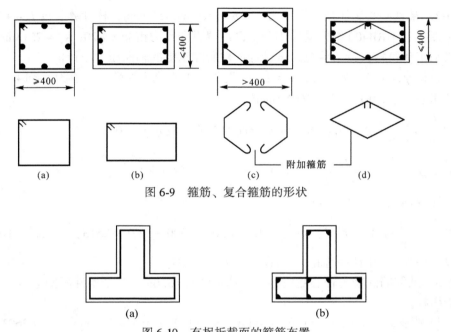

图 6-9　箍筋、复合箍筋的形状

图 6-10　有拐折截面的箍筋布置

例 6-1　某轴心受压柱为 3 级水工建筑物，设计状况为持久状况，其上承受轴向恒载压力标准值 $N_{Gk}=800\text{kN}$，轴向活载压力标准值 $N_{Qk}=1400\text{kN}$，柱采用 C35 混凝土，HRB400 钢筋，计算长度为 3m，试计算纵向受压钢筋。

解：参照类似结构，取截面尺寸 $b\times h=400\text{mm}\times400\text{mm}$，查得 $\gamma_0=1.0$，$\psi=1.0$，$\gamma_d=1.2$。永久荷载分项系数 $\gamma_G=1.1$，可变荷载分项系数 $\gamma_Q=1.3$。混凝土轴心抗压强度设计值为 $f_c=16.7\text{N/mm}^2$，钢筋的抗压强度设计值为 $f'_y=360\text{N/mm}^2$。

柱子的轴向压力设计值为

$$N=\psi\gamma_0(\gamma_G N_{Gk}+\gamma_Q N_{Qk})=1.0\times1.0\times(1.1\times800+1.3\times1400)=2700\text{ kN}$$

因为 $\dfrac{l_0}{b}=\dfrac{3}{0.4}=7.5<8$，故 $\varphi=1.0$。

将上述数据代入式(6-7)得

$$A'_s\geqslant\frac{\gamma_d N-f_c A}{f'_y}=\frac{1.2\times2700\times10^3-16.7\times400\times400}{360}=1577.8\text{ mm}^2$$

选择 $8\Phi16$，$A'_s=1608\text{mm}^2$，配筋率 $\rho'=\dfrac{A'_s}{bh}=\dfrac{1608}{400\times400}=$

1.01%，满足纵筋配筋率要求。

因 $0.25d_0=0.25\times16=4\text{mm}<6\text{mm}$，箍筋直径取 8mm。

箍筋间距：当钢筋骨架为捆扎时，箍筋间距不得大于 $15d_0=15\times16=240\text{mm}$，箍筋间距取 $s=200\text{mm}$，如图 6-11 所示。

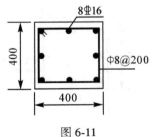

图 6-11

例 6-2　某轴心受压柱截面尺寸为 $b \times h = 500\text{mm} \times 500\text{mm}$，柱计算长度 $l_0 = 4.0\text{m}$，采用 C30 混凝土和 HRB400 纵向受压钢筋，已配置纵向受力钢筋 $8 \oplus 20$（$A_s' = 2513\text{mm}^2$），该柱为 3 级水工建筑物，持久状况。试设计该柱所能承受的轴向压力设计值。

解：查得 $\gamma_0 = 1.0$，$\psi = 1.0$，$\gamma_d = 1.2$。混凝土轴心抗压强度设计值为 $f_c = 14.3\text{N/mm}^2$，钢筋的抗压强度设计值为 $f_y' = 360\text{N/mm}^2$。

因为 $\dfrac{l_0}{b} = \dfrac{4}{0.5} = 8$，可不考虑纵向弯曲的影响，故 $\varphi = 1.0$。

配筋率 $\rho' = \dfrac{A_s'}{bh} = \dfrac{2513}{500 \times 500} = 1.0\% < 3.0\%$，取 $A = bh$。

将上述数据代入式（6-7）得

$$N \leqslant \frac{N_u}{\gamma_d} = \frac{1}{\gamma_d}(f_c A_c + f_y' A_s') = \frac{1}{1.2}(14.3 \times 500 \times 500 + 360 \times 2513) = 3733 \times 10^3 \text{N}$$

所以该柱能承受的最大轴向压力设计值为 3733kN。

例 6-3　某钢筋混凝土轴心受压柱，计算长度 $l_0 = 5.6\text{m}$，其余条件同例题 6-1，试设计该轴心受压柱。

解：与例题 6-1 相同，$\gamma_0 = 1.0$，$\psi = 1.0$，$\gamma_d = 1.2$，$f_c = 16.7\text{N/mm}^2$，$f_y' = 360\text{N/mm}^2$。

因为 $\dfrac{l_0}{b} = \dfrac{5.6}{0.4} = 14 > 8$，需考虑纵向弯曲的影响，查表 6-1 得 $\varphi = 0.92$。将上述数据代入式（6-11）得

$$A_s' \geqslant \frac{\dfrac{\gamma_d N}{\varphi} - f_c A}{f_y'} = \frac{\dfrac{1.2 \times 2700 \times 10^3}{0.92} - 16.7 \times 400 \times 400}{360} = 2360.4 \text{ mm}^2$$

选择 $8 \oplus 20$，$A_s' = 2513\text{mm}^2$，配筋率 $\rho' = \dfrac{A_s'}{bh} = \dfrac{2513}{400 \times 400} = 1.57\%$，满足纵筋配筋率要求。

因 $0.25d_0 = 0.25 \times 20 = 5\text{mm} < 6\text{mm}$，箍筋直径取 8mm。

当钢筋骨架为捆扎时，箍筋间距不得大于 $15d_0 = 15 \times 20 = 300\text{mm}$，箍筋间距取 $s = 250\text{mm}$。如图 6-12 所示。

例 6-4　某现浇柱截面尺寸为 300mm×300mm，柱计算长度 $l_0 = 4.2\text{m}$，采用 C35 混凝土和 HRB400 纵向受压钢筋，已配置纵向受力钢筋 $4 \oplus 22$（$A_s' = 1520\text{mm}^2$），柱为 3 级水工建筑物，持久状况。试计算该柱所能承受的轴向压力。

解：查表得 $\gamma_0 = 1.0$，$\psi = 1.0$，$\gamma_d = 1.2$。混凝土轴心抗压强度设计值为 $f_c = 16.7\text{N/mm}^2$，钢筋抗压强度设计值为 $f_y' = 360\text{N/mm}^2$。

因为 $\dfrac{l_0}{b} = \dfrac{4.2}{0.3} = 14$，需考虑纵向弯曲的影响，查表 6-1 得 $\varphi = 0.92$。

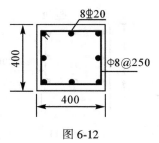

图 6-12

配筋率 $\rho' = \dfrac{A_s'}{bh} = \dfrac{1520}{300 \times 300} = 1.69\% < 3.0\%$，取 $A = bh$。

将上述数据代入式(6-11)得

$$N \leqslant \frac{N_u}{\gamma_d} = \frac{1}{\gamma_d}\varphi(f_c A_c + f_y' A_s') = \frac{1}{1.2} \times 0.92 \times (16.7 \times 300 \times 300 + 360 \times 1520)$$

$$= 1572 \times 10^3 (\text{N})$$

所以该柱能承受的最大轴向压力设计值为 1572kN。

6.2 螺旋式箍筋轴心受压柱的承载力计算

6.2.1 概述

如果要求受压柱承受很大的轴向压力，但却因受建筑、使用诸因素的限制，其截面尺寸不能加大，而且通过提高混凝土和钢筋的强度，加大纵向受力钢筋配筋率等措施后仍不满足其承担设计荷载的要求时，可考虑采用螺旋式箍筋柱或焊环式箍筋柱，如图 6-13 所示。螺旋式箍筋柱和焊环式箍筋柱的受力及变形性能相同，其设计计算方法也一样，以下论述中对二者不加区别。

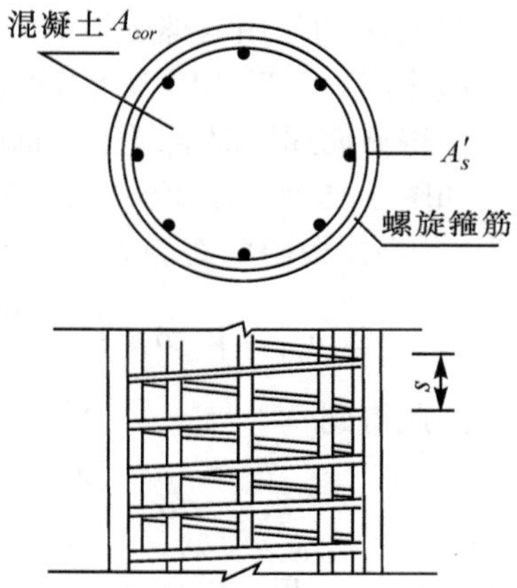

6.2.2 受力及变形性能

相关试验结果表明，沿柱高连续布置的螺旋箍筋，对其包围的核心混凝土起着一个"套筒"作用。当螺旋式箍筋柱上的外荷载逐渐加大时，柱内混凝土轴向产生较大的压缩变形，沿径向也产生明显的变形。这种变形使得螺旋箍筋产生环向拉力，箍筋对混凝土施加径向挤压力，约束了混凝土的径向变形，使核心部分混凝土处于三向受压的状态，从而间接地提高了混凝土的抗压强度。随着荷载的增大，螺旋箍筋中的环向拉应力也不断增大，直到螺旋箍筋屈服，不能再约束核心部分混凝土的径向变形时，混凝土的抗压强度急剧下降，最终混凝土被压碎。与此同时，纵筋所受的约束也减弱甚至消失，以至于产生屈曲，构件丧失承载能力。螺旋式箍筋柱受力全过程的荷载-变形曲线如图 6-14 所示。

由以上论述可知，螺旋式箍筋柱的承载力大于同样纵筋配筋率、同样

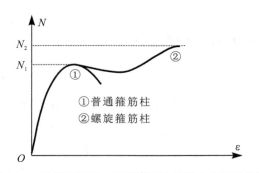

图 6-13 螺旋式箍筋柱

图 6-14 螺旋箍筋柱、普通箍筋柱的受力全过程曲线

截面面积及材料强度的普通箍筋柱的承载力，其变形能力也明显大于普通箍筋柱的变形能力。承载力和变形能力的提高幅度与螺旋箍筋"套筒"作用的强弱有关，即与箍筋的直径、强度及间距有关。

6.2.3 承载力计算

螺旋式箍筋轴心受压柱的极限承载力仍可用式(6-7)表达。与普通箍筋柱不同的是，螺旋箍筋柱破坏时其核心部分混凝土的抗压强度 f_c^* 大于混凝土抗压强度设计值 f_c，该抗压强度 f_c^* 可以采用圆柱体混凝土在轴向压力及径向压力作用下的强度近似计算公式，即

$$f_c^* = f_c + 4\sigma_r \tag{6-12}$$

式中，f_c、f_c^*——分别为单向受压和三向受压状态下混凝土轴心抗压强度；

σ_r——试件周围所受到的径向压应力。

此处 σ_r 的作用与螺旋箍筋的"套筒"作用相同，因此需确定螺旋箍筋对混凝土的挤压力。由作用力与反作用力相等的原则可知，螺旋箍筋对混凝土的最大挤压力与混凝土径向膨胀使得箍筋屈服时混凝土对钢筋的挤压力相等。

如图 6-15 所示，取一圈箍筋为单元体，设箍筋间距为 s，根据极限状态静力平衡条件可得

$$2f_y a_{sto} = \int_{-\frac{\pi}{2}}^{\frac{\pi}{2}} \sigma_r s \frac{d_{cor}\cos\theta}{2}\mathrm{d}\theta = \sigma_r s d_{cor} \tag{6-13a}$$

由此得到

$$\sigma_r = \frac{2f_y a_{sto}}{s d_{cor}} \tag{6-13b}$$

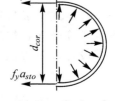

图 6-15 混凝土径向压力计算示意图

式中，a_{sto}——单肢螺旋箍筋的截面积；

f_y——螺旋箍筋的抗拉强度设计值；

s——螺旋箍筋的间距；

d_{cor}——由螺旋箍筋所包围的核心圆的直径。

由 $A_{cor} = \frac{\pi}{4}d_{cor}$，并设 $A_{sto} = \frac{\pi d_{cor} a_{sto}}{s}$，代入式(6-13b)中得到

$$\sigma_r = \frac{f_y}{2}\frac{A_{sto}}{A_{cor}} \tag{6-14}$$

将 σ_r 代入式(6-12)中，得

$$f_c^* = f_c + 2f_y \frac{A_{sto}}{A_{cor}}$$

由普通钢筋混凝土柱的承载力计算式(6-7)可以得出螺旋箍筋柱的承载力计算式

$$N \leqslant \frac{N_u}{\gamma_d} = \frac{1}{\gamma_d}(f_c A_{cor} + 2f_y A_{sto} + f_y' A_s') \tag{6-15}$$

式中，A_{cor}——柱核心混凝土面积，$A_{cor} = \frac{\pi(d-2c)^2}{4}$，其中 c 为混凝土保护层厚度；

A_{sto}——将螺旋箍筋对混凝土强度的提高作用转化成纵向受力钢筋(间接钢筋)的截

面积 $A_{sto} = \dfrac{\pi d_{cor} a_{sto}}{s}$;

f_y——螺旋箍筋的抗拉强度设计值,其他符号同前。

螺旋箍筋柱的计算一般为截面校核问题,其主要计算步骤如下:

(1)根据受力条件和构造规定,确定截面尺寸、材料强度等级;

(2)由构造规定确定箍筋直径和间距;

(3)计算间接钢筋截面面积 A_{sto};

(4)由式(6-15)计算出螺旋箍筋柱所能承受的最大轴压力设计值。

6.2.4 应用的限制条件和构造规定

1. 限制条件

具有下列情况之一,不得考虑间接钢筋的作用,而只能按普通钢筋柱来计算其承载力。

(1)当长细比 $\dfrac{l_0}{d} > 12$ 时,由于纵向弯曲的影响可能导致螺旋箍筋不能发挥作用。

(2)构件按螺旋箍筋柱计算得到的承载力小于同样条件下按普通箍筋柱计算得到的承载力时。

(3)当间接钢筋的截面积 A_{sto} 小于纵向受力钢筋截面积的 25%时,套箍作用的效果不明显。

尽管螺旋式箍筋柱具有承载能力高和变形能力大的特点,但因这种类型柱用钢量较大,造价较高,同时施工较复杂,除在一些特殊的场合外,一般较少采用。在许多情况下,可以选择采用钢管混凝土。

2. 构造规定

(1)截面形状宜选用圆形或正多边形。

(2)圆形截面直径或正多边形截面对角线长度不宜小于 $\dfrac{l_0}{12}$,也不宜小于 350mm。

(3)纵筋数量不宜少于 8 根,直径不宜小于 16mm。

(4)箍筋直径的选择与普通箍筋柱相同。

6.3 偏心受压构件正截面破坏特征

钢筋混凝土偏心受压构件正截面的受力特点和破坏特征与轴向压力的偏心距、纵向钢筋配筋率、钢筋和混凝土的材料强度等因素有关。试验表明,钢筋混凝土偏心受压构件的破坏,可以分为大偏心受压破坏(又称为受拉破坏)和小偏心受压破坏(又称为受压破坏)两种形态,下面对该两种破坏形态分别进行说明。

6.3.1 大偏心受压破坏

当轴向压力的偏心距较大,且受拉钢筋配置得不太多时,在荷载作用下,靠近轴向压力一侧受压，另一侧受拉。荷载增加到一定值时，首先在受拉区产生横向裂缝。轴向压力的偏心距愈大，横向裂缝出现愈早，裂缝的开展和延伸愈快。随着荷载继续增加，拉区裂缝随之不断地开展，受压区高度逐渐缩小。临近破坏荷载时，横向水平裂缝急剧开展，并形成一条主要破坏裂缝，受拉钢筋首先达到屈服强度。随着钢筋屈服后的塑性伸长，中和轴向受压边缘移动，受压区面积不断减小，受压区应变很快增加，最后混凝土达到极限压应变而被压碎，从而导致构件破坏。

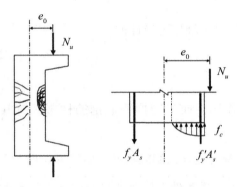

图 6-16　大偏心受压破坏

这种破坏特征与适筋的双筋截面梁类似，有明显的预兆，为延性破坏。由于破坏始于受拉钢筋屈服，然后受压区混凝土被压碎，故称受拉破坏。又由于它属于偏心距较大的情况，故又称大偏心受压破坏，构件破坏情况如图 6-16 所示。

6.3.2　小偏心受压破坏

当轴向压力偏心距较小，或者偏心距虽较大，但受拉钢筋配置太多时，在荷载作用下，截面大部分受压或全部受压，此时可能发生以下几种破坏情况：

（1）当偏心距很小时，构件全截面受压，如图 6-17（b）所示。靠近轴向力一侧的压应力较大，当荷载增大后，这一侧混凝土先被压碎，构件破坏，该侧受压钢筋达到抗压屈服强度。远离轴向力一侧的混凝土未被压碎，钢筋虽受压，但可能未达到其抗压屈服强度。

（2）当偏心距较小时，截面大部分受压，如图 6-17（c）所示。由于中和轴靠近受拉一侧，截面受拉边缘的拉应变很小，受拉混凝土可能开裂，也可能不开裂。破坏时，靠近偏心力一侧混凝土被压碎，受压钢筋应力达到抗压屈服强度，但受拉钢筋应力未达到抗拉屈服强度。不论受拉钢筋数量多少，其应力很小。

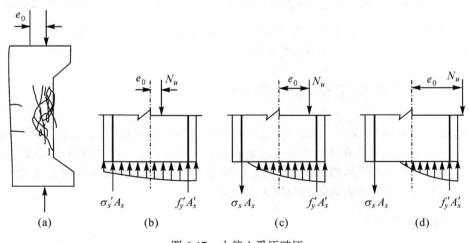

图 6-17　小偏心受压破坏

168

(3)当偏心距较大,但受拉钢筋配置太多时,同样是部分截面受压,部分截面受拉,如图 6-17(d)所示。随着荷载增大,破坏也是发生在受压一侧,混凝土被压碎,受压钢筋应力达到抗压屈服强度,构件破坏。而受拉一侧钢筋应力未能达到抗拉屈服强度,这种破坏形态类似于受弯构件的超筋梁破坏。

上述三种情况,破坏特征都是靠近轴向压力一侧的受压混凝土应变先达到极限压应变,受压钢筋达到屈服强度而破坏,故称受压破坏。又由于它属于偏心距较小的情况,故又称为小偏心受压破坏。

当轴向压力偏心距极小,靠近偏心力一侧的钢筋较多,而离轴向压力较远一侧的钢筋相对较少时,此时轴向力可能在截面的几何形心和实际重心之间,离轴向压力较远一侧的混凝土的压应力反而大些,该侧边缘的混凝土的应力可能先达到其极限值,混凝土被压碎而破坏,如图 6-18 所示。

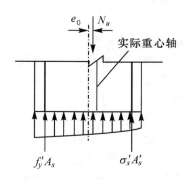

图 6-18 特殊情况的受压破坏

6.3.3 大、小偏心受压构件的界限

在"受拉破坏"和"受压破坏"之间存在着一种界限状态,称为界限破坏。界限破坏的特征是在受拉钢筋应力达到抗拉屈服强度的同时,受压区边缘混凝土的应变也达到极限压应变而破坏。

这一特征与受弯构件适筋和超筋的界限破坏特征相同,所以同样可以利用平截面假定得到大、小偏心受压构件的界限条件。即当符合下列条件时,截面为大偏心受压破坏,否则,截面为小偏心受压破坏。

$$\xi \leqslant \xi_b \quad \text{或} \quad x \leqslant \xi_b h_0 \tag{6-16}$$

$$\xi_b = \frac{0.8}{1 + \dfrac{f_y}{0.0033E_s}} \tag{6-17}$$

6.4 偏心受压构件的纵向弯曲

6.4.1 概述

试验表明,钢筋混凝土偏心受压构件在偏心荷载作用下将产生纵向弯曲,使构件中间截面的偏心距由 e_0 增大到 e_0+f,如图 6-19(a)所示。因而,中间截面的弯矩也由 Ne_0 增大为 $N(e_0+f)$。对于长细比小的构件,即所谓"短柱",由于纵向弯曲小,在设计时一般可忽略纵向弯曲的影响;对于长细比较大的构件,即所谓"长柱",设计时需考虑纵向弯曲的影响。

　　偏心受压长柱在纵向弯曲的影响下，其破坏特征有两种类型。当柱的长细比很大时，构件的破坏不是由于构件的材料破坏所引起，而是由于构件纵向弯曲而失去平衡所引起的，这种破坏特征称为失稳破坏。当柱的长细比在一定范围内，虽然在承受偏心受压荷载后，偏心距由 e_0 增大为 e_0+f，使柱的承载能力比相同截面尺寸、材料强度等级和配筋的偏心受压短柱要低，但就破坏特征来说，亦属于材料破坏，这种破坏是在受纵向弯曲影响下的材料破坏。

　　图 6-19(b) 表示截面尺寸、材料强度等级、配筋、支承情况和轴向力偏心距 e_0 等完全相同，但长细比不同的柱，从加荷到破坏的 N-M 关系曲线。曲线 $ABCD$ 是偏心受压构件破坏时正截面承载力 N_u-M_u 的相关曲线。直线 OB 是长细比小的短柱从加荷开始至破坏的 N-M 关系曲线。由于短柱的纵向弯曲很小，可以假定偏心距 e_0 自始至终是不变的，故 N 与 M 的关系为线性关系。曲线 OC 是长柱从加荷开始至破坏的 N-M 关系曲线。由于长柱的偏心距随轴向压力的增大而非线性增大，N 与 M 的关系为曲线关系。当 N 达到最大值 N_1 时，N-M 关系曲线也能与 N_u-M_u 相关曲线相交，故这种长柱的破坏类型亦属材料破坏，但它是受纵向弯曲影响下的材料破坏。曲线 OE 为长细比很大的柱从加荷开始至破坏的 N-M 关系曲线。当 N 达到 N_2 时，偏心距突然增大，微小的纵向力增量 ΔN 可以引起不收敛的弯矩 M 的增加而破坏，即所谓的"失稳破坏"。此时的 N-M 关系曲线不再与 N_u-M_u 相关曲线相交，截面内的钢筋应力并未达到屈服强度，混凝土也未达到抗压强度。从图 6-19(b) 中还能看出，这三种柱子虽然荷载偏心距 e_0 相同，但正截面承载力 N 随长细比的增大而降低，即 $N_2 < N_1 < N_0$。

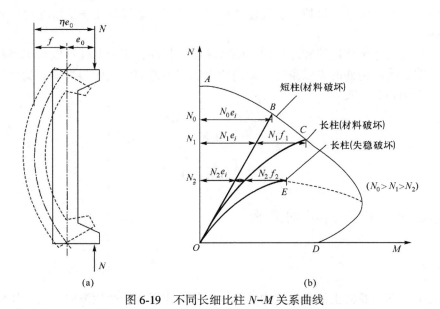

(a)　　　　　　　　　　　　　　　(b)

图 6-19　不同长细比柱 N-M 关系曲线

6.4.2　偏心距增大系数 η

　　规范 NB/T 11011—2022 中采用把初始偏心距 e_0 乘以偏心距增大系数 η 的方法来考虑

纵向弯曲影响，即

$$e_0 + f = \left(1 + \frac{f}{e_0}\right)e_0 = \eta e_0 \tag{6-18}$$

式中，η——偏心距增大系数。

$$\eta = 1 + \frac{f}{e_0} \tag{6-19}$$

由材料力学可知，对于两端铰接的压杆，当假定其挠度方程符合正弦曲线并假定压杆处于界限破坏时，其横向挠度 f 为

$$f = \phi_b \frac{l_0^2}{\pi^2} \tag{6-20}$$

式中，ϕ_b——偏心受压构件界限破坏时的曲率；

l_0——压杆的计算长度，见表6-2。

将式(6-20)代入式(6-19)，得

$$\eta = 1 + \frac{\phi_b}{e_0}\frac{l_0^2}{\pi^2} \tag{6-21}$$

如图 6-20 所示，对矩形截面构件，根据平截面假定，可以求得截面界限破坏时的曲率 ϕ_b 为

$$\phi_b = \frac{\varepsilon_{cu} + \varepsilon_y}{h_0} \tag{6-22}$$

式中，ε_{cu}——界限破坏时截面受压区边缘混凝土的极限压应变；

ε_y——界限破坏时受拉钢筋屈服时的应变，即 $\varepsilon_y = \frac{f_y}{E_s}$。

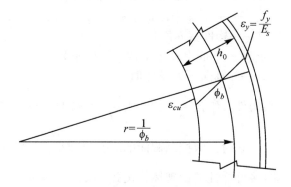

图 6-20 由纵向弯曲变形曲线推求 η

柱控制截面的极限曲率取决于控制截面上受拉钢筋和受压边缘混凝土的应变值，相关试验表明，对于大偏心受压构件，当构件达到承载力极限状态时，均可以近似取受压状态的极限曲率，当考虑长期荷载作用的影响，式(6-22)可以写成

$$\phi_b = \frac{\varphi_0 \varepsilon_{cu} + \varepsilon_y}{h_0} \tag{6-23}$$

式中，φ_0——荷载长期作用下混凝土徐变引起的应变增大系数。

将式(6-23)代入式(6-21)，得

$$\eta = 1 + \frac{\varphi_0 \varepsilon_{cu} + \varepsilon_y}{h_0} \cdot \frac{1}{e_0} \cdot \frac{l_0^2}{\pi^2} \tag{6-24}$$

令 $k = \dfrac{\pi^2}{(\varphi_0 \varepsilon_{cu} + \varepsilon_y)\left(\dfrac{h}{h_0}\right)^2}$，由式(6-24)得

$$\eta = 1 + \frac{1}{\frac{ke_0}{h_0}} \cdot \left(\frac{l_0}{h}\right)^2 \tag{6-25}$$

取 $\varepsilon_{cu} = 0.0033$，$\varphi = 1.25$；并近似取 $\frac{h}{h_0} = 1.1$；当采用 HRB400 钢筋时 k 为 1377，当采用 HRB500 钢筋时 k 为 1295，规范 NB/T 11011—2022 近似取 k 为 1300。对于小偏心受压构件，受拉钢筋的应力达不到屈服强度，且受压边缘混凝土的应变值可以达到或小于极限压应变，为此，规范 NB/T 11011—2022 引入截面曲率修正系数 ζ_c 来考虑截面应变对截面曲率的影响，代入式(6-25)得

$$\eta = 1 + \frac{1}{1300 \frac{e_0}{h_0}} \cdot \left(\frac{l_0}{h}\right)^2 \zeta_c \tag{6-26}$$

$$\zeta_c = \frac{0.5 f_c A}{\gamma_d N} \tag{6-27}$$

式中，e_0——截面初始偏心距；

　　　h，h_0——截面高度和截面有效高度；

　　　ζ_c——截面曲率修正系数，当 ζ_c 大于 1 时，取 1.0；

　　　A——构件截面面积；

　　　γ_d——钢筋混凝土结构的结构系数；

　　　N——轴向压力设计值。

当构件长细比 $\frac{l_0}{h} \leq 8$（或 $\frac{l_0}{d} \leq 8$）时，可不考虑纵向弯曲对偏心距的影响，取 $\eta = 1$；

当 $\frac{l_0}{h} > 30$ 时，因控制截面的应变值减小，钢筋和混凝土达不到各自的强度设计值，构件破坏时接近弹性失稳破坏，按式(6-26)计算的 η 值误差较大，式(6-26)已不适用。

6.5 偏心受压构件正截面承载力计算

6.5.1 矩形截面大偏心受压构件正截面承载力计算

1. 计算公式

如前所述，大偏心受压构件的破坏特征和应力状态类似于双筋截面适筋梁，根据混凝土构件正截面承载力计算的基本假定，大偏心受压构件可以取如图 6-21 所示的截面应力图形。可以得到下面两个基本计算公式

$$N \leq \frac{N_u}{\gamma_d} = \frac{1}{\gamma_d}(f_c bx + f'_y A'_s - f_y A_s) \tag{6-28}$$

$$Ne \leq \frac{N_u e}{\gamma_d} = \frac{1}{\gamma_d}\left[f_c bx\left(h_0 - \frac{x}{2}\right) + f'_y A'_s(h_0 - a'_s)\right] \tag{6-29}$$

$$e = \eta e_0 + \frac{h}{2} - a_s \qquad (6\text{-}30)$$

式中，N——轴向力设计值；

γ_d——钢筋混凝土结构的结构系数；

e——轴向力作用点至受拉钢筋合力点之间的距离；

e_0——轴向力对截面重心的偏心距，$e_0 = \frac{M}{N}$；

a_s'——纵向受压钢筋合力点至受压区边缘的距离；

a_s——纵向受拉钢筋合力点至受拉区边缘的距离；

η——考虑纵向弯曲影响的轴向力偏心距增大系数，按式(6-26)计算；

x——混凝土受压区计算高度。

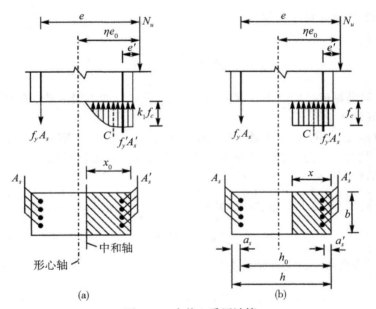

图 6-21 大偏心受压计算

2. 适用条件

为了保证截面破坏时受拉钢筋应力能达到其抗拉强度设计值，必须满足

$$x \leqslant \xi_b h_0 \qquad (6\text{-}31a)$$

为了保证截面破坏时受压钢筋应力能达到抗压强度设计值，和双筋受弯构件相同，还必须满足

$$x \geqslant 2a_s' \qquad (6\text{-}31b)$$

3. 矩形截面非对称配筋时的承载力计算

根据分析可知，在一般情况下，当 $\eta e_0 > 0.3h_0$ 时，可以先按大偏心受压构件设计；当 $\eta e_0 \leqslant 0.3h_0$ 时，则可以先按小偏心受压构件设计。求得钢筋截面面积 A_s 和 A_s' 后，再计

算混凝土受压区高度 x，采用 $x \leqslant \xi_b h_0$ 来检验先假定的是否正确，如果不正确，则需要重新计算。在所有情况下，A_s 和 A'_s 还要满足最小配筋率的要求。最后，要按轴心受压构件验算垂直于弯矩作用平面的受压承载力，并取截面短边 b 作为截面高度。

（1）截面设计

设计时，轴向力设计值 N、弯矩设计值 M 和构件的计算长度 l_0 均已知，混凝土强度等级、钢筋级别也已选定，f_c、f_y、f'_y 均已确定。先根据刚度和构造要求，初步选定构件截面尺寸 b 和 h，最后求钢筋截面面积 A_s、A'_s。

此时，只有两个基本公式（6-28）和式（6-29），却有三个未知数 A_s、A'_s、x，故与双筋受弯构件类似，为了充分发挥受压区混凝土的作用，使钢筋（$A_s + A'_s$）的总用量最小，应取 $x = x_b = \xi_b h_0$，得钢筋 A'_s 的计算公式

$$A'_s = \frac{\gamma_d Ne - f_c b h_0^2 \xi_b (1 - 0.5\xi_b)}{f'_y (h_0 - a'_s)} \tag{6-32}$$

如果所求的 A'_s 满足最小配筋率要求，即 $A'_s \geqslant \rho_{\min'} b h_0$，则将 A'_s 代入式（6-28），即可求受拉钢筋

$$A_s = \frac{f_c \xi_b b h_0 + f'_y A'_s - \gamma_d N}{f_y} \tag{6-33}$$

所求得 A_s 应满足最小配筋率要求，即 $A_s \geqslant \rho_{\min} b h_0$，如不满足最小配筋率要求，则应按最小配筋率确定 A_s。

如果按式（6-32）求的 A'_s 小于最小配筋率，即 $A'_s < \rho_{\min'} b h_0$，则应按最小配筋率和构造要求确定 A'_s，此时，A'_s 为已知，从基本公式（6-28）和式（6-29）可以看出，只有两个未知数 A_s、x，具体计算如下：

令 $M_{u2} = f_c b x \left(h_0 - \dfrac{x}{2} \right)$，由式（6-29）可得

$$M_{u2} = \gamma_d Ne - f'_y A'_s (h_0 - a'_s) \tag{6-34}$$

如同第 4 章受弯构件正截面承载力计算一样，$M_{u2} = f_c b x \left(h_0 - \dfrac{x}{2} \right)$ 可以写成

$$M_{u2} = \alpha_s f_c b h_0^2 \tag{6-35}$$

$$\alpha_s = \frac{M_{u2}}{f_c b h_0^2} \tag{6-36}$$

再由下式求得 ξ

$$\xi = 1 - \sqrt{1 - 2\alpha_s} \tag{6-37}$$

此时 $\xi \leqslant \xi_b$，若 $x = \xi h_0 \geqslant 2a'_s$，则可由式（6-28）求得

$$A_s = \frac{f_c b x + f'_y A'_s - \gamma_d N}{f_y} \tag{6-38}$$

若 $x = \xi h_0 < 2a'_s$，则受压钢筋的应力达不到 f'_y，此时与双筋受弯构件一样，取 $x = 2a'_s$，按下式计算 A_s

$$Ne' \leqslant \frac{1}{\gamma_d} f_y A_s (h_0 - a'_s) \tag{6-39}$$

$$A_s = \frac{\gamma_d Ne'}{f_y(h_0 - a_s')} \tag{6-40}$$

$$e' = \eta e_0 - \frac{h}{2} + a_s' \tag{6-41}$$

式中，e'——轴向力作用点至钢筋 A_s' 的距离。

最后，按轴心受压构件验算垂直于弯矩作用平面的受压承载力。当其不小于轴向力设计值 N 时为满足；当其小于轴向力设计值 N 时，应重新计算。

（2）承载力复核

在进行截面承载力复核时，一般已知截面尺寸、材料强度等级、构件计算长度、钢筋用量以及轴向力设计值 N、偏心距 e_0。验算截面能否承受该 N 值，或已知 N 值时，求截面能承受的弯矩设计值 M。无论是哪种情况，均需要进行垂直于弯矩作用平面的受压承载力复核。

当构件的截面尺寸及配筋已知时，受压区高度 x 值已确定，但不知道构件属于何种偏心受压破坏。此时，可先假定构件属大偏心受压破坏，对 N 作用点取矩，根据弯矩平衡条件得

$$f_c bx \left(e - h_0 + \frac{x}{2} \right) - (f_y A_s e \pm f_y' A_s' e') = 0 \tag{6-42}$$

式中，$e = \dfrac{h}{2} + \eta e_0 - a_s$，$e' = \eta e_0 - \dfrac{h}{2} + a_s'$。

由式（6-42）解得

$$x = (h_0 - e) + \sqrt{(e - h_0)^2 + \frac{2(f_y A_s e \pm f_y' A_s' e')}{f_c b}} \tag{6-43}$$

式（6-42）和式（6-43）中 $f_y' A_s' e'$ 项的正负号应根据 N 的位置选择，当轴向力 N 作用在 A_s 和 A_s' 之间时，取"+"号，当轴向力 N 作用在 A_s 和 A_s' 之外时，取"-"号。

若求出的 $x \leqslant \xi_b h_0$ 时，则截面为大偏心受压。若同时满足 $x \geqslant 2a_s'$，即可将 x 代入式（6-28），求得截面能承受的 N_u 值

$$N_u = f_c bx + f_y' A_s' - f_y A_s \tag{6-44}$$

若 $x < 2a_s'$，则按式（6-39）求得截面能承受的 N_u 值

$$N_u = \frac{f_y A_s(h_0 - a_s')}{e'} \tag{6-45}$$

若已知截面所承受的轴向力设计值 N，则校核是否满足：$N \leqslant \dfrac{1}{\gamma_d} N_u$，$M \leqslant \dfrac{1}{\gamma_d} N_u e_0$。

若求出的 $x > \xi_b h_0$ 时，则为小偏心受压，按小偏心受压构件进行承载力复核，这将在后面说明。

4. 矩形截面对称配筋时的承载力计算

在实际工程中，在不同荷载的组合下，偏心受压构件可能承受相反方向的弯矩。当其数值相差不大，或即使符号相反的两弯矩相差较大，但估计按对称配筋设计所求得的钢筋总量比按非对称配筋计算所求得的钢筋总量增加不多时，均宜采用对称配筋。特别对预制

装配式柱，为了避免吊装错误，也宜采用对称配筋。

（1）截面设计

由式（6-28）可看出，由于对称配筋，$f_y A_s = f'_y A'_s$，则

$$N \leqslant \frac{N_u}{\gamma_d} = \frac{1}{\gamma_d} f_c b x \qquad (6\text{-}46)$$

所以

$$x = \frac{\gamma_d N}{f_c b} \qquad (6\text{-}47)$$

若 $x \leqslant \xi_b h_0$，则可按大偏心受压计算。若同时满足 $x \leqslant 2a'_s$，则由式（6-29）得

$$A_s = A'_s = \frac{\gamma_d N e - f_c b x \left(h_0 - \dfrac{x}{2} \right)}{f'_y (h_0 - a'_s)} \qquad (6\text{-}48)$$

如果 $x \leqslant 2a'_s$，则由式（6-40）得

$$A_s = A'_s = \frac{\gamma_d N e'}{f_y (h_0 - a'_s)} \qquad (6\text{-}49)$$

（2）承载力复核

矩形截面对称配筋与非对称配筋承载力复核步骤相同，仅在相关公式中取 $f_y A_s = f'_y A'_s$ 即可。

6.5.2　矩形截面小偏心受压构件正截面承载力计算

1. 计算公式

在小偏心受压情况下，远离纵向力一侧的钢筋可能受拉，也可能受压，其应力 σ_s 往往达不到其强度设计值。在计算时，混凝土受压区应力图形仍采用等效矩形应力图形，如图 6-22 所示。根据平衡条件及第 3 章中的设计表达式可以写出如下两个基本计算公式：

$$N \leqslant \frac{N_u}{\gamma_d} = \frac{1}{\gamma_d} (f_c b x + f'_y A'_s - \sigma_s A_s) \qquad (6\text{-}50)$$

$$Ne \leqslant \frac{N_u e}{\gamma_d} = \frac{1}{\gamma_d} \left[f_c b x \left(h_0 - \frac{x}{2} \right) + f'_y A'_s (h_0 - a'_s) \right] \qquad (6\text{-}51)$$

式中，$e = \eta e_0 + \dfrac{h}{2} - a_s$。

在小偏心受压构件承载力计算时，关键问题是必须确定远离偏心力一侧的钢筋应力 σ_s 值。根据平截面假定，由图 6-23 所示的应变分布的几何关系，可确定远离偏心力一侧的钢筋的应变及应力为

$$\varepsilon_s = \varepsilon_{cu} \left(\frac{h_0}{x_0} - 1 \right)$$

$$\sigma_s = \varepsilon_s E_s = \varepsilon_{cu} \left(\frac{h_0}{x_0} - 1 \right) E_s$$

将 $x = 0.8x_0$，$\varepsilon_{cu} = 0.0033$，$\xi = \dfrac{x}{h_0}$ 代入后可得

$$\sigma_s = 0.0033\left(\frac{0.8}{\xi} - 1\right)E_s \qquad (6-52)$$

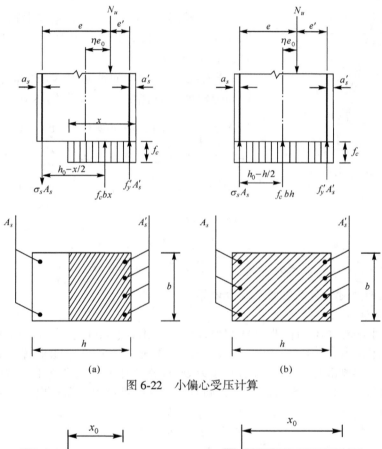

图 6-22　小偏心受压计算

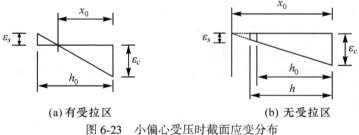

(a) 有受拉区　　　　　　(b) 无受拉区

图 6-23　小偏心受压时截面应变分布

由上式可知，σ_s 与 ξ 成双曲线关系。若直接将式(6-52)代入式(6-50)和式(6-51)计算，则需求解含 ξ 或 x 的三次方程，计算十分麻烦。为了方便计算，根据小偏心受压构件的试验资料分析[74]，双曲线可近似取为直线，如图 6-24 所示的线②，并根据 A、B 两点的边界条件：

当 $\xi = \xi_b$ 时，$\sigma_s = f_y$；

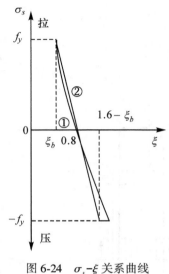

图 6-24　σ_s-ξ 关系曲线

当 $\sigma_s = 0$ 时，中和轴位于 A_s 重心处，此时 $x = h_0$，$\xi = 0.8$。

可以得到 σ_s 的表达式为

$$\sigma_s = f_y \frac{0.8 - \xi}{0.8 - \xi_b} \qquad (6\text{-}53)$$

当按式(6-53)计算得出的 σ_s 大于 f_y，即 $\xi \leqslant \xi_b$ 时，取 $\sigma_s = f_y$；若计算出来的 σ_s 小于 $-f_y'$，即 $\xi > 1.6 - \xi_b$ 时，取 $\sigma_s = -f_y'$。

当偏心距 e_0 很小而轴向力 N 较大时，也可能在离轴向力较远的一侧混凝土发生先压坏的现象。所以，当 $N > \dfrac{1}{\gamma_d} f_c bh$ 时，还应按对 A_s' 重心取力矩建立平衡条件对 A_s 的用量进行核算，即

$$Ne' \leqslant \frac{N_u e'}{\gamma_d} = \frac{1}{\gamma_d}\left[f_c bh(h_0' - 0.5h) + f_y' A_s'(h_0' - a_s) \right]$$

$$A_s = \frac{\gamma_d Ne' - f_c bh(h_0' - 0.5h)}{f_y'(h_0' - a_s)} \qquad (6\text{-}54)$$

式中，$h_0' = h - a_s'$，$e' = \dfrac{h}{2} - \eta e_0 - a_s'$。计算 e' 时，可以取 $\eta = 1$。

2. 矩形截面非对称配筋时的承载力计算

(1)截面设计

矩形截面小偏心受压构件非对称配筋设计时，由式(6-50)、式(6-51)和式(6-53)可知，共有四个未知数 A_s、A_s'、x(或 ξ)、σ_s，故须补充一个条件才能求解。由于小偏心受压构件破坏时，远离偏心力一侧的钢筋应力 σ_s 通常小于其强度设计值，为了节约钢材，可按最小配筋率 $\rho_{\min}$ 及构造要求确定 A_s，同时，由式(6-54)也可以算出一个 A_s 值，即

$$A_s = \rho_{\min} bh_0$$

$$A_s = \frac{\gamma_d Ne' - f_c bh(h_0' - 0.5h)}{f_y'(h_0' - a_s)}$$

然后从两者中选一较大的值作为初定的 A_s 值。A_s 值确定之后，剩下三个未知数 A_s'、x(或 ξ)、σ_s，可利用式(6-50)、式(6-51)和式(6-53)进行截面设计。将式(6-50)两边乘以 $(h_0 - a_s')$ 然后与式(6-51)相减，并将 $\xi = \dfrac{x}{h_0}$ 代入得到

$$\gamma_d N(h_0 - a_s' - e) = f_c bh_0^2 \xi\left(0.5\xi - \frac{a_s'}{h} \right) - \sigma_s A_s(h_0 - a_s') \qquad (6\text{-}55\text{a})$$

将式(6-53)代入式(6-55a)，整理成 ξ 的二次方程式

$$0.5\xi^2 - \left[\frac{a_s'}{h_0} + \frac{f_y A_s\left(1 - \dfrac{a_s'}{h_0}\right)}{(\xi_b - 0.8)f_c bh_0} \right]\xi + \left[\frac{0.8}{\xi_b - 0.8} \cdot \frac{f_y A_s}{f_c bh_0}\left(1 - \frac{a_s'}{h_0}\right) - \frac{\gamma_d Ne'}{f_c bh_0^2} \right] = 0$$

$$(6\text{-}55\text{b})$$

解得

$$
\left.
\begin{aligned}
\xi &= \frac{-B + \sqrt{B^2 - 4AC}}{2A}, \quad \text{或 } \xi = -B + \sqrt{B^2 - 2C} \\
A &= 0.5 \\
B &= -\frac{a'_s}{h_0} - \frac{f_y A_s \left(1 - \dfrac{a'_s}{h_0}\right)}{(\xi_b - 0.8) f_c b h_0} \\
C &= \frac{0.8}{\xi_b - 0.8} \cdot \frac{f_y A_s}{f_c b h_0} \left(1 - \frac{a'_s}{h_0}\right) - \frac{\gamma_d N e'}{f_c b h_0^2}
\end{aligned}
\right\}
\tag{6-55c}
$$

当 $\xi < 1.6 - \xi_b$ 时，将 ξ 代入式(6-51)，求得受压钢筋为

$$
A'_s = \frac{\gamma_d N e - f_c b h_0^2 \xi (1 - 0.5\xi)}{f'_y (h_0 - a'_s)}
\tag{6-56}
$$

当 $\xi > 1.6 - \xi_b$ 时，则取 $\sigma_s = -f'_y$ 及 $\xi = 1.6 - \xi_b$（当 $\xi \geqslant \dfrac{h}{h_0}$ 时，取 $x = h$）代入式(6-50)
和式(6-51)中求 A_s 和 A'_s，同时验算是否满足最小配筋率要求。

若所求得的 $\xi \leqslant \xi_b$，则应按大偏心受压计算。

(2)承载力复核

按式(6-43)计算 x，若 $x > \xi_b h_0$，则属小偏心受压。此时，应按小偏心受压重新计算 x
或 ξ。对 N 作用点取力矩，如图 6-22 所示，则得

$$
f_c b x \left(e - h_0 + \frac{x}{2}\right) = \sigma_s A_s e + f'_y A'_s e'
\tag{6-57a}
$$

将计算 σ_s 的式(6-53)代入式(6-57)，整理后为

$$
0.5x^2 + \left[\left(1 - \frac{1}{\xi_b - 0.8} \cdot \frac{f_y A_s}{f_c b h_0}\right) e - h_0\right] x + \frac{1}{f_c b}\left(\frac{0.8}{\xi_b - 0.8} f_y A_s e - f'_y A'_s e'\right) = 0
\tag{6-57b}
$$

解得

$$
\left.
\begin{aligned}
x &= \frac{-B + \sqrt{B^2 - 4AC}}{2A}, \quad \text{或 } x = -B + \sqrt{B^2 - 2C} \\
A &= 0.5 \\
B &= \left(1 - \frac{1}{\xi_b - 0.8} \cdot \frac{f_y A_s}{f_c b h_0}\right) e - h_0 \\
C &= \frac{1}{f_c b}\left(\frac{0.8}{\xi_b - 0.8} f_y A_s e - f'_y A'_s e'\right)
\end{aligned}
\right\}
\tag{6-57c}
$$

当 $\xi = \dfrac{x}{h_0} < 1.6 - \xi_b$ 时，将 ξ 代入式(6-53)求出 σ_s，然后按式(6-50)求出截面所承受
的轴向力 N_u 为

$$
N_u = f_c b x + f'_y A'_s - \sigma_s A_s
\tag{6-58}
$$

179

当 $\xi = \dfrac{x}{h_0} > 1.6 - \xi_b$ 时，取 $x=h$，取 $\sigma_s = -f'_y$，代入式(6-50)，可求出截面所承受的轴向力

$$N_u = f_c bx + f'_y A'_s + f'_y A_s \qquad (6-59)$$

有时破坏也可能在远离轴向力一侧的钢筋 A_s 一边开始，则还应按式(6-54)求出 N_u

$$N_u = \dfrac{f_c bh\left(h'_0 - \dfrac{h}{2}\right) + f'_y A_s(h'_0 - a_s)}{\dfrac{h}{2} - a'_s - e_0} \qquad (6-60)$$

将式(6-58)或式(6-59)求得的 N_u 与按式(6-60)求得的 N_u 作比较，取较小值。

3. 矩形截面对称配筋时的承载力计算

1) 截面设计

由于是对称配筋，$A_s = A'_s$，$f_y = f'_y$，将式(6-53)代入式(6-50)和式(6-51)得

$$N \leqslant \dfrac{N_u}{\gamma_d} = \dfrac{1}{\gamma_d}\left(f_c b\xi h_0 + f_y A_s \dfrac{\xi - \xi_b}{0.8 - \xi_b}\right) \qquad (6-61)$$

$$Ne \leqslant \dfrac{N_u e}{\gamma_d} = \dfrac{1}{\gamma_d}\left[(f_c bh_0^2 \xi(1 - 0.5\xi) + f'_y A'_s(h_0 - a'_s)\right] \qquad (6-62)$$

由式(6-61)和式(6-62)求解 ξ 是三次方程，求解十分困难，一般可以采用迭代法求解。考虑到小偏心受压 ξ 所处的范围为 $\xi_b < \xi < 1.1$，对于常用的 HRB400 钢筋，相应的 $\xi(1 - 0.5\xi)$ 在 0.384~0.495 之间，变化范围不大，规范 NB/T 11011—2022 中建议近似取为 0.43。将三次方程简化为一次方程，求得 ξ 的近似解为

$$\xi = \dfrac{\gamma_d N - f_c bh_0 \xi_b}{\dfrac{\gamma_d Ne - 0.43f_c bh_0^2}{(0.8 - \xi_b)(h_0 - a'_s)} + f_c bh_0} + \xi_b \qquad (6-63)$$

将式(6-63)求出的 ξ 代入式(6-62)得

$$A'_s = A_s = \dfrac{\gamma_d Ne - f_c bh_0^2 \xi(1 - 0.5\xi)}{f'_y(h_0 - a'_s)} \qquad (6-64)$$

所求出的 A_s、A'_s 还需要满足最小配筋率的要求。

2) 承载力复核

与非对称配筋的承载力复核的方法和步骤完全相同，但取 $A_s = A'_s$，$f_y = f'_y$，这里不再赘述。

4. 垂直于弯矩作用平面的承载力复核

对于偏心受压构件，无论是截面设计还是承载力复核，尚应按轴心受压构件验算垂直于弯矩作用平面的受压承载力。此时，应考虑稳定系数 φ 的影响，并取截面短边 b 作为截面高度。

6.5.3　偏心受压构件的构造要求

本章 6.1 节中有关受压柱的纵向受力钢筋、箍筋以及混凝土保护层的各项构造规定均

适用于偏心受压构件。此外，偏心受压构件还应满足下列构造要求。

1. 截面形式及尺寸

偏心受压构件通常采用矩形截面，且将长边布置在弯矩作用方向，长短边的比值 $\dfrac{h}{b}$ 在 1.0~2.0 范围内变化，当偏心距较大时，可适当加大，但最大不宜超过 3.0。为了避免长细比过大，常取 $\dfrac{l_0}{b} \leqslant 25$，此处 l_0 为柱的计算长度。此外，矩形截面柱短边尺寸不宜小于 250mm。

为了节约混凝土和减轻柱自重，预制装配式受压构件中，较大尺寸的柱常常采用 I 字形截面。拱结构的肋常做成 T 形截面。灌注柱、预制电杆、水塔等偏心受压构件则常采用圆形和环形截面。

2. 最小配筋率

若采用 HPB300 钢筋，则偏心受压的受拉或受压钢筋的配筋率不应小于 0.25%（柱）或 0.2%（墙）；若采用 HRB400、RRB400 和 HRB500 钢筋，则偏心受压构件的受拉或受压钢筋的配筋率不应小于 0.2%（柱）或 0.15%（墙）。当温度、收缩等因素对结构产生较大影响时，则偏心受压构件的最小配筋率应适当增加。偏心受压构件纵向受力钢筋的总配筋率不宜超过 5%。

3. 纵向钢筋的布置

偏心受压构件中的受压钢筋和受拉钢筋应分别沿垂直于弯矩作用方向的两个短边放置，纵向受力钢筋的间距不应大于 300mm。当截面高度 $h \geqslant 600\text{mm}$ 时，在两侧还应设置直径不小于 12mm 的纵向构造钢筋，其间距不大于 400mm，并相应地配置附加箍筋。

例 6-5 某厂房钢筋混凝土柱，截面为矩形，$b = 400\text{mm}$，$h = 600\text{mm}$，$a_s = a_s' = 35\text{mm}$，柱的计算长度 $l_0 = 7.2\text{m}$，控制截面的弯矩设计值 $M = 450\text{kN} \cdot \text{m}$，轴向力设计 $N = 1000\text{kN}$。采用 C30 混凝土（$f_c = 14.3\text{N/mm}^2$），HRB400 钢筋（$f_y = f_y' = 360\text{N/mm}^2$，$\xi_b = 0.518$）。该柱为 3 级水工建筑物，持久状况。结构重要性系数 $\gamma_0 = 1.0$，结构系数 $\gamma_d = 1.2$。试求钢筋面积 A_s' 和 A_s。

解： (1) 求初始偏心距 e_0。

$$e_0 = \frac{M}{N} = \frac{450}{1000} = 0.45\text{m} = 450(\text{mm})$$

(2) 求偏心距增大系数 η。

$$h_0 = h - a_s = 600 - 35 = 565(\text{mm})$$

$$\frac{l_0}{h} = \frac{7200}{600} = 12$$

因 $\dfrac{l_0}{h} = 12 > 8$，需要考虑偏心距增大系数；又因 $\dfrac{l_0}{h} = 12 < 30$，可以采用式(6-26)计算。

$$\zeta_c = \frac{0.5 f_c A}{\gamma_d N} = \frac{0.5 \times 14.3 \times 400 \times 600}{1.2 \times 1000 \times 10^3} = 1.43 > 1$$

故取 $\zeta_c = 1$，

$$\eta = 1 + \frac{1}{1300 \frac{e_0}{h_0}} \left(\frac{l_0}{h}\right)^2 \zeta_c = 1 + \frac{1}{1300 \times \frac{450}{565}} \times 12^2 \times 1 = 1.139$$

（3）求 A'_s。因 $\eta e_0 = 1.139 \times 450 = 512.55\text{mm} > 0.3h_0 = 0.3 \times 565 = 170\text{mm}$，先假定按大偏心受压设计。按式（6-32）计算：

$$e = \eta e_0 + \frac{h}{2} - a_s = 512.55 + \frac{600}{2} - 35 = 777.55\,(\text{mm})$$

$$A'_s = \frac{\gamma_d Ne - f_c b h_0^2 \xi_b (1 - 0.5\xi_b)}{f'_y (h_0 - a'_s)}$$

$$= \frac{1.2 \times 1000 \times 10^3 \times 777.55 - 14.3 \times 400 \times 565^2 \times 0.518 \times (1 - 0.5 \times 0.518)}{360 \times (565 - 35)}$$

$$= 1217\,\text{mm}^2 > \rho'_{\min} b h_0 = 0.2\% \times 400 \times 565 = 452(\text{mm}^2)$$

（4）求 A_s。按式（6-33）计算：

$$A_s = \frac{f_c \xi_b b h_0 + f'_y A'_s - \gamma_d N}{f_y}$$

$$= \frac{14.3 \times 0.518 \times 400 \times 565 + 360 \times 1217 - 1.2 \times 1000 \times 10^3}{360}$$

$$= 2534\,\text{mm}^2 > \rho_{\min} b h_0 = 0.2\% \times 400 \times 565 = 452(\text{mm}^2)$$

（5）选配纵向钢筋。

受压钢筋 A'_s 选用 3 Φ 25（$A'_s = 1473\text{mm}^2$），受拉钢筋选用 5 Φ 25（$A_s = 2454\text{mm}^2$）。

（6）验算假定为大偏心受压是否正确，按式（6-28）计算 x：

$$x = \frac{\gamma_d N - f'_y A'_s + f_y A_s}{f_c b} = \frac{1.2 \times 1000 \times 10^3 - 360 \times 1473 + 360 \times 2454}{14.3 \times 400} = 271.53$$

$x = 271.53 < \xi_b h_0 = 0.518 \times 565 = 292.67$，假定为大偏心受压是正确的。

（7）按轴心受压构件验算垂直于弯矩作用平面的受压承载力。

由 $\dfrac{l_0}{b} = \dfrac{7200}{400} = 18$，查表 6-1，得 $\varphi = 0.81$，按式（6-7）计算得

$$\begin{aligned} N_u &= \varphi[f_c A_c + f'_y(A'_s + A_s)] \\ &= 0.81 \times [14.3 \times (400 \times 600) + 360 \times (2454 + 1473)] \\ &= 3925(\text{kN}) \end{aligned}$$

因 $\dfrac{N_u}{\gamma_d} = \dfrac{3925}{1.2} = 3271\text{kN} > N = 1000(\text{kN})$，满足要求。

因截面高度 $h \geqslant 600\text{mm}$，在两侧设置纵向构造钢筋，选用 2 Φ 14，并设置直径为 8mm 的附加箍筋，间距与箍筋间距相同。配筋如图 6-25 所示。

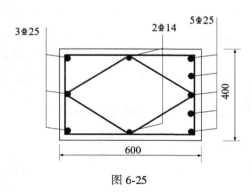

图 6-25

例 6-6 在例 6-5 中增加一个已知条件，受压钢筋 A'_s 为 3Φ25（ $A'_s = 1473\text{mm}^2$），其余条件相同。试求受拉钢筋面积 A_s。

解：步骤（1）和（2）同例 6-5。

（3）求受拉钢筋截面面积 A_s。

$$M_{u2} = \gamma_d Ne - f'_y A'_s (h_0 - a'_s)$$
$$= 1.2 \times 1000 \times 10^3 \times 777.55 - 360 \times 1473 \times (565 - 35) = 652011600 (\text{N} \cdot \text{mm})$$

$$a_s = \frac{M_2}{f_c b h_0^2} = \frac{652011600}{14.3 \times 400 \times 565^2} = 0.357$$

$$\xi = 1 - \sqrt{1 - 2a_s} = 1 - \sqrt{1 - 2 \times 0.357} = 0.465 < \xi_b = 0.518, \quad \text{是大偏压}$$

$$x = \xi h_0 = 0.465 \times 565 = 262.73$$

$$A_s = \frac{f_c bx + f'_y A'_s - \gamma_d N}{f_y}$$

$$= \frac{14.3 \times 400 \times 262.73 + 360 \times 1473 - 1.2 \times 1000 \times 10^3}{360}$$

$$= 2314 \text{ mm}^2 > \rho_{min} b h_0 = 0.2\% \times 400 \times 565 = 452 (\text{mm}^2)$$

（4）选配纵向钢筋。

受拉钢筋选用 3Φ22+2Φ28（ $A_s = 2372\text{mm}^2$）。

（5）按轴心受压构件验算垂直于弯矩作用平面的受压承载力。

由 $\dfrac{l_0}{b} = \dfrac{7200}{400} = 18$，查表 6-1，得 $\varphi = 0.81$，按式（6-7）计算：

$$N_u = \varphi [f_c A_c + f'_y (A'_s + A_s)] = 0.81 \times [14.3 \times (400 \times 600) + 360 \times (2372 + 1473)]$$
$$= 3901 (\text{kN})$$

因 $\dfrac{N_u}{\gamma_d} = \dfrac{3901}{1.2} = 3251\text{kN} > N = 1000 (\text{kN})$，满足要求。

因截面高度 $h \geqslant 600\text{mm}$，在两侧设置纵向构造钢筋，选用 2Φ14，并设置直径为 8mm 的附加箍筋，间距与箍筋间距相同。配筋如图 6-26 所示。

例 6-7 有一矩形截面受压柱，$b = 400\text{mm}$，$h = 600\text{mm}$，采用 C30 混凝土（$f_c = 14.3\text{N/mm}^2$），HRB400 钢筋（$f_y = f'_y = 360\text{N/mm}^2$，$\xi_b = 0.518$），$A_s = 1256\text{mm}^2$（4Φ20），$A'_s = 1520\text{mm}^2$（4Φ22），柱

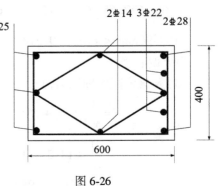

图 6-26

的计算长度 $l_0 = 7.2\text{m}$，截面承受的轴向压力设计值 $N = 800\text{kN}$，$e_0 = 350\text{mm}$，$a_s = a'_s = 35\text{mm}$。该柱为 3 级水工建筑物，持久状况。结构重要性系数 $\gamma_0 = 1.0$，结构系数 $\gamma_d = 1.2$。试复核该柱截面能否承受该轴向压力设计值。

解：（1）求偏心距增大系数 η。

因 $\dfrac{l_0}{h} = \dfrac{7200}{600} = 12 > 8$，应考虑偏心距增大系数。又因 $\dfrac{l_0}{h} = 12 < 30$，可以采用式 (6-26)计算。

$$h_0 = h - a_s' = 600 - 35 = 565\,(\text{mm})$$

$$\zeta_c = \frac{0.5 f_c A}{\gamma_d N} = \frac{0.5 \times 14.3 \times 400 \times 600}{1.2 \times 800 \times 10^3} = 1.79 > 1$$

故 $\zeta_c = 1$

$$\eta = 1 + \frac{1}{1300\,\dfrac{e_0}{h_0}}\left(\frac{l_0}{h}\right)^2 \zeta_c = 1 + \frac{1}{1300 \times \dfrac{350}{565}} \times 12^2 \times 1 = 1.179$$

(2)计算受压区高度 x。

$$e = \eta e_0 + \frac{h}{2} - a_s = 1.179 \times 350 + \frac{600}{2} - 35 = 677.65\,(\text{mm})$$

$$e' = \eta e_0 - \frac{h}{2} + a_s' = 1.179 \times 350 - \frac{600}{2} + 35 = 147.65\,(\text{mm})$$

因 $\eta e_0 = 1.179 \times 350 = 412.65\text{mm} > 0.3 h_0 = 0.3 \times 565 = 170(\text{mm})$，先假定按大偏心受压设计。由于 $\eta e_0 = 412.65\text{mm} > \dfrac{h}{2} - a_s' = \dfrac{600}{2} - 35 = 265(\text{mm})$，说明轴向力 N 作用在 A_s' 和 A_s 之外，因此式(6-43)中 $f_y' A_s' e'$ 项取"-"号，由式(6-43)计算

$$x = (h_0 - e) + \sqrt{(e - h_0)^2 + \frac{2(f_y A_s e - f_y' A_s' e')}{f_c b}}$$

$$= (565 - 677.65) + \sqrt{(677.65 - 565)^2 + \frac{2 \times (360 \times 1256 \times 677.65 - 360 \times 1520 \times 147.65)}{14.3 \times 400}}$$

$$= 189.96\text{mm} < \xi_b h_0 = 0.518 \times 565 = 292.67\,(\text{mm})$$

为大偏心受压。

(3)复核该截面轴压力值。

$$N = \frac{1}{\gamma_d}(f_c b x + f_y' A_s' - f_y A_s)$$

$$= \frac{1}{1.2}(14.3 \times 400 \times 189.96 + 360 \times 1520 - 360 \times 1256)$$

$$= 984696\text{N} = 984.7\text{kN} > 800(\text{kN})$$

满足承载力设计要求。

例 6-8 已知条件同例 6-5，试按对称配筋进行截面设计，求钢筋面积 A_s 和 A_s'。

解：(1)求受压区高度 x。由式(6-47)计算

$$x = \frac{\gamma_d N}{f_c b} = \frac{1.2 \times 1000 \times 10^3}{14.3 \times 400} = 209.79\text{mm} < \xi_b h_0 = 0.518 \times 565 = 292.67\,(\text{mm})$$

为大偏心受压。

（2）求 A_s 和 A_s'。 由式（6-48）计算

$$A_s = A_s' = \frac{\gamma_d N e - f_c bx\left(h_0 - \dfrac{x}{2}\right)}{f_y'(h_0 - a_s')}$$

$$= \frac{1.2 \times 1000 \times 10^3 \times 777.55 - 14.3 \times 400 \times 209.79 \times \left(565 - \dfrac{209.79}{2}\right)}{360 \times (565 - 35)}$$

$$= 1996.5\ \text{mm}^2 > \rho_{\min} bh_0 = 0.2\% \times 400 \times 565 = 452(\text{mm}^2)$$

（3）选配纵向钢筋。

每边配置 3 ⏀ 25+2 ⏀ 20（ $A_s = A_s' = 2101\text{mm}^2$ ）。与例 6-5 相比，对称配筋截面的钢筋总用量要多些。

（4）按轴心受压构件验算垂直于弯矩作用平面的受压承载力

由 $\dfrac{l_0}{b} = \dfrac{7200}{400} = 18$，查表 6-1，得 $\varphi = 0.81$，按式（6-7）计算得

$$N_u = \varphi[f_c A_c + f_y'(A_s' + A_s)] = 0.81 \times [14.3 \times (400 \times 600) + 360 \times (2101 + 2101)]$$

$$= 4005(\text{kN})$$

因 $\dfrac{N_u}{\gamma_d} = \dfrac{4005}{1.2} = 3338\text{kN} > N = 1000\text{kN}$，满足要求。

因截面高度 $h \geqslant 600\text{mm}$，在两侧设置纵向构造钢筋，选用 2 ⏀ 14，并设置直径为 8mm 的附加箍筋，间距与箍筋间距相同。配筋如图 6-27 所示。

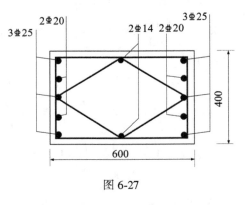

图 6-27

例 6-9 矩形截面偏心受压柱， $b = 400\text{mm}$， $h = 600\text{mm}$， $a_s = a_s' = 35\text{mm}$，采用 C35 混凝土（ $f_c = 16.7\text{N/mm}^2$ ）， HRB400 钢筋（ $f_y = f_y' = 360\text{N/mm}^2$， $\xi_b = 0.518$ ），每侧均采用 4 ⏀ 20（ $A_s = A_s' = 1256\text{mm}^2$ ），柱的计算长度 $l_0 = 3.9\text{m}$，作用轴向压力设计值 $N = 1500\text{kN}$。该柱为 3 级水工建筑物，持久状况。结构重要性系数 $\gamma_0 = 1.0$，结构系数 $\gamma_d = 1.2$。求该柱截面在 h 方向能承受的弯矩设计值 M。

解：由于 $\dfrac{l_0}{h} = \dfrac{3900}{600} = 6.5 < 8$，可不考虑纵向弯曲对偏心距的影响，取 $\eta = 1.0$。

（1）先按大偏心受压计算受压区高度 x。由于对称配筋，由式（6-47）计算

$$x = \frac{\gamma_d N}{f_c b} = \frac{1.2 \times 1500 \times 10^3}{16.7 \times 400} = 269.46\text{mm} < \xi_b h_0 = 0.518 \times 565 = 292.67(\text{mm})$$

属于大偏心受压。由于 $x = 269.46\text{mm} > 2a_s' = 2 \times 35 = 70\text{mm}$，说明受压钢筋能达到屈服。

（2）求初始偏心距 e_0，由式（6-29）得

$$e = \dfrac{f_c bx\left(h_0 - \dfrac{x}{2}\right) + f_y' A_s'(h_0 - a_s')}{\gamma_d N}$$

$$= \dfrac{16.7 \times 400 \times 269.46 \times \left(565 - \dfrac{269.46}{2}\right) + 360 \times 1256 \times (565 - 35)}{1.2 \times 1500 \times 10^3} = 563.41(\text{mm})$$

由式(6-30)得

$$e_0 = \dfrac{e - 0.5h + a_s}{\eta} = \dfrac{563.41 - 0.5 \times 600 + 35}{1.0} = 298.41 \text{ (mm)}$$

(3)该柱截面在 h 方向能承受的弯矩设计值 M

$$M = Ne_0 = 1500 \times 298.41 \times 10^{-3} = 447.6 (\text{kN} \cdot \text{m})$$

例 6-10　矩形截面偏心受压柱，$b = 400\text{mm}$，$h = 600\text{mm}$，$a_s = a_s' = 35\text{mm}$，柱的计算长度 $l_0 = 5.6\text{m}$，混凝土等级为 C30($f_c = 14.3\text{N/mm}^2$)，用 HRB400 钢筋($f_y = f_y' = 360\text{N/mm}^2$，$\xi_b = 0.518$)，承受轴向压力设计值 $N = 3200\text{kN}$，弯矩设计值 $M = 150\text{kN} \cdot \text{m}$。该柱为 3 级水工建筑物，持久状况。结构重要性系数 $\gamma_0 = 1.0$，结构系数 $\gamma_d = 1.2$。试按非对称截面求钢筋截面面积 A_s 和 A_s'。

解：(1)求初始偏心距 e_0。

$$e_0 = \dfrac{M}{N} = \dfrac{150}{3200} = 0.04688\text{m} = 46.88 \text{ (mm)}$$

(2)求偏心距增大系数 η。

因 $\dfrac{l_0}{h} = \dfrac{5600}{600} = 9.3 > 8$，应考虑偏心距增大系数；又因 $\dfrac{l_0}{h} = 9.3 < 30$，可以采用式 (6-26)计算。

$$h_0 = h_0' = h - a_s = 600 - 35 = 565 \text{ (mm)}$$

$$\zeta_c = \dfrac{0.5 f_c A}{\gamma_d N} = \dfrac{0.5 \times 14.3 \times 400 \times 600}{1.2 \times 3200 \times 10^3} = 0.447$$

$$\eta = 1 + \dfrac{1}{1300 \dfrac{e_0}{h_0}}\left(\dfrac{l_0}{h}\right)^2 \xi_c = 1 + \dfrac{1}{1300 \times \dfrac{46.88}{565}} \times 9.3^2 \times 0.447 = 1.361$$

(3)求 A_s。因 $\eta e_0 = 1.361 \times 46.88 = 63.79\text{mm} < 0.3h_0 = 0.3 \times 565 = 169.51\text{mm}$，先假定按小偏心受压设计。按最小配筋率和式(6-54)分别计算 A_s，从两者中选较大值作为 A_s。

$$e = \eta e_0 + \dfrac{h}{2} - a_s = 63.79 + \dfrac{600}{2} - 35 = 328.8 \text{ (mm)}$$

$$e' = \dfrac{h}{2} - \eta e_0 - a_s' = \dfrac{600}{2} - 60.14 - 35 = 201.2 \text{ (mm)}$$

$$A_s = \dfrac{\gamma_d Ne' - f_c bh(h_0' - 0.5h)}{f_y'(h_0' - a_s)}$$

$$= \dfrac{1.2 \times 3200 \times 10^3 \times 201.2 - 14.3 \times 400 \times 600 \times (565 - 0.5 \times 600)}{360 \times (565 - 35)} < 0$$

$$A_s = \rho_{\min} b h_0 = 0.2\% \times 400 \times 565 = 452 \text{（mm）}$$

故取 $A_s = 452\text{mm}$。

（4）求 ξ。按式（6-55）计算

$$B = -\frac{a'_s}{h_0} - \frac{f_y A_s \left(1 - \dfrac{a'_s}{h_0}\right)}{(\xi_b - 0.8) f_c b h_0}$$

$$= -\frac{35}{565} - \frac{360 \times 452 \times \left(1 - \dfrac{35}{565}\right)}{(0.518 - 0.8) \times 14.3 \times 400 \times 565} = 0.1055$$

$$C = \frac{0.8}{\xi_b - 0.8} \cdot \frac{f_y A_s}{f_c b h_0} \left(1 - \frac{a'_s}{h_0}\right) - \frac{\gamma_d N e'}{f_c b h_0^2}$$

$$= \frac{0.8}{0.518 - 0.8} \cdot \frac{360 \times 452}{14.3 \times 400 \times 565} \left(1 - \frac{35}{565}\right) - \frac{1.2 \times 3200 \times 10^3 \times 201.2}{14.3 \times 400 \times 565^2}$$

$$= -0.5571$$

$$\xi = -B + \sqrt{B^2 - 2C} = -0.1055 + \sqrt{0.1055^2 + 2 \times 0.5571} = 0.9553$$

$$\xi = 0.9553 > \xi_b = 0.518, \quad \text{属于小偏心受压。}$$

（5）求 A'_s。由于 $\xi = 0.9553 < 1.6 - \xi_b = 1.6 - 0.518 = 1.082$，按式（6-56）计算

$$A'_s = \frac{\gamma_d N e - f_c b h_0^2 \xi (1 - 0.5\xi)}{f'_y (h_0 - a'_s)}$$

$$= \frac{1.2 \times 3200 \times 10^3 \times 328.8 - 14.3 \times 400 \times 565^2 \times 0.9553 \times (1 - 0.5 \times 0.9553)}{360 \times (565 - 35)}$$

$$= 1842\text{mm} > \rho_{\min} b h_0 = 0.2\% \times 400 \times 565 = 452 (\text{mm})$$

（6）选配纵向钢筋。

钢筋 A_s 选用 $3 \oplus 14$（$A_s = 461\text{mm}^2$），钢筋 A'_s 选用 $5 \oplus 22$（$A'_s = 1900\text{mm}^2$）。

（7）按轴心受压构件验算垂直于弯矩作用平面的受压承载力。

由 $\dfrac{l_0}{b} = \dfrac{5600}{400} = 14$，查表6-1，得 $\varphi = 0.92$，按式（6-7）计算得

$$N_u = \varphi [f_c A_c + f'_y (A'_s + A_s)] = 0.92 \times [14.3 \times (400 \times 600) + 360 \times (461 + 1900)]$$

$$= 3939 (\text{kN})$$

因 $\dfrac{N_u}{\gamma_d} = \dfrac{3939}{1.2} = 3283\text{kN} > N = 3200 (\text{kN})$，

满足要求。

因截面高度 $h \geq 600\text{mm}$，在两侧设置纵向构造钢筋，选用 $2 \oplus 14$，并设置直径为 8mm 的附加箍筋，间距与箍筋间距相同。配筋如图 6-28 所示。

例 6-11 矩形截面偏心受压柱，$b = 400\text{mm}$，$h = 600\text{mm}$，$a_s = a'_s = 35\text{mm}$，柱的计算长度 $l_0 =$

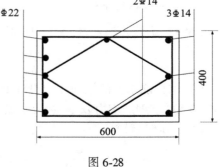

图 6-28

5.4m，混凝土等级为 C30（$f_c = 14.3\text{N/mm}^2$），用 HRB400 钢筋（$f_y = f'_y = 360\text{N/mm}^2$，$\xi_b = 0.518$），在远离偏心力一侧布置了 4 ϕ 20（$A_s = 1256\text{mm}^2$），靠近纵向力一侧布置了 2 ϕ 22（$A'_s = 760\text{mm}^2$），且已知 $\eta = 1.145$，偏心距 $e_0 = 210\text{mm}$，作用在柱截面上的轴向压力设计值 $N = 1650\text{kN}$。该柱为 3 级水工建筑物，持久状况。结构重要性系数 $\gamma_0 = 1.0$，结构系数 $\gamma_d = 1.2$。试求该柱截面在 h 方向所能承受的弯矩设计值 M。

解：（1）因 $\eta e_0 = 1.145 \times 210 = 240.45\text{mm} > \dfrac{h}{2} - a'_s = \dfrac{600}{2} - 35 = 265\text{mm}$，说明轴向力 N 作用在 A'_s 和 A_s 之内。因此式（6-43）中 $f'_y A_s e'$ 项取"+"号，根据式（6-43）求 x。

$$h_0 = h'_0 = h - a_s = 600 - 35 = 565 \ (\text{mm})$$

$$e = \eta e_0 + \frac{h}{2} - a_s = 1.145 \times 210 + \frac{600}{2} - 35 = 505.45 \ (\text{mm})$$

$$e' = \frac{h}{2} - a'_s - \eta e_0 = \frac{600}{2} - 35 - 1.145 \times 210 = 24.55 \ (\text{mm})$$

$$x = (h_0 - e) + \sqrt{(e - h_0)^2 + \frac{2(f_y A_s e + f'_y A'_s e')}{f_c b}}$$

$$= (565 - 505.45) + \sqrt{(505.45 - 565)^2 + \frac{2 \times (360 \times 1256 \times 505.45 + 360 \times 760 \times 24.55)}{14.3 \times 400}}$$

$$= 352.48\text{mm} > \xi_b h_0 = 0.518 \times 565 = 292.67 (\text{mm})$$

属于小偏心受压，应重新计算 x。

（2）按小偏心受压计算受压区高度 x。根据式（6-57）计算

$$B = \left(1 - \frac{1}{\xi_b - 0.8} \cdot \frac{f_y A_s}{f_c b h_0}\right) e - h_0$$

$$= \left(1 - \frac{1}{0.518 - 0.8} \cdot \frac{360 \times 1256}{14.3 \times 400 \times 565}\right) \times 505.45 - 565$$

$$= 191.22 (\text{mm})$$

$$C = \frac{1}{f_c b}\left(\frac{0.8}{\xi_b - 0.8} f_y A_s e - f'_y A'_s e'\right)$$

$$= \frac{1}{14.3 \times 400}\left(\frac{0.8}{0.518 - 0.8} \times 360 \times 1256 \times 505.45 - 360 \times 760 \times 24.55\right)$$

$$= -114522.63$$

$$x = -B + \sqrt{B^2 - 2C} = -191.22 + \sqrt{191.22^2 + 2 \times 114522.63} = 324.2 (\text{mm})$$

$$\xi = \frac{x}{h_0} = \frac{324.2}{565} = 0.574 > 0.518$$

（3）求柱能承受的轴向压力设计值。因 $\xi = 0.574 < 1.6 - \xi_b = 1.6 - 0.518 = 1.082$，先按式（6-53）求钢筋应力 σ_s，然后根据式（6-58）和式（6-60）分别求 N_u，取较小值。

由式（6-53）计算

$$\sigma_s = f_y \frac{0.8 - \xi}{0.8 - \xi_b} = 300 \times \frac{0.8 - 0.574}{0.8 - 0.518} = 288.5 \ (\text{N/mm}^2)$$

由式(6-58)计算

$N_u = f_c bx + f_y' A_s' - \sigma_s A_s$

$\quad = 14.3 \times 400 \times 342.2 + 360 \times 760 - 288.5 \times 1256 = 1765668\text{N} = 1765.67(\text{kN})$

由式(6-60)计算

$$N_u = \dfrac{f_c bh\left(h_0' - \dfrac{h}{2}\right) + f_y' A_s'(h_0' - a_s)}{\dfrac{h}{2} - a_s' - e_0}$$

$$= \dfrac{14.3 \times 400 \times 600 \times \left(565 - \dfrac{600}{2}\right) + 360 \times 1256 \times (565 - 35)}{\dfrac{600}{2} - 35 - 210}$$

$$= 20893178\text{N} = 2089.32(\text{kN})$$

取 $N_u = 1765.67\text{kN}$。

(4)求该截面在 h 方向能承受的弯矩设计值 M。

$$M_u = N_u e_0 = 1765.67 \times 0.21 = 370.79 \,(\text{kN} \cdot \text{m})$$

$$M = \frac{M_u}{\gamma_d} = \frac{370.79}{1.2} = 309 \,(\text{kN} \cdot \text{m})$$

故该截面在 h 方向能承受的弯矩设计值为309kN·m。

例 6-12 将例 6-10 中的偏心受压柱改为对称配筋,求钢筋截面面积 $A_s = A_s'$。

解：(1)先按大偏心受压计算受压区高度 x：

$$x = \frac{\gamma_d N}{f_c b} = \frac{1.2 \times 3200 \times 10^3}{14.3 \times 400} = 671.33 \,(\text{mm})$$

因 $x = 671.33 > \xi_b h_0 = 0.518 \times 565 = 292.67(\text{mm})$，属于小偏心受压。

(2)按小偏心受压重新计算相对受压区高度 ξ。按式(6-63)计算：

$$\xi = \frac{\gamma_d N - f_c bh_0 \xi_b}{\dfrac{\gamma_d Ne - 0.43 f_c bh_0^2}{(0.8 - \xi_b)(h_0 - a_s)} + f_c bh_0} + \xi_b$$

$$= \frac{1.2 \times 3200 \times 10^3 - 14.3 \times 400 \times 565 \times 0.518}{\dfrac{1.2 \times 3200 \times 10^3 \times 328.8 - 0.43 \times 14.3 \times 400 \times 565^2}{(0.8 - 0.518) \times (565 - 35)} + 14.3 \times 400 \times 565} + 0.518$$

$$= 0.855$$

(3)求钢筋截面面积 $A_s = A_s'$。按式(6-64)计算：

$$A_s = A_s' = \frac{\gamma_d Ne - f_c bh_0^2 \xi(1 - 0.5\xi)}{f_y'(h_0 - a_s')}$$

$$= \frac{1.2 \times 3200 \times 10^3 \times 328.8 - 14.3 \times 400 \times 565^2 \times 0.855 \times (1 - 0.5 \times 0.855)}{360 \times (565 - 35)}$$

$$= 1933 \text{ mm}^2 > \rho_{\min} bh_0 = 0.2\% \times 400 \times 565 = 452(\text{mm}^2)$$

（4）选配纵向钢筋。

每侧选用 5 ⌀ 22（$A_s = A_s' = 1900 \text{mm}^2$）。

（5）按轴心受压构件验算垂直于弯矩作用平面的受压承载力。

由 $\dfrac{l_0}{b} = \dfrac{5600}{400} = 14$，查表 6-1，得 $\varphi = 0.92$，按式（6-7）得

$$N_u = \varphi[f_c A_c + f_y'(A_s' + A_s)] = 0.92 \times [14.3 \times (400 \times 600) + 360 \times (1900 + 1900)]$$

$$= 4416(\text{kN})$$

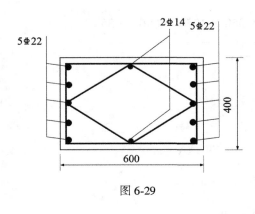

图 6-29

因 $\dfrac{N_u}{\gamma_d} = \dfrac{4416}{1.2} = 3680\text{kN} > N = 3200\text{kN}$，满足要求。

因截面高度 $h \geqslant 600\text{mm}$，在两侧设置纵向构造钢筋，选用 2 ⌀ 14，并设置直径为 8mm 的附加箍筋，间距与箍筋间距相同。配筋如图 6-29 所示。

例 6-13　矩形截面偏心受压柱，$b = 400\text{mm}$，$h = 600\text{mm}$，$a_s = a_s' = 35\text{mm}$，柱的计算长度 $l_0 = 4.5\text{m}$，采用 C30 混凝土（$f_c = 14.3\text{N/mm}^2$），HRB400 钢筋（$f_y = f_y' = 360\text{N/mm}^2$，$\xi_b = 0.518$），每侧配 4 ⌀ 20（$A_s = A_s' = 1256\text{mm}^2$），荷载偏心距 $e_0 = 120\text{mm}$。该柱为 3 级水工建筑物，持久状况。结构重要性系数 $\gamma_0 = 1.0$，结构系数 $\gamma_d = 1.2$。求截面所能承受的轴向压力设计值 N。

解：（1）求偏心距增大系数 η。

$$\frac{l_0}{h} = \frac{4500}{600} = 7.5 < 8.0，取 \eta = 1.0$$

（2）先按大偏心受压计算受压区高度 x。

$$h_0 = h - a_s = 600 - 35 = 565 (\text{mm})$$

$$e = \eta e_0 + \frac{h}{2} - a_s = 1.0 \times 120 + \frac{600}{2} - 35 = 385 (\text{mm})$$

$$e' = \frac{h}{2} - a_s' - \eta e_0 = \frac{600}{2} - 35 - 1.0 \times 120 = 145 (\text{mm})$$

$\eta e_0 = 1.0 \times 120 = 120\text{mm} < \dfrac{h}{2} - a_s' = \dfrac{600}{2} - 35 = 265\text{mm}$，说明轴向力 N 作用在 A_s' 和 A_s 之内。因此式（6-43）中 $f_y' A_s' e'$ 项取"+"号，根据式（6-43）求 x：

$$x = (h_0 - e) + \sqrt{(e - h_0)^2 + \frac{2(f_y A_s e + f_y' A_s' e')}{f_c b}}$$

$$= (565 - 385) + \sqrt{(385 - 565)^2 + \frac{2 \times (360 \times 1256 \times 385 + 360 \times 1256 \times 145)}{14.3 \times 400}}$$

$$= 520.87\text{mm} > \xi_b h_0 = 0.518 \times 565 = 292.67(\text{mm})$$

属小偏心受压，应重新计算 x。

（3）按小偏心受压计算受压区高度 x。根据式（6-57）计算

$$B = \left(1 - \frac{1}{\xi_b - 0.8} \cdot \frac{f_y A_s}{f_c b h_0}\right) e - h_0$$

$$= \left(1 - \frac{1}{0.518 - 0.8} \times \frac{360 \times 1256}{14.3 \times 400 \times 565}\right) \times 385 - 565 = 11.01$$

$$C = \frac{1}{f_c b}\left(\frac{0.8}{\xi_b - 0.8} f_y A_s e - f_y' A_s' e'\right)$$

$$= \frac{1}{14.3 \times 400}\left(\frac{0.8}{0.518 - 0.8} \times 360 \times 1256 \times 385 - 360 \times 1256 \times 145\right) = -97799.25$$

$$x = -B + \sqrt{B^2 - 2C} = -11.01 + \sqrt{11.01^2 + 2 \times 97799.25} = 431.39$$

$$\xi = \frac{x}{h_0} = \frac{431.39}{565} = 0.764 > 0.518$$

（4）求柱能承受的轴向压力设计值。因 $\xi = 0.764 < 1.6 - \xi_b = 1.6 - 0.518 = 1.082$，先按式（6-53）求钢筋应力 σ_s，然后根据式（6-58）和式（6-60）分别求 N_u，取较小值。

由式（6-53）计算

$$\sigma_s = f_y \frac{0.8 - \xi}{0.8 - \xi_b} = 360 \times \frac{0.8 - 0.764}{0.8 - 0.518} = 46 \ (\text{N/mm}^2)$$

由式（6-58）计算

$$N_u = f_c b x + f_y' A_s - \sigma_s A_s$$

$$= 14.3 \times 400 \times 431.39 + 360 \times 1256 - 46 \times 1256 = 2861993\text{N} = 2961.99(\text{kN})$$

由式（6-60）计算

$$N_u = \frac{f_c b h\left(h_0' - \dfrac{h}{2}\right) + f_y' A_s(h_0' - a_s)}{\dfrac{h}{2} - a_s' - e_0}$$

$$= \frac{14.3 \times 400 \times 600 \times \left(565 - \dfrac{600}{2}\right) + 360 \times 1256 \times (565 - 35)}{\dfrac{600}{2} - 35 - 120}$$

$$= 7924998\text{N} = 7925(\text{kN})$$

取 $N_u = 2961.99(\text{kN})$

$$N = \frac{N_u}{\gamma_d} = \frac{2861.99}{1.2} = 2384.99 \ (\text{kN})$$

（4）验算垂直于弯矩作用平面的承载力

$$\frac{l_0}{b} = \frac{4500}{400} = 11.25, \quad \text{查表得 } \varphi = 0.939$$

$$N_u = \varphi[f_c A + f_y'(A_s + A_s')] = 0.939[14.3 \times (400 \times 600) + 360 \times (1256 + 1256)]$$

$$= 4072(\text{kN})$$

因 $\dfrac{N_u}{\gamma_d} = \dfrac{4072}{1.2} = 3393.3\text{kN} > N = 2384.99(\text{kN})$

故垂直于弯矩作用平面的承载力大于弯矩作用平面的承载力。

6.6　偏心受压构件斜截面承载力计算

在实际工程中，有不少构件同时承受轴向力、弯矩和剪力作用，如框架柱。因此偏心受压构件也存在斜截面的承载力问题。轴向力的存在不仅对构件正截面承载力有影响，而且对构件斜截面承载力也有明显的影响。产生这种影响的根本原因是轴向力改变了截面上主拉应力的大小和方向。因此，对于偏心受压构件斜截面承载力的计算，必须考虑轴向力的影响。

轴向压力能延缓裂缝的出现和发展，增加混凝土受压区的高度，从而提高斜截面受剪承载力。相关试验表明，有轴压作用的构件，斜截面破坏也可分为斜拉破坏、剪压破坏和斜压破坏等。破坏形态与剪跨比、配箍率、轴压比等有关。其中轴压比 $\dfrac{N}{f_c bh}$ 对受剪承载力影响很大。当轴压比在 $0.3\sim0.5$ 时，轴向压力对构件受剪承载力的有利影响达到最大值。若轴压比继续增大，则其对构件受剪承载力的有利影响将降低，并转变为带有裂缝的小偏心受压破坏[75]，如图6-30所示。

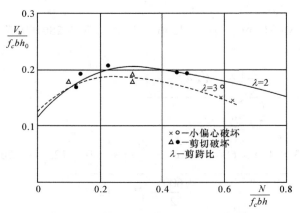

图 6-30　轴压力和剪力关系试验曲线

偏心受压构件斜截面受剪承载力的计算，可以在集中荷载作用下矩形截面梁受剪承载力计算公式的基础上，增加一项由于轴向压力作用使斜截面受剪承载力的提高值。为了偏安全起见，此项提高值为 $0.07N$，则受压构件斜截面承载力计算公式为

$$V \le \dfrac{1}{\gamma_d}\left(0.5\beta_h f_t bh_0 + f_{yv}\dfrac{A_{sv}}{s}h_0 + 0.8f_y A_{sb}\sin\alpha_s\right) + 0.07N \qquad (6\text{-}65)$$

式中，N——与剪力设计值 V 相对应的轴向压力设计值，当 $N > \dfrac{1}{\gamma_d}(0.3f_c A)$ 时，取 $N =$

$\dfrac{1}{\gamma_d}(0.3f_cA)$，$A$ 为构件的截面面积。

为了防止偏心受压构件截面产生斜压破坏，必须满足下列条件

$$V \leqslant \frac{1}{\gamma_d}(0.25f_cbh_0) \qquad (6\text{-}66)$$

如上述条件不满足时，应提高混凝土强度等级或加大截面尺寸。

当偏心受压构件满足下列公式要求时

$$V \leqslant \frac{1}{\gamma_d}(0.5\beta_hf_tbh_0) + 0.07N \qquad (6\text{-}67)$$

则可不进行斜截面受剪承载力计算而仅需按构造要求配置箍筋。

例 6-14 矩形截面偏心受压柱，$b = 300\text{mm}$，$h = 500\text{mm}$，$a_s = a_s' = 35\text{mm}$，$H_n = 3.0\text{m}$，采用 C30 混凝土（$f_c = 14.3\text{N/mm}^2$，$f_t = 1.43\text{N/mm}^2$），箍筋用 HPB300 钢筋（$f_{yv} = 270\text{N/mm}^2$），纵筋用 HRB400 钢筋，柱作用的轴向压力设计值 $N = 720\text{kN}$，剪力设计值 $V = 195\text{kN}$。该柱为 3 级水工建筑物，持久状况。结构重要性系数 $\gamma_0 = 1.0$，结构系数 $\gamma_d = 1.2$。试求箍筋数量。

解：（1）验算截面尺寸。

$$h_0 = h - a_s' = 500 - 35 = 465\ (\text{mm})$$

$$\frac{1}{\gamma_d}(0.25f_cbh_0) = \frac{1}{1.2} \times (0.25 \times 14.3 \times 300 \times 465) = 415.6\text{kN} > V = 195\ (\text{kN})$$

故截面验算尺寸满足设计要求。

（2）验算是否需要按计算配置箍筋。

$$\frac{1}{\gamma_d}(0.3f_cA) = \frac{1}{1.2} \times (0.3 \times 14.3 \times 300 \times 500) = 536.25\text{kN} < 720\ (\text{kN})$$

故取 $N = 536.25\text{kN}$。

由于 $h_0 = 465\text{mm} < 800\text{mm}$，取 $\beta_h = 1.0$。

$$V \leqslant \frac{1}{\gamma_d}(0.5\beta_hf_tbh_0) + 0.07N$$

$$= \frac{1}{1.2}(0.5 \times 1.0 \times 1.43 \times 300 \times 465) + 0.07 \times 536.25 \times 10^3$$

$$= 120.66\text{kN} < V = 195\text{kN}$$

故应按计算配置箍筋。

（3）计算箍筋用量。

由式（6-64）得

$$\frac{A_{sv}}{s} = \frac{\gamma_d(V - 0.07N) - 0.5\beta_hf_tbh_0}{f_{yv}h_0}$$

$$= \frac{1.2 \times (195 \times 10^3 - 0.07 \times 536.25 \times 10^3) - 0.5 \times 1.0 \times 1.43 \times 300 \times 465}{270 \times 465}$$

$$= 0.711$$

（4）选配箍筋。

采用Φ8@100（$\frac{A_{sv}}{s} = \frac{2 \times 50.3}{120} = 0.838 > 0.711$）

思考题与计算题

一、思考题

1. 轴心受压短柱在荷载作用下其混凝土及钢筋的应力是如何变化的？

2. 轴心受压短柱和长柱的破坏本质有何不同？其原因是什么？

3. 在什么情况下应考虑轴压构件纵向弯曲的影响？规范是如何考虑这一影响的？

4. 柱中箍筋有哪些主要作用？其直径、间距如何确定？哪些条件下要设置附加箍筋？

5. 轴心受压构件中，混凝土的强度等级宜取多少？钢筋的强度等级宜取多少？为什么？

6. 轴心受压构件中，纵筋有什么作用？

7. 轴心受压构件有哪些特殊的构造要求？其目的是什么？

8. 螺旋式箍筋柱、焊环式箍筋柱为何比普通箍筋柱的承载能力高？什么是间接钢筋？如何确定它？

9. 螺旋式箍筋柱、焊环式箍筋柱有哪些构造要求和限制条件？它们的目的是什么？

10. 偏心受压短柱和长柱的破坏有什么区别？偏心距增大系数 η 的物理意义是什么？

11. 简述偏心受压构件的破坏种类，各有什么特点？

12. 在设计非对称配筋偏心受压构件时，为什么要令 $x=\xi_b h_0$ 进行计算？如果已知 A'_s，是否可以用 $x=\xi_b h_0$ 进行计算？

13. 在计算小偏心受压构件配筋时，若 A_s 和 A'_s 均未知，为什么一般可取 A_s 等于最小配筋量（$A_s=\rho_{min}bh_0$）？在什么情况下 A_s 可能超过最小配筋量？如何计算？

14. 轴向压力和轴向拉力对钢筋混凝土抗剪承载力有何影响？在偏心构件斜截面承载力计算公式中如何反映？

二、计算题

1. 正方形截面受压柱截面尺寸为 350mm×350mm，计算高度为 2.8m，采用 C30 混凝土及 HRB400 钢筋，承受轴向恒载标准值 800kN、轴向活载标准值 850kN。该柱为 3 级水工建筑物，持久状况，结构重要性系数 $\gamma_0 = 1.0$，结构系数 $\gamma_d = 1.2$，试计算纵向受压钢筋的面积，并按构造要求配置箍筋。

2. 某柱可按轴心受压柱设计，截面尺寸为 400mm×400mm，计算高度为 6.0m，采用 C35 混凝土和 HRB400 钢筋，承受轴向压力设计值为 2350kN。该柱为 3 级水工建筑物，持久状况，结构重要性系数 $\gamma_0 = 1.0$，结构系数 $\gamma_d = 1.2$。计算此柱纵向钢筋并配置箍筋。

3. 正方形截面受压柱承受轴心压力设计值为 2800kN，构件截面尺寸为 500mm×

500mm，计算高度为 3.8m，采用 C35 混凝土，纵向受压钢筋为 HRB400 钢筋，配置为 8 Φ 18。该柱为 3 级水工建筑物，持久状况，结构重要性系数 $\gamma_0 = 1.0$，结构系数 $\gamma_d = 1.2$。试进行截面承载能力的校核。

4. 正方形截面受压柱截面尺寸为 300mm×300mm，计算高度为 5.0m，采用 C35 混凝土，纵向受压钢筋为 HRB400 钢筋，配置为 4 Φ 22。该柱为 2 级水工建筑物，持久状况，结构重要性系数 $\gamma_0 = 1.0$，结构系数 $\gamma_d = 1.2$。试求此柱所能承受的最大轴向压力设计值。

5. 某矩形截面柱尺寸 $b \times h = 400\text{mm} \times 600\text{mm}$，计算高度为 7.2m，压力设计值 $N = 1000\text{kN}$，弯矩设计值 $M = 450\text{kN} \cdot \text{m}$，采用 C30 混凝土，纵向钢筋为 HRB400 钢筋，箍筋为 HPB300 钢筋。该柱为 3 级水工建筑物，持久状况，结构重要性系数 $\gamma_0 = 1.0$，结构系数 $\gamma_d = 1.2$。试求 A_s 和 A_s' 并绘制配筋图。

6. 某矩形截面偏心受压短柱，截面尺寸 $b \times h = 400\text{mm} \times 600\text{mm}$，采用 C30 混凝土，纵向钢筋为 HRB400 钢筋，箍筋为 HPB300 钢筋。承受轴向压力设计值 $N = 380\text{kN}$，弯矩设计值 $M = 264\text{kN} \cdot \text{m}$，$A_s'$ 为 4 Φ 22。该柱为 3 级水工建筑物，持久状况，结构重要性系数 $\gamma_0 = 1.0$，结构系数 $\gamma_d = 1.2$。试求 A_s 并绘配筋图。

7. 某钢筋混凝土柱，截面尺寸 $b \times h = 400\text{mm} \times 600\text{mm}$，计算长度为 4.5m，采用 C30 混凝土，纵向钢筋为 HRB400 钢筋，其中 A_s 为 4 Φ 18，A_s' 为 4 Φ 20，$a_s = a_s' = 40\text{mm}$。该柱为 3 级水工建筑物，持久状况，结构重要性系数 $\gamma_0 = 1.0$，结构系数 $\gamma_d = 1.2$。试求：当 $e_0 = 150\text{mm}$ 时，该柱所能承受的最大轴向压力设计值和弯矩设计值。

8. 某钢筋混凝土柱，截面尺寸 $b \times h = 400\text{mm} \times 500\text{mm}$，$a_s = a_s' = 40\text{mm}$，计算长度为 5m，控制截面的轴向力设计值 $N = 480\text{kN}$，弯矩设计值 $M = 250\text{kN} \cdot \text{m}$。采用 C30 混凝土，纵向钢筋为 HRB400 钢筋，箍筋为 HPB300 钢筋。该柱为 3 级水工建筑物，持久状况，结构重要性系数 $\gamma_0 = 1.0$，结构系数 $\gamma_d = 1.2$。试采用对称配筋进行截面设计并绘配筋图。

9. 某矩形截面偏心受压柱，$b = 300\text{mm}$，$h = 500\text{mm}$，$a_s = a_s' = 35\text{mm}$，柱的计算长度为 3m，采用 C30 混凝土，纵向钢筋为 HRB400 钢筋，每侧配 3 Φ 20。该柱为 3 级水工建筑物，持久状况。结构重要性系数 $\gamma_0 = 1.0$，结构系数 $\gamma_d = 1.2$。试求：当偏心距 $e_0 = 420\text{mm}$，求截面所能承受的轴向压力设计值 N。

第7章 受拉构件承载力计算

对于单一均质材料的构件，当轴向拉力的作用线与构件截面形心轴线重合时为轴心受拉构件，不重合时为偏心受拉构件。对于钢筋混凝土受拉构件，由于混凝土的非匀质性，施工误差、配筋等因素影响，实际工程中不存在真正的钢筋混凝土轴心受拉构件。但是为了方便，近似地用轴向拉力作用点与构件截面形心的位置来划分受拉构件的类型。当轴向拉力的作用点与构件截面形心重合时为轴心受拉构件，不重合时为偏心受拉构件。

在一些结构中，外加荷载的实际微小偏心对构件承载力影响很小，同时按轴心受拉构件进行设计又非常简单方便，所以对于偏心距很小的轴向受拉构件可以近似地按轴心受拉构件来设计。例如，水工渡槽侧墙的拉杆、单纯承受内水压力的管道壁（管壁厚度不大时）等，如图 7-1(a) 和 (b) 所示，均可视为轴心受拉构件。当构件上既有轴向拉力作用、又有弯矩作用时，也转化为偏心受拉构件进行设计。如单侧弧门推力作用下的预应力闸墩颈部、矩形水池的池壁、调压井的侧壁、浅仓的仓壁、圆形水管在管外土压力和内水压力作用下的管壁等，如图 7-1(c)、(d) 和 (e) 所示。

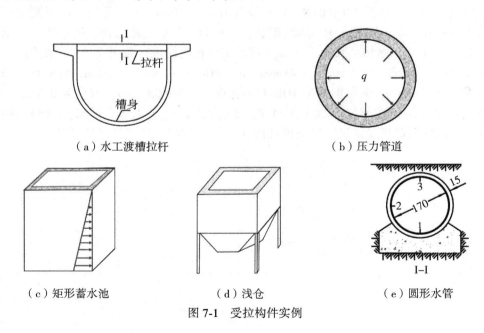

（a）水工渡槽拉杆　　　　　　　　　　（b）压力管道

（c）矩形蓄水池　　　　　（d）浅仓　　　　　（e）圆形水管

图 7-1　受拉构件实例

7.1 轴心受拉构件的承载力计算

7.1.1 轴心受拉构件的受力全过程

根据截面受力和构件上裂缝的开展，可以将轴心受拉构件从开始加载到构件破坏的全过程，分成三个受力阶段。

(1)构件混凝土未裂阶段。发生在加载初期，此时构件上混凝土应力及应变均很小，混凝土与钢筋能保持变形协调，外荷载由钢筋和混凝土共同承担，但绝大部分由混凝土承担。由于此阶段内钢筋与混凝土均在弹性范围内工作，因此构件的拉力与应变基本上成直线关系。此阶段结束时，混凝土的应变达到极限拉应变，此时的截面应力分布是验算构件抗裂性的依据。

(2)混凝土开裂至钢筋屈服前的阶段。当荷载增至某值时，构件在某一截面产生第一条裂缝，裂缝的开展方向大体上与荷载作用方向相垂直，而且很快贯穿整个截面。随着荷载的逐渐增大，构件其他截面上陆续产生多条裂缝，并将构件分割成许多段，如图 7-2 所示。在裂缝截面处，混凝土不参与受力，外荷载全部由钢筋承担，但钢筋还没有屈服。这一阶段是验算构件裂缝宽度的依据。

(3)钢筋屈服至构件破坏阶段。随着荷载进一步增大，截面中部分钢筋达到屈服强度，此时裂缝迅速扩展，构件的变形随之大幅度增加，裂缝宽度也增大许多，如图 7-2 所示，此时构件已达到破坏状态。这一阶段构件的应力分布是构件承载力计算的依据。

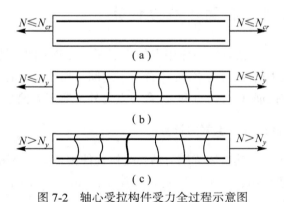

图 7-2 轴心受拉构件受力全过程示意图

7.1.2 轴心受拉构件承载力计算

轴心受拉构件承载力计算是以上述第Ⅲ阶段的应力分布作为依据，此时截面上混凝土已不再承受拉力，全部拉力由钢筋承担，钢筋应力均达到其强度设计值 f_y，如图 7-3 所示。由截面上

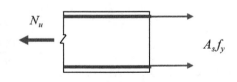

图 7-3 轴心受拉构件截面承载力计算简图

内、外力平衡关系，可以导出轴心受拉构件的承载力计算公式为：

$$N \leqslant \frac{N_u}{\gamma_d} = \frac{1}{\gamma_d} f_y A_s \qquad (7\text{-}1)$$

式中，N——构件轴向拉力设计值(荷载效应设计值)；

$\quad\quad N_u$——构件承受的轴向拉力设计值(抗力设计值)；

$\quad\quad \gamma_d$——结构系数；

$\quad\quad f_y$——钢筋抗拉强度设计值；

$\quad\quad A_s$——全部受拉钢筋的截面面积。

由式(7-1)可知，轴心受拉构件承载力仅与钢筋截面积和抗拉强度设计值有关，与截面尺寸、混凝土强度等级无关。因此，在满足构造规定的前提下，可以尽量减小构件截面尺寸，并采用较低的混凝土强度等级。

7.1.3 轴心受拉构件的构造规定

(1)轴心受拉构件宜采用 HRB400 钢筋，也可以采用 RRB400、HRB500 钢筋；配筋率 ρ 一般为 2%~5%；但不得小于最小配筋率 $\rho_{\min}$。$\rho_{\min}$ 按附录 3 表 3-3 取值。

(2)受拉构件中受力钢筋的接头不得采用绑扎接头，必须采用焊接接头，构件端部处的受力钢筋应可靠地锚固在支座内。

(3)钢筋接头位置应错开，在接头连接区段的长度为 35d 且不小于 500mm 内，所焊接的受拉钢筋截面积不宜超过受拉钢筋总截面积的 50%。

7.2 偏心受拉构件正截面承载力计算

偏心受拉构件的计算，按轴向力作用点位置不同，可分为两种情况：

(1)轴向力作用在钢筋 A_s 合力点和 A_s' 合力点之间，属于小偏心受拉情况；

(2)轴向力作用在钢筋 A_s 合力点和 A_s' 合力点之外，属于大偏心受拉情况。

7.2.1 小偏心受拉构件正截面承载力计算

对于小偏心受拉构件，其破坏特征与轴心受拉构件相类似。极限状态时，截面已全部裂通，拉力全部由钢筋承担，并可以达到屈服强度，如图 7-4 所示。设计时，钢筋 A_s 和 A_s' 的应力均可以取为抗拉强度设计值 f_y，根据内、外力分别对钢筋 A_s 和 A_s' 合力点取矩的力矩平衡条件，可以得出下式：

$$Ne' \leqslant \frac{N_u e'}{\gamma_d} = \frac{1}{\gamma_d} f_y A_s (h_0 - a_s') \qquad (7\text{-}2)$$

$$Ne \leqslant \frac{N_u e}{\gamma_d} = \frac{1}{\gamma_d} f_y A_s' (h_0' - a_s) \qquad (7\text{-}3)$$

式中，e'——轴向拉力至 A_s' 的距离，$e' = \dfrac{h}{2} - a_s' + e_0$；

e ——轴向拉力至 A_s 的距离，$e = \dfrac{h}{2} - a_s - e_0$；

e_0 ——轴向拉力的偏心距，$e_0 = \dfrac{M}{N}$，M 为弯矩设计值。

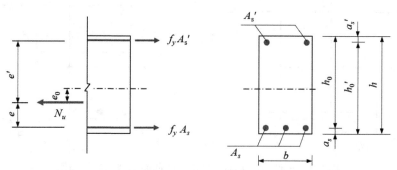

图 7-4　矩形截面小偏心受拉构件截面承载力计算简图

在进行截面设计时，由式(7-2)、式(7-3)直接得出所需钢筋面积为

$$A_s \geqslant \frac{\gamma_d N e'}{f_y(h_0 - a_s')} \qquad (7\text{-}4)$$

$$A_s' \geqslant \frac{\gamma_d N e}{f_y(h_0' - a_s)} \qquad (7\text{-}5)$$

在采用对称配筋时，由内外力平衡条件可知，远离偏心一侧的钢筋 A_s' 的应力可能达不到其抗拉强度设计值。因此，在截面设计时，A_s 和 A_s' 均应按式(7-4)确定。

当进行截面复核时，由于已知 A_s 和 A_s' 及偏心距 e_0，故可利用式(7-4)、式(7-5)分别求出截面所能承担的轴向拉力，其中较小值即为所求。

7.2.2 大偏心受拉构件正截面承载力计算

对于正常配筋的矩形截面，大偏心受拉构件的破坏形态与适筋受弯构件或大偏心受压构件相似。当偏心拉力作用在 A_s 和 A_s' 合力点之外时，在受拉的一侧发生裂缝，钢筋承受拉力，而在另一侧形成压区。因此，裂缝不会贯穿整个截面。随着偏心拉力的增大，裂缝继续开展，压区面积减少。当偏心拉力增大到一定程度时，受拉钢筋首先达到抗拉屈服强度。随着受拉钢筋塑性变形的增长，受压区混凝土边缘逐步达到其极限压应变而破坏。大偏心受拉构件的计算应力图形如图 7-5 所示。

受压区混凝土应力图形仍可简化为矩形，受拉钢筋 A_s 达到抗拉强度设计值 f_y；当 $x \geqslant 2a_s'$ 时，受压钢筋 A_s' 的应力也能达到抗压强度设计值 f_y'。根据力的平衡条件和对 A_s' 合力点的力矩平衡条件，可以得到大偏心受拉构件正截面承载力计算公式为

$$N \leqslant \frac{N_u}{\gamma_d} = \frac{1}{\gamma_d}(f_y A_s - f_y' A_s' - f_c b x) \qquad (7\text{-}6)$$

$$Ne \leqslant \frac{N_u e}{\gamma_d} = \frac{1}{\gamma_d}\left[f_c b x \left(h_0 - \frac{x}{2} \right) + f_y' A_s' (h_0 - a_s') \right] \qquad (7\text{-}7)$$

式中，e——轴向拉力至 A_s 的距离，$e = e_0 - \dfrac{h}{2} + a_s$。

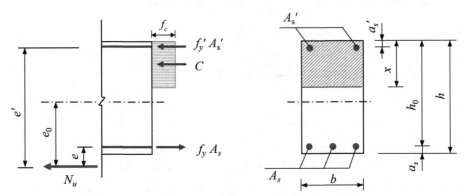

图 7-5　矩形截面大偏心受拉构件截面承载力计算简图

式(7-6)、式(7-7)的适用条件与大偏心受压构件相同，即

$$x \leqslant \xi_b h_0$$
$$x \geqslant 2a_s'$$

当 $x < 2a_s'$ 时，同样可以假定混凝土压应力合力点与受压钢筋 A_s' 合力点重合，即 $x = 2a_s'$。根据对 A_s' 的合力点的力矩平衡条件，可得：

$$Ne' \leqslant \frac{1}{\gamma_d} f_y A_s (h_0 - a_s') \tag{7-8}$$

式中，e'——轴向拉力至 A_s' 的距离，$e' = \dfrac{h}{2} - a_s' + e_0$。

进行截面设计时，由于式(7-6)和式(7-7)中有三个未知数 A_s、A_s' 和 x，如同偏心受压构件一样，取 $x = \xi_b h_0$，代入式(7-6)和式(7-7)得：

$$A_s' = \frac{\gamma_d Ne - f_c b h_0^2 \xi_b (1 - 0.5\xi_b)}{f_y'(h_0 - a_s')} \tag{7-9}$$

$$A_s = \frac{\gamma_d N}{f_y} + \frac{f_c b \xi_b h_0}{f_y} + \frac{f_y'}{f_y} A_s' \tag{7-10}$$

当采用对称配筋时，由于 $A_s = A_s'$，$f_y = f_y'$，代入式(7-6)后，所求出的 x 为负值，属于 $x < 2a_s'$ 的情况，可以按式(7-8)计算 A_s 和 A_s'。A_s 和 A_s' 均应满足最小配筋率要求。

大偏心受拉构件截面设计与承载力复核的设计步骤与大偏心受压构件相似，所不同的只是大偏心受拉构件轴向力 N 为拉力。

例 7-1　矩形偏心受拉构件，$b = 300\text{mm}$，$h = 500\text{mm}$，$a_s = a_s' = 40\text{mm}$，采用 C30 混凝土($f_c = 14.3\text{N/mm}^2$)，HRB400 钢筋($f_y = f_y' = 360\text{N/mm}^2$)，弯矩设计值 $M = 71.4\text{kN} \cdot \text{m}$，轴向力拉力设计值 $N = 700\text{kN}$。该构件为 2 级水工建筑物，持久状况，结构重要性系数 $\gamma_0 = 1.0$，结构系数 $\gamma_d = 1.2$。分别按对称和非对称配筋两种情况计算钢筋面积 A_s 和 A_s'。

解：(1)按非对称配筋计算 A_s、A_s'。

①判别大、小偏心受拉。

$$e_0 = \frac{M}{N} = \frac{71.4 \times 10^6}{700 \times 10^3} = 102 \text{（mm）}$$

$$\frac{h}{2} - a_s = \frac{500}{2} - 40 = 210\text{mm} > e_0 = 102 \text{（mm）}$$

故属于小偏心受拉。

②计算 A_s、A_s'。

$$h_0 = h - a_s = 500 - 40 = 460 \text{（mm）}$$
$$h_0' = h - a_s' = 500 - 40 = 460 \text{（mm）}$$
$$e' = \frac{h}{2} - a_s' + e_0 = \frac{500}{2} - 40 + 102 = 312 \text{（mm）}$$
$$e = \frac{h}{2} - a_s - e_0 = \frac{500}{2} - 40 - 102 = 108 \text{（mm）}$$
$$A_s = \frac{\gamma_d Ne'}{f_y(h_0 - a_s')} = \frac{1.2 \times 700 \times 10^3 \times 312}{360 \times (460 - 40)} = 1733 \text{（mm}^2\text{）}$$
$$A_s = 1733 \text{ mm}^2 > \rho_{\min}bh_0 = 0.2\% \times 300 \times 460 = 276 \text{（mm}^2\text{）}$$

满足最小配筋率。

$$A_s' = \frac{\gamma_d Ne}{f_y(h_0' - a_s)} = \frac{1.2 \times 700 \times 10^3 \times 108}{360 \times (460 - 40)} = 600 \text{（mm}^2\text{）}$$
$$A_s' = 600 \text{ mm}^2 > \rho_{\min}bh_0 = 0.2\% \times 300 \times 460 = 276 \text{（mm}^2\text{）}$$

满足最小配筋率。

③选配钢筋。

A_s 选用 $2 \oplus 20 + 2 \oplus 28$（$A_s = 1860\text{mm}^2$），$A_s'$ 选用 $2 \oplus 20$
（$A_s' = 628\text{mm}^2$）。配筋如图 7-6 所示。

（2）按对称配筋计算 A_s、A_s'。

由式（7-4）得

$$A_s = A_s' = \frac{\gamma_d Ne'}{f_y(h_0 - a_s')} = \frac{1.2 \times 700 \times 10^3 \times 312}{360 \times (460 - 40)} = 1733\text{（mm}^2\text{）}$$
$$A_s = A_s' = 1733 \text{ mm}^2 > \rho_{\min}bh_0 = 0.2\% \times 300 \times 460 = 276\text{（mm}^2\text{）}$$

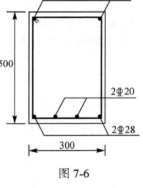

图 7-6

满足最小配筋率，每侧应配 $2 \oplus 20 + 2 \oplus 28$（$A_s = 1860\text{mm}^2$）。

从上述结果可知，非对称配筋时的钢筋总用量为 2488mm²，对称配筋时的钢筋总用量为 3720mm²，对称配筋用钢量较大。因此，在通常情况下，采用非对称配筋。但在某些情况下，如预制构件或承受变号弯矩，则应采用对称配筋。

例 7-2　矩形水池，壁厚为 350mm，$a_s = a_s' = 35$，采用 C25 混凝土（$f_c = 11.9\text{N/mm}^2$），HRB400 钢筋（$f_y = f_y' = 360\text{N/mm}^2$，$\xi_b = 0.518$），由内力计算，池壁某垂直截面中每米宽度上的最大弯矩设计值 $M = 98.56\text{kN} \cdot \text{m}$，相应的每米宽度上的轴向力拉力设计值 $N = 220\text{kN}$。该构件为 2 级水工建筑物，持久状况，结构重要性系数 $\gamma_0 = 1.0$，结构系数 $\gamma_d = 1.2$。试求该处池壁内侧和外侧所需 A_s 和 A_s'。

解：（1）判别大、小偏心受拉。

$$e_0 = \frac{M}{N} = \frac{98.56 \times 10^6}{220 \times 10^3} = 448 \ (\text{mm})$$

$$\frac{h}{2} - a_s = \frac{350}{2} - 35 = 140 \text{ mm} < e_0 = 448 \ (\text{mm})$$

故属于大偏心受拉。

（2）计算 A_s'。

$$h_0 = h - a_s = 350 - 35 = 315 \ (\text{mm})$$

$$e = e_0 - \frac{h}{2} + a_s = 448 - \frac{350}{2} + 35 = 308 \ (\text{mm})$$

取 $x = \xi_b h_0 = 0.518 \times 315 = 163.2 \text{mm}$，或 $\xi = \xi_b = 0.518$，　按式(7-9)求 A_s'：

$$A_s' = \frac{\gamma_d N e - f_c b h_0^2 \xi_b (1 - 0.5\xi_b)}{f_y'(h_0 - a_s')}$$

$$= \frac{1.2 \times 220 \times 10^3 \times 308 - 11.9 \times 1000 \times 315^2 \times 0.518 \times (1 - 0.5 \times 0.518)}{360 \times (315 - 35)} < 0$$

取 $A_s' = \rho_{\min} b h_0 = 0.2\% \times 1000 \times 315 = 630 (\text{mm}^2)$

该题已成为已知 A_s' 求 A_s 的问题，此时 ξ 不再为 ξ_b，应重新求 x。计算方法与偏心受压构件计算方法相同。

（3）求 A_s。

已知 $A_s' = 630 \text{mm}^2$，重新求混凝土受压区计算高度 x，再求 A_s。

式(7-7)变换为下式

$$\gamma_d N e + \frac{f_c b x^2}{2} - f_c b h_0 x - f_y' A_s' (h_0 - a_s') = 0$$

代入相关数据得

$$1.2 \times 220 \times 10^3 \times 308 + 11.9 \times 1000 \times \frac{x^2}{2} - 11.9 \times 1000 \times 315 x - 360 \times 630 \times (315 - 35) = 0$$

$$5950x^2 - 3748500x + 17808000 = 0$$

$$x = \frac{3748500 - \sqrt{3748500^2 - 4 \times 5950 \times 17808000}}{2 \times 5950} = 4.8 (\text{mm})$$

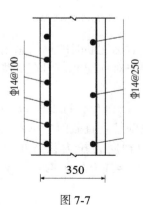

图 7-7

$x = 4.8 \text{mm} < 2a_s' = 2 \times 35 = 70 \text{mm}$，取 $x = 2a_s'$，由式(7-8)得

$$A_s = \frac{\gamma_d N e'}{f_y (h_0 - a_s')} = \frac{1.2 \times 220 \times 10^3 \times \left(\frac{350}{2} - 35 + 448\right)}{360 \times (315 - 35)}$$

$$= 1540 (\text{mm}^2)$$

（4）选配钢筋。

A_s' 选用 $\Phi 14@250$ ($A_s' = 615 \text{mm}^2$)，A_s 选用 $\Phi 14@100$ ($A_s = 1539 \text{mm}^2$)。配筋如图 7-7 所示。

7.3 偏心受拉构件斜截面受剪承载力计算

一般偏心受拉构件，在承受弯矩和拉力的同时，也存在着剪力，尚需进行斜截面受剪承载力计算。

试验表明，轴向拉力可能使构件产生贯穿全截面的初始垂直裂缝，若再有横向荷载，则由剪力产生的斜裂缝可能直接与拉力产生的初始垂直裂缝相交并向上发展，也可能沿初始垂直裂缝延伸再斜向发展。轴向拉力的存在使斜裂缝末端的剪压区高度减小，甚至没有剪压区。理论分析也表明，轴向拉力的存在，增大了由剪力和弯矩产生的主拉应力。因此，构件的斜截面承载力比无轴向拉力时要低一些。根据对试验结果进行分析，偏心受拉构件的斜截面受剪承载力可以按下式计算：

$$V \leqslant \frac{1}{\gamma_d}\left(0.5\beta_h f_t bh_0 + f_{yv}\frac{A_{sv}}{s}h_0 + 0.8f_y A_{sb}\sin\alpha_s\right) - 0.2N \tag{7-11}$$

式中，N——与剪力设计值 V 相应的轴向拉力设计值。

若式（7-11）中右边的承载力计算值小于 $\frac{1}{\gamma_d}\left(f_{yv}\frac{A_{sv}}{s}h_0 + 0.8f_y A_{sb}\sin\alpha_s\right)$ 时，应取为 $\frac{1}{\gamma_d}\left(f_{yv}\frac{A_{sv}}{s}h_0 + 0.8f_y A_{sb}\sin\alpha_s\right)$，这相当于不考虑混凝土的受剪承载力。同时，还要求 $f_{yv}\frac{A_{sv}}{s}h_0$ 值不得小于 $0.36f_t bh_0$。这是为保证箍筋具有一定的受剪承载力。

对于偏心受拉构件，其截面尺寸也应符合下式要求：

$$V \leqslant \frac{1}{\gamma_d}(0.25f_c bh_0) \tag{7-12}$$

例 7-3 矩形截面偏心受拉构件，$b = 350\text{mm}$，$h = 500\text{mm}$，$a_s = a_s' = 35\text{mm}$，采用 C25 混凝土（$f_c = 11.9\text{N/mm}^2$，$f_t = 1.27\text{N/mm}^2$），箍筋用 HPB300 钢筋（$f_{yv} = 270\text{N/mm}^2$），轴向拉力设计值 $N = 245\text{kN}$，剪力设计值 $V = 185\text{kN}$。该构件为 2 级水工建筑物，持久状况，结构重要性系数 $\gamma_0 = 1.0$，结构系数 $\gamma_d = 1.2$。试求箍筋数量。

解：（1）验算截面尺寸。

$$h_0 = h - a_s' = 500 - 35 = 465 \text{（mm）}$$

$$\frac{1}{\gamma_d}(0.25f_c bh_0) = \frac{1}{1.2} \times (0.25 \times 11.9 \times 350 \times 465) = 403.5\text{kN} > V = 185\text{kN}$$

故截面尺寸满足设计要求。

（2）计算箍筋用量。

由式（7-11）得

$$V \leqslant \frac{1}{\gamma_d}\left(0.5\beta_h f_t bh_0 + f_{yv}\frac{A_{sv}}{s}h_0\right) - 0.2N$$

代入相关数据得

$$185 \times 10^3 \leqslant \frac{1}{1.2}\left(0.5 \times 1 \times 1.27 \times 350 \times 465 + 270 \times \frac{A_{sv}}{s} \times 465\right) - 0.2 \times 245 \times 10^3$$

$$\frac{A_{sv}}{s} \geqslant 1.41$$

（3）比较配箍率。

$$f_{yv}\frac{A_{sv}}{s}h_0 = 270 \times 1.41 \times 465 = 177.5\mathrm{kN} > 0.36 f_t b h_0 = 0.36 \times 1.27 \times 350 \times 465 = 74.4(\mathrm{kN})$$

满足要求。

（4）选配箍筋。

采用 $\phi 10@\,100$ 双肢箍筋 $\left(\dfrac{A_{sv}}{s} = \dfrac{2 \times 78.5}{100} = 1.57 > 1.41\right)$。

思考题与计算题

一、思考题

1. 轴心受拉构件的破坏过程可分成几个阶段？它们的标志是什么？

2. 轴心受拉构件的钢筋用量是由什么条件确定的？

3. 轴心受拉构件有哪些特殊的构造要求？这些特殊构造要求的目的是什么？

4. 大小偏心受拉的界限如何划分？它们的受力特点与破坏性各有何不同？

5. 试从破坏形态、截面应力、计算公式及计算步骤来分析大偏心受拉与受压有什么不同之处？

二、计算题

1. 钢筋混凝土拉杆为 3 级水工建筑物，持久状况，结构重要性系数 $\gamma_0 = 1.0$，结构系数 $\gamma_d = 1.2$。其承受的轴向拉力设计值为 350kN，其截面尺寸为 200mm×250mm，混凝土采用 C25，采用 HRB400 钢筋，试按轴心受拉构件设计。

2. 钢筋混凝土压力管道（图7-8）为2级水工建筑物，持久状况，结构重要性系数 $\gamma_0 = 1.0$，结构系数 $\gamma_d = 1.2$。其内半径为 1000mm，壁厚为 150mm，承受内水压力标准值为

200kN/m²，采用 C25 混凝土及 HRB400 钢筋，试按轴心受拉构件设计此管道（忽略管道自重）。

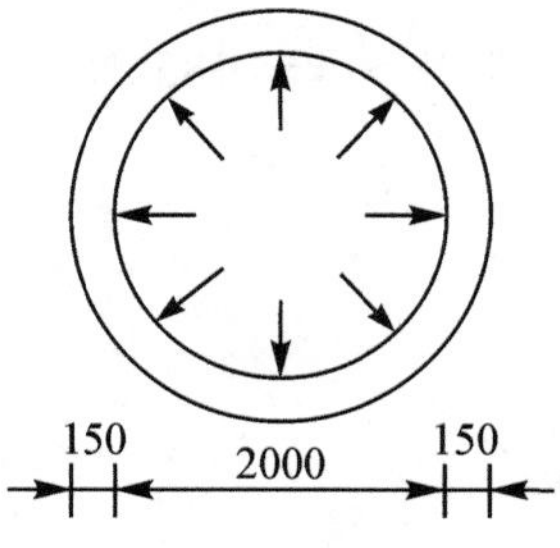

3. 某受拉弦杆的截面尺寸为 $b \times h = 200\mathrm{mm} \times 300\mathrm{mm}$，截面的轴向拉力设计值 $N = 240\mathrm{kN}$，弯矩设计值 $M = 25\mathrm{kN \cdot m}$，若采用 C25 混凝土，HRB400 纵筋，试按受拉承载力要求，该构件为 3 级水工建筑物，持久状况，结构重要性系数 $\gamma_0 = 1.0$，结构系数 $\gamma_d = 1.2$。计算该截面纵向受力钢筋（取 $a_s = a'_s = 35\mathrm{mm}$）。

4. 试计算偏心受拉构件截面配筋。该截面尺寸为 $b \times$

图 7-8

150　2000　150

h = 400mm×500mm，$a_s = a'_s$ = 40mm，轴向拉力设计值 N = 380kN，弯矩设计值 M = 158kN·m，采用混凝土 C25，HRB400 钢筋。该构件为 3 级水工建筑物，持久状况，结构重要性系数 γ_0 = 1.0，结构系数 γ_d = 1.2。

5. 某受拉构件，截面尺寸 $b \times h$ = 300mm×400mm，混凝土采用 C25，箍筋采用 HPB300 钢筋，$a_s = a'_s$ = 35mm，柱端作用轴向拉力设计值 N = 220kN，剪力设计值 V = 175kN。该构件为 3 级水工建筑物，持久状况，结构重要性系数 γ_0 = 1.0，结构系数 γ_d = 1.2。试求箍筋数量。

第8章 受扭构件承载力计算

8.1 概述

受扭是钢筋混凝土结构构件受力的一种基本形式。在工程中，处于纯扭作用的情况是极少的，绝大多数构件处于弯矩、剪力、扭矩共同作用下的复合扭转情况。例如，吊车梁、雨篷梁、现浇框架的边梁、曲梁等，均属弯剪扭复合受扭构件。

钢筋混凝土构件受扭可以分为两类：平衡扭转和协调扭转。若构件中的内扭矩由外荷载直接引起，内扭矩可由内外的平衡条件直接求出，此类扭转称为平衡扭转，相应的扭矩称为平衡扭矩。如工业厂房受吊车横向刹车力作用的吊车梁，如图 8-1(a) 所示，截面承受的扭矩等于刹车力 H 与它至截面弯曲中心距离 e_0 的乘积。若构件中的扭矩是因相邻构件的位移受到该构件的约束而引起的，其扭矩值需结合变形协调条件才能求得，此类扭转称为协调扭转。如现浇框架结构中的边主梁，如图 8-1(b) 所示，当楼面梁在荷载作用下受弯变形时，边主梁对楼面梁梁端的变形产生约束作用，根据变形协调条件，可以确定楼面梁梁端由于边主梁的弹性约束作用而产生负弯矩，该负弯矩即为边主梁所承受的扭矩作用，并使边主梁产生内扭矩。图 8-1(c) 所示的雨篷梁，其内扭矩也是由于雨篷板的转角位移受到雨篷梁的约束而引起的协调扭矩。

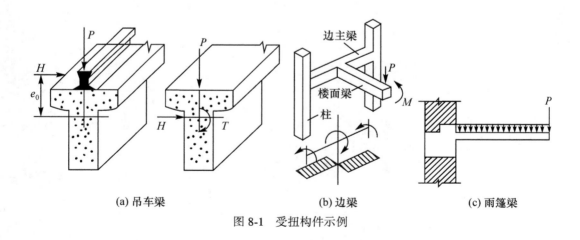

(a) 吊车梁   (b) 边梁   (c) 雨篷梁

图 8-1 受扭构件示例

对于平衡扭转，受扭构件必须提供足够的抗扭承载力，否则构件由于不能与作用力矩相平衡而发生破坏，同时受扭构件的边界也应提供抗扭约束。

对于协调扭转，其大小与各受力阶段的构件刚度比有关，不是一个定值，如图 8-1（b）中的边主梁和楼面梁。当边主梁和楼面梁的连接部位开裂后（包括楼面梁因负弯矩作用而产生的垂直裂缝和边主梁在扭转作用下产生的斜裂缝），由于楼面梁的抗弯刚度特别是边梁的抗扭刚度发生显著变化，引起内力重分布，此时楼面梁端部的转角增大，使得边主梁对楼面梁的约束减弱，从而作用于边主梁的外扭矩迅速减小。因此，对这类扭转一般仅采取一些受扭构造措施予以解决，而不作受扭计算。

本章根据规范要求主要讨论平衡扭转钢筋混凝土受扭构件承载力计算。尽管工程中纯扭构件很少，但为了更深入地了解构件的受扭性能及破坏形态，故首先介绍纯扭构件的承载力计算，然后介绍弯、剪、扭联合受力构件的承载力计算。

8.2 纯扭构件的开裂扭矩及承载力计算

8.2.1 矩形截面开裂扭矩

相关试验研究表明，构件开裂前，抗扭钢筋的应力很小，抗扭钢筋的用量对开裂扭矩的影响很小。因此，可以忽略抗扭钢筋对开裂扭矩的作用，近似取混凝土构件在开裂时的承载力作为开裂扭矩。

由材料力学可知，矩形截面构件在扭矩 T 作用下产生弹性自由扭转时，截面将产生剪应力 τ 及相应的主拉应力 σ_{tp}。由平衡条件可知，截面上的主拉应力 $\sigma_{tp}=\tau$，其方向与构件轴线呈 45° 夹角，如图 8-2(a) 所示。截面最大剪应力发生在截面长边的中点，当主拉应力达到混凝土抗拉强度 f_t 时，构件截面从长边中点开始，沿与构件纵轴呈 45° 角的方向开裂。如果构件是素混凝土，裂缝将迅速延伸到该长边的上下边缘，然后沿两个短边大致 45° 角的方向延伸，当斜裂缝延伸到另一长边边缘时，在该长边形成受压破损线，最后形成三面受拉、一面受压的空间扭曲破坏面。

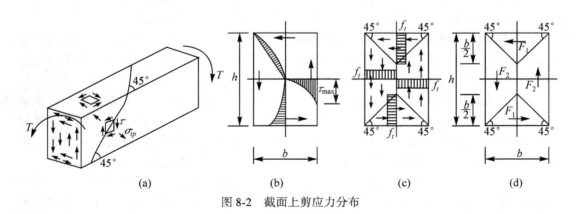

图 8-2 截面上剪应力分布

对于理想的弹性材料，构件截面上的剪应力分布如图 8-2(b) 所示。截面上某一点的应力达到材料的强度极限时，即认为截面破坏；而对于理想的塑性材料，只有当截面上所

207

有点的应力都达到材料的极限强度时，构件才会丧失承载能力而破坏，如图 8-2(c)所示。

实际上，混凝土材料具有弹塑性性质，既非完全弹性又非理想塑性。因而，受扭达到极限状态时，应力分布介于完全弹性和完全塑性的两种状态之间。为实用方便，开裂扭矩可近似采用理想塑性材料的应力分布图形进行计算，然后乘上一个折减系数。

按塑性力学理论，极限状态时截面上的剪应力分布如图 8-2(c)所示。此时可把截面上的剪应力分布近似地划分为四个部分，如图 8-2(d)所示。计算各部分剪应力的合力和相应的力偶，即可求得构件的塑性抗扭开裂扭矩为

$$T_{cr} = f_t \frac{b^2}{6}(3h - b) = f_t W_t \tag{8-1}$$

$$W_t = \frac{b^2}{6}(3h - b)$$

式中，W_t——矩形截面受扭塑性抵抗矩；

　　b，h——矩形截面短边尺寸和长边尺寸。

考虑到混凝土并非理想弹塑性材料，在整个截面上剪应力达到充分重分布之前，构件就已开裂。相关试验表明，对于低强度混凝土，降低系数接近 0.8，对于高强度混凝土，其降低系数约为 0.7[76]。为了安全起见，规范 NB/T 11011—2022 取降低系数为 0.7，开裂扭矩的计算公式为

$$T_{cr} = 0.7 f_t W_t \tag{8-2}$$

8.2.2　受扭构件受力特征和破坏形态

如上所述，受扭构件中的主拉应力与构件轴线成 45°角。因此，可以设想最理想的配筋方式是把抗扭钢筋做成与构件纵轴线成 45°角的螺旋筋，其方向与主拉应力平行，与裂缝相垂直。但是这种配筋方式不便于施工，并且当扭矩改变方向后配筋将完全失去效用。在实际工程中，一般都是同时配置沿构件截面周边对称布置的纵向钢筋和沿构件长度方向布置的横向封闭箍筋，并组成抗扭钢筋骨架。因为它们均与裂缝相交，均承担扭矩产生的拉力。抗扭纵筋和箍筋恰好与构件中抗弯和抗剪钢筋的配置方式相协调。

由于扭矩是由混凝土、箍筋和纵筋承担，相关试验研究表明，钢筋混凝土受扭构件随着箍筋和纵筋用量不同有如下四种破坏形态。图 8-3 给出了几种不同配筋情况的受扭构件实测 T-θ 曲线[76]。

(1)少筋破坏。当抗扭钢筋配置过少时，配筋构件的抗扭承载力与素混凝土构件没有实质性差别，其破坏扭矩基本上与其开裂扭矩相近，即一旦开裂，构件就发生破坏。这种破坏呈脆性，无征兆，称为少筋破坏。其破坏特征类似于受弯构件的少筋梁，构件的受扭承载力受控于混凝土强度和截面尺寸，设计时应避免这种没有预兆的少筋破坏。

(2)适筋破坏。对于抗扭钢筋适量配筋的钢筋混凝土构件，在外扭矩作用下，首先是混凝土开裂，构件表面上陆续出现多条与构件纵向成 45°角的螺旋裂缝，并随外扭矩的增大，形成一条主裂缝。随与主裂缝相交的纵筋和箍筋达到屈服强度，主裂缝不断加宽，直至形成三面开裂、一面受压的空间扭曲破坏面，最后混凝土压碎而破坏。破坏过程具有一定延性和明显预兆，称为适筋破坏。这种构件的破坏特征类似受弯构件的适筋梁。受扭构

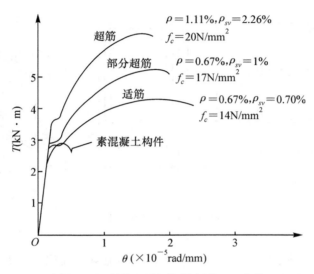

图 8-3　矩形截面受扭构件实测 T-θ 曲线

件应尽可能设计成具有适筋破坏特征的构件。

（3）超筋破坏。当抗扭箍筋和纵筋配筋率都过高时，受扭构件在破坏前的螺旋形裂缝会更多更密，会发生纵筋和箍筋没有达到屈服强度时混凝土先行压坏的现象。这种破坏呈脆性，无征兆，钢筋不能充分发挥作用，称为超筋破坏。其破坏特征类似于受弯构件的超筋梁，设计时应避免这种超筋破坏。

（4）部分超筋破坏。若箍筋和纵筋配筋比率相差较大，则破坏时仅有配筋率较小的箍筋或纵筋达到屈服强度，而另一种钢筋直至混凝土压碎仍未屈服，这种破坏特征称为部分超筋破坏。部分超筋构件破坏时，亦有一定的延性，并非完全脆性，但较适筋构件的延性小。在设计中，部分超筋构件还是允许采用的，但不经济。例如，纵筋较少时，纵筋对抗扭承载力起决定性作用，再多配箍筋也不能充分发挥其作用。反之，箍筋用量较少时，箍筋对抗扭承载力起决定性作用，再多的纵筋也不能发挥作用。

8.2.3　抗扭纵筋与箍筋的配筋强度比

为了充分发挥两种抗扭钢筋的作用，抗扭纵筋和箍筋应有合理的配比。现引入纵筋和箍筋的配筋强度比 ζ 来表示两者之间的数量关系。

如图 8-4 所示，若截面抗扭纵筋的总面积为 A_{st}，如果达到承载力极限状态时，其应力可达到其抗拉强度设计值 f_y，则其抗拉力 $N_{st}=A_{st}f_y$。因抗扭纵筋沿截面核心周边上均匀分布，则抗扭纵筋沿截面核心周长的单位长度上的受拉承载力为

$$\frac{N_{st}}{u_{cor}}=\frac{A_{st}f_y}{u_{cor}} \tag{8-3}$$

所谓截面核心是指箍筋内所包围的截面面积。设矩形截面长边为 h，短边为 b，混凝土净保护层厚度为 c，则箍筋长肢和短肢内表面间的距离分别为 $h_{cor}=h-2c-2d$，$b_{cor}=b-2c$

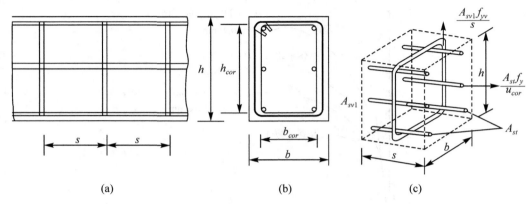

图 8-4　受扭构件配筋形式

$-2d$，d 为箍筋直径，核心周长 $u_{cor} = 2(h_{cor} + b_{cor})$，核心截面面积 $A_{cor} = h_{cor} \cdot b_{cor}$。

若单肢箍筋的面积为 A_{sv1}，达到承载力极限状态时，与扭曲破坏面斜交的箍筋应力可达到其抗拉强度设计值 f_{yv}，则其抗拉力 $N_{sv1} = A_{sv1} f_{yv}$。箍筋沿构件长度均匀分布，间距为 s，则箍筋沿构件长度方向的单位长度上的受拉承载力为

$$\frac{N_{sv1}}{s} = \frac{A_{sv1} f_{yv}}{s} \tag{8-4}$$

定义纵筋与箍筋的配筋强度比 ζ 为

$$\zeta = \frac{A_s f_y / u_{cor}}{A_{sv1} f_{yv} / s} = \frac{A_s f_y s}{A_{sv1} f_{yv} u_{cor}} \tag{8-5}$$

式中，A_{st}——受扭计算中，沿截面周长对称布置的全部抗扭纵筋截面面积；

$\qquad A_{sv1}$——受扭计算中，沿截面周边所配置箍筋的单肢截面面积；

$\qquad f_y$，f_{yv}——纵筋和箍筋抗拉强度设计值；

$\qquad s$——箍筋间距；

$\qquad u_{cor}$——截面核心部分周长。

相关试验结果表明，当 $0.5 \leqslant \zeta \leqslant 2.0$ 时，纵筋与箍筋在构件破坏时基本都能达到抗拉强度设计值。规范 NB/T 11011—2022 规定 ζ 的取值为 $0.6 \leqslant \zeta \leqslant 1.7$，在实际工程设计中，常取 $\zeta = 1.2$。

8.2.4　受扭构件计算模型及理论计算公式

由前所述，素混凝土构件在扭矩作用下，一旦出现斜裂缝就立即破坏。若配置适量的受扭纵筋和箍筋，则不仅能显著地提高其抗扭承载力，且具有较好的延性。迄今为止，研究钢筋混凝土受扭计算的理论和模型很多，最主要的有变角度空间桁架模型和斜弯破坏理论。

变角度空间桁架模型是由 P. Lampert 和 B. Thuurlimann 于 1968 年提出的[77]，该模型是 1929 年 E. Rausch 的 45°空间桁架模型的改进和发展。

相关试验和理论分析表明，在裂缝充分开展且钢筋应力接近屈服时，截面核心混凝土退出工作，因此，可以把实心截面的钢筋混凝土受扭构件看作是截面外形尺寸与其相同的箱形截面构件，如图 8-5(a)所示。此时，开裂后的纯扭构件工作如同一空间桁架。这个空间桁架由以下杆件构成：纵向钢筋和箍筋分别为桁架的弦杆和竖杆，被斜裂缝所分割的受压混凝土条带则是桁架的斜压腹杆。因为混凝土斜压腹杆与构件纵轴线(桁架弦杆)间的夹角 α 是在 $30° \sim 60°$ 之间的变值，所以称为变角空间桁架模型。

从图 8-5(b)可知，极限状态时，抗扭纵筋在高度 h_{cor} 范围内承受的纵向拉力为

$$N_{st} = \frac{A_{st}}{u_{cor}} f_y h_{cor} \tag{8-6}$$

式中，$\dfrac{A_{st}}{u_{cor}}$——沿截面周长的单位长度上纵向钢筋截面面积。

抗扭箍筋的数量应取与斜裂缝相交的箍筋数量，沿构件纵向可计及的箍筋范围是 h_{cor} $\cot\alpha$，当箍筋的间距为 s 时，在此范围内箍筋所承担的竖向拉力为

$$N_{sv} = \frac{A_{sv1}}{s} f_{yv} h_{cor} \cot\alpha \tag{8-7}$$

假定混凝土斜压杆承担的压力为 C，则相交于桁架节点上的 N_{st}、N_{sv} 和 C 构成了一个如图 8-5(c)所示的平面力系，则

$$\cot\alpha = \frac{N_{st}}{N_{sv}} \tag{8-8}$$

将式(8-6)、式(8-7)代入式(8-8)得

$$\cot\alpha = \sqrt{\frac{A_{st} f_y s}{A_{sv} f_{yv} u_{cor}}} = \sqrt{\zeta} \tag{8-9}$$

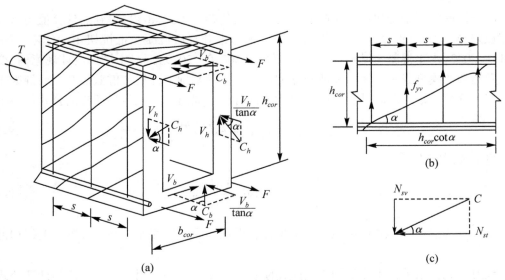

图 8-5 变角空间桁架模型

由式(8-9)可知，斜压杆和斜裂缝的倾角 α 随 ζ 而变化。当取 $\zeta=1$ 时，$\alpha=45°$，这是古典空间桁架模型。

如图 8-5 所示，设作用在箱形截面长边和短边上的混凝土斜压腹杆总压力分别为 C_h 和 C_b，其沿 h 边和 b 边的剪力分力分别为 V_h 及 V_b，V_h、V_b 对构件轴线取矩得

$$T_u = V_h b_{cor} + V_b h_{cor} \tag{8-10}$$

在抗扭斜面上抗扭箍筋沿构件横向可计及的箍筋范围是 $b_{cor}\cot\alpha$，在此范围内箍筋所能承担的横向水平拉力为 $\dfrac{A_{sv1}}{s}f_{yv}b_{cor}\cot\alpha$，由剪力 V_b 与箍筋的横向拉力相平衡可得

$$V_b = C_b\sin\alpha = \frac{A_{sv1}}{s}f_{yv}b_{cor}\cot\alpha \tag{8-11a}$$

同理：

$$V_h = C_h\sin\alpha = \frac{A_{sv1}}{s}f_{yv}h_{cor}\cot\alpha \tag{8-11b}$$

将式(8-9)代入式(8-11)，再代入式(8-10)可得

$$T_u = 2\sqrt{\zeta}\,\frac{A_{sv1}f_{yv}A_{cor}}{s} \tag{8-12}$$

式中，T_u——受扭构件的极限扭矩；

　　A_{cor}——截面核心部分面积，$A_{cor} = b_{cor}h_{cor}$。

上式是按变角度空间桁架机理分析得到的矩形截面纯扭构件受扭承载力计算公式。

斜弯理论是根据扭曲破坏面极限平衡的原理得出极限扭矩 T，按斜弯理论也可得到与变角度空间桁架模型得出的相同结果，本节不再详述。

8.2.5　受扭构件承载力计算公式

1. 半经验半理论公式

由于钢筋混凝土受扭构件实际受力机理比较复杂，由式(8-12)得到的计算值与试验结果存在差异。由式(8-12)可知，极限扭矩并未考虑开裂后混凝土抵抗扭矩的作用。NB/T 11011—2022《水工混凝土结构设计规范》和 GB 50010—2019《混凝土结构设计规范》在变角度空间桁架的模型或斜弯矩模型所建立的理论公式的基础上，均考虑截面开裂后混凝土能够承担一部分扭矩，同时结合试验资料的统计分析，提出了半经验半理论的公式

$$T_u = T_c + T_s = \alpha f_t W_t + \beta\sqrt{\zeta}\,\frac{A_{sv1}f_{yv}}{s}A_{cor} \tag{8-13}$$

将上式改写为

$$\frac{T_u}{f_t W_t} = \alpha + \beta\sqrt{\zeta}\,\frac{A_{sv1}f_{yv}}{f_t W_t s}A_{cor} \tag{8-14}$$

以 $\dfrac{T_u}{f_t W_t}$ 为纵坐标，$\sqrt{\zeta}\,\dfrac{A_{sv1}f_{yv}}{f_t W_t s}A_{cor}$ 为横坐标，根据不同抗扭配筋的钢筋混凝土纯扭构件受扭承载力的试验结果，得出如图 8-6 所示的 $\dfrac{T_u}{f_t W_t}$ 与 $\sqrt{\zeta}\,\dfrac{A_{sv1}f_{yv}}{f_t W_t s}A_{cor}$ 相关图。规范的计算公式经

可靠度校准后取用了试验值的偏下限，系数 α、β 分别取 0.35 和 1.2，由此得到钢筋混凝土矩形截面受扭构件的受扭承载力计算公式

$$T \leqslant \frac{1}{\gamma_d} T_u = \frac{1}{\gamma_d} \left(0.35 f_t W_t + 1.2 \sqrt{\zeta} \frac{A_{sv} f_{yv}}{s} A_{cor} \right) \qquad (8\text{-}15)$$

式(8-15)中，第一项为开裂后混凝土能承担的扭矩，第二项为抗扭钢筋所承担的扭矩。

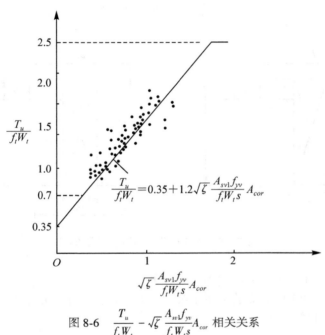

图 8-6 $\dfrac{T_u}{f_t W_t} - \sqrt{\zeta} \dfrac{A_{sv} f_{yv}}{f_t W_t s} A_{cor}$ 相关关系

2. W_t 的计算

式(8-15)中，W_t 为受扭截面的抗扭塑性抵抗矩。矩形截面的 W_t 按式(8-1)计算。试验表明，T 形、L 形和 I 字形截面纯扭构件的破坏形态与矩形截面纯扭构件相似，其翼缘参与受扭，对截面抗扭有提高作用，但翼缘伸出宽度应满足下列条件

$$b'_f \leqslant b + 6h'_f, \qquad b_f \leqslant b + 6h_f \qquad (8\text{-}16)$$

腹板净高和宽度之比应满足

$$\frac{h_w}{b} \leqslant 6$$

在计算受扭承载力时，对于 T 形、L 形和 I 字形截面，可将截面分成若干矩形，分别计算其抗扭塑性抵抗矩，然后再求和。截面分块的原则是：首先满足腹板矩形截面的完整性，按截面总高度确定腹板截面，再划分受压翼缘和受拉翼缘，如图 8-7 所示。截面总的抗扭塑性抵抗矩为

$$W_t = W_{tw} + W'_{tf} + W_{tf} \qquad (8\text{-}17)$$

式中，W_{tw}、W'_{tf}、W_{tf} 分别为腹板、上翼缘、下翼缘各截面的抗扭塑性抵抗矩，分别按下式计算

$$\begin{cases} W_{tw} = \dfrac{b^2}{6}(3h - b) \\[2mm] W'_{tf} = \dfrac{h_f^{'2}}{2}(b'_f - b) \\[2mm] W_{tf} = \dfrac{h_f^2}{2}(b_f - b) \end{cases} \tag{8-18}$$

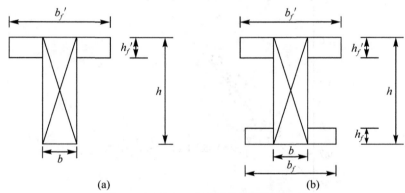

图 8-7　T 形和 I 形截面的矩形划分方法

3. T 形、L 形和 I 形截面的抗扭承载力计算

对于 T 形、L 形和 I 形截面的抗扭承载力计算，按截面承担的总扭矩由各分块矩形截面共同承担的原则计算，即

$$T_t = T_w + T'_f + T_f \tag{8-19}$$

各分块矩形截面承担的扭矩设计值，可以按受扭塑性抵抗矩的相对值来计算，即

$$\left. \begin{array}{ll} \text{腹板} & T_w = \dfrac{W_{tw}}{W_t}T \\[4mm] \text{上翼缘} & T'_f = \dfrac{W'_{tf}}{W_t}T \\[4mm] \text{下翼缘} & T_f = \dfrac{W_{tf}}{W_t}T \end{array} \right\} \tag{8-20}$$

式中，T_w——腹板承担的扭矩设计值；

$\quad\quad T'_f$——上翼缘承担的扭矩设计值；

$\quad\quad T_f$——下翼缘承担的扭矩设计值；

$\quad\quad T$——截面承担的总扭矩设计值。

按式(8-20)算得 T_w、T'_f 和 T_f 后，可以按式(8-15)计算抗扭钢筋。

4. 计算公式适用条件

式(8-15)是根据适筋构件和部分超筋构件的试验结果得到的，为了保证受扭构件破坏

时有一定的延性，设计中应避免出现完全超筋和少筋破坏，其限制条件为：

（1）最小配筋率限制。为了防止少筋破坏，规范 NB/T 11011—2022 中规定，对纯扭构件，抗扭箍筋的配箍率 $\rho_{sv}\left(\rho_{sv}=\dfrac{nA_{sv1}}{bs}\right)$ 不应小于 0.17%（HPB300 钢筋）或 0.15%（HRB400 钢筋）。抗扭纵筋的配筋率 $\rho_{st}\left(\rho_{st}=\dfrac{A_{st}}{bh}\right)$ 不应小于 0.24%（HPB300 钢筋）或 0.20%（HRB400 钢筋）。

（2）截面尺寸的限制条件。为了防止完全超筋破坏，截面尺寸不能太小。对纯扭构件，截面尺寸限制条件为：

当 $\dfrac{h_w}{b} \leqslant 4$ 时

$$T \leqslant \frac{1}{\gamma_d}(0.25f_cW_t) \qquad (8\text{-}21a)$$

当 $\dfrac{h_w}{b} = 6$ 时

$$T \leqslant \frac{1}{\gamma_d}(0.2f_cW_t) \qquad (8\text{-}21b)$$

当 $4 < \dfrac{h_w}{b} < 6$ 时，按线性内插法确定。

式中，f_c——混凝土抗压强度设计值。

由于完全超筋破坏是由混凝土被压碎引起的，故式（8-21）中采用混凝土抗压强度设计值。当不满足式（8-21）条件时，则应加大截面尺寸或提高混凝土强度等级。

（3）当截面尺寸满足

$$T \leqslant \frac{1}{\gamma_d}(0.7f_tW_t) \qquad (8\text{-}22)$$

抗扭纵筋和箍筋不需要计算，只需按构造要求配置，但应满足上述最小配筋率的要求。

例 8-1 有一钢筋混凝土矩形截面纯扭构件，其截面尺寸 $b \times h = 250\text{mm} \times 500\text{mm}$，承受设计扭矩 $T = 19.5\text{kN} \cdot \text{m}$，采用的混凝土等级为 C25（$f_c = 11.9\text{N/mm}^2$，$f_t = 1.27\text{N/mm}^2$），纵筋用 HRB400 钢筋（$f_y = 360\text{N/mm}^2$），箍筋用 HPB300 钢筋（$f_{yv} = 270\text{N/mm}^2$），混凝土保护层厚度为 25mm，结构系数 $\gamma_d = 1.2$。试计算其抗扭钢筋。

解：（1）验算截面尺寸是否满足要求。

$$W_t = \frac{b^2}{6}(3h-b) = \frac{250^2}{6}(3 \times 500 - 250) = 13.02 \times 10^6 \ (\text{mm}^3)$$

取 $a_s = a_s' = 40\text{mm}$

$$\frac{h_w}{b} = \frac{500-40}{250} = 1.84 < 4$$

$$\frac{1}{\gamma_d}(0.25f_cW_t) = \frac{1}{1.2} \times (0.25 \times 11.9 \times 13.02 \times 10^6) = 32.3 \times 10^6 (\text{N} \cdot \text{mm}) > T$$

$$= 19.5 \times 10^6 (\text{N} \cdot \text{mm})$$

（2）验算是否需要按计算配置抗扭钢筋。

$$\frac{1}{\gamma_d}(0.7f_tW_t) = \frac{1}{1.2} \times (0.7 \times 1.27 \times 13.02 \times 10^6) = 9.6 \times 10^6 \text{N} \cdot \text{mm} < T$$

$$= 19.5 \times 10^6 (\text{N} \cdot \text{mm})$$

故需要按计算配置抗扭钢筋。

（3）求抗扭箍筋。

取配筋强度比 $\zeta = 1.2$。设选用箍筋为 $\Phi 10$，则 $A_{sv1} = 78.5\text{mm}^2$，截面核心尺寸为

$$b_{cor} = b - 2c - 2d = 250 - 25 \times 2 - 10 \times 2 = 180 \ (\text{mm})$$

$$h_{cor} = h - 2c - 2d = 500 - 25 \times 2 - 10 \times 2 = 430 \ (\text{mm})$$

$$u_{cor} = 2(b_{cor} + h_{cor}) = 2 \times (180 + 430) = 1220 \ (\text{mm})$$

$$A_{cor} = b_{cor}h_{cor} = 200 \times 450 = 77400 \ (\text{mm}^2)$$

代入式（8-15），得

$$s = \frac{1.2\sqrt{\zeta}A_{sv1}f_{yv}A_{cor}}{\gamma_d T - 0.35f_tW_t} = \frac{1.2 \times \sqrt{1.2} \times 78.5 \times 270 \times 77400}{1.2 \times 19.5 \times 10^6 - 0.35 \times 1.27 \times 13.02 \times 10^6} = 122.4 \ (\text{mm})$$

故取 $s = 120\text{mm}$。

（4）求抗扭纵筋，由式（8-5）得

$$A_{st} = \zeta \frac{A_{sv1}f_{yv}u_{cor}}{f_y s} = 1.2 \times \frac{78.5 \times 270 \times 1220}{360 \times 120}$$

$$= 718.3 \ (\text{mm}^2)$$

故选 $6\Phi 14$（$A_{st} = 923 \text{mm}^2 > 718.3 \text{mm}^2$）。

（5）验算配筋率。

$$\rho_{sv} = \frac{A_{sv1}}{bs} = \frac{2 \times 78.5}{250 \times 120} = 0.52\% > \rho_{svmin} = 0.17\%$$

$$\rho_{st} = \frac{A_{st}}{bh} = \frac{923}{250 \times 500} = 0.738\% > \rho_{min} = 0.20\%$$

配筋图如图 8-8 所示。

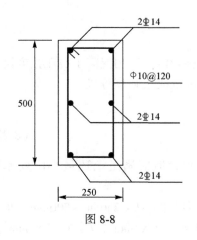

图 8-8

8.3　弯剪扭构件承载力计算

在实际工程中，单纯受扭的钢筋混凝土构件很少，大多数是弯矩、剪力和扭矩共同作用。试验表明，处在弯、剪、扭共同作用下的复合受力构件，其受扭承载力与受弯和受剪承载力是相互影响的，即当有弯矩和剪力作用时，构件的受扭承载力将随弯矩、剪力的大小而发生变化；反之，构件的受弯、受剪承载力也随同时作用的扭矩大小而发生变化。工程上将这种相互影响的性质称为构件承担各种内力的承载力之间的相关性。在前面第 6 章

和第 7 章中讨论偏心受压和偏心受拉构件的斜截面承载力时，已经涉及两种内力作用下承载力之间的相关性，即剪力和轴向力之间的相关性。

由于弯矩、剪力和扭矩共同作用下的构件承载力的计算属于空间受力状态问题，要完全考虑它们之间的相关性进行截面配筋计算十分复杂。现行相关规范对弯剪扭构件采用部分相关的方法，即对混凝土贡献的承载力部分考虑相关关系，而由钢筋贡献的承载力部分采用叠加的方法。

8.3.1 剪扭构件承载力计算

1. 剪扭构件承载力相关关系

试验表明，剪力和扭矩共同作用下的剪扭构件，其斜截面的受剪承载力和受扭承载力都将受影响，即由于剪力的存在，将使构件的抗扭承载力有所降低；同样，由于扭矩的存在，也会使构件抗剪承载力降低。

图 8-9 为无腹筋构件在不同扭矩与剪力比值作用下的承载力试验结果。图中无量纲坐标系的纵坐标为 $\dfrac{V_c}{V_{co}}$，横坐标为 $\dfrac{T_c}{T_{co}}$，这里的 V_{co}、T_{co} 分别为无腹筋构件在单纯受剪力或单纯扭矩作用下的抗剪和抗扭承载能力，V_c 和 T_c 则为剪力和扭矩同时作用时的抗剪和抗扭承载力。从图中可见，无腹筋构件的抗剪和抗扭承载力相关关系，大致按 $\dfrac{1}{4}$ 圆弧规律变化，即随着同时作用的扭矩增大，构件的抗剪承载力逐渐降低，当扭矩达到构件的抗纯扭承载力时，其抗剪承载力下降为零。同理，随剪力的增大，构件的抗扭承载力逐渐下降，当剪力达到构件的抗纯剪承载力时，其抗扭承载力下降为零。

对于有腹筋的剪扭构件，其混凝土部分所提供的抗扭承载力 T_c 和抗剪承载力 V_c 之间，也存在相关性，如图 8-9 虚线所示的 $\dfrac{1}{4}$ 圆弧相关关系。此时，坐标系中的 V_{co} 和 T_{co} 可分别取为抗剪承载力公式中的混凝土作用项和纯扭构件抗扭承载力公式中的混凝土作用项，即

$$V_{co} = 0.5f_t b h_0 \tag{8-23}$$

$$T_{co} = 0.35 f_t W_t \tag{8-24}$$

2. 规范简化计算法

由上可知，完全按剪扭共同作用下的相关曲线来计算承载力，其表达式相当复杂。为实用计算方便，规范 NB/T 11011—2022 采用了图 8-10 所示的三段折线关系近似地代替 $\dfrac{1}{4}$ 圆弧线关系。即

(1) 当 $\dfrac{V_c}{V_{co}} \leqslant 0.5$ 时，$\dfrac{T_c}{T_{co}} = 1.0$，此时可忽略剪力影响，仅按纯扭构件计算。

(2) 当 $\dfrac{T_c}{T_{co}} \leqslant 0.5$ 时，$\dfrac{V_c}{V_{co}} = 1.0$，此时可忽略扭矩的影响，仅按受弯构件的斜截面受剪承载力公式计算。

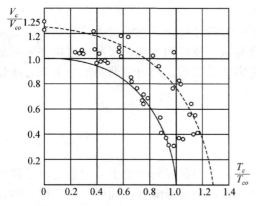

图 8-9　无腹筋构件剪扭承载力相关试验结果　　　　图 8-10　简化后的剪扭承载力相关关系计算模式

（3）当 $\dfrac{T_c}{T_{co}} > 0.5$ 或 $\dfrac{V_c}{V_{co}} > 0.5$ 时，$\dfrac{T_c}{T_{co}} + \dfrac{V_c}{V_{co}} = 1.5$，此时要考虑剪扭相关性，以线性关系代替圆弧关系。若令

$$\frac{T_c}{T_{co}} = \beta_t \tag{8-25}$$

则有

$$\frac{V_c}{V_{co}} = 1.5 - \beta_t \tag{8-26}$$

两式左右相除可得到

$$\beta_t = \frac{1.5}{1 + \dfrac{V_c}{V_{co}}\dfrac{T_{co}}{T_c}} \tag{8-27}$$

以 $V_{co} = 0.5 f_t b h_0$ 和 $T_{co} = 0.35 f_t W_t$ 代入上式并简化得

$$\beta_t = \frac{1.5}{1 + 0.7\dfrac{VW_t}{Tbh_0}} \tag{8-28}$$

式中，β_t ——剪扭构件混凝土受扭承载力降低系数，有时也称为剪扭相关系数。

当 $\beta_t > 1.0$ 时，取 $\beta_t = 1.0$；当 $\beta_t < 0.5$ 时，取 $\beta_t = 0.5$；即 β_t 应符合 $0.5 \leqslant \beta_t \leqslant 1.0$。所以一般剪扭构件混凝土能承担的扭矩和剪力相应为

$$T_c = 0.35 \beta_t f_t W_t \tag{8-29}$$

$$V_c = 0.5(1.5 - \beta_t) f_t b h_0 \tag{8-30}$$

对于配有腹筋的剪扭构件，抗剪箍筋承载力 $V_{sv} = f_{yv}\dfrac{A_{sv}}{s}h_0$，抗扭箍筋承载力 $T_s = 1.2\sqrt{\zeta}\dfrac{f_{yv}A_{sv1}A_{cor}}{s}$，则钢筋混凝土矩形截面在剪扭作用下的受剪、受扭承载力可分别按下列公式计算

$$V \leqslant \frac{1}{\gamma_d}\left[0.5(1.5-\beta_t)f_t b h_0 + f_{yv}\frac{A_{sv}h_0}{s}\right] \tag{8-31}$$

$$T \leqslant \frac{1}{\gamma_d}\left[0.35\beta_t f_t W_t + 1.2\sqrt{\zeta}\frac{f_{yv}A_{sv1}A_{cor}}{s}\right] \tag{8-32}$$

T 形和 I 形截面构件在计算剪扭承载力时，仍按前述方法将 T 形和 I 形划分为若干个矩形截面，并将扭矩按各矩形截面的受扭塑性抵抗矩与截面总的受扭塑性抵抗矩的比值进行分配，最后将翼缘视为纯扭构件，腹板视为剪扭构件分别进行计算，以确定构件受扭所需要的纵筋和箍筋以及受剪所需的箍筋。

8.3.2 弯扭构件承载力计算

计算弯扭共同作用下的承载力，可分别按受弯构件的正截面承载力和纯扭构件的受扭承载力分别进行计算，求得的钢筋应分别按弯扭对纵筋和箍筋的构造要求进行配置，位于相同部位处的钢筋可把两种钢筋截面面积叠加后统一配筋。T 形、I 形截面在弯扭共同作用下，其承载力同样可分别按弯扭单独作用时相应方法进行，即按 T 形、I 形截面计算抗弯所需的钢筋，按纯扭构件计算腹板和上、下翼缘所需的钢筋，叠加后再统一配筋。

8.3.3 弯剪扭构件承载力计算

当构件截面上同时有弯矩、剪力、扭矩共同作用时，不难想象，三者之间存在的相关情况较为复杂。为了简化计算，只考虑剪扭相关性，不考虑弯、剪、扭之间的相关性，即纵向钢筋应通过正截面受弯承载力和剪扭构件的受扭承载力计算求得的纵向钢筋进行配置，重叠处的纵筋截面面积应叠加。箍筋应按剪扭构件受剪和受扭承载力计算求得的箍筋进行配置，相同部位处的箍筋截面面积也应叠加。

8.3.4 计算公式适用条件

(1)为了保证构件在破坏时混凝土不首先压碎而出现超筋破坏，其截面尺寸应符合下列条件：

当 $\frac{h_w}{b} \leqslant 4$ 时

$$\frac{V}{bh_0} + \frac{T}{W_t} \leqslant \frac{1}{\gamma_d}(0.25f_c) \tag{8-33a}$$

当 $\frac{h_w}{b} = 6$ 时

$$\frac{V}{bh_0} + \frac{T}{W_t} \leqslant \frac{1}{\gamma_d}(0.2f_c) \tag{8-33b}$$

当 $4 < \frac{h_w}{b} < 6$ 时，按线性内插法确定。

当不满足式(8-33)的条件时，应加大截面尺寸或提高混凝土强度等级。

(2)为了防止出现少筋破坏。弯剪扭构件抗扭箍筋配箍率 ρ_{sv} 不应小于 0.17%

（HPB300 钢筋）或 0.15%（HRB400 钢筋）。抗扭纵筋的配筋率 ρ_{st} 不应小于 0.24%（HPB300
钢筋）或 0.20%（HRB400 钢筋）。

（3）当满足下列条件

$$\frac{V}{0.5bh_0} + \frac{T}{0.7W_t} \leqslant \frac{1}{\gamma_d}f_t \tag{8-34}$$

可以不进行剪扭承载力计算，抗扭箍筋和抗扭纵筋可按构造要求配置，但也要满足最小配
筋率的要求。此时只要进行抗弯配筋计算即可。

（4）对于弯剪扭构件

①满足下列条件

$$T \leqslant \frac{1}{\gamma_d}(0.175f_t W_t) \tag{8-35}$$

可以忽略扭矩对构件承载力的影响，仅按受弯构件进行正截面和斜截面承载力配筋
计算。

②满足下列条件

$$V \leqslant \frac{1}{\gamma_d}(0.25f_t bh_0) \tag{8-36}$$

可以忽略剪力对构件承载力的影响，仅按弯矩和扭矩共同作用的构件进行配筋计算。

例 8-2　已知均布荷载作用下的钢筋混凝土 T 形截面剪扭构件，截面尺寸：$b'_f =$
400mm，$h'_f = 100$mm，$b = 200$mm，$h = 450$mm，$a_s = a'_s = 35$mm，$h_0 = 415$mm；承受剪力设计
值 $V = 80$kN，扭矩设计值 $T = 7.5$kN·m；采用 C25 混凝土（$f_c = 11.9$N/mm^2，$f_t = 1.27$N/
mm^2），纵筋采用 HRB400 钢筋（$f_y = 360$N/mm^2），箍筋采用 HPB300 钢筋（$f_{yv} = 270$N/
mm^2），结构系数 $\gamma_d = 1.2$。试按剪扭构件求箍筋和纵筋用量。

解：（1）验算截面尺寸。

将 T 形截面划分为两块矩形截面（图 8-11），按式（8-18）计算截面受扭塑性抵弯矩。

腹板　$W_{tw} = \dfrac{b^2}{6}(3h - b) = \dfrac{200^2}{6} \times (3 \times 450 - 200) = 7.67 \times 10^6 (\text{mm}^3)$

翼板　$W'_{tf} = \dfrac{h'^2_f}{2}(b'_f - b) = \dfrac{100^2}{2} \times (400 - 200) = 1.0 \times 10^6 (\text{mm}^3)$

整个截面塑性抵抗矩为

$$W_t = W_{tw} + W'_{tf} = 7.67 \times 10^6 + 1.0 \times 10^6 = 8.67 \times 10^6 \ (\text{mm}^3)$$

按式（8-33）验算

$$\frac{h_w}{b} = \frac{315}{200} = 1.6 < 4$$

$$\frac{1}{\gamma_d}(0.25f_c) = \frac{1}{1.2} \times 0.25 \times 11.9 = 2.48 (\text{N/mm}^2)$$

$$\frac{V}{bh_0} + \frac{T}{W_t} = \frac{80 \times 10^3}{200 \times 415} + \frac{7.5 \times 10^6}{8.67 \times 10^6} = 1.83 (\text{N/mm}^2) < \frac{1}{\gamma_d}(0.25f_c) = 2.48 (\text{N/mm}^2)$$

故截面尺寸满足要求。

（2）验算是否需要按计算配置抗剪扭钢筋。

按式（8-34）计算

$$\frac{1}{\gamma_d}f_t = \frac{1}{1.2} \times 1.27 = 1.06 \text{ N/mm}^2$$

$$\frac{V}{0.5bh_0} + \frac{T}{0.7W_t} = \frac{80 \times 10^3}{0.5 \times 200 \times 415} + \frac{7.5 \times 10^6}{0.7 \times 8.67 \times 10^6}$$

$$= 3.16(\text{N/mm}^2) > \frac{1}{\gamma_d}f_t = 1.06(\text{N/mm}^2)$$

故需按计算配置抗剪扭钢筋。

（3）计算腹板和翼缘各需分担的扭矩值。

腹板 $T_w = \dfrac{W_{tw}}{W_t}T = \dfrac{7.67 \times 10^6}{8.67 \times 10^6} \times 7.5 \times 10^6 = 6.63 \times 10^6 (\text{N} \cdot \text{m})$

上翼缘 $T'_f = \dfrac{W'_{tf}}{W_t}T = \dfrac{1.0 \times 10^6}{8.67 \times 10^6} \times 7.5 \times 10^6 = 0.87 \times 10^6(\text{N} \cdot \text{m})$

（4）腹板配筋计算。

①腹板箍筋计算。

由式（8-28），计算相关系数

$$\beta_t = \frac{1.5}{1 + 0.7\dfrac{VW_{tw}}{T_w bh_0}} = \frac{1.5}{1 + 0.7 \times \dfrac{80 \times 10^3 \times 7.67 \times 10^6}{6.63 \times 10^6 \times 200 \times 415}} = 0.843$$

腹板抗剪箍筋，按式（8-31）计算

$$\frac{A_{sv}}{s} = \frac{\gamma_d V - 0.5(1.5 - \beta_t)f_t bh_0}{f_{yv}h_0}$$

$$= \frac{1.2 \times 80 \times 10^3 - 0.5 \times (1.5 - 0.843) \times 1.27 \times 200 \times 415}{270 \times 415} = 0.548(\text{mm}^2/\text{mm})$$

腹板抗扭箍筋，设 $\zeta = 1.2$，按式（8-32）计算

$$\frac{A_{sv1}}{s} = \frac{\gamma_d T_w - 0.35\beta_t f_t W_{tw}}{1.2\sqrt{\zeta}f_{yv}A_{cor}}$$

$$= \frac{1.2 \times 6.63 \times 10^6 - 0.35 \times 0.843 \times 1.27 \times 7.67 \times 10^6}{1.2 \times \sqrt{1.2} \times 270 \times (150 \times 400)} = 0.239(\text{mm}^2/\text{mm})$$

总的箍筋用量为

$$\frac{A_{sv1}}{s} + \frac{0.5A_{sv}}{s} = 0.239 + 0.5 \times 0.548 = 0.513 \ (\text{mm}^2/\text{mm})$$

选用箍筋φ10（$A_{st1} = 78.5\text{mm}^2$），则 $s = \dfrac{78.5}{0.513} = 153\text{mm}$，

取 $s = 150\text{mm}$，

$$\rho_{sv} = \frac{A_{sv}}{bs} = \frac{2 \times 78.5}{200 \times 150} = 0.52\% > 0.17\%,\quad \text{满足要求。}$$

②腹板纵筋计算。

腹板纵筋按式(8-5)计算

$$A_{st} = \zeta \frac{A_{sv1} f_{yv} u_{cor}}{f_y s} = 1.0 \times \frac{78.5 \times 270 \times [2 \times (150 + 400)]}{360 \times 150} = 518.1 \ (\text{mm}^2)$$

选用 6 ⽟ 12, $A_{st} = 678\text{mm}^2$。

$$\rho_{st} = \frac{A_{st}}{bh} = \frac{678}{200 \times 450} = 0.75\% > \rho_{st\min} = 0.20\%$$

(5)翼缘配筋计算。

受压翼缘一般按纯扭计算(不计剪力 V 的影响)，按式(8-15)计算

$$A'_{cor} = b'_{cor} h'_{cor} = 150 \times 50 = 7500 \ (\text{mm}^2)$$

$$u'_{cor} = 2(b'_{cor} + h'_{cor}) = 2 \times (150 \times 50) = 400 \ (\text{mm})$$

$$\frac{A'_{sv1}}{s} = \frac{\gamma_d T'_f - 0.35 f_t W'_{tf}}{1.2 \sqrt{\zeta} f_{yv} A'_{cor}} = \frac{1.2 \times 0.87 \times 10^6 - 0.35 \times 1.27 \times 1.0 \times 10^6}{1.2 \times \sqrt{1.2} \times 270 \times 7500}$$

$$= 0.223 (\text{mm}^2/\text{mm})$$

选用⽟ 10($A'_{st1} = 78.5\text{mm}^2$), 则 $s = \frac{78.5}{0.223} = 352(\text{mm})$

为了方便施工(和腹板协调)，取 $s = 150\text{mm}$,

所需纵筋的截面面积为

$$A'_{st} = \zeta \frac{A'_{sv1} f_{yv} u'_{cor}}{f_y s} = 1.2 \times \frac{78.5 \times 270 \times 400}{360 \times 150} = 188.4 \ (\text{mm}^2)$$

选用 4 ⽟ 12, $A'_{st} = 452\text{mm}^2$。配筋图见图 8-11。

例 8-3　已知条件同例 8-1，但承受的弯矩设计值 $M = 45\text{kN/m}$，纵筋采用 HRB400 钢筋 $(f_y = 360\text{N/mm}^2)$，求截面纵筋数量。

解　该题为弯扭构件设计。抗扭纵筋和抗扭箍筋计算同例 8-1，下面计算抗弯纵筋。

$$\alpha_s = \frac{\gamma_d M}{f_c b h_0^2} = \frac{1.2 \times 45 \times 10^6}{11.9 \times 250 \times 460^2} = 0.0858$$

$$\xi = 1 - \sqrt{1 - 2\alpha_s} = 1 - \sqrt{1 - 2 \times 0.0858} = 0.0898 < \xi_b = 0.518$$

$$A_s = \frac{\xi f_c b h_0}{f_y} = \frac{0.0898 \times 11.9 \times 250 \times 460}{360} = 341(\text{mm}^2)$$

$$A_s = 341 \ \text{mm}^2 > \rho_{\min} b h_0 = 0.2\% \times 250 \times 460 = 230(\text{mm}^2)$$

满足最小配筋率要求。

由例 8-1 可知下部抗扭纵筋 2 ⽟ 14 的面积为 308mm²，下部抗弯需要 341mm² 的纵筋，则下部纵筋总面积为：308+341＝649mm²。下部选配 3 ⽟ 18($A_s = 763\text{mm}^2$)，截面配筋如图 8-12 所示。

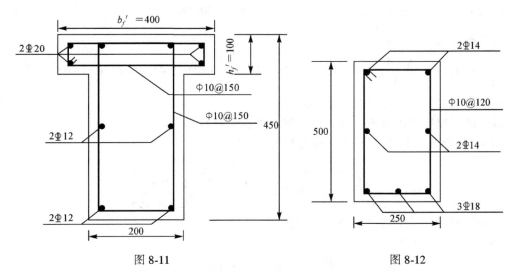

图 8-11   图 8-12

例 8-4 有一均布荷载作用下的钢筋混凝土矩形截面构件，截面尺寸 $b \times h = 250\text{mm} \times 500\text{mm}$，承受的内力设计值：$M = 95\text{kN} \cdot \text{m}$，$V = 120\text{kN}$，$T = 10\text{kN} \cdot \text{m}$，采用混凝土等级为 C25($f_c = 11.9\text{N/mm}^2$，$f_t = 1.27\text{N/mm}^2$)，$a_s = a_s' = 35\text{mm}$，$h_w = 430\text{mm}$，$h_0 = 465\text{mm}$，纵筋采用 HRB400 钢筋($f_y = 360\text{N/mm}^2$)，箍筋采用 HPB300 钢筋($f_{yv} = 270\text{N/mm}^2$)，结构系数 $\gamma_d = 1.2$，试计算其配筋。

解：(1)验算截面尺寸是否满足要求

$$W_t = \frac{b^2}{6}(3h - b) = \frac{250^2}{6} \times (3 \times 500 - 250) = 13.0 \times 10^6 \ (\text{mm}^3)$$

$$\frac{h_w}{b} = \frac{430}{250} = 1.72 < 4$$

$$\frac{1}{\gamma_d}(0.25f_c) = \frac{1}{1.2} \times 0.25 \times 11.9 = 2.48 \ (\text{N/mm}^2)$$

$$\frac{V}{bh_0} + \frac{T}{W_t} = \frac{120 \times 10^3}{250 \times 465} + \frac{10 \times 10^6}{13.0 \times 10^6} = 1.8 \ (\text{N/mm}^2) < \frac{1}{\gamma_d}(0.25f_c) = 2.48 \ (\text{N/mm}^2)$$

故截面尺寸满足要求。

(2)验算是否需按计算配置抗剪扭钢筋。

$$\frac{1}{\gamma_d}f_t = \frac{1}{1.2} \times 1.27 = 1.06 \ (\text{N/mm}^2)$$

$$\frac{V}{0.5bh_0} + \frac{T}{0.7W_t} = \frac{120 \times 10^3}{0.5 \times 250 \times 465} + \frac{10 \times 10^6}{0.7 \times 13.0 \times 10^6} = 3.16(\text{N/mm}^2) > \frac{1}{\gamma_d}f_t$$

$$= 1.06(\text{N/mm}^2)$$

故需要按计算配置抗剪扭钢筋。

(3)判别是否按弯剪扭构件计算。

$$\frac{1}{\gamma_d}(0.25f_tbh_0) = \frac{1}{1.2} \times 0.25 \times 1.27 \times 250 \times 465 = 30.76 \times 10^3\text{N} < V = 120 \times 10^3(\text{N})$$

故不能忽略剪力的影响。

$$\frac{1}{\gamma_d}(0.175f_tW_t) = \frac{1}{1.2} \times 0.175 \times 1.27 \times 13.0 \times 10^6 = 2.41 \times 10^6(\text{N}\cdot\text{mm}) < T$$

$$= 10 \times 10^6(\text{N}\cdot\text{mm})$$

故不能忽略扭矩的影响；因此，应按弯剪扭构件计算。

(4)计算剪扭构件混凝土受扭承载力降低系数 β_t。

$$\beta_t = \frac{1.5}{1 + 0.5\dfrac{VW_t}{Tbh_0}} = \frac{1.5}{1 + 0.7 \times \dfrac{120 \times 10^3 \times 13.0 \times 10^6}{10 \times 10^6 \times 250 \times 465}} = 0.773$$

β_t 的计算值符合 $0.5 \leqslant \beta_t \leqslant 1.0$ 的要求。

(5)计算抗弯纵筋。

$$\alpha_s = \frac{\gamma_d M}{f_c bh_0^2} = \frac{1.2 \times 95 \times 10^6}{11.9 \times 250 \times 465^2} = 0.177$$

$$\xi = 1 - \sqrt{1 - 2\alpha_s} = 1 - \sqrt{1 - 2 \times 0.177} = 0.196 < \xi_b = 0.518$$

$$A_s = \frac{\xi f_c bh_0}{f_y} = \frac{0.196 \times 11.9 \times 250 \times 465}{360} = 753.2\ (\text{mm}^2)$$

(6)计算抗剪箍筋。

$$\frac{A_{sv}}{s} = \frac{\gamma_d V - 0.5(1.5 - \beta_t)f_t bh_0}{f_{yv}h_0}$$

$$= \frac{1.2 \times 120 \times 10^3 - 0.5 \times (1.5 - 0.773) \times 1.27 \times 200 \times 465}{270 \times 465} = 0.720(\text{mm}^2/\text{mm})$$

(7)计算抗扭箍筋和纵筋。

取配筋强度比 $\zeta = 1.2$，则抗扭箍筋为

$$\frac{A_{sv1}}{s} = \frac{\gamma_d T - 0.35\beta_t f_t W_t}{1.2\sqrt{\zeta}f_{yv}A_{cor}}$$

$$= \frac{1.2 \times 10 \times 10^6 - 0.35 \times 0.773 \times 1.27 \times 13.0 \times 10^6}{1.2 \times \sqrt{1.2} \times 270 \times (200 \times 450)} = 0.236(\text{mm}^2/\text{mm})$$

抗扭纵筋为

$$A_{st} = \zeta\frac{A_{sv1}}{s}\frac{f_{yv}u_{cor}}{f_y} = 1.2 \times 0.236 \times \frac{270 \times [2 \times (200 + 450)]}{360}$$

$$= 276\ \text{mm}^2 > \rho_{stmin}bh = 0.2\% \times 250 \times 500 = 250(\text{mm}^2)$$

(8)选配钢筋。

总的箍筋用量

$$\frac{A_{sv1}}{s} + \frac{0.5A_{sv}}{s} = 0.236 + 0.5 \times 0.72 = 0.596\ (\text{mm}^2/\text{mm})$$

选用箍筋Φ10($A_{st1} = 78.5\mathrm{mm^2}$)，则 $s = \dfrac{78.5}{0.596} = 131.7$(mm)

取 $s = 120\mathrm{mm}$

$\rho_{sv} = \dfrac{A_{sv}}{bs} = \dfrac{2 \times 78.5}{200 \times 120} = 0.52\% > 0.17\%$，满足要求。

纵筋(包括抗弯纵筋和抗扭纵筋)，其中抗扭纵筋分为三层布置。梁上部、中部纵筋为

$$\frac{A_{st}}{3} = \frac{276}{3} = 92 \ (\mathrm{mm^2})$$

因此，上部、中部纵筋各选用 2Φ10。

梁的下部纵筋为

$$\frac{A_{st}}{3} + A_s = \frac{276}{3} + 753.2 = 845.2 \ (\mathrm{mm^2})$$

选用 3Φ20($A_s = 942\mathrm{mm^2}$)，截面配筋如图 8-13 所示。

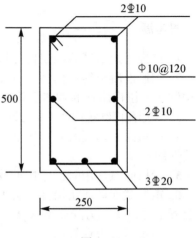

图 8-13

8.4 受扭箍筋和纵筋的构造要求

8.4.1 受扭箍筋的构造要求

在受扭构件中，由空间桁架模型可知，箍筋在整个周长上均承受拉力，因此，箍筋必须做成封闭式。为保证搭接处受力时不致产生相对滑动，当采用绑扎骨架时，箍筋的末端应做成135°弯钩，弯钩末端的直线长度不应小于10d(d 为箍筋的直径)，如图 8-14 所示。当箍筋的间距较小时，弯钩位置宜错开。

抗扭箍筋的直径和间距均应满足受弯构件中抗剪要求的最小直径和最大间距的构造要求，且箍筋间距不宜大于构件截面短边宽度。当采用复合箍筋时，位于截面内部的箍筋不计入受扭所需的箍筋面积。

配箍率应满足最小配箍率要求。

8.4.2 受扭纵筋的构造要求

相关试验表明，不对称配置的受扭纵向钢筋在受扭过程中不能充分发挥作用。因此，抗扭纵筋应对称沿周边均匀布置。在截面四角应布置受扭纵向钢筋，纵筋的间距不应大于 200mm 且不大于构件截面短边长度。抗扭钢筋应按受拉钢筋锚固在支座内。

当受扭纵筋按计算确定而不是按构造要求配置时，纵筋的接头及锚固要求均按受弯构件纵向受拉钢筋的构造要求处理。

抗扭纵筋应满足最小配筋率的要求。

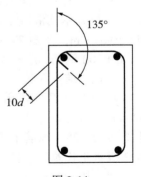

图 8-14

思考题与计算题

一、思考题

1. 试描述矩形截面纯扭构件从裂缝出现直至破坏的过程以及裂缝的方向。

2. 钢筋混凝土纯扭构件有哪几种破坏形式？各有何特点？并对比混凝土和钢筋混凝土构件在纯扭作用下的破坏有什么区别？

3. 矩形截面纯扭构件承载力计算公式中ζ值代表什么？ζ值应控制在哪一范围内？为什么？

4. 剪扭同时作用时，剪扭承载力之间有什么样的相关性？设计规范是如何考虑这种相关性的？

5. 弯扭同时作用时，弯扭承载力之间有什么样的相关性？影响因素有哪些？

6. 矩形截面弯剪扭构件承载力计算步骤是怎样的？在作剪、扭计算时，为什么要考虑混凝土受扭承载力降低系数β_t？

7. 剪扭承载力计算时为什么要规定上限？如何规定？为什么要限制最小截面尺寸？如何限制？什么情况下，可按构造配筋，构造配筋如何取值？

8. 弯剪扭构件何时可忽略扭矩的作用而按弯剪构件考虑？又何时可忽略剪力的作用而按弯扭构件考虑？

9. T形和I字形截面的弯、剪、扭构件承载力的计算方法和矩形截面有何不同？

10. 受扭构件的箍筋和纵筋各有哪些构造要求？

二、计算题

1. 已知钢筋混凝土矩形截面纯扭构件，其截面尺寸$b \times h = 200\text{mm} \times 400\text{mm}$，扭矩设计值$T = 8.5\text{kN} \cdot \text{m}$，混凝土等级为 C25，钢筋采用 HPB300 钢筋，$a_s = a_s' = 35\text{mm}$。该构件为 3 级水工建筑物，持久状况，结构重要性系数$\gamma_0 = 1.0$，结构系数$\gamma_d = 1.2$。试求所需钢筋的数量。

2. 已知钢筋混凝土矩形截面构件，其截面尺寸$b \times h = 300\text{mm} \times 800\text{mm}$，承受扭矩设计值$T = 26\text{kN} \cdot \text{m}$，剪力设计值$V = 240\text{kN}$，混凝土等级为 C25，纵筋采用 HRB400 钢筋，箍筋采用 HPB300 钢筋，$a_s = a_s' = 40\text{mm}$。该构件为 2 级水工建筑物，持久状况，结构重要性系数$\gamma_0 = 1.0$，结构系数$\gamma_d = 1.2$。求截面的配筋数量。

3. 已知钢筋混凝土矩形截面梁，其截面尺寸$b \times h = 200\text{mm} \times 400\text{mm}$。承受弯矩设计值$M = 50\text{kN} \cdot \text{m}$，扭矩$T = 9.5\text{kN} \cdot \text{m}$，混凝土等级为 C25，纵筋采用 HRB400 钢筋，箍筋采用 HPB300 钢筋，$a_s = a_s' = 40\text{mm}$。该构件为 2 级水工建筑物，持久状况，结构重要性系数$\gamma_0 = 1.0$，结构系数$\gamma_d = 1.2$。试求所需钢筋的数量。

4. 某 T形截面弯剪扭构件，其截面尺寸$b_f' = 400\text{mm}$，$h_f' = 100\text{mm}$，$b = 250\text{mm}$，$h = 500\text{mm}$，剪力设计值$V = 80\text{kN}$，扭矩设计值$T = 12\text{kN} \cdot \text{m}$，弯矩设计值$M = 75\text{kN} \cdot \text{m}$，混凝土等级为 C25，纵筋采用 HRB400 钢筋，箍筋采用 HPB300 钢筋，$a_s = a_s' = 40\text{mm}$。该构件为 2 级水工建筑物，持久状况，结构重要性系数$\gamma_0 = 1.0$，结构系数$\gamma_d = 1.2$。试进行弯、剪、扭的配筋计算。

第9章 钢筋混凝土结构正常使用极限状态的验算

9.1 概述

9.1.1 正常使用极限状态的验算要求

钢筋混凝土结构构件应分别按承载能力极限状态和正常使用极限状态进行计算或验算。为了保证结构的安全使用，所有的结构构件均应进行承载能力极限状态的计算；为了保证结构的正常使用和耐久性，对于某些结构构件还应进行变形和裂缝控制验算，使其变形和抗裂或裂缝开展宽度不超过规范规定的限值。

在水工混凝土结构中，由于稳定和使用方面的要求，构件的截面尺寸往往较大，因而，其变形一般可满足规范规定的要求。但对于吊车梁或门机轨道梁等构件，变形过大时会妨碍吊车或门机的正常运行。对于这类需要控制变形的构件以及截面尺寸比较小的装配式构件，就应按规范 NB/T 11011—2022 的有关规定进行变形验算，以控制构件的变形不超过规范规定的限值。

在水工混凝土结构中，裂缝控制是一个相当重要的问题。承受水压力的结构，产生裂缝后将降低混凝土的抗渗性和抗冻性，可能还会引起钢筋锈蚀，影响结构的耐久性。裂缝宽度过大还会影响结构的外观，引起使用者心理上的不安。因此，水工混凝土结构构件需要根据不同的使用要求，按规范 NB/T 11011—2022 的有关规定，进行抗裂验算（不允许产生裂缝）或限制裂缝开展宽度的验算。由于混凝土的抗拉强度很低，只有抗压强度的 $1/17 \sim 1/8$，因此，普通钢筋混凝土结构构件在使用荷载下一般都是带裂缝工作的。调查资料表明，处于干燥环境或室内正常环境或长期处于水下的结构，只要将裂缝开展宽度控制在一定范围内，钢筋就很少发生锈蚀[78]。因此，规范 NB/T 11011—2022 目前只对承受水压力的轴心受拉构件、小偏心受拉构件以及发生裂缝后会引起严重渗漏的其他构件（如渡槽槽身等），才提出了抗裂验算的严格要求。对于出现裂缝后不影响其正常使用和耐久性的构件，则允许其带裂缝工作，但要求限制裂缝的开展宽度。规范 NB/T 11011—2022 从结构的耐久性及观瞻方面考虑，给出了使用荷载下钢筋混凝土结构构件的最大裂缝宽度限值，按标准组合并考虑长期作用的影响进行裂缝开展宽度验算或钢筋应力验算，用来控制裂缝的开展宽度。

考虑到结构构件超过正常使用极限状态所造成的危害性比超过承载能力极限状态时的危害性要小，故其相应的目标可靠指标 β_t 值可以小一些。规范 NB/T 11011—2022 规定，在混凝土构件变形及裂缝控制验算时，除结构重要性系数仍保留外，荷载分项系数、材料性能分项系数以及结构系数等都取 1.0，即荷载和材料强度分别采用其标准值。又由于混凝土收缩和徐变的影响，结构构件的变形及裂缝宽度都将随着时间的增长而增大，因此，正常使用极限状态验算时，抗裂验算应采用标准组合；裂缝宽度和挠度验算应采用标准组合并考虑长期作用的影响。

9.1.2　变形和裂缝宽度限值及混凝土拉应力限制系数的取值

1. 变形限值

规范 NB/T 11011—2022 规定，受弯构件的最大挠度应按标准组合并考虑荷载长期作用的影响进行计算，其计算值不应超过规范规定的挠度限值，见附录 4 附表 4-4。表列挠度限值主要是根据以往的工程经验确定的。

2. 最大裂缝宽度限值

规范 NB/T 11011—2022 规定，需要进行裂缝宽度验算的结构构件，应按标准组合并考虑长期作用的影响进行验算，其最大裂缝宽度计算值不应超过规范规定的最大裂缝宽度限值，见附录 4 附表 4-2。表列最大裂缝宽度限值，除考虑了结构外观的要求以外，主要是根据结构的功能要求、环境条件对钢筋的腐蚀影响、钢筋种类对腐蚀的敏感性、荷载作用的时间等因素来确定的；表列最大裂缝宽度限值是对荷载作用下产生的正截面裂缝宽度而言的，要求通过验算予以保证。至于斜裂缝宽度，由于影响因素的复杂性，目前的研究尚不够充分，规范尚未提出合适的计算方法和公式。试验研究和理论分析表明，当按斜截面受剪承载力公式计算并配置了所需的腹筋后，基本上可将使用阶段的斜裂缝宽度控制在 0.2mm 以内，可不验算。

3. 抗裂验算时的混凝土拉应力限制系数 α_{ct}

规范 NB/T 11011—2022 规定，对于直接承受水压力的钢筋混凝土轴心受拉、小偏心受拉构件以及发生裂缝后会引起严重渗漏的其他构件，应进行抗裂验算。如有可靠防渗措施或不影响正常使用时，可不进行抗裂验算。

规范 NB/T 11011—2022 规定，抗裂验算时，结构构件受拉边缘的拉应力不应超过以混凝土拉应力限制系数 α_{ct} 控制的应力值。对于钢筋混凝土构件，在标准组合下取 $\alpha_{ct} = 0.85$。预应力混凝土构件的 α_{ct} 取值将在第 10 章中讲述。α_{ct} 的不同取值实质上反映了对抗裂保证率的不同要求。

9.1.3　结构耐久性要求

混凝土结构的可靠性包括安全性、适用性和耐久性三个方面的功能要求。耐久性是工程结构应满足的功能之一，因而，结构的耐久性设计也是结构设计的重要内容之一。现行规范规定的耐久年限就是设计工作年限，一般情况下为 50 年。结构的耐久性就是指在设计工作年限内，结构在正常使用和维护条件下，随时间变化而仍能满足预定功能要求的能力。这就要求结构设计时应满足耐久性方面的有关设计规定。

随着对结构耐久性问题研究的深入，一些国家和地区的工程结构设计规范中均已开始列入耐久性设计的有关规定[79]。由于混凝土结构的耐久性以及裂缝控制要求与结构所处的环境和设计工作年限有关,因此,规范 NB/T 11011—2022 除将正常使用极限状态下的裂缝宽度验算作为耐久性设计的一项重要内容之外,还根据结构所处的环境条件和设计工作年限,提出了相应的耐久性设计要求。这些要求将在下一节做专门介绍。为了便于设计者针对结构所处的环境类别采取相应的对策,规范 NB/T 11011—2022 将水工建筑物的环境类别分为五类,参见附录 4 附表 4-1。

结构设计时,可根据建筑物所处的环境类别,按规范 NB/T 11011—2022 的有关规定提出相应的耐久性要求。由于影响混凝土耐久性的因素很多,除环境类别外,还与结构表层保护措施(涂层或专设面层)以及实际施工质量有关。因此,结构设计时也可根据防护措施的实际情况及预期的施工质量控制水平,将环境类别适当提高或降低。临时性建筑物可不提出耐久性要求。

9.2 水工混凝土结构耐久性的设计规定

9.2.1 影响混凝土结构耐久性的主要因素及其对策

影响混凝土结构耐久性的因素很多,主要有混凝土的碳化、钢筋的锈蚀、混凝土的碱-骨料反应、侵蚀性介质的腐蚀、混凝土冻融破坏等。其中钢筋锈蚀是影响混凝土结构耐久性的关键因素之一。

1. 混凝土的碳化

大气中的 CO_2 或其他酸性物质,渗入混凝土内与混凝土中的碱性物质发生中性反应,使混凝土的碱度(pH 值)降低,称为混凝土的碳化。

混凝土碳化的主要危害是降低混凝土的碱度,使钢筋表层的氧化膜受到破坏,引起钢筋锈蚀。当混凝土构件的裂缝宽度超过一定限值时,将会加速混凝土的碳化,使钢筋表面的氧化膜更易遭到破坏。钢筋表面氧化膜的破坏是钢筋锈蚀的必要条件,如果有水分浸入并有足够的氧气,钢筋就会锈蚀。水分浸入是钢筋锈蚀的充分条件。此外,混凝土的碳化会加剧混凝土的收缩,导致混凝土构件开裂。这些均给混凝土构件的耐久性带来不利影响。因此,应尽可能减小或延缓混凝土的碳化。减小混凝土碳化的一般措施有:

(1)合理设计混凝土的配合比,保证有足够的水泥用量,一般不宜少于 300 kg/m³,同时应尽量降低水灰比。

(2)浇筑混凝土时应加强振捣,提高混凝土的密实性,增强抗渗性;并加强养护,减少水分蒸发,避免产生表面裂缝。

(3)在混凝土中掺入粉煤灰、矿渣等掺合料以节约水泥并改善混凝土的性能,但有些掺合料对碳化是不利的。采用掺合料时,应在满足强度要求的条件下,采用超量法设计配合比。

(4)钢筋应留有足够的保护层厚度。

(5)采用覆盖面层,隔离混凝土表面与大气环境的直接接触,这对减少混凝土碳化是十分有利的。

2. 钢筋的锈蚀

钢筋锈蚀的主要危害是会引起锈胀，导致混凝土沿钢筋纵向出现裂缝，严重时还会使混凝土保护层脱落，破坏钢筋与混凝土的粘结，影响正常使用及耐久性；钢筋锈蚀还会使钢筋有效截面面积减小，从而使构件承载力降低，最终将导致结构构件破坏或失效。因此，在影响混凝土结构耐久性的诸多因素中，钢筋锈蚀是最主要的因素之一。

影响钢筋锈蚀的主要因素包括混凝土的碳化、混凝土中氯离子的含量以及混凝土的密实性和保护层厚度等[78]。混凝土碳化的危害性如前所述。混凝土中氯离子的存在(混凝土中使用含氯的原材料，如海砂、海水或含氯的外加剂等，环境中的氯离子渗入到硬化混凝土内部)也是引起钢筋锈蚀的主要原因之一。钢筋外围混凝土的碱度较高，游离的氯离子也会使钢筋表面的氧化膜破坏，在氧和水的作用下，钢筋就会发生锈蚀。

处于干燥环境、室内正常环境或长期浸没在水中时，横向裂缝处钢筋的锈蚀是极其轻微的，甚至不发生锈蚀；但当长期处于有腐蚀性介质(如海水和酸、碱化合物等)或干湿交替(如水位变动区、海水浪溅区及盐雾作用区)的环境中时，过宽的横向裂缝会加速钢筋的锈蚀，对结构的耐久性产生不利的影响；沿钢筋纵向的裂缝对钢筋锈蚀的影响则更大，比横向裂缝对结构的耐久性所带来的危害要大得多。这是由于混凝土沿钢筋纵向开裂后，与横向裂缝相比，钢筋不是一"点"而是相当长的一段外露，裂缝处钢筋锈蚀后体积膨胀将使混凝土保护层脱落，空气和水分更容易渗入，从而加速了钢筋的锈蚀。一般是以在大范围内是否出现沿钢筋纵向的裂缝作为混凝土构件使用寿命终结的标志。因此，对钢筋锈蚀引起的沿钢筋纵向的裂缝应予以特别关注。

防止和延缓钢筋发生锈蚀的主要措施有：

(1)优选混凝土的配合比，严格控制水灰比，选用合适的水泥品种和外加剂。

(2)保证钢筋有足够的保护层厚度，以阻止有害物质的渗入和抵抗钢筋的锈胀力。

(3)保证混凝土的施工质量，提高密实性、抗冻性和抗渗性；加强养护，防止有害裂缝的产生。

(4)根据水工钢筋混凝土结构所处的环境类别，严格控制混凝土中的氯离子含量。

(5)必要时对混凝土采用表面涂层防护。

(6)采用防腐蚀钢筋。如采用环氧树脂涂层钢筋，用纤维增强塑料代替钢筋、镀锌钢筋、不锈钢钢筋，或者在钢筋表面加阻锈剂等。

(7)对钢筋采用阴极保护法等。

3. 混凝土的碱-骨料反应

混凝土中水泥水化后的碱性物质与骨料中的某些碱活性物质之间发生的化学反应，称为碱-骨料反应。

碱-骨料反应产生的碱-硅酸盐凝胶体吸水后体积膨胀，使周围混凝土产生内应力，引起混凝土剥落、开裂，降低混凝土的强度、弹性模量等力学性能，甚至导致结构破坏。碱-骨料反应发生的条件是混凝土中碱含量大、有碱活性骨料和足够的水。碱-骨料反应一旦发生就很难阻止，也不易修补和补救。碱-骨料反应引起的表面裂缝中常常夹有白色的沉淀物。

碱-骨料反应引起混凝土明显的体积膨胀和开裂，改变混凝土的微结构，降低混凝土的力学性能，严重影响混凝土结构的安全性和耐久性。

碱-骨料反应引起的混凝土结构破坏，最早发生于美国加利福尼亚州的一座桥梁，后来又在其他一些混凝土结构中发生类似的破坏现象。因此，自 1940 年以来，混凝土的碱-骨料反应得到越来越多的重视。我国丰满水电站施工时使用的粗骨料中含有较多的碱活性物质，有碱-骨料反应的现象发生。

防止碱-骨料反应的主要措施有：

(1)控制混凝土中的碱含量，采用低碱水泥或掺入粉煤灰等掺合料来降低混凝土中的碱含量；

(2)限制含有碱活性成分的骨料的应用等。

4. 混凝土冻融破坏

冻融破坏是指混凝土与环境水接触或混凝土在饱水状态下，浸入混凝土内部和空隙中的水分受冻后体积将膨胀，使混凝土产生一系列细微的裂缝，经多次反复冻融后，这些细微的裂缝将不断扩展，相互连通，导致混凝土产生内部冻胀开裂和表面剥蚀、疏松破坏。

冻胀开裂使混凝土的强度等力学性能严重下降，危害结构物的安全性；表面剥蚀使混凝土表面起毛、砂浆剥落、粗骨料裸露、脱落，并逐步向内部发展造成混凝土一层一层的疏松崩溃，导致混凝土的性能降低。调查结果表明[80]，在严寒或寒冷地区，水工混凝土的冻融破坏有时是极为严重的。例如，我国东北地区的丰满水电站，在 1943—1947 年浇筑的混凝土，由于质量不好或强度虽符合要求但对抗冻性注意不够，十几年后在长期潮湿的建筑物阴面或水位变化部位的混凝土就发生了大面积的冻融破坏，剥蚀深度一般在 $200\sim300\mathrm{mm}$，严重部位甚至达到了 $600\sim1000\mathrm{mm}$。此外，在冻融并不严重的气候温和区，如抗冻性不足，水位变动区的混凝土也有发生疏松、剥蚀露筋的现象。

防止混凝土冻融破坏的主要措施有：

(1)选定合适的混凝土抗冻等级；

(2)降低水灰比；

(3)配制混凝土时掺入引气剂；

(4)保证混凝土的施工质量，提高密实性等。

5. 侵蚀性介质的腐蚀

侵蚀性介质的侵入，造成混凝土中的一些成分被溶解、流失，引起混凝土产生空隙和裂缝，甚至松散破碎；有的侵蚀性介质的侵入，与混凝土中的一些成分反应后的生成物体积膨胀，引起混凝土结构破坏。常见的一些主要侵蚀性介质和引起腐蚀的原因有：硫酸盐腐蚀、酸腐蚀、海水腐蚀、盐酸类结晶型腐蚀等。海水除对混凝土造成腐蚀外，还会造成钢筋锈蚀或加快钢筋的锈蚀速度。

9.2.2　保证水工混凝土结构耐久性的设计规定

为了保证水工混凝土结构的耐久性要求，除了对上述影响耐久性的各主要因素采取相应的措施外，规范 NB/T 11011—2022 还作出了专门的设计规定。

1. 裂缝控制措施

(1)对于直接承受水压力的轴心受拉或小偏心受拉构件以及发生裂缝后会引起严重渗

漏的其他构件，应进行抗裂验算；

(2)对于荷载引起的正截面裂缝，规定最大裂缝宽度限值并进行验算；

(3)对于非荷载原因引起的裂缝，则应针对不同的情况采取相应措施。如在截面高度较大的梁的两侧布置腰筋，以及在温度、收缩应力较大的现浇板区域内布置构造钢筋，都属于这类措施。

2. 混凝土保护层最小厚度

混凝土保护层最小厚度是以保证钢筋与混凝土共同工作以及保证构件的耐久性要求为依据的。正常环境条件下的构件，当保护层厚度不小于受力钢筋的直径时，即能保证钢筋与混凝土共同工作；同时为使保护层浇筑密实，保护层厚度不应小于粗骨料粒径的 1.25 倍。在耐久性方面，由于结构的工作寿命基本上取决于保护层完全碳化所需的时间，因此，受力钢筋的混凝土保护层最小厚度，应根据混凝土在设计工作年限内的碳化深度来确定。据此，规范 NB/T 11011—2022 按环境类别的不同，规定了纵向受力钢筋的混凝土保护层最小厚度，见附录 3 附表 3-1。

3. 混凝土最低强度等级

耐久性要求结构中混凝土的强度等级不宜过低。根据环境类别和所用钢筋的不同，混凝土强度等级不宜低于规范 NB/T 11011—2022 中表 3.4.3 规定的最低值。

4. 混凝土的最大水胶比

混凝土的耐久性主要取决于其密实性，混凝土密实性好，可延缓混凝土的碳化和钢筋的锈蚀。为保证混凝土的密实性和耐久性，控制最大水胶比是主要措施。近年来，水泥中多加入不同的掺合料，有效胶凝材料含量不确定性较大，传统的水灰比已难以反映胶凝材料有效成分的影响。规范 NB/T 11011—2022 改用以胶凝材料总量定义的水胶比来控制胶凝材料用量，并删去了"最小水泥用量"的限制。规范 NB/T 11011—2022 给出的最大水胶比的规定，见规范 NB/T 11011—2022 表 3.4.4。

5. 混凝土中最大氯离子和最大碱含量

氯离子是引起混凝土中钢筋锈蚀的主要原因之一，试验和大量工程调查表明，在潮湿环境中，当混凝土中的水溶性氯离子达到胶凝材料重量的 0.4% 左右时会引起钢筋锈蚀；在干燥环境中，超过 1.0% 时没有发现钢筋锈蚀的情况。规范 NB/T 11011—2022 根据混凝土结构所处的环境类别规定了不同的最大氯离子含量，见规范 NB/T 11011—2022 表 3.4.5。

当混凝土骨料中的碱活性成分(如活性 SiO_2，微晶白云石等)较大时，混凝土中的碱含量过大有引起碱-骨料反应的危险，因此，规范 NB/T 11011—2022 根据结构所处环境类别的不同，规定了混凝土的最大碱含量，见规范 NB/T 11011—2022 表 3.4.5。

6. 混凝土的抗渗等级

混凝土越密实，水灰比越小，其抗渗性越好。混凝土的抗渗性用抗渗等级表示。水工混凝土的抗渗等级应按现行行业标准 DL/T 5150—2017《水工混凝土试验规程》[81] 规定的 28d 龄期的标准试件测定，分为 W2、W4、W6、W8、W10、W12 六级。根据建筑物开始承受水压力的时间，也可利用 60d 或 90d 龄期的试件测定抗渗等级。规范 DL/T 5150—2017 规定，抗渗试验采用上口直径 175mm、下口直径 185mm、高 150mm 的截头圆锥体试件，以 6 个试件为一组。从试件底部施加 0.1MPa 水压开始试验，以后每隔 8h 增加 0.1MPa 水压，若在所加水压下，8h 内 6 个试件表面渗水的试件超过 2 个，则混凝土的抗渗等级数值可按下式计算：

$$W = 10H - 1 \tag{9-1}$$

式中，W——混凝土的抗渗等级数值；

H——6 个试件中表面渗水的试件超过 2 个时的最小水压数值(MPa)。

规范 NB/T 11011—2022 规定，结构所需的混凝土抗渗等级，应根据所承受的水头、水力梯度以及下游排水条件、水质条件和渗透水的危害程度等因素确定，且不得低于规范要求的最小允许值，见规范 NB/T 11011—2022 表 3.4.13。

7. 混凝土的抗冻等级

混凝土的抗冻性用抗冻等级表示。水工混凝土的抗冻等级应按规范 DL/T 5150—2017 规定的 28d 龄期的标准试件用快冻法测定，分为 F400、F300、F250、F200、F150、F100 和 F50 七级。经论证，也可用 60d 或 90d 龄期的试件测定。规范 DL/T 5150—2017 规定，快冻法采用 100mm×100mm×400mm 的棱柱体试件，以 3 个试件为一组。将试件先标准养护 24d，然后放在温度为 (20±2)℃ 的水中浸泡 4d 后开始进行冻融试验。浸泡完毕后，称量混凝土的初始质量并测定初始自振频率，然后将试件放入试件盒中在泡水状态下进行冻融循环试验。每冻融循环 25 次测定混凝土的质量和横向基频，每次冻融循环在 2~4h 内完成。采用相对动弹性模量和质量损失率作为混凝土抗冻等级的评价指标。

相对动弹性模量可按下式计算：

$$P_n = \frac{f_n^2}{f_0^2} \times 100 \tag{9-2}$$

式中，P_n——n 次冻融循环后试件的相对动弹性模量(%)；

f_0——冻融循环前试件的自振频率(Hz)；

f_n——n 次冻融循环后试件的自振频率(Hz)。

质量损失率可按下式计算：

$$W_n = \frac{m_0 - m_n}{m_0} \times 100 \tag{9-3}$$

式中，W_n——n 次冻融循环后试件的质量损失率(%)；

m_0——冻融循环前的试件质量(g)；

m_n——n 次冻融循环后的试件质量(g)。

以 3 个试件试验结果的平均值作为测定值。当相对动弹性模量下降至 60% 或质量损失率达 5% 时，即可认为试件已破坏，并以相应的冻融循环次数作为该混凝土的抗冻等级，用 F 和冻融循环次数表示。

对于有抗冻要求的结构，规范 NB/T 11011—2022 规定，应根据气候分区、冻融循环次数、表面局部小气候条件、水分饱和程度、结构重要性和检修条件等选定抗冻等级，具体参见规范表 3.4.6。当不利因素较多时，可选用提高一级的抗冻等级。抗冻混凝土应掺加引气剂，其水泥、掺合料、外加剂的品种和数量、水胶比、配合比及含气量应通过试验确定。

关于混凝土结构的耐久性要求，除应满足上述有关设计规定以外，对原材料的选择及混凝土施工质量的控制，也应予以高度重视。

选择原材料时，若环境对混凝土有硅酸盐侵蚀，应优先采用抗硅酸盐水泥；有抗冻要求时，应优先采用大坝水泥及硅酸盐水泥并掺加引气剂；位于水位变动区的混凝土宜避免采用火山灰质硅酸盐水泥；尽量不用可能引起碱-骨料反应(如含活性成分)的骨料等。

提高混凝土施工质量的主要措施是在施工中提高混凝土的密实性，加强振捣和养护，防止产生严重的温度和收缩裂缝；降低水胶比或在混凝土中掺入具有塑化作用的减水剂等。

9.3 钢筋混凝土构件抗裂验算

9.3.1 轴心受拉构件的抗裂验算

钢筋混凝土轴心受拉构件即将出现裂缝时，混凝土的拉应力达到抗拉强度 f_{tk}（图9-1），拉应变达到极限拉应变 ε_{tu}，受拉混凝土产生较大的塑性变形，其变形模量 E'_{ct} 大约降低至初始弹性模量 E_c 的一半，即 $E'_{ct} \approx 0.5E_c$。因此，裂缝即将出现时，混凝土的拉应变 $\varepsilon_{tu} = 2f_{tk}/E_c$。由于钢筋与混凝土是共同变形的，故钢筋应力为：

$$\sigma_s = E_s \varepsilon_s = E_s \varepsilon_{tu} = 2\frac{E_s}{E_c}f_{tk} = 2\alpha_E f_{tk}$$

由图9-1，根据力的平衡条件可求得轴心受拉构件的开裂轴向力：

$$N_{cr} = f_{tk}A_c + 2\alpha_E f_{tk}A_s = f_{tk}(A_c + 2\alpha_E A_s)$$

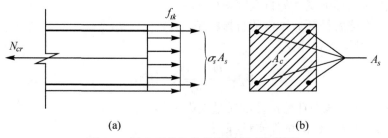

图9-1 轴心受拉构件抗裂计算应力图形

考虑到混凝土即将开裂时，钢筋的拉应力还很小；为了便于与受弯构件、偏心受力构件及预应力混凝土构件的抗裂计算公式相协调，这里将钢筋应力近似取为 $\sigma_s = \alpha_E f_{tk}$，故轴心受拉构件的开裂轴向力可改写为：

$$N_{cr} = f_{tk}(A_c + \alpha_E A_s) = f_{tk}A_0 \tag{9-4}$$

$$A_0 = A_c + \alpha_E A_s \tag{9-5}$$

式中，N_{cr}——构件即将开裂时的轴向力(开裂轴向力)；

A_c——混凝土的截面面积；

A_s——受拉钢筋截面面积；

A_0——换算截面面积；

α_E——钢筋弹性模量 E_s 与混凝土弹性模量 E_c 之比，$\alpha_E = E_s/E_c$。

为了使得按式(9-4)计算的开裂轴向力有一定的安全储备，规范 NB/T 11011—2022 引入拉应力限制系数 α_{ct}，要求轴心受拉构件在标准组合下，应按下列公式进行抗裂验算：

$$N_k \leq \alpha_{ct} f_{tk} A_0 \tag{9-6}$$

式中，N_k——按标准组合计算的轴向拉力值；

α_{ct}——混凝土拉应力限制系数，$\alpha_{ct} = 0.85$。

其余符号意义同前。

还应指出，此处按标准组合计算的轴向拉力 N_k 系指由各荷载标准值所产生的效应总和，并乘以结构重要性系数 γ_0 后的值。

由于混凝土即将开裂时的极限拉应变 ε_{tu} 一般在 0.0001 ~ 0.00015 变动，相应的钢筋拉应力 $\sigma_s = E_s \varepsilon_{tu} \approx 20 \sim 30 \text{N/mm}^2$。由此可见混凝土即将开裂时，钢筋的拉应力是很低的，钢筋对钢筋混凝土构件截面的抗裂性能所起作用不大。要想提高钢筋混凝土构件截面的抗裂性能，主要是通过加大构件截面尺寸或提高混凝土强度等级，但这样做往往是不经济的，最根本的办法是采用预应力混凝土或纤维混凝土等其他措施。

9.3.2 受弯构件的抗裂验算

钢筋混凝土受弯构件即将开裂时，其截面应力处于第 I 阶段末。截面应变分布符合平截面假定；受拉区边缘混凝土的应变达到极限拉应变 ε_{tu}，受拉区边缘混凝土的拉应力达到轴心抗拉强度标准值 f_{tk}，受拉区混凝土的应力分布为曲线形，具有明显的塑性特征；而受压区混凝土仍接近于弹性状态，应力分布图形接近于三角形(图 9-2)。与轴心受拉构件一样，混凝土即将开裂时，取 $E'_{ct} \approx 0.5E_c$，则 $\varepsilon_{tu} = 2f_{tk}/E_c$，此时，受拉钢筋的拉应力 σ_s 也只有 $20 \sim 30 \text{N/mm}^2$。

根据试验研究和理论分析，计算受弯构件的开裂弯矩 M_{cr} 时，受拉区混凝土的应力图形可近似地假定为图 9-2(c)所示的梯形，并假设塑化区高度占受拉区高度的一半。

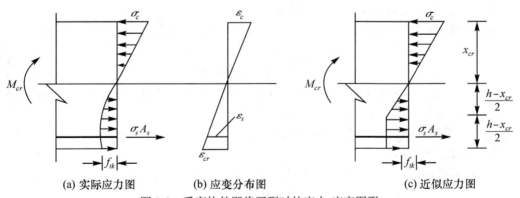

(a) 实际应力图　　　(b) 应变分布图　　　(c) 近似应力图

图 9-2 受弯构件即将开裂时的应力-应变图形

根据平截面假定和图 9-2(c) 所示应力图形，由截面内力的平衡条件可求得混凝土即将开裂时，受弯构件的受压区高度 x_{cr} 和相应的开裂弯矩 M_{cr}。但这样直接求 M_{cr} 的方法比较繁琐，为简化计算，可引入换算截面的概念，将钢筋截面面积 A_s 按弹性模量比 $\alpha_E = E_s/E_c$ 换算成与混凝土具有相同弹性模量的等效混凝土截面面积，并在保持 M_{cr} 相等的条件下，将受拉区梯形分布的应力图形换算成直线分布的应力图形，如图 9-3 所示。此时，受拉边缘应力由 f_{tk} 换算为 $\gamma_m f_{tk}$，这里 γ_m 称为截面抵抗矩塑性影响系数。

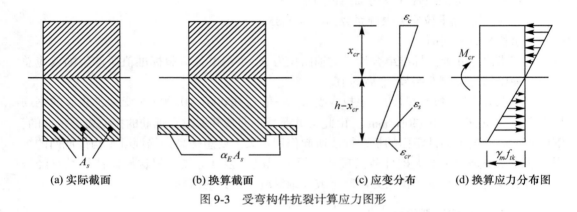

(a) 实际截面　　　(b) 换算截面　　　(c) 应变分布　　(d) 换算应力分布图

图 9-3　受弯构件抗裂计算应力图形

换算截面面积 A_0 可按式(9-5)确定，当截面中配有受压钢筋 A_s' 时，A_0 中尚需加上 $\alpha_E A_s'$，即 $A_0 = A_c + \alpha_E A_s + \alpha_E A_s'$。经上述换算后，就可把钢筋混凝土受弯构件视为截面面积为 A_0 的匀质弹性体，利用材料力学公式，求得受弯构件正截面开裂弯矩的计算公式为：

$$M_{cr} = \gamma_m W_0 f_{tk} \tag{9-7}$$

$$W_0 = \frac{I_0}{h - y_0}$$

式中，γ_m——截面抵抗矩塑性影响系数，根据不同的截面形式按附录 4 附表 4-5 查用；

W_0——换算截面受拉边缘的弹性抵抗矩；

y_0——换算截面重心至受压区边缘的距离；

I_0——换算截面对其重心轴的惯性矩。

对于矩形、T 形、I 形等截面的 y_0 及 I_0 可按下列公式计算：

$$y_0 = \frac{A_c y_c' + \alpha_E A_s h_0 + \alpha_E A_s' a_s'}{A_c + \alpha_E A_s + \alpha_E A_s'} \tag{9-8}$$

$$I_0 = I_c + A_c (y_c' - y_0)^2 + \alpha_E A_s (h_0 - y_0)^2 + \alpha_E A_s' (y_0 - a_s')^2 \tag{9-9}$$

式中，y_c'——混凝土截面重心至受压区边缘的距离；

I_c——混凝土截面对其重心轴的惯性矩。

其余符号意义同前。

单筋矩形截面的 y_0 及 I_0 也可按下列近似公式计算：

$$\begin{cases} y_0 = (0.5 + 0.425\alpha_E \rho) h \\ I_0 = (0.0833 + 0.19\alpha_E \rho) bh^3 \end{cases} \tag{9-10}$$

与轴心受拉构件一样，引入混凝土拉应力限制系数 α_{ct} 以后，规范NB/T 11011—2022规定，受弯构件在标准组合下，应按下列公式进行抗裂验算：

$$M_k \le \alpha_{ct}\gamma_m f_{tk} W_0 \tag{9-11}$$

式中，M_k 为按标准组合计算的弯矩值。

其余符号意义同前。

前面已指出，γ_m 值是将受拉区梯形分布的应力图形换算成直线分布的应力图形时受拉边缘混凝土应力的比值，可根据应力图形的两种分布情况（图9-2(c)和图9-3(d)），按开裂弯矩 M_{cr} 相等的原则推导求得。例如，对于矩形截面，当不计钢筋的作用，由图9-2(c)力的平衡条件可求得：

$$M_{cr} = W_p f_{tk} = 0.256bh^2 f_{tk} \tag{9-12}$$

即应力图形为梯形时，截面的塑性抵抗矩为 $W_p = 0.256bh^2$。而矩形截面的弹性抵抗矩为 $W_0 = bh^2/6$。于是由式(9-12)与式(9-7)相等的条件可求得截面抵抗矩塑性影响系数 γ_m 为：

$$\gamma_m = \frac{W_p}{W_0} = \frac{0.256bh^2}{\frac{1}{6}bh^2} = 1.54 \tag{9-13}$$

规范 NB/T 11011—2022 取矩形截面抵抗矩塑性影响系数 $\gamma_m = 1.55$。

但应注意的是，γ_m 除了与截面形状有关外，还与截面高度 h、纵筋配筋率 ρ 等因素有关。截面高度越大，γ_m 值越小。试验研究表明，梁的截面高度 h 较大（$h=1200\text{mm}$、1600mm、2000mm）时，矩形截面的 γ_m 值大体上在 $1.39\sim1.23$；当梁的截面高度 h 较小（$h\le200\text{mm}$）时，γ_m 值可达到 2.0。国内外对 γ_m 进行了不少的研究，并提出了许多不同的计算公式[82-83]。总的趋势是 γ_m 值随 h 的增大而减小，故在计算 γ_m 时尚应考虑截面高度修正系数。国内外试验研究表明，截面高度修正系数与截面高度接近于反比双曲线的关系。因此，由附录4附表4-5查得的 γ_m 值，还应乘以截面高度影响的修正系数 $\alpha_h = 0.7 + 300/h$，$0.8 \le \alpha_h \le 1.1$。式中 h 以 mm 计，当 $h<750\text{mm}$ 时，取 $h=750\text{mm}$；当 $h>3000\text{mm}$ 时，取 $h=3000\text{mm}$。对于圆形和环形截面，h 即为外径 d。

9.3.3 偏心受压构件的抗裂验算

与受弯构件一样，偏心受压构件的抗裂验算，也可利用换算截面的概念，按材料力学中匀质弹性体的公式进行计算。对于偏心受压构件，由于受拉区混凝土的应变梯度较大，塑化效应比较充分，因而其截面抵抗矩塑性影响系数 γ 要比受弯构件的 γ_m 大。实际应用中，为简化计算，偏心受压构件的 γ 可偏安全地取与受弯构件的 γ_m 相同，即取 $\gamma = \gamma_m$。根据图9-4所示的应力分布图形，引入混凝土拉应力限制系数 α_{ct} 以后，规范NB/T 11011—2022规定，偏心受压构件在标准组合下，应按下列公式进行抗裂验算：

$$\frac{M_k}{W_0} - \frac{N_k}{A_0} \le \alpha_{ct}\gamma_m f_{tk} \tag{9-14}$$

式(9-14)也可表示为：

$$N_k \le \frac{\alpha_{ct}\gamma_m f_{tk} A_0 W_0}{e_0 A_0 - W_0} \tag{9-15}$$

式中，N_k——按标准组合计算的轴向压力值；

e_0——轴向力的偏心距。对于标准组合，$e_0 = M_k/N_k$。

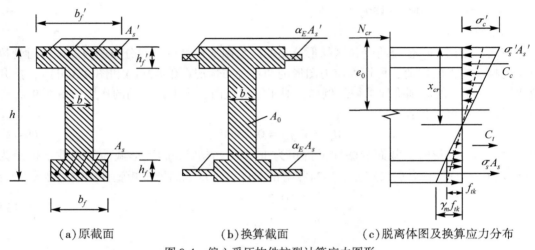

（a）原截面　　　　　　（b）换算截面　　　　（c）脱离体图及换算应力分布

图 9-4　偏心受压构件抗裂计算应力图形

9.3.4　偏心受拉构件的抗裂验算

在标准组合下，偏心受拉构件截面受拉边缘在混凝土即将开裂时的最大拉应力可按下列公式进行计算：

$$\frac{M_k}{W_0} + \frac{N_k}{A_0} = \gamma f_{tk} \tag{9-16}$$

式中，γ 为偏心受拉构件的截面抵抗矩塑性影响系数。

偏心受拉构件受拉区的应变梯度比受弯构件的应变梯度小，但比轴心受拉构件的应变梯度大，而轴心受拉构件的应变梯度等于零。因此，偏心受拉构件的截面抵抗矩塑性影响系数 γ 应介于受弯构件的 γ_m 与轴心受拉构件的 $\gamma = 1.0$ 之间。为了简化计算，可近似认为偏心受拉构件的 γ 是随截面平均拉应力 $\sigma = N_k/A_0$ 的大小，按线性规律在 1 与 γ_m 之间变化。当平均拉应力 $\sigma = 0$ 时（受弯），$\gamma = \gamma_m$；当平均拉应力 $\sigma = f_{tk}$ 时（轴心受拉），$\gamma = 1.0$。因此，偏心受拉构件的截面抵抗矩塑性影响系数可按下列公式确定：

$$\gamma = \gamma_m - (\gamma_m - 1)\frac{N_k}{f_{tk}A_0} \tag{9-17}$$

将式（9-17）代入式（9-16）化简后，并考虑混凝土拉应力限制系数 α_{ct}，从而得出规范 NB/T 11011—2022 偏心受拉构件的抗裂验算公式为：

$$\frac{M_k}{W_0} + \frac{\gamma_m N_k}{A_0} \leqslant \alpha_{ct}\gamma_m f_{tk} \tag{9-18}$$

式中，M_k、N_k——按标准组合计算的弯矩值和轴向拉力值。

对于标准组合，当取 $e_0 = M_k/N_k$ 时，上式也可写成：

$$N_k \leqslant \frac{\alpha_{ct}\gamma_m f_{tk} A_0 W_0}{e_0 A_0 + \gamma_m W_0} \tag{9-19}$$

例 9-1 某钢筋混凝土压力管道，内半径 $r = 800\text{mm}$，管壁厚 $h = 150\text{mm}$；采用 C30 混凝土，HRB400 钢筋；承受内水压力标准值 $p_k = 210\text{kN/mm}^2$，自重引起的环向内力可略去不计；Ⅱ级结构，结构重要性系数 $\gamma_0 = 1.0$，设计状况系数 $\psi = 1.0$，可变荷载分项系数 $\gamma_Q = 1.3$。试配置受力钢筋，并进行抗裂验算。

解：压力管道采用 C30 混凝土，由附录 1 查得 $E_c = 3.0 \times 10^4 \text{N/mm}^2$，$f_{tk} = 2.01\text{N/mm}^2$；钢筋采用 HRB400，$E_s = 2.0 \times 10^5 \text{N/mm}^2$，$f_y = 360\text{N/mm}^2$。

1. 配筋计算

压力管道在内水压力作用下为轴心受拉构件，管壁单位长度 ($b = 1000\text{mm}$) 内承受的轴向拉力设计值为：

$N = \gamma_0 \psi \gamma_Q p_k r b = 1.0 \times 1.0 \times 1.3 \times 210 \times 0.8 \times 1.0$
$= 218.4(\text{kN})$

钢筋截面面积：

$$A_s = \frac{\gamma_d N}{f_y} = \frac{1.2 \times 218.4 \times 10^3}{360} = 728(\text{mm}^2)$$

管壁内外层各配筋Φ12@ 110 ($A_s = 1018\text{mm}^2$)，见图 9-5。

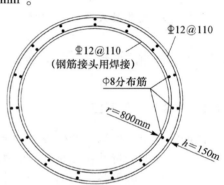

图 9-5 管壁配筋图

图中标注：Φ12@110，Φ12@110（钢筋接头用焊接），Φ8分布筋，$r = 800\text{mm}$，$h = 150\text{m}$

2. 抗裂验算

取 $\alpha_{ct} = 0.85$，由于 $\alpha_E = \dfrac{E_s}{E_c} = \dfrac{2.0 \times 10^5}{3.0 \times 10^4} = 6.67$，故由式 (9-6) 得：

$$N_k = \gamma_0 p_k r b = 1.0 \times 210 \times 0.8 \times 1.0 = 168(\text{kN})$$

$A_0 = bh + (\alpha_E - 1)A_s = 1000 \times 150 + (6.67 - 1) \times 1018 = 155767.98(\text{mm}^2)$

$\alpha_{ct} f_{tk} A_0 = 0.85 \times 2.01 \times 155768 = 266.1\text{kN} > N_k = 168\text{kN}$，满足抗裂要求。

（注：计算 A_0 时亦可近似取 $A_0 = bh + \alpha_E A_s$。）

例 9-2 某渡槽侧墙厚度 $h = 230\text{mm}$，采用 C25 混凝土，HRB400 钢筋，临水面配有 Φ10/14@ 125 受力钢筋 ($A_s = 930\text{mm}^2$)，侧墙底部按标准组合求得的弯矩值为 $M_k = 18.5\text{kN·m}$，已知 $\gamma_0 = 1.0$。试验算该侧墙是否满足抗裂要求。

解：渡槽侧壁采用 C25 混凝土，由附录 1 查得 $E_c = 2.80 \times 10^4 \text{N/mm}^2$，$f_{tk} = 1.78\text{N/mm}^2$；钢筋采用 HRB400，$E_s = 2.0 \times 10^5 \text{N/mm}^2$。混凝土保护层厚度由附录 3 中附表 3-1 取为 $c_s = 25\text{mm}$。由附录 4 中附表 4-5，查得矩形截面 $\gamma_m = 1.55$。取单位墙长 $b = 1000\text{mm}$ 计算。

$$\alpha_E = \frac{E_s}{E_c} = \frac{2.0 \times 10^5}{2.80 \times 10^4} = 7.14$$

1. 计算 y_0 及 I_0

由式 (9-8)~式 (9-9) 得：

$$y_0 = \frac{1000 \times 230 \times 230/2 + (7.14 - 1) \times 930 \times (230 - 25)}{1000 \times 230 + (7.14 - 1) \times 930} = 117.18(\text{mm})$$

$$I_0 = \frac{1}{12} \times 1000 \times 230^3 + 1000 \times 230 \times (117.18 - 230/2)^2 + (7.14 - 1) \times 930 \times (205 - 117.18)^2$$

$$= 1059.05 \times 10^6 (\text{mm}^4)$$

$$W_0 = \frac{I_0}{h - y_0} = \frac{1059.05 \times 10^6}{(230 - 117.6)} = 9.39 \times 10^6 (\text{mm}^3)$$

2. 抗裂验算

由式(9-11)得

$$\alpha_{ct} \gamma_m f_{tk} W_0 = 0.85 \times 1.55 \times 1.78 \times 9.39 \times 10^6 = 22.02 \text{kN} \cdot \text{m} > M_k = 18.5 (\text{kN} \cdot \text{m})$$

故该侧墙底部最大弯矩截面满足抗裂要求。

9.4　钢筋混凝土构件裂缝开展宽度验算

9.4.1　裂缝产生的原因

钢筋混凝土结构构件产生裂缝的最根本的原因有两条：一是由于混凝土材料的脆性性质及抗拉强度低的特性；二是外界的作用。在各种外在或内在因素的作用下，使混凝土中产生了拉、压、剪等各种应力，当其主拉应力超过混凝土的抗拉强度时，混凝土即产生裂缝。混凝土材料的破坏不同于延性材料的先屈服后断裂，而是表现出脆性断裂性质，所以混凝土的主拉应力一旦超过其抗拉强度，即出现具有一定宽度和深度的裂缝。

本节所讨论的裂缝成因，主要是讨论导致混凝土开裂的各种作用。导致混凝土开裂的各种作用可归纳为荷载作用和非荷载作用两大类。前者概念明确简单，后者则更加多样复杂。

1. 荷载作用引起的裂缝

荷载作用产生的各种效应(轴向拉力、弯矩、剪力、扭矩)均可导致混凝土结构产生裂缝。当由荷载效应产生的主拉应力与构件轴线平行(主要是轴向拉力和弯矩引起的主拉应力)并超过混凝土的抗拉强度时，即产生正截面裂缝。而当主拉应力与构件的轴线斜交(主要由剪力和扭矩引起的主拉应力)时，即产生与主拉应力方向正交的斜裂缝。由荷载作用产生的裂缝是常见的，是设计者所能预知的。只要荷载达到一定的数值，钢筋混凝土结构构件一般都是带裂缝工作的。由于裂缝的产生，原来由混凝土承担的主拉应力转由纵向受力钢筋及箍筋承担，并由这些钢筋来限制裂缝的继续发展，保证结构构件的正常使用性能和承载力。

2. 混凝土收缩引起的裂缝

混凝土的收缩是由于水泥凝胶体的凝缩和失水干缩而引起的体积缩小。这种收缩变形如无任何约束则不产生应力，但结构中的混凝土常常受到外部的或自身的约束，其结果常使混凝土产生收缩应力，当这种收缩应力超过当时混凝土的抗拉强度时，即产生裂缝。这种裂缝往往是在混凝土早期强度不太高而收缩量却比较大的情况下发生的，特别是当混凝土收缩产生的拉应力与其他作用产生的拉应力相叠加时，也可能使构件产生贯穿性的裂缝。这里所说的外部约束主要是指结构或构件的边界约束，而自身约束则是指结构的一部分对另一部分的约束，如大体积混凝土表面的收缩可能受到内部混凝土的约束；又如，混凝土的收缩可能受到内部钢筋的约束等。

3. 温度作用引起的裂缝

周围环境温度的变化可造成结构的内外温差，或产生结构的一部分与另一部分的温差；混凝土在硬化过程中产生的水化热不能很快散发时，也会造成结构内外的温差，这些温差将引发结构的温度应力。当这种温度应力超过混凝土的抗拉强度时，便将产生温度裂缝。水工大体积混凝土结构在混凝土硬化过程中产生的水化热往往使结构产生内外温差，造成结构内部受压、外部受拉，从而引发温度裂缝。这一情况是在混凝土早期硬化过程中产生的，而此时混凝土的抗拉强度却很低，所以很容易引发早期温度裂缝。

4. 地基不均匀沉降引起的裂缝

由于各种原因产生的地基不均匀沉降，势必引起上部超静定结构的内力和应力产生变化，这种增加的内力和应力是设计中未予考虑的。当地基的这种不均匀沉降较大时，上部梁、板、柱和墙体结构常常产生不同程度的正截面裂缝或斜裂缝。

5. 混凝土塑性沉降引起的裂缝

在施工早期，当混凝土还处于塑性状态时，由于骨料的下沉受到钢筋的阻隔，造成钢筋两侧与钢筋处混凝土的沉降差，由此可能在混凝土表层产生沿钢筋长度方向的顺筋裂缝（图9-6(a)）。

6. 碱-骨料反应引起的裂缝

碱-骨料反应引起的裂缝在本章第二节中已提及，这种裂缝对结构的耐久性影响很大。

7. 钢筋锈蚀引起的顺筋裂缝

由于正截面裂缝和斜裂缝的产生，或由于混凝土保护层太薄、混凝土密实性太差以及环境的恶劣，常常导致钢筋锈蚀，当这种情况持续的时间较长时，可能使结构产生严重的耐久性问题。其表现是：钢筋锈蚀生成的铁锈体积膨胀，使混凝土表面出现锈斑，产生顺筋裂缝；混凝土保护层出现不同程度的剥落，最终导致承载力下降（图9-6(b)）。

除上述七种产生裂缝的主要原因外，还有其他一些原因，如冻胀引起的裂缝、混凝土施工缺陷引发的裂缝等。

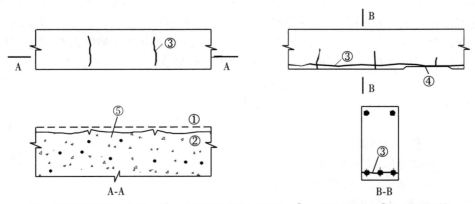

①—浇注时混凝土表面；②—下沉后混凝土表面；③—顺筋裂缝；④—外露钢筋

(a) 塑性沉降引起的顺筋裂缝   (b) 钢筋锈蚀引起的裂缝

图9-6 混凝土塑性沉降和钢筋锈蚀引起的裂缝

9.4.2　防止裂缝发生和控制裂缝开展的措施

裂缝的产生对结构造成不同程度的危害和影响，主要是影响结构的正常使用和耐久性。因此，应按不同的要求加以控制。对于荷载作用引起的正截面裂缝，主要通过计算其裂缝宽度并将其控制在允许范围内。对于其他各种非荷载作用引起的裂缝，则应采取各种不同的对策和措施避免裂缝的产生，控制裂缝的继续发展。如混凝土收缩引起的裂缝应从减小混凝土的收缩量来加以避免（如优化混凝土的配合比、加强施工养护等）；温度作用引起的裂缝应通过设置温度缝、消除约束、减小结构的内外温差、采用低水化热水泥、降低水胶比、提高混凝土的密实性等措施来加以防止。不论什么原因引起的裂缝，都可以通过配置适量的构造钢筋或采用高性能的混凝土（如纤维混凝土等）来避免裂缝的发生和限制裂缝的发展。对于水工大体积混凝土结构，必要时还应进行专门的温度应力计算及采取相应的温控措施。

9.4.3　裂缝开展宽度计算理论简介

目前裂缝宽度的计算主要是针对荷载作用引起的裂缝，而且主要考虑弯矩和轴向力作用下产生的正截面裂缝。如剪力和扭矩等引起的斜裂缝，以及由其他非荷载原因（如温度、收缩等）引起的裂缝，其裂缝宽度的计算方法到目前为止还很不完善。

由于影响混凝土裂缝的因素比较复杂，对于裂缝宽度的计算理论目前并未取得一致的看法。对于正截面裂缝宽度，国内外研究者根据各自的试验成果，提出了多种半经验、半理论的计算公式或基于统计分析的计算公式。裂缝宽度的计算理论主要有下列四种。

1. 粘结滑移理论

这一理论最早是由 Saliger 根据钢筋混凝土拉杆试验提出[84]，以后一直作为一种经典的裂缝理论之一被广泛应用[85]。该理论认为：在荷载作用下，当混凝土的拉应力达到其抗拉强度 f_{tk} 时，混凝土在某一薄弱截面处出现第一条（批）裂缝；在裂缝截面处混凝土开裂退出工作，使钢筋应力、应变突然增大；裂缝处的混凝土向裂缝两侧回缩，使钢筋与混凝土接触面上的粘结应力局部破坏，并产生相对滑移，钢筋与混凝土的变形不再协调；裂缝宽度即是裂缝间距 l_{cr} 范围内钢筋与混凝土的变形（伸长量）之差；裂缝一旦出现，即有一定宽度，裂缝的形态则呈矩形状。图 9-7(a) 为轴心受拉构件按粘结滑移理论所得出的裂缝开展形态。由图 9-7(a) 可得出粘结滑移理论计算裂缝宽度的基本公式为：

$$w_{cr} = \varepsilon_{sm} l_{cr} - \varepsilon_{cm} l_{cr} = (\varepsilon_{sm} - \varepsilon_{cm}) l_{cr} \tag{9-20}$$

若令 $\alpha_c = 1 - \varepsilon_{cm}/\varepsilon_{sm}$，则式(9-20)可改写为：

$$w_{cr} = \alpha_c \varepsilon_{sm} l_{cr} \tag{9-21}$$

式中，w_{cr} ——平均裂缝宽度；

ε_{sm} ——裂缝间钢筋的平均应变；

ε_{cm} ——裂缝间混凝土的平均应变；

l_{cr} ——平均裂缝间距。

α_c ——反映裂缝间混凝土伸长对裂缝宽度影响的系数，可近似取 $\alpha_c = 0.85$。也可忽略混凝土的受拉变形，即令 $\varepsilon_{cm} = 0$，则 $\alpha_c = 1.0$。

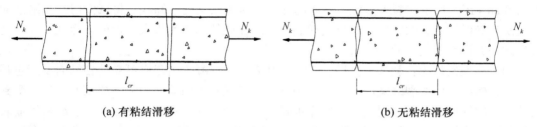

(a) 有粘结滑移   (b) 无粘结滑移

图 9-7 两种裂缝理论的形状示意图

设以 ψ 表示受拉钢筋的平均应变 ε_{sm} 与裂缝截面处钢筋应变 ε_{sk} 的比值，即

$$\psi = \frac{\varepsilon_{sm}}{\varepsilon_{sk}} \text{ 或 } \psi = \frac{\sigma_{sm}}{\sigma_{sk}} \tag{9-22}$$

式中，ψ 称为受拉钢筋的应变（或应力）不均匀系数，$\psi \leqslant 1.0$，反映了受拉区混凝土参与受拉工作的程度；σ_{sm}、σ_{sk} 分别为裂缝间钢筋的平均应力及裂缝截面的钢筋应力。

未裂截面由于混凝土参与受拉，使裂缝间钢筋应力小于裂缝截面的钢筋应力。随着荷载的增加，裂缝截面的钢筋应力 σ_s 也随之增加，钢筋与混凝土之间的粘结应力逐渐破坏，受拉混凝土也逐渐退出工作，此时钢筋的平均应变 ε_{sm} 就越接近于裂缝截面的钢筋应变 ε_{sk}，ψ 值就越趋近于 1。ψ 值越小，表明混凝土参与承受拉力的程度越大；ψ 值越大，表明混凝土参与承受拉力的程度越小，各截面中钢筋的应变就比较均匀；当 $\psi = 1$ 时，表明混凝土完全脱离工作。

裂缝间钢筋的平均应变 ε_{sm} 可利用式（9-22）求得，即

$$\varepsilon_{sm} = \psi \varepsilon_{sk} = \psi \frac{\sigma_{sk}}{E_s}$$

则由式（9-21）可得：

$$w_{cr} = \alpha_c \psi \frac{\sigma_{sk}}{E_s} l_{cr} \tag{9-23}$$

式中，E_s 为钢筋的弹性模量。

由式（9-23）可以看出，裂缝宽度主要取决于钢筋应力，钢筋应变（或应力）不均匀系数 ψ 和平均裂缝间距 l_{cr} 是裂缝宽度计算的两个主要参数。按照这种理论计算的构件表面的裂缝宽度与钢筋表面处的裂缝宽度是相同的。许多试验表明，这与实际情况并不完全相符，特别是采用高粘结力钢筋（带肋钢筋）时，构件表面的裂缝宽度明显大于钢筋表面处的裂缝宽度。

平均裂缝间距 l_{cr} 主要取决于钢筋与混凝土之间的粘结性能，我国 20 世纪 70 年代的规范把钢筋直径与配筋率的比值（d/ρ）作为平均裂缝间距计算的主要变量，苏联 1975 年以前的混凝土结构设计规范也采用这个参数，即平均裂缝间距与钢筋直径成正比，与配筋率成反比，大量试验表明这与实际情况不完全相符。

2. 无滑移理论

这一理论是 20 世纪 60 年代以 B. B. Broms 和 G. D. Base 为代表提出来的[86-87]。通过一

些试验现象可以观察到裂缝宽度在试件表面处最大，而在钢筋表面处裂缝宽度很小。B. B. Broms 还采用了往裂缝里注入树脂的办法，待树脂结硬后卸载，将试件切开，结硬的树脂使裂缝保持原有的宽度。结果发现裂缝宽度在试件表面为最大，钢筋表面处裂缝宽度仅为试件表面裂缝宽度的 $1/5 \sim 1/7$。

无滑移理论认为：裂缝产生后，钢筋与其表面的混凝土由于有可靠的粘结而不产生相对滑移，构件表面的裂缝宽度主要是由于钢筋周围混凝土回缩产生的，离钢筋越远，受到粘结应力的约束就越小，混凝土的回缩也就越大，裂缝开展宽度也就越大，裂缝从钢筋表面至混凝土边缘呈三角形状态(图 9-7(b))；裂缝宽度在混凝土构件表面处最大，在钢筋表面处为零。构件表面的裂缝宽度与保护层厚度 c 的大小及其应变梯度有关，c 越大则构件表面的裂缝宽度也越大。这种理论假定钢筋与混凝土之间有充分的粘结，不发生相对滑移，故称无滑移理论。按照这个理论，保护层厚度是影响裂缝宽度的主要因素。计算裂缝宽度的基本公式为：

$$w_{cr} = kc\varepsilon_m \tag{9-24}$$

式中，w_{cr} ——构件表面的平均裂缝宽度；

　　　k ——与钢筋类型及超过裂缝宽度 w_{cr} 的裂缝出现的概率有关的系数；

　　　c ——裂缝宽度 w_{cr} 量测点到最近钢筋的距离，即混凝土的保护层厚度；

　　　ε_m ——裂缝宽度 w_{cr} 量测点表面沿构件长度方向的平均应变。

从裂缝机理来看，无滑移理论考虑了应变梯度的影响，采用在裂缝的局部范围内变形不再保持平面的假定，无疑比粘结滑移理论更为合理了。但假定钢筋处完全没有滑移，裂缝宽度为零，把保护层厚度强调作为唯一的变量，显然是过于简单化了。

3. 综合裂缝理论

上述两种理论均存在一定缺陷，如粘结滑移理论不计保护层厚度的影响，这与试验结果不完全相符；无滑移理论假定钢筋处完全没有滑移，把保护层厚度强调作为唯一的变量，也存在片面性。事实上，两种理论所分析的裂缝宽度的影响因素都是存在的，因而有必要把两种理论结合在一起，既考虑钢筋与混凝土之间可能出现的粘结滑移，也考虑混凝土保护层厚度 c 对裂缝宽度的影响。这一理论是由 Ferry-Borges 首先提出，根据 150 根拉杆试验结果，基于综合裂缝理论提出了平均裂缝间距的计算公式：

$$l_{cr} = k_1 c + k_2 \frac{d}{\rho_{te}} \tag{9-25}$$

式中，d ——钢筋的直径；

　　　ρ_{te} ——截面的有效配筋率，$\rho_{te} = A_s / A_{te}$，A_s 为纵向受拉钢筋截面面积，A_{te} 为混凝土的有效受拉截面面积；

　　　k_1、k_2 ——试验常数。

其余符号意义同前。

由式(9-25)确定了考虑粘结滑移和保护层厚度影响的平均裂缝间距后，利用粘结滑移理论的公式(9-23)即可求得相应的平均裂缝宽度。

4. 基于统计分析的计算理论

鉴于裂缝问题的随机性和复杂性，以及上述三种理论仍未及全面地反映裂缝的开展机理，也不完全符合所有的试验结果，于是有人提出，采用大量的试验结果进行统计分析，建立由主要参数组成的全经验公式。这一思想的代表人物是 P. Gergely 和 L. A. Lutz[88]。这种经验公式虽然缺乏理论依据，但却与试验结果符合较好，且公式简单，便于应用。我国 JTJ 267—98《港口工程混凝土结构设计规范》以及美国 ACI 318—19 规范、俄罗斯等国家的规范都曾采用基于数理统计的裂缝宽度计算公式。

9.4.4 平均裂缝宽度

1. 裂缝开展机理及裂缝间钢筋与混凝土之间的应力分布

为了解裂缝开展机理和裂缝宽度计算公式的推导过程，有必要进一步了解裂缝的发生和发展的具体过程，并分析裂缝间钢筋和混凝土的应力沿构件纵向的分布情况。下面以图 9-8 所示的适筋梁纯弯段的裂缝开展过程进行分析。

裂缝出现之前，梁的受力状态处于第 I 阶段，纯弯段内受拉区由钢筋和混凝土共同受力，沿着构件长度方向，钢筋和混凝土的应力、应变大致是均匀分布的。

当截面弯矩增加到开裂弯矩 M_{cr} 时，由于混凝土材料性能的不均匀性，其实际的抗拉强度 f_t^0 不可能处处相等，所以在 f_t^0 最小的薄弱截面将产生第一条（批）裂缝 aa（图 9-8（a））。由于混凝土的脆性特性，裂缝一旦产生就会有一定的宽度和深度。在裂缝截面处，因混凝土开裂退出工作，原先由混凝土承担的拉应力转而由钢筋承担，使钢筋的应力和应变突然增大。裂缝截面处原来张紧的混凝土向裂缝两侧回缩，使钢筋与混凝土之间产生相对滑移，并产生粘结应力。由于钢筋与混凝土接触面上粘结应力的存在，会阻止混凝土的回缩，同时钢筋通过粘结应力将其承担的部分拉应力逐渐传递给周围混凝土，从而使裂缝两侧混凝土的拉应力从零开始逐渐增大，钢筋的拉应力开始逐渐减小（图 9-8（b）、（c））；在距离裂缝一段长度 l_{min}（bb 截面）时，钢筋和混凝土又具有相同的变形，粘结应力消失，钢筋和混凝土的应力又趋于均匀分布，因此，可以称这一长度 l_{min} 为粘结应力的最小传递长度。在大于 l_{min} 的其他截面，混凝土的拉应力会再次达到 f_t^0，因此，有可能产生第二条（批）裂缝。第二条（批）裂缝出现后，在其两侧又会发生与上述相同的应力重分布过程，依次出现第三、第四……条（批）裂缝。

如果两条裂缝之间的距离大于 $2l_{min}$（l_{min} 为最小裂缝间距），则在两条裂缝之间混凝土的拉应力就有可能达到 f_t^0，出现新的裂缝。如图 9-8（b）所示，当裂缝 dd 产生时，截面 dd 以左的混凝土拉应力又从零开始逐渐增大，到达截面 cc 时，混凝土的拉应力又恢复到了 f_t^0，于是，在截面 bb 与截面 cc 之间就有可能产生新的裂缝。

此后产生的裂缝依照上述原理在纯弯段内相继发生，直至所有裂缝间的距离均小于 $2l_{min}$ 时，裂缝条数和间距才会趋于稳定。根据大量的试验可知，大约在 $M > 1.5M_{cr}$ 时，裂缝条数和间距才趋于稳定。此后随着荷载继续增大，新的裂缝将不再产生，而只是原有的裂缝加宽加长。在弯矩增大过程中裂缝截面处中和轴的位置也有所上升，最终呈波浪形态。由于混凝土材料性能的不均匀性，稳定后的裂缝间距长短不一，裂缝宽度也大小不一，但从统计的观点出发，裂缝间距的平均值 l_{cr} 和裂缝宽度的平均值 w_{cr} 都具有一定的规律性。一般而言，平均裂缝间距 l_{cr} 约为 $1.5l_{min}$。裂缝稳定后的混凝土拉应力、钢筋拉应力以及钢筋与混凝土之间的粘结应力分布见图 9-8(d)、(e)、(f)。

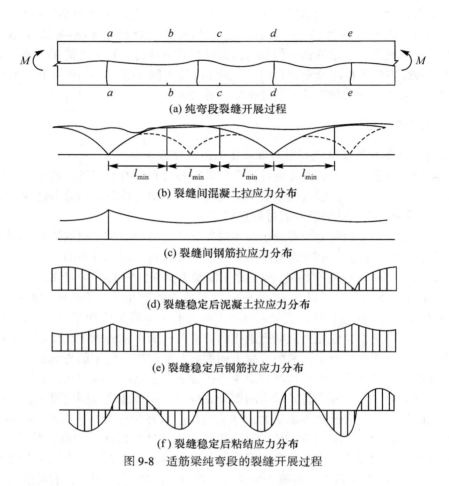

图 9-8　适筋梁纯弯段的裂缝开展过程

2. 平均裂缝间距 l_{cr}

平均裂缝间距 l_{cr} 是解决平均裂缝宽度 w_{cr} 的关键所在。下面以轴心受拉构件为例,根据上述综合裂缝理论建立其计算模型,再推导出平均裂缝间距 l_{cr} 的计算公式。

如图 9-9 所示的轴心受拉构件,在轴向拉力 N_k 作用下,截面 aa 处产生了第一条裂缝,此时全截面混凝土开裂退出工作,钢筋应力记为 σ_{sa};钢筋通过粘结应力将其承担的拉力逐渐传递给周围的混凝土,经过一段长度 $l_{\min}$ 至截面 bb 混凝土的拉应力达到 f_{tk},钢筋应力下降,记为 σ_{sb}。根据前面的分析,截面 aa 与截面 bb 之间的距离 $l_{\min}$ 即为理论上的最小裂缝间距。分别取 ab 段的混凝土构件(图 9-9(b))和钢筋(图 9-9(c))为脱离体,根据力的平衡条件可得:

$$f_{tk}A_{te} = (\sigma_{sa} - \sigma_{sb})A_s \tag{9-26}$$

$$(\sigma_{sa} - \sigma_{sb})A_s = \tau_m u l_{\min} \tag{9-27}$$

故有

$$f_{tk}A_{te} = \tau_m u l_{\min} \tag{9-28}$$

式(9-28)也可以混凝土为脱离体(图 9-9(d))直接求得。

以 $u = n\pi d$, $A_s = n\pi d^2/4$ 和 $\rho_{te} = A_s/A_{te}$ 代入式(9-28)得:

$$l_{\min} = \frac{f_{tk}d}{4\tau_m\rho_{te}}\tag{9-29}$$

式中, ρ_{te} ——受拉钢筋的有效配筋率, $\rho_{te} = A_s/A_{te}$;

A_{te} ——混凝土有效受拉截面积, 对于矩形截面轴心受拉构件 $A_{te} = bh$;

u ——钢筋截面总周长;

d、n ——钢筋的直径与根数;

τ_m ——粘结应力平均值;

f_{tk} ——轴向力 Nk 作用下, 即将开裂缝截面上混凝土的拉应力。

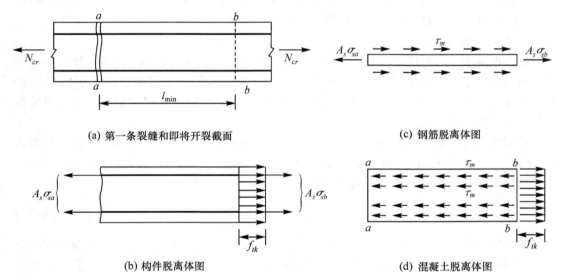

(a) 第一条裂缝和即将开裂截面   (c) 钢筋脱离体图

(b) 构件脱离体图   (d) 混凝土脱离体图

图 9-9 平均裂缝间距的力学模型

近似假定平均裂缝间距 l_{cr} 与 $l_{\min}$ 的比值为一常量(如 $l_{cr} = 1.5l_{\min}$), 并假定 τ_m 与 f_{tk} 符合线性关系, 则由式(9-29)求得 l_{cr} 为:

$$l_{cr} = k_2\frac{d}{\rho_{te}}\tag{9-30}$$

此处, k_2 为一经验系数, 它与 f_{tk} 和 τ_m 的比值有关, 也与 l_{cr} 和 $l_{\min}$ 的比值有关。

式(9-30)是由轴心受拉构件的计算模型导出的。事实上也可以由受弯构件的计算模型导出, 只是 k_2 的值有所不同而已。

根据综合裂缝理论, 裂缝的宽度及裂缝的间距不仅与 d/ρ_{te} 有关, 还与保护层厚度 c 成线性关系, 同时引入考虑钢筋表面形状的影响系数 ν。因此, 平均裂缝间距 l_{cr} 的计算公式可写为:

$$l_{cr} = \left(k_1c + k_2\frac{d}{\rho_{te}}\right)\nu\tag{9-31}$$

式中, ν ——考虑钢筋表面形状对裂缝间距的影响系数;

k_1、k_2——试验常数。

钢筋的表面形状对裂缝间距有较大的影响。对于光面钢筋，它与混凝土之间传递的粘结力较小，而传递长度却较大；带肋钢筋则情况相反。因此，采用带肋钢筋的混凝土构件，其裂缝间距较小，裂缝宽度也较小，而光面钢筋则相反。故在平均裂缝间距的计算公式(9-31)中，引入了一个考虑钢筋表面形状的影响系数 ν。

上式中计算有效配筋率 ρ_{te} 时，混凝土的有效受拉截面积 A_{te} 不是指全部受拉混凝土的截面面积，这是因为在裂缝的形成和发展过程中，不是受拉区所有的混凝土都能与钢筋共同承受拉力，而仅仅是钢筋周围的部分混凝土截面积 A_{te} 与钢筋相互作用、共同受力。钢筋的作用仅影响到其周围有限的区域，而在此区域之外，相互作用则很小，这一区域可称为"有效受拉区"。至于有效受拉区的范围，试验结果以及各国规范的取值不完全一致。规范 NB/T 11011—2022 关于 A_{te} 的取值，将在后面介绍。

3. 平均裂缝宽度 w_{cr}

如果把混凝土的性质理想化，取各种状态的平均值，即裂缝间距、裂缝宽度、裂缝间的钢筋与混凝土的应力和应变、中和轴的高度等均取平均值，则可建立如图 9-10 所示的裂缝宽度计算的力学模型，平均裂缝宽度 w_{cr} 即为平均裂缝间距范围内钢筋重心位置处钢筋与混凝土的伸长量之差，参见式(9-20)。

考虑到裂缝间钢筋的应变是不均匀的，引入裂缝间钢筋应变(或应力)不均匀系数 ψ，同时考虑裂缝间混凝土伸长对裂缝宽度影响的系数 α_c，则由式(9-23)和式(9-31)可得按综合裂缝理论确定的平均裂缝开展宽度 w_{cr} 为：

$$w_{cr} = \alpha_c \psi \frac{\sigma_{sk}}{E_s}\left(k_1 c + k_2 \frac{d}{\rho_{te}}\right)\nu \tag{9-32}$$

钢筋应变(应力)不均匀系数 ψ 反映了受拉区混凝土参与工作的程度。ψ 不仅与钢筋及混凝土间的粘结应力有关，还与纵向受拉钢筋应力 σ_{sk} 的大小有关，σ_{sk} 越大，粘结破坏也越严重，当裂缝间钢筋与混凝土的粘结完全破坏时，ψ 即为 1.0。

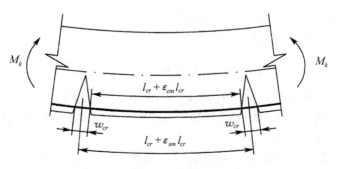

图 9-10 平均裂缝宽度的力学模型

钢筋与混凝土间的粘结特性不仅与混凝土强度等级有关，还与受拉钢筋的有效配筋率 ρ_{te} 有关。准确地计算 ψ 值是比较复杂的，目前国内外规范大多是根据试验资料和假定的计算模型给出半理论半经验的公式[89]。规范 NB/T 11011—2022 给出的 ψ 的计算公式如下：

$$\psi = 1.0 - 1.1 \frac{f_{tk}}{\rho_{te}\sigma_{sk}} \tag{9-33}$$

式中，ρ_{te}——受拉钢筋的有效配筋率。

9.4.5 最大裂缝宽度的计算公式

1. 最大裂缝宽度与平均裂缝宽度的关系

由于裂缝宽度影响因素的复杂性和随机性，用于裂缝控制的裂缝宽度计算值，不应直接采用式(9-32)的平均裂缝宽度 w_{cr}，而应采用最大裂缝宽度。规范 NB/T 11011—2022 给出的"最大裂缝宽度"计算公式是在平均裂缝宽度 w_{cr} 的基础上，乘以一个考虑构件受力特征和长期作用影响以及裂缝宽度随机性的综合系数 α_{cr}（简称"构件受力特征系数"）后的裂缝宽度值。α_{cr} 用下式表示：

$$\alpha_{cr} = \tau_s \tau_l \alpha_c \tag{9-34}$$

式中，τ_s、τ_l、α_c 分别为短期裂缝宽度的扩大系数、考虑长期作用影响的扩大系数和考虑裂缝间混凝土伸长对裂缝宽度影响的系数，现对式中各系数分述如下。

（1）短期裂缝宽度的扩大系数 τ_s。不同的受力特征（包括轴心受拉、受弯、偏心受拉、偏心受压等），其裂缝开展的特性也有所不同。计算裂缝宽度时，应考虑不同构件的受力特征对裂缝宽度的影响。

裂缝开展宽度的随机性主要是由于材料的不均匀性造成的。如同混凝土强度一样，裂缝宽度及裂缝间距都是随机变量，因而计算裂缝宽度时应考虑其变异性。假定存在如图 9-11 所示的裂缝宽度量测数据的直方图[90]，并绘制其 $\tau_i (\tau_i = w_i/w_{cr})$ 和 $f(\tau_i)$ 频率曲线。如假定保证率为95%，并设与其对应的 τ_i 值为 τ_s。显然，保证率为95%的裂缝宽度 w_k 与平均裂缝宽度 w_{cr} 的关系为：

$$w_k = \tau_s w_{cr} \tag{9-35}$$

根据试验数据的分析，假定短期最大裂缝宽度与平均裂缝宽度之比服从正态分布，将各研究者的结果合并统计，按正态分布具有95%保证率的短期裂缝扩大系数 $\tau_s = 1.693$。规范 GB 50010—2010（2015 年版）取 $\tau_s = 1.66$，欧洲规范取 $\tau_s = 1.70$，规范 DL/T 5057—2009 取 $\tau_s = 1.60$。综合以上结果，规范 NB/T 11011—2022 对受弯构件和偏心受压构件偏安全取 $\tau_s = 1.70$；由于轴心受拉样本较少而且缺少偏心受拉试验资料，对轴心受拉和偏心受拉构件仍按规范 DL/T

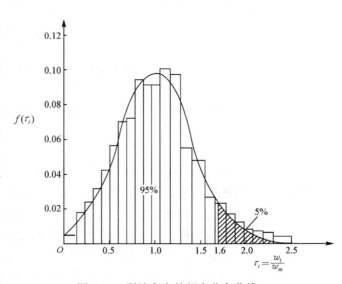

图 9-11 裂缝宽度的频率分布曲线

5057—2009 取 $\tau_s = 1.9$。

（2）考虑长期作用影响的扩大系数 τ_l。除考虑裂缝开展宽度的不均匀性将平均裂缝宽度乘以扩大系数 τ_s 外，尚需考虑长期荷载作用下，受拉区混凝土因应力松弛、徐变和粘结退化等因素使裂缝开展宽度增大的影响。

为确定长期荷载下裂缝开展宽度扩大系数 τ_l，需要做长期荷载下裂缝试验。根据近期重庆大学对 8 根配置 HRB500 钢筋混凝土梁一年多的试验结果，长期最大裂缝宽度与短期最大裂缝宽度的比值为 $1.12 \sim 1.50$，平均值为 1.278，取具有 95% 保证率的 $\tau_l = 1.31$。欧洲规范 EN1992-2 计算的长期裂缝宽度与短期裂缝宽度的比值在 $1.00 \sim 1.22$ 变化。根据以上研究成果，规范 NB/T 11011—2022 偏保守取 $\tau_l = 1.4$；另外，在荷载短期作用下构件上各条裂缝的开展与荷载长期作用下构件上各条裂缝的开展并非完全同步，故引入一个组合系数 ψ_c。因此，最大裂缝宽度为：

$$w_{\max} = \tau_l \psi_c w_{\max,s} \tag{9-36}$$

式中，$w_{\max,s}$——短期最大裂缝宽度。组合系数仍按规范 DL/T 5057—2009 取 $\psi_c = 0.9$。

（3）考虑裂缝间混凝土伸长对裂缝宽度影响的系数 $\alpha_c (\alpha_c = 1 - \varepsilon_{cm} / \varepsilon_{sm})$。$\alpha_c$ 主要与配筋率及混凝土保护层厚度有关，经对配置 HRB400 和 HRB500 钢筋混凝土梁的试验资料对比计算，受弯构件平均 $\alpha_c = 0.817$，变异系数为 0.253，规范 NB/T 11011—2022 建议仍取 $\alpha_c = 0.85$。

将以上各参数代入式（9-34）计算并取整，即得到规范 NB/T 11011—2022 的构件受力特征系数 α_{cr} 的取值。

2. 最大裂缝宽度的计算公式

根据平均裂缝宽度的计算公式（9-32），并考虑上述各方面的影响因素，又结合各种试验数据，规范 NB/T 11011—2022 关于矩形、T 形及 I 形截面的钢筋混凝土受拉、受弯和偏心受压构件，按标准组合并考虑长期作用影响的最大裂缝宽度 $w_{\max}$ 可按下列公式计算：

$$w_{\max} = \alpha_{cr} \psi \frac{\sigma_{sk} - \sigma_0}{E_s} l_{cr} \tag{9-37}$$

$$l_{cr} = \left(2.2c_s + 0.09 \frac{d_{eq}}{\rho_{te}} \right) \nu \quad (30\text{mm} \leqslant c_s \leqslant 65\text{mm}) \tag{9-38}$$

$$l_{cr} = \left(65 + 1.2c_s + 0.09 \frac{d_{eq}}{\rho_{te}} \right) \nu \quad (65\text{mm} < c_s \leqslant 150\text{mm}) \tag{9-39}$$

$$d_{eq} = \frac{\sum n_i d_i^2}{\sum n_i v_i d_i} \tag{9-40}$$

式中，α_{cr}——考虑构件受力特征和长期作用影响以及裂缝宽度随机性的综合系数，简称构件受力特征系数。对于受弯构件和偏心受压构件，取 $\alpha_{cr} = 1.85$；对于偏心受拉构件，取 $\alpha_{cr} = 2.05$；对于轴心受拉构件，取 $\alpha_{cr} = 2.25$。

ψ——裂缝间纵向受拉钢筋应变不均匀系数，按式（9-33）计算，当 $\psi < 0.3$ 时，取 $\psi = 0.3$；对于直接承受重复荷载的构件，取 $\psi = 1.0$。

σ_{sk}——按标准组合计算的构件纵向受拉钢筋应力。不同的受力构件分别按式（9-

41)、式(9-42)、式(9-44)或式(9-50)进行计算。

ν ——考虑钢筋表面形状的系数，对于带肋钢筋，取 $\nu = 1.0$；对于光圆钢筋，取 $\nu = 1.4$。

c_s ——最外层纵向受拉钢筋外边缘至受拉区底边的距离(mm)，当 c_s 小于 30mm 时，c_s 取 30mm；当 c_s 大于 150mm 时，c_s 取 150mm。

d_{eq} ——受拉区纵向受拉钢筋的等效直径(mm)。

d_i ——受拉区第 i 种纵向受拉钢筋的公称直径(mm)。

n_i ——受拉区第 i 种纵向受拉钢筋的根数。

ρ_{te} ——纵向受拉钢筋的有效配筋率，当 $\rho_{te} < 0.03$ 时，取 $\rho_{te} = 0.03$。

σ_0 ——纵向受拉钢筋的初始应力，对于长期处于水下的结构，允许采用 $\sigma_0 = 20 \text{N/mm}^2$；对于干燥环境中的结构，取 $\sigma_0 = 0$。

计算式(9-38)、式(9-39)中纵向受拉钢筋的有效配筋率 ρ_{te} 时，钢筋截面面积 A_s 和有效受拉混凝土截面面积 A_{te} 应按下列规定取值(参看图 9-12)：

(1)对于受弯、偏心受拉及大偏心受压构件，$A_{te} = 2a_s b$，其中 a_s 为纵向受拉钢筋重心至截面受拉边缘的距离，b 为矩形截面(图 9-12(a))的宽度；对于有受拉翼缘的 T 形和 I 形截面，b 为受拉翼缘的宽度(图 9-12(b))；A_s 取受拉区纵向受拉钢筋截面面积。

(2)对于全截面受拉的偏心受拉构件，A_{te} 取拉应力较大一侧纵向受拉钢筋的相应有效受拉混凝土截面面积，而 A_s 则取该侧纵向受拉钢筋的截面面积。

(3)对于轴心受拉构件，$A_{te} = 2a_s l_s$，但不大于构件全截面面积，其中 a_s 为一侧纵向受拉钢筋重心至截面边缘的距离，l_s 为沿截面周边配置的纵向受拉钢筋重心连线的总长度(图 9-12(c))，A_s 则取全部纵向受拉钢筋的截面面积。

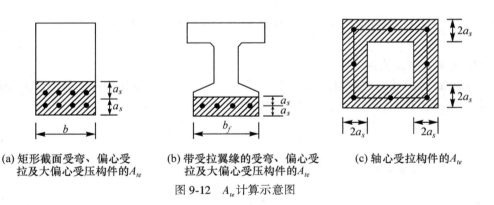

(a) 矩形截面受弯、偏心受   (b) 带受拉翼缘的受弯、偏心受   (c) 轴心受拉构件的 A_{te}
    拉及大偏心受压构件的 A_{te} 拉及大偏心受压构件的 A_{te}

图 9-12 A_{te} 计算示意图

9.4.6 钢筋应力的计算

按式(9-37)计算最大裂缝宽度 w_{max} 时，还需确定各种构件裂缝截面处纵向受拉钢筋在标准组合下的应力 σ_{sk}。裂缝截面处纵向受拉钢筋的应力 σ_{sk}，应根据第 II 阶段的应力状态及受力特征计算。

1. 轴心受拉构件

在正常使用荷载作用下，截面应力处于第二阶段，轴心受拉构件混凝土开裂退出工作，全部拉力由钢筋承担，钢筋应力可按下式计算：

$$\sigma_{sk} = \frac{N_k}{A_s} \tag{9-41}$$

式中，N_k——按标准组合计算的轴向拉力值。

2. 受弯构件

对于受弯构件，在正常使用荷载作用下，假定裂缝截面处受压区混凝土处于弹性阶段，应力图形呈三角形分布（图 9-13（a）），忽略受拉区混凝土的作用，内力臂 z 可近似取 $z = 0.87 h_0$。钢筋应力可按下式计算：

$$\sigma_{sk} = \frac{M_k}{0.87 h_0 A_s} \tag{9-42}$$

式中，M_k——按标准组合计算的弯矩值。

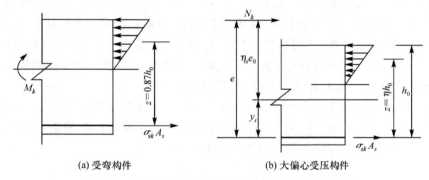

(a) 受弯构件　　　　　　　　(b) 大偏心受压构件

图 9-13　受弯构件和大偏心受压构件截面应力图形

3. 大偏心受压构件

与受弯构件相同，假设在正常使用荷载作用下，大偏心受压构件的截面应力分布如图 9-13（b）所示，其内力臂 z 可按近似公式计算：

$$z = \left[0.87 - 0.12(1 - \gamma_f') \left(\frac{h_0}{e} \right)^2 \right] h_0 \tag{9-43}$$

钢筋应力可按下式计算：

$$\sigma_{sk} = \frac{N_k}{A_s} \left(\frac{e}{z} - 1 \right) \tag{9-44}$$

$$e = \eta_s e_0 + y_s \tag{9-45}$$

$$\eta_s = 1 + \frac{1}{4000 \frac{e_0}{h_0}} \left(\frac{l_0}{h} \right)^2 \tag{9-46}$$

当 $\dfrac{l_0}{h} \leqslant 14$ 时，可取 $\eta_s = 1.0$。

式中，N_k——按荷载标准组合计算的轴向压力值；

$\quad\quad \eta_s$——使用阶段的偏心距增大系数；

$\quad\quad y_s$——截面重心至纵向受拉钢筋合力点的距离；

$\quad\quad e$——轴压力作用点至纵向受拉钢筋合力点的距离；

$\quad\quad e_0$——轴压力作用点至截面重心轴的距离；

$\quad\quad \gamma_f$——受压翼缘面积与腹板有效面积的比值，$\gamma_f' = \dfrac{(b_f' - b)h_f'}{bh_0}$，其中 b_f' 和 h_f' 分别为

受压翼缘的宽度和高度；当 $h_f' > 0.2h_0$ 时，$h_f' = 0.2h_0$。

4. 偏心受拉构件

在正常使用荷载作用下，大偏心受拉构件和小偏心受拉构件的截面应力如图 9-14 所示。对于大偏心受拉构件，由图 9-14(a) 可得：

$$\sigma_{sk} = \frac{N_k(e_s + z)}{A_s z} \tag{9-47}$$

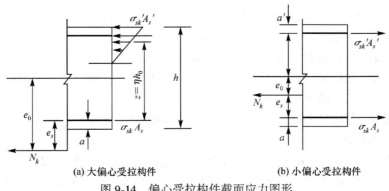

(a) 大偏心受拉构件 　　 (b) 小偏心受拉构件

图 9-14　偏心受拉构件截面应力图形

一般情况下，大偏心受拉构件的裂缝开展深度比受弯构件的大，近似取其内力臂 $z = 0.9h_0$，则

$$\sigma_{sk} = \frac{N_k}{A_s}\left(1 + 1.1\frac{e_s}{h_0}\right) \tag{9-48}$$

$$e_s = e_0 - \frac{h}{2} + a$$

对于小偏心受拉构件，由图 9-14(b) 可得：

$$\sigma_{sk} = \frac{N_k\left(e_0 + \dfrac{h}{2} - a'\right)}{A_s(h_0 - a')}$$

把 $e_s = h/2 - e_0 - a$ 代入上式，得：

$$\sigma_{sk} = \frac{N_k}{A_s}\left(1 - \frac{e_s}{h_0 - a'}\right)$$

近似取 $a' = 0.1h_0$，上式可写为

$$\sigma_{sk} = \frac{N_k}{A_s}\left(1 - 1.1\frac{e_s}{h_0}\right) \tag{9-49}$$

把式(9-48)与式(9-49)合并，则在标准组合下，偏心受拉构件钢筋应力的计算公式可统一写为：

$$\sigma_{sk} = \frac{N_k}{A_s}\left(1 \pm 1.1\frac{e_s}{h_0}\right) \tag{9-50}$$

式中，N_k——按标准组合计算的轴向拉力值；

e_s——轴向拉力作用点至靠近轴向力一侧的纵向受拉钢筋合力点的距离。

9.4.7　裂缝宽度验算

使用上要求限制裂缝开展宽度的钢筋混凝土构件，应进行裂缝宽度的验算，裂缝宽度的验算可按下式进行：

$$w_{max} \leqslant w_{lim} \tag{9-51}$$

式中，w_{max}——按标准组合并考虑长期作用影响计算的最大裂缝宽度，按式(9-37)计算；

w_{lim}——最大裂缝宽度限值，按附录4附表4-2取值。

当钢筋混凝土构件的最大裂缝宽度 $w_{max} \leqslant w_{lim}$ 时，认为满足裂缝宽度的验算要求。若不满足则应采取有关措施，以减小最大裂缝宽度的计算值。由式(9-37)~式(9-39)可以看出，可采取减小最大裂缝宽度的措施主要有：

(1)在保持配筋率不变的前提下，可适当减小钢筋的直径；

(2)采用带肋钢筋；

(3)必要时，适当增加钢筋用量，以降低钢筋在正常使用荷载下的应力值；

(4)保护层厚度要适当，在满足耐久性的前提下不宜随意加大保护层厚度；

(5)必要时可采用预应力混凝土结构。

例 9-3　已知一轴心受拉构件，截面尺寸为 200mm×240mm，保护层厚度 $c_s = 35$mm，混凝土强度等级为 C25，标准组合下的轴向拉力为 $N_k = 160$kN，经承载力计算已配置 HRB400 钢筋 4 ⌀16($A_s = 804$mm^2)，环境类别为二类。试验算该轴心受拉构件的裂缝宽度是否满足要求。

解：对于轴心受拉构件，构件受力特征系数 $\alpha_{cr} = 2.25$；二类环境，最大裂缝宽度限值可由附录 4 中附表 4-2 查得 $w_{lim} = 0.3$mm；钢筋的初始应力 $\sigma_0 = 0$；采用 C25 混凝土，$f_{tk} = 1.78$N/mm^2；HRB400 钢筋，$E_s = 2.0×10^5$N/mm^2。

A_{te} 按图 9-12 计算：

$$A_{te} = 2a_s l_s = 2 × (35 + 8) × (200 - 43 × 2 + 240 - 43 × 2) × 2$$
$$= 46096(\text{mm}^2)$$

受拉钢筋的有效配筋率为：

$$\rho_{te} = \frac{A_s}{A_{te}} = \frac{804}{46096} = 1.74\%$$

钢筋的应力由式（9-41）求得：

$$\sigma_{sk} = \frac{N_k}{A_s} = \frac{160 \times 1000}{804} = 199 \ (\text{N/mm}^2)$$

由式（9-33）：

$$\psi = 1.0 - 1.1 \frac{f_{tk}}{\sigma_{sk}\rho_{te}} = 1.0 - 1.1 \times \frac{1.78}{199 \times 1.74\%} = 0.435$$

平均裂缝间距 l_{cr} 按式（9-38）计算：

$$l_{cr} = \left(2.2c_s + 0.09\frac{d}{\rho_{te}}\right)\nu = \left(2.2 \times 35 + 0.09 \times \frac{16}{1.74\%}\right) \times 1.0 = 159.8 \ (\text{mm})$$

由式（9-37）求得最大裂缝宽度为：

$$w_{\max} = \alpha_{cr}\psi\frac{\sigma_{sk} - \sigma_0}{E_s}l_{cr}$$

$$= 2.25 \times 0.434 \times \frac{199 - 0}{2.0 \times 10^5} \times 159.6 = 0.156\text{mm} < w_{\lim} = 0.3 \ (\text{mm})$$

裂缝宽度满足要求。

例 9-4 某结构安全级别为Ⅱ级的简支梁，截面尺寸为 $b \times h = 250\text{mm} \times 500\text{mm}$，计算跨度 $l_0 = 6\text{m}$，混凝土强度等级为 C25，受力钢筋为 HRB400，承受均布荷载，永久荷载标准值 $g_k = 10.2\text{kN/m}$，可变荷载标准值 $q_k = 6.4\text{kN/m}$，构件所处的环境类别为二类。试按承载力要求计算所需的受力钢筋截面积，并验算裂缝开展宽度是否满足要求。

解： 由第 3 章表 3-8，查得荷载分项系数 $\gamma_G = 1.10$，$\gamma_Q = 1.30$，结构安全级别为Ⅱ级，$\gamma_0 = 1.0$；按持久状况考虑，$\psi = 1.0$；结构系数 $\gamma_d = 1.2$；

C25 混凝土，$f_c = 11.9\text{N/mm}^2$，$f_{tk} = 1.78\text{N/mm}^2$；

HRB400 钢筋，$f_y = 360\text{N/mm}^2$，$E_s = 2.0 \times 10^5\text{N/mm}^2$；

对于受弯构件，构件受力特征系数 $\alpha_{cr} = 1.85$，二类环境条件下，最大裂缝宽度限值可由附录 4 中附表 4-2 查得 $w_{\lim} = 0.3\text{mm}$；钢筋的初始应力 $\sigma_0 = 0$；混凝土保护层厚度由附录 3 中附表 3-1 取为 $c_s = 35\text{mm}$。

1. 承载力计算

跨中弯矩设计值为：

$$M = \gamma_0\psi\frac{1}{8}(\gamma_G g_k + \gamma_Q q_k)l_0^2$$

$$= 1.0 \times 1.0 \times \frac{1}{8}(1.10 \times 10.2 + 1.3 \times 6.4) \times 6^2 = 87.93(\text{kN} \cdot \text{m})$$

2. 配筋计算

取 $a = 45\text{mm}$，$h_0 = h - a = 500 - 45 = 455 \ (\text{mm})$

$$\alpha_s = \frac{\gamma_d M}{f_c b h_0^2} = \frac{1.2 \times 87.93 \times 10^6}{11.9 \times 250 \times 455^2} = 0.171$$

$$\xi = 1 - \sqrt{1 - 2\alpha_s} = 1 - \sqrt{1 - 2 \times 0.161} = 0.189$$

$$A_s = \frac{f_c b h_0 \xi}{f_y} = \frac{11.9 \times 250 \times 455 \times 0.189}{360} = 710.65\,(\text{mm}^2)$$

选用 3 Φ 18，实配 $A_s = 763\text{mm}^2$。

3. 裂缝宽度验算

标准组合下的弯矩值：

$$M_k = \gamma_0 \frac{1}{8}(g_k + q_k)l_0^2 = 1.0 \times \frac{1}{8}(10.2 + 6.4) \times 6.0^2 = 74.7(\text{kN} \cdot \text{m})$$

受拉钢筋的有效配筋率计算：

$$\rho_{te} = \frac{A_s}{A_{te}} = \frac{A_s}{2a_s b} = \frac{763}{2 \times 44 \times 250} = 3.47\%$$

钢筋应力计算，由式(9-42)：

$$\sigma_{sk} = \frac{M_k}{0.87 h_0 A_s} = \frac{74.7 \times 10^6}{0.87 \times 455 \times 763} = 247.3\,(\text{N/mm}^2)$$

$$\psi = 1.0 - 1.1 \frac{f_{tk}}{\sigma_{sk}\rho_{te}} = 1.0 - 1.1 \times \frac{1.78}{247.3 \times 3.47\%} = 0.772$$

平均裂缝间距 l_{cr} 按式(9-38)计算：

$$l_{cr} = \left(2.2c_s + 0.09\frac{d}{\rho_{te}}\right)\nu = \left(2.2 \times 35 + 0.09 \times \frac{18}{3.47\%}\right) \times 1.0 = 123.7\,(\text{mm})$$

由式(9-37)求得最大裂缝宽度：

$$w_{max} = \alpha_{cr}\psi\frac{\sigma_{sk} - \sigma_0}{E_s}l_{cr}$$

$$= 1.85 \times 0.772 \times \frac{247.3 - 0}{2.0 \times 10^5} \times 123.7 = 0.22\text{mm} < w_{lim} = 0.3(\text{mm})$$

裂缝宽度满足要求。

9.5 受弯构件变形验算

9.5.1 截面的弯矩-曲率关系和刚度

由材料力学可知，弹性匀质梁的挠度 α_f 可利用截面的弯矩-曲率（M-φ）关系 $\varphi = \frac{1}{\rho} = \frac{M}{EI}$ 确定，即用下式表示：

$$\alpha_f = S\frac{M}{EI}l_0^2 = S\varphi l_0^2 \tag{9-52}$$

式中，S——与荷载形式、支承条件有关的系数，例如，承受均布荷载的简支梁，$S = 5/48$；

M——跨中最大弯矩；

EI——截面抗弯刚度；

l_0——梁的计算跨度；

φ——截面曲率，即单位长度上的转角，$\varphi = \dfrac{M}{EI}$。

由 $EI = M/\varphi$ 可知，截面抗弯刚度的物理意义就是使截面产生单位转角所需施加的弯矩，它体现了截面抵抗弯曲变形的能力。图 9-15 为适筋梁从开始加载直到破坏时的 $M\text{-}\varphi$ 关系曲线和截面抗弯刚度的变化特征，图 9-16 为适筋梁纯弯段内裂缝分布及各截面的应变分布；图 9-17 为适筋梁纵向受拉钢筋的应力-应变曲线。对于弹性匀质梁，其截面抗弯刚度 EI 是一个常数，因此，截面上的弯矩 M 与曲率 φ 成正比关系，如图 9-15 中的虚线 OA 所示。但是，对于钢筋混凝土梁，由于混凝土是非弹性材料，以及在使用荷载作用下受拉区混凝土裂缝的开展，梁各截面的中和轴高度、受压区边缘混凝土的压应变和受拉钢筋的应变均沿构件长度方向而变化（图 9-16），因而其抗弯刚度不是常数，且随着荷载的增大而降低。

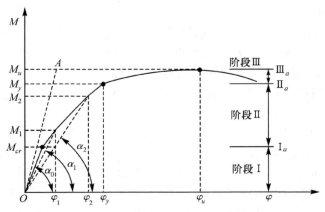

图 9-15　适筋梁的 $M\text{-}\varphi$ 关系曲线

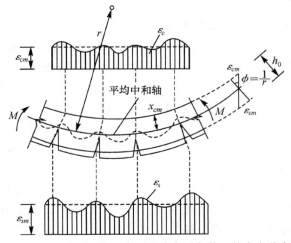

图 9-16　适筋梁纯弯段内裂缝分布及各截面的应变分布

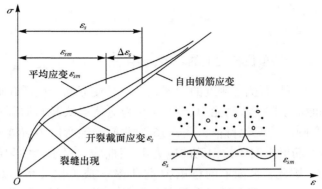

图 9-17　适筋梁纵向受拉钢筋的应力-应变曲线

1. 截面抗弯刚度随荷载大小的变化

由截面抗弯刚度的定义可知，M-φ 曲线上任一点与原点 O 的连线（见图 9-15），其倾角的正切 $\tan\alpha$ 就是相应的截面抗弯刚度。

由图 9-15 可以看出，钢筋混凝土适筋梁的变形及截面抗弯刚度具有下述特征：

（1）在混凝土开裂前（$M \leqslant M_{cr}$，第 Ⅰ 阶段），截面基本上处于弹性工作阶段。M-φ 曲线与直线 OA 几乎重合，因而截面抗弯刚度可视为常数；当接近开裂弯矩 M_{cr}（即进入第 Ⅰ 阶段末）时，由于受拉区混凝土塑性性能的发展，M-φ 曲线已开始偏离直线，逐渐向下弯曲，说明截面抗弯刚度已开始降低。

（2）出现裂缝（$M_{cr} < M < M_y$，即进入第 Ⅱ 阶段）后，M-φ 曲线上出现一个明显的转折点，φ 增长较快，截面抗弯刚度明显降低。这不仅是由于混凝土塑性性能的发展，使得混凝土的变形模量降低，而且还由于受拉区混凝土的开裂及裂缝的不断扩展，导致截面的抗弯刚度逐渐降低。正常使用阶段的挠度验算，主要是指这个阶段的挠度验算。

（3）钢筋屈服（$M \geqslant M_y$，即进入第 Ⅲ 阶段）后，M-φ 曲线上出现第二个转折点。由于受拉钢筋屈服和裂缝的进一步扩展以及受压区混凝土塑性性能的发展，M 增加很少，而 φ 剧增，截面抗弯刚度急剧降低。

2. 开裂阶段截面的应力分布及截面抗弯刚度沿梁长的变化

由图 9-16～图 9-17 可以看出，钢筋混凝土梁出现裂缝前后，即使在梁的纯弯段，各截面上受压区边缘混凝土的压应变和受拉钢筋的应变沿构件长度方向都是变化的。

（1）裂缝出现前，构件截面基本上处于弹性工作阶段，受压区混凝土的压应变 ε_c 及受拉钢筋的拉应变 ε_s 沿梁长基本上是均匀分布的。当加载到 M_{cr} 时，受拉区边缘混凝土的拉应力达到 f_{tk}（或其拉应变达到 ε_{tu}），在构件混凝土最薄弱的截面上将出现第一条裂缝。随着荷载的增大，受拉区裂缝将陆续出现，直到裂缝间距趋于稳定以后，裂缝在纯弯段内近乎等间距地分布，见图 9-16(b)。

（2）裂缝出现后，在裂缝截面处由于受拉区混凝土开裂而退出工作，绝大部分拉力由纵向受拉钢筋承担，导致钢筋应变明显增大；而在裂缝之间，由于钢筋与混凝土之间粘结应力 τ 的存在，钢筋将其应力逐渐传递给周围的混凝土，使混凝土参与受拉。距裂缝截面越远，通过 τ 的积累传递给混凝土的拉应力就越大，钢筋承担的拉应力就越小，故钢筋应

变 ε_s 沿梁长不是均匀分布的,而是呈波浪形变化(图 9-16(c))。裂缝截面处钢筋的应变 ε_s 大于裂缝之间钢筋的平均应变 ε_{sm}。

(3)随着 M 增大,各截面上钢筋的应力和应变也逐渐增大,但由于裂缝处钢筋与混凝土之间的粘结应力逐渐遭到破坏,使裂缝之间的钢筋平均应变 ε_{sm} 与裂缝截面处钢筋应变 ε_s 的差距逐渐减小。M 越大,ε_{sm} 就越接近于裂缝截面处钢筋的应变 ε_s(见图 9-17)。

裂缝间钢筋的应变是不均匀的,仍用裂缝间钢筋应变(或应力)不均匀系数 ψ(见式(9-33)),来反映受拉区混凝土参与受拉工作的程度。

(4)由于裂缝的影响,在纯弯段内,截面中和轴的位置沿梁长也呈波浪形变化(见图 9-16(b)),裂缝截面处的受压区高度 x_c 较小,裂缝之间的 x_c 较大,它的平均位置 x_{cm} 即是"平均中和轴",对应的截面称为"平均截面"。随 M 的增大,平均中和轴位置逐渐上升。

(5)受压区混凝土压应变 ε_c 的分布也是不均匀的,裂缝截面处的压应变较大,裂缝之间的压应变较小,但其波动幅度比钢筋拉应变的波动幅度要小(见图 9-16(a))。峰值压应变 ε_c 与平均压应变 ε_{cm} 相差不大,一般近似认为相等,即取 $\varepsilon_c \approx \varepsilon_{cm}$。

虽然就裂缝截面而言,截面应变已不再保持平面,但对于平均截面,直到钢筋屈服以前,实测的纯弯段内的平均应变沿截面高度的连线,大体上为一直线。因而可以认为,对于平均应变 ε_{cm} 和 ε_{sm} 而言,平截面假定仍然成立。

从图 9-16 还可以看出,即使纯弯段各个截面所承受的弯矩相同,但曲率及截面抗弯刚度也是变化的,裂缝截面处的小些,裂缝之间的大些。因此,变形验算时所采用的截面抗弯刚度是指构件一段长度范围内的平均截面抗弯刚度。

3. 荷载长期作用对截面抗弯刚度的影响

试验研究表明,钢筋混凝土受弯构件在荷载长期作用下,变形随时间而增大,截面抗弯刚度随时间而降低。其主要原因是受压区混凝土在荷载长期作用下的徐变使 ε_{cm} 增大。此外,混凝土的收缩、裂缝之间受拉区混凝土的徐变、受拉钢筋与混凝土间的粘结滑移徐变以及裂缝不断向上发展,均使截面曲率增大,刚度降低,导致受弯构件的变形随时间而增长。因此,凡是影响混凝土徐变和收缩的因素,如受压钢筋的配筋率、加载龄期、使用环境的温湿度等,都对荷载长期作用下的刚度降低和变形增长有影响。故在受弯构件的挠度验算中,应按标准组合并考虑荷载长期作用的影响进行验算。

4. 受弯构件挠度计算的原则

综上所述,钢筋混凝土受弯构件的刚度不是一个常数,而是随荷载与时间的增加而改变的。因此,对于钢筋混凝土受弯构件,就不能直接利用弹性匀质梁公式(9-52)中的 EI 来计算挠度,而需用钢筋混凝土受弯构件在一定范围内的平均截面抗弯刚度 B 来取代式(9-52)中的 EI,并且在计算抗弯刚度 B 时还应考虑荷载的长期作用对抗弯刚度降低的影响。确定抗弯刚度 B 以后,则可根据构件的抗弯刚度利用材料力学的公式来计算钢筋混凝土受弯构件的挠度,即

$$\alpha_f = S \frac{M l_0^2}{B} \tag{9-53}$$

不同国家的规范,对于钢筋混凝土受弯构件刚度 B 的计算方法有所不同。欧洲混凝土委员会和国际预应力混凝土协会 CEB-FIP 模式规范采用了在弹性刚度基础上进行折减

的方法，并考虑了混凝土的开裂和徐变及纵向受拉钢筋与受压钢筋的配筋率的影响[79]；美国 ACI 318-19 规范是采用有效惯性矩的方法[32]。我国规范 NB/T 11011—2022 则是采用在材料力学计算受弯构件的挠度公式基础上的简化方法，其要点是：先求出受弯构件的短期刚度 B_s；然后再按标准组合并考虑荷载长期作用的影响求出相应的刚度 B；将已求出的 B 代入式(9-53)求得梁的挠度 α_f，并验算 α_f 是否满足规范规定的挠度限值要求。

9.5.2 受弯构件的短期刚度 B_s

在正常使用荷载作用下，钢筋混凝土受弯构件的受力状态一般处于第 Ⅰ 或第 Ⅱ 阶段，故对于短期刚度 B_s 的计算公式，应按裂缝出现前后的 Ⅰ、Ⅱ 阶段分别建立。

1. 不出现裂缝构件的短期刚度 B_s

钢筋混凝土受弯构件在裂缝出现前基本上处于弹性工作阶段，截面并未削弱，截面惯性矩 I 不受影响，但由于受拉区混凝土塑性的影响，混凝土的实际弹性模量 E_c 略有降低。因此，只需将 EI 略加修正即可反映钢筋混凝土梁在第 Ⅰ 阶段的实际工作情况。规范 NB/T 11011—2022 规定，对于要求不出现裂缝的构件，其短期刚度 B_s 可按下式计算：

$$B_s = 0.85 E_c I_0 \tag{9-54}$$

式中，E_c——混凝土的弹性模量；

$\quad I_0$——换算截面对其重心轴的惯性矩；

$\quad 0.85$——考虑混凝土塑性影响的弹性模量降低系数。

2. 允许出现裂缝构件的短期刚度 B_s

对于允许出现裂缝的钢筋混凝土受弯构件，根据材料力学中弹性匀质梁建立刚度计算公式的思路以及平截面假定，由图 9-16(b)的截面应变分布图形及弯矩-曲率关系可推得短期刚度 B_s 的计算公式为

$$B_s = \frac{M_k}{\varphi} = \frac{M_k h_0}{\varepsilon_{sm} + \varepsilon_{cm}} \tag{9-55}$$

式中，M_k——按标准组合计算的弯矩值；

$\quad \varepsilon_{cm}$——受压区边缘混凝土的平均压应变；

$\quad \varepsilon_{sm}$——受拉钢筋重心处的平均拉应变。

由式(9-55)可知，只要已知 ε_{cm} 和 ε_{sm}，即可根据 M_k 求出 B_s。由于工程设计时直接确定 ε_{cm} 和 ε_{sm} 是很困难的，因此，我国现行规范以式(9-55)为基础[9-10]，给出了短期刚度 B_s 的计算公式。规范 GB 50010—2010(2015 年版)给出的刚度计算公式较全面地考虑了各种影响因素，推导较为严密，用该刚度计算的变形值与试验值符合较好，但计算较为繁琐。规范 NB/T 11011—2022 根据挠度试验数据，选取主要参数 $\alpha_E \rho = 0.02 \sim 0.15$ 和水工混凝土结构中常用的混凝土强度等级 C20～C55 以及 HRB400、HRB500 钢筋，经反算并线性化得到短期刚度 B_s 的简化计算公式，即

$$B_s = (k_1 + k_2 \alpha_E \rho) E_c b h_0^3 \tag{9-56}$$

对于矩形截面，经线性回归分析得：$k_1 = 0.019$，$k_2 = 0.29$，故有

$$B_s = (0.019 + 0.29 \alpha_E \rho) E_c b h_0^3 \tag{9-57}$$

对于 T 形、倒 T 形和 I 形截面，为与上式衔接，保留矩形截面 B_s 简化计算公式的项次，但考虑受拉、受压翼缘的影响系数，即

$$B_s = (0.019 + 0.29\alpha_E\rho)(1 + 0.55\gamma_f' + 0.12\gamma_f)E_cbh_0^3 \tag{9-58}$$

式中，α_E——钢筋与混凝土弹性模量之比，$\alpha_E = E_s/E_c$；

ρ——纵向受拉钢筋的配筋率，$\rho = \dfrac{A_s}{bh_0}$；

γ_f'——受压翼缘截面面积与腹板有效截面面积的比值，$\gamma_f' = \dfrac{(b_f' - b)h_f'}{bh_0}$，$b_f'$、$h_f'$ 分别为受压翼缘的截面宽度及高度，当 $h_f' > 0.2h_0$ 时，取 $h_f' = 0.2h_0$；

γ_f——受拉翼缘与腹板有效截面面积的比值，$\gamma_f = \dfrac{(b_f - b)h_f}{bh_0}$，$b_f$、$h_f$ 分别为受拉翼缘的截面宽度及高度。

9.5.3 受弯构件的刚度 B

在荷载的长期作用下，钢筋混凝土受弯构件的刚度随时间而降低，挠度随时间而增长。

荷载长期作用下受弯构件挠度的增长可用挠度增大系数 θ 来表示。θ 为荷载长期作用下挠度 α_{fl} 与荷载短期作用下挠度 α_{fs} 的比值，可根据试验结果确定。受压钢筋可约束受压区混凝土的徐变变形，减少荷载长期作用下的挠度增长。根据试验观测结果，荷载长期作用对挠度增大的影响系数 θ 值按下列规定采用：当 $\rho' = 0$ 时，可取 $\theta = 2.0$；当 $\rho' = \rho$ 时，可取 $\theta = 1.6$；当 ρ' 为中间数值时，θ 可按直线内插法取用，即

$$\theta = 2 - 0.4\frac{\rho'}{\rho} \geqslant 1.0 \tag{9-59}$$

式中，$\rho' = \dfrac{A_s'}{bh_0}$ 及 $\rho = \dfrac{A_s}{bh_0}$ 分别为纵向受压及受拉钢筋的配筋率。

原规范 DL/T 5057—1996 的长期刚度的计算式为：

$$B = \frac{M_s}{M_l(\theta - 1) + M_s}B_s \tag{9-60}$$

原规范 DL/T 5057—2009 对上式作了简化，即假定 $M_l/M_s = 0.4 \sim 0.7$（M_s、M_l 分别为荷载短期组合及长期组合下的弯矩），并以 $\theta = 1.6$、1.8、2，分别代入上式，可以得 $B = (0.59 \sim 0.81)B_s$；经综合分析，规范 DL/T 5057—2009 采用了 $B = 0.65B_s$ 的简化计算公式，而规范 NB/T 11011—2022 继续沿用了这一公式，即：

$$B = 0.65B_s \tag{9-61}$$

对于翼缘位于受拉区的 T 形或倒 T 形截面梁，由于受拉混凝土开裂退出工作，对截面的刚度影响较大，由 θ 值增加 20% 推得相应的刚度 B 为：

$$B = 0.5B_s \tag{9-62}$$

9.5.4　受弯构件的挠度验算

1. 挠度验算公式

钢筋混凝土受弯构件的刚度 B 确定以后，相应的挠度值即可按式(9-53)求得，且所求得的挠度计算值不应超过规范规定的挠度限值，即

$$\alpha_f \leqslant \alpha_{f,\,\text{lim}} \tag{9-63}$$

式中，α_f——按标准组合并考虑荷载长期作用影响的刚度 B 求得的挠度值；

$\alpha_{f,\,\text{lim}}$——受弯构件的挠度限值，见附录 4 附表 4-4。

受弯构件的刚度 B 可按式(9-61)或式(9-62)计算，上述公式中的 B_s，对于要求不出现裂缝的构件可按式(9-54)计算；对于允许出现裂缝的构件，可按式(9-57)或式(9-58)计算。

当挠度验算不满足式(9-63)的要求时，由式(9-57)或式(9-58)可知，增大截面尺寸、提高混凝土强度等级、增加配筋率及选用合理的截面形式(如 T 形或 I 形等)都可提高截面的抗弯刚度，但最为有效的措施是增大截面高度。

2. 最小刚度原则

钢筋混凝土梁的截面抗弯刚度沿梁长是变化的，图 9-18 为钢筋混凝土简支梁沿梁长的刚度和曲率的分布示意图，图 9-18(b)为梁的 B_s 变化示意图。靠近支座处 $M_k < M_{cr}$，截面未开裂，故其刚度较跨中截面($M_k > M_{cr}$)的刚度大很多，而跨中最大弯矩截面的刚度最小(用 $B_{s,\,\text{min}}$ 表示)。按照变刚度梁计算梁的挠度是十分复杂的，实用上为了简化计算，通常采用"最小刚度原则"，即在同号弯矩区段内取最大弯矩 M_{max} 截面的最小刚度 $B_{s,\,\text{min}}$ 作为该区段内的刚度，按照等刚度梁来计算挠度，如图 9-18(b)中虚线所示。

按"最小刚度原则"计算简支梁的挠度时，在支座附近，曲率的计算值 $\varphi = M/B_{s,\,\text{min}}$ 比实际值要偏大一些(图 9-18(c)中的阴影部分)。但由材料力学可知，近支座处的曲率对梁的挠度影响很小，这样简化所带来的误差不大，且挠度计算值是偏于安全的。另一方面，按上述方法计算挠度时，只考虑了弯曲变形的影响，未及考虑剪切变形的影响。对于跨高比较大的梁，剪切变形的影响很小，可以忽略；而对跨高比较小且未考虑斜裂缝出现的影响，将使挠度计算值又偏小。可以认为，上述使计算值偏大和偏小的影响大致可以互相抵消。因此，在钢筋混凝土梁的挠度计算中采取最小刚度原则是可行的，计算结果与试验结果吻合较好。

当构件上存在有正、负弯矩区段时，可分别取同号区段内 $|M_{\text{max}}|$ 截面处的最小刚度计算挠度，亦可近似取跨中截面和支座截面刚度的平均值。但当计算跨度内支座截面的刚度不大于跨中截面刚度的两倍或不小于跨中截面刚度的二分之一时，该跨也可按等刚度构件进行计算，其构件刚度可取跨中最大弯矩截面的刚度。

3. 不需作挠度验算的最小高跨比

根据工程经验，为了简化设计，有关设计手册中一般都列有不需作挠度验算的最小高跨比(参见表 9-1)，可供初步设计时确定构件的截面尺寸选用。

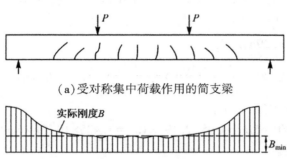

(a)受对称集中荷载作用的简支梁

(b)沿梁长的刚度分布及最小刚度

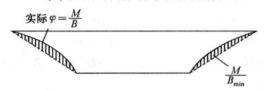

(c)支座附近的计算曲率与实际曲率

图 9-18 沿梁长的刚度和曲率的分布示意图

表 9-1   估算梁截面尺寸用的最小高跨比

序号	构 件 种 类		h/l
1	整体肋形梁	次梁	$1/15 \sim 1/20$
		主梁	$1/8 \sim 1/12$
2	矩形截面独立梁	简支梁	$\geqslant 1/12$
		连续梁	$\geqslant 1/15$
		悬臂梁	$\geqslant 1/6$
3	框架梁	现浇整体式框架梁	$1/10 \sim 1/12$
		装配整体式或装配式框架梁	$1/8 \sim 1/10$

例 9-5 某矩形截面简支梁，结构安全级别为 Ⅱ 级，$b \times h = 200\text{mm} \times 500\text{mm}$，采用 C25 混凝土，HRB400 钢筋，由正截面受弯承载力计算已配置纵向受拉钢筋 $3 \oplus 20$（$A_s = 942\text{mm}^2$），梁的计算跨度 $l_0 = 5.2\text{m}$，永久荷载标准值 $g_k = 8.2\text{kN/m}$，可变荷载标准值 $q_k = 16.3\text{kN/m}$。试验算梁的挠度是否满足要求。

解 （1）按标准组合计算跨中弯矩值。

$$M_k = \gamma_0 \frac{1}{8}(g_k + q_k) l_0^2$$

$$= 1.0 \times \frac{1}{8} \times (8.2 + 16.3) \times 5.2^2 = 82.81(\text{kN} \cdot \text{m})$$

（2）计算梁的抗弯刚度 B。

采用 C25 混凝土，$E_c = 2.80 \times 10^4 \text{N/mm}^2$，HRB400 钢筋，$E_s = 2.0 \times 10^5 \text{N/mm}^2$，取 $a = 40\text{mm}$，则短期刚度 B_s 由式(9-57)求得：

$$B_s = (0.019 + 0.29\alpha_E\rho)E_c bh_0^3$$

$$= \left(0.019 + 0.29 \times \frac{2.0 \times 10^5}{2.80 \times 10^4} \times \frac{942}{200 \times 460}\right) \times 2.80 \times 10^4 \times 200 \times 460^3$$

$$= 2.192 \times 10^{13}(\text{N/mm}^2)$$

$$B = 0.65B_s = 0.65 \times 2.192 \times 10^{13} = 1.425 \times 10^{13}(\text{N/mm}^2)$$

（3）验算梁的挠度。

查附录 4 中附表 4-4，挠度限值为 $\alpha_{f,\text{lim}} = l_0/200$

$$\alpha_f = \frac{5}{48}\frac{M_k l_0^2}{B} = \frac{5}{48} \times \frac{82.81 \times 10^6 \times 5200^2}{1.425 \times 10^{13}}$$

$$= 16.37(\text{mm}) < \alpha_{f,\text{lim}} = 5200/200 = 26(\text{mm})$$

故该梁挠度满足要求。

思考题与计算题

一、思考题

1. 影响水工混凝土结构构件耐久性的主要因素有哪些？如何提高构件的耐久性？

2. 水工混凝土结构正常使用极限状态设计时，哪些构件应进行抗裂验算？哪些构件应进行裂缝宽度验算？

3. 何谓截面的抗弯刚度？钢筋混凝土梁与弹性匀质梁的抗弯刚度有何异同？

4. 为什么说钢筋混凝土梁的刚度是变数？何谓最小刚度原则？

5. 在荷载的长期作用下，影响钢筋混凝土梁刚度降低的主要因素有哪些？

6. 钢筋混凝土受弯构件的抗裂验算是根据哪一应力阶段进行计算的？其应力计算图形是如何确定的？

7. 钢筋混凝土构件的抗裂验算满足要求以后，是否还要进行承载力计算？为什么？

8. 提高钢筋混凝土受弯构件的抗裂性能和刚度及减小裂缝宽度的有效措施有哪些？

9. 简述构件受力特征系数 α_{cr} 所考虑的主要影响因素。

二、计算题

1. 某水电站厂房楼盖中的矩形截面简支梁，结构安全级别为 Ⅱ 级，$b \times h = 200\text{mm} \times 500\text{mm}$，采用 C25 混凝土，纵筋已配 3 Φ 20，计算跨度 $l_0 = 5.6\text{m}$，永久荷载标准值 $g_k = 7\text{kN/m}$，可变荷载标准值 $p_k = 14\text{kN/m}$，试验算梁的挠度是否满足要求？

2. 承受均布荷载矩形截面简支梁，截面尺寸为 $b \times h = 250\text{mm} \times 650\text{mm}$，结构安全级别为 Ⅱ 级；计算跨度 $l_0 = 6\text{m}$；采用 C25 混凝土，HRB400 钢筋，按正截面受弯承载力计算，已配 4 Φ 20 纵筋；承受永久荷载标准值 $g_k = 18.5\text{kN/m}$（含自重），可变荷载标准值 $p_k = $

14kN/m；受弯构件的挠度限值 $\alpha_{f,\ lim} = l_0/200$。试验算该梁的挠度是否满足要求？

3. 某钢筋混凝土压力水管（2 级建筑物），内半径 $r = 1000$mm，管壁厚度 $h = 150$mm，采用 C25 混凝土，HRB400 钢筋，承受内水压力标准值 $p_k = 200$kN/m^2，试配置环向受力钢筋，并验算该水管是否满足抗裂要求？

4. 试写出矩形截面钢筋混凝土轴心受拉构件即将开裂和刚开裂时的钢筋应力 σ_{sk} 的计算公式。在 $b \times h = 200$mm×500mm 的前提下，HPB300 钢筋和 HRB400 在纵筋配筋率 ρ 是多少时，C30 混凝土一开裂，钢筋即达到屈服强度？

5. 某压力水管（2 级建筑物），管顶截面在内水压力和外部土压力的作用下，按标准组合求得单位宽度上的轴向拉力 $N_k = 105$kN，弯矩 $M_k = 10.5$kN · m；水管外径 $d = 1000$mm，管壁厚 $h = 200$mm；采用 C30 混凝土，HRB400 钢筋；经承载力计算环向受力钢筋已配 $A_s = 628$mm^2（$\Phi 10@125$），$A'_s = 314$mm^2（$\Phi 10@250$）。试验算该压力水管是否满足抗裂要求？

6. 试比较矩形、T 形、L 形和 I 形截面受弯构件的抗裂性能、刚度和裂缝宽度。已知条件如下：$\gamma_0 = 1.0$，$b \times h = 300$mm × 600mm，$b_f = b'_f = 2b = 600$mm，$h_f = h'_f = 0.16h = 96$mm，$a_s = 0.08h = 48$mm，$A_s = 942$mm^2（3Φ20），采用 C30 混凝土，HRB400 钢筋，$M_k = 70$kN · m；对应于标准组合 $\alpha_{ct} = 0.85$。

7. 某结构安全级别为 Ⅱ 级的矩形截面简支梁，截面尺寸为 $b \times h = 250$mm×600mm，计算跨度 $l_0 = 7.2$m，混凝土强度等级 C20，受力钢筋为 HRB400，承受均布荷载；永久荷载标准值 $g_k = 12$kN/m（已包括自重），可变荷载标准值 $p_k = 7.6$kN/m；环境条件为二类。试进行承载力计算，确定所需的纵向受拉钢筋截面积，并验算裂缝宽度是否满足要求？

8. 某闸上工作桥矩形梁，$b \times h = 200$mm×400mm，混凝土强度等级 C25，钢筋 HRB400，结构安全级别 Ⅱ 级，环境类别为二类，标准组合下的弯矩值为 $M_k = 38$kN · m，经计算已配置纵向受力钢筋 3 Φ 18（$A_s = 763$mm^2），试验算梁的裂缝开展宽度是否满足要求？

第 10 章　预应力混凝土构件计算

10.1　概述

10.1.1　预应力混凝土的基本原理

混凝土是一种抗压性能较好而抗拉性能甚差的结构材料，其抗拉强度仅为其抗压强度的 1/18~1/8，极限拉应变也仅为 $0.1×10^{-3}$~$0.15×10^{-3}$。钢筋混凝土受拉构件、受弯构件、大偏心受压构件等在受到各种作用时，都存在混凝土受拉区。在受拉区混凝土开裂之前，钢筋和混凝土是粘结在一起的，二者有相同的应变值，由此可以推算出构件即将开裂时钢筋的拉应力为 20~30N/mm²，仅相当于一般钢筋强度的 5%~10%。在使用荷载作用下，钢筋的拉应力是其强度的 50%~60%，相应的拉应变为 $0.6×10^{-3}$~$1.0×10^{-3}$，远远超过了混凝土的极限拉应变。因此，普通钢筋混凝土构件在使用阶段难免会产生裂缝。

虽然在一般情况下，只要裂缝宽度不致过大，并不影响构件的使用和耐久性。但是对于在使用上对裂缝宽度有严格限制或不允许出现裂缝的构件，普通钢筋混凝土就无法满足要求。

在普通钢筋混凝土结构中，常需将裂缝宽度限制在 0.2~0.3mm，以满足正常使用要求，此时钢筋的应力应控制在 150~200N/mm² 以下。因此，在普通钢筋混凝土结构中采用高强度钢筋是不合理的。

采用预应力混凝土结构是避免普通钢筋混凝土结构过早出现裂缝、减小正常使用荷载作用下的裂缝宽度、充分利用高强材料以适应现代建筑需要的最有效的方法。所谓预应力混凝土结构，就是在外荷载作用之前，先对荷载作用下受拉区的混凝土施加预压应力，这一预压应力能抵消外荷载所引起的大部分或全部拉应力。这样，在外荷载作用下，裂缝就能延缓或不致发生，即使发生了，其宽度也不致过大。

预应力混凝土结构的基本原理可用图 10-1 来说明。在外荷载 Q 作用下，梁的下边缘将产生拉应力 σ_{ct}，如图 10-1(b)所示。如果在 Q 作用之前先给梁施加一偏心压力 N_p，使梁的下边缘产生如图 10-1(a)所示的预压应力 σ_{pc}，则在荷载作用后，截面上的应力分布即为两者的叠加，如图 10-1(c)所示。如果 $\sigma_{ct} < \sigma_{pc}$，则截面下边缘仍处于受压状态；如果 $\sigma_{ct} = \sigma_{pc}$，截面下边缘的应力为零；如果 $\sigma_{ct} > \sigma_{pc}$，即 $\sigma_{ct} - \sigma_{pc} > 0$，截面下边缘产生拉应力 ($\sigma_{ct} - \sigma_{pc}$)，当该拉应力不超过混凝土的抗拉能力时，截面不会开裂，若拉应力超过混凝土的抗拉能力时，截面将开裂。

为了改善结构或构件的受力性能而在使用之前施加预应力的原理不仅广泛地应用于钢

筋混凝土结构，而且已应用于钢结构、砌体结构等其他工程结构中。

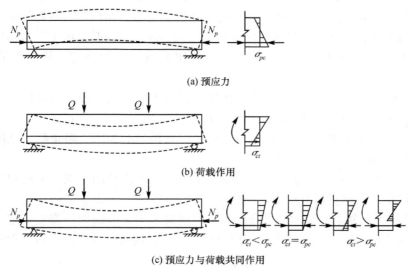

(a) 预应力

(b) 荷载作用

(c) 预应力与荷载共同作用

图 10-1 预应力混凝土梁基本原理示意图

10.1.2 预应力混凝土构件分类

由图 10-1 的例子可以看出，通过调整预压应力 σ_{pc} 的大小，可使荷载作用下梁的下边缘处于受压状态或受拉状态。根据截面应力状态可将预应力混凝土分为以下几种类型：

1. 全预应力混凝土

按标准组合计算时，构件受拉边缘混凝土不产生拉应力。大致相当于规范 NB/T 11011—2022[10] 中裂缝控制等级为一级——严格要求不出现裂缝的构件。

2. 有限预应力混凝土

按标准组合计算时，构件受拉边缘混凝土允许产生拉应力，但拉应力不应超过以混凝土拉应力限制系数 α_{ct} 控制的应力值。大致相当于规范 NB/T 11011—2022 中裂缝控制等级为二级——一般要求不出现裂缝的构件。

3. 部分预应力混凝土

允许出现裂缝，但按标准组合并考虑长期作用的影响计算时，构件的最大裂缝宽度计算值不应超过最大裂缝宽度限值。大致相当于规范 NB/T 11011—2022 中裂缝控制等级为三级——允许出现裂缝的构件。

对预应力混凝土的分类方法和部分预应力混凝土的定义，目前尚无统一的意见。有人认为，有限预应力混凝土也应归入部分预应力混凝土。

10.1.3 预应力混凝土的特点

与普通钢筋混凝土构件相比，预应力混凝土构件具有以下特点：

(1)抗裂性好。施加预应力后，可使构件在使用荷载作用下不出现裂缝或大大地推迟裂缝出现和减小裂缝的开展宽度。

(2)耐久性好、刚度大、变形小。预应力可使构件在使用荷载作用下不出现裂缝,可以使钢筋免受有害介质的侵蚀,提高构件的耐久性。也不会出现像普通钢筋混凝土构件那样,一旦裂缝出现,刚度迅速降低、变形明显增大的现象。同时,由于受弯构件在施加预应力时会产生一定的反拱,可以抵消一部分使用荷载产生的挠度,使构件的变形明显减小。

(3)可以充分利用高强度材料。采用预应力混凝土,可以合理、有效地利用高强钢筋和高强度混凝土,从而节省材料,减轻结构自重。

(4)提高构件的抗剪能力。纵向预应力钢筋起着锚栓的作用,阻止斜裂缝的出现与开展,有利于提高构件的抗剪承载力。

(5)提高构件的抗疲劳性能。预应力混凝土构件在正常使用阶段,钢筋和混凝土的应力变化幅度较小,在重复荷载作用下的抗疲劳性能好。

(6)设计施工较复杂,技术要求高。预应力混凝土构件的制作,需要一定的机械设备和较高的技术条件,施工工序较多。预应力混凝土构件的设计计算也比普通钢筋混凝土构件要复杂一些。

10.1.4 预应力混凝土构件的计算内容

对预应力混凝土构件,应分别进行使用阶段和施工制作阶段的设计计算。

1. 使用阶段

(1)承载力计算。对轴心受拉构件,应进行正截面承载力计算;对受弯构件,应进行正截面承载力和斜截面承载力计算。

(2)裂缝控制验算。根据结构的使用要求和环境条件,对于使用阶段不允许出现裂缝的构件,应进行抗裂验算;对于使用阶段允许出现裂缝的构件,应进行裂缝开展宽度验算。

(3)变形验算。对预应力混凝土受弯构件,还须进行变形(挠度)验算。由于预应力混凝土构件在正常使用荷载作用下不出现裂缝或较迟出现裂缝且裂缝宽度较小,其截面刚度比同条件的普通钢筋混凝土构件的截面刚度大,而且施加预应力时会产生反拱,因此,构件的变形一般能满足要求。当有可靠经验时,可不进行变形验算。

根据现行国家标准《水利水电工程结构可靠性设计统一标准》(GB 50199—2013)[22]和《工程结构可靠性设计统一标准》(GB 50153—2008)[21]的有关规定,当进行预应力混凝土构件承载能力极限状态及正常使用极限状态的作用组合时,需计算预应力作用效应并参与组合。对后张法预应力混凝土超静定结构,预应力作用效应为综合内力 M_r、V_r、N_r,这些内力包括预应力产生的次弯矩、次剪力和次轴力。对于承载能力极限状态,当预应力效应对结构有利时,预应力分项系数应取为 $\gamma_G = 0.95$,对结构不利时(如后张法预应力混凝土构件锚头局压区的张拉控制力等),预应力分项系数应取为 $\gamma_G = 1.10$。对于正常使用极限状态,预应力分项系数应取为 1.0。

对于承载能力极限状态,当预应力作用效应列为公式左端项参与作用组合时,由于预应力筋的数量和设计参数已由裂缝控制等级的要求确定,且总体上是有利的,根据工程经验，对于参与组合的预应力作用效应项，当预应力作用效应对承载力有利时，结构重要性系数应取 $\gamma_0 = 1.0$；当预应力效应对承载力不利时(如局部受压承载力计算、框架梁端预应力筋偏心弯矩在柱中产生的次弯矩等)，结构重要性系数 γ_0 应按表 3-6 确定。

2. 施工制作阶段

按具体情况对制作、运输、吊装等施工阶段进行承载力、抗裂和裂缝宽度验算。施工阶段验算时，设计状况系数 ψ 可取为 0.95。

10.1.5 预应力混凝土的应用

最早提出对钢筋混凝土施加预压应力概念的是 1888 年德国工程师道伦(W. Doehring)，但因当时材料强度太低而未获得实际结果。直至 1928 年，法国工程师弗奈西涅(E. Freyssinet)利用高强钢丝和高强度等级混凝土并施加较高的预应力(大于 400N/mm^2)来制造预应力构件获得成功，预应力混凝土结构才真正开始应用到工程中。

在过去，预应力混凝土主要用于建造单层和多层房屋、电线杆、桩、油罐、公路和铁路桥梁、轨枕、压力管道、水塔、水池及水工建筑物等方面。随着预应力技术和材料的发展，现在它已扩大到高层建筑、地下建筑、压力容器、海洋结构、电视塔、飞机跑道、大吨位船舶、风电塔架和基础、核反应堆的保护壳等诸多领域。

10.2 预应力施工方法和预应力混凝土的材料

10.2.1 施加预应力的方法

在构件上建立预应力，一般是通过张拉钢筋来实现的。也就是将钢筋张拉并锚固在混凝土上，然后放松，由于钢筋的弹性回缩，使混凝土受到压应力。按照张拉钢筋和浇捣混凝土的先后次序，施加预应力的方法可分为先张法和后张法两种。

1. 先张法

先张法是在浇捣混凝土之前张拉预应力钢筋的方法。其工序是：

(1)张拉和锚固钢筋。在台座(或钢模)上张拉钢筋，并锚固好，如图 10-2(a)、(b)所示。

(2)浇捣混凝土。支模、绑扎为满足某些要求而设置的非预应力钢筋，浇捣混凝土，如图 10-2(c)所示。

(3)放松钢筋。混凝土养护达到规定强度后，切断或放松预应力钢筋，钢筋在回缩时挤压混凝土，使混凝土获得预压应力，见图 10-2(d)。

在先张法预应力混凝土构件中，预应力是通过钢筋与混凝土之间的粘结力来传递的。

先张法构件要有专门的张拉台座，适用于专门的预制构件厂生产大批量的构件，如房屋的檩条，槽型板，T 型板，空心或实心楼板；码头的梁、板、桩；水利工程中的中小型薄壳渡槽等。先张法的生产工序少，工艺简单，质量容易保证。先张法可以用长线台座成批生产，多个构件的预应力钢筋一次张拉，生产效率高。先张法构件常用于直线配筋。因台座的承载力有限，施加的预应力较小，同时也为了方便运输，一般只用于中小型构件。

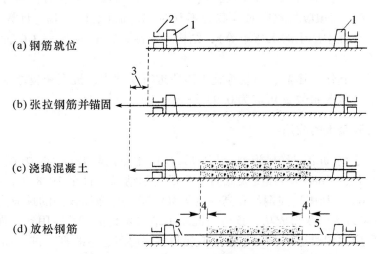

1—台座；2—横梁；3—钢筋伸长；4—混凝土压缩；5—切断（放松）钢筋

图 10-2　先张法主要工序示意图

2. 后张法

后张法是在结硬后的混凝土上张拉钢筋的方法，其工序是：

(1)浇捣混凝土。立模，绑扎非预应力钢筋，浇捣混凝土，并在预应力钢筋位置预留孔洞，如图 10-3(a)所示。

(2)张拉钢筋。待混凝土达到设计规定的强度后，将预应力钢筋穿入孔道，安装张拉和锚固设备，利用构件本身作为加力台座张拉预应力钢筋。在张拉钢筋的同时，使混凝土受到预压。当预应力钢筋的张拉应力达到设计值后，在张拉端用锚具将钢筋固定，使混凝土保持预压状态，如图 10-3(a)、(b)、(c)所示。

(3)孔道灌浆。最后在孔道内灌浆，使预应力钢筋与混凝土形成有粘结的预应力构件，如图 10-3(d)所示。也可以不灌浆，形成无粘结的预应力混凝土构件。

在后张法预应力混凝土构件中，预应力是靠构件两端的锚具来传递的。

后张法不需要专门的台座，可在现场制作，因此多用于大型构件。后张法的预应力钢筋可根据构件受力情况布置成直线或曲线形。在后张法施工中，增加了留孔、灌浆等工序，施工比较复杂。所用的锚具要附在构件内，耗钢量较大。

张拉钢筋一般采用卷扬机、千斤顶等机械张拉。也有采用电热法的，即将钢筋两端接上电源，使其受热而伸长，达到预定长度后将钢筋锚固在构件或台座上，然后切断电源，利用钢筋冷却回缩，对混凝土建立预压应力。电热法所需设备简单，操作也方便，但张拉的准确性不易控制，耗电量大，特别是形成的预压应力较低，故没有像机械张拉那样广泛应用。此外，也有采用自张法来施加预应力的，称为自应力混凝土。这种混凝土采用膨胀水泥浇捣，在硬化过程中，混凝土自身膨胀伸长，与其粘结在一起的钢筋阻止膨胀，就使混凝土受到预压应力。自应力混凝土多用来制造压力管道等。

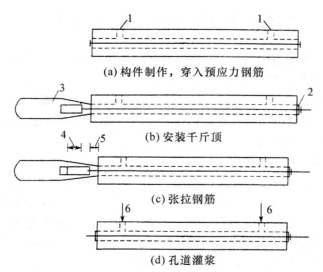

(a) 构件制作, 穿入预应力钢筋

(b) 安装千斤顶

(c) 张拉钢筋

(d) 孔道灌浆

1—灌浆孔; 2—固定端锚具; 3—张拉千斤顶; 4—钢筋伸长; 5—混凝土压缩; 6—灌浆

图 10-3 后张法主要工序示意图

施加预应力时, 混凝土立方体抗压强度应经计算确定, 但不宜低于混凝土设计强度等级的 75%。当张拉预应力筋是为防止混凝土早期出现收缩裂缝时, 可不受上述限制, 但应符合局部受压承载力的规定。

10.2.2 预应力混凝土的材料

1. 混凝土

预应力混凝土结构构件所用的混凝土应满足下列要求:

(1) 强度高。高强度混凝土与高强度预应力钢筋相配合, 可保证钢筋充分发挥作用, 并能有效地减小构件截面尺寸和减轻自重。对先张法构件, 采用高强度等级的混凝土可以增大钢筋与混凝土的粘结强度。对后张法构件, 采用高强度等级混凝土可提高构件端部的承压能力。

预应力混凝土结构构件的混凝土强度等级不宜低于 C40, 且不得低于 C30。

(2) 收缩、徐变小。以便减小因混凝土收缩、徐变引起的预应力损失。

(3) 快硬、早强。以便能尽早施加预应力, 提高设备利用率, 加快施工进度。

混凝土强度标准值和设计值见附录 1 中附表 1-1 和附表 1-2。

2. 预应力钢筋

1) 预应力钢筋需满足的要求

① 强度高。预应力钢筋在施工阶段张拉时就产生了很大的拉应力, 这样才能使混凝土获得所需的预压应力。在使用荷载作用下, 预应力钢筋的拉应力还会继续增大, 这就要求钢筋具有较高的强度。

② 具有一定的塑性。钢材的强度越高, 其塑性就越低。钢筋塑性太低时, 特别当处于低温和冲击荷载条件下, 构件有可能发生脆性断裂。中强度预应力钢丝的最大力总延伸率

应不小于 4%，消除应力钢丝、钢绞线、预应力螺纹钢筋的最大力总延伸率应不小于 4.5%。

③良好的加工性能。预应力钢筋要求有良好的焊接性能。如果采用镦头锚具时，要求钢筋头部"镦粗"后不影响原有的物理力学性能。

④良好的粘结性能。先张法构件的预应力是通过钢筋和混凝土之间的粘结力来传递的，钢筋和混凝土之间必须要有较高的粘结强度。当采用光面高强钢丝时，表面应经"刻痕""压波"或"扭结"等方法处理，以增加粘结强度。

2）我国常用的预应力钢筋种类

①预应力螺纹钢筋。也称精轧螺纹钢筋，是一种热轧成整根钢筋表面带有不连续的外螺纹的直条钢筋，在钢筋的任意截面处，均可用带有匹配形状的内螺纹的连接器或锚具进行连接或锚固，避免了焊接。钢筋直径 18~50mm，极限强度标准值 980~1330N/mm^2。

②中强度预应力钢丝。按表面形状分为螺旋肋钢丝和刻痕钢丝两类。钢丝直径有 5mm、7mm、9mm 等，极限强度标准值 800~1270N/mm^2。

③消除应力钢丝。这是在塑性变形下（轴应变）进行短时热处理，或通过冷拔矫直工序后在适当的温度下进行短时热处理的钢丝。钢丝经热处理后，可消除钢丝中的残余应力，提高钢丝的比例极限、屈强比和弹性模量，并改善塑性。按表面形状分为光面钢丝、螺旋肋钢丝等，按应力松弛性能又分为低松弛和普通松弛两种。钢丝直径有 5mm、7mm、9mm 等，极限强度标准值 1470~1860N/mm^2。

当所需钢丝的根数很多时，常将钢丝成束布置。把多根钢丝按一定规律平行排列，用铁丝捆扎在一起，称为一束。钢丝束可按图 10-4 所示的方式排列。

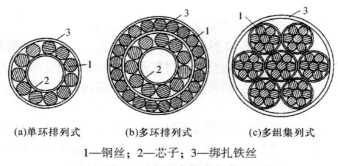

(a)单环排列式　　(b)多环排列式　　(c)多组集列式

1—钢丝；2—芯子；3—绑扎铁丝

图 10-4　钢丝束排列方式

④钢绞线。把多根（股）相互平行的光圆钢丝或刻痕钢丝按一个方向捻制（左捻或右捻）在一起而成，有 3 股、7 股、19 股，横截面见图 10-5。公称直径（外接圆直径）5~28.6mm，极限强度标准值 1470~1960N/mm^2。钢绞线与混凝土粘结性好，应力松弛小，而且比钢丝或钢丝束柔软，便于运输和施工。

预应力钢筋及钢丝的强度标准值和强度设计值见附录 1 附表 1-5 和附表 1-7。

3. 灌浆材料

后张法预应力混凝土构件一般用纯水泥浆灌孔，水泥浆强度等级不低于 M20，水灰比宜为 0.40~0.45，为减小收缩，宜掺入适量的膨胀剂。

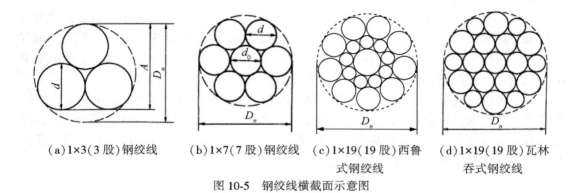

（a）1×3（3 股）钢绞线　　（b）1×7（7 股）钢绞线　　（c）1×19（19 股）西鲁　　（d）1×19（19 股）瓦林
式钢绞线　　吞式钢绞线

图 10-5　钢绞线横截面示意图

10.2.3　锚具和夹具

锚具和夹具是在制作预应力混凝土构件时张拉和锚固预应力钢筋的工具。这类工具主要依靠摩阻、握裹和承压来固定预应力钢筋。一般把构件制成后能够取下来重复使用的称为夹具；留在构件上不再取下的称为锚具。有时为简便起见，也将锚具和夹具统称为锚具。

锚具和夹具首先应具有足够的强度和刚度，以保证构件的安全可靠；其次应使预应力钢筋尽可能不产生滑移，以减少预应力损失；此外还应构造简单，使用方便，节省钢材。

常用的预应力钢筋有单根钢筋、钢丝束、钢绞线（束）等几种。

单根钢筋的锚具：有在单根预应力粗钢筋的端部焊接一短段螺丝端杆，套上螺帽和垫板组成的螺丝端杆锚具；与预应力螺纹钢筋匹配的连接器等。

钢丝束的锚具：有由锚环和带齿的锚塞组成的锥形锚具；由被镦粗的钢丝头、锚环和螺帽组成的镦头锚具；由锚环和夹片组成的夹具式锚具等。可用于锚固多根平行钢丝束。

钢绞线束的锚具：有锥形锚具、夹具式锚具等。可锚固单根或多根平行的钢绞线（锚固多根钢绞线时又称为群锚）。夹具式锚具有 QM 型、XM 型、OVM 型等，其特点是每根钢绞线均分开锚固，由一组按 120° 均分的楔形夹片（三片）夹紧，各自独立地放置在锚板的一个锥形孔内。

此外，还有许多其他类型的锚具和夹具。虽然它们的形式多种多样，但其工作原理仍然是依靠螺丝扣的剪切作用、夹片的挤压与摩擦作用、镦头的局部承压作用，最终都需要带动锚头（锚环、锚板、螺帽等）挤压构件或台座。

10.3　张拉控制应力和预应力损失

10.3.1　张拉控制应力

预应力钢筋的张拉控制应力是指张拉钢筋时，张拉设备（如千斤顶、卷扬机等）上的测力计所指示的张拉力除以预应力钢筋的截面面积得出的应力值，用σ_{con}表示。它也是预应力钢筋允许达到的最大应力值。

如果张拉控制应力取值太低，在产生各种预应力损失后，预应力钢筋的有效预应力值就较低，对混凝土的有效预压应力也较低，达不到预期的效果。因此，规范 NB/T 11011—2022 规定：消除应力钢丝、钢绞线、中强度预应力钢丝的张拉控制应力不应小于$0.4f_{ptk}$；预应力螺纹钢筋的张拉控制应力不宜小于$0.5f_{pyk}$。

如果张拉控制应力取值过高，在张拉时（特别是为减小预应力损失而采用超张拉时），有可能使个别钢筋的应力超过它的实际屈服强度而产生塑性变形甚至断裂；或使构件的开裂荷载接近破坏荷载，构件破坏前没有明显的预兆。故规范 NB/T 11011—2022 规定张拉控制应力不宜超过表 10-1 规定的数值。

表 10-1　　　　　　　　　　　　　张拉控制应力限值$[\sigma_{con}]$

项次	钢筋种类	张拉控制应力
1	消除应力钢丝、钢绞线	$0.75f_{ptk}$
2	预应力螺纹钢筋	$0.85f_{pyk}$
3	中强度预应力钢丝	$0.70f_{ptk}$

预应力钢筋张拉时仅涉及材料本身，而与构件设计无关，故$[\sigma_{con}]$可以不受钢筋强度设计值的限制，而只与强度标准值有关。

在符合下列情况之一时，表 10-1 中的$[\sigma_{con}]$可以提高$0.05f_{ptk}$或$0.05f_{pyk}$：

（1）为了提高构件在施工阶段的抗裂性能而在使用阶段受压区内设置的预应力钢筋；

（2）为了部分抵消由于应力松弛、摩擦、钢筋分批张拉以及预应力钢筋与张拉台座之间的温差等因素而产生的预应力损失。

10.3.2　预应力损失

预应力钢筋在张拉时所建立的预应力，在构件的施工及使用过程中会不断降低，这种现象称为预应力损失。引起预应力损失的因素很多，主要有张拉端锚具变形和钢筋内缩、预应力钢筋与孔道壁之间的摩擦、混凝土加热养护时被张拉的钢筋与承受拉力的设备之间的温差、钢筋应力松弛、混凝土收缩与徐变、混凝土的局部挤压等。有些因素还相互影响、相互依存，因此，精确计算和确定预应力损失是一项非常复杂的工作。工程设计中为简化起见，将各个主要因素单独产生的预应力损失进行叠加（组合）来作为总预应力损失。

1. 张拉端锚具变形和钢筋内缩引起的预应力损失σ_{l1}

无论是先张法还是后张法施工，当钢筋张拉到σ_{con}后锚固在台座或构件上时，由于卸去张拉设备后钢筋的弹性回缩会使锚具、垫板与构件之间的缝隙被挤紧，或由于钢筋和楔块在锚具内产生滑移，使得原来被拉紧的预应力钢筋会松动回缩，应力也会有所降低。由此造成的预应力损失称为σ_{l1}。

直线预应力钢筋的σ_{l1}可按下式计算：

$$\sigma_{l1} = \frac{aE_s}{l} \tag{10-1}$$

式中，a——张拉端锚具变形和预应力钢筋内缩值，mm，按表10-2取用；

l——张拉端至锚固端（固定端）的距离，mm；

E_s——预应力钢筋的弹性模量，N/mm²。

由于锚固端的锚具在张拉预应力钢筋的过程中已被挤紧，故式(10-1)中的 a 值只考虑张拉端。对于块体拼装而成的结构，预应力损失尚应考虑块体间填缝的预压变形。当填缝材料为混凝土或砂浆时，每条填缝的预压变形值可取为1mm。

表10-2   **锚具变形和预应力钢筋内缩值 a**   （单位：mm）

锚 具 类 别		a
支承式锚具（钢丝束镦头锚具等）	螺帽缝隙	1
	每块后加垫板的缝隙	1
夹片式锚具	有顶压时	5
	无顶压时	6~8

注：表中的锚具变形和钢筋内缩值也可根据实测数据确定；其他类型的锚具变形和钢筋内缩值应根据实测数据确定。

对采用曲线预应力钢筋的后张法构件，当锚具变形、钢筋内缩时，将产生反向摩擦。由于反向摩擦的影响，使 σ_{l1} 在构件张拉端最大，随着与张拉端距离的增大而逐渐减小，直至消失。此时 σ_{l1} 应根据曲线预应力钢筋与孔道壁之间反向摩擦影响长度 l_f 范围内的钢筋变形值等于锚具变形和钢筋内缩值的条件（变形协调原理）确定[91]。当预应力钢筋为圆弧形曲线（抛物线形预应力钢筋可近似按圆弧形考虑），且其对应的圆心角 θ 不大于 45°时（见图10-6），预应力损失 σ_{l1} 和反向摩擦影响长度 l_f(m) 可按下列公式计算：

$$\sigma_{l1} = 2\sigma_{con}l_f\left(\frac{\mu}{r_c} + k\right)\left(1 - \frac{x}{l_f}\right) \tag{10-2}$$

$$l_f = \sqrt{\frac{aE_s}{1000\sigma_{con}\left(\frac{\mu}{r_c} + k\right)}} \tag{10-3}$$

式中，r_c——圆弧形曲线预应力钢筋的曲率半径，m；

μ——预应力钢筋与孔道壁之间的摩擦系数，按表10-3采用；

k——考虑孔道每米长度局部偏差的摩擦系数，按表10-3采用；

x——张拉端端部至计算截面的距离，m，$x \leq l_f$；

a——张拉端锚具变形和预应力筋内缩值，mm，按表10-2采用；

E_s——预应力筋弹性模量，N/mm²。

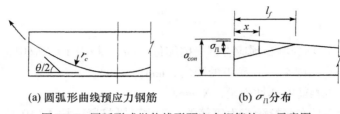

(a) 圆弧形曲线预应力钢筋　　　　(b) σ_{l1} 分布

图 10-6　圆弧形或抛物线形预应力钢筋的 σ_{l1} 示意图

表 10-3 **摩擦系数 k 和 μ 值**

孔道成型方式	k	μ	
		钢绞线、钢丝束	预应力螺纹钢筋
预埋金属波纹管	0.0015	0.25	0.50
预埋塑料波纹管	0.0015	0.15	—
预埋钢管	0.0010	0.30	—
抽芯成型	0.0014	0.55	0.60

注：表中系数也可根据实测数据确定。

采取以下措施可减小由锚具变形和钢筋内缩而引起的预应力损失 σ_{l1}：

(1)选择变形小或使预应力钢筋内缩小的锚具、夹具；

(2)尽量少用垫板，因为每增加一块垫板，a 值就要增加 1mm；

(3)增加台座长度，对成批生产的构件，采用长台座一次生产多个，不仅能提高生产效率，而且由于 l 增大而使 σ_{l1} 减小。当台座长度在 100m 以上时，σ_{l1} 可忽略不计。

2. 预应力钢筋与孔道壁之间的摩擦引起的预应力损失 σ_{l2}

后张法构件在张拉预应力钢筋时，由于钢筋与孔道壁的摩擦作用，使从张拉端到锚固端钢筋的实际拉应力值逐渐减小，即产生预应力损失 σ_{l2}。直线配筋时，σ_{l2} 是由于孔道不直、孔道尺寸偏差、孔壁粗糙、钢筋不直(如对焊接头偏心、弯折等)、预应力钢筋表面粗糙等原因，使钢筋在张拉时与孔壁接触而产生的摩擦阻力；曲线配筋时除上述原因引起的摩擦阻力外，还包括由预应力钢筋对孔道壁的径向压力引起的摩擦阻力。σ_{l2} 可按下列公式计算：

$$\sigma_{l2} = \sigma_{con}\left(1 - \frac{1}{e^{kx+\mu\theta}}\right) \tag{10-4}$$

式中，x——计算截面至张拉端的孔道长度，m。可近似取该段孔道在纵轴上的投影长度。

θ——从张拉端至计算截面曲线孔道部分切线的夹角，rad，如图 10-7 所示。

μ、k 的取值见表 10-3。

当 $(\mu\theta+kx)$ 不大于 0.3 时，σ_{l2} 可近似按下式计算：

$$\sigma_{l2} = (\mu\theta + kx)\sigma_{con} \tag{10-5}$$

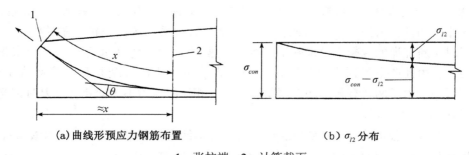

(a) 曲线形预应力钢筋布置   (b) σ_{l2} 分布

1—张拉端；2—计算截面

图 10-7 曲线配筋摩擦损失示意图

在式(10-4)中，对于按抛物线、圆弧曲线变化的空间曲线及可分段后叠加的广义空间曲线，夹角之和 θ 可按下列公式计算：

① 抛物线、圆弧曲线：

$$\theta = \sqrt{\alpha_v^2 + \alpha_h^2} \tag{10-6}$$

② 广义空间曲线：

$$\theta = \sum \sqrt{\Delta\alpha_v^2 + \Delta\alpha_h^2} \tag{10-7}$$

式中，α_v、α_h——按抛物线、圆弧曲线变化的空间曲线预应力筋在竖直向、水平向投影所形成抛物线、圆弧曲线的弯转角，rad；

$\Delta\alpha_v$、$\Delta\alpha_h$——广义空间曲线预应力筋在竖直向、水平向投影所形成分段曲线的弯转角增量，rad。

采用以下措施可以减小摩擦损失 σ_{l2}：

（1）两端张拉。比较图 10-8(a)、(b)可知，两端张拉可使摩擦损失减小一半，但此时增加了张拉工作量，且使锚具变形和钢筋内缩损失增大。一般当构件长度超过 18m 或较长构件曲线配筋时可采用两端张拉工艺。

（2）超张拉。其张拉程序为：

$0 \rightarrow 1.1\sigma_{con}$（持荷 2min）$\rightarrow 0.85\sigma_{con}$（持荷 2min）$\rightarrow \sigma_{con}$。

如图 10-8(c)所示，当超张拉 10% 时(A 点到 E 点)，钢筋中的拉应力沿 EHD 分布；当张拉端应力降低到 $0.85\sigma_{con}$ 时(由 E 点到 F 点)，由于钢筋与孔壁产生反向摩擦，钢筋应力将沿 FGHD 分布；再加载使拉应力达到 σ_{con} 时(F 点到 C 点)，钢筋应力沿 CGHD 分布，比一次张拉至 σ_{con} 时建立的预拉应力（图中虚线 CGH'D'）更均匀，预应力损失要小一些。

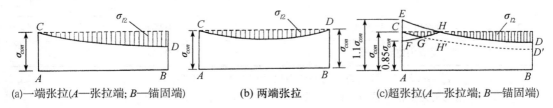

(a)一端张拉(A—张拉端；B—锚固端)　　(b) 两端张拉　　(c)超张拉(A—张拉端；B—锚固端)

图 10-8 一端张拉、两端张拉及超张拉时曲线预应力钢筋的应力分布

3. 混凝土加热养护时，被张拉的钢筋与承受拉力的设备之间温差引起的预应力损失 σ_{l3}

对先张法构件，为缩短生产周期，浇灌混凝土后常采用蒸汽养护以加速混凝土的硬结。升温时，新浇灌的混凝土尚未硬结，钢筋受热伸长，而台座长度不变，使原来张紧的钢筋松弛了，由此产生了预应力损失 σ_{l3}。降温时，混凝土已硬结并和钢筋粘结成整体，能够一起回缩，由于两者有相近的温度膨胀系数，相应的应力不再变化，升温时钢筋的预应力损失 σ_{l3} 不能再恢复。

取钢筋的线膨胀系数 $\alpha = 0.00001/℃$，预应力钢筋弹性模量 $E_p = 2.0 \times 10^5 \mathrm{N/mm^2}$，当预应力钢筋与台座之间的温差为 Δt 时，$\sigma_{l3}(\mathrm{N/mm^2})$ 可按下式计算：

$$\sigma_{l3} = \varepsilon_p E_p = \frac{\Delta l}{l} E_p = \frac{\alpha l \Delta t}{l} E_p = \alpha E_p \Delta t = 0.00001 \times 2 \times 10^5 \times \Delta t = 2\Delta t \qquad (10\text{-}8)$$

σ_{l3} 仅在只对构件采用蒸汽加热养护的先张法构件中存在。如果采用钢模制作构件，并将钢模与构件一起放入蒸汽室养护，则不会产生该项预应力损失。

为了减小温差引起的预应力损失，可采用二次升温养护方法。先在常温或略高于常温下养护，待混凝土达到一定强度等级后，再逐渐升温至规定的养护温度。这时可认为钢筋与混凝土已结成整体，能够一起胀缩而不引起预应力损失。

4. 预应力钢筋应力松弛引起的预应力损失 σ_{l4}

钢筋在高应力作用下，其塑性变形具有随时间而增长的性质，当钢筋长度保持不变时，其应力会随时间的增加而降低，这种现象称为钢筋的应力松弛。钢筋应力松弛使预应力值降低，产生预应力损失 σ_{l4}。

钢筋应力松弛引起的预应力损失与钢筋种类、钢筋极限强度、初始应力、时间（24h 可达 80%，1000h 基本完成）等因素有关。可按表 10-4 计算。

采取如下措施可减少松弛损失：

（1）超张拉。对预应力螺纹钢筋及普通松弛预应力钢丝、钢绞线，在较高应力下持荷 2min 所产生的松弛损失与在较低应力下经过较长时间才能完成的松弛损失大体相同。经过超张拉后再重新张拉至 σ_{con} 时，一部分松弛损失已完成。

表 10-4　　　　　　　　　预应力钢筋的应力松弛损失 σ_{l4}　　　　　（单位：$\mathrm{N/mm^2}$）

项次	预应力钢筋种类	预应力损失 σ_{l4}
1	预应力钢丝、钢绞线	当 $\sigma_{con} \leqslant 0.7 f_{ptk}$ 时：$0.125\left(\dfrac{\sigma_{con}}{f_{ptk}} - 0.5\right)\sigma_{con}$ 当 $0.7 f_{ptk} < \sigma_{con} \leqslant 0.8 f_{ptk}$ 时：$0.2\left(\dfrac{\sigma_{con}}{f_{ptk}} - 0.575\right)\sigma_{con}$
2	中强度预应力钢丝	$0.025\sigma_{con}$
3	预应力螺纹钢筋	$0.040\sigma_{con}$

注：①当 $\sigma_{con}/f_{ptk} \leqslant 0.5$ 时，预应力钢筋的应力松弛损失可取等于零；

②表中给出的是低松弛预应力钢丝、钢绞线的松弛损失值的计算公式。

（2）采用低松弛钢材。低松弛钢材是指在 20℃ 条件下，拉应力为 70% 抗拉极限强度，经 1000h 后测得的松弛损失不超过 $2.5\%\sigma_{con}$ 的钢材。

5. 混凝土收缩和徐变引起的预应力损失 σ_{l5}

混凝土在常温下结硬时会产生体积收缩，在预应力钢筋回弹压力的持久作用下会产生徐变，两者都使构件长度缩短，预应力钢筋随之内缩，造成预应力损失。虽然混凝土的收缩和徐变是两个性质完全不同的现象，但两者的影响因素、变化规律较为相似。为简化计算，将两项预应力损失合并考虑，即为 σ_{l5}。

（1）σ_{l5} 的计算公式。

混凝土收缩、徐变引起受拉区和受压区预应力钢筋的预应力损失 σ_{l5}、σ'_{l5}（N/mm^2）可以按下列公式计算：

先张法构件：

$$\sigma_{l5} = \frac{60 + 340\dfrac{\sigma_{pc}}{f'_{cu}}}{1 + 15\rho} \tag{10-9}$$

$$\sigma'_{l5} = \frac{60 + 340\dfrac{\sigma'_{pc}}{f'_{cu}}}{1 + 15\rho'} \tag{10-10}$$

后张法构件：

$$\sigma_{l5} = \frac{55 + 300\dfrac{\sigma_{pc}}{f'_{cu}}}{1 + 15\rho} \tag{10-11}$$

$$\sigma'_{l5} = \frac{55 + 300\dfrac{\sigma'_{pc}}{f'_{cu}}}{1 + 15\rho'} \tag{10-12}$$

式中，σ_{pc}、σ'_{pc} ——受拉区、受压区预应力钢筋在各自合力点处的混凝土法向压应力，N/mm^2；

f'_{cu} ——施加预应力时的混凝土立方体抗压强度，N/mm^2；

ρ、ρ' ——受拉区、受压区预应力钢筋和非预应力钢筋的配筋率：

对先张法构件，$\rho = (A_p + A_s)/A_0$，$\rho' = (A'_p + A'_s)/A_0$；

对后张法构件，$\rho = (A_p + A_s)/A_n$，$\rho' = (A'_p + A'_s)/A_n$。

此处 A_n 为后张法构件扣除孔道面积后的净截面面积，其他符号同前。

对于大体积水工预应力混凝土结构，混凝土收缩和徐变引起的预应力损失变化规律与一般结构有所不同，如有论证，σ_{l5}、σ'_{l5} 可按其他公式计算。

（2）计算 σ_{l5} 和 σ'_{l5} 时应注意以下几点：

① σ_{pc}、σ'_{pc} 按本章 10.4 节、10.5 节的有关公式计算，此时，预应力损失值仅为混凝土预压前（先张法）或卸去千斤顶时（后张法）的第一批损失，非预应力钢筋中的应力 σ_{l5}、σ'_{l5} 等于零；

②公式给出的是线性徐变条件下的预应力损失，因此要求 σ_{pc}、σ'_{pc} 不得大于 $0.5f'_{cu}$。过大的预加应力以及过低的混凝土受压时的抗压强度将使混凝土产生非线性徐变，这是不合理的；

③计算 σ_{pc}、σ'_{pc} 时，可根据构件的制作情况，考虑自重的影响；

④当 σ'_{pc} 为拉应力时，公式中应取 σ'_{pc} 等于零；

⑤对于对称配置预应力钢筋和非预应力钢筋的构件，取 $\rho=\rho'$，此时配筋率应按其钢筋截面面积的一半进行计算。

式(10-9)~式(10-12)是在一般相对湿度环境下给出的经验公式，对处于干燥环境(年平均相对湿度低于 40%)的结构，σ_{l5}、σ'_{l5} 应增加 30%。

(3)减小混凝土收缩和徐变损失值的措施：

①采用高标号水泥，减少水泥用量，降低水灰比，采用干硬性混凝土；

②采用级配较好的骨料，加强振捣，提高混凝土密实性；

③加强养护，减少混凝土的收缩。

6. 螺旋式预应力钢筋挤压混凝土引起的预应力损失 σ_{l6}

采用螺旋式预应力钢筋作配筋的圆形或环形构件，混凝土受预应力钢筋的挤压会发生局部压陷 δ，钢筋环直径减小 2δ，使钢筋回缩，引起的预应力损失称为 σ_{l6}，如图 10-9 所示。

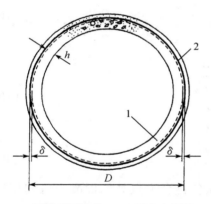

1—环形截面构件；2—预应力钢筋；
D、h、δ—直径、壁厚、压陷变形
图 10-9　环形配筋的预应力构件

σ_{l6} 与构件直径 D 有关。D 越大，损失越小。当 $D>3\text{m}$ 时，损失可以不计；当 $D\leqslant 3\text{m}$ 时，取 $\sigma_{l6}=30\text{N/mm}^2$。

此外，当后张法构件的预应力钢筋分批张拉时，还应考虑后批张拉钢筋产生的混凝土弹性压缩(或伸长)对先批张拉钢筋的影响，将先批张拉钢筋的控制应力 σ_{con} 增加(或减小)$\alpha_{Ep}\sigma_{pci}$。此处 σ_{pci} 为后批张拉钢筋在先批张拉钢筋重心处产生的混凝土法向应力，α_{Ep} 为预应力筋弹性模量与混凝土弹性模量的比值。当采用泵送混凝土时，宜根据实际情况考虑混凝土收缩、徐变引起预应力损失值的增大。

10.3.3　预应力损失的组合

上一节所述各项预应力损失并不同时发生，而是按不同的施加预应力方法，分阶段产生的。为便于分析和计算，通常把混凝土预压前产生的预应力损失称为第一批损失(先张法指放张前，后张法指卸去千斤顶前的损失)，用 σ_{lI} 表示。而混凝土预压后出现的损失称为第二批损失，用 σ_{lII} 表示。各批预应力损失的组合见表 10-5。

表 10-5　　　　　　　　　　　　各阶段预应力损失值的组合

项次	预应力损失值的组合	先张法构件	后张法构件
1	混凝土预压前(第一批)的损失 σ_{lI}	$\sigma_{l1}+\sigma_{l2}+\sigma_{l3}+\sigma_{l4}$	$\sigma_{l1}+\sigma_{l2}$
2	混凝土预压后(第二批)的损失 σ_{lII}	σ_{l5}	$\sigma_{l4}+\sigma_{l5}+\sigma_{l6}$

注：①先张法构件由于钢筋应力松弛引起的损失值 σ_{l4} 在第一批和第二批损失中所占的比例若需区分，可根据实际情况确定；

②当先张法构件采用折线性预应力钢筋时，转向装置处也会发生摩擦从而产生 σ_{l2}，其值可根据实际情况确定。

对预应力混凝土构件，除应根据使用条件进行承载力计算及抗裂、裂缝宽度和变形验算外，还需对构件制作、运输、吊装等施工阶段进行验算。不同的受力阶段应考虑相应的预应力损失值的组合。

由于预应力损失的计算值与实际值有一定的误差，有时候误差还较大，为保证构件安全和预应力效果，当计算得出的总损失值 $\sigma_l(\sigma_l=\sigma_{lI}+\sigma_{lII})$ 小于下列数值时，按下列数值取用：

先张法构件　　100N/mm²；

后张法构件　　80N/mm²。

10.4　预应力混凝土轴心受拉构件的计算

10.4.1　轴心受拉构件各阶段的应力分析

预应力混凝土轴心受拉构件从张拉预应力钢筋开始到荷载作用下构件破坏，可分为两个受力阶段，即施工阶段和使用阶段。每一阶段又包括若干个不同的受力过程。在以下各阶段的分析中，混凝土的应力以受压为正，钢筋的应力以受拉为正。

1. 先张法构件各阶段应力分析

设构件横截面面积为 A，预应力钢筋截面面积为 A_p，非预应力钢筋截面面积为 A_s，扣除预应力钢筋和非预应力钢筋截面面积后的混凝土截面面积为 $A_c=A-A_p-A_s$。

1)施工阶段

(1)张拉预应力钢筋。在台座上穿预应力钢筋并张拉至张拉控制应力 σ_{con}。此时预应力钢筋拉应力为 σ_{con}，总拉力为 $N_p=A_p\sigma_{con}$。

(2)完成第一批预应力损失。张拉完毕，将预应力钢筋锚固在台座上，浇捣混凝土并养护。产生第一批损失 $\sigma_{lI}=\sigma_{l1}+\sigma_{l2}+\sigma_{l3}+\sigma_{l4}$。此时预应力钢筋的拉应力和总张拉力分别为：

$$\sigma_{pe}=\sigma_{con}-\sigma_{lI} \tag{10-13}$$

$$N_{pe}=(\sigma_{con}-\sigma_{lI})A_p \tag{10-14}$$

由于预应力钢筋尚未放松，混凝土及非预应力钢筋未受力，故 $\sigma_{pc}=0$，$\sigma_s=0$。

（3）放松预应力钢筋。当混凝土达到设计规定的强度后，放松预应力钢筋。预应力钢筋弹性回缩，通过钢筋与混凝土之间的粘结力使混凝土受压而得到预压应力，非预应力钢筋也产生压应力。设该混凝土的预压应力为 σ_{pc1}，产生受压变形 $\varepsilon_{c1}=\sigma_{pc1}/E_c$。与混凝土粘结在一起的预应力钢筋和非预应力钢筋也随之缩短，这样使预应力钢筋的拉应力进一步减小，非预应力钢筋则产生压应力，即：

$$\sigma_{pe1}=\sigma_{con}-\sigma_{l1}-\frac{E_p}{E_c}\sigma_{pc1}=\sigma_{con}-\sigma_{l1}-\alpha_{Ep}\sigma_{pc1} \tag{10-15}$$

$$\sigma_{s1}=-E_s\varepsilon_{c1}=-\frac{E_s}{E_c}\sigma_{pc1}=-\alpha_E\sigma_{pc1} \tag{10-16}$$

式中，α_{Ep}、α_E——预应力钢筋和非预应力钢筋的弹性模量与混凝土弹性模量的比值，$\alpha_{Ep}=E_p/E_c$，$\alpha_E=E_s/E_c$

由截面平衡条件得：

$$\sigma_{pe1}A_p+\sigma_{s1}A_s=\sigma_{pc1}A_c \tag{10-17a}$$

以式（10-15）、式（10-16）代入，经整理得混凝土的预压应力 σ_{pc1}：

$$\sigma_{pc1}=\frac{(\sigma_{con}-\sigma_{l1})A_p}{A_c+\alpha_{Ep}A_p+\alpha_E A_s}=\frac{(\sigma_{con}-\sigma_{l1})A_p}{A_0}=\frac{N_{p1}}{A_0} \tag{10-17}$$

式中，A_0——先张法构件换算截面面积，$A_0=A_c+\alpha_{Ep}A_p+\alpha_E A_s=A+(\alpha_{Ep}-1)A_p+(\alpha_E-1)A_s$；

A_c——先张法构件中混凝土截面面积，即截面面积扣除预应力和非预应力钢筋后的面积；

N_{p1}——完成第一批损失后预应力钢筋的总预拉力，$N_{p1}=(\sigma_{con}-\sigma_{l1})A_p$。

（4）完成第二批预应力损失。混凝土在预压应力 σ_{pc1} 作用下，随着时间增长发生收缩和徐变，使预应力钢筋产生第二批预应力损失 $\sigma_{l\mathrm{II}}$。对先张法构件，$\sigma_{l\mathrm{II}}=\sigma_{l5}$。非预应力钢筋与预应力钢筋共同变形，压应力增加 σ_{l5}（此处近似取 $E_s=E_p$）。

完成第二批预应力损失后，混凝土的预压应力由 σ_{pc1} 降至 $\sigma_{pc\mathrm{II}}$。由于压应力减小，构件的弹性压缩有所恢复，恢复应变为 $\Delta\varepsilon_{c\mathrm{II}}=(\sigma_{pc1}-\sigma_{pc\mathrm{II}})/E_c$。因此预应力钢筋的应力会增加 $E_p\Delta\varepsilon_{c\mathrm{II}}$，非预应力钢筋应力也会增加 $E_s\Delta\varepsilon_{c\mathrm{II}}$，预应力和非预应力钢筋应力为：

$$\begin{aligned}\sigma_{pe\mathrm{II}}&=\sigma_{pe1}-\sigma_{l\mathrm{II}}+\frac{E_p}{E_c}(\sigma_{pc1}-\sigma_{pc\mathrm{II}})\\&=\sigma_{con}-\sigma_{l1}-\alpha_{Ep}\sigma_{pc1}-\sigma_{l\mathrm{II}}+\alpha_{Ep}(\sigma_{pc1}-\sigma_{pc\mathrm{II}})\\&=\sigma_{con}-\sigma_l-\alpha_{Ep}\sigma_{pc\mathrm{II}}\end{aligned} \tag{10-18}$$

$$\begin{aligned}\sigma_{s\mathrm{II}}&=\sigma_{s1}-\sigma_{l5}+\frac{E_s}{E_c}(\sigma_{pc1}-\sigma_{pc\mathrm{II}})\\&=-\alpha_E\sigma_{pc1}-\sigma_{l5}+\alpha_E(\sigma_{pc1}-\sigma_{pc\mathrm{II}})\\&=-(\alpha_E\sigma_{pc\mathrm{II}}+\sigma_{l5})\end{aligned} \tag{10-19}$$

由截面内力平衡条件可得：

$$\sigma_{pe\mathrm{II}}A_p+\sigma_{s\mathrm{II}}A_s=\sigma_{pc\mathrm{II}}A_c \tag{10-20a}$$

将式(10-18)、式(10-19)代入，得混凝土压应力 $\sigma_{pc\,\mathrm{II}}$：

$$\sigma_{pc\,\mathrm{II}} = \frac{(\sigma_{con} - \sigma_l)A_p - \sigma_{l5}A_s}{A_c + \alpha_{Ep}A_p + \alpha_E A_s} = \frac{N_{p\,\mathrm{II}} - \sigma_{l5}A_s}{A_0} = \frac{N_{p0\,\mathrm{II}}}{A_0} \tag{10-20}$$

$$N_{p0\,\mathrm{II}} = (\sigma_{con} - \sigma_l)A_p - \sigma_{l5}A_s \tag{10-21}$$

上式中，$N_{p\,\mathrm{II}} = (\sigma_{con} - \sigma_l)A_p$，为先张法构件完成全部预应力损失后，预应力钢筋的总预拉力；$N_{p0\,\mathrm{II}}$ 为全部预应力损失完成后预应力钢筋与非预应力钢筋的合力；$\sigma_{pe\,\mathrm{II}}$ 为全部预应力损失完成后，预应力钢筋的有效预应力；$\sigma_{pc\,\mathrm{II}}$ 为预应力混凝土中所建立的有效预压应力。也就是说在外荷载作用之前，预应力混凝土结构中的预应力钢筋已受到 $\sigma_{pe\,\mathrm{II}}$ 的拉应力，而混凝土已受到 $\sigma_{pc\,\mathrm{II}}$ 的压应力。

当不考虑非预应力钢筋的影响时，可取式(10-20)、式(10-21)中的 A_s 为零值。在预应力混凝土构件中，非预应力钢筋对混凝土的变形起约束作用，使因混凝土收缩和徐变而产生的预应力损失有所降低。但是，当混凝土发生收缩和徐变时，非预应力钢筋会阻碍收缩和徐变的发展，使混凝土中产生拉应力，从而降低构件的抗裂能力。后者的不利影响往往大于前者的有利影响。因此，当预应力混凝土构件中非预应力钢筋数量较多(一般认为 $A_s \geqslant 0.4A_p$)时，应考虑非预应力钢筋的影响。

2)使用阶段

(1)加载至混凝土应力为零。当有外荷载 N_0 引起的截面混凝土拉应力恰好等于有效预压应力 $\sigma_{pc\,\mathrm{II}}$ 时，混凝土的应力为零，称为消压状态，此时构件应变增加 $\sigma_{pc\,\mathrm{II}}/E_c$，预应力和非预应力钢筋应力分别增加 $\alpha_{Ep}\sigma_{pc\,\mathrm{II}}$ 和 $\alpha_E\sigma_{pc\,\mathrm{II}}$，即：

$$\sigma_{p0} = \sigma_{pe\,\mathrm{II}} + \alpha_{Ep}\sigma_{pc\,\mathrm{II}} = \sigma_{con} - \sigma_l \tag{10-22}$$

$$\sigma_{s0} = \sigma_{s\,\mathrm{II}} + \alpha_E\sigma_{pc\,\mathrm{II}} = -\sigma_{l5} \tag{10-23}$$

$$\sigma_{pc} = 0 \tag{10-24}$$

由截面平衡条件得轴向拉力 N_0 为：

$$N_0 = \sigma_{p0}A_p + \sigma_{s0}A_s + \sigma_{pc}A_c = (\sigma_{con} - \sigma_l)A_p - \sigma_{l5}A_s \tag{10-25}$$

由式(12-20)、式(12-21)可得到：

$$N_0 = N_{p0\,\mathrm{II}} = \sigma_{pc\,\mathrm{II}}A_0 \tag{10-25a}$$

当外荷载 $N \leqslant N_0$ 时，混凝土不出现拉应力。只有当 $N > N_0$ 后，截面混凝土才会受拉。

(2)加载至裂缝即将出现。当轴向拉力 N 超过 N_0 后，截面混凝土开始受拉。当加载至 N_{cr} 时，混凝土拉应力达到其抗拉强度标准值 f_{tk}，裂缝即将出现，构件应变增加 f_{tk}/E_c，非预应力钢筋和预应力钢筋应力分别增加 $\alpha_E f_{tk}$、$\alpha_{Ep}f_{tk}$，即截面应力为：

$$\sigma_{pcr} = \sigma_{p0} + \alpha_{Ep}f_{tk} = \sigma_{con} - \sigma_l + \alpha_{Ep}f_{tk} \tag{10-26}$$

$$\sigma_{scr} = \sigma_{s0} + \alpha_E f_{tk} = -\sigma_{l5} + \alpha_E f_{tk} \tag{10-27}$$

$$\sigma_{pc} = -f_{tk} \tag{10-28}$$

开裂荷载 N_{cr} 可由内外力平衡条件求得：

$$\begin{aligned} N_{cr} &= \sigma_{pcr}A_p + \sigma_{scr}A_s - \sigma_{pc}A_c \\ &= (\sigma_{con} - \sigma_l + \alpha_{Ep}f_{tk})A_p + (-\sigma_{l5} + \alpha_E f_{tk})A_s + f_{tk}A_c \\ &= (\sigma_{con} - \sigma_l)A_p - \sigma_{l5}A_s + f_{tk}(A_c + \alpha_{Ep}A_p + \alpha_E A_s) \\ &= \sigma_{pc\,\mathrm{II}}A_0 + f_{tk}A_0 \end{aligned}$$

即
$$N_{cr} = (\sigma_{pc\text{II}} + f_{tk})A_0 \qquad (10\text{-}29)$$

上式中，σ_{pc} 前取 "$-$" 号是因为规定混凝土压应力为正值。

由式（10-29）可见，由于预压应力 $\sigma_{pc\text{II}}$ 的作用（$\sigma_{pc\text{II}}$ 往往比 f_{tk} 大得多），使预应力混凝土轴心受拉构件的开裂荷载比普通钢筋混凝土构件的开裂荷载（$f_{tk}A_0$）大得多，这就是预应力混凝土抗裂能力大的原因。

（3）加载至破坏。当轴向拉力超过 N_{cr} 后，截面开裂，裂缝截面全部拉力由预应力钢筋和非预应力钢筋承担。当两者应力达到其设计强度时，构件即达到其极限承载力，即：
$$N_u = f_{py}A_p + f_yA_s \qquad (10\text{-}30)$$

由此可见，对构件施加预应力后并不能提高其承载力。

先张法预应力混凝土轴心受拉构件各阶段应力分析见表 10-6。

2. 后张法构件各阶段应力分析

1）施工阶段

（1）张拉钢筋。构件浇灌、养护、穿预应力钢筋时，截面中不产生任何应力。但张拉钢筋的同时，千斤顶的反作用力传给混凝土，使混凝土受到弹性压缩，产生压应力 σ_{pc}；预应力钢筋在张拉过程中产生摩擦损失 σ_{l2}；非预应力钢筋与混凝土共同变形，其压应力为 $\alpha_E\sigma_{pc}$。截面各部分应力为：
$$\sigma_{pe} = \sigma_{con} - \sigma_{l2} \qquad (10\text{-}31)$$
$$\sigma_s = -\alpha_E\sigma_{pc} \qquad (10\text{-}32)$$

由截面平衡条件可求得 σ_{pc}：
$$\sigma_{pe}A_p + \sigma_sA_s = \sigma_{pc}A_c$$

即
$$(\sigma_{con} - \sigma_{l2})A_p - \alpha_E\sigma_{pc}A_s = \sigma_{pc}A_c$$
$$\sigma_{pc} = \frac{(\sigma_{con} - \sigma_{l2})A_p}{A_c + \alpha_EA_s} = \frac{(\sigma_{con} - \sigma_{l2})A_p}{A_n} \qquad (10\text{-}33)$$

式中，A_n——扣除孔道及非预应力钢筋面积后的净截面面积，$A_n = A_c + \alpha_EA_s = A - A_d + (\alpha_E - 1)A_s$。

A_c——扣除非预应力钢筋截面面积 A_s 和孔道所占截面面积 A_d 后的构件横截面面积，即 $A_c = A - A_s - A_d$。

（2）完成第一批损失。预应力钢筋张拉完毕，并用锚具锚固在构件上，完成第一批预应力损失 $\sigma_{l\text{I}} = \sigma_{l1} + \sigma_{l2}$。混凝土获得预压应力 $\sigma_{pc\text{I}}$，非预应力钢筋压应力为 $\alpha_E\sigma_{pc\text{I}}$。$\sigma_{pc\text{I}}$ 可由平衡条件求得，各部分应力分别为：
$$\sigma_{pe\text{I}} = \sigma_{con} - \sigma_{l\text{I}} \qquad (10\text{-}34)$$
$$\sigma_{s\text{I}} = -\alpha_E\sigma_{pc\text{I}} \qquad (10\text{-}35)$$
$$\sigma_{pc\text{I}} = \frac{(\sigma_{con} - \sigma_{l\text{I}})A_p}{A_n} = \frac{N_{p\text{I}}}{A_n} \qquad (10\text{-}36)$$

与先张法构件式（10-15）、式（10-16）、式（10-17）相比较，由于后张法构件在张拉预应力钢筋时，混凝土就受到了压应力，弹性压缩变形已经完成，预应力钢筋的应力比先张法少损失 $\alpha_{Ep}\sigma_{pc\text{I}}$；另外，先张法构件中预应力钢筋与混凝土粘结在一起共同变形，计算 $\sigma_{pc\text{I}}$ 时用换算截面 A_0，而后张法构件此时预应力钢筋与混凝土尚未结合，无共同变形，计算 $\sigma_{pc\text{I}}$ 时用净截面 A_n。

表 10-6　先张法预应力混凝土轴心受拉构件各阶段的应力分析

受力阶段	简图	预应力钢筋应力 σ_p	混凝土应力 σ_{pc}	非预应力钢筋应力 σ_s	说明
施工阶段 (1) 张拉预应力钢筋	（张拉简图）	0	—	—	
(2) 完成第一批预应力损失	σ_{con}	σ_{con}	—	—	预应力钢筋被拉长
(3) 放松预应力钢筋	$\sigma_{peI}A_p$（压） σ_{peI}	$\sigma_{peI}=\sigma_{con}-\sigma_{lI}-\alpha_{Ep}\sigma_{pcI}$	$\sigma_{pcI}=\dfrac{(\sigma_{con}-\sigma_{lI})A_p}{A_0}$	$\sigma_{sI}=-\alpha_E\sigma_{pcI}$	混凝土及非预应力钢筋尚未受力
(4) 完成第二批预应力损失	$\sigma_{peII}A_p$（压） σ_{peII}	$\sigma_{peII}=\sigma_{con}-\sigma_l-\alpha_{Ep}\sigma_{pcII}$	$\sigma_{pcII}=\dfrac{(\sigma_{con}-\sigma_l)A_p-\sigma_{l5}A_s}{A_0}$	$\sigma_{sII}=-(\alpha_E\sigma_{pcII}+\sigma_{l5})$	混凝土、非预应力钢筋产生压应力，预应力钢筋减小 $\alpha_{Ep}\sigma_{pcI}$，σ_{pcI} 由平衡条件求得
使用阶段 (5) 加载至混凝土应力为零	N_0　0	$\sigma_{p0}=\sigma_{con}-\sigma_l$	0	$\sigma_{s0}=-\sigma_{l5}$	混凝土徐变和收缩使 σ_{l5}，非预应力钢筋应力减小 σ_{l5}，预应力钢筋压应力增大 σ_{l5}，σ_{pcII}、σ_{sII} 由平衡条件求得
(6) 加载至混凝土即将出现裂缝	N_{cr}　f_{tk}（拉）	$\sigma_{pcr}=\sigma_{con}-\sigma_l+\alpha_{Ep}f_{tk}$	f_{tk}	$\sigma_{scr}=-\sigma_{l5}+\alpha_E f_{tk}$	构件被拉长，预应力钢筋应力增大 $\alpha_{Ep}\sigma_{pcII}$，非预应力钢筋应力增大 $\alpha_E\sigma_{pcII}$，N_0 由平衡条件求得
(7) 加载至破坏	N_u（裂缝）	f_{py}	0	f_y	N_{cr} 由平衡条件求得
					N_u 由平衡条件求得

（3）完成第二批损失。张拉预应力钢筋和预压混凝土后，钢筋应力松弛将产生预应力损失 σ_{l4}，混凝土收缩和徐变将产生 σ_{l5}。至此，预应力钢筋完成了第二批损失 $\sigma_{l\mathrm{II}}$。若此时混凝土的预压应力为 $\sigma_{pc\mathrm{II}}$，混凝土的收缩和徐变应变为 $\varepsilon_{ch} = \sigma_{l5}/E_p$，则混凝土总应变 $\varepsilon_c = \varepsilon_{ch} + \sigma_{pc\mathrm{II}}/E_c$。由变形协调条件，并近似取 $E_s = E_p$，得非预应力钢筋压应力为 $\sigma_{l5} + \alpha_E \sigma_{pc\mathrm{II}}$。由截面平衡条件可求出 $\sigma_{pc\mathrm{II}}$。各部分应力分别为：

$$\sigma_{pe\mathrm{II}} = \sigma_{con} - \sigma_{l1} - \sigma_{l\mathrm{II}} = \sigma_{con} - \sigma_l \tag{10-37}$$

$$\sigma_{s\mathrm{II}} = -(\alpha_E \sigma_{pc\mathrm{II}} + \sigma_{l5}) \tag{10-38}$$

$$\sigma_{pc\mathrm{II}} = \frac{(\sigma_{con} - \sigma_l)A_p - \sigma_{l5}A_s}{A_n} = \frac{N_{p\mathrm{II}} - \sigma_{l5}A_s}{A_n} = \frac{N_{p0\mathrm{II}}}{A_n} \tag{10-39}$$

式（10-39）中，$N_{p\mathrm{II}}$ 为后张法构件完成全部预应力损失后，预应力钢筋的总预拉力，$N_{p0\mathrm{II}}$ 为预应力钢筋与非预应力钢筋的合力。两公式表达式与式（10-20）、式（10-21）相同。

由式（10-20）、式（10-39）可以看出：预应力混凝土轴心受拉构件在施工阶段建立的混凝土有效预压应力 $\sigma_{pc\mathrm{II}}$，对先张法即为预应力钢筋和非预应力钢筋的合力在构件换算截面 A_0 上产生的应力；对后张法则为预应力钢筋和非预应力钢筋的合力在构件净截面 A_n 上产生的应力。这一原理也适用于下一节的预应力混凝土受弯构件。

由于先张法构件放张时预应力钢筋会随混凝土弹性压缩而产生预应力损失，故在截面尺寸、材料强度、张拉控制应力等完全相同的条件下，所建立的混凝土有效预压应力比后张法要低。

2）使用阶段

（1）经孔道灌浆并凝结后，预应力钢筋与混凝土形成整体，在外荷载作用下有相同的变形，因此，后张法构件在使用阶段各部分的应力变化情况与先张法构件相同。因施工阶段后张法构件预应力钢筋应力比先张法构件少损失 $\alpha_{Ep}\sigma_{pc\mathrm{II}}$，因此，后张法中预应力钢筋的应力比先张法中多了一项 $\alpha_{Ep}\sigma_{pc\mathrm{II}}$。当加载至混凝土应力为零时，预应力钢筋与非预应力钢筋的应力为：

$$\sigma_{p0} = \sigma_{pe\mathrm{II}} + \alpha_{EP}\sigma_{pc\mathrm{II}} = \sigma_{con} - \sigma_l + \alpha_{EP}\sigma_{pc\mathrm{II}} \tag{10-40}$$

$$\sigma_{s0} = \sigma_{s\mathrm{II}} + \alpha_E \sigma_{pc\mathrm{II}} = -(\alpha_E \sigma_{pc\mathrm{II}} + \sigma_{l5}) + \alpha_E \sigma_{pc\mathrm{II}} = -\sigma_{l5} \tag{10-41}$$

$$\sigma_{pc} = 0 \tag{10-42}$$

由截面平衡条件得轴向拉力 N_0 为：

$$N_0 = \sigma_{p0}A_p + \sigma_{s0}A_s + \sigma_{pc}A_c = (\sigma_{con} - \sigma_l + \alpha_{EP}\sigma_{pc\mathrm{II}})A_p - \sigma_{l5}A_s \tag{10-43}$$

由式（10-39）知：

$$(\sigma_{con} - \sigma_l)A_p - \sigma_{l5}A_s = \sigma_{pc\mathrm{II}}A_n \tag{10-44}$$

所以：

$$N_0 = (\sigma_{con} - \sigma_l)A_p - \sigma_{l5}A_s + \alpha_{EP}\sigma_{pc\mathrm{II}}A_p = \sigma_{pc\mathrm{II}}A_n + \alpha_{EP}\sigma_{pc\mathrm{II}}A_p$$
$$N_0 = \sigma_{pc\mathrm{II}}(A_n + \alpha_{EP}A_p) = \sigma_{pc\mathrm{II}}A_{01} \tag{10-45}$$

式（10-45）中，A_{01} 为后张法构件换算截面面积，$A_{01} = A_n + \alpha_{Ep}A_p = A - A_d + (\alpha_E - 1)A_s + \alpha_{Ep}A_p$。由于后张法构件截面预留孔道在预应力钢筋张拉、锚固完成后再进行灌浆施工，该部分并没有建立预压应力 $\sigma_{pc\mathrm{II}}$，和先张法构件相比，计算后张法构件消压状态的 N_0 时，A_{01} 应扣除预留孔道面积 A_d，即 $A_{01} = A_0 - A_d$。

表 10-7　后张法预应力混凝土轴心受拉构件各阶段的应力分析

受力阶段	简图	预应力钢筋应力 σ_p	混凝土应力 σ_{pc}	非预应力钢筋应力 σ_s	说　明
穿预应力钢筋		0	0	0	
施工阶段 (1) 张拉预应力钢筋	$\sigma_{pe}A_p$ σ_{pc}(压)	$\sigma_{pe}=\sigma_{con}-\sigma_{l2}$	$\sigma_{pc}=\dfrac{(\sigma_{con}-\sigma_{l2})A_p}{A_n}$	$\sigma_s=-\alpha_E\sigma_{pc}$	预应力钢筋被拉长，同时混凝土受压缩短，σ_{pc} 由平衡条件求得
(2) 完成第一批预应力损失	$\sigma_{peⅠ}A_p$ $\sigma_{pcⅠ}$(压)	$\sigma_{peⅠ}=\sigma_{con}-\sigma_{lⅠ}$	$\sigma_{pcⅠ}=\dfrac{(\sigma_{con}-\sigma_{lⅠ})A_p}{A_n}$	$\sigma_{sⅠ}=-\alpha_E\sigma_{pcⅠ}$	$\sigma_{pcⅠ}$ 由平衡条件求得
(3) 完成第二批预应力损失	$\sigma_{peⅡ}A_p$ $\sigma_{pcⅡ}$(压)	$\sigma_{peⅡ}=\sigma_{con}-\sigma_l$	$\sigma_{pcⅡ}=\dfrac{(\sigma_{con}-\sigma_l)A_p-\sigma_{l5}A_s}{A_n}$	$\sigma_{sⅡ}=-(\alpha_E\sigma_{pcⅡ}+\sigma_{l5})$	$\sigma_{pcⅡ}$ 由平衡条件求得
使用阶段 (4) 加载至混凝土应力为零	N_0 0	$\sigma_{p0}=\sigma_{con}-\sigma_l+\alpha_{Ep}\sigma_{pcⅡ}$	0	$\sigma_{s0}=-\sigma_{l5}$	N_0 由平衡条件求得
(5) 加载至裂缝即将出现	N_{cr} f_{tk}(拉)	$\sigma_{pcr}=\sigma_{con}-\sigma_l+\alpha_{Ep}\sigma_{pcⅡ}+\alpha_{Ep}f_{tk}$	f_{tk}	$\sigma_{scr}=-\sigma_{l5}+\alpha_E f_{tk}$	N_{cr} 由平衡条件求得
(6) 加载至破坏	N_u	f_{py}	0	f_y	N_u 由平衡条件求得

（2）后张法构件加载至裂缝即将出现时以及加载至破坏时的开裂荷载及极限承载力可经先张法构件相同的分析方法得到：

$$N_{cr} = (\sigma_{pc\mathrm{II}} + f_{tk})A_0 \tag{10-46}$$

$$N_u = f_{py}A_p + f_y A_s \tag{10-47}$$

后张法预应力混凝土轴心受拉构件各阶段应力分析见表 10-7。

10.4.2　先张法构件预应力钢筋的传递长度和锚固长度

先张法构件通过钢筋与混凝土之间的粘结力来传递预应力。这种传递并不能集中在构件端部一点完成，而必须通过一定的传递长度进行。如图 10-2（d）所示放松预应力钢筋后，构件端部是自由端，预应力钢筋的预拉应力为零，钢筋会发生内缩或滑移。而在构件端面以内，钢筋的内缩受到周围混凝土的阻止，使得钢筋受拉，即预拉应力 σ_p，周围混凝土受压，即预压应力 σ_c。随着离端部距离 x 的增大，由于粘结力的积累，预应力钢筋的预拉应力 σ_p 及周围混凝土中的预压应力 σ_c 也将增大，如图 10-10 中 ADC 段虚线所示。当 x 达到一定长度 l_{tr} 时，在该段长度内的粘结力与预拉力 $\sigma_{pe}A_p$ 平衡，l_{tr} 长度以外预应力钢筋才建立起稳定的预拉应力 σ_{pe}，周围混凝土也建立起有效的预压应力 σ_{pc}，如图 10-10 所示。l_{tr} 称为先张法构件预应力传递长度，构件端部 AB 段称为先张法构件的自锚区。

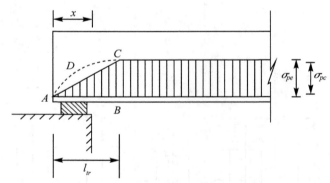

图 10-10　预应力钢筋和混凝土的有效预应力在 l_{tr} 内的变化

预应力传递长度 l_{tr} 按下式确定：

$$l_{tr} = \alpha \frac{\sigma_{pe}}{f'_{tk}}d \tag{10-48}$$

式中，σ_{pe}——放张时预应力钢筋的有效预应力，$\mathrm{N/mm^2}$。

f'_{tk}——与放张时混凝土立方体抗压强度 f'_{cu} 相应的轴心抗拉强度标准值，$\mathrm{N/mm^2}$。可按附表 1-1 以线性内插法确定。

d——预应力钢筋的公称直径，mm。

α——预应力钢筋的外形系数，可按表 10-8 取值。

表 10-8 预应力钢筋的外形系数

钢筋类型	光圆钢丝	螺旋肋钢丝	二、三股钢绞线	七股钢绞线	预应力螺纹钢筋
α	0.16	0.13	0.16	0.17	0.14

当采用骤然放松预应力筋的施工工艺时，对于光圆钢丝，l_{tr} 的起点应从距构件末端 $0.25l_{tr}$ 处开始计算。

先张法构件自锚区的预应力值较小，所以在进行构件端部斜截面受剪承载力计算以及正截面、斜截面抗裂验算时，应考虑预应力钢筋在传递长度 l_{tr} 范围内实际应力的变化。计算时可把预应力钢筋和混凝土的实际预应力简化为按线性规律增大，如图 10-10 中 AC 段直线所示。在构件端部，预应力钢筋和混凝土的有效预应力均为零，在预应力传递长度 l_{tr} 的末端，预应力钢筋和混凝土的应力分别达到 σ_{pe} 和 σ_{pc}，在距构件端部 x 处（$x \leq l_{tr}$），预应力钢筋和混凝土的预应力分别按下列公式计算：

$$\sigma_{pex} = \frac{x}{l_{tr}}\sigma_{pe} \tag{10-49}$$

$$\sigma_{pcx} = \frac{x}{l_{tr}}\sigma_{pc} \tag{10-50}$$

同理，先张法预应力混凝土构件在端部锚固区内预应力钢筋的强度不能充分发挥，在计算构件端部锚固区的正截面和斜截面受弯承载力时，预应力钢筋的抗拉强度设计值在锚固起点处取为零，在锚固终点处取为 f_{py}，在两点之间按直线内插取用。预应力钢筋的锚固长度 l_a 由下式确定：

$$l_a = \alpha \frac{f_{py}}{f_t}d \tag{10-51}$$

10.4.3 轴心受拉构件使用阶段的计算

预应力混凝土轴心受拉构件在使用阶段应进行承载力计算、抗裂验算和裂缝宽度验算。

1. 承载力计算

根据前面的分析，当构件破坏时，轴向拉力由预应力钢筋和非预应力钢筋承担，截面承载力按下式计算：

$$N \leq \frac{1}{\gamma_d}(f_y A_s + f_{py} A_p) \tag{10-52}$$

式中，N——轴向拉力设计值（包括 γ_0 和 ψ）；

γ_d——预应力混凝土结构的结构系数，$\gamma_d = 1.2$。

2. 抗裂验算

由式（10-29）、式（10-46）可知，只要构件使用阶段按标准组合计算的轴向拉力 N_k 不超过 N_{cr}，则构件不会开裂，抗裂验算公式为：

$$N_k \leq N_{cr} = (\sigma_{pc\text{II}} + f_{tk})A_0 \tag{10-53}$$

或用应力形式表达为：

$$N_k/A_0 \leqslant \sigma_{pc\text{II}} + f_{tk}$$
$$\sigma_{ck} \leqslant \sigma_{pc\text{II}} + f_{tk} \tag{10-54}$$

上式中，A_0 为构件换算截面面积，对后张法构件，取 $A_0 = A_{01}$。

根据构件的预应力钢筋种类和所处环境条件不同，规范 NB/T 11011—2022 把预应力混凝土结构构件的裂缝控制等级分为三级，如附表 4-3 所示。对一、二级构件应进行抗裂验算：

（1）一级，严格要求不出现裂缝的构件。在标准组合下应符合下式要求：

$$\sigma_{ck} - \sigma_{pc\text{II}} \leqslant 0 \tag{10-55}$$

（2）二级，一般要求不出现裂缝的构件。在标准组合下应符合下式要求：

$$\sigma_{ck} - \sigma_{pc\text{II}} \leqslant \alpha_{ct}\gamma f_{tk} \tag{10-56}$$

其中

$$\sigma_{ck} = \frac{N_k}{A_0} \tag{10-57}$$

式中，σ_{ck}——标准组合下混凝土的拉应力，N/mm^2；
　　　N_k——按标准组合计算的轴向拉力值，N；
　　　α_{ct}——混凝土拉应力限制系数，可取 $\alpha_{ct} = 0.7$；
　　　γ——受拉区混凝土塑性影响系数，对轴心受拉构件，取 $\gamma = 1.0$。

对先张法构件，在验算构件端部预应力传递长度 l_{tr} 范围内正截面抗裂时，要考虑实际预应力值的降低。

3. 裂缝宽度验算

对裂缝控制等级为三级——允许出现裂缝的构件，应按标准组合并考虑长期作用影响，按下式验算裂缝宽度：

$$w_{\max} = \alpha_{cr}\psi \frac{\sigma_{sk} - \sigma_0}{E_s} l_{cr} \leqslant w_{\lim} \tag{10-58}$$

$$\psi = 1 - 1.1 \frac{f_{tk}}{\rho_{te}\sigma_{sk}} \tag{10-59}$$

$$l_{cr} = 2.2c_s + 0.09 \frac{d_{eq}}{\rho_{te}} \quad (30mm \leqslant c_s \leqslant 65mm) \tag{10-60a}$$

$$l_{cr} = 65 + 1.2c_s + 0.09 \frac{d_{eq}}{\rho_{te}} \quad (65mm < c \leqslant 150mm) \tag{10-60b}$$

$$d_{eq} = \frac{\sum n_i d_i^2}{\sum n_i v_i d_i} \tag{10-61}$$

式中，$w_{\max}$——按标准组合并考虑长期作用影响计算的最大裂缝宽度，mm。
　　　$w_{\lim}$——最大裂缝宽度限值，mm，查附表 4-2。
　　　α_{cr}——考虑构件受力特征的系数。对预应力混凝土轴心受拉构件，取 $\alpha_{cr} = 2.0$；对预应力混凝土受弯构件，取 $\alpha_{cr} = 1.70$。
　　　ψ——裂缝间纵向受拉钢筋应变不均匀系数。当 $\psi<0.3$ 时，取 $\psi=0.3$；对直接承受重复荷载的构件，取 $\psi=1.0$。
　　　l_{cr}——平均裂缝间距，mm。

σ_{sk}——按标准组合计算的预应力混凝土构件纵向受拉钢筋的等效应力，N/mm²，对轴心受拉构件按下式计算：

$$\sigma_{sk} = \frac{N_k - N_{p0}}{A_s + A_p} \tag{10-62}$$

N_k——按标准组合计算的轴向力值，N。

N_{p0}——混凝土法向应力为零时全部纵向预应力钢筋和非预应力钢筋的合力，即式（10-25）或式（10-45）所示的 N_0。

σ_0——钢筋的初始应力，N/mm²，对于长期处于水下的结构，可取 $\sigma_0 = 20$N/mm²；对于干燥环境中的结构，取 $\sigma_0 = 0$。

c_s——最外层纵向受拉钢筋外边缘至受拉区底边的距离，mm，当 $c_s < 30$mm 时，取 $c_s = 30$mm；当 $c_s > 150$mm 时，取 $c_s = 150$mm。

d_{eq}——受拉区纵向钢筋的等效直径，mm。

d_i——受拉区第 i 种纵向钢筋的公称直径，mm。

n_i——受拉区第 i 种纵向钢筋的根数。

ν_i——受拉区第 i 种纵向钢筋的相对粘结特性系数，按表 10-9 取值。

ρ_{te}——纵向受拉钢筋（非预应力钢筋 A_s 及预应力钢筋 A_p）的有效配筋率，按式（10-63）计算，当 $\rho_{te} < 0.03$ 时，取 $\rho_{te} = 0.03$。

$$\rho_{te} = \frac{A_s + A_p}{A_{te}} \tag{10-63}$$

A_{te}——有效受拉混凝土截面面积，mm²。对轴心受拉构件，当预应力钢筋配置在截面中心范围时，则 A_{te} 取为构件全截面面积。对受弯构件，取为其重心与 A_s 及 A_p 重心相一致的混凝土面积，即 $A_{te} = 2ab$，其中，a 为受拉钢筋（A_s 及 A_p）重心距截面受拉边缘的距离，b 为矩形截面的宽度。对有受拉翼缘的倒 T 形及 I 形截面，b 为受拉翼缘宽度。

A_p——受拉区纵向预应力钢筋截面面积，mm²。对轴心受拉构件，A_p 取全部纵向预应力钢筋截面面积。对受弯构件，A_p 取受拉区纵向预应力钢筋截面面积。

表 10-9　　　　　　　　　钢筋的相对粘结特性系数 ν

钢筋类别	非预应力钢筋		先张法预应力钢筋			后张法预应力钢筋		
	光圆钢筋	带肋钢筋	螺纹钢筋	螺旋肋钢丝	钢绞线	螺纹钢筋	钢绞线	光圆钢丝
ν_i	0.7	1.0	1.0	0.8	0.6	0.8	0.5	0.4

10.4.4　轴心受拉构件施工阶段的验算

对预应力混凝土构件，应进行施工制作及吊装阶段的承载力和抗裂验算。

1. 张拉预应力钢筋时承载力验算

当预应力钢筋张拉完毕(后张法)或放松预应力钢筋(先张法)时，混凝土将受到最大

的预压应力 σ_{cc}；而此时混凝土强度往往仅达到设计强度的 75%，因此，应按下式进行承载力验算：

$$\sigma_{cc} \leqslant 0.8f'_{ck} \tag{10-64}$$

式中，f'_{ck}——与张拉（或放张）时混凝土立方体抗压强度 f'_{cu} 相应的抗压强度标准值，N/mm^2，可按附表 1-1 用直线内插法取用。

计算式（10-64）中的 σ_{cc} 时，先张法构件考虑第一批预应力损失，后张法构件不考虑预应力损失。

2. 端部锚固区的局部受压承载力验算

在后张法构件中，预压力是通过构件端部的锚具传给垫板，再由垫板传给混凝土的。如果预压力很大，垫板面积又较小，垫板底下的混凝土就有可能发生局部挤压破坏，因此，应对端部锚固区的混凝土进行局部受压承载力验算。

1）端部受压截面尺寸验算

为防止构件端部局部受压面积太小而在施工阶段出现裂缝，局部受压区的截面尺寸应符合下列要求：

$$F_l \leqslant \frac{1}{\gamma_d}(1.5\beta_l f_c A_{l_n}) \tag{10-65}$$

$$\beta_l = \sqrt{\frac{A_b}{A_l}} \tag{10-66}$$

式中，F_l——局部受压面上作用的局部荷载或局部压力设计值，N。在后张法构件中取 $F_l = 1.10\sigma_{con}A_p$。

　　　γ_d——预应力混凝土结构的结构系数，$\gamma_d = 1.2$。

　　　β_l——混凝土局部受压时的强度提高系数。

　　　A_l——混凝土局部受压面积，mm^2。当有垫板时可考虑预压力沿锚具边缘在垫板中按 45° 角扩散后传至混凝土的受压面积，如图 10-11 所示。

　　　A_b——局部受压时的计算底面积，mm^2。可按与 A_l 同心、对称的原则确定，一般情况下可按图 10-12 取用。

　　　A_{ln}——混凝土局部受压净面积，mm^2，即在 A_l 中扣除孔道、凹槽部分后的面积。

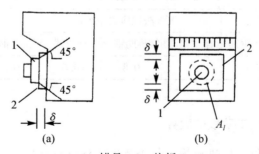

1—锚具；2—垫板

图 10-11　有垫板时预应力传至混凝土的受压面积

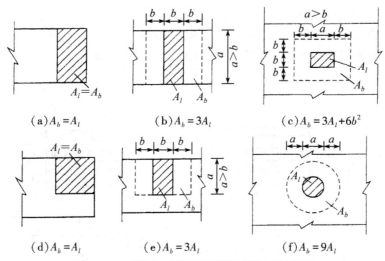

图 10-12 确定局部受压计算底面积 A_b 示意图

(a) $A_b = A_l$ (b) $A_b = 3A_l$ (c) $A_b = 3A_l + 6b^2$

(d) $A_b = A_l$ (e) $A_b = 3A_l$ (f) $A_b = 9A_l$

当不满足上式要求时,应加大端部锚固区的截面尺寸,调整锚具位置或提高混凝土强度等级。

(2) 局部受压承载力计算

为了防止构件端部局部受压破坏,通常在该区段内配置方格网式或螺旋式间接钢筋,如图 10-13 所示。当其核心面积 $A_{cor} \geq A_l$ 时,局部受压承载力可按下式计算:

$$F_l \leq \frac{1}{\gamma_d}(\beta_l f_c + 2\rho_v \beta_{cor} f_{yv}) A_{l_n} \tag{10-67}$$

$$\beta_{cor} = \sqrt{\frac{A_{cor}}{A_l}} \tag{10-68}$$

式中,β_{cor}——配置间接钢筋的局部受压承载力提高系数。

A_{cor}——钢筋网以内的混凝土核心面积,mm^2。A_{cor} 的重心应与 A_l 的重心重合,且当 A_{cor} 大于 A_b 时,A_{cor} 取 A_b,当 A_{cor} 不大于 $1.25A_l$ 时,β_{cor} 取 1.0。

ρ_v——间接钢筋的体积配筋率,即核心面积 A_{cor} 范围内单位混凝土体积中所包含的间接钢筋体积。

当为方格网式配筋时(图 10-13(a)),ρ_v 应按式(10-69)计算,此时在两个方向上钢筋网单位长度内的钢筋面积相差不应大于 1.5 倍。

$$\rho_v = \frac{n_1 A_{s1} l_1 + n_2 A_{s2} l_2}{A_{cor} s} \tag{10-69}$$

当为螺旋式配筋时(图 10-13(b)),其体积配筋率按式(10-70)计算:

$$\rho_v = \frac{4A_{ss1}}{d_{cor} s} \tag{10-70}$$

式中,n_1、A_{s1}——分别为方格网沿 l_1 方向的钢筋根数及单根钢筋的截面面积,mm^2;

n_2、A_{s2}——分别为方格网沿 l_2 方向的钢筋根数及单根钢筋的截面面积,mm^2;

s——方格网式或螺旋式间接钢筋的间距，mm；

A_{ss1}——螺旋式单根间接钢筋的截面面积，mm^2；

d_{cor}——配置螺旋式间接钢筋范围以内的混凝土直径，mm。

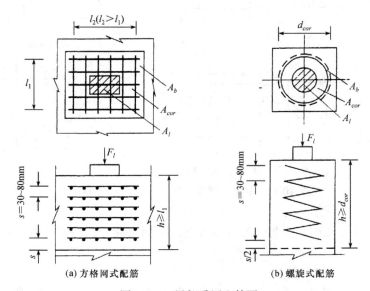

图 10-13　局部受压配筋图

按式（10-67）计算需要的间接钢筋应配置在图 10-13 所规定的 h 范围内，方格网钢筋不应少于 4 片，螺旋式钢筋不应少于 4 圈。

若验算不能满足式（10-67），对于方格网，可增大钢筋直径，增加钢筋根数，减小网片间距；对螺旋钢筋，可加大直径，减小螺距。

3. 运输及吊装验算

构件在运输、吊装过程中，自重及施工荷载会在吊点及跨中截面产生较大弯矩。因此，还需对截面在该弯矩与预加应力共同作用下的应力状态进行验算。

截面边缘的混凝土法向应力按下式计算：

$$\left.\begin{array}{l}\sigma_{cc}\\\sigma_{ct}\end{array}\right\} = \sigma_{pc} + \frac{N_k}{A_0} \pm \frac{M_k}{W_0} \qquad (10\text{-}71)$$

式中，σ_{cc}、σ_{ct}——相应施工阶段计算截面边缘纤维的混凝土压应力、拉应力。

σ_{pc}——相应施工阶段计算截面边缘纤维的混凝土预压应力。

N_k、M_k——构件自重及施工荷载的标准组合（必要时应考虑动力系数 1.5）在计算截面产生的轴力值、弯矩值。此时设计状态系数 Ψ 取 0.95。

A_0、W_0——换算截面的面积、验算边缘的弹性抵抗矩。

混凝土法向压应力 σ_{cc} 应满足式（10-64）的要求。

对制作、运输及安装等阶段不允许出现裂缝的构件，混凝土拉应力应符合下式规定：

$$\sigma_{ct} \leqslant f'_{tk} \qquad (10\text{-}72)$$

对制作、运输及安装等阶段允许出现裂缝的构件，混凝土拉应力应符合下式规定：

$$\sigma_{ct} \leq 2.0 f'_{tk} \tag{10-73}$$

式中，f'_{tk}——与施工阶段混凝土立方体抗压强度 f'_{cu} 相应的轴心抗拉强度，可按附录 1 中
附表 1-1 用直线内插法确定。

对施工阶段允许出现裂缝的构件，式（10-73）只是用来限制受拉（开裂）的程度，因为预拉区混凝土开裂已不参加工作，按式（10-71）计算的全截面上边缘的拉应力值 σ_{ct} 实际上是不存在的。

例 10-1 已知预应力混凝土屋架下弦杆，长 18m，截面尺寸 $b \times h = 250\text{mm} \times 200\text{mm}$，如图 10-14 所示。混凝土强度等级 C35，用后张法施加预应力。预应力钢筋采用 980 级螺纹钢筋，钢筋连接器锚具（支承式锚具），一块垫板，配置 HRB400 非预应力钢筋为 4Φ12（$A_s = 452\text{mm}^2$），当混凝土达到抗压强度设计值的 90% 时张拉预应力钢筋（两端同时张拉，超张拉）。孔道直径为 50mm，充压橡皮管抽芯成型。轴向拉力设计值为 $N = 390\text{kN}$，标准组合下轴向拉力值为 $N_k = 285\text{kN}$。一般要求不出现裂缝。要求：

（1）确定预应力钢筋数量；

（2）验算使用阶段正截面抗裂度；

（3）验算施工阶段混凝土抗压承载力；

（4）验算施工阶段锚固区局部受压承载力（包括确定钢筋网的材料、规格、网片间距以及垫板尺寸等）。

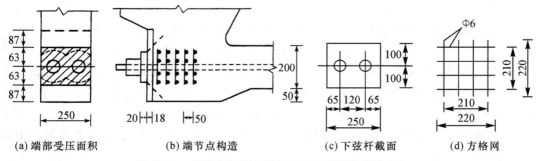

图 10-14 预应力混凝土屋架下弦杆截面及端部节点

解：1. 材料性能

C35 级混凝土，$f_c = 16.7\text{N/mm}^2$，$f_t = 1.57\text{N/mm}^2$，$f_{ck} = 23.4\text{N/mm}^2$，$f_{tk} = 2.20\text{N/mm}^2$，$E_c = 3.15 \times 10^4 \text{N/mm}^2$；

$f'_{cu} = 0.9 \times 35 = 31.5\text{N/mm}^2$，$f'_{ck} = 21.1\text{N/mm}^2$（内插值），$f'_c = 15.0\text{N/mm}^2$（内插值），$f'_{tk} = 2.07\text{N/mm}^2$（内插值）；

980 级螺纹钢筋（Φ^T），$f_{ptk} = 980\text{N/mm}^2$，$f_{pyk} = 785\text{N/mm}^2$，$f_{py} = 650\text{N/mm}^2$，$f'_{py} = 400\text{N/mm}^2$，$E_P = 2.0 \times 10^5 \text{N/mm}^2$；

HRB400 热轧钢筋（Φ），$f_y = 360\text{N/mm}^2$，$f'_y = 360\text{N/mm}^2$，$E_s = 2.0 \times 10^5 \text{N/mm}^2$；

2. 预应力钢筋数量确定

预应力钢筋按承载力计算确定，由式（10-52）得

$$A_p \geqslant \frac{\gamma_d N - f_y A_s}{f_{py}} = \frac{1.2 \times 390 \times 10^3 - 360 \times 452}{650} = 470 \text{ mm}^2$$

选用 2 Φ^{T}18，$A_p = 509 \text{mm}^2$。

3. 使用阶段正截面抗裂验算

1）计算 A_n 和 A_0

$$\alpha_E = \frac{E_s}{E_c} = \frac{2.0 \times 10^5}{3.15 \times 10^4} = 6.35, \quad \alpha_{Ep} = \frac{E_p}{E_c} = \frac{2.0 \times 10^5}{3.15 \times 10^4} = 6.35$$

$$A_n = A_c + \alpha_E A_s = 250 \times 200 - 2 \times \pi \times (50/2)^2 + (6.35 - 1) \times 452 = 48491 \text{mm}^2$$

$$A_0 = A_n + \alpha_{Ep} A_p = 48491 + 6.35 \times 509 = 51723 \text{mm}^2$$

2）确定 σ_{con}

查表 10-1，取 $\sigma_{con} = 0.85 f_{pyk} = 0.85 \times 785 = 667.3 \text{N/mm}^2$

3）计算预应力损失 σ_l

①锚具变形损失。由表 10-2 查得螺帽缝隙 1mm，加一块垫板缝隙 1mm，$a = l + l = 2\text{mm}$；两端张拉，$l = 18/2 = 9\text{m}$。

$$\sigma_{l1} = \frac{a}{l} E_p = \frac{2}{9000} \times 2.0 \times 10^5 = 44.4 \text{N/mm}^2$$

②孔道摩擦损失。直线配筋，两端张拉，故 $\theta = 0$，$l = x = 9\text{m}$。橡皮管抽芯成型时，由表 10-3 查得 $k = 0.0014$，$\mu = 0.55$。

$$kx + \mu\theta = 0.0014 \times 9 + 0.55 \times 0 = 0.0126 < 0.3, \quad \text{由式（10-5）得}$$

$$\sigma_{l2} = (kx + \mu\theta)\sigma_{con} = 0.0126 \times 667.3 = 8.4 \text{N/mm}^2$$

则第一批预应力损失　$\sigma_{lI} = \sigma_{l1} + \sigma_{l2} = 44.4 + 8.4 = 52.8 \text{N/mm}^2$

③预应力钢筋的松弛损失。查表 10-4，预应力螺纹钢筋的松弛损失

$$\sigma_{l4} = 0.04\sigma_{con} = 0.04 \times 667.3 = 26.7 \text{N/mm}^2$$

④混凝土收缩和徐变损失。计算混凝土预压应力 σ_{pc} 时仅考虑第一批损失，由式（10-36）得

$$\sigma_{pc} = \sigma_{pcI} = \frac{N_{pI}}{A_n} = \frac{(\sigma_{con} - \sigma_{lI})A_p}{A_n} = \frac{(667.3 - 52.8) \times 509}{48491}$$

$$= 6.45 \text{N/mm}^2 < 0.5 f_{cu}' = 0.5 \times 31.5 = 15.75 \text{N/mm}^2, \quad \text{满足线性徐变要求，由式（10-11）：}$$

$$\rho = \frac{0.5(A_s + A_p)}{A_n} = \frac{0.5 \times (452 + 509)}{48491} = 0.0099$$

$$\sigma_{l5} = \frac{55 + 300 \times \dfrac{\sigma_{pcI}}{f_{cu}'}}{1 + 15\rho} = \frac{55 + 300 \times \dfrac{6.45}{31.5}}{1 + 15 \times 0.0099} = 101.4 \text{N/mm}^2$$

第二批损失　$\sigma_{lII} = \sigma_{l4} + \sigma_{l5} = 26.7 + 101.4 = 128.1 \text{N/mm}^2$

总损失　$\sigma_l = \sigma_{lI} + \sigma_{lII} = 52.8 + 128.1 = 180.9 \text{N/mm}^2 > 80 \text{N/mm}^2$

4）抗裂验算

混凝土有效预压应力由式（10-39）计算：

$$\sigma_{pc} = \sigma_{pcII} = \frac{N_{pII}}{A_n} = \frac{(\sigma_{con} - \sigma_l)A_p - \sigma_{l5}A_s}{A_n}$$

$$= \frac{(667.3 - 180.9) \times 509 - 101.4 \times 452}{48491} = 4.16 \text{N/mm}^2$$

查附录 4 附表 4-3，对一般要求不出现裂缝的构件（二级），在标准组合时混凝土拉应力限制系数 $\alpha_{ct} = 0.7$。

标准组合下混凝土的法向应力　　$\sigma_{ck} = \frac{N_k}{A_0} = \frac{285000}{51723} = 5.51 \text{N/mm}^2$

$\sigma_{ck} - \sigma_{pc} = 5.51 - 4.16 = 1.35 \text{N/mm}^2 < \alpha_{ct} f_{tk} = 0.7 \times 2.2 = 1.54 \text{N/mm}^2$，满足式（10-56）要求。

4. 施工阶段混凝土抗压承载力验算

1）张拉预应力钢筋时的混凝土压应力

$$\sigma_{cc} = \frac{\sigma_{con}A_p}{A_n} = \frac{667.3 \times 509}{48491} = 7.0 \text{N/mm}^2 < 0.8f'_{ck} = 0.8 \times 21.1 = 16.9 \text{N/mm}^2$$，满足式（10-64）要求。

2）锚固区局部受压验算

（1）锚具及横向钢筋布置

预留孔直径 50mm，取垫圈直径（外径）90mm，构件端部预埋钢板 250mm×300mm×18mm。预压力沿垫圈边缘在预埋钢板内按 45°角扩散，则局部受压直径 $d_l = 90 + 2 \times 18 = 126 \text{mm}$。

间接钢筋采用方格网式，HPB300 钢筋 $\phi 6$，$f_y = 270 \text{N/mm}^2$，$A_{s1} = A_{s2} = 28.3 \text{mm}^2$。网片尺寸 220mm×220mm，间距 50mm，共配 5 片，如图 10-14（b）、（d）所示。

（2）计算 β_l

$$A_l = 2 \times \frac{\pi}{4} d_l^2 = 2 \times \frac{3.14}{4} \times 126^2 = 24938 \text{ mm}^2$$

计算局部受压底面积时，近似以矩形代替虚线圆（见图 10-14（a）），根据同心、对称原则，有

$$A_b = 250 \times 2 \times (63 + 87) = 75000 \text{mm}^2$$

$$\beta_l = \sqrt{\frac{A_b}{A_l}} = \sqrt{\frac{75000}{24938}} = 1.734$$

（3）局部压力设计值

$$F_l = 1.10\sigma_{con}A_p = 1.10 \times 667.3 \times 509 = 373621 \text{N} = 373.62 \text{kN}$$

（4）局部受压截面尺寸验算

$$A_{ln} = A_l - A_d = 24938 - 2 \times \frac{3.14}{4} \times 50^2 = 21011 \text{ mm}^2$$

$$\frac{1}{\gamma_d}(1.5\beta_l f'_c A_{l_n}) = \frac{1}{1.2} \times (1.5 \times 1.734 \times 15 \times 21011) = 683120\text{N}$$

$$= 683.1\text{kN} > F_l = 373.62\text{kN}，满足式（10-65）的要求。$$

（5）局部受压承载力验算

如图 10-14（d）所示，$A_{cor} = 210 \times 210 = 44100\text{mm}^2 < A_b = 75000\text{mm}^2$

$$\beta_{cor} = \sqrt{\frac{A_{cor}}{A_l}} = \sqrt{\frac{44100}{24938}} = 1.33$$

$$\rho_v = \frac{n_1 A_{s1} l_1 + n_2 A_{s2} l_2}{A_{cor} s} = \frac{2n_1 A_{s1} l_1}{A_{cor} s} = \frac{2 \times 4 \times 28.3 \times 210}{44100 \times 50} = 0.0216$$

$$\frac{1}{\gamma_d}(\beta_l f'_c + 2\rho_v \beta_{cor} f_y) A_{ln} = \frac{1}{1.2} \times (1.734 \times 15 + 2 \times 0.0216 \times 1.33 \times 270) \times 21011$$

$$= 727035\text{N} = 727.03\text{kN} > F_l = 373.62\text{kN}，满足式（10-67）的要求。$$

10.5 预应力混凝土受弯构件计算

10.5.1 受弯构件各阶段的应力分析

在受弯构件中，预应力钢筋 A_p 一般布置在使用荷载作用下截面的受拉区。但对于荷载较大，预应力钢筋较多的构件，为防止施工过程中预拉区（使用荷载下的受压区）开裂，有时也在预拉区配置一定数量的预应力钢筋 A'_p。同时为适当减少预应力钢筋的数量；增加构件的延性；满足施工、运输和吊装各阶段的受力及控制裂缝宽度的需要，在使用阶段的受拉区和受压区也设置非预应力钢筋 A_s、A'_s。

通过前一节对预应力混凝土轴心受拉构件的讨论，我们已经知道，在混凝土开裂前，可以把全部预应力钢筋和非预应力钢筋的合力视为作用在换算截面（先张法）或净截面（后张法）上的外力，将混凝土作为理想弹性体按材料力学公式确定其应力。这一方法同样也可以用于预应力混凝土受弯构件，所不同的只是受弯构件中预应力的合力不是作用在截面的形心而是偏向于使用荷载作用下截面的受拉区，预压应力在截面上不是均匀分布而是呈梯形或三角形分布。因此，预应力混凝土受弯构件各阶段的应力状态要比轴心受拉构件更加复杂。

1. 先张法构件各阶段应力分析

下面以图 10-15 所示截面为例，分析先张法受弯构件各阶段截面的内力及应力。其中预应力和非预应力钢筋以拉应力为正，混凝土以压应力为正。

在图 10-15（a）中，构件截面受拉区配置有预应力钢筋 A_p 和非预应力钢筋 A_s，受压区配置有预应力钢筋 A'_p 和非预应力钢筋 A'_s。在预应力作用下相应阶段钢筋的拉应力分别为 σ_{pe}、σ_{se}、σ'_{pe}、σ'_{se}，混凝土压应力为 σ_{pc}、σ'_{pc}，如图 10-15（b）所示。该状态可以看作图 10-15（c）和图 10-15（d）两种状态的叠加，图 10-15（c）是施加拉力 N_{p0}，使钢筋产生拉应力 σ_{p0}、σ_{s0}、σ'_{p0}、σ'_{s0}，而混凝土的压应力为零；图 10-15（d）是将 N_{p0} 反向作用，使截面各部分产生压应力。

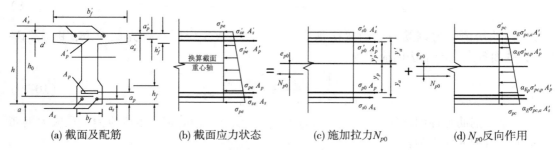

图 10-15 先张法预应力混凝土受弯构件截面及其内力

由图 10-15(c)，当混凝土应力为零时，预应力钢筋及非预应力钢筋的合力 N_{p0} 及合力作用点至换算截面形心轴的距离 e_{p0} 可以按下列公式计算：

$$N_{p0} = \sigma_{p0}A_p + \sigma'_{p0}A'_p + \sigma_{s0}A_s + \sigma'_{s0}A'_s \tag{10-74}$$

$$e_{p0} = \frac{\sigma_{p0}A_p y_p - \sigma'_{p0}A'_p y'_p + \sigma_{s0}A_s y_s - \sigma'_{s0}A'_s y'_s}{N_{p0}} \tag{10-75}$$

$$= \frac{\sigma_0 A_p y_p - \sigma'_{p0}A'_p y'_p + \sigma_{s0}A_s y_s - \sigma'_{s0}A'_s y'_s}{\sigma_{p0}A_p + \sigma'_{p0}A'_p + \sigma_{s0}A_s + \sigma'_{s0}A'_s}$$

式中，σ_{p0}、σ'_{p0} ——受拉区和受压区预应力钢筋 A_p、A'_p 当各自重心点处混凝土法向应力为零时的应力，N/mm^2。

σ_{s0}、σ'_{s0} ——受拉区和受压区非预应力钢筋 A_s、A'_s 当各自重心点处混凝土法向应力为零时的应力，N/mm^2。

A_p、A'_p ——受拉区、受压区纵向预应力钢筋的截面面积，mm^2。

A_s、A'_s ——受拉区、受压区纵向非预应力钢筋的截面面积，mm^2。

y_p、y'_p ——受拉区、受压区预应力合力点至换算截面重心的距离，mm。

y_s、y'_s ——受拉区、受压区普通钢筋重心至换算截面重心的距离，mm。

如图 10-15(d)所示，在 N_{p0} 作用下截面任意点的混凝土法向应力为：

$$\sigma_{pc} = \frac{N_{p0}}{A_0} \pm \frac{N_{p0}e_{p0}}{I_0}y_0 \tag{10-76}$$

式中，A_0——换算截面面积，mm^2。$A_0 = A_c + \alpha_{Ep}A_p + \alpha'_{Ep}A'_p + \alpha_E A_s + \alpha'_E A'_s$，不同种类的钢筋应取各自的弹性模量计算 α_E。

I_0——换算截面惯性矩，mm^4。

y_0——换算截面形心轴至所计算的纤维层的距离，mm。

1)施工阶段

(1)放松预应力钢筋前。张拉钢筋时，A_p 的控制应力为 σ_{con}，A'_p 的控制应力为 σ'_{con}。放松预应力钢筋前，第一批预应力损失已出现，混凝土尚未受压，即

$$\sigma_{pe} = \sigma_{p0I} = \sigma_{con} - \sigma_{lI}, \quad \sigma'_{pe} = \sigma'_{p0I} = \sigma'_{con} - \sigma'_{lI}, \quad \sigma_{s0} = \sigma'_{s0} = 0$$

$$N_{p0I} = (\sigma_{con} - \sigma_{lI})A_p + (\sigma'_{con} - \sigma'_{lI})A'_p \tag{10-77}$$

$$e_{p0\mathrm{I}} = \frac{(\sigma_{con} - \sigma_{l\mathrm{I}})A_p y_p - (\sigma'_{con} - \sigma'_{l\mathrm{I}})A'_p y'_p}{N_{p0\mathrm{I}}} \quad (10\text{-}78)$$

（2）放松预应力钢筋后。当放松预应力钢筋后，$N_{p0\mathrm{I}}$ 作用在换算截面上，由式（10-76），截面各点混凝土法向应力为：

$$\left.\begin{array}{c}\sigma_{pc\mathrm{I}}\\\sigma'_{pc\mathrm{I}}\end{array}\right\} = \frac{N_{p0\mathrm{I}}}{A_0} \pm \frac{N_{p0\mathrm{I}} e_{p0\mathrm{I}}}{I_0} y_0 \quad (10\text{-}79)$$

预应力钢筋弹性回缩使拉应力进一步减小，非预应力钢筋则产生压应力。预应力钢筋和非预应力钢筋应力为：

$$\sigma_{pe\mathrm{I}} = (\sigma_{con} - \sigma_{l\mathrm{I}}) - \alpha_{Ep}\sigma_{pc\mathrm{I}.p} \quad (10\text{-}80)$$

$$\sigma'_{pe\mathrm{I}} = (\sigma'_{con} - \sigma'_{l\mathrm{I}}) - \alpha'_{Ep}\sigma'_{pc\mathrm{I}.p} \quad (10\text{-}81)$$

$$\sigma_{s\mathrm{I}} = -\alpha_E \sigma_{pc\mathrm{I}.s} \quad (10\text{-}82)$$

$$\sigma'_{s\mathrm{I}} = -\alpha'_E \sigma'_{pc\mathrm{I}.s} \quad (10\text{-}83)$$

以上各式中 $\sigma_{pc\mathrm{I}.p}$、$\sigma'_{pc\mathrm{I}.p}$ 和 $\sigma_{pc\mathrm{I}.s}$、$\sigma'_{pc\mathrm{I}.s}$ 分别为第一批损失完成后，A_p、A'_p 和 A_s、A'_s 重心处混凝土的法向应力值。只需将式（10-79）中的 y_0 分别代以 y_p、y'_p、y_s、y'_s 即可求出。

（3）全部预应力损失完成后。当全部预应力损失出现后，各钢筋重心处混凝土法向应力为零时的钢筋应力分别是（参见式（10-22）、式（10-23））：

$$\sigma_{p0\mathrm{II}} = \sigma_{con} - \sigma_l, \quad \sigma'_{p0\mathrm{II}} = \sigma'_{con} - \sigma'_l, \quad \sigma_{s0\mathrm{II}} = -\sigma_{l5}, \quad \sigma'_{s0\mathrm{II}} = -\sigma'_{l5}$$

因此有：

$$N_{p0\mathrm{II}} = (\sigma_{con} - \sigma_l)A_p + (\sigma'_{con} - \sigma'_l)A'_p - \sigma_{l5}A_s - \sigma'_{l5}A'_s \quad (10\text{-}84)$$

$$e_{p0\mathrm{II}} = \frac{(\sigma_{con} - \sigma_l)A_p y_p - (\sigma'_{con} - \sigma'_l)A'_p y'_p - \sigma_{l5}A_s y_s + \sigma'_{l5}A'_s y'_s}{N_{p0\mathrm{II}}} \quad (10\text{-}85)$$

$$\left.\begin{array}{c}\sigma_{pc\mathrm{II}}\\\sigma'_{pc\mathrm{II}}\end{array}\right\} = \frac{N_{p0\mathrm{II}}}{A_0} \pm \frac{N_{p0\mathrm{II}} e_{p0\mathrm{II}}}{I_0} y_0 \quad (10\text{-}86)$$

式中，σ_{l5}、σ'_{l5} 分别为受拉区、受压区预应力筋在各自合力点处混凝土收缩和徐变引起的预应力损失值，单位为 $\mathrm{N/mm^2}$。

此时，预应力和非预应力钢筋应力为：

$$\sigma_{pe\mathrm{II}} = (\sigma_{con} - \sigma_l) - \alpha_{Ep}\sigma_{pc\mathrm{II}.p} \quad (10\text{-}87)$$

$$\sigma'_{pe\mathrm{II}} = (\sigma'_{con} - \sigma'_l) - \alpha'_{Ep}\sigma'_{pc\mathrm{II}.p} \quad (10\text{-}88)$$

$$\sigma_{s\mathrm{II}} = -(\sigma_{l5} + \alpha_E \sigma_{pc\mathrm{II}.s}) \quad (10\text{-}89)$$

$$\sigma'_{s\mathrm{II}} = -(\sigma'_{l5} + \alpha'_E \sigma'_{pc\mathrm{II}.s}) \quad (10\text{-}90)$$

上列四式中的 $\sigma_{pc\mathrm{II}.p}$、$\sigma'_{pc\mathrm{II}.p}$ 和 $\sigma_{pc\mathrm{II}.s}$、$\sigma'_{pc\mathrm{II}.s}$ 分别为第二批损失完成后 A_p、A'_p 和 A_s、A'_s 重心处混凝土的法向应力，可由式（10-86）求得。当受压区不配置预应力钢筋，即 $A'_p = 0$ 时，各式中取 $\sigma'_{l5} = 0$。

2）使用阶段

（1）加载至受拉边缘混凝土应力为零。当加载至 $M = M_0$ 时，截面下边缘的拉应力刚好抵消下边缘混凝土预压应力，M_0 称为消压弯矩。

$$\frac{M_0}{W_0} - \sigma_{pc\,II} = 0$$

$$M_0 = \sigma_{pc\,II} W_0 \tag{10-91}$$

式中，W_0 为换算截面对受拉边缘弹性抵抗矩，单位为 mm^3。$W_0 = I_0/y$，y 为形心轴至截面下边缘的距离。

与轴心受拉构件不同，受弯构件在消压弯矩 M_0 作用下仅使截面下边缘处混凝土应力为零，而其他部位混凝土的应力不为零，截面应力呈三角形分布。

加载至 M_0 时，截面上部预应力钢筋 A_p' 和非预应力钢筋 A_s' 的应力分别比 $\sigma_{pe\,II}'$、$\sigma_{s\,II}'$ 减小了 $(\alpha_{Ep}'M_0y_p')/I_0$ 和 $(\alpha_E'M_0y_s')/I_0$；而截面下部的 A_p 和 A_s 的应力则分别比 $\sigma_{pe\,II}$、$\sigma_{s\,II}$ 增加了 $(\alpha_{Ep}M_0y_p)/I_0$ 和 $(\alpha_E M_0y_s)/I_0$。例如，预应力钢筋 A_p 和 A_p' 的应力为：

$$\sigma_{pe0} = (\sigma_{con} - \sigma_l) - \alpha_{Ep}\sigma_{pc\,II.p} + \frac{\alpha_{Ep}M_0}{I_0}y_p \approx \sigma_{con} - \sigma_l \tag{10-92}$$

$$\sigma_{pe0}' = (\sigma_{con}' - \sigma_l') - \alpha_{Ep}'\sigma_{pc\,II.p}' - \frac{\alpha_{Ep}'M_0}{I_0}y_p' \tag{10-93}$$

非预应力钢筋的应力也可列出，此处从略。

（2）加载至截面下边缘即将开裂。当外荷载从 M_0 继续增加时，截面下边缘混凝土将转化为受拉。当拉应力达到混凝土抗拉强度，受拉区发生塑性变形，混凝土即将开裂时的弯矩为开裂弯矩 M_{cr}。这相当于构件在承受消压弯矩 M_0 后，再增加一个普通钢筋混凝土构件的开裂弯矩 M_{cr}'，$M_{cr}' = \gamma f_{tk} W_0$。因此，预应力混凝土受弯构件的开裂弯矩为：

$$M_{cr} = M_0 + M_{cr}' = \sigma_{pc\,II} W_0 + \gamma f_{tk} W_0 = (\sigma_{pc\,II} + \gamma f_{tk})W_0 \tag{10-94}$$

或

$$\sigma = \frac{M_{cr}}{W_0} = \sigma_{pc\,II} + \gamma f_{tk} \tag{10-95}$$

式中，σ ——截面下边缘混凝土即将开裂时的换算拉应力；

γ ——混凝土截面抵抗矩塑性影响系数。

在裂缝即将出现时，受拉区预应力钢筋应力比 σ_{pe0} 增加了

$$\frac{\alpha_{Ep}(M_{cr} - M_0)}{I_0}y_p = \frac{\alpha_{Ep}\gamma f_{tk} W_0}{I_0}y_p \approx \alpha_{Ep}\gamma f_{tk}$$

即

$$\sigma_{per} \approx \sigma_{con} - \sigma_l + \alpha_{Ep}\gamma f_{tk} \tag{10-96}$$

（3）加载至构件破坏。当 $M > M_{cr}$ 时，受拉区混凝土开裂。裂缝截面上混凝土全部拉力由钢筋承担，当接近构件破坏时，截面受拉区钢筋 A_p、A_s 的应力先达到其屈服强度，然后受压区边缘混凝土达到极限压应变而被压碎。此时，受压区非预应力钢筋 A_s' 的应力可达到抗压屈服强度，而预应力钢筋 A_p' 的应力 σ_p' 可能是拉应力，也可能是压应力，但达不到 f_{py}'。σ_p' 的计算将在 10.5.2 节专门讨论。

先张法预应力混凝土受弯构件各阶段应力见表 10-10。

2. 后张法构件各阶段应力分析

1）施工阶段

与轴心受拉构件相似，在计算后张法预应力混凝土受弯构件施工阶段截面混凝土法向

应力时，一律采用净截面几何特征值和钢筋的有效预应力。因此，我们只需将式（10-74）~式（10-86）和图 10-15 中的 A_0、I_0、e_{p0}、y_0、y_p、y'_p、y_s、y'_s 换成 A_n、I_n、e_{pn}、y_n、y_{pn}、y'_{pn}、y_{sn}、y'_{sn}；将 σ_{p0}、σ'_{p0}、σ_{s0}、σ'_{s0} 换成 σ_{pe}、σ'_{pe}、σ_s、σ'_s 即可得到后张法构件施工阶段的应力状态。

$$N_p = \sigma_{pe}A_p + \sigma'_{pe}A'_p + \sigma_s A_s + \sigma'_s A'_s \qquad (10\text{-}97)$$

$$e_{pn} = \frac{\sigma_{pe}A_p y_{pn} - \sigma'_{pe}A'_p y'_{pn} + \sigma_s A_s y_{sn} - \sigma'_s A'_s y'_{sn}}{N_p}$$

$$= \frac{\sigma_{pe}A_p y_{pn} - \sigma'_{pe}A'_p y'_{pn} + \sigma_s A_s y_{sn} - \sigma'_s A'_s y'_{sn}}{\sigma_{pe}A_p + \sigma'_{pe}A'_p + \sigma_s A_s + \sigma'_s A'_s} \qquad (10\text{-}98)$$

式中，σ_{pe}、σ'_{pe}——受拉区和受压区预应力钢筋 A_p、A'_p 的有效预应力，$\mathrm{N/mm^2}$。

$\quad\quad\sigma_s$、σ'_s——受拉区和受压区非预应力钢筋 A_s、A'_s 的应力，$\mathrm{N/mm^2}$。

$\quad\quad y_{pn}$、y'_{pn}——受拉区、受压区预应力合力点至净截面重心的距离，mm。

$\quad\quad y_{sn}$、y'_{sn}——受拉区、受压区非预应力钢筋重心至净截面重心的距离，mm。

在 N_p 作用下截面任意点的混凝土法向应力为：

$$\sigma_{pc} = \frac{N_p}{A_n} \pm \frac{N_p e_{pn}}{I_n}y_n \qquad (10\text{-}99)$$

式中，A_n——净截面面积，$\mathrm{mm^2}$。$A_n = A_c + \alpha_E A_s + \alpha'_E A'_s$，不同种类的钢筋应取各自的弹性模量计算 α_E。

$\quad\quad I_n$——净截面惯性矩，$\mathrm{mm^4}$。

$\quad\quad y_n$——净截面形心轴至所计算的纤维层的距离，mm。

（1）完成第一批预应力损失后

$$\sigma_{pe\mathrm{I}} = \sigma_{con} - \sigma_{l\mathrm{I}} \qquad (10\text{-}100)$$

$$\sigma'_{pe\mathrm{I}} = \sigma'_{con} - \sigma'_{l\mathrm{I}} \qquad (10\text{-}101)$$

$$N_{p\mathrm{I}} = (\sigma_{con} - \sigma_{l\mathrm{I}})A_p + (\sigma'_{con} - \sigma'_{l\mathrm{I}})A'_p \qquad (10\text{-}102)$$

$$e_{pn\mathrm{I}} = \frac{(\sigma_{con} - \sigma_{l\mathrm{I}})A_p y_{pn} - (\sigma'_{con} - \sigma'_{l\mathrm{I}})A'_p y'_{pn}}{N_{p\mathrm{I}}} \qquad (10\text{-}103)$$

$$\left.\begin{array}{c}\sigma_{pc\mathrm{I}}\\ \sigma'_{pc\mathrm{I}}\end{array}\right\} = \frac{N_{p\mathrm{I}}}{A_n} \pm \frac{N_{p\mathrm{I}}e_{pn\mathrm{I}}}{I_n}y_n \qquad (10\text{-}104)$$

$$\sigma_{s\mathrm{I}} = -\alpha_E \sigma_{pc\mathrm{I}.s} \qquad (10\text{-}105)$$

$$\sigma'_{s\mathrm{I}} = -\alpha'_E \sigma'_{pc\mathrm{I}.s} \qquad (10\text{-}106)$$

式中，$\sigma_{pc\mathrm{I}.s}$ 和 $\sigma'_{pc\mathrm{I}.s}$ 分别为第一批预应力损失出现后，非预应力钢筋 A_s、A'_s 重心处混凝土法向压应力，可用 y_{sn}、y'_{sn} 代替式（10-104）中的 y_n 计算得到。

（2）全部预应力损失出现后

$$\sigma_{pe\mathrm{II}} = (\sigma_{con} - \sigma_l) \qquad (10\text{-}107)$$

$$\sigma'_{pe\mathrm{II}} = (\sigma'_{con} - \sigma'_l) \qquad (10\text{-}108)$$

$$N_{p\mathrm{II}} = (\sigma_{con} - \sigma_l)A_p + (\sigma'_{con} - \sigma'_l)A'_p - \sigma_{l5}A_s - \sigma'_{l5}A'_s \qquad (10\text{-}109)$$

$$e_{pn\mathrm{II}} = \frac{(\sigma_{con} - \sigma_l)A_p y_{pn} - (\sigma'_{con} - \sigma'_l)A'_p y'_{pn} - \sigma_{l5}A_s y_{sn} + \sigma'_{l5}A'_s y'_{sn}}{N_{p\mathrm{II}}} \qquad (10\text{-}110)$$

表 10-10

先张法预应力混凝土受弯构件各阶段的应力分析

受力阶段	简图	应力图形	预应力钢筋应力 σ_p	非预应力钢筋应力 σ_s
施工阶段 (1) 张拉预应力钢筋	σ'_{con} / σ_{con}	$\sigma'_{con}A'_p$，$\sigma_{con}A_p$	$\sigma_{pe}=\sigma_{con}$ $\sigma'_{pe}=\sigma'_{con}$	$\sigma_{s0}=\sigma'_{s0}=0$
(2) 完成第一批预应力损失		$(\sigma'_{con}-\sigma'_{l1})A'_p$，$(\sigma_{con}-\sigma_{l1})A_p$	$\sigma_{pe}=\sigma_{con}-\sigma_{l1}$ $\sigma'_{pe}=\sigma'_{con}-\sigma'_{l1}$	$\sigma_{s0}=\sigma'_{s0}=0$
(3) 放松预应力钢筋		$\sigma'_{pc\,I}$，$\sigma_{pe\,I}A'_p$，$\sigma_{pe\,I}A_p$，$\sigma_{pc\,I}$	$\sigma_{pe\,I}=(\sigma_{con}-\sigma_{l1})-\alpha_{Ep}\sigma_{pc\,I.p}$ $\sigma'_{pe\,I}=(\sigma'_{con}-\sigma'_{l1})-\alpha'_{Ep}\sigma'_{pc\,I.p}$	$\sigma_{s\,I}=-\alpha_E\sigma_{pc\,I.s}$ $\sigma'_{s\,I}=-\alpha'_E\sigma'_{pc\,I.s}$
(4) 完成第二批预应力损失		$\sigma'_{pc\,II}$，$\sigma_{pe\,II}A'_p$，$\sigma_{pe\,II}A_p$，$\sigma_{pc\,II}$	$\sigma_{pe\,II}=(\sigma_{con}-\sigma_l)-\alpha_{Ep}\sigma_{pc\,II.p}$ $\sigma'_{pe\,II}=(\sigma'_{con}-\sigma'_l)-\alpha'_{Ep}\sigma'_{pc\,II.p}$	$\sigma_{s\,II}=-(\sigma_{l5}+\alpha_E\sigma_{pc\,II.s})$ $\sigma'_{s\,II}=-(\sigma'_{l5}+\alpha'_E\sigma'_{pc\,II.s})$
使用阶段 (5) 加载至下边缘混凝土应力为零	P_0 / P_0	$\sigma'_{pe0}A'_p$，$\sigma_{pe0}A_p$	$\sigma_{pe0}\approx\sigma_{con}-\sigma_l$ $\sigma'_{pe0}=(\sigma'_{con}-\sigma'_l)-\alpha'_{Ep}\sigma'_{pc\,II.p}-\dfrac{\alpha'_{Ep}M_0}{I_0}y'_p$	$\sigma_{se0}=\sigma_{s0}\approx-\sigma_{l5}$ $\sigma'_{se0}=\sigma'_{s\,II}-\dfrac{\alpha'_E M_0}{I_0}y'_s$
(6) 加载至裂缝即将出现	P_{cr} / P_{cr}	$\sigma'_{pcr}A'_p$，$\sigma_{pcr}A_p$，f_{tk}	$\sigma_{pcr}\approx\sigma_{con}-\sigma_l+\alpha_{Ep}\gamma f_{tk}$ $\sigma'_{pcr}=\sigma'_{pe0}-\dfrac{\alpha'_{Ep}(M_{cr}-M_0)}{I_0}y'_p$	$\sigma_{scr}\approx-\sigma_{l5}+\alpha_{Ep}\gamma f_{tk}$ $\sigma'_{scr}=\sigma'_{se0}-\dfrac{\alpha'_E(M_{cr}-M_0)}{I_0}y'_s$
(7) 加载至破坏	P_u / P_u	$\sigma'_pA'_p$，σ_pA_p	$\sigma_p=f_{py}$ $\sigma'_p=(\sigma'_{con}-\sigma'_l)-f'_{py}$	$\sigma_s=f_y$ $\sigma'_s=f'_y$

$$\left.\begin{array}{c}\sigma_{pc\,\mathrm{II}}\\\sigma'_{pc\,\mathrm{II}}\end{array}\right\} = \frac{N_{p\,\mathrm{II}}}{A_n} \pm \frac{N_{p\,\mathrm{II}}\,e_{pn\,\mathrm{II}}}{I_n}y_n \qquad (10\text{-}111)$$

$$\sigma_{s\,\mathrm{II}} = -(\sigma_{l5} + \alpha_E\sigma_{pc\,\mathrm{II}.s}) \qquad (10\text{-}112)$$

$$\sigma'_{s\,\mathrm{II}} = -(\sigma'_{l5} + \alpha'_E\sigma'_{pc\,\mathrm{II}.s}) \qquad (10\text{-}113)$$

当 $A'_p = 0$ 时，上列式中取 $\sigma'_{l5} = 0$。

2）使用阶段

后张法受弯构件使用阶段的应力状态、消压弯矩 M_0、开裂弯矩 M_{cr} 以及破坏时的特征等均与先张法受弯构件相同，可详见式（10-91）、式（10-94）。各阶段钢筋应力的变化情况也与先张法受弯构件相同。

10.5.2　受弯构件使用阶段的计算

对预应力混凝土受弯构件，应根据使用条件进行承载力（包括正截面承载力和斜截面承载力）计算、裂缝控制(抗裂或裂缝宽度)验算及变形验算。

1．正截面承载力计算

相关试验表明，预应力混凝土受弯构件正截面发生破坏时，其截面平均应变仍符合平截面假定。界限破坏时的相对受压区高度 ξ_b、预应力钢筋及非预应力钢筋应力等都可以按平截面假定确定，但必须考虑荷载作用前构件中已经存在的混凝土和钢筋自相平衡的高应力状态。

1）相对界限受压区高度 ξ_b

对预应力混凝土受弯构件，受拉区预应力钢筋 A_p 的重心处混凝土法向应力为零时，预应力钢筋中已存在拉应力 σ_{p0}，相应应变为 $\varepsilon_{p0} = \sigma_{p0}/E_p$。当该处混凝土应力从零开始到界限破坏时，预应力钢筋的应力增量为 $f_{py} - \sigma_{p0}$，相应的应变增量为 $\varepsilon_{py} - \varepsilon_{p0}$。对无明显屈服点的预应力钢筋，通常用残余应变 0.2% 时的应力作为它的条件屈服强度，如图 10-16 所示，$\varepsilon_{py} = 0.002 + f_{py}/E_p$，$\varepsilon_{py} - \varepsilon_{p0} = 0.002 + (f_{py} - \sigma_{p0})/E_p$。取受压边缘混凝土极限应变 $\varepsilon_{cu} = 0.0033$，$x_b = 0.8x_{ob}$，由图 10-17 所示的几何关系可得：

$$\frac{x_{ob}}{h_0} = \frac{\varepsilon_{cu}}{\varepsilon_{cu} + (\varepsilon_{py} - \varepsilon_{p0})} = \frac{1}{1 + \dfrac{\varepsilon_{py} - \varepsilon_{p0}}{\varepsilon_{cu}}} = \frac{1}{1 + \dfrac{0.002}{\varepsilon_{cu}} + \dfrac{f_{py} - \sigma_{p0}}{\varepsilon_{cu}E_p}} \qquad (10\text{-}114)$$

$$\xi_b = \frac{x_b}{h_0} = \frac{0.8x_{ob}}{h_0} = \frac{0.8}{1.6 + \dfrac{f_{py} - \sigma_{p0}}{0.0033E_p}} \qquad (10\text{-}115)$$

若截面受拉区配有不同种类或不同预应力值的钢筋时，纵向受拉钢筋屈服和受压区混凝土破坏同时发生的相对受压区计算高度 ξ_b，应分别按下列公式计算，并取其最小值：

（1）非预应力钢筋(有屈服点)：

$$\xi_b = \frac{0.8}{1.0 + \dfrac{f_y}{0.0033E_p}} \qquad (10\text{-}116)$$

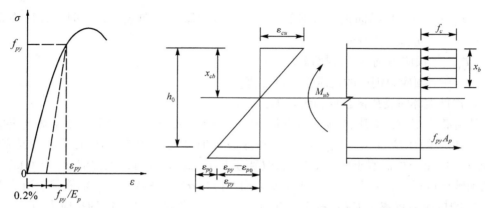

图 10-16 条件屈服强度的拉应变 　　　　图 10-17 界限破坏时截面的应力和应变图形

（2）预应力钢筋（无屈服点）：

$$\xi_b = \frac{0.8}{1.6 + \dfrac{f_{py} - \sigma_{p0}}{0.0033E_p}} \tag{10-117}$$

式中，σ_{p0}——受拉区预应力钢筋重心处混凝土法向应力为零时，预应力钢筋中已存在的拉应力，N/mm^2。对先张法 $\sigma_{p0} = \sigma_{con} - \sigma_l$，对后张法 $\sigma_{p0} = \sigma_{con} - \sigma_l + \alpha_{Ep}\sigma_{pc\text{II}.p}$。

2）预应力钢筋和非预应力钢筋应力

受弯构件中预应力和非预应力钢筋的应力可由平截面假定或近似公式计算。当钢筋重心处混凝土法向应力为零时，预应力钢筋已存在拉应力 σ_{p0}，非预应力钢筋已存在压应力 σ_{l5}。

（1）按平截面假定计算

$$\sigma_{pi} = 0.0033E_p\left(\frac{0.8h_{0i}}{x} - 1\right) + \sigma_{p0i} \tag{10-118}$$

$$\sigma_{si} = 0.0033E_s\left(\frac{0.8h_{0i}}{x} - 1\right) - \sigma_{l5} \tag{10-119}$$

（2）按近似公式计算

$$\sigma_{pi} = \frac{f_{py} - \sigma_{p0i}}{\xi_b - 0.8}\left(\frac{x}{h_{0i}} - 0.8\right) + \sigma_{p0i} \tag{10-120}$$

$$\sigma_{si} = \frac{f_y}{\xi_b - 0.8}\left(\frac{x}{h_{0i}} - 0.8\right) - \sigma_{l5} \tag{10-121}$$

由上述公式计算得到的钢筋应力应满足下列条件：

$$-(f'_{py} - \sigma_{p0i}) \leqslant \sigma_{pi} \leqslant f_{py} \tag{10-122}$$

$$-f'_y \leqslant \sigma_{si} \leqslant f_y \tag{10-123}$$

式中，σ_{si}、σ_{pi}——第 i 层纵向非预应力钢筋、预应力钢筋的应力，N/mm^2。正值为拉应力。

　　　　h_{0i}——第 i 层纵向钢筋截面重心至混凝土受压边缘的距离，mm。

σ_{p0i}——第 i 层纵向预应力钢筋截面重心处混凝土法向应力为零时，预应力钢筋的
应力，N/mm^2。

f_{py}——预应力钢筋的抗拉强度设计值。

f'_{py}——预应力钢筋的抗压强度设计值。

3）构件破坏时受压区预应力钢筋的应力 σ'_p

外荷载作用前，受压区预应力钢筋 A'_p 的拉应力为 σ'_{peII}，A'_p 重心处混凝土压应力为 $\sigma'_{pcII.p}$，相应的压应变为 $\sigma'_{pcII.p}/E_c$。当构件破坏时，受压边缘混凝土压应变达到 $\varepsilon_{cu}=0.0033$，A'_p 重心处混凝土压应变达到 ε'_c（当满足 $x \geqslant 2a'$ 条件时，近似取 $\varepsilon'_c = 0.002$），即从加载到破坏过程中，A'_p 处混凝土压应变增加了（$\varepsilon'_c - \sigma'_{pcII.p}/E_c$）。由于钢筋与混凝土共同变形，$A'_p$ 的拉应力将减小 $E_p(\varepsilon'_c - \sigma'_{pcII.p}/E_c)$。所以，构件破坏时，$A'_p$ 的拉应力为：

$$\sigma'_p = \sigma'_{peII} - E_p\left(\varepsilon'_c - \frac{\sigma'_{pcIIp}}{E_c}\right) = \sigma'_{peII} + \alpha_{Ep}\sigma'_{pcIIp} - f'_{py} = \sigma'_{p0} - f'_{py} \tag{10-124}$$

式中，σ'_{p0}——受压区预应力钢筋 A'_p 当其重心处混凝土法向应力为零时的应力，N/mm^2。
$\sigma'_{p0} = \sigma'_{peII.p} + \alpha'_{Ep}\sigma'_{pcII.p}$。对先张法构件：$\sigma'_{p0} = \sigma'_{con} - \sigma'_l$；对后张法构件：$\sigma'_{p0} = \sigma'_{con} - \sigma'_l + \alpha'_{Ep}\sigma'_{pcII.p}$。

从式（10-124）可以看出，在构件破坏时，σ'_p 可能是拉应力，也可能是压应力。当为压应力时，总是小于钢筋的抗压强度 f'_{py}。因此，对受弯构件的受压区钢筋施加预应力后，会使截面的承载力降低（与配筋相同的普通双筋混凝土梁相比）；另外，配置 A'_p 也降低了截面在使用阶段的抗裂性。故一般只在施工阶段预拉区不允许出现裂缝的构件中才配置 A'_p。

4）正截面受弯承载力计算

预应力混凝土受弯构件正截面破坏时，除受压区预应力钢筋 A'_p 的应力达不到抗压屈服强度 f'_{py} 外，其余均与普通钢筋混凝土受弯构件相同，因此，也可以由截面应力图形的平衡条件建立承载力计算公式。

（1）矩形截面构件

对矩形截面或翼缘位于受拉区的 T 形截面受弯构件，截面应力图形如图 10-18 所示，其正截面承载力计算的基本公式为：

$$f_c b x = f_y A_s - f'_y A'_s + f_{py} A_p + (\sigma'_{p0} - f'_{py})A'_p \tag{10-125}$$

$$M \leqslant \frac{M_u}{\gamma_d} = \frac{1}{\gamma_d}\left[f_c b x\left(h_0 - \frac{x}{2}\right) + f'_y A'_s(h_0 - a'_s) - (\sigma'_{p0} - f'_{py})A'_p(h_0 - a'_p)\right] \tag{10-126}$$

混凝土受压区高度应符合下列要求：

$$x \leqslant \xi_b h_0 \quad 或 \quad \xi = x/h_0 \leqslant \xi_b \tag{10-127}$$

$$x \geqslant 2a' \tag{10-128}$$

式中，M——弯矩设计值（包括 γ_0 和 ψ），$N \cdot mm$。对于后张法预应力混凝土超静定结构，弯矩设计值中次弯矩应参与组合。

A_p、A'_p——受拉区、受压区纵向预应力钢筋的截面面积，mm^2。

A_s、A_s'——受拉区、受压区纵向非预应力钢筋的截面面积，mm^2。

a_p'、a_s'——受压区纵向预应力钢筋合力点、非预应力钢筋合力点至受压边缘的距离，mm。

a'——纵向受压钢筋合力点至受压区边缘的距离，mm。当受压区未配置纵向预应力钢筋 A_p' 或 $\sigma_p'(=\sigma_{p0}'-f_{py}')$ 为拉应力时，式(10-128)中的 a' 应用 a_s' 代替。

当 $x<2a'$ 时，正截面受弯承载力可按以下方法计算：

当 σ_p' 为压应力时，取 $x=2a'$ (图10-19(a))：

$$M \leqslant \frac{M_u}{\gamma_d} = \frac{1}{\gamma_d}[f_y A_s(h-a_s-a') + f_{py}A_p(h-a_p-a')] \tag{10-129}$$

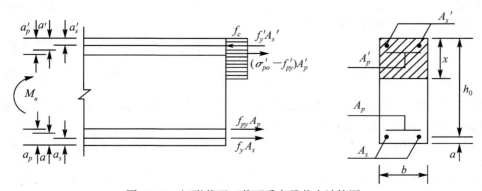

图 10-18　矩形截面正截面受弯承载力计算图

当 σ_p' 为拉应力时，取 $x=2a_s'$ (图10-19(b))：

$$M \leqslant \frac{M_u}{\gamma_d} = \frac{1}{\gamma_d}[f_y A_s(h-a_s-a_s') + f_{py}A_p(h-a_p-a_s') + (\sigma_{p0}'-f_{py}')A_p'(a_p'-a_s')]$$

$$\tag{10-130}$$

式中，a_p、a_s——受拉区纵向预应力钢筋合力点、非预应力钢筋合力点至受拉边缘的距离，mm。

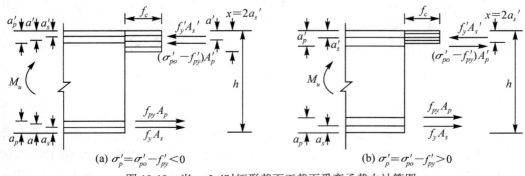

(a) $\sigma_p'=\sigma_{p0}'-f_{py}'<0$　　　　　(b) $\sigma_p'=\sigma_{p0}'-f_{py}'>0$

图 10-19　当 $x<2a'$ 时矩形截面正截面受弯承载力计算图

（2）T 形或 I 形截面构件

同普通钢筋混凝土 T 形截面受弯构件一样，对翼缘位于受压区的 T 形截面和 I 形截面预应力混凝土受弯构件，应先按下列条件判别属于哪一类 T 形截面，再采用相应方法计算。

截面设计时：

$$M \leqslant \frac{1}{\gamma_d}\left[f_c b_f' h_f'\left(h_0 - \frac{h_f'}{2}\right) + f_y' A_s'(h_0 - a_s') - (\sigma_{p0}' - f_{py}')A_p'(h_0 - a_p')\right] \qquad (10\text{-}131)$$

承载力复核时：

$$f_y A_s + f_{py} A_p \leqslant f_c b_f' h_f' + f_y' A_s' - (\sigma_{p0}' - f_{py}')A_p' \qquad (10\text{-}132)$$

当满足上述条件时，为第一类 T 形截面，即 $x \leqslant h_f'$，可按宽度为 b_f' 的矩形截面计算正截面受弯承载力，如图 10-20（a）所示。计算公式为：

$$f_c b_f' x = f_y A_s - f_y' A_s' + f_{py} A_p + (\sigma_{p0}' - f_{py}')A_p' \qquad (10\text{-}133)$$

$$M \leqslant \frac{1}{\gamma_d}\left[f_c b_f' x\left(h_0 - \frac{x}{2}\right) + f_y' A_s'(h_0 - a_s') - (\sigma_{p0}' - f_{py}')A_p'(h_0 - a_p')\right] \qquad (10\text{-}134)$$

当不满足式（10-131）或式（10-132）的条件时，说明中和轴通过肋部，$x > h_f'$，为第二类 T 形截面，见图 10-20（b）。计算公式为：

$$f_c\left[bx + (b_f' - b)h_f'\right] = f_y A_s - f_y' A_s' + f_{py} A_p + (\sigma_{p0}' - f_{py}')A_p' \qquad (10\text{-}135)$$

$$M \leqslant \frac{1}{\gamma_d}\left[f_c bx\left(h_0 - \frac{x}{2}\right) + f_c(b_f' - b)h_f'\left(h_0 - \frac{h_f'}{2}\right) + f_y' A_s'(h_0 - a_s') - (\sigma_{p0}' - f_{py}')A_p'(h_0 - a_p')\right]$$

$$(10\text{-}136)$$

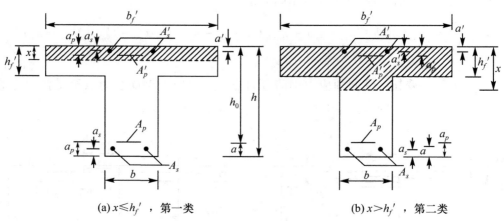

(a) $x \leqslant h_f'$，第一类　　　　　　　　　　(b) $x > h_f'$，第二类

图 10-20　T 形截面受弯构件受压区高度

和矩形截面一样，T 形截面构件的受压区高度也应满足式（10-127）、式（10-128）的要求。当不满足式（10-128）的规定，即 $x < 2a'$ 时，正截面受弯承载力也可按式（10-129）或式（10-130）计算；当由构造要求或正常使用极限状态要求所配置的纵向受拉钢筋截面面积大于截面受弯承载力要求时，则在验算 $x \leqslant \xi_b h_0$ 时，可以仅取受弯承载力要求所需的纵向受

拉钢筋截面面积。

在计算先张法预应力混凝土受弯构件在端部锚固区的正截面受弯承载力时，预应力钢筋的抗拉强度设计值在锚固起点取为零，在锚固终点取为 f_{py}，在两点之间按直线内插取用。预应力钢筋的锚固长度 l_a 由式(10-51)确定。

2. 斜截面承载力计算

相关理论分析与试验研究均表明，预压应力能够阻滞斜裂缝的出现和开展，增加混凝土剪压区的高度，增大骨料咬合力，从而提高梁的受剪承载力。

与非预应力梁相比，预应力梁受剪承载力的提高程度主要与预应力的大小有关，其次与预应力合力作用点的位置有关。当 $N_{p0}>(0.3\sim0.4)f_cA_0$ 时，预应力的有利作用就有下降的趋势；同时，只有当 N_{p0} 对截面产生的弯矩与外荷载产生的弯矩相反时，预应力才会对提高抗剪承载力有利。

预应力混凝土梁斜截面受剪承载力的计算，可在普通钢筋混凝土梁受剪承载力计算公式的基础上，加上一项由预应力作用所提高的受剪承载力 V_p。

对矩形、T 形和 I 形截面构件，当仅配有箍筋时，其斜截面受剪承载力按下式计算：

$$V \leqslant \frac{1}{\gamma_d}\left(0.5\beta_h f_t bh_0 + f_{yv}\frac{A_{sv}}{s}h_0 + V_p\right) \tag{10-137}$$

当配有如图 10-21 所示的箍筋和弯起钢筋时，受剪承载力按下式计算：

$$V \leqslant \frac{1}{\gamma_d}\left(0.5\beta_h f_t bh_0 + f_{yv}\frac{A_{sv}}{s}h_0 + V_p + V_{sb} + V_{pb}\right) \tag{10-138}$$

其中
$$V_p = 0.05N_{p0} \tag{10-139}$$
$$V_{sb} = 0.8f_y A_{sb}\sin\alpha_s \tag{10-140}$$
$$V_{pb} = 0.8f_{py} A_{pb}\sin\alpha_p \tag{10-141}$$
$$N_{p0} = \sigma_{p0}A_p + \sigma'_{p0}A'_p - \sigma_{l5}A_s - \sigma'_{l5}A'_s \tag{10-142}$$

式中，V——剪力设计值(包括 γ_0 和 Ψ)，N。对于后张法预应力混凝土超静定结构，剪力设计值中次剪力应参与组合。

　　V_p——由预应力所提高的受剪承载力，N。

　　N_{p0}——计算截面上混凝土法向应力为零时的预应力钢筋与非预应力钢筋的合力，N。按式(10-142)计算。其中，先张法构件 $\sigma_{p0} = \sigma_{con} - \sigma_l$，$\sigma'_{p0} = \sigma'_{con} - \sigma'_l$；后张法构件 $\sigma_{p0} = \sigma_{con} - \sigma_l + \alpha_{Ep}\sigma_{pcII.p}$，$\sigma'_{p0} = \sigma'_{con} - \sigma'_l + \alpha'_{Ep}\sigma'_{pcII.p}$；当 $N_{p0}>0.3f_cA_0$ 时，取 $N_{p0}=0.3f_cA_0$；N_{p0} 中不考虑预应力弯起钢筋的作用。对于先张法预应力混凝土梁，在计算 N_{p0} 时，应按式(10-48)、式(10-49)考虑预应力传递长度的影响(见图(10-10))。

　　V_{pb}——预应力弯起钢筋的受剪承载力，N。

　　A_{pb}——同一弯起平面的预应力弯起钢筋的截面面积，mm^2。

　　α_p——斜截面处预应力弯起钢筋的切线与构件纵向轴线的夹角，°。

其余符号同普通钢筋混凝土构件，见本书第 5.3 节。

当预应力混凝土构件符合下式要求时，则不需进行斜截面受剪承载力计算，只需按构造要求配置钢筋。

$$V \leqslant \frac{1}{\gamma_d}(0.5\beta_h f_t bh_0 + V_p) \tag{10-143}$$

对 N_{p0} 引起的截面弯矩与外弯矩方向相同的情况,以及预应力混凝土连续梁和允许出现裂缝的预应力混凝土简支梁,均取 $V_p = 0$。

预应力混凝土受弯构件截面尺寸的限制条件、斜截面受剪承载力计算位置的选取、箍筋和弯起钢筋的构造以及纵向钢筋的弯起及切断等构造要求与普通钢筋混凝土构件相同,详见第 5 章。

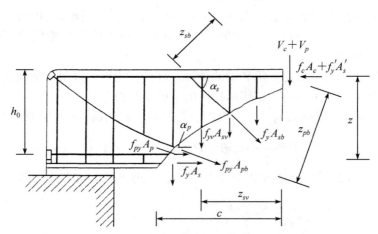

图 10-21　预应力混凝土受弯构件斜截面受剪承载力计算简图

3. 正截面抗裂验算

在使用阶段不允许出现裂缝的预应力混凝土受弯构件,应根据其裂缝控制等级(见附录 4 附表 4-3)的不同要求,分别按式(10-55)、式(10-56)进行正截面抗裂验算。应用这些公式时应注意以下几点:

(1) $\sigma_{pc\,\mathrm{II}}$ 为扣除全部预应力损失后在验算截面下边缘混凝土的预压应力。对先张法、后张法受弯构件,可分别按式(10-86)或式(10-111)计算。

(2) 在标准组合下,抗裂验算截面下边缘的混凝土法向应力 σ_{ck},对受弯构件应按下式计算:

$$\sigma_{ck} = \frac{M_k}{W_0} \tag{10-144}$$

式中,M_k 为按标准组合计算的弯矩值,单位为 N·mm。对于后张法预应力混凝土超静定结构,次弯矩应参与组合。

(3) 对受弯构件,受拉区混凝土塑性影响系数 γ 按附录 4 中附表 4-5 中的 γ_m 取用。

(4) 对受弯构件,在施工阶段预拉区出现裂缝的区段,会降低使用阶段的正截面抗裂能力。因此式(10-55)、式(10-56)中的 $\sigma_{pc\,\mathrm{II}}$ 和 f_{tk} 均应乘以系数 0.9。

(5) 对先张法受弯构件,在验算构件端部预应力传递长度 l_{tr} 范围内正截面抗裂时,要考虑实际预应力值的降低。

4. 斜截面抗裂验算

预应力混凝土受弯构件的斜截面抗裂验算，主要是根据裂缝控制等级的不同要求，验算截面在标准组合下混凝土的主拉应力 σ_{tp} 和主压应力 σ_{cp} 是否满足规定的限值。

（1）混凝土主拉应力验算

对严格要求不出现裂缝的构件（一级）

$$\sigma_{tp} \leqslant 0.85 f_{tk} \tag{10-145}$$

对一般要求不出现裂缝的构件（二级）：

$$\sigma_{tp} \leqslant 0.95 f_{tk} \tag{10-146}$$

（2）混凝土主压应力验算

对严格要求和一般要求不出现裂缝的构件（一、二级）：

$$\sigma_{cp} \leqslant 0.60 f_{ck} \tag{10-147}$$

式中，σ_{tp}、σ_{cp} 分别为在标准组合下混凝土的主拉应力和主压应力，单位为 N/mm²。

验算时，应选择跨度内不利位置的截面（如 M 及 V 都较大的截面或外形有突变的截面，如 I 形截面腹板厚度变化处等），对该截面的换算截面重心处和截面宽度突变处（如 I 形截面上、下翼缘与腹板交界处等）进行验算。当满足上述条件时，则可认为截面抗裂，否则应加大构件的截面尺寸。

预应力混凝土受弯构件在斜裂缝出现以前，基本处于弹性工作状态，式（10-145）~式（10-147）中的主应力可以按材料力学方法计算，即：

$$\left.\begin{array}{c}\sigma_{tp}\\\sigma_{cp}\end{array}\right\} = \frac{\sigma_x + \sigma_y}{2} \pm \sqrt{\left(\frac{\sigma_x - \sigma_y}{2}\right)^2 + \tau^2} \tag{10-148}$$

$$\sigma_x = \sigma_{pc} + \frac{M_k y_0}{I_0} \tag{10-149}$$

$$\tau = \frac{\left(V_k - \sum \sigma_{pe} A_{pb} \sin\alpha_p\right) S_0}{I_0 b} \tag{10-150}$$

式中，V_k——按标准组合计算的剪力值，N；对于后张法预应力混凝土超静定结构，次剪力应参与组合。

σ_x——由预应力和弯矩值 M_k 在计算纤维处产生的混凝土法向应力，N/mm²。

σ_y——由集中作用的标准值 F_k 产生的混凝土竖向压应力，N/mm²。

τ——由剪力值 V_k 和预应力弯起钢筋的预加力在计算纤维处产生的混凝土剪应力，N/mm²。当计算截面上作用有扭矩时，尚应考虑扭矩引起的剪应力；对于后张法预应力混凝土超静定结构构件，在计算剪应力时，尚应计入预加力引起的次剪力。

σ_{pc}——扣除全部预应力损失后，在计算纤维处由预应力产生的混凝土法向应力，N/mm²。按式（10-86）或式（10-111）计算。

σ_{pe}——预应力钢筋的有效预应力，N/mm²。

y_0——换算截面重心至计算纤维处的距离，mm。

S_0——计算纤维以上部分的换算截面面积对构件换算截面重心的面积矩，mm³。

A_{pb}——计算截面处同一弯起平面内的预应力弯起钢筋的截面面积，mm^2。

α_p——计算截面处预应力弯起钢筋的切线与构件纵向轴线的夹角，°。

对预应力混凝土梁，在集中荷载作用点两侧各 $0.6h$ 的长度范围内，集中荷载标准值 F_k 产生的混凝土竖向压应力和剪应力，可按图 10-22 取用。

式（10-148）、式（10-149）中的 σ_x、σ_y、σ_{pc} 和 $M_k y_0/I_0$，当为拉应力时以正号代入，当为压应力时以负号代入。对先张法受弯构件，在验算构件端部预应力传递长度 l_{tr} 范围内的斜截面抗裂时，应考虑 l_{tr} 范围内实际预应力 σ_{pc}、σ_{pe} 的降低。

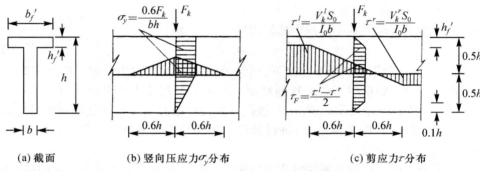

F_k—集中荷载标准值；V_k^l、V_k^r—F_k 产生的左端、右端的剪力值；τ^l、τ^r—F_k 产生的左端、右端的剪应力
图 10-22　预应力混凝土梁集中力作用点附近应力分布图

5. 裂缝宽度验算

对允许出现裂缝（裂缝控制等级为三级）的预应力混凝土受弯构件，应按式（10-58）进行裂缝宽度验算。其中构件受力特征系数 α_{cr}、有效受拉混凝土截面面积 A_{te}、受拉区纵向预应力钢筋截面面积 A_p 等按关于受弯构件的规定取用；按标准组合计算时，纵向受拉钢筋的等效应力 σ_{sk} 按下列公式计算，如图 10-23 所示。σ_{sk} 相当于混凝土法向应力为零时预应力钢筋和非预应力钢筋合力 N_{p0} 和外弯矩 M_k 共同作用时，受拉区钢筋的应力增量。

$$\sigma_{sk} = \frac{M_k \pm M_2 - N_{p0}(z - e_p)}{(A_s + A_P)z} \quad (10\text{-}151)$$

$$z = \left[0.87 - 0.12(1 - \gamma_f')\left(\frac{h_0}{e}\right)^2\right]h_0 \quad (10\text{-}152)$$

$$e = \frac{M_k \pm M_2}{N_{p0}} + e_p \quad (10\text{-}153)$$

$$\gamma_f' = \frac{(b_f' - b)h_f'}{bh_0} \quad (10\text{-}154)$$

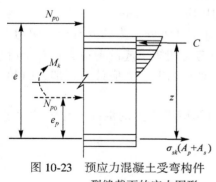

图 10-23　预应力混凝土受弯构件裂缝截面的应力图形

式中，M_2——后张法预应力混凝土超静定结构构件中的次弯矩，$N \cdot mm$。在式（10-151）、式（10-153）中，当 M_2 与 M_k 的作用方向相同时，取加号；当 M_2 与 M_k 的作用方向相反时，取减号。

z——受拉区纵向非预应力和预应力钢筋合力点至截面受压区合力点的距离，mm。

e_p——混凝土法向应力等于零时，全部纵向预应力和非预应力钢筋的合力 N_{p0} 的作用点至受拉区纵向预应力和非预应力钢筋合力点的距离，mm。

γ'_f——受压翼缘面积与腹板有效面积的比值，当 $h'_f>0.2h$ 时，取 $h'_f=0.2h$。

e——N_{p0} 与 M_k 组合后的作用点至受拉区纵向预应力和非预应力钢筋的合力点的距离，mm。

6. 挠度验算

预应力混凝土受弯构件的挠度由两部分叠加而得：一部分是由外荷载产生的挠度 f_1；另一部分是由预加力产生的反拱 f_2。两者互相抵消后，预应力构件的挠度比非预应力构件小。

1）外荷载作用产生的挠度 f_1

由外荷载作用产生的挠度按材料力学公式计算：

$$f_1 = s \frac{M_k l_0^2}{B} \tag{10-155}$$

式中，f_1——按标准组合并考虑荷载的长期作用影响时构件的挠度，mm；

B——预应力混凝土受弯构件的刚度，$N \cdot mm^2$。

预应力混凝土受弯构件的刚度 B 可按下式计算：

$$B = 0.65B_{ps} \tag{10-156}$$

对翼缘位于受拉区的倒 T 形截面，取 $B=0.5B_{ps}$。

其中 B_{ps} 为标准组合下受弯构件的短期刚度，按下列公式计算：

（1）要求不出现裂缝的构件 $\quad B_{ps} = 0.85E_c I_0 \tag{10-157}$

（2）允许出现裂缝的构件 $\quad B_{ps} = \dfrac{B_s}{1 - 0.8\delta} \tag{10-158}$

$$\delta = \frac{M'_{p0}}{M_k} \tag{10-159}$$

$$M'_{p0} = N_{p0}(\eta_0 h_0 - e_p) \tag{10-160}$$

$$\eta_0 = \frac{1}{1.5 - 0.3\sqrt{\gamma'_f}} \tag{10-161}$$

式中，B_s——出现裂缝的钢筋混凝土受弯构件的短期刚度，$N \cdot mm^2$。按式（9-57）、（9-58）计算，式中的纵向受拉钢筋配筋率 ρ 包括预应力及非预应力受拉钢筋截面面积在内 $\rho = \dfrac{A_s + A_p}{bh_0}$；

δ——消压弯矩与按标准组合计算的弯矩值的比值，简称预应力度；

M'_{p0}——非预应力钢筋及预应力钢筋合力点处混凝土法向应力为零时的消压弯矩，$N \cdot mm$。

η_0——纵向受拉钢筋合力点处混凝土法向应力为零时的截面内力臂系数。

对预压时预拉区出现裂缝的构件，B_{ps} 应降低 10%。

2）预加力产生的反拱 f_2

构件由预加力产生的反拱值，可按材料力学偏心受压构件的挠度公式计算：

$$f_{2s} = \frac{N_p e_{p0} l_0^2}{8 E_c I_0} \tag{10-162}$$

式中，N_p——扣除全部预应力损失后的预应力与非预应力钢筋的合力，N。先张法为 $N_{p0\,II}$（见式（10-84）），后张法为 $N_{p\,II}$（见式（10-109））。

　　　e_{p0}——N_p 对截面重心的偏心距，mm。先张法为 $e_{p0\,II}$（见式（10-85）），后张法为 $e_{pn\,II}$（见式（10-110））。

考虑预压应力长期作用的影响，将上式求得的 f_{2s} 乘以增大系数 2.0，即

$$f_2 = 2 f_{2s} \tag{10-163}$$

3）挠度验算

预应力混凝土受弯构件的挠度应满足下式要求：

$$f = f_1 - f_2 \leqslant [f] \tag{10-164}$$

式中，$[f]$——受弯构件的允许挠度，mm。见附录 4 中附表 4-4。

对永久荷载所占比例较小的构件，应考虑反拱过大对使用上的不利影响。

10.5.3　受弯构件施工阶段验算

1. 混凝土法向应力验算

预应力混凝土受弯构件在预应力钢筋张拉完毕（后张法）或放松预应力钢筋时（先张法），会在截面下边缘产生压应力 σ_{cc}，有时会在截面上边缘（预拉区）产生拉应力 σ_{ct}；在运输、吊装时，自重及施工荷载在支承点或吊点处会产生负弯矩，与预压力 N_p 产生的弯矩方向相同，使吊点截面成为最不利的受力截面。因此，应对上述两种情况下的混凝土法向应力进行验算。

（1）在构件运输及吊装阶段，截面边缘的混凝土法向应力可按式（10-71）计算；

（2）对制作、运输及安装等阶段不允许出现裂缝的构件，或预压时全截面受压的构件，截面边缘混凝土法向应力应符合式（10-64）、（10-72）的要求；

（3）对制作、运输及安装等阶段允许出现裂缝的构件，当预拉区不配置预应力钢筋时，截面边缘混凝土法向应力应符合式（10-64）、（10-73）的要求。

2. 锚固区局部受压承载力验算

后张法受弯构件端部锚固区的局部受压承载力验算与轴心受拉构件相同，见式（10-65）~式（10-70）。

例 10-2　某预应力混凝土简支梁跨度 9m，计算跨度 $l_0 = 8.575\text{m}$，净跨度 $l_n = 8.2\text{m}$，截面尺寸如图 10-24 所示。混凝土强度等级 C40，预应力钢筋用 1570 级螺旋肋消除应力钢丝（Φ^H），箍筋用 HPB300 钢筋（Φ）；梁承受均布恒载标准值 $g_k = 16.0\text{kN/m}$，均布活荷载标准值 $q_k = 15.0\text{kN/m}$；构件采用先张法生产，台座长 80m，采用夹片式锚具（有顶压），一端张拉，蒸汽养护，温差 20℃，混凝土达 100% 强度时放松预应力钢筋；构件使用阶段正

截面裂缝控制等级为二级(一般要求不出现裂缝),斜截面不允许开裂,施工阶段预拉区不允许开裂。试对该梁进行使用阶段和施工阶段承载力、裂缝控制、挠度等计算和验算。

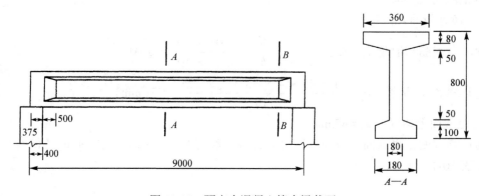

图 10-24 预应力混凝土简支梁截面

解:构件的材料性能

C40 级混凝土,$f_c = 19.1\text{N/mm}^2$,$f_t = 1.71\text{N/mm}^2$,$f_{ck} = 26.8\text{N/mm}^2$,$f_{tk} = 2.39\text{N/mm}^2$,$E_c = 3.25 \times 10^4 \text{N/mm}^2$;

1570 级螺旋肋消除应力钢丝(Φ^H),$f_{ptk} = 1570\text{N/mm}^2$,$f_{py} = 1110\text{N/mm}^2$,$f'_{py} = 410\text{N/mm}^2$,$E_p = 2.05 \times 10^5 \text{N/mm}^2$;

HPB300 热轧钢筋(Φ),$f_{yv} = 270\text{N/mm}^2$。

1. 使用阶段计算

1)正截面承载力计算

取 $\gamma_0 = 1.1$,$\psi = 1.0$。

荷载设计值 $\quad q = \gamma_G g_k + \gamma_Q q_k = 1.1 \times 16 + 1.3 \times 15 = 37.1(\text{kN/m})$

弯矩设计值 $\quad M = \gamma_0 \psi \dfrac{1}{8} q l_0^2 = 1.1 \times 1 \times \dfrac{1}{8} \times 37.1 \times 8.575^2 = 375.10(\text{kN} \cdot \text{m})$

如图 10-24 所示,受压翼缘平均高度 $h'_f = 80 + 50/2 = 105\text{mm}$,考虑到预应力钢筋的根数可能较多,取 $h_0 = 720\text{mm}$。

$$\dfrac{1}{\gamma_d}\left[f_c b'_f h'_f \left(h_0 - \dfrac{h'_f}{2}\right)\right] = \dfrac{1}{1.2} \times \left[19.1 \times 360 \times 105 \times \left(720 - \dfrac{105}{2}\right)\right]$$

$= 401.60 \times 10^6 \text{N} \cdot \text{mm} = 401.60\text{kN} \cdot \text{m} > M = 375.10\text{kN} \cdot \text{m}$,属于第一类 T 形截面。

$$\alpha_s = \dfrac{\gamma_d M}{b'_f h_0^2 f_c} = \dfrac{1.2 \times 375.10 \times 10^6}{360 \times 720^2 \times 19.1} = 0.1263$$

$$\xi = 0.1355$$

$$A_s = \xi \dfrac{f_c}{f_y} b'_f h_0 = 0.1355 \times \dfrac{19.1}{1110} \times 360 \times 720 = 604(\text{mm}^2)$$

选用 10 Φ^H9,$A_p = 636.2\text{mm}^2$。

为防止施工期间预拉区混凝土开裂，在梁顶部布置2Φᴴ9 预应力钢筋，$A'_p = 127.2\text{mm}^2$，钢筋布置见图 10-25。

2）正截面抗裂验算

（1）换算截面几何特性

预应力钢筋与混凝土弹模比　　$\alpha_{Ep} = \dfrac{E_p}{E_c} = \dfrac{2.05 \times 10^5}{3.25 \times 10^4} = 6.31$

A_p 距截面下边缘　　$a_p = \dfrac{4 \times 45 + 4 \times 85 + 2 \times 125}{10} = 77(\text{mm})$

A'_p 距截面上边缘　　$a'_p = 45\text{mm}$

为计算方便，将截面划分为不同分区，各区编号见图 10-26，换算截面几何特性计算结果如表 10-11 所示。

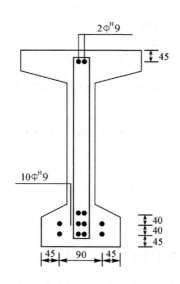

图 10-25　预应力钢筋布置

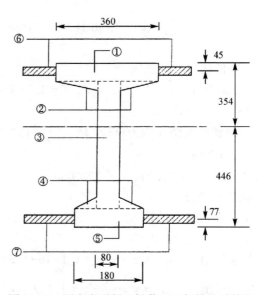

图 10-26　预应力混凝土梁截面几何特性计算图

换算截面面积　　　　　　$A_0 = \sum A_i = 109953(\text{mm}^2)$

换算截面形心距底边　　$y_0 = \dfrac{\sum S_i}{A_0} = \dfrac{49109.074}{109.953} = 446(\text{mm})$

换算截面形心距顶边　　$y_1 = h - y_0 = 800 - 446 = 354(\text{mm})$

换算截面惯性矩

$$I_0 = \sum I_i + \sum A_i a_i^2 - A_0 y_0^2 = 1620.532 \times 10^6 + 28919.452 \times 10^6 - 109953 \times 446^2$$
$$= 8.6686 \times 10^9 (\text{mm}^4)$$

表 10-11　　　　　　　　　　　　换算截面几何特性计算表

编号	A_i /$(10^3 mm^2)$	$a_i(mm)$	$S_i = A_i a_i$ /$(10^3 mm^3)$	$S_i a_i = A_i a_i^2$ /$(10^6 mm^4)$	I_i /$(10^6 mm^4)$
1	$360 \times 80 = 28.8$	760	21888	16634.880	$(1/12) \times 360 \times 80^3 = 15.360$
2	$(1/2) \times 280 \times 50 = 7.0$	703.3	4923.333	3462.742	$(1/36) \times 280 \times 50^3 = 0.972$
3	$80 \times 620 = 49.6$	410	20336	8337.760	$(1/12) \times 80 \times 620^3 = 1588.853$
4	$(1/2) \times 100 \times 50 = 2.5$	116.7	291.667	34.028	$(1/36) \times 120 \times 50^3 = 0.347$
5	$180 \times 100 = 18$	50	900	45	$(1/12) \times 180 \times 100^3 = 15.0$
6	$(6.31-1) \times 127.2 = 0.675$	755	509.951	385.013	
7	$(6.31-1) \times 636.2 = 3.378$	77	260.123	20.029	
$\sum$	109.953		49109.074	28919.452	1620.532

注：表中 a_i 为各分区形心距截面下边缘的距离，I_i 为各分区绕自身形心轴的惯性矩。

预应力钢筋偏心距　　　　$y_p = 446 - 77 = 369(mm)$，$y'_p = 354 - 45 = 309(mm)$

（2）张拉控制应力

受拉区预应力钢筋　　$\sigma_{con} = 0.75 f_{ptk} = 0.75 \times 1570 = 1177.5(N/mm^2)$

受压区预应力钢筋　　$\sigma'_{con} = 0.75 f_{ptk} = 0.75 \times 1570 = 1177.5(N/mm^2)$

（3）预应力损失

①锚具变形损失。由表 10-2 查得有顶压时夹片式锚具 $a = 5mm$；一端张拉，$l = 80m$。

$$\sigma_{l1} = \sigma'_{l1} = \frac{a}{l} E_p = \frac{5}{80000} \times 2.05 \times 10^5 = 12.81(N/mm^2)$$

②混凝土加热养护时，预应力钢筋与承台间的温差损失。

$$\sigma_{l3} = \sigma'_{l3} = 2\Delta t = 2 \times 20 = 40(N/mm^2)$$

③预应力钢筋的松弛损失。查表 10-4，当 $0.7 f_{ptk} < \sigma_{con} \leqslant 0.8 f_{ptk}$ 时

$$\sigma_{l4} = \sigma'_{l4} = 0.2 \left(\frac{\sigma_{con}}{f_{ptk}} - 0.575 \right) \sigma_{con} = 0.2 \times (0.75 - 0.575) \times 1177.5 = 41.21(N/mm^2)$$

第一批预应力损失（考虑放松钢筋前，钢筋应力松弛损失完成 50%）

$$\sigma_{l1} = \sigma_{l1} + \sigma_{l3} + 0.5\sigma_{l4} = 12.81 + 40 + 0.5 \times 41.21 = 73.42(N/mm^2)$$

$$\sigma'_{l1} = \sigma'_{l1} + \sigma'_{l3} + 0.5\sigma'_{l4} = 12.81 + 40 + 0.5 \times 41.21 = 73.42(N/mm^2)$$

④混凝土收缩和徐变损失。计算混凝土预压应力 σ_{pc} 时仅考虑第一批损失，由式（10-77）、式（10-78）及式（10-76）得：

预应力钢筋合力

$$N_{p01} = (\sigma_{con} - \sigma_{l1}) A_p + (\sigma'_{con} - \sigma'_{l1}) A'_p$$
$$= (1177.5 - 73.42) \times 636.2 + (1177.5 - 73.42) \times 127.2$$
$$= 842855N$$

N_{p01} 至换算截面重心的距离

$$e_{p0\text{I}} = \frac{(\sigma_{con} - \sigma_{l\text{I}})A_p y_p - (\sigma'_{con} - \sigma'_{l\text{I}})A'_p y'_p}{N_{p0\text{I}}}$$

$$= \frac{(1177.5 - 73.42) \times 636.2 \times 369 - (1187.5 - 73.42) \times 127.2 \times 309}{842855} = 256(\text{mm})$$

截面混凝土预应力

$$\sigma_{pc1} = \frac{N_{p01}}{A_0} \pm \frac{N_{p01}e_{p01}}{I_0}y = \frac{842855}{109.953 \times 10^3} \pm \frac{842855 \times 256}{8.6686 \times 10^9}y = 7.66559 \pm 0.02489y$$

受拉区预应力钢筋重心处混凝土压应力　$\sigma_{pc1,p} = 7.6656 + 0.02489 \times 369 = 16.9(\text{N/mm}^2)$

受压区预应力钢筋重心处混凝土压应力　$\sigma'_{pc1,p} = 7.6656 - 0.02489 \times 309 = -0.03(\text{N/mm}^2)(拉)$

混凝土收缩和徐变引起的预应力损失 σ_{l5} 按式(10-9)、式(10-10)计算:

$$\rho = A_p/A_0 = 636.2/109953 = 0.00579, \quad \rho' = A'_p/A_0 = 127.2/109953 = 0.00116$$

$$\sigma_{pc1}, \quad p/f'_{cu} = 16.9/40 = 0.42 < 0.5$$

$$\sigma_{l5} = \frac{60 + 340 \times \dfrac{\sigma_{pc1,p}}{f'_{cu}}}{1 + 15\rho} = \frac{60 + 340 \times \dfrac{16.9}{40}}{1 + 15 \times 0.00579} = 187.4(\text{N/mm})^2$$

$$\sigma'_{l5} = \frac{60 + 340 \times \dfrac{\sigma'_{pc1,p}}{f'_{cu}}}{1 + 15\rho'} = \frac{60 + 340 \times \dfrac{0.0}{40}}{1 + 15 \times 0.00116} = 59.0(\text{N/mm}^2)$$

第二批预应力损失

$$\sigma_{l\text{II}} = 0.5\sigma_{l4} + \sigma_{l5} = 0.5 \times 41.21 + 187.4 = 208.0(\text{N/mm}^2)$$

$$\sigma'_{l\text{II}} = 0.5\sigma'_{l4} + \sigma'_{l5} = 0.5 \times 41.21 + 59.0 = 79.6(\text{N/mm}^2)$$

⑤总预应力损失

$$\sigma_l = \sigma_{l\text{I}} + \sigma_{l\text{II}} = 73.42 + 208.0 = 281.4\text{N/mm}^2 > 100(\text{N/mm}^2)$$

$$\sigma'_l = \sigma'_{l\text{I}} + \sigma'_{l\text{II}} = 73.42 + 79.6 = 153.0\text{N/mm}^2 > 100(\text{N/mm}^2)$$

(4)完成全部预应力损失后的预应力

预应力钢筋应力

$$\sigma_{p0\text{II}} = \sigma_{con} - \sigma_l = 1177.5 - 281.4 = 896.1(\text{N/mm}^2)$$

$$\sigma'_{p0\text{II}} = \sigma'_{con} - \sigma'_l = 1177.5 - 153.0 = 1024.5(\text{N/mm}^2)$$

预应力钢筋合力及合力距换算截面形心轴的距离

$$N_{p0\text{II}} = (\sigma_{con} - \sigma_l)A_p + (\sigma'_{con} - \sigma'_l)A'_p = 896.1 \times 636.2 + 1024.5 \times 127.2 = 700415(\text{N})$$

$$e_{p0\text{II}} = \frac{(\sigma_{con} - \sigma_l)A_p y_p - (\sigma'_{con} - \sigma'_l)A'_p y'_P}{N_{p0\text{II}}}$$

$$= \frac{896.1 \times 636.2 \times 369 - 1024.5 \times 127.2 \times 309}{700415} = 242.9(\text{mm})$$

混凝土预应力:

$$\sigma_{pc} = \sigma_{pc\,\mathrm{II}} = \frac{N_{p0\,\mathrm{II}}}{A_0} \pm \frac{N_{p01}\,e_{p0\,\mathrm{II}}}{I_0}y = \frac{700415}{109.953 \times 10^3} \pm \frac{700415 \times 242.9}{8.6686 \times 10^9} \times y$$

$$= 6.3701 \pm 0.0196y$$

下边缘：$y = 446\mathrm{mm}$，$\sigma_{pc\,\mathrm{II}} = 6.3701 + 0.0196 \times 446 = 15.11\,(\mathrm{N/mm^2})$

A_p 重心：$y = 369\mathrm{mm}$，$\sigma_{pc\,\mathrm{II},p} = 6.3701 + 0.0196 \times 369 = 13.60\,(\mathrm{N/mm^2})$

A'_p 重心：$y = -309\mathrm{mm}$，$\sigma'_{pc\,\mathrm{II},p} = 6.3701 - 0.0196 \times 309 = 0.31\,(\mathrm{N/mm^2})$

上边缘：$y = -354\mathrm{mm}$，$\sigma'_{pc\,\mathrm{II}} = 6.3701 - 0.0196 \times 354 = -0.57\,(\mathrm{N/mm^2})$（拉应力）

（5）抗裂验算

按标准组合计算的弯矩

$$M_k = \gamma_0 \psi \frac{1}{8}(g_k + q_k)l_0^2 = 1.1 \times 1 \times \frac{1}{8} \times (16 + 15) \times 8.575^2 = 313.42\,(\mathrm{kN \cdot m})$$

$$\sigma_{ck} = \frac{M_k}{I_0}y_0 = \frac{313.42 \times 10^6}{8.6686 \times 10^9} \times 446 = 16.13\,(\mathrm{N/mm^2})$$

由于 $b'_f = 360\mathrm{mm} > b_f = 180\mathrm{mm}$，截面抵抗矩的塑性系数 γ_m 可取 T 形截面和对称 I 形截面之间的数值。T 形截面 $\gamma_m = 1.50$；而 $b_f/b = 180/80 = 2.25 > 2$，$h_f/h = 100/800 = 0.125 < 0.2$，得对称 I 形截面 $\gamma_m = 1.35$，故对本例非对称 I 形截面，取 $\gamma_{m1} = (1.50 + 1.35)/2 = 1.425$。经截面高度修正后：

$$\gamma_m = \left(0.7 + \frac{300}{h}\right)\gamma_{m1} = \left(0.7 + \frac{300}{800}\right) \times 1.425 = 1.532$$

$\sigma_{ck} - \sigma_{pc} = 16.13 - 15.11 = 1.02\mathrm{N/mm^2} < \alpha_{ct}\gamma f_{tk} = 0.7 \times 1.532 \times 2.39 = 2.56\mathrm{N/mm^2}$，满足抗裂要求。

3）斜截面受剪承载力计算

（1）剪力设计值

支座边缘 $\quad V = \gamma_0 \psi \frac{1}{2}ql_n = 1.1 \times 1 \times \frac{1}{2} \times 37.1 \times 8.2 = 167.32(\mathrm{kN})$

变截面处（图 10-24 中 B-B 截面）$\quad V_1 = \gamma_0 \psi \frac{1}{2}ql_1 = 1.1 \times 1 \times \frac{1}{2} \times 37.1 \times (8.2 - 1) = 146.92(\mathrm{kN})$

（2）抗剪承载力计算

因变截面处剪力与支座边缘截面剪力相差不大，但腹板厚度仅为支座边缘处的 1/2.25，故选择变截面处进行斜截面承载力计算。

对先张法构件，在进行构件端部斜截面受剪承载力计算时，应考虑预应力钢筋在传递长度 l_{tr} 范围内实际应力的变化。

由式（10-48），$l_{tr} = \alpha \frac{\sigma_{pe}}{f'_{tk}}d = \alpha \frac{\sigma_{con} - \sigma_{l1}}{f'_{tk}}d = 0.13 \times \frac{1177.5 - 73.42}{2.39} \times 9 = 540.5\,(\mathrm{mm})$

计算截面 B-B 距构件端部 875mm $> l_{tr}$，不必考虑传递长度影响

$$h_w = 800 - 130 - 150 = 520, \quad \frac{h_w}{b} = \frac{520}{80} = 6.5 > 6$$

$$N_{p0} = N_{p0\,II} = 700415\text{N} > 0.3f_cA_0 = 0.3 \times 19.1 \times 109953 = 630031(\text{N})$$

计算斜截面受剪承载力时，取 $N_{p0} = 0.3f_cA_0 = 630031(\text{N})$

$$\frac{(0.2f_cbh_0)}{\gamma_d} = \frac{0.2 \times 19.1 \times 80 \times 720}{1.2} = 183360\text{N} > V_1 = 146920\text{N}，截面尺寸满足要求$$

$$\beta_h = \left(\frac{800}{h_0}\right)^{\frac{1}{4}} = \left(\frac{800}{720}\right)^{\frac{1}{4}} = 1.027$$

$$\frac{(0.5\beta_hf_tbh_0 + V_p)}{\gamma_d} = \frac{0.5 \times 1.027 \times 1.71 \times 80 \times 720 + 0.05 \times 630031}{1.2} = 68399\text{N} < V_1 = $$

146920N，需计算配置抗剪箍筋

$$\frac{A_{sv}}{s} \geqslant \frac{\gamma_dV_1 - (0.5\beta_hf_tbh_0 + V_p)}{f_{yv}h_0} = \frac{1.2 \times 146920 - 1.2 \times 68399}{270 \times 720} = 0.485(\text{mm}^2/\text{mm})$$

配置双肢Φ8@200箍筋，$A_{sv}/s = 101/200 = 0.502$，满足要求。

4）斜截面抗裂验算

取腹板厚度变化处的主应力较大的三个点，即图 10-24 中 B-B 截面的重心处和上、下翼缘与腹板交界处三点（如图 10-27 所示）进行验算。计算截面距构件端部 875mm > l_{tr}，不必考虑传递长度影响。

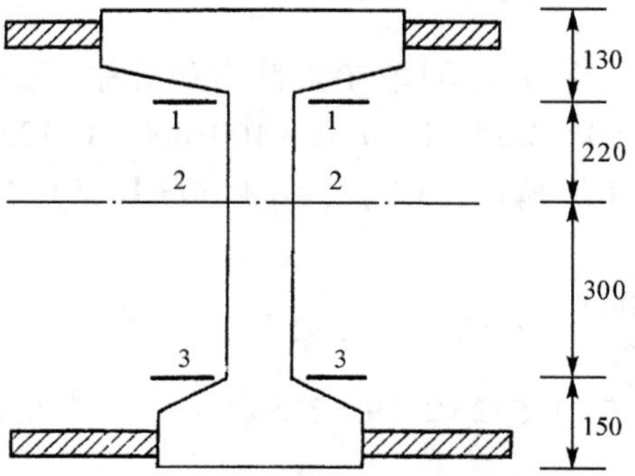

（1）预应力作用时正应力

$$\sigma_{pc} = \sigma_{pc\,II} = 6.3701 + 0.0196y$$

图 10-27 预应力混凝土梁斜截面抗裂验算位置

1—1 $\sigma_{pc} = 6.3701 - 0.0196 \times 224 = 1.98(\text{N/mm}^2)$

2—2 $\sigma_{pc} = 6.3701 + 0.0196 \times 0 = 6.37(\text{N/mm}^2)$

3—3 $\sigma_{pc} = 6.3701 + 0.0196 \times 296 = 12.17(\text{N/mm}^2)$

（2）按标准组合计算的正应力

B-B 截面距支座中心为 $x = 0.375/2 + 0.5 = 0.688(\text{m})$

$$M_{k,B} = \gamma_0\psi\frac{1}{2}(g_k + q_k)l_0x\left(1 - \frac{x}{l_0}\right)$$

$$= 1.1 \times 1 \times \frac{1}{2} \times (16 + 15) \times 8.575 \times 0.688 \times \left(1 - \frac{0.688}{8.575}\right)$$

$$= 92.518(\text{kN} \cdot \text{m})$$

$$\sigma_{ck} = \frac{M_{k,B}}{I_0}y = \frac{92.518 \times 10^6}{8.6686 \times 10^9} \times y = 0.0107y$$

1—1 $\sigma_{ck} = -0.0107 \times 224 = -2.40(\text{N/mm}^2)$（压）

2—2 $\sigma_{ck} = 0.0107 \times 0 = 0(\text{N/mm}^2)$

3—3 $\sigma_{ck} = 0.0107 \times 296 = 3.17(\text{N/mm}^2)$（拉）

(3)按标准组合计算的剪应力

B-B 截面的剪力及剪应力

$$V_{k,B} = \gamma_0 \psi \frac{1}{2}(g_k + q_k)(l_0 - 2x) = 1.1 \times 1 \times \frac{1}{2} \times (16 + 15)(8.575 - 2 \times 0.688)$$

$$= 122.743(kN)$$

$$\tau = \frac{V_{k,B}S_0}{bI_0} = \frac{122.743 \times 10^3 S_0}{80 \times 8.6686 \times 10^9} = 1.7699 \times 10^{-7} S_0$$

1—1　$S_{01} = 28800 \times 314 + 7000 \times 257.3 + 50 \times 80 \times 249 + 675 \times 309 = 12.0489 \times 10^6 (mm^3)$

　　　　$\tau_1 = 1.7699 \times 10^{-7} \times 12.0489 \times 10^6 = 2.13(N/mm^2)$

2—2　$S_{02} = 12.0489 \times 10^6 + 80 \times 224 \times 112 = 14.0559 \times 10^6 (mm^3)$

　　　　$\tau_2 = 1.7699 \times 10^{-7} \times 14.0559 \times 10^6 = 2.49(N/mm^2)$

3—3　$S_{03} = 14.0559 \times 10^6 - 80 \times 296 \times 148 = 10.5513 \times 10^6 (mm^3)$

　　　　$\tau_3 = 1.7699 \times 10^{-7} \times 10.5513 \times 10^6 = 1.87(N/mm^2)$

(4)预应力和荷载标准组合作用下的主应力

$\sigma_y = 0$，$\sigma_x = \sigma_{pc} + \sigma_{ck}$，预应力符号转为受拉为正，由式(10-148)得

$$\left.\begin{array}{c}\sigma_{tp}\\\sigma_{cp}\end{array}\right\} = \frac{(\sigma_{pc} + \sigma_{ck})}{2} \pm \sqrt{\left(\frac{\sigma_{pc} + \sigma_{ck}}{2}\right)^2 + \tau^2}$$

1—1　$\left.\begin{array}{c}\sigma_{pp}\\\sigma_{cp}\end{array}\right\} = \frac{(-1.98 - 2.40)}{2} \pm \sqrt{\left(\frac{-1.98 - 2.40}{2}\right)^2 + 2.13^2} = \begin{array}{l}+0.86(N/mm^2)\\-5.24(N/mm^2)\end{array}$

2—2　$\left.\begin{array}{c}\sigma_{tp}\\\sigma_{cp}\end{array}\right\} = \frac{(-6.37 + 0)}{2} \pm \sqrt{\left(\frac{-6.37 + 0}{2}\right)^2 + 2.49^2} = \begin{array}{l}+0.86(N/mm^2)\\-7.23(N/mm^2)\end{array}$

3—3　$\left.\begin{array}{c}\sigma_{tp}\\\sigma_{cp}\end{array}\right\} = \frac{(-12.17 + 3.17)}{2} \pm \sqrt{\left(\frac{-12.17 + 3.17}{2}\right)^2 + 1.87^2} = \begin{array}{l}+0.37(N/mm^2)\\-9.37(N/mm^2)\end{array}$

(5)主应力验算

$\sigma_{tp,max} = 0.86 < 0.95 f_{tk} = 0.95 \times 2.39 = 2.27(N/mm^2)$，满足要求。

$\sigma_{cp,max} = 9.37 < 0.60 f_{ck} = 0.60 \times 26.8 = 16.08(N/mm^2)$，满足要求。

5)挠度验算

由式(10-156)、式(10-157)，按标准组合并考虑荷载长期作用影响的截面刚度为：

　　$B = 0.65 B_{ps} = 0.65 \times 0.85 E_c I_0 = 0.65 \times 0.85 \times 3.25 \times 10^4 \times 8.6686 \times 10^9$

　　　$= 1.5566 \times 10^{14}(N \cdot mm^2)$

(1)荷载产生的挠度

$$f_1 = \frac{5}{48} \frac{M_k l_0^2}{B} = \frac{5}{48} \times \frac{313.42 \times 10^6 \times 8575^2}{1.5566 \times 10^{14}} = 15.4(mm)$$

(2)预应力产生的反拱

$$f_2 = \frac{N_{p0\,II} e_{p0\,II} l_0^2}{8 E_c I_0} = \frac{700415 \times 242.9 \times 8575^2}{8 \times 3.25 \times 10^4 \times 8.6686 \times 10^9} = 5.6(mm)$$

（3）挠度验算

$f = f_1 - 2f_2 = 15.4 - 2 \times 5.6 = 4.2\text{mm} < [f] = l_0/250 = 8575/250 = 34.3\text{mm}$，满足要求。

2. 施工阶段验算

构件放张后进行起吊、运输时由构件自重（考虑动力系数）在吊点处产生的弯矩与由预应力产生的弯矩方向相同，对该状态吊点截面进行混凝土法向应力验算。设吊点距构件端部 0.8m，两点起吊。混凝土强度达到设计值时放松预应力钢筋，$f'_{ck} = 26.8\text{N/mm}^2$，$f'_{tk} = 2.39\text{N/mm}^2$。

1）预应力在吊点截面产生的应力

完成第一批预应力损失后截面混凝土预应力：

$$\sigma_{pc\text{I}} = 7.66559 \pm 0.02489y$$

上边缘：$\sigma'_{pc\text{I}} = 7.66559 - 0.02489 \times 354 = -1.15(\text{N/mm}^2)(\text{拉})$

下边缘：$\sigma_{pc\text{I}} = 7.66559 + 0.02489 \times 446 = 18.77(\text{N/mm}^2)(\text{压})$

2）由构件自重在吊点截面产生的应力

梁自重　　　$g_k = 25 \times (0.0288 + 0.007 + 0.0496 + 0.0025 + 0.018) = 2.65(\text{kN/m})$

吊点截面弯矩　$M_{gk} = 1.5\dfrac{g_k l_1^2}{2} = 1.5 \times \dfrac{2.65 \times 0.8^2}{2} = 1.272(\text{kN} \cdot \text{m})$

上边缘应力　　$\sigma_{gk} = \dfrac{M_{gk}}{I_0}y_1 = \dfrac{1.272 \times 10^6}{8.6686 \times 10^9} \times 354 = 0.05(\text{N/mm}^2)(\text{拉})$

下边缘应力　　$\sigma_{gk} = \dfrac{M_{gk}}{I_0}y_0 = -\dfrac{1.272 \times 10^6}{8.6686 \times 10^9} \times 446 = -0.07(\text{N/mm}^2)(\text{压})$

3）截面边缘混凝土法向应力验算

$\sigma_{ct} = 1.15 + 0.05 = 1.20\text{N/mm}^2 < f'_{tk} = 2.39(\text{N/mm}^2)$，满足要求；

$\sigma_{cc} = 18.77 + 0.07 = 18.84\text{N/mm}^2 < 0.8f'_{ck} = 0.8 \times 26.8 = 21.44(\text{N/mm}^2)$，满足要求。

10.6　预应力混凝土构件的构造要求

水工建筑物预应力混凝土结构构件的配筋构造要求应根据具体情况确定，对于一般梁、板类构件，除必须满足前述各章有关钢筋混凝土结构构件的规定外，还应满足由张拉工艺、锚固方式、钢筋类别、预应力钢筋布置方式等方面提出的构造要求。

10.6.1　一般规定

1. 截面形式和尺寸

对轴心受拉构件，一般采用正方形或矩形截面。对受弯构件，当跨度和荷载较小时可采用矩形截面；当跨度及荷载较大时宜采用 T 形、I 形及箱形截面，在支座处为了能承受较大的剪力和便于布置锚具，往往加厚腹板而做成矩形截面。

为便于布置预应力钢筋和满足施工阶段预压区的抗压强度要求，在 T 形截面下方，往往做成较窄较厚的翼缘，从而形成上、下不对称的 I 形截面。

预应力混凝土梁高度可取 $h = l_0/20 \sim l_0/14$，最小可取 $l_0/35$；腹板厚度 $b = h/15 \sim h/8$；翼缘宽度一般可取 $b_f(b_f') = h/3 \sim h/2$；翼缘厚度 $h_f(h_f') = h/10 \sim h/6$。为便于脱模，翼缘与腹板交接处常做成斜坡，上翼缘底面斜坡可为 1/10～1/15，下翼缘顶面斜坡可近似取为 1：1。

2. 预应力纵向钢筋布置

轴心受拉构件和跨度及荷载都不大的受弯构件，预应力纵向钢筋一般采用直线布置，如图 10-28(a) 所示，施工时用先张法或后张法均可。对受弯构件，当跨度和荷载较大时，预应力纵向钢筋宜采用曲线布置或折线布置，如图 10-28 (b)、(c) 所示，以利于提高构件斜截面承载力和抗裂性能，避免梁端锚具过于集中。折线型布置可用先张法施工，曲线型布置一般用后张法施工。

在预应力混凝土屋面梁、吊车梁等构件中，为防止由于施加预应力而产生预拉区的裂缝和减小支座附近的主拉应力，在靠近支座部位，宜将一部分预应力钢筋弯起。

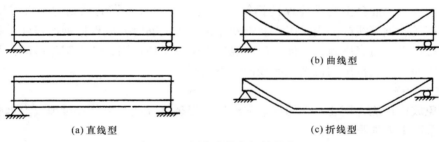

图 10-28　预应力纵向钢筋的布置

3. 非预应力纵向钢筋布置

为防止施工阶段因混凝土收缩和温度变化产生预拉区裂缝，并承担施加预应力过程中产生的拉应力，防止构件在制作、堆放、运输、吊装过程中出现裂缝或减小裂缝宽度，可在构件预拉区设置一定数量的非预应力纵向钢筋。

当受拉区部分钢筋施加预应力已能满足构件抗裂和裂缝宽度要求时，承载力计算所需的其余受拉钢筋允许采用非预应力钢筋。由于预应力钢筋已先行张拉，故在使用阶段非预应力钢筋的实际应力始终低于预应力钢筋。为充分发挥非预应力钢筋的作用，非预应力钢筋的强度等级宜低于预应力钢筋。

4. 预拉区纵向钢筋的配筋率

预应力混凝土构件预拉区纵向钢筋的配筋率宜符合下列要求：

(1)施工阶段预拉区允许出现拉应力的构件，预拉区纵向钢筋的配筋率 $(A_s' + A_p')/A$ 不应小于 0.15%，对后张法构件不应计入 A_p'，其中，A 为构件截面面积。

(2)施工阶段预拉区允许出现裂缝，而在预拉区未配置预应力钢筋的构件，当 $\sigma_{ct} = 2f_{tk}'$ 时，预拉区纵向钢筋的配筋率 A_s'/A 不应小于 0.4%；当 $f_{tk}' < \sigma_{ct} < 2f_{tk}'$ 时，预拉区纵向钢筋的配筋率则在 0.2%和 0.4%之间按线性内插法确定。

(3)预拉区的纵向非预应力钢筋的直径不宜大于 14mm，并应沿构件预拉区的外边缘均匀配置。

（4）施工阶段预拉区不允许出现裂缝的板类构件，预拉区纵向钢筋配筋率可根据构件的具体情况按实践经验确定。

10.6.2　先张法构件的构造要求

1. 预应力钢筋净距

预应力钢筋、钢丝的净距应根据浇灌混凝土、施加预应力及钢筋锚固等要求确定。预应力钢筋之间的净间距不应小于其公称直径或等效直径的 2.5 倍，且应符合下列规定：对预应力钢丝不应小于 15mm；对三股钢绞线不应小于 20mm；对七股钢绞线不应小于 25mm。

当先张法预应力钢丝按单根方式配筋困难时，可采用相同直径钢丝并筋的配筋方式。并筋的等效直径为与钢丝束截面面积相同的等效圆截面直径。并筋的间距、保护层厚度、锚固长度、预应力传递长度及正常使用极限状态验算等均应按等效直径考虑。

2. 钢筋的粘结与锚固

先张法预应力混凝土构件应保证钢筋与混凝土之间有可靠的粘结力。宜采用变形钢筋、刻痕钢丝、钢绞线等。当采用光面钢丝作预应力配筋时，应根据钢丝强度、直径及构件的受力特点采取适当措施，保证钢丝在混凝土中可靠地锚固，防止钢丝滑动，并应考虑在预应力传递长度 l_{tr} 范围内抗裂性能较低的不利影响。

3. 端部加强措施

为避免放松预应力钢筋时在构件端部产生劈裂裂缝等破坏现象，对预应力钢筋端部的混凝土应采取下列加强措施：

（1）对单根预应力钢筋（如板肋的配筋），其端部宜设置长度不小于 150mm 且不少于 4 圈的螺旋筋，如图 10-29（a）所示；当有可靠经验时，也可利用支座垫板上的插筋代替螺旋筋，但插筋数量不应小于 4 根，其长度不宜小于 120mm，如图 10-29（b）所示。

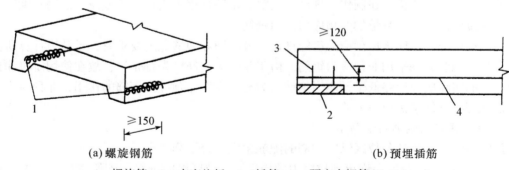

(a) 螺旋钢筋　　　　　　　　　　　　(b) 预埋插筋

1—螺旋筋；2—支座垫板；3—插筋；4—预应力钢筋（$d \leqslant 16\text{mm}$）

图 10-29　先张法构件端部加强措施

（2）对分散布置的多根预应力钢筋，在构件端部 $10d$（d 为预应力钢筋的公称直径）且不小于 100mm 长度范围内，宜应设置 3～5 片与预应力钢筋垂直的钢筋网片。

（3）对采用预应力钢丝配筋的薄板，在板端 100mm 范围内应适当加密横向钢筋。

（4）对槽形板类构件，为防止板面端部产生纵向裂缝，宜在构件端部 100mm 范围内，沿构件板面设置数量不少于 2 根的附加横向钢筋。

当采取缓慢放松预应力钢筋的工艺时，上述加强措施可适当放宽。

10.6.3 后张法构件的构造要求

1. 预留孔道的构造及灌浆技术

（1）对预制预应力构件，孔道之间的水平净距不应小于 50mm；孔道至构件边缘的净距不应小于 30mm，且不宜小于孔道直径的一半。

（2）现浇混凝土梁中，预留孔道在竖直方向的净间距不应小于孔道外径，水平方向的净间距不宜小于 1.5 倍孔道外径；从孔道外壁至构件边缘的净间距，梁底不宜小于 50mm，梁侧不宜小于 40mm，裂缝控制等级为三级的梁，梁底、梁侧分别不宜小于 60mm 和 50mm。

（3）预留孔道的内径应比预应力钢筋（丝）束外径、钢筋对焊接头处外径、连接器外径或需穿过孔道的锚具外径大 6~15mm，且孔道的截面积宜为穿入预应力束截面积的 3.0~4.0 倍。

（4）当有可靠经验并能保证混凝土浇筑质量时，预留孔道可水平并列贴紧布置，但并排的数量不应超过 2 束。

（5）在构件两端及跨中，应设置灌浆孔或排气孔，其孔距不宜大于 12m。

（6）凡制作时需要预先起拱的构件，预留孔道宜随构件同时起拱。

（7）孔道灌浆要求密实，水泥浆强度等级不应低于 M20，其水灰比宜为 0.40~0.45，为减小收缩，宜掺入适量膨胀剂。

2. 曲线预应力钢筋的曲率半径

为便于施工，减少摩擦损失及端部锚具损失，后张法预应力混凝土构件的曲线预应力钢筋的倾角不宜大于 30°，其曲率半径应经计算确定[9]，且不宜小于 4m。

对折线配筋的构件，在折线预应力钢筋的弯折处的曲率半径可适当减小。

3. 构件端部的构造要求

（1）构件端部尺寸，应考虑锚具的布置、张拉设备的尺寸和局部受压的要求，必要时应适当加大。

（2）在预应力钢筋锚具下及张拉设备的支承处，应采用预埋钢垫板、配置横向钢筋网片或螺旋式钢筋等局部加强措施，并进行锚具下混凝土的局部受压承载力计算。间接钢筋体积配筋率 ρ_v 不应小于 0.5%。

（3）为防止沿孔道产生劈裂，在局部受压间接钢筋配置区以外，在构件端部 $3e$（e 为截面重心线上部或下部预应力钢筋的合力点至邻近边缘的距离）但不大于 $1.2h$（h 为构件端部高度）的长度范围内，在高度 $2e$ 范围内均匀布置附加箍筋或网片，配筋面积应经计算确定[9]，其体积配筋率不应小于 0.5%。

（4）若预应力钢筋在构件端部不能均匀布置而需集中布置在端部截面的下部或集中布置在上部和下部时，应在构件端部 $0.2h$ 范围设置竖向附加的焊接钢筋网、封闭式箍筋或其他形式的防端面裂缝构造钢筋，其截面面积应经计算确定[9]，且宜采用带肋钢筋。

（5）当构件在端部有局部凹进时，为防止在施工预应力过程中，端部转折处产生裂缝，应增设折线构造钢筋或其他形式的端部构造钢筋，如图 10-30 所示。

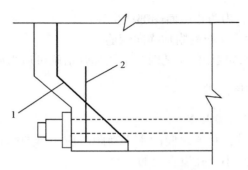

1—折线构造钢筋；2—竖向构造钢筋

图 10-30　端部局部凹进处构造配筋

思考题与计算题

一、思考题

1. 在普通钢筋混凝土结构中为什么不能有效地利用高强度的钢材与高强度的混凝土？而在预应力结构中却必须采用高强度的钢材及高强度的混凝土？

2. 为什么预应力混凝土能有效地提高构件的抗裂度和刚度？采用预应力混凝土有什么技术经济价值？

3. 普通钢筋混凝土轴心受拉构件，采用高强度钢筋能否节约钢材？能否节约混凝土？对构件的抗裂度与裂缝宽度有什么影响？

4. 一般钢筋混凝土拉杆中钢筋的数量是由什么条件确定的？加大混凝土截面尺寸能不能节约钢材？怎样才能节约钢材？

5. 预应力钢筋在张拉时应力已达到 $0.70f_{pyk} \sim 0.85f_{pyk}$，那么当外荷载加上去以后，钢筋是否将很快达到 f_{py} 而破坏呢？为什么？

6. 试简述预应力损失的种类。混凝土的收缩与徐变为什么会引起预应力的损失？影响收缩与徐变的因素是什么？

7. 先张法预应力损失和后张法预应力损失有什么不同？为什么要分第一批与第二批预应力损失？为什么后张法的收缩、徐变损失比先张法的收缩、徐变损失要小？

8. 当张拉(放松)钢筋时，混凝土受到弹性压缩，钢筋随之缩短，它的拉应力也随之减少 $\alpha_{Ep}\sigma_{pc}$，请问这是否预应力损失？

9. 采用先张法和后张法，在计算时有哪些不同？现有两根轴心受拉构件，各种条件都相同，一根采用先张法，另一根用后张法，试问它们的抗裂度是否相等？为什么？

10. 为什么后张法计算 σ_{pc} 时，用净截面面积 A_n，先张法构件用换算截面面积 A_0，而当计算由外荷载 N 产生的截面应力时，无论先张、后张均用 A_0？

11. 如果先张法与后张法采用相同的控制应力 σ_{con}，并假定预应力损失 σ_l 也相同，试问当加荷到混凝土预压应力 $\sigma_{pcII}=0$，两者的非预应力钢筋应力 σ_s 是否相同？哪个大？

12. 两个轴心受拉构件，截面配筋及材料强度完全相同，一个施加了预应力，一个没有施加预应力，你认为这两个构件的承载力哪一个大些？如何用算式来证明？

13. 全部预应力损失出现后，加荷于预应力轴心拉杆，并同时量测混凝土的拉伸应变，试问此应变为多少时将出现裂缝？

14. 预应力受弯构件正截面承载力计算时，截面上混凝土与钢筋的应力情况如何？受压区预应力钢筋是否也达到设计抗压强度？

15. 预应力受弯构件正截面抗裂验算是以哪一应力阶段为依据？如何计算？

16. 如图 10-31 所示预应力混凝土 I 形梁，试指出验算斜截面抗裂度的截面位置(沿跨度方向及沿截面高度方向分别应验算哪些截面)。

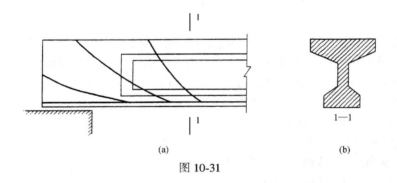

图 10-31

17. 预应力受弯构件设计时，如果计算结果承载力或抗裂不能满足要求，则应分别采取哪些比较有效的措施？

18. 为什么要进行施工阶段的验算？施工阶段的承载力和抗裂验算的原则是什么？为什么要对预拉区非预应力钢筋的配筋作出限制？

二、计算题

1. 如图 10-32 所示，一预应力混凝土三角形屋架，跨度 9m，其下弦杆截面尺寸为 200mm×150mm，配置预应力钢筋为 1570 级螺旋肋消除应力钢丝 6 Φ^H9。先张法施工，台座长 100m，一端张拉，张拉端用夹片式锚具(有顶压)，自然养护，张拉控制应力 $\sigma_{con} = 0.70f_{ptk}$，一次张拉，设计混凝土强度等级 C40，当达到 90%设计强度时切断钢丝。下弦杆结构安全级别为 II 级，持久状况下承受轴向拉力设计值 $N = 345$kN，按标准组合计算的轴

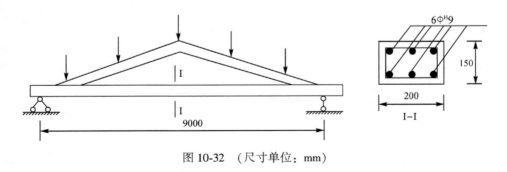

图 10-32 (尺寸单位：mm)

向拉力为 $N_k = 305\text{kN}$，一般要求不出现裂缝，$\alpha_{ct} = 0.7$，试对下弦杆作使用阶段的承载力和抗裂验算。

2. 设计如图 10-33(a) 所示的某水电站厂房预应力混凝土大型屋面板(6m×1.5m)，设计资料如下：

屋面板尺寸：长 6m，计算跨度可用 5.9m，截面尺寸可简化为如图 10-33(b) 所示。荷载计算时用 $b'_f = 1.5\text{m}$，截面承载力和抗裂验算时用 $b'_f = 1.46\text{m}$。

荷载(标准值)：屋面板自重 1.2kN/m^2，屋面灌缝 0.15kN/m^2。水泥砂浆找平层 0.4kN/m^2，二毡三油防水层 0.35kN/m^2。屋面活荷载 0.5kN/m^2。

材料：混凝土用 C40 级，预应力钢筋用 1080 级螺纹钢筋，非预应力钢筋 HPB300 钢筋。

制作工艺：先张法施工，$\sigma_{con} = 0.85 f_{pyk}$，用钢模承力，一端张拉，螺杆锚具，一块垫板，蒸汽养护升温至 80℃(常温为 20℃)，混凝土强度达到设计值时放松预应力钢筋。

设计要求：按 3 级水工建筑物、持久状况设计；一般要求不出现裂缝，施工阶段预拉区不允许开裂，混凝土拉应力限制系数 $\alpha_{ct} = 0.7$。

(1)配置板面非预应力钢筋；

(2)配置纵肋预应力钢筋(按正截面承载力要求)；

(3)配置纵肋箍筋(按斜截面承载力要求)；

(4)验算纵肋使用阶段正截面抗裂度；

(5)验算纵肋使用阶段斜截面抗裂度；

(6)验算纵肋使用阶段的挠度；

(7)验算纵肋放松钢筋时混凝土应力。

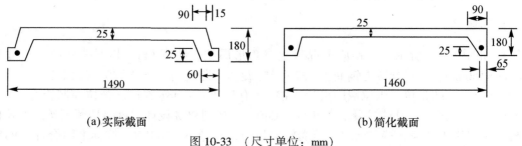

(a)实际截面　　　　　　　　　　　　(b)简化截面

图 10-33　(尺寸单位：mm)

第11章　钢筋混凝土梁板结构

11.1　概述

钢筋混凝土梁板结构是水工结构中应用较广泛的一种结构形式，如水电站厂房中的屋面和楼面、隧洞进水口的工作平台、闸坝上的工作桥和交通桥、港口码头的上部结构、扶壁式挡土墙等，均可设计成梁板结构。梁板结构整体性好、刚度大、抗震性强、抗渗性好且灵活性较大，能适应各类荷载和平面布置及有较复杂的孔洞等情况。

梁板结构一般由板、次梁及主梁所组成，这种梁板结构也称为肋形结构或肋梁结构，如图11-1所示。板的四周为梁或墙，作用在楼面上的竖向荷载，首先通过板传给次梁，再由次梁传给主梁，主梁又传给柱或墙，最后传给基础(下部结构)。平面柱网轴线的选定，就决定了主梁的跨度。次梁的跨度则取决于主梁的间距，而次梁间距又决定了板的跨度。因此，如何根据建筑平面和板受力条件以及经济因素来正确决定梁格的布置，是一个非常重要的问题。

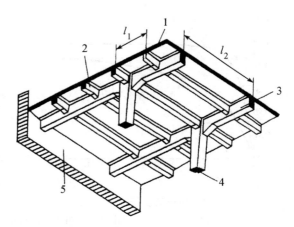

1—板；2—次梁；3—主梁；4—柱；5—墙

图11-1　肋形梁板结构

根据梁格布置的不同，梁板结构又可分为单向板梁板结构和双向板梁板结构。关于单向板与双向板界限问题，混凝土结构的教科书及设计手册几十年来把边长比 $l_2/l_1 = 2$ 作为其界限。教科书中还给出了理论证明，这就是德国学者 Marcus H. Die 提出的板带法理论。这一理论将承受均布荷载 q 的四边支承板孤立地切割出两个正交板带，构成分别承担均布荷载 q_x 和 q_y 的交叉梁系。根据交汇点挠度相等和 $q_x + q_y = q$ 的原则，可得出两个板带分到的荷载 q_x 和 q_y 的计算公式，并由公式得出：当 $l_2/l_1 = 2$ 时，$q_x = 0.94q$，$q_y = 0.06q$；而当 $l_2/l_1 = 3$ 时，$q_x = 0.99q$，$q_y = 0.01q$。由此认定，当 $l_2/l_1 \geq 2$ 时，荷载主要向短跨方向传递，可按单向板计算。反之，则认为荷载沿两个方向传递，应按双向板计算。

武汉大学土木建筑工程学院在其研究论文《混凝土结构单向板与双向板区分界限的研

究》[92]中指出，上述理论证明存在三个问题：

（1）以十字交叉的梁代替本为整体工作的板，其计算模型是简化的，板带实际上不能孤立工作，它们受到相邻板带的约束；

（2）切出的板带上所分到的荷载并非均布荷载，靠近板带的端部所分到的荷载大，而在中心处分到的荷载小；

（3）对于四边铰支板和四边固定板，两个板带分到的荷载是有区别的。但是上述的板带法，却没有对此做出说明。

该文采用弹性理论和有限元方法对四边支承的板（包括四边简支的板和四边固定的板）建立整体的计算模型，求得各种边长比条件下的支承反力及荷载传递规律和弯矩变化规律。图 11-2 为四边简支板和四边固定板的 $\lambda-l_2/l_1$ 曲线，图中，$\lambda = F_{z,x}/(l_1 l_2 q)$，为荷载传递系数，即沿长边的总反力与四边总反力之比。下角标 x，y 分别表示短跨 x 方向和长跨 y 方向，下角标 m，n，a 分别表示该符号属于 Marcus 板带法、弹性理论的解析解 Navier 方法和有限元方法的量。

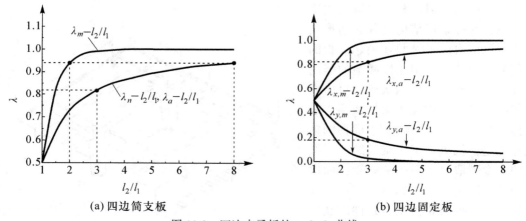

(a) 四边简支板　　　　　　　　(b) 四边固定板

图 11-2　四边支承板的 $\lambda-l_2/l_1$ 曲线

由图 11-2 可以看出，弹性理论的解析解（或有限元数值解）与板带法有较大差异：对于板带法而言，无论是四边简支板还是四边固定板，从 $\lambda-l_2/l_1$ 曲线的变化规律来看，当 $l_2/l_1 = 2$ 时 λ 值均已经达到了 0.94，所以板带法是可以用 $l_2/l_1 = 2$ 作为单、双向板的界限的。而解析解或有限元数值解的 $\lambda-l_2/l_1$ 曲线却变化平稳，无明显转折，只有当 $l_2/l_1 = 8$ 时，λ 值才能达到 0.94，从而说明板带法的局限性。根据上述文献[92]的大量计算和分析，认为把边长比 $l_2/l_1 = 3$ 作为区分单、双向板的界限是较为合适的。其理由如下：

（1）沿短跨方向传递的荷载已在 82%以上（见图 11-2）；

（2）当 $l_2/l_1 \geq 3$ 时，跨中弯矩或固定边弯矩均已趋于稳定。跨中弯矩系数和固定边中点的弯矩系数均与按单向板设计时的弯矩系数 1/8 或 1/24 和 1/12 十分接近，已完全呈现出单向板的受力性能，按单向板设计完全有可靠保证。

所以文献[92]的结论是：当 $l_2/l_1 \geq 3$ 时，无论是四边简支板还是四边固定的板，都可以按单向板设计。

关于单向板与双向板的界限，规范 NB/T 11011—2022 给出了如下原则的规定：

(1)两对边支承的板应按单向板计算；

(2)四边支承的板应按下列规定计算：

①当长边与短边长度之比小于或等于 2.0 时，应按双向板计算；

②当长边与短边长度之比大于 2.0，但小于 3.0 时，宜按双向板计算；当按沿短边方向受力的单向板计算时，沿长边方向的构造钢筋应适当加大；

③当长边与短边长度之比大于或等于 3.0 时，可按沿短边方向受力的单向板计算。

由上可知：所谓单向板是指两对边支承的板或长短边之比大于或等于 3 的板(简支的或四边固定的)。这种板的板上荷载将全部或绝大部分沿短跨方向传递，设计时可按单向板计算，即沿短跨方向切取单位宽度按梁计算。反之，对于长短边之比小于 3 的双向支承板，板上的荷载将向两个方向传递，设计时应按双向板计算。简言之，单向板是指单向受力的板，双向板是指双向受力的板。

梁板结构的结构形式，除了上述单向板和双向板梁板结构外，在工业和民用建筑的楼盖和屋盖中还常常采用井式梁板结构和无梁楼盖结构。

钢筋混凝土梁板结构，按其施工方法来分，可分为现浇整体式和预制装配式两种，本章仅介绍现浇整体式梁板结构的计算。

钢筋混凝土梁板结构的设计，可以归纳为下面几个方面的问题：

(1)进行结构平面布置；

(2)建立梁板计算简图；

(3)梁板内力分析；

(4)截面承载力设计；

(5)绘制施工图。

11.2 单向板梁板结构按弹性方法的计算

11.2.1 结构平面布置

设计梁板结构时，首先要进行结构的平面布置。结构平面布置包括柱网、承重墙、梁格和板的平面布置，其要点如下：

1. 满足建筑功能要求

柱网、承重墙和梁格布置应充分满足建筑功能要求。对于水电站主厂房结构，柱距须满足机组布置要求，还应考虑安装机电设备及管线，楼板上还要留许多大小不一、形状不同的孔洞，这些都有别于一般民用建筑。因此，其梁板布置比较不规则。而一般民用建筑，柱网尺寸可尽可能大一些，内柱尽可能少设或不设；柱网一般布置成矩形或正方形，梁板布置成等跨或接近等跨。梁板布置还与门窗洞口的位置有关，一般主梁和次梁应避免置于门窗洞口之上，否则应增设过梁。特别是在承重墙上，主梁应布置在窗间墙上。

对于公共建筑的门厅以及底层为大空间的商店、上部为住宅的民用建筑等，往往在楼盖上有承重墙、隔断墙。工业建筑(如水电站厂房)中则往往遇到在楼板上安装设备或悬吊装置,这时应在楼板的相应位置上布置承重梁。在楼板上开有较大的洞口时,在洞口周边也应设置小梁。

2. 梁格布置尽量做到经济和技术上的合理

梁的间距决定板的跨度和厚度,梁的间距大,板的跨度和厚度也大,混凝土用量增加,自重也相应增大。梁的间距小,板的跨度减小,板厚减薄,自重减轻,但施工时要增加模板用量并且费工。因此,应合理确定梁板的跨度,一般板的跨度以 1.7~2.5m 为宜,次梁跨度以 4.0~6.0m 为宜,主梁跨度以 5.0~8.0m 为宜。

由于板的混凝土用量占整个楼面混凝土用量的 50%~70%,因此梁板结构中,板厚宜取较小值。同时,在确定板厚时应考虑板上荷载大小及设备安装时可能的局部撞击作用。一般情况下,板厚以 60~120mm 为宜,有较大荷载和较重设备的楼盖,板厚可取 120~200mm。水电站厂房及其他水工结构中的梁板结构,由于其特殊性,板往往比一般民用建筑更厚。

为加强厂房和房屋的横向刚度,主梁一般沿横向布置,主梁和柱形成横向框架(图 11-3(a))。各榀横向框架间由纵向的次梁联系,故房屋的侧向刚度大,整体性也好。此外,由于主梁与外纵墙窗户垂直,窗扇高度较大,有利于室内采光。当横向柱距大于纵向柱距较多时,也可沿纵向布置主梁(图 11-3(b)),这样可减小主梁的截面高度,增大室内净空。中间有走道的房屋,常可采用中间纵墙承重,此时可以只布置次梁而不设主梁(图 11-3(c))。

一般建筑中,当板上有墙或较大集中力处,其下宜布置次梁。此外,当板上无孔洞时,梁板应尽量布置成等跨度,这样比较经济,给计算和构造带来简便。不过水电站主厂房由于设备布置及洞口、管道的要求,梁和板常常布置成不等跨。

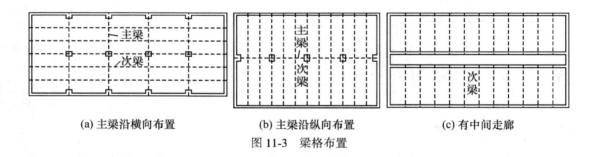

| (a) 主梁沿横向布置 | (b) 主梁沿纵向布置 | (c) 有中间走廊 |

图 11-3　梁格布置

11.2.2　计算简图

整体式肋形梁板结构虽然是由板、次梁和主梁整体浇筑在一起的,但设计时,板、次梁、主梁仍可分别进行计算。在内力分析之前,应按照尽可能符合结构实际受力情况和简化计算的原则,确定结构构件的计算简图,其内容包括确定支承条件、计算跨数和跨度、荷载分布和大小。

1. 支承条件

如图 11-4 所示的单向板肋形楼盖,四周为砖墙承重,可忽略墙对梁板的转动约束,故板和梁的端部可按铰支考虑。

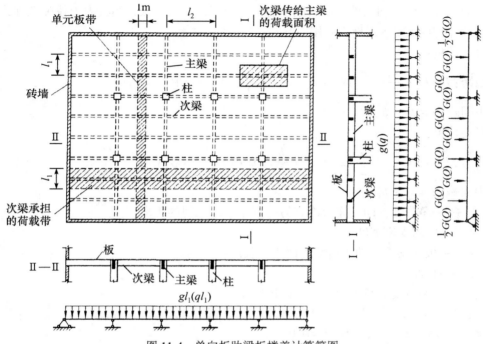

图 11-4 单向板肋梁板楼盖计算简图

板常常可切取单位宽度，简化为支承在次梁上的多跨连续梁，次梁同样可简化成支承在主梁上的多跨连续梁。板和次梁忽略支承节点的刚性，取支承为理想铰交座，由此所引起的误差可用折算荷载予以调整。主梁端部支承在砖墙上时，可视为铰支承，若中间支承于钢筋混凝土柱子上时，在同一节点处，如果主梁线刚度与柱的线刚度之比大于 4，可把主梁简化成支承在柱上的铰支座的多跨连续梁；如果主梁线刚度与柱的线刚度之比小于 4，则柱对主梁的内力影响较大，应把主梁和柱作为整体，按框架来计算。

对于整体式梁板结构，主梁与支撑柱实际上组成了整体式框架，理应按框架结构进行内力计算。但在一定条件下，可把主梁简化为连续梁进行计算。在已出版的混凝土结构类教科书中，一般认为主梁与柱的线刚度比 k 大于某一定值时，主梁可简化为以柱为铰支座的多跨连续梁进行内力计算。这个定值有的认为是 3，有的认为是 4。近几年出版的教科书大多认为是 5。但所有教科书均未对这些取值作进一步的说明。

文献[93]通过框架和连续梁两种模型的内力计算，得出两者的误差值，为这一定值的确定提供了很好的说明。该文对 2～5 跨的框架模型和连续梁模型在各种活荷载布置情况下进行内力计算，得到了大量的数据和图表，这些成果表明：当主梁和柱的线刚度比 $k \geqslant$ 4 时，两种不同的计算模型得到的内力误差最大值仅为 9.3%；而当 $k \geqslant 3$ 时，则最大误差值达到 11%；$k \geqslant 5$ 时，最大误差值为 8%。经全面分析比较，文献[93]认为当 $k \geqslant 4$ 时，框架模型可以简化为连续梁模型进行内力计算。

2. 计算跨度和跨数

梁板的计算跨度是指计算内力时所采用的跨间长度。跨度与支座反力分布有关，也即

与构件的搁置长度 a 和构件的抗弯刚度有关。对于连续梁、板,当其内力按弹性理论计算时,其计算跨度 l 按下列规定采用:

对连续板:

边跨: $l = l_n + \dfrac{b}{2} + \dfrac{h}{2}$ 或 $l = l_n + \dfrac{b}{2} + \dfrac{a}{2}$, 取较小值。

中间跨: $l = l_n + b$。

对连续梁:

边跨: $l = l_n + \dfrac{b}{2} + \dfrac{a}{2}$ 或 $l = l_n + \dfrac{b}{2} + 0.025l_n$, 取较小值。

中间跨: $l = l_n + b$。

式中, l_n ——净跨度,即支座边缘到另一支座边缘之间的距离;

　　　b ——中间支座宽度;

　　　a ——板或梁端部伸入砖墙内的支承长度;

　　　h ——板厚。

当中间支座宽度 b 较大时, b 按如下取值:

板:当 $b>0.1l_c$ 时, 取 $b=0.1l_n$;

梁:当 $b>0.05l_c$ 时, 应取 $b=0.05l_n$。

l_c 为梁或板支承中心线间的距离。计算剪力时计算跨度则取 $l=l_n$。

对于五跨或五跨以内的连续梁、板,跨数按实际考虑;对于跨数超过五跨的连续梁、板,当各跨荷载相同,且跨度相差不超过10%时,可按五跨的等跨连续梁、板进行计算。五跨以上连续梁中间跨的内力可按五跨梁第三跨的内力处理。

3. 荷载计算

1)荷载类型

作用在梁板上的荷载有永久荷载(恒载)和可变荷载(活荷载)两类。永久荷载有梁、板结构自重、构造层重、永久性设备重等。其标准值可按结构构件几何尺寸及材料的单位比重计算,其设计值通常用 g(均布荷载)和 G(集中荷载)表示。可变荷载有结构使用时的人群、产品、可移动的设备重等,其标准值可从荷载规范中查得。由设备、运输工具等所引起的局部荷载和集中荷载,可按实际情况计算,也可换算成等效均布活荷载。活荷载设计值通常用 q(均布荷载)和 Q(集中荷载)表示。板、次梁和主梁的受荷面积如图 11-4 阴影线所示。

2)荷载作用形式

板通常是取单位宽度的板条来计算,这样,板所受到的荷载为均布荷载 g 或 q;次梁承受由板传来的均布力 gl_1 或 ql_1 及次梁自重;主梁则承受由次梁传来的集中荷载 $G=gl_1l_2$ 或 $Q=ql_1l_2$ 及主梁自重。而主梁自重可折算成集中荷载 G_1 与 G 和 Q 合并计算。

3)折算荷载

板和次梁的中间支座均假定为铰支座,没有考虑次梁对板及主梁对次梁在支承处弹性约束的影响。实际上板在弯曲时将带动次梁发生扭转,次梁的抗扭刚度将对板的转动起约束作用,因此,板中相应的跨内弯矩值将会减小。类似的情况也发生在次梁和主梁之间,如图 11-5 所示。内力分析时,在荷载总值不变的前提下,可以采用增大恒载和相应减小活荷载的办法来考虑这一有利影响。具体折算如下:

对板 $$g' = g + \frac{1}{2}q \quad q' = \frac{1}{2}q \qquad (11\text{-}1)$$

对次梁 $$g' = g + \frac{1}{4}q \quad q' = \frac{3}{4}q \qquad (11\text{-}2)$$

式中,g'、q'——折算恒载和折算活荷载;

g、q——实际恒载和实际活荷载。

对主梁可不作调整,即 $g' = g$,$q' = q$。当板和次梁搁置在砖墙或钢梁上时,则难以产生有效的扭矩,因而不进行这种荷载调整。

11.2.3 按弹性方法计算板和梁内力

1. 最不利荷载布置

作用在梁、板上恒载的作用位置、大小是不变的,而活荷载则是可变的。活荷载有可能出现,也可能不出现,或者仅在连续梁、板的某几跨出现。对单跨梁,显然活荷载全跨满布时,梁板的内力(M、V)最大。然而,对于多跨连续梁、板,活荷载在所有跨同时满布时,梁、板的内力不一定最大,而是当某些跨同时作用活荷载时可引起某一个或几个截面的最大内力。因此,就存在一个活荷载如何布置的问题。利用结构力学影响线的原理,很容易得到最大内力相应的活荷载的最不利布置。图 11-6 所示为 5 跨连续梁当活荷载布置在不同跨间时的弯矩图和剪力图,从中可以得到对于连续梁板最不利活荷载布置的一般法则如下:

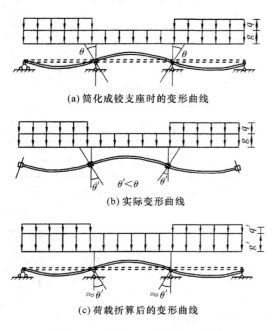

(a) 简化成铰支座时的变形曲线

(b) 实际变形曲线 $\theta' < \theta$

(c) 荷载折算后的变形曲线

图 11-5 连续梁(板)的折算荷载

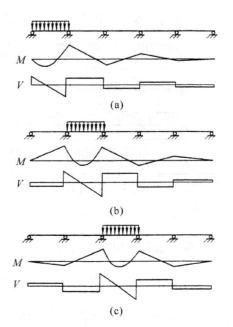

(a)

(b)

(c)

图 11-6 单跨承载时连续梁、板的内力图

335

（1）求某跨跨内最大正弯矩时，应在该跨布置活荷载，然后沿其左右，每隔一跨布置活荷载。

（2）求某跨跨内最大负弯矩时，该跨不应布置活荷载，而在其相邻跨布置活荷载，然后沿其左右隔跨布置。

（3）求某支座最大负弯矩时，应在该支座左右两跨布置活荷载，然后每隔一跨布置。

（4）求某支座截面最大剪力时，应在该支座左右两跨布置活荷载，然后每隔一跨布置。按以上法则，五跨连续梁、板在求各截面最大（或最小）内力时均布活荷载的最不利布置方式如表 11-1 所示。

2. 利用图表计算连续梁、板的内力

按弹性理论计算连续梁、板的内力可采用弯矩分配法或力法。在实际设计中，当活荷载不利布置确定后，等跨连续梁、板的内力可利用现成图表进行计算。在附录 5 附表 5-1~附表 5-4 中给出了 2~5 跨等跨连续梁板在不同荷载作用下的弯矩和剪力系数，根据这些系数即可按下面的公式计算出各控制截面的弯矩值和剪力值。

均布荷载及三角形荷载作用下的内力为：

$$\begin{cases} M = K_1 g l^2 + K_2 q l^2 \\ V = K_3 g l + K_4 q l \end{cases} \tag{11-3}$$

表 11-1　　　　　　　　　五跨连续梁求最大或最小内力时均布活荷载布置图

活荷载布置图	最大或最小内力		
	最大弯矩	最小弯矩	最大剪力
A　B　C　C　B　A　　1　2　3　2　1 （荷载布置图）	M_1、M_3	M_2	V_A
（荷载布置图）	M_2	M_1、M_3	
（荷载布置图）		M_B	V_B^l、V_B^r
（荷载布置图）		M_C	V_C^l、V_C^r

注：表中 M、V 的下角 1、2、3、A、B、C 分别为截面代号，上角 l、r 分别为截面左、右边代号，以下均同。

集中荷载作用下的内力为：

$$\begin{cases} M = K_1 G l + K_2 Q l \\ V = K_3 G + K_4 Q \end{cases} \tag{11-4}$$

式中，g，q——单位长度上的均布永久荷载及活荷载设计值；

　　　G，Q——集中恒荷载及集中活荷载设计值；

K_1，K_2——弯矩系数，由附录 5 表中相应栏内查得；

K_3，K_4——剪力系数，由附录 5 表中相应栏内查得。

对于跨度相差不超过 10% 的不等跨连续梁、板，也可利用附录 5 附表 5-1～附表 5-4 计算内力。此时，求跨内弯矩和支座剪力可采用该跨的计算跨度，计算支座弯矩时，其计算跨度应取该支座相邻两跨的平均值。

3. 内力包络图

对于每一种荷载布置情况，都可能给出一个内力图（M、V 图）。对某一确定截面，以恒载所产生的内力为基础，叠加上该截面作用最不利活荷载时所产生的内力，可得到该截面的最大（或最小）内力（M、V）。严格来讲，只有在各个截面的抗力均大于该截面的最大内力时，结构才是可靠的，而各截面的最大内力就需要通过绘制内力包络图来求得。

将恒载与每一种最不利位置的活载共同作用下产生的弯矩（或剪力），用同一比例画在同一基线上，其图形的外包线表示出各截面可能出现的 M、V 值的上、下限，由这些外包线围成的图形称内力包络图。其绘制方法如下：

（1）列出恒载及其各种可能的活载布置的组合；

（2）求出上述每一种荷载组合下的弯矩图和剪力图；

（3）将各种荷载布置所得弯矩图、剪力图叠合，其外包线即为弯矩包络图（剪力包络图）。

图 11-7 为承受均布荷载五跨连续梁的弯矩、剪力叠合图，其中粗实线所围成的外包图形即为弯矩和剪力包络图。按包络图选定控制截面进行配筋计算，才能保证连续梁、板结构的安全。

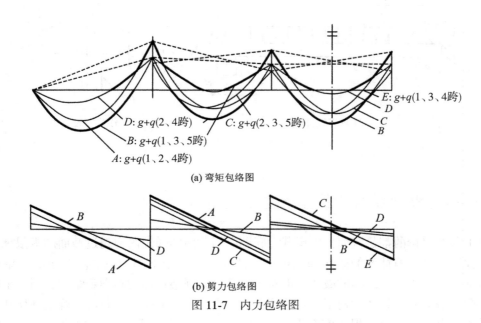

(a) 弯矩包络图

(b) 剪力包络图

图 11-7　内力包络图

4. 支座弯矩和剪力设计值

按弹性方法计算连续板、梁内力时，其计算跨度一般取支座中心间的距离，因而其支座最大负弯矩将发生在支座中心处，此处梁截面高度较大，截面的抗力也较大。而危险截面往往在支座边缘处，则弯矩和剪力的设计值应按支座边缘的值取用（如图 11-8 所示），可按下式计算支座弯矩和剪力的设计值：

均布荷载：
$$\begin{cases} M_b = M - V_0 \dfrac{b}{2} \\ V_b = V - (g + q)\dfrac{b}{2} \end{cases}$$
(11-5)

集中荷载：
$$\begin{cases} M_b = M - V_0 \dfrac{b}{2} \\ V_b = V \end{cases}$$
(11-6)

式中，M，V——支座中心处截面上的弯矩和剪力；

　　　　V_0——按简支梁计算的支座剪力；

　　　　b——支座宽度；

　　　　g，q——作用在梁、板上的均布恒载和活载。

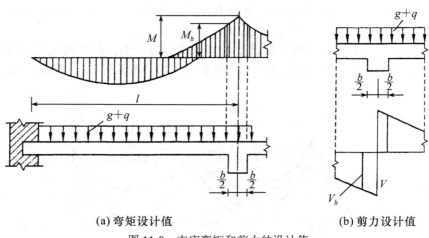

(a) 弯矩设计值　　　　　　　　　　(b) 剪力设计值

图 11-8　支座弯矩和剪力的设计值

11.3　单向板梁板结构按塑性方法的计算

以上各章讨论的都是截面极限承载力问题。当截面的弹性内力超过截面的极限承载力时，截面即破坏。但截面的破坏和整体结构的破坏是两个不同的概念。对于静定结构来说，截面的破坏也即是结构的破坏，但对于连续梁和框架这样的超静定结构，当一个截面达到极限承载力时，整体结构不一定达到极限状态。由于混凝土材料的非弹性性质和开裂后的受力特点，在受荷过程中钢筋混凝土超静定结构各截面间的刚度比值一直在不断改变，因此，截面间的内力关系也在发生变化，即截面间出现了内力重分布现象。特别是当钢筋屈服后所表现出的塑性性能，更加剧了这一现象。因此，超静定结构按弹性方法计算内力进行截面配筋设计，对整体结构而言其结果是偏于安全的。若按考虑塑性内力重分布的方法来计算超静定结构的内力，可收到一定的经济效果。下面介绍按塑性方法计算内力的一般概念和方法。

11.3.1 钢筋混凝土受弯构件的塑性铰

1. 塑性铰的概念

钢筋混凝土受弯构件从开始加载到发生正截面破坏，经历了三个受力阶段，即从开始加载到拉区混凝土开裂的未裂阶段、从混凝土开裂到钢筋屈服的裂缝工作阶段以及从纵筋开始屈服到受压区混凝土压坏的破坏阶段。在此三个阶段内，随弯矩的增大，截面产生转动，构件产生弯曲。梁的弯曲曲率用 ϕ 表示。图 11-9 所示为适筋截面弯矩与曲率的关系曲线。由曲线可见，在第 Ⅲ 阶段，当钢筋屈服后，M-ϕ 曲线接近水平，即截面承受的弯矩 M 几乎维持不变而曲率剧增，如同一个能转动的"铰"，称塑性铰。塑性铰形成于截面应力状态的第 Ⅱ 阶段末（即 Ⅱ$_a$ 阶段）。塑性铰是非弹性变形集中发展的结果，可以认为它是构件的受弯"屈服"现象。

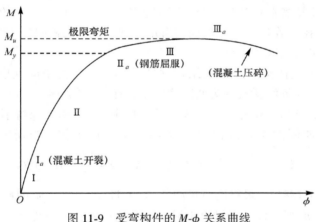

图 11-9　受弯构件的 M-ϕ 关系曲线

2. 塑性铰和理想铰的区别

塑性铰和结构力学中的理想铰的主要区别是：

（1）理想铰不能传递任何弯矩，而塑性铰却能传递相应于该截面的极限弯矩 M_u；

（2）理想铰能自由地转动，而塑性铰只能沿单向产生有限的转动，其转动幅度会受到材料极限变形的限制；

（3）塑性铰不是集中于一点，而是形成在一小段局部变形很大的区域，如图 11-10 所示。

11.3.2 塑性内力重分布

在静定结构中，只要有一个截面形成塑性铰，荷载就不可能继续增加，因为此时静定结构已变成机动机构。超静定结构则不然，每出现一个塑性铰仅意味着减少一次超静定次数，荷载仍可继续增加，直到塑性铰陆续出现使结构变成机动体系为止。

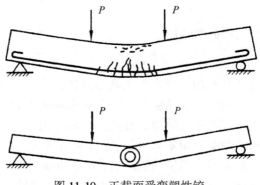

图 11-10　正截面受弯塑性铰

　　图 11-11（a）是集中荷载作用下的两跨连续梁。在荷载增 P 作用下，按弹性方法计算，支座弯矩 $M_B = 0.188Pl$，跨中弯矩 $M_C = 0.156Pl$，如图 11-11（b）所示。为了说明塑性内力重分布的概念，假定梁各截面的尺寸及上下配筋量均相同，所能承受的正负极限弯矩均为 $M_u = 0.188Pl$。假定在 P 作用下支座截面的弯矩达到该截面的极限弯矩 M_u，则认为该梁已破坏，梁能承受的最大荷载为 P。

　　但实际上 P 并不能使整个连续梁结构立即破坏，而仅使中间支座截面形成塑性铰，此时结构由原来的两跨连续梁改变为两跨静定梁，在梁上仍可继续加载。在继续加载的过程中，由于支座截面已形成塑性铰，其承担的弯矩 $M_u = 0.188Pl$ 保持不变，而仅使跨中弯矩增大，此时的梁如同图 11-11（c）所示的简支梁一样工作。当增加的荷载达到 $\Delta P = 0.128P$ 时，跨中弯矩按简支梁计算增加弯矩 $\Delta M = \dfrac{\Delta Pl}{4} = 0.032Pl$，而跨中弯矩 $M_C = 0.156Pl + 0.032Pl = 0.188Pl$，最终的弯矩图如图 11-11（d）所示。此时跨中截面也达到了它的极限弯矩 M_u 而形成塑性铰，全梁由于形成三个塑性铰且三铰处于一条直线上，成为机动体系而破坏。因此，这根梁承受的极限荷载变为 $P' = P + \Delta P = 1.128P$，而不是按弹性方法计算确定的 P。

　　由此可见，支座形成塑性铰至结构变成机动体系，梁尚有 $\Delta P = 0.128P$ 的潜力，即提高了 12.8%。考虑塑性铰产生后的内力重分布能充分利用这部分潜力，能取得更为经济的效果。

　　从上述对二跨连续梁破坏全过程的分析，可以总结出几点具有普遍意义的结论：

　　（1）对于钢筋混凝土超静定结构，塑性铰的出现将减少结构的超静定次数，一直到塑性铰的数目使结构的整体或局部形成机动机构，结构才丧失承载能力。

　　（2）在加荷过程中，随着结构构件的刚度不断变化，特别是当塑性铰的陆续出现，其内力经历了一个重新分布的过程。如在本例中，在第一个塑性铰出现之前，连续梁的内力分布规律符合弹性理论计算，其跨中和支座截面的弯矩比例约为 1：1.2，随着荷载加大，这一比例关系在变化，临近破坏时其比例变为 1：1。

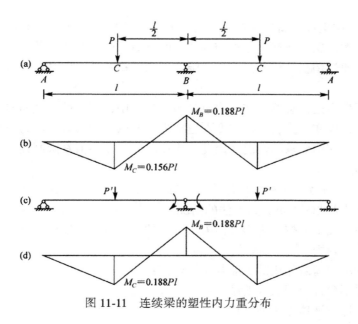

图 11-11　连续梁的塑性内力重分布

（3）由于超静定结构的破坏标志并非一个截面"屈服"而形成的机构，故超静定结构从出现第一个塑性铰到结构形成机动体系这段过程中，还可继续增加荷载。设计中可利用此潜在的承载能力取得更佳的经济效益（如本例中极限荷载值较按弹性理论所确定的荷载值提高了 12.8%）。

11.3.3　弯矩调幅法确定连续梁的内力

下面来说明如何利用上述内力重分布的概念来确定连续梁各截面的弯矩设计值和剪力设计值。

1. 弯矩调幅法及调幅系数

现仍以图 11-11 所示的两跨连续梁为例。设梁的外荷载为 $P' = 1.128P$，若按弹性理论分析，则其内力应为：

$$M_B = -0.188P'l = -0.188 \times 1.128Pl = -0.212Pl$$
$$M_C = 0.156P'l = 0.156 \times 1.128Pl = 0.176Pl$$

为了利用内力重分布后的结构的潜力，在设计时，可不按 $M_B = -0.212Pl$ 来设计 B 截面的承载力，而仅按 $M_B = -0.188Pl$ 来设计 B 截面的承载力。这就相当于人为地将支座弯矩设计值降低了 $\Delta M_B = -0.024Pl$，与弹性弯矩相比，降低了 11.3%。若 M_e 为按弹性方法计算的弯矩，M_a 为调幅后的弯矩，则截面弯矩调整的幅度可用弯矩调幅系数 β 来表示。

$$\beta = 1 - \frac{M_a}{M_e} \tag{11-7}$$

对于上述的调整幅值，$\beta = 1 - \dfrac{0.188}{0.212} = 0.113$。

事实上，调幅值是可以人为设定的。假如支座截面的极限弯矩定得比较低（可通过配筋大小来实现），则塑性铰就较早产生，为了满足力的平衡条件，跨中截面的极限弯矩就必须调整得比较大，反之亦然。这种控制截面的弯矩可以相互调整的计算方法称为弯矩调幅法，设计者可通过调整结构各截面的极限弯矩 M_u 来达到某些构造目的，并使材料得到更充分的利用。

　　但弯矩调幅也不是任意的。在内力重分布的过程中，若塑性铰截面转角太大，附近受拉混凝土的裂缝开展亦较大，其结构变形也增大。所以调幅过大，容易出现裂缝宽度和变形控制不满足正常使用要求的情况。因此，应用时应将调幅值 β 限制在一定范围内，一般 β 不宜超过 25%。

　　2. 按考虑塑性内力重分布方法计算的适用范围及规定

　　(1) 不适于用塑性内力重分布方法的情况

　　不是在任何情况下，按考虑塑性内力重分布的计算方法都适用，当遇下列情况时，应按弹性方法计算其内力：

　　①直接承受动力荷载作用的工业与民用建筑；

　　②使用阶段不允许出现裂缝的结构；

　　③受侵蚀气体或液体作用的结构；

　　④轻质混凝土结构及其他特种混凝土结构；

　　⑤预应力混凝土结构和二次受力叠合结构。

　　(2) 按塑性内力重分布方法应遵循的规定。

　　按塑性内力重分布方法计算钢筋混凝土连续梁、板时，应遵循下列各项规定：

　　①钢筋宜采用 HPB300 和 HRB400 热轧钢筋，混凝土宜采用 C20~C45 强度等级。

　　②为了防止由于塑性铰出现过早和内力重分布的过程过长而使裂缝过宽，调整后的截面极限弯矩值不宜小于按弹性理论计算弯矩值的 75%，即调幅值不宜超过 25%。

　　③弯矩调整后的每跨两端的支座弯矩的平均值与跨中弯矩绝对值之和不得小于按简支梁计算的该跨跨中弯矩。任意计算截面的弯矩不宜小于简支梁弯矩的 $\frac{1}{3}$。

　　④为了保证塑性铰出现以后支座截面有较大的转动范围，且受压区不致过早地破坏，截面受压区的高度不应超过 $0.35h_0$，也不宜小于 $0.1h_0$。

　　此外，应适当增加结构中的箍筋用量，以增加结构的延性。

　　3. 连续梁、板内力计算

　　连续梁、板考虑塑性内力重分布的方法很多，如极限平衡法、塑性铰法、弯矩调幅法以及非线性全过程分析法等。目前工程上多用调幅法，该法概念明确、计算简便，在我国已有较长期的工程实践，并为广大设计人员所了解，有利于保证设计质量。

　　弯矩调幅法的意义已如前所述。为了计算方便，按上述弯矩调幅法的一般原则和规定，CECS 51—93《钢筋混凝土连续梁和框架考虑内力重分布设计规范》对等跨连续梁、板内力给出下列内力计算公式[94]：

　　(1) 均布荷载作用下的等跨连续板的弯矩

$$M = \alpha_{mp}(g + q)l^2 \tag{11-8}$$

式中，α_{mp}——考虑塑性内力重分布的弯矩系数，按表 11-2 采用。

l——计算跨度。当两端与梁整体连接时，取 $l=l_n$（净跨）；当两端搁支在墙上时，取 $l=l_n+h$（板厚），并不得大于 l_c（支座中心线间的距离）；当一端与梁整体连接，另一端搁支在墙上时，取 $l=l_n+\dfrac{h}{2}$，并不得大于 $l=l_n+\dfrac{a}{2}$（a 为墙支承宽度）。

表 11-2 连续板考虑塑性内力重分布的弯矩系数 α_{mp}

端支座支承情况	跨中弯矩			支座弯矩		
	M_1	M_2	M_3	M_A	M_B	M_C
搁支在墙上	1/11	1/16	1/16	0	−1/10（用于两跨连续板）	−1/14
与梁整体连接	1/14			−1/16	−1/11（用于多跨连续板）	

（2）均布荷载或集中荷载作用下的等跨连续梁的弯矩和剪力
① 承受均布荷载时：
$$\begin{cases} M=\alpha_{mb}(g+q)l^2 \\ V=\alpha_{vb}(g+q)l \end{cases} \tag{11-9}$$
式中，α_{mb}，α_{vb}——考虑塑性内力重分布的弯矩系数和剪力系数，按表 11-3、表 11-4 采用；
　　l——计算跨度。当两端与梁或柱整体连接时，取 $l=l_n$（净跨）；当两端搁支在墙上时，取 $l=1.05l_n$，并不得大于 l_c；当一端与梁或柱整体连接，另一端搁支在墙上时，取 $l=1.025l_n$，并不得大于 $l_n+a/2$（a 为墙支承宽度）。
②承受间距相同、大小相等的集中荷载时：
$$\begin{cases} M=\eta\alpha_{mb}(G+Q)l \\ V=\alpha_{vb}n(G+Q) \end{cases} \tag{11-10}$$
式中，η——集中荷载修正系数，依据一跨内集中荷载的不同情况按表 11-5 确定；
　　n——跨内集中荷载的个数。
表 11-2、表 11-3 弯矩系数 α_{mp}、α_{mb}，适用于荷载比 $q/g>1/3$ 的等跨连续梁、板。对于跨度相差不大于 10% 的不等跨连续梁板，计算跨中弯矩时取各自的跨度进行计算，而计算支座弯矩时，取相邻两跨的较大跨度计算。

表 11-3 连续梁考虑塑性内力重分布的弯矩系数 α_{mb}

端支座支承情况	跨中弯矩			支座弯矩		
	M_1	M_2	M_3	M_A	M_B	M_C
搁支在墙上	1/11	1/16	1/16	0	−1/10（用于两跨连续梁）	−1/14
与梁整体连接	1/14			−1/24	−1/11（用于多跨连续梁）	
与柱整体连接	1/14			−1/16		

表 11-4　　　　　　　　连续梁考虑塑性内力重分布的剪力系数 α_{vb}

荷载情况	端支座支承情况	剪力				
		Q_A	Q_A^l	Q_B^r	Q_C^l	Q_C^l
均布荷载	搁支在墙上	0.45	0.60	0.55	0.55	0.55
	梁与梁或梁与柱整体连接	0.50	0.55			
集中荷载	搁支在墙上	0.42	0.65	0.60	0.55	0.55
	梁与梁或梁与柱整体连接	0.50	0.60			

表 11-5　　　　　　　　　　集中荷载修正系数 η

荷载情况	M_1	M_2	M_3	M_A	M_B	M_C
跨中中点处作用一个集中荷载时	2.2	2.7	2.7	1.5	1.5	1.6
跨中三分点处作用两个集中荷载时	3.0	3.0	3.0	2.7	2.7	2.9
跨中四分点处作用三个集中荷载时	4.1	4.5	4.8	3.8	3.8	4.0

　　连续单向板在考虑内力重分布时，支座截面在负弯矩作用下，上部开裂，跨中在正弯矩作用下，下部开裂，这使跨内和支座实际的中性轴成为拱形（如图 11-12 所示）。当板的周边具有足够的刚度时，在竖向荷载作用下将产生板平面内的水平推力，导致板中各截面弯矩减小。因此，单向连续板的周边与梁整浇时，除边跨和离端部第二支座外，各中间跨的跨中和支座弯矩由于内拱有利作用可减少 20%。

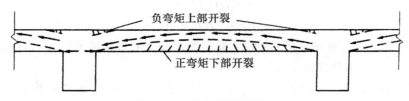

图 11-12　单向板的拱作用

11.4　单向板梁板结构的截面设计和构造要求

11.4.1　连续板的截面设计与构造要求

1. 板的厚度及截面设计

　　为了使板具有一定的刚度，其厚度不应小于跨度的 1/40（连续板）、1/35（简支板）以及 1/12（悬臂板）。满足上述要求可不进行板的变形（挠度）验算。由于板的混凝土用量占全部楼盖的一半以上，因此，板厚应在满足建筑功能和方便施工的条件下，尽可能薄些，

在工程设计中板厚一般应满足下列要求:

一般屋面　　　　$h \geqslant 60\text{mm}$

一般楼面　　　　$h \geqslant 70\text{mm}$

工业房屋楼面　　$h \geqslant 80\text{mm}$

板的计算宽度可取 1m,求得各控制截面的最大内力后,即可按单筋矩形截面设计。板的宽度较大而外荷载值相对较小,一般的工业与民用建筑的楼(屋)盖,仅混凝土就足以承担剪力,可不必进行斜截面受剪承载力计算,也不必配置抗剪腹筋。

2. 板的构造要求

关于板的保护层厚度、钢筋的直径和间距已如第 4 章第 4.6 节所述。此处仅对连续板中的其他构造加以介绍。

1)连续板受力钢筋的配筋方式

连续板中受力钢筋的配筋方式有弯起式和分离式两种(图 11-13)。弯起式配筋锚固性好,可节约钢材,但施工较复杂。当板厚 $h \geqslant 120\text{mm}$ 或经常承受动力荷载时,可选用弯起式配筋。分离式配筋锚固性稍差,耗钢量稍高,但设计和施工方便。

弯起式配筋可先按跨中正弯矩确定钢筋的直径和间距,然后在支座附近弯起 $1/3 \sim 1/2$,如果还不满足负弯矩对钢筋的需求,再另加直的抵抗负弯矩的钢筋。弯起式钢筋的弯起角度一般为 30°,当板厚 $h > 120\text{mm}$ 时,可采用 45°。受力钢筋为 HPB300 钢筋时,两端一般采用半圆弯钩,但对上部抵抗负弯矩的钢筋,为了保证施工时不致改变钢筋的位置,宜做成直钩,支撑在模板上。采用弯起式配筋,应注意相邻两跨跨中及中间支座钢筋直径和间距的协调,间距变化应有规律,钢筋直径种类不宜过多,以便于施工。

连续板中受力钢筋的弯起和截断点,一般可以按图 11-13 确定,其中当 $q/g \leqslant 3$ 时,$a = l_n/4$;当 $q/g > 3$ 时,$a = l_n/3$,l_n 为板净跨。但是,当相邻各跨的跨度相差超过 20% 时,或各跨的荷载相差较大时,则钢筋的弯起和截断应按弯矩包络图进行钢筋布置。

2)连续板中的构造钢筋

(1)分布钢筋。单向板除沿弯矩方向布置受力钢筋外,还要在垂直于受力钢筋的方向布置分布钢筋。分布钢筋的作用是:固定受力钢筋的位置;抵抗混凝土收缩和温度变化所产生的应力,承担并分布板上局部荷载引起的内力;承受在计算中未考虑的其他因素所产生的内力,如承受板在长跨内实际存在的一些弯矩。

分布钢筋应配置在受力钢筋的内侧,每米不少于 4 根,直径不小于 6mm,并不得少于受力钢筋截面面积的 15%(集中荷载时为 25%)。当长短跨之比大于 2.0,但小于 3.0 时,沿长跨方向仍存在相当大的弯矩,此时如按单向板进行设计,其分布钢筋应配置得更多。文献[92]建议,此时长跨方向的分布钢筋面积应不少于 1/3 的受力钢筋面积。

(2)主梁顶面的构造钢筋。现浇肋形楼盖的单向板,实际上是四边支承板。靠近主梁的板面荷载将直接传给主梁,故产生一定的负弯矩。为此,在主梁上部需配置板面附加短钢筋,其数量应每米(沿主梁)不少于 5 根,直径不小于 8mm,总面积不小于板受力钢筋的 1/3,伸出支承梁梁边长度不小于 $l_n/4$,l_n 为板的净跨,如图 11-14 所示。

(3)沿墙边和墙角的板面构造钢筋。嵌固在承重墙内的单向板,由于墙的约束,在墙边附近产生负弯矩,使板面受拉开裂。在墙角附近,因受荷载、温度、收缩及施工等因素影响，也促使板角发生斜向裂缝。为避免这些裂缝的出现和发展，沿承重墙边每米长度配置不少于 5 根的构造钢筋（包括弯起钢筋），直径不小于 8mm，伸出墙面长度应不小于 $l_1/7$，在两边均嵌入墙内的板角应双向配置构造钢筋，其伸出长度应不小于 $l_1/4$，l_1 为板的短边长度，如图 11-15 所示。

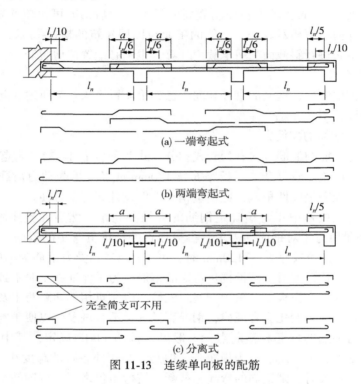

(a) 一端弯起式

(b) 两端弯起式

完全简支可不用

(c) 分离式

图 11-13　连续单向板的配筋

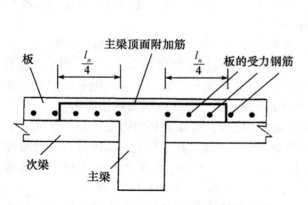

图 11-14　板中与主梁垂直的附加构造钢筋

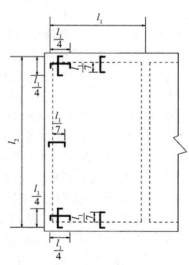

图 11-15　嵌入墙内的板边及板角构造钢筋

在水工结构中，由于使用要求往往要开设一些孔洞，这些洞也削弱了板的整体作用，因此在洞口周围应予以加强以保证安全，洞口的构造处理以及板上有较大固定设备时的处理，将在第 12 章讲述。

11.4.2 连续梁的截面设计与构造要求

1. 连续梁的截面设计

次梁和主梁应根据正截面和斜截面承载力要求计算钢筋用量，同时还应满足裂缝宽度和变形验算的要求。连续梁的截面尺寸如能满足第 9 章表 9-1 最小跨高比的要求，则可不必进行变形验算(见表 9-1)。

次梁的高跨比(h/l)一般取为 $1/18 \sim 1/12$；主梁的高跨比(h/l)一般取为 $1/14 \sim 1/8$。由此可初步拟定主梁和次梁的截面尺寸。

由于板和次梁、主梁整体连接，在梁的截面计算时，应视板为梁的翼缘。在正截面承载力计算时，梁中正弯矩区段翼缘板处于受压区，故应按 T 形截面计算。在支座负弯矩区段则因翼缘板处于受拉区而应按矩形截面计算。

在计算主梁支座处负弯矩区段正截面承载力时，由于主梁支座处板、次梁、主梁的抵抗负弯矩的钢筋交叉重叠，如图 11-16 所示，主梁钢筋位于最下面，因此，主梁的截面有效高度 h_0 较一般减小。当为单排钢筋时，$h_0 = h - 60\text{mm}$；当为双排钢筋时，$h_0 = h - 80\text{mm}$。

2. 连续梁的构造要求

连续梁配筋时，一般是先选配各跨跨中的纵向受力钢筋，然后将其中部分钢筋根据斜截面承载力的需要，在支座附近弯起并伸入支座，用以承担支座负弯矩。如相邻跨弯起的钢筋尚不能满足支座正截面承载力的需

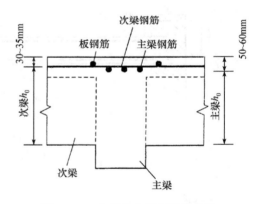

图 11-16 主梁支座截面纵筋位置

要时，可在支座上另加直钢筋。当从跨中弯起的钢筋不能满足斜截面承载力需要时，可另加斜筋和鸭筋。

对于次梁，当跨度相差不超过 20%，且梁上均布可变荷载和永久荷载之比 $q/g \leq 3$ 时，梁的弯矩图形变化幅度不大，其纵向受力钢筋的弯起和切断位置可参照图 11-17 确定。对于主梁，钢筋的弯起和截断必须按弯矩包络图及抵抗弯矩图来确定。

在端支座处，按计算要求可能不需要弯起钢筋，但仍应弯起部分钢筋，伸入支座顶面，以承担可能产生的负弯矩。跨中下部的纵向钢筋伸入支座内的根数不得少于 2 根。如跨中也存在负弯矩时，则还需在梁的顶面另设纵向受力钢筋，否则只需配置架立钢筋。

在主梁与次梁交接处，主梁两侧面受到次梁传来的集中荷载作用，此集中荷载并非作用在主梁的顶部，而是作用在主梁侧面梁高的上部。此集中力在主梁的影响区 s 范围内将产生法向应力和剪应力，从而可能使主梁产生斜向裂缝，甚至引起下部混凝土的拉脱。为

了防止斜向裂缝的发生而引起局部破坏，应在次梁两侧设置附加横向钢筋。附加横向钢筋应布置在 $s=2h_1+3b$ 的范围内，如图 11-18 所示。

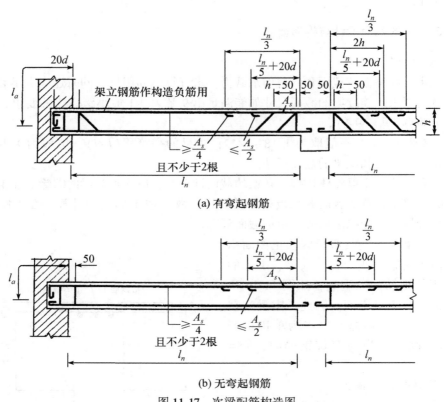

(a) 有弯起钢筋

(b) 无弯起钢筋

图 11-17　次梁配筋构造图

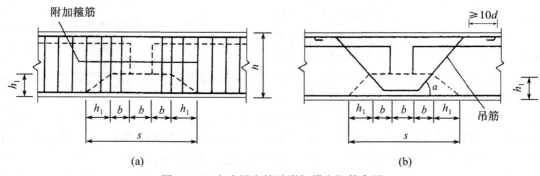

(a)　　　　　　　　　　　　　　(b)

图 11-18　主次梁交接处附加横向钢筋布置

　　附加横向钢筋可以是附加箍筋或吊筋，但应优先采用箍筋。附加横向钢筋的总截面面积 A_{sv} 应按下式计算：

$$A_{sv} \geqslant \frac{\gamma_d F}{2f_{yv}\sin\alpha} \tag{11-11}$$

式中，F ——由次梁传给主梁的集中荷载或其他作用在梁下部的集中荷载；

α ——附加横向钢筋与梁轴线间的夹角；

A_{sv} ——附加横向钢筋的总截面面积；

f_{yv} ——附加横向钢筋抗拉强度设计值。

式(11-11)也可以直观地用下式表示：

$$F \leqslant \frac{1}{\gamma_d}(mnA_{sv1}f_{yv} + 2A_{sb}f_y\sin\alpha) \tag{11-12}$$

式中，F——由次梁传给主梁的集中荷载或其他作用在梁下部的集中荷载；

m——在宽度 s 范围内的附加箍筋总数；

n——同一截面内附加箍筋的肢数；

α ——吊筋与梁轴线间的夹角；

A_{sv1}——附加箍筋的单肢截面面积；

A_{sb}——附加吊筋的截面面积；

f_{yv}——附加箍筋抗拉强度设计值；

f_y——附加吊筋抗拉强度设计值。

11.5 双向板梁板结构的设计

在 11.1 节概述中已讲到，四边支承的板，当长短边之比 $l_2/l_1 \leqslant 3$ 时，板上的荷载将沿短跨与长跨两个方向传至周边的支承梁或墙上，板内沿两个方向都有弯矩，因此，板的受力钢筋也应沿两个方向配置，这样的板称为双向板。由双向板和支承梁组成的结构称双向板梁板结构。

11.5.1 双向板试验结果及受力特点

四边简支的正方形和矩形板，在均布荷载作用下的试验研究表明：

(1)荷载较小，混凝土裂缝出现前，板基本上处于弹性工作状态。

(2)对于四边简支的正方形板，随着荷载增加，第一批裂缝出现在板底中央，然后沿对角线方向向四角扩展，在接近破坏时，顶面板角区附近将出现垂直对角线方向且大体呈环状的裂缝，这种裂缝的出现加剧了板底裂缝的进一步发展，如图 11-19(a)、(b)所示。

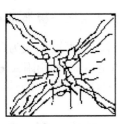 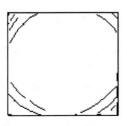 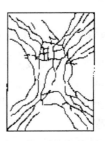 

(a) 正方形板板底　　　　(b) 正方形板板顶　　　　(c) 矩形板板底　　　　(d) 矩形板板顶

图 11-19　简支双向板破坏时裂缝分布

(3)对于四边简支的矩形板，裂缝首先出现在板底中部平行于长边的方向。随着荷载增加，这些裂缝不断开展，并沿45°角方向向四角扩展。在接近破坏时，板顶面四角也先后出现环状裂缝，其方向垂直于对角线。这种裂缝的出现，加剧了板底裂缝的进一步发展，如图 11-19(c)、(d)所示。

(4)简支正方形板和矩形板，受荷后板的四角均有翘起的趋势。板传给支承边的压力不是沿支承边上均匀分布，而是中部较大，两端较小。

(5)在板的配筋率相同时，采用较小直径的钢筋更为有利；钢筋的布置采取由板边缘向中部逐渐加密，比用相同数量但均匀配置的更为有利。

11.5.2　双向板的内力计算

双向板的内力分析方法主要有两类：第一类是将双向板视为匀质弹性材料，按弹性薄板理论进行内力分析；第二类考虑了钢筋混凝土非弹性变形的特点，按塑性理论计算。对于水工结构，一般多按第一类方法进行内力分析。按塑性理论计算方法可参考其他文献资料。

1. 单区格双向板的内力计算

按照弹性理论计算钢筋混凝土双向板的内力及变形是一个复杂的问题，工程设计大多利用图表进行计算。《建筑结构静力计算手册》[95]列出了单块双向板按弹性薄板理论计算的图表，可供设计时查用。对承受均布荷载的板，按板的周边约束条件，列出了六种矩形板的计算用表，设计时可根据所确定的计算简图直接查得弯矩系数，见附录6附表6-1~附表6-6。表中弯矩系数是按单位宽度板带，而且取材料的泊松比 $v=0$ 的情况下制定的。若 $v \neq 0$ 则应对表中系数进行换算，对钢筋混凝土结构，可取 $v=0.17$，其换算公式如下：

$$\left.\begin{array}{l} m_x^{(v)} = m_x + v m_y \\ m_y^{(v)} = m_y + v m_x \end{array}\right\} \tag{11-13}$$

有些文献已按 $v=0.17$ 对弯矩系数进行了换算，此时可依表直接查用。

2. 连续双向板的实用计算方法

等区格的连续双向板可以利用下述方法将其转化成单区格板，从而可利用附录6的弯矩系数计算。

1)求跨中最大弯矩

当连续双向板有恒荷载和活荷载同时作用时，活荷载应按图 11-20(a)所示的棋盘式布置。此时可将活荷载分解为两种状态，一种为所有区格满布 $+\frac{q}{2}$（图 11-20(b)）；另一种为 $+\frac{q}{2}$ 和 $-\frac{q}{2}$ 相间布置（图 11-20(c)）。对于前者，可近似认为各区格板都固定支承在中间支座上，沿板周边的支承条件按实际支承情况考虑；对于后者，可近似认为各区格板在中间支座处都是简支的。这两种荷载情况和支座情况，可按单区格板利用附录6的表计算出跨内弯矩值，而后进行叠加即可求出各区格板的跨中最大弯矩。

2)求支座中点最大弯矩

计算多区格连续双向板的支座最大负弯矩时，可不考虑活荷载的最不利布置，近似地将恒荷载 g 和活荷载 q 作用在全部区格上，并按各个区格的板均嵌固在中间支座上计算，而板的周边支承仍按实际支承情况考虑,这样就可利用附录6的表来计算支座弯矩。

若支座两相邻区格的支承条件不同,或者支座两侧板的计算跨度不等,则支座弯矩可取两区格计算所得的平均值。

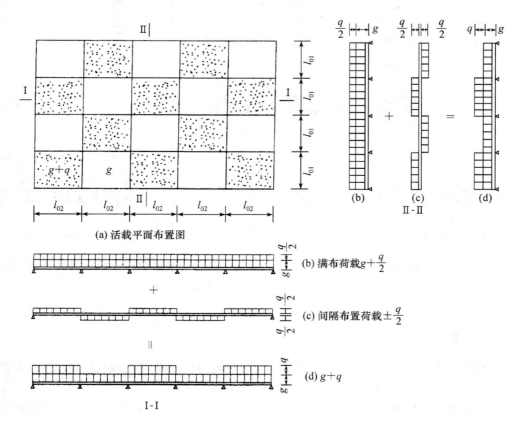

图 11-20　连续双向板简化为单块板的计算图式

11.5.3　双向连续板中支承梁的设计

双向板沿两个方向传给支承梁的荷载可近似按图 11-21 确定。图上的荷载划分是从每一区格板的四角作与板边成45°角的斜线,这些斜线与平行于长边的中线相交,每一小块板都被划分为四小块,每小块板上的荷载就近传至其支承梁上。因此,除梁自重和直接作用在梁上的荷载外,短跨支承梁上的荷载为三角形分布,长跨梁上的荷载为梯形分布。对于梁的自重或直接作用在梁上的其他荷载则应按实际情况考虑。当梁的受荷面积确定后,仍应考虑活荷载最不利布置以计算内力。

对于承受三角形或梯形荷载的连续梁,可用结构力学的方法进行内力计算,或查用有关手册中所列的内力系数。对于等跨或跨度相差不超过10%的连续梁,也可先将支承梁的三角形或梯形分布荷载,按支座处弯矩相等的条件,先转化为图 11-22 所示的等效均布荷载(图 11-22(b)中的 $\alpha = a/l$),再利用附录5的附表计算梁的内力。

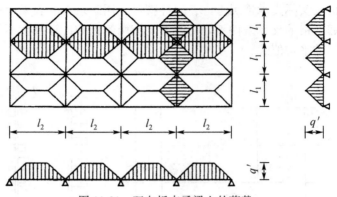

图 11-21　双向板支承梁上的荷载

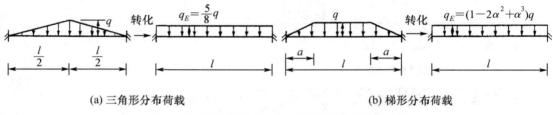

(a) 三角形分布荷载　　　　　　　　　　　(b) 梯形分布荷载

图 11-22　连续梁的分布荷载转化为等效均布荷载

11.5.4　双向板的构造要求

双向板的厚度一般不小于 80mm。当满足板厚 $h \geqslant l/45$(单跨简支板)或 $h \geqslant l/50$(多跨连续板)时,可不进行变形验算。l 为板短跨方向的计算跨度。

配筋形式类似单向板,有弯起式和分离式。当按附录 6 的附表计算时,所求得钢筋是中间板带所需数量,边缘板带的配筋可予以减少。一般将板按两个方向划分为中间板带和边缘板带,如图 11-23 所示。中间板带内按计算面积配置钢筋,边缘板带的配筋量减为相应中间板带的 50%,但每米宽度内应不少于 3 根。此外简支板的板角尚应配置附加钢筋。

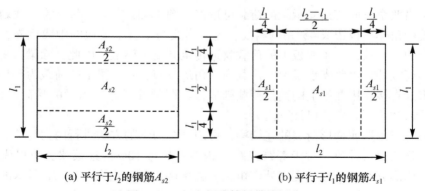

(a) 平行于 l_2 的钢筋 A_{s2}　　　　　　　(b) 平行于 l_1 的钢筋 A_{s1}

图 11-23　双向板配筋板带的划分

连续板支座上的配筋面积应按最大负弯矩求得，沿支座全长均匀配置，在边缘板带不减少。若采取弯起式配筋，可从跨中弯起 1/3~1/2 以承担支座弯矩，不足时另加直钢筋（图 11-24）。

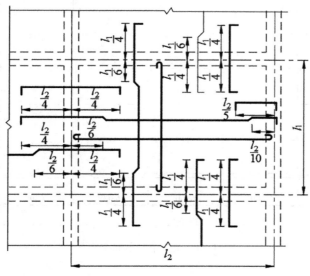

图 11-24　连续双向板配筋图

11.6　钢筋混凝土梁板结构设计实例

11.6.1　设计资料

设计某水力发电站生产副厂房楼盖，采用现浇钢筋混凝土梁板结构，其平面尺寸为 31.5m×12.6m，结构按单向板设计，如图 11-25 所示。

（1）楼面做法：20mm 水泥砂浆面层；钢筋混凝土现浇板；12mm 纸筋灰抹底。

（2）楼面均布活荷载标准值：7kN/m^2。

（3）材料：混凝土强度等级 C20；梁内受力主筋为 HRB400 钢筋；其他为 HPB300 钢筋。

（4）该厂房为 2 级水工建筑物，结构安全级别为 Ⅲ 级，结构重要性系数 $\gamma_0 = 1.0$；按正常运行状况设计，设计状况属持久状况，设计状况系数 ψ 取 1.0。

11.6.2　楼面梁格布置和构件截面尺寸

楼面梁格布置见图 11-25。

确定主梁跨度为 6.3m，次梁跨度为 6.3m，主梁每跨跨内布置两根次梁，板的跨度为 2.1m。

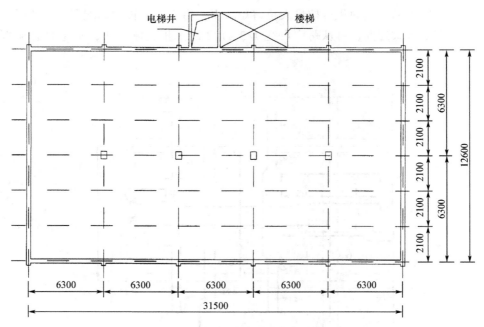

图 11-25　楼盖结构平面布置图

估计梁、板截面尺寸：按跨高比条件，要求板厚 $h \geqslant \dfrac{l}{40} = \dfrac{2100}{40} = 52.5(\text{mm})$，对工业建筑的楼板，要求 $h \geqslant 80\text{mm}$，取板厚 $h = 80\text{mm}$。

次梁截面尺寸：$h = \dfrac{l}{18} \sim \dfrac{l}{12} = \dfrac{6300}{18} \sim \dfrac{6300}{12} = 350 \sim 525(\text{mm})$

取 $h = 450\text{mm}$，$b = 250\text{mm}$

主梁截面尺寸：$h = \dfrac{l}{14} \sim \dfrac{l}{8} = \dfrac{6300}{14} \sim \dfrac{6300}{8} = 450 \sim 787.5(\text{mm})$

取 $h = 700\text{mm}$，$b = 350\text{mm}$。

承重墙厚240mm，估计柱截面 400mm × 400mm。

11.6.3　板的设计

1. 计算简图

板为 6 跨连续板，其结构尺寸如图 11-26(a)所示。为便于用表格计算，计算简图按 5 跨考虑，如图 11-26(b)所示。

次梁截面450mm×250mm，板在墙上支承宽度120mm。板的计算跨度：

边跨因板厚 h 小于端支承宽度 a，所以

$$l = l_n + \frac{1}{2}(h + b) = 1855 + \frac{1}{2}(80 + 250) = 2020(\text{mm})$$

中间跨：$l = l_c = 2100\text{mm}$。

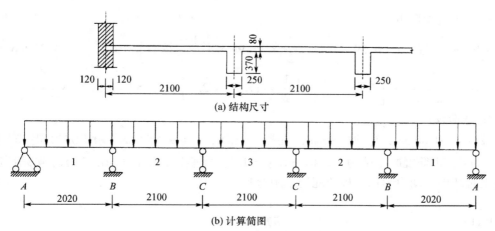

(a) 结构尺寸

(b) 计算简图

图 11-26　板的结构尺寸与计算简图

2. 荷载计算

取宽为 1m 的板带计算：

恒荷载：板自重　　　　$0.08×25×1 = 2.0(\text{kN/m})$

　　　　20mm 抹面　　$0.02×20×1 = 0.4(\text{kN/m})$

　　　　12mm 抹底　　$0.012×16×1 = 0.19(\text{kN/m})$

　　　　标准值　　　　$g_k = 2.59(\text{kN/m})$

　　　　设计值　　　　$g = \gamma_G g_k = 1.1×2.59 = 2.85(\text{kN/m})$

活荷载：标准值　　　　$q_k = 7×1 = 7.0(\text{kN/m})$

　　　　设计值　　　　$q = \gamma_Q q_k = 1.3×7.0 = 9.1(\text{kN/m})$

考虑次梁对板的转动约束，折算荷载为：

$$g' = g + \frac{q}{2} = 2.85 + \frac{9.1}{2} = 7.4 \ (\text{kN/m})$$

$$q' = \frac{q}{2} = \frac{1}{2} × 9.1 = 4.55 \ (\text{kN/m})$$

3. 内力计算

按弹性方法计算，由于边跨与中间跨相差不到 10%，可采用等跨表格计算。查附录 5 中附表 5-4 得弯矩系数 K_1，K_2，弯矩计算值为 $M = K_1 g' l_0^2 + K_2 q' l_0^2$。

1）跨中弯矩

边跨　　$M_1 = 0.078×7.4×2.02^2 + 0.1×4.55×2.02^2 = 4.21(\text{kN·m})$

中间跨　$M_2 = 0.033×7.4×2.1^2 + 0.079×4.55×2.1^2 = 2.66(\text{kN·m})$

　　　　$M_3 = 0.046×7.4×2.1^2 + 0.085×4.55×2.1^2 = 3.21(\text{kN·m})$

2）支座弯矩

$$M_B = -\left[0.105 × 7.4 × \left(\frac{2.1 + 2.02}{2}\right)^2 + 0.119 × 4.55 × \left(\frac{2.1 + 2.02}{2}\right)^2 \right] = -5.59 \ (\text{kN·m})$$

$$M_C = -\left[0.079 × 7.4 × 2.1^2 + 0.111 × 4.55 × 2.1^2 \right] = -4.81(\text{kN·m})$$

3）支座边缘弯矩

$$M'_B = M_B - \frac{1}{2}V_0 b = -\left[5.59 - \frac{1}{2} \times \left(\frac{1}{2} \times 11.95 \times \frac{2.1 + 2.02}{2}\right) \times 0.25\right] = -4.05(\text{kN} \cdot \text{m})$$

$$M'_C = M_C - \frac{1}{2}V_0 b = -\left[4.81 - \frac{1}{2} \times \left(\frac{1}{2} \times 11.95 \times 2.1\right) \times 0.25\right] = -3.24(\text{kN} \cdot \text{m})$$

4. 截面设计

板厚 h 为 80mm，h_0 取 60mm，混凝土 C20，$f_c = 9.6\text{N/mm}^2$；HPB300 钢筋，$f_y = 270\text{N/mm}^2$；钢筋混凝土结构，结构系数 $\gamma_d = 1.2$。配筋计算见表 11-6，考虑水电站厂房发电机组对结构的动力影响，板的配筋采用弯起式。

表 11-6　　　　　　　　　　板配筋计算表

截面	1	B	2	C	3
弯矩计算值 $M(\times 10^6 \text{N} \cdot \text{mm})$	4.21	4.05	2.66	3.24	3.21
弯矩设计值 $M\gamma_0\psi(\times 10^6 \text{N} \cdot \text{mm})$	4.21	4.05	2.66	3.24	3.21
$\alpha_s = \dfrac{\gamma_d \gamma_0 \psi M}{f_c b h_0^2}$	0.146	0.141	0.092	0.113	0.111
$\xi = 1 - \sqrt{1 - 2\alpha_s}$	0.159	0.152	0.097	0.120	0.118
$A_s = \xi b h_0 \dfrac{f_c}{f_y}$	339	325	207	255	253
选用钢筋（mm²）	Φ8@140 (359)	Φ8@140 (359)	Φ8@140 (359)	Φ8@140 (359)	Φ8@140 (359)

5. 板配筋详图

在板的配筋详图中（图 11-27），除按计算配置受力钢筋外，尚应设置下列构造钢筋。
（1）分布钢筋：按规定选用Φ6@200。
（2）板面附加钢筋：按规定选用Φ8@200，设置于主梁顶部和墙边。
（3）墙角附加钢筋：按规定选用Φ8@200，双向配置于四个墙角的板角。

11.6.4　次梁设计

1. 计算简图

次梁为 5 跨连续梁，其结构尺寸如图 11-28（a）所示，次梁在砖墙上支承宽度为 240mm，主梁截面为 350mm×700mm，次梁的跨长如图 11-28（b）所示。取计算跨度为：

边跨 $l_0 = l_c = 6300\text{mm}$

$l_0 = 1.025l_n + 0.5b = 1.025 \times (6300-120-175) + 0.5 \times 350 = 6330.13(\text{mm})$，取 $l_0 = 6300\text{mm}$。

中间跨 $l_0 = l_c = 6300\text{m}$

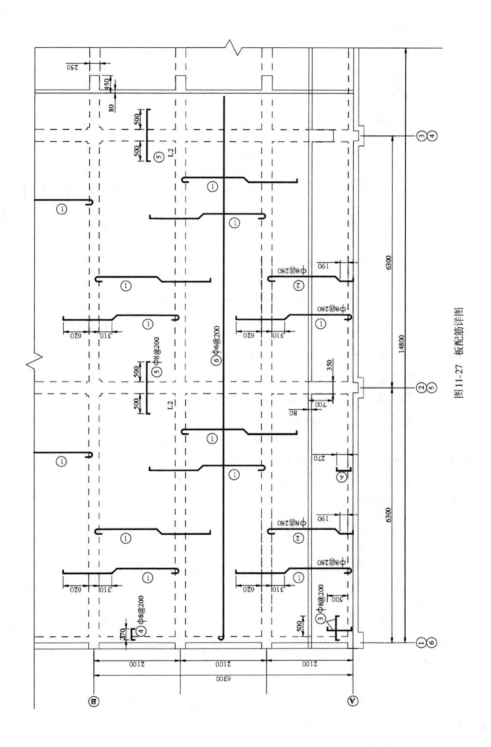

图11-27 板配筋详图

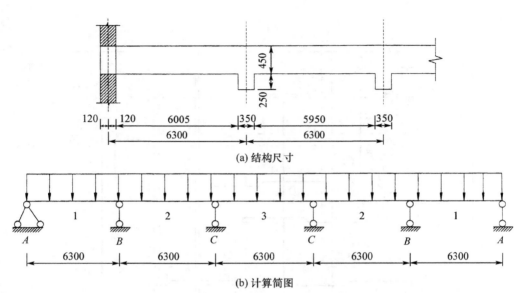

(a) 结构尺寸

(b) 计算简图

图 11-28　次梁结构尺寸与计算简图

2. 荷载计算

恒荷载：由板传来　$2.59 \times 2.1 = 5.44(\text{kN/m})$

次梁自重　$0.25 \times (0.45-0.08) \times 25 = 2.31(\text{kN/m})$

次梁粉刷　$(0.45-0.08) \times 2 \times 0.19 = 0.14(\text{kN/m})$

标准值　$g_k = 7.89(\text{kN/m})$

设计值　$g = \gamma_G g_k = 1.1 \times 7.89 = 8.68(\text{kN/m})$

活荷载：标准值　$q_k = 7.0 \times 2.1 = 14.7(\text{kN/m})$

设计值　$q = \gamma_Q q_k = 1.3 \times 14.7 = 19.11(\text{kN/m})$

考虑主梁对次梁的转动约束，折算荷载为

$$g' = g + \frac{q}{4} = 8.68 + \frac{1}{4} \times 19.11 = 13.46 \ (\text{kN/m})$$

$$q' = \frac{3}{4}q = \frac{3}{4} \times 19.11 = 14.33(\text{kN/m})$$

3. 内力计算

按弹性体系，采用等跨表格计算。查附录 5 中表 5-4 可得系数 $K_1 \sim K_4$。

弯矩计算值：$M = K_1 g' l^2 + K_2 q' l^2$

剪力计算值：$V = K_3 g' l + K_4 q' l$

1) 弯矩

跨中弯矩：$M_1 = 0.078 \times 13.46 \times 6.3^2 + 0.1 \times 14.33 \times 6.3^2 = 98.55(\text{kN} \cdot \text{m})$

$M_2 = 0.033 \times 13.46 \times 6.3^2 + 0.079 \times 14.33 \times 6.3^2 = 62.56(\text{kN} \cdot \text{m})$

$M_3 = 0.046 \times 13.46 \times 6.3^2 + 0.085 \times 14.33 \times 6.3^2 = 72.92(\text{kN} \cdot \text{m})$

支座弯矩：

$M_B = -(0.105 \times 13.46 \times 6.3^2 + 0.119 \times 14.33 \times 6.3^2) = -123.78 (\text{kN} \cdot \text{m})$

$M_C = -(0.079 \times 13.46 \times 6.3^2 + 0.111 \times 14.33 \times 6.3^2) = -105.34 (\text{kN} \cdot \text{m})$

支座边缘弯矩：

$M'_B = M_B - \dfrac{1}{2}V_0 b = -\left[123.78 - \dfrac{1}{2} \times \left(\dfrac{1}{2} \times 27.79 \times \dfrac{6.3+6.3}{2}\right) \times 0.35\right] = -108.46 (\text{kN} \cdot \text{m})$

$M'_C = M_C - \dfrac{1}{2}V_0 b = -\left[105.34 + \dfrac{1}{2} \times \left(\dfrac{1}{2} \times 27.79 \times 6.3\right) \times 0.35\right] = -90.02 (\text{kN} \cdot \text{m})$

2）剪力

计算跨度取净跨度：边跨 $l_0 = 6005$mm，中间跨 $l_0 = 5950$mm。

$V_A = 0.394 \times 13.46 \times 6.005 + 0.447 \times 14.33 \times 6.005 = 70.31 (\text{kN})$

$V_B^l = -(0.606 \times 13.46 \times 6.005 + 0.620 \times 14.33 \times 6.005) = -102.33 (\text{kN})$

$V_B^r = 0.526 \times 13.46 \times 5.95 + 0.598 \times 14.33 \times 5.95 = 93.11 (\text{kN})$

$V_C^l = -(0.474 \times 13.46 \times 5.95 + 0.576 \times 14.33 \times 5.95) = -87.07 (\text{kN})$

$V_C^r = 0.500 \times 13.46 \times 5.95 + 0.591 \times 14.33 \times 5.95 = 90.43 (\text{kN})$

4. 截面设计

（1）正截面承载力计算：跨中按 T 形截面计算，支座按矩形截面计算。截面高 $h = 450$mm，肋宽 $b = 250$mm，翼缘厚度 $h'_f = 80$mm，截面有效高度取 410mm。混凝土 C20，$f_c = 9.6\text{N/mm}^2$；受力钢筋 HRB400（$f_y = 360\text{N/mm}^2$）；结构系数 $\gamma_d = 1.2$。

跨中 T 形截面类型判别：

翼缘宽度：$\left.\begin{array}{l} b'_f = \dfrac{l}{3} = \dfrac{6300}{3} = 2100 \\ b'_f = b + S_n = 2100 \end{array}\right\}$ 取较小值 $b'_f = 2100$mm

$b_f h'_f f_c \left(h_0 - \dfrac{h'_f}{2}\right) = 2100 \times 80 \times 9.6 \times \left(410 - \dfrac{80}{2}\right) = 596.7 \times 10^6 (\text{N} \cdot \text{mm})$

$> \gamma_d M_{\max} = 1.2 \times 98.55 = 118.26 (\text{kN} \cdot \text{m})$

属第一类 T 形截面。正截面配筋计算如表 11-7 所示。

表 11-7　　　　　　　　　　　正截面配筋计算表

截　面	1	B	2	C	3
弯矩计算值 $M(\times 10^6 \text{N} \cdot \text{mm})$	98.55	108.46	62.56	90.02	72.92
弯矩设计值 $M\gamma_0\psi(\times 10^6 \text{N} \cdot \text{mm})$	98.55	108.46	62.56	90.02	72.92
$bh_0^2 f_c$ 或 $b'_f h_0^2 f_c$ $(\times 10^6 \text{N} \cdot \text{mm})$	3389	403	3389	403	3389
$\alpha_s = \dfrac{\gamma_d \gamma_0 \psi M}{f_c b h_0^2}$ 或 $\alpha_s = \dfrac{\gamma_d \gamma_0 \psi M}{f_c b'_f h_0^2}$	0.035	0.323	0.022	0.268	0.026

截　　面	1	B	2	C	3
$\xi = 1 - \sqrt{1 - 2\alpha_s}$	0.036	0.404	0.022	0.318	0.026
$A_s = \xi b h_0 \dfrac{f_c}{f_y}$ 或 $A_s = \xi b'_f h_0 \dfrac{f_c}{f_y}$	816	1105	514	870	601
选用钢筋(mm^2)	2⏀18+1⏀20 (823)	4⏀16+1⏀20 (1118)	2⏀14+1⏀16 (509)	3⏀14+2⏀16 (864)	3⏀16 (603)

注:$A_{\min} = \rho_{\min} bh = 0.2\% \times 250 \times 410 = 205\ mm^2$。

(2)斜截面承载力计算。

验算截面尺寸:

$$\frac{h_w}{b} = \frac{410 - 80}{250} = 1.32 < 4.0$$

$$\frac{1}{\gamma_d}(0.25 f_c b h_0) = \frac{1}{1.2} \times (0.25 \times 9.6 \times 250 \times 410) = 205\ (kN)$$

$$> V_{\max} = \gamma_0 \psi V_B^l = 102.33\ (kN)$$

故截面尺寸满足要求。

$$\frac{1}{\gamma_d} V_c = \frac{1}{1.2}(0.5\beta_h f_t b h_0) = \frac{1}{1.2} \times 0.5 \times 1 \times 1.1 \times 250 \times 410 = 46.98\ (kN)$$

$$< \gamma_0 \psi V_A = 70.31\ (kN)$$

故所有支座均需要进行斜截面受剪承载力计算。

支座 B:

$$\frac{nA_{sv1}}{s} = \frac{\gamma_d \gamma_0 \psi V_B^l - 0.5\beta_h f_t b h_0}{f_{yv} h_0} = \frac{1.2 \times 102.33 \times 10^3 - 0.5 \times 1 \times 1.1 \times 250 \times 410}{270 \times 410} = 0.600$$

选用双肢($n = 2$)⏀8($A_{sv1} = 50.2 mm^2$)箍筋,则由上式计算结果求得:

$$s = \frac{2 \times 50.2}{0.600} = 167(mm), \quad 取 s = 150mm < s_{\max} = 200(mm)。$$

$$\rho_{sv} = \frac{nA_{sv1}}{bs} = \frac{2 \times 50.2}{250 \times 150} = 0.268\% > 0.12\%,满足最小配箍率的规定。$$

5. 次梁配筋详图

次梁的配筋及构造如图 11-29 所示。跨中受力钢筋按构造要求选用 3 根,其中,两根设于梁角作架立筋,一根在支座附近作为负弯矩钢筋并增强斜截面的受剪承载力,支座负弯矩钢筋的截断位置参照有关规定处理。角点处钢筋截断后另设 2⏀10 架立筋与之绑扎连接。

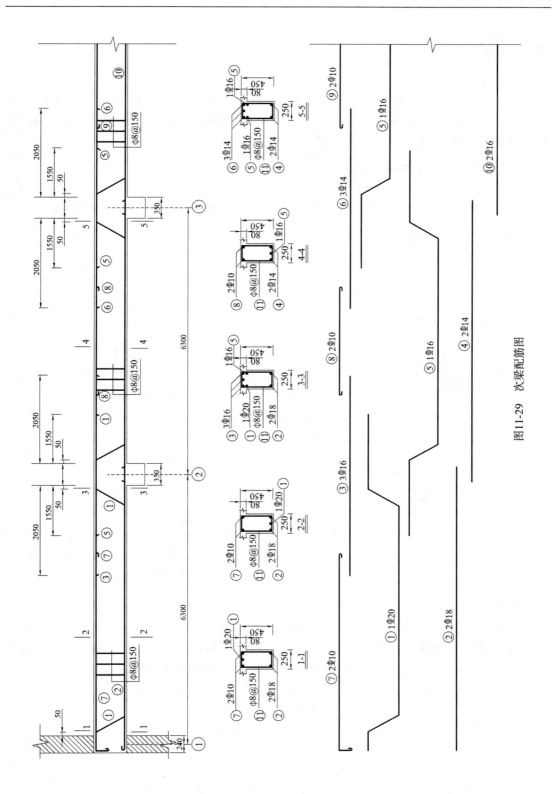

图11-29　次梁配筋图

11.6.5　主梁设计

1. 计算简图

主梁共两跨，其结构尺寸如图 11-30(a) 所示。梁两端支承在墙上，支承长度为 370mm，中间支承在 400mm×400mm 的柱上，因梁的线刚度与柱的线刚度之比大于 4，可视为中部铰支的两跨连续梁，计算简图如图 11-30(b) 所示。

计算跨度 $l_0 = l_c = 6300 - 120 + \dfrac{370}{2} = 6365(\text{mm})$

$$l_0 = 1.025l_n + 0.5b = 1.025 \times \left(6300 - 120 - \frac{1}{2} \times 400\right) + 0.5 \times 400 = 6330 \ (\text{mm})$$

取较小值 $l_0 = 6330\text{mm}$。

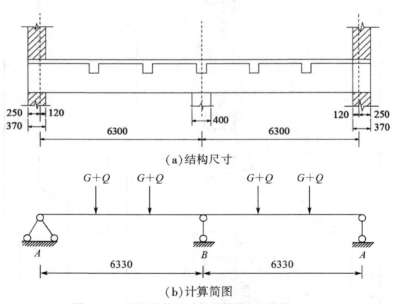

(a) 结构尺寸

(b) 计算简图

图 11-30　主梁结构尺寸与计算简图(单位：mm)

2. 荷载计算

为简化计算，将主梁 2.1m 长的自重亦按集中荷载考虑。

(1) 恒荷载：次梁传来的集中荷载 $7.89 \times 6.3 = 49.71(\text{kN})$

主梁自重	$0.35 \times (0.7 - 0.08) \times 2.1 \times 25 = 11.39(\text{kN})$
主梁粉刷	$(0.7 - 0.08) \times 2 \times 2.1 \times 0.19 = 0.49(\text{kN})$
标准值	$G_k = 61.60(\text{kN})$
设计值	$G = \gamma_G G_k = 1.1 \times 61.60 = 67.76(\text{kN})$

(2) 活荷载：

标准值	$Q_k = 7 \times 2.1 \times 6.3 = 92.61(\text{kN})$
设计值	$Q = \gamma_Q Q_k = 1.3 \times 92.61 = 120.39(\text{kN})$

3. 内力计算

按弹性方法计算。查附录 5 中附表 5-1 可得弯矩和剪力系数 $K_1 \sim K_4$。

弯矩计算值为 $M = K_1 G l_0 + K_2 Q l_0$

剪力计算值为 $V = K_3 G + K_4 Q$

荷载作用点及最不利位置如图 11-31 所示。

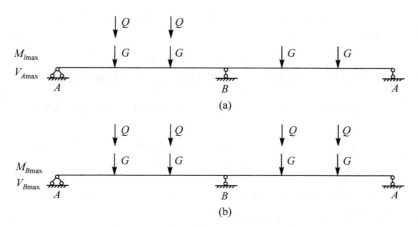

图 11-31 主梁荷载最不利位置示意图

1)弯矩计算

跨中弯矩 $M_1 = (0.222 \times 67.76 + 0.278 \times 120.39) \times 6.33 = 307.08 (\mathrm{kN \cdot m})$

支座弯矩 $M_B = -(0.333 \times 67.76 + 0.333 \times 120.39) \times 6.33 = -396.60 (\mathrm{kN \cdot m})$

支座边缘弯矩

$$M_B^l = M_B - \frac{1}{2} V_0 b = -\left[396.60 - \frac{1}{2} \times (67.76 + 120.39) \times 0.4 \right] = -358.97 (\mathrm{kN \cdot m})$$

2)剪力计算

$$V_A = 0.667 \times 67.76 + 0.833 \times 120.39 = 145.48 \ (\mathrm{kN})$$

$$V_B^l = -(1.333 \times 67.76 + 1.333 \times 120.39) = -250.80 (\mathrm{kN})$$

3)内力包络图

(1)第 1 跨有可变荷载,第 2 跨没有可变荷载。

查附表 5-1 可得,支座 B 的弯矩值为:

$$M_B = (-0.333 \times 67.76 - 0.167 \times 120.39) \times 6.33 = -270.10 (\mathrm{kN})$$

第 1 跨内第 1 个集中荷载和第 2 个集中荷载作用点处弯矩值分别为:

$$\frac{1}{3}(G + Q)l_0 + \frac{1}{3}M_B = \frac{1}{3} \times (67.76 + 120.39) \times 6.33 - \frac{1}{3} \times 270.10 = 306.97 (\mathrm{kN \cdot m})$$

(与前面计算的 $M_{1max} = 307.08 \mathrm{kN \cdot m}$ 接近。)

$$\frac{1}{3}(G + Q)l_0 + \frac{2}{3}M_B = \frac{1}{3} \times (67.76 + 120.39) \times 6.33 - \frac{2}{3} \times 270.10 = 216.94 (\mathrm{kN \cdot m})$$

支座 A 的剪力值为：

$$V_A = 145.48 \text{ kN}$$

第 1 跨内第 1 个集中荷载作用点处剪力值为：

$$145.48 - (67.76 + 120.39) = -42.67 \text{ (kN)}$$

支座 B 的剪力值为：

$$V_B^l = -1.333 \times 67.76 - 1.167 \times 120.39 = -230.82 \text{(kN)}$$

$$V_B^r = 1.333 \times 67.76 + 0.167 \times 120.39 = 110.43 \text{ (kN)}$$

（2）第 1、2 跨均有可变荷载。

$$M_B = -396.60 \text{ kN} \cdot \text{m}$$

第 1 跨内第 1 个集中荷载和第 2 个集中荷载作用点处弯矩值分别为：

$$\frac{1}{3} \times (67.76 + 120.39) \times 6.33 - \frac{1}{3} \times 396.60 = 264.80 \text{ (kN} \cdot \text{m)}$$

$$\frac{1}{3} \times (67.76 + 120.39) \times 6.33 - \frac{2}{3} \times 396.60 = 132.60 \text{ (kN} \cdot \text{m)}$$

支座 A 的剪力值为：

$$V_A = 0.667 \times 67.76 + 0.667 \times 120.39 = 125.50 \text{ (kN)}$$

第 1 跨内第 1 个集中荷载作用点处剪力值为：

$$125.50 - (67.76 + 120.39) = -62.65 \text{ (kN)}$$

支座 B 的剪力值为：

$$V_B^l = -250.80 \text{ (kN)}$$

$$V_B^r = 1.333 \times 67.76 + 1.333 \times 120.39 = 250.80 \text{ (kN)}$$

（3）第 1 跨没有可变荷载，第 2 跨有可变荷载。

$$M_B = -270.10 \text{ (kN)}$$

第 1 跨内第 1 个集中荷载和第 2 个集中荷载作用点处弯矩值分别为：

$$\frac{1}{3} Gl_0 + \frac{1}{3} M_B = \frac{1}{3} \times 67.76 \times 6.33 - \frac{1}{3} \times 270.10 = 52.94 \text{ (kN} \cdot \text{m)}$$

$$\frac{1}{3} Gl_0 + \frac{2}{3} M_B = \frac{1}{3} \times 67.76 \times 6.33 - \frac{2}{3} \times 270.10 = -37.10 \text{ (kN} \cdot \text{m)}$$

主梁的内力包络图如图 11-32 所示。

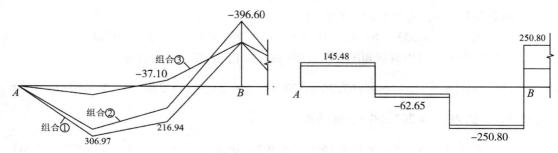

图 11-32　主梁内力包络图

4. 截面设计

1）正截面承载力计算

受力钢筋为 HRB400 钢筋，$f_y = 360\text{N/mm}^2$；混凝土 C20，$f_c = 9.6\text{N/mm}^2$；结构系数 $\gamma_d = 1.20$。跨中按 T 形截面计算，钢筋按一排布置，$h_0 = h - 40 = 700 - 40 = 660\text{mm}$。

翼缘宽度：

$$\left.\begin{array}{l} b_f' = \dfrac{l_0}{3} = \dfrac{1}{3} \times 6330 = 2110 \\[2mm] b_f' = b + s_n = 6300 \end{array}\right\} \text{取较小者，} b_f' = 2110\text{mm}$$

$$b_f' h_f' f_c \left(h_0 - \frac{h_f'}{2}\right) = 2110 \times 80 \times 9.6 \times \left(660 - \frac{80}{2}\right) = 1004.7 \text{ (kN)}$$

$$> \gamma_d M_{max} = \gamma_d M_1 = 1.2 \times 307.08 = 368.49 \text{ (kN} \cdot \text{m)}$$

属第一类 T 形截面。

表 11-8   **主梁正截面配筋计算**

截 面	1	B
弯矩计算值 $M(\times 10^6 \text{N} \cdot \text{mm})$	307.08	358.97
弯矩设计值 $M\gamma_0\psi(\times 10^6 \text{N} \cdot \text{mm})$	307.08	358.97
$bh_0^2 f_c$ 或 $b_f' h_0^2 f_c$（$\times 10^6 \text{N} \cdot \text{mm}$）	8824	1292
$\alpha_s = \dfrac{\gamma_d \gamma_0 \psi M}{f_c b h_0^2}$ 或 $\alpha_s = \dfrac{\gamma_d \gamma_0 \psi M}{f_c b_f' h_0^2}$	0.042	0.334
$\xi = 1 - \sqrt{1 - 2\alpha_s}$	0.043	0.423
$A_s = \xi b h_0 \dfrac{f_c}{f_y}$ 或 $A_s = \xi b_f' h_0 \dfrac{f_c}{f_y}$	1585	2448
选用钢筋（mm^2）	2⚡25+2⚡22 （1742）	4⚡25+2⚡22 （2724）

注：①支座 $\xi = 0.487 < \xi_b = 0.518$；②$\rho_{min} bh_0 = A_{min} = 0.15\% \times 300 \times 660 = 297\text{mm}^2$。

支座按矩形截面计算，肋宽 $b = 350\text{mm}$，钢筋按两排布置，则

$$h_0 = h - 80 = 700 - 80 = 620 \text{ (mm)}$$

主梁正截面配筋计算见表 11-8。

2）斜截面承载力计算

截面尺寸验算：

$$\frac{h_w}{b} = \frac{620 - 80}{350} = 1.54 < 4.0$$

$$\frac{1}{\gamma_d}(0.25 f_c b h_0) = \frac{1}{1.2}(0.25 \times 9.6 \times 350 \times 620) = 434 \text{(kN)}$$

$$> V_{max} = \gamma_0 \psi V_B^l = 250.80 \text{ kN}$$

故截面尺寸符合要求。

$$\frac{1}{\gamma_d}V_c = \frac{1}{\gamma_d}(0.5\beta_h f_t bh_0) = \frac{1}{1.2} \times 0.5 \times 1 \times 1.1 \times 350 \times 620 = 99.46\,(kN)$$

$$\gamma_0 \psi V_A = 145.48\,kN$$

$$\gamma_0 \psi V_B^l = 250.80\,kN$$

故支座 A、B 需按计算配置横向钢筋。

支座 B：

设箍筋选用 $\phi 8@150$ 双肢箍。

配箍率

$$\rho_{sv} = \frac{nA_{sv1}}{bs} = \frac{2 \times 50.2}{350 \times 150} = 0.191\% > 0.12\%, \quad 满足最小配箍率的规定。$$

$$V_{cs} = 0.5\beta_h f_t bh_0 + f_{yv}\frac{A_{sv}}{s}h_0$$

$$= 0.5 \times 1 \times 1.1 \times 350 \times 620 + 270 \times \frac{2 \times 50.2}{150} \times 620 = 231.40\,(kN)$$

$$< \gamma_d \gamma_0 \psi V_B^l = 1.2 \times 250.80 = 300.96\,(kN)$$

故需设置弯起钢筋，取弯起角度 $\alpha_s = 45°$，则

$$A_{sb} = \frac{\gamma_d \gamma_0 \psi V_B^l - V_{cs}}{0.8 f_y \sin\alpha_s} = \frac{(300.96 - 231.40) \times 10^3}{0.8 \times 360 \times \sin 45°} = 342\,(mm^2)$$

设置跨中钢筋两排弯起，每排 $1\,\Phi 22$，$A_{sb} = 380mm^2 > 342mm^2$，满足要求。

次梁两侧附近横向钢筋计算：

次梁传来集中力 $F = \gamma_0 \psi(G + Q) = 1.0 \times 1.0 \times (1.1 \times 49.71 + 1.3 \times 92.61) = 175.07\,(kN)$

在梁集中荷载位置设附加吊筋，弯起角 $a = 45°$，则：

$$A_{sv} = \frac{\gamma_d F}{2f_{yv}\sin\alpha} = \frac{1.2 \times 175.07 \times 10^3}{2 \times 360 \times \sin 45°} = 413\,(mm^2)$$

故选 $2\,\Phi 16$，实配 $A_{sv} = 402mm^2$。

也可在次梁两侧设置附加箍筋。箍筋采用 HPB300 钢筋（$f_{yv} = 270N/mm^2$），直径为 $\phi 8$（$n = 2$，$A_{sv1} = 50.3mm^2$），则

$$m = \frac{\gamma_d F}{nA_{sv1}f_{yv}} = \frac{1.2 \times 175.07 \times 10^3}{2 \times 50.3 \times 270} = 7.73$$

在次梁两侧各附加 4 道双肢 $\phi 8$ 箍筋。

主梁配筋详图。主梁的配筋及构造见图 11-33 所示。纵向受力钢筋的弯起和截断位置，根据弯矩和剪力包络图及材料图形来确定。

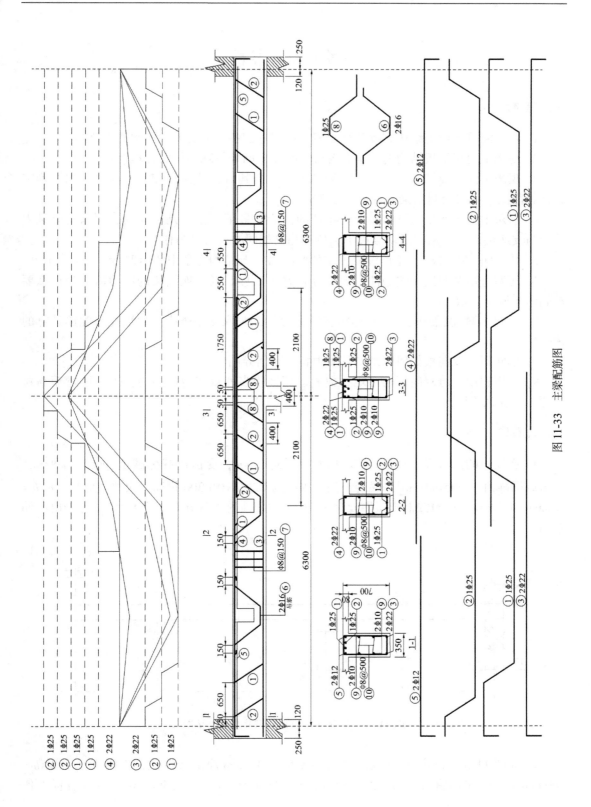

图 11-33 主梁配筋图

思考题与计算题

一、思考题

1. 钢筋混凝土楼盖结构有哪几种类型？说明它们各自的受力特点和适用范围？

2. 现浇单向板梁板结构的结构布置可从哪几方面来体现结构的合理性？

3. 现浇单向梁板结构中的板、次梁和主梁，当其内力按弹性理论计算时，如何确定其计算简图？如何绘制主梁的弯矩包络图？

4. 求跨中最大弯矩与支座最大负弯矩的活荷载最不利位置是不同的，而求支座最大剪力与支座最大负弯矩的活荷载最不利位置却是相同的，这是为什么？

5. 什么叫"塑性铰"？钢筋混凝土中的"塑性铰"与结构力学中的"理想铰"有何异同？

6. 何谓弯矩调幅法？按塑性内力重分布方法计算混凝土连续梁的内力时，为什么要控制弯矩调幅系数？

7. 板和次梁(次梁和主梁)整体相连时，为什么要取支座边缘的弯矩作为配筋计算的依据？

8. 单向板与双向板如何区别？其受力特点有何异同？

9. 如何利用单跨双向板的弯矩系数表计算多跨多列双向板的内力？求支座弯矩与跨中弯矩有什么不同？

二、计算题

1. 连续板的内跨板带如图 11-34 所示，板跨 2.4m，受恒荷载标准值 $g_k = 3.5 \text{kN/m}^2$，活荷载标准值 $q_k = 450 \text{kN/m}^2$，混凝土强度等级为 C20，HPB300 钢筋；次梁截面尺寸 $b \times h = 200 \text{mm} \times 450 \text{mm}$，$\gamma_d = 1.2$。求板厚及其配筋(考虑塑性内力重分布计算内力)，并绘出配筋草图。

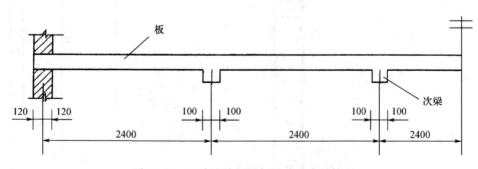

图 11-34　五跨连续板几何尺寸及支承情况

2. 如图 11-35 所示五跨连续次梁两端支承在 370mm 厚的砖墙上，中间支承在 $b \times h = 300 \text{mm} \times 700 \text{mm}$ 的主梁上。承受板传来的恒荷载标准值取 $g_k = 25 \text{kN/m}^2$，活荷载标准值

$q_k = 100\text{kN}/\text{m}^2$，混凝土强度等级为 C20，采用 HRB400 钢筋，$\gamma_d = 1.2$。试考虑塑性内力重分布设计该梁(确定截面尺寸及配筋)，并绘出配筋草图。

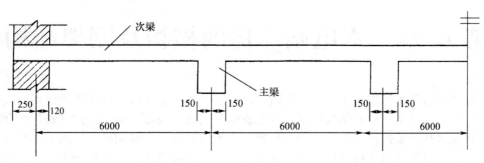

图 11-35　五跨连续梁几何尺寸及支承情况

第12章 水电站厂房的楼板及刚架结构

水电站厂房是水利枢纽中的主要建筑物之一，是将水能转换为机械能进而转换成电能的最终场所。水电站厂房必须能使水轮发电机组及其辅助设备、电气装置等安装在合理的位置；并为这些设备提供检修、安装的场地，也为运行管理人员创造良好的工作环境。

水电站厂房按其结构特征可分为三种基本类型，即坝后式、河床式和引水式。每一基本类型又可发展出若干其他型式，如坝后式厂房又可分成挑越式厂房、溢流式厂房、坝内式厂房等；河床式厂房根据泄流方式不同又分为普通河床式厂房、混合式厂房、闸墩式厂房等。此外，厂房按安装的水轮发电机组适用水头的大小又可分为低水头厂房（$H \leqslant 30\text{m}$）、中水头厂房（$30\text{m} < H \leqslant 100\text{m}$）和高水头厂房（$H > 100\text{m}$）；按结构型式和布置不同又可分为地面厂房、地下厂房、露天厂房和半露天厂房等。

本章主要介绍非承压的坝后式和引水式地面厂房，其他型式的厂房结构可参阅有关专门书籍[96-99]。

水电站主厂房是指由主厂房构架及其下部的大体积非杆件结构所组成的建筑物，是安装水轮发电机组及主要控制设备和辅助设备的场所。习惯上把发电机层以上部分称为上部结构，包括屋面系统、柱、吊车梁、各层楼面梁板系统、围护结构等。楼（屋）面梁和柱组成的刚架结构为主要的承重结构。发电机层以下部分称为下部结构，主要有机墩、蜗壳、尾水管等，它们占据了发电机层以下很大的一部分空间。

水电站主厂房的结构组成如图12-1所示。

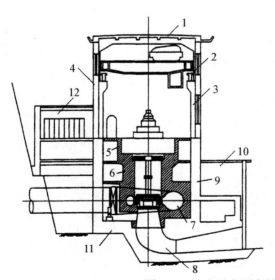

1—屋面系统；2—吊车梁；3—柱；
4—围护系统(砖墙或钢筋混凝土墙)；
5—风罩；6—机墩；7—蜗壳；
8—尾水管；9—挡水墙；10—尾水闸墩；
11—底板；12—副厂房

图12-1 水电站主厂房结构组成示意图

本章仅介绍发电机层楼板结构设计中的一些特点和厂房刚架的结构设计，以及刚架柱上牛腿的设计计算，水电站厂房中的蜗壳和尾水管的设计计算将在第 13 章中再做介绍。对于水利水电工程中常常遇到的柱下独立基础本章也做了专门介绍。

12.1 水电站厂房设计的一般规定

1. 基本要求

水电站厂房结构采用以概率理论为基础，以分项系数表达的极限状态设计方法。设计时按下列规定进行计算或验算：

（1）厂房所有结构构件均应进行承载能力计算；对建造在地震区的电站，尚应进行结构的抗震承载力计算。

（2）对使用上需要控制变形的结构构件（如吊车梁、厂房刚架等），应进行变形验算。

（3）对承受水压力的下部结构构件（如钢筋混凝土蜗壳、闸墩、胸墙及挡水墙等），应进行抗裂或裂缝宽度验算；对使用上需要限制裂缝宽度的上部结构构件，也应进行裂缝宽度验算。

2. 结构重要性系数和设计状况系数

水电站厂房结构设计时，应根据水工建筑物的级别，采用不同的结构安全级别。结构安全级别及对应的结构重要性系数 γ_0 按第 3 章表 3-6 的规定采用。

结构设计时，应根据结构在施工、安装、运行、检修等不同时期可能出现的不同结构体系、作用和环境条件，按持久状况、短暂状况、偶然状况三种状况设计。三种设计状况均应进行承载能力极限状态设计。持久状况应进行正常使用极限状态设计，短暂状况可进行正常使用极限状态设计，偶然状况可不进行正常使用极限状态设计。对应于持久状况、短暂状况、偶然状况的设计状况系数 ψ 分别取 1.0、0.95 和 0.85。

3. 荷载效应组合及荷载分项系数

在进行厂房结构构件的承载能力计算时，应考虑荷载效应的基本组合和偶然组合两种作用组合。持久状况和短暂状况应采用基本组合；偶然状况应采用偶然组合，偶然组合中每次应只考虑一种偶然作用。

在进行正常使用极限状态验算时，应采用荷载效应的标准组合或标准组合并考虑长期作用的影响。

荷载效应的基本组合、偶然组合、标准组合分别见式（3-34）~式（3-36）。

4. 混凝土强度等级

水电站厂房各部位混凝土除应满足强度要求外，还应根据所处环境条件、使用条件、地区气候等具体情况分别提出满足抗渗、抗冻、抗侵蚀、抗冲刷等相应耐久性设计要求。混凝土强度等级不宜低于相关规定；其他耐久性等级按规范 NB/T 11011—2022 和 NB/T 35024—2014《水工建筑物抗冰冻设计规范》[100] 中的有关规定采用。

12.2　水电站厂房楼板的计算与构造

12.2.1　发电机层及安装间楼板的结构布置

发电机层是主厂房的一层主要楼面，承受的荷载较大，且由于设备安装及运行上的需要，在楼板上开有大小不等、形状各异的孔洞，使梁格布置往往很不规则，难以采用装配式结构，故一般发电机层楼面采用现浇整体式结构。在构架上、下游立柱间或构架立柱与机座间设主梁，主梁之间布置次梁，其上支承楼板。在进行结构布置时，应注意以下问题：

（1）梁跨宜限制在 4~6m，当主梁跨度太大时，可在主梁下设立柱，使梁柱构成框架。

（2）次梁间的楼板最好是单向板，以简化构造，方便施工。板跨宜控制在 1.8~2.2m，板厚一般在 200~300mm。

（3）孔洞只允许开设在板上。当楼板开孔后悬臂大于 0.5m 时，孔边应设圈梁予以加强。

安装间楼面承受发电机转子、主变压器等特大荷载，因而采用整体式梁板结构。根据以往设计及运行经验，安装间结构布置可按设备安放位置分区进行。安装间楼板厚度一般为 250~500mm；板跨（次梁间距）1.5~2.0m；次梁跨度（主梁间距）4~5m；主梁跨度一般不大于 6m。

12.2.2　楼面荷载

作用在厂房楼面上的荷载有三类：一类是结构自重（包括面层、装修等的重量），其数值可按材料容重和结构尺寸计算，此类荷载为永久荷载（也称恒载）；第二类是机电设备重量，当设备一经安装后，其位置不再改变，但其重量因生产工艺和材料的原因往往有一定的误差，因此，在结构设计时，此类荷载一般可按可变荷载（也称活载）考虑；第三类是楼面活荷载，包括检修时放在楼板上的工具、设备附件和人群荷载等，应视具体情况而定。

水电站主厂房安装间、发电机层、水轮机层各层楼面，在机组安装、运行和检修期间，由设备堆放、部件组装、搬运等引起的楼面局部荷载及集中荷载，均应按实际情况确定。对于大型水电站，可按设备部件的实际堆放位置分区确定各区间的荷载值。

安装间的楼面活荷载主要是机组安装检修时堆放大件的重量。由于设备底部总有枕木、垫块等支垫，考虑荷载扩散作用后，活荷载一般按等效均布荷载。

当进行前期初步计算或缺乏资料时，水电站主厂房、生产副厂房、办公副厂房各层楼面的均布活荷载标准值可按 GB/T 51394—2020《水工建筑物荷载标准》[43] 的规定取用。

设计厂房梁、墙、柱和基础时，可对其相应的楼面（平台）活荷载标准值进行折减，折减系数按下列规定取值：

（1）当楼面（平台）梁的从属面积超过 50m² 时，相应的楼面（平台）活荷载标准值折减

系数取 0.90;

(2)墙、柱和基础的楼面(平台)活荷载标准值折减系数取 0.80~0.85。

考虑搬运、装卸重物、车辆行驶和设备运转的动力作用时,动力荷载可只传至楼板和梁,墙、柱和基础可不计算动力荷载。

结构自重和永久设备重量对结构不利时,其作用分项系数取 1.10;对结构有利时,其作用分项系数取 0.95。一般情况下,楼面活荷载的作用分项系数可采用 1.30;对于可控制的楼面活荷载(如安装间及发电机层楼面,当堆放设备的重量和位置在安装、检修期间有严格控制并加放垫木时),作用分项系数可采用 1.20[10]。

12.2.3 楼板的内力计算

水电站主厂房楼面具有荷载大、孔洞多、结构布置不规则等特点,内力计算比一般肋形梁板结构复杂得多。实际工程设计中往往采用近似计算方法,下面对其要点予以介绍。

(1)发电机层楼面由于有动荷载作用,又经常处于振动状态,对裂缝宽度有严格的限制,因此,应按弹性方法计算内力。

(2)根据楼面的结构布置情况,将整个楼面划分为若干个区域,在每一区域内选择有代表性跨度的板块按单向板或双向板计算内力,同一区域内相应截面的配筋量取值相同。对于三角形板块,当板的两条直角边长之比小于 2 时,也是一双向板。计算时可将三角形双向板简化为矩形双向板,两个方向的计算跨度取为各自边长的 2/3,如图 12-2 所示。

对于楼板只计算弯矩,不计算剪力。

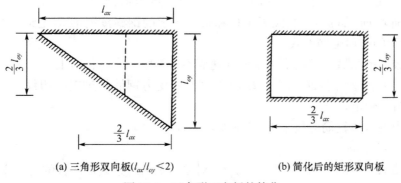

(a) 三角形双向板($l_{ax}/l_{oy}<2$)　　　　(b) 简化后的矩形双向板

图 12-2　三角形双向板的简化

(3)楼面结构在厂房四周和中部,以上、下游底墙、机墩或风罩、柱子等作为支承构件时(参见图 12-1),按以下情况考虑边界条件:

①当楼面结构搁置在支承构件上时(如板、梁搁置在砖墙或牛腿上),板或梁按简支端考虑;

②当楼板或梁与支承构件刚接,且支承构件的线刚度(EI/l)大于楼板或梁的线刚度的 4 倍时,按固定端考虑;

③当为弹性支承(即介于以上两者之间)时，可先将弹性支承端视为简支端，计算出边跨跨中弯矩 M_0，而边跨跨中和弹性端支座处均按 $0.7M_0$ 配置钢筋。或边跨跨中按 M_0 配筋，弹性支座处钢筋取边跨跨中钢筋的一半。

(4)对于多跨连续板，可不考虑活荷载的最不利布置，一律按满布荷载计算板块跨中和支座截面的内力。

(5)当板的中间支座两侧为不同的板块时，支座弯矩可近似取两侧板块支座弯矩的平均值。

水电站主厂房楼面梁承受板传来的荷载的确定方法和内力计算与第 11 章一般梁板结构相同。

12.2.4　楼板配筋构造

水电站厂房梁板结构的配筋计算和构造要求与第 11 章中的一般梁板结构基本相同。这里仅就几个特殊的构造问题加以说明。

1. 不等跨单向板的配筋

不等跨连续单向板当跨度相差不大于 20% 时，受力钢筋可参考图 12-3 确定。配筋方式可有弯起式和分离式两种。

当 $q \leqslant 3g$ 时，图 12-3 中的 $a_1 = l_{01}/4$，$a_2 = l_{02}/4$，$a_3 = l_{03}/4$；当 $q > 3g$ 时，图 12-3 中的 $a_1 = l_{01}/3$，$a_2 = l_{02}/3$，$a_3 = l_{03}/3$。

图 12-3(a)中弯起钢筋的弯起角，当板厚 $h<120$mm 时可以为 30°；当 $h \geqslant 120$mm 时可采用 45°。

对图 12-3(b)中的下部受力钢筋，一般情况下可根据钢筋实际长度，采用逐跨配筋(如 b_1)或连通配筋(如 b_2)。当混凝土板和板下支承的钢梁按钢-混凝土组合结构设计时，应采用 b_2 所示的连通配筋型式。

在板跨较短的区域，常将上下钢筋连通而不予切断，以简化施工。

当板的跨度相差大于 20% 时，图 12-3 中上部受力钢筋伸过支座边缘的长度 a_1、a_2、a_3 应按弯矩图形确定。

单向板中的构造钢筋应按第 11 章的要求配置。

2. 双向板的配筋

多跨连续双向板的配筋型式见图 12-4。对单跨及多跨连续双向板的边支座钢筋，可按单向板的边支座钢筋型式配置。

3. 板上小型设备基础

当厂房楼板上有较大的集中荷载或振动较大的小型设备时，其基础应放置在梁上。设备荷载的分布面积较小时可以设单梁；分布面积较大时应设双梁。

一般情况下，设备基础宜与楼板同时浇筑。当因施工条件限制需要二次浇筑时，应将设备基础范围内的板面做成毛面，洗刷干净后再行浇捣。当设备振动较大时，应按图 12-5 在楼板与基础之间配置连接钢筋。

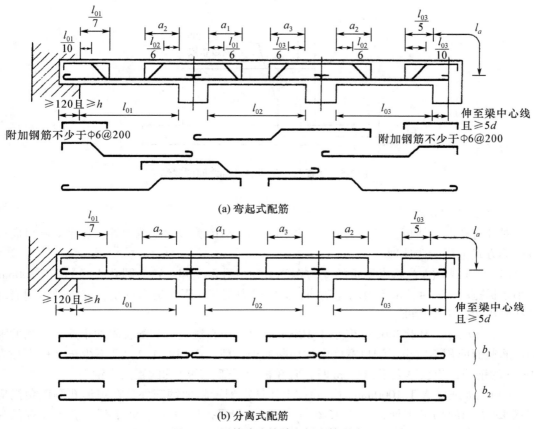

(a) 弯起式配筋

(b) 分离式配筋

图 12-3 不等跨连续单向板配筋型式

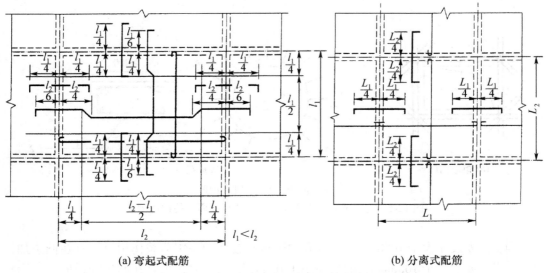

(a) 弯起式配筋 (b) 分离式配筋

图 12-4 多跨连续双向板配筋型式

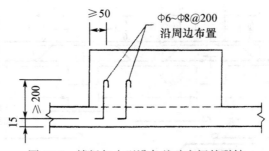

图 12-5　楼板与小型设备基础之间的联结

4. 板上开洞处理

对开有孔洞的楼板，当荷载垂直于板面时，除应验算板的承载力外，还需对洞口周边按以下方式进行构造处理：

（1）当 b 或 d（b 为垂直于板的受力钢筋方向的孔洞宽度，d 为圆孔直径）小于 300mm 并小于板宽的 1/3 时，可不设附加钢筋，只将受力钢筋间距作适当调整，或将受力钢筋绕过孔洞周边，不予切断。

（2）当 b 或 d 大于 300mm 但小于 1000mm 时，应在洞边每侧配置附加钢筋，每侧的附加钢筋截面面积不应小于洞口宽度内被切断的钢筋截面面积的 1/2，且不少于 2 根直径为 10mm 的钢筋；当板厚大于 200mm 时，宜在板的顶部、底部均配置附加钢筋。

（3）当 b 或 d 大于 1000mm 时，除按上述规定配置附加钢筋外，在矩形孔洞四角尚应配置 45° 方向的构造钢筋，如图 12-6（a）所示；在圆孔周边尚应配置不少于 2 根直径为 10mm 的环向钢筋，搭接长度 30d（此处 d 为钢筋直径），并设置直径不小于 8mm、间距不大于 300mm 的放射形径向钢筋，如图 12-6（b）所示。

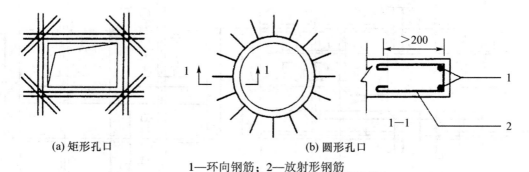

(a) 矩形孔口　　　　　　　　　　(b) 圆形孔口

1—环向钢筋；2—放射形钢筋

图 12-6　边长或直径大于 1000mm 的孔口周边的构造钢筋

（4）当 b 或 d 大于 1000mm，并在孔洞附近有较大的集中荷载作用时，宜在洞边加设肋梁。当 b 或 d 大于 1000mm，而板厚小于 0.3b 或 0.3d 时，也宜在洞边加设肋梁；当板厚大于 300mm 时，宜在洞边加设暗梁或肋梁。

12.3 水电站厂房刚架结构的计算与构造

我国水电站厂房一般为钢筋混凝土构架，大型厂房中也有采用钢桁架式构架的。主厂房构架主要采用现浇整体结构，立柱与屋面大梁整体现浇，刚性联结，形成刚架。刚架的优点是刚度大，抗震性能好。厂房构架也可以是预制装配式结构，立柱与屋面大梁或屋架结点为铰结，形成排架。在水电站厂房中，构架的数量并不多，立柱的长短有时也不统一，预制并不一定经济；加之厂房荷载大，梁、柱截面大，构件重量大，起吊、运输都较困难，因此，水电站厂房构架多为现浇刚架结构。

12.3.1 计算单元和计算简图

水电站厂房刚架是厂房上部的主要承重结构，它承受屋面、吊车、楼板、风、雪等荷载。在高尾水位的电站其挡水墙还承受下游水压力。

厂房刚架在横向多为由上、下游立柱、屋面大梁、楼面梁等构件组成的单跨刚架，如图 12-7 所示。在纵向由纵梁（也称连系梁）把多个横向刚架连接在一起，组成复杂的空间杆系结构。为简化计算，一般将厂房刚架简化为横向和纵向两个方向的平面刚架进行结构分析。

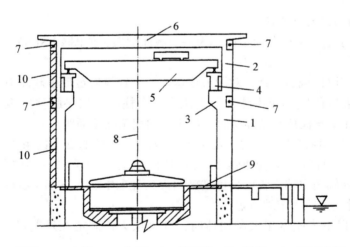

1—下柱；2—上柱；3—牛腿；4—吊车梁；5—吊车；6—屋面大梁；
7—纵梁；8—机组中心线；9—发电机层楼板；10—围护结构

图 12-7　水电站厂房横向刚架组成图

1. 计算单元

横向平面刚架由相邻柱距的中心线截出一个计算单元，如图 12-8（a）中①阴影部分。除吊车等移动荷载外，该计算单元就是刚架的负荷范围。

纵向平面刚架由柱列（见图 12-8（a）中 A 列或 B 列）、柱下基础、连系梁等组成。计算单元可取一个伸缩缝区段长和厂房跨度之半围成的范围，如图 12-8（a）中②阴影部分。

纵向平面刚架主要承受结构自重、吊车纵向水平刹车力、地震力、纵向风荷载、温度影响力及柱两侧相邻吊车梁竖向反力差产生的纵向偏心弯矩等。纵向平面刚架的计算简图如图 12-8(c)所示。纵向刚架柱根数较多，侧向刚度较大，柱顶变形较小。当一个伸缩缝区段的纵向刚架立柱总数多于 7 根时，可不进行计算，本章主要介绍横向平面刚架的结构分析方法。

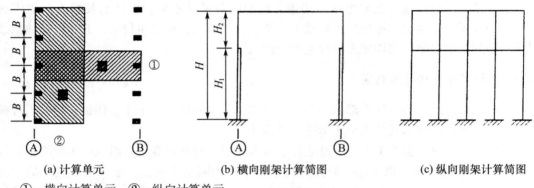

(a) 计算单元　　　　　　(b) 横向刚架计算简图　　　　(c) 纵向刚架计算简图

①—横向计算单元；②—纵向计算单元

图 12-8　厂房刚架的计算单元和计算简图

2. 横向平面刚架的计算简图

横向刚架由于上、下柱截面不同，为一变截面刚架，如图 12-8(b)所示。计算简图按下列规定确定：

(1)横向跨度取柱截面轴线，对阶形变截面柱，轴线通过最小截面中点。

(2)下柱高度取固定端至牛腿顶面的距离，上柱高度取牛腿顶面至横梁中心的距离(当为屋架或屋面梁与柱顶铰结连接时，取牛腿顶面至柱顶面距离)。

(3)楼板(梁)与柱简支连接时，可不考虑板(梁)对柱的支承约束作用；若板(梁)与柱整体连接，则可根据板(梁)的刚度分别采用不动铰、刚结点或弹性结点连接。

(4)刚架柱基础固定端高程应根据基础约束条件确定。当下部结构的线刚度为柱线刚度的 12~15 倍时，可按固定端考虑。

当发电机层以下为刚度很大的块体时，则可认为柱固定在发电机层，如图 12-9(a)所示。

当发电机层楼板仅能阻止刚架立柱的水平位移时，柱底固定于水轮机层，立柱成为三阶形柱，如图 12-9(b)所示。

设有蝴蝶阀的厂房，刚架上游侧立柱常固定于水轮机层以下，于是形成了不对称型式的刚架，如图 12-9(c)所示。

安装间大梁下，常设有柱作为支承，因此，刚架为双层式，如图 12-9(d)所示。

3. 计算简图中的截面型式及其刚度

(1)当刚架横梁两端设有支托(加腋)，但其支座截面高度和跨中截面高度之比 $h_c/h<1.6$，或截面惯性矩之比 $I_c/I<4$ 时，可不考虑支托的影响，按等截面横梁刚架计算；

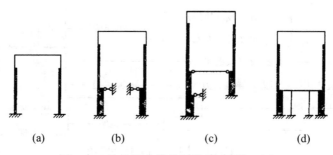

图 12-9 柱脚固定端位置及横向刚架型式

（2）计算刚架横梁惯性矩时，若为装配式屋面，则按横梁实际截面计算；若屋面板与梁为现浇整体式梁板结构，则应考虑板参与横梁工作，按 T 形截面计算。当计算立柱截面惯性矩时，若围护墙是砖墙，则取立柱实际截面计算；若围护墙为与柱整浇的钢筋混凝土墙，则应考虑墙的作用，取 T 形截面计算。

T 形截面惯性矩可按以下简化方法计算：对伸缩缝区段两端的刚架，取 $I=1.5I_0$；对伸缩缝区段中间的刚架，取 $I=2I_0$。这里 I_0 是不考虑翼缘挑出部分 $(b_f'-b)h_f'$ 的作用，按腹板 $(b×h)$ 计算的惯性矩。

因为刚架是超静定结构，应先确定构件截面尺寸。横梁可先按 $M=(0.6\sim0.8)M_0$，配筋率 $\rho=1.3\%\sim1.8\%$ 估算截面尺寸，M_0 是按简支梁计算的跨中最大弯矩；立柱可先按轴心受压构件估算，计入可能出现的最大轴向力，然后将所得到的截面尺寸扩大 $50\%\sim80\%$。

对于先估算的构件截面尺寸，内力计算后如有必要可进行调整。一般只有当各杆件的相对惯性矩的变化超过 3 倍时，才需重新计算内力。

12.3.2 作用在刚架上的荷载

水电站主厂房系统承受的荷载及传递路径如图 12-10 所示。

其中楼面、屋面荷载可通过楼（屋）面设计或根据刚架负荷范围导算到相应的刚架上。砌体围护墙重量由连系梁传至刚架柱。有抗震设防要求的厂房刚架的地震作用可按 GB 50011—2010（2016 年版）《建筑抗震设计规范》和 NB 35047—2015《水电工程水工建筑物抗震设计规范》的有关规定进行计算。

本节只介绍吊车荷载、风荷载和雪荷载的确定方法。

1. 吊车荷载

为安装和检修机组需要，水电站主厂房中一般设有电动桥式吊车。桥式吊车由大车（桥架）和小车组成。大车在吊车梁的轨道上沿厂房纵向行驶，小车在大车的轨道上沿厂房横向行驶。带有吊钩的起重卷扬机安装在小车上，吊车荷载由大车上的轮子传给吊车梁，吊车梁传给刚架的荷载有竖向荷载和水平荷载。

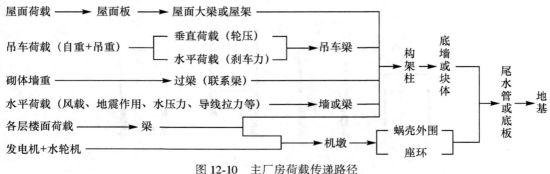

图 12-10　主厂房荷载传递路径

1)吊车竖向荷载

当小车吊有额定起重量开到大车的某一极限位置时(如图 12-11(a)所示),在小车一侧的每个大车轮压达到最大值,称为吊车的最大轮压 P_{max};而另一侧的大车轮压称为最小轮压 P_{min}。P_{max} 与 P_{min} 同时发生。

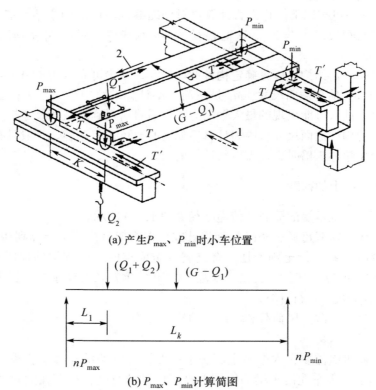

(a) 产生 P_{max}、P_{min} 时小车位置

(b) P_{max}、P_{min} 计算简图

G—吊车总重(包括小车重和大车重);Q_1—小车重量;Q_2—吊物和吊具重量;
T—吊车每轮上横向水平制动力;T'—吊车每轮上纵向水平制动力;
1—大车行驶方向;2—小车行驶方向
图 12-11　吊车竖向荷载计算简图

吊车最大轮压标准值 $P_{\max k}$ 可根据吊车型号、规格等查阅吊车专业标准得到，也可根据吊车通用资料提供的参数按下列公式计算：

（1）当采用一台吊车起吊重物时（见图 12-11(b)），作用在一边轨道上的最大轮压标准值 $P_{\max k}$（kN）为：

$$P_{\max k} = \frac{1}{n}\left[\frac{1}{2}(G - Q_1) + \frac{L_k - L_1}{L_k}(Q_1 + Q_2)\right] \tag{12-1}$$

或

$$P_{\max k} = \frac{1}{n}\left[\frac{1}{2}(m - m_1) + \frac{L_k - L_1}{L_k}(m_1 + m_2)\right]g \tag{12-2}$$

式中，n——单台吊车作用在一边轨道上的轮子数；

L_k——吊车跨度，m；

L_1——实际起吊最大部件中心至吊车轨道中心的最小距离，m；

m——单台吊车总质量（小车和大车总质量），t；

m_1——单台吊车小车质量，t；

m_2——吊物和吊具质量，t；

g——重力加速度，取 9.81m/s²。

作用在另一边轨道上的最小轮压标准值 $P_{\min k}$（kN）为：

$$P_{\min k} = \frac{(m + m_2)g}{n} - P_{\max k} \tag{12-3}$$

（2）当采用两台型号相同的吊车起吊重物时，作用在一边轨道上的最大轮压标准值 $P_{\max k}$（kN）为：

$$P_{\max k} = \frac{1}{2n}\left[(m - m_1) + \frac{L_k - L_1}{L_k}(2m_1 + m_2 + m_3)\right]g \tag{12-4}$$

式中，m_3——平衡梁质量，t。

作用在另一边轨道上的最小轮压标准值 $P_{\min k}$（kN）为：

$$P_{\min k} = \frac{(2m + m_2 + m_3)g}{2n} - P_{\max k} \tag{12-5}$$

吊车在吊车梁上是移动的。吊车梁的支座反力（即吊车传给刚架的荷载）也是变化的，必须通过竖向反力影响线来求出由 $P_{\max}$ 产生的支座最大反力 $D_{\max}$。而在另一侧刚架柱上，则由 $P_{\min}$ 产生 $D_{\min}$。图 12-12 为两台吊车行驶到 A 柱最不利位置时简支吊车梁支座反力影响线，其纵坐标 y_i 表示单位集中荷载 $P = 1$ 作用在该处时，在支座 A 处产生的反力，显然 $y_1 = 1$，其余 y_i 可按比例求出。因此，$D_{\max k}$、$D_{\min k}$ 可按下式计算：

$$D_{\max k} = P_{\max k} \sum y_i \tag{12-6}$$

$$D_{\min k} = P_{\min k} \sum y_i = P_{\min k} D_{\max k}/P_{\max k} \tag{12-7}$$

式中，y_i——第 i 个轮子下影响线的纵标，$0 \leq y_i \leq 1$。

如厂房只设一台吊车时，图 12-12 中 $y_3 = y_4 = 0$。

因为小车在大车桥架的轨道上沿厂房横向左右行驶，故 $D_{\max}(P_{\max})$ 可以发生在左柱，也可以发生在右柱。当某一边柱出现 $D_{\max}$ 时，另一边柱必然出现 $D_{\min}$，也就是说，$D_{\max}$ 与

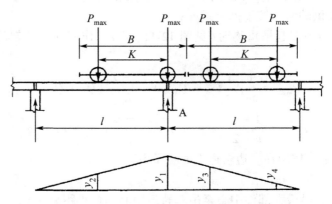

图 12-12　简支吊车梁的支座反力影响线

$D_{\min}$ 总是一左一右同时出现在厂房的两边柱子上。

$D_{\max}$、$D_{\min}$ 对厂房下柱都是偏心压力。为计算方便，可将其换算成作用在下柱柱顶的轴心压力和力矩，其中力矩标准值为：

$$M_{\max k} = D_{\max k} e_4 \qquad (12\text{-}8)$$

$$M_{\min k} = D_{\min k} e_4 \qquad (12\text{-}9)$$

式中，e_4——吊车梁支座钢垫板中心线至下柱轴线的距离，m。

单跨刚架吊车竖向荷载应考虑如图 12-13 所示的两种情况。

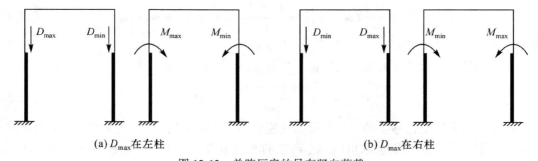

(a) $D_{\max}$ 在左柱　　　　　　　　　　　(b) $D_{\max}$ 在右柱

图 12-13　单跨厂房的吊车竖向荷载

2）吊车水平荷载

如图 12-11 所示，当大车沿吊车梁轨道行驶过程中突然刹车时，由于惯性会产生纵向水平制动力 T'，该力由纵向刚架承担；当小车在桥架轨道上行驶过程中刹车时，会产生横向水平制动力 T，该力通过大车两侧的轮子及轨道传给两侧的吊车梁，最后传给横向刚架。因此吊车水平荷载有纵向和横向水平荷载两种。

（1）吊车纵向水平荷载

作用在一边轨道上每一个制动轮的纵向水平荷载标准值 T'_k 可按下式计算[43]：

$$T'_k = 0.025 k P_{\max k} \qquad (12\text{-}10)$$

式中，k——一边轨道上的总轮数与制动轮数的比值。

T'_k 的作用点为制动轮与轨道的接触点，方向与轨道方向一致。

（2）吊车横向水平荷载

吊车横向水平荷载标准值，可以按小车、吊物及吊具的重力之和的 4% 采用[43]。该荷载由支承吊车的两边承重结构共同承受，尽管受力可能不均匀，但为了计算方便，假定横向水平荷载由两边轨道上的各轮平均传至轨顶，方向与轨道垂直，并考虑向左向右两个方向作用。

当大车沿厂房纵向行驶到某柱的最不利位置（见图12-12），且小车在沿厂房横向行驶过程中突然刹车时，该柱的横向水平荷载最大，此最大水平反力标准值 T_{maxk} 也可由反力影响线求出：

$$T_{maxk} = T_k \sum y_i = T_k D_{maxk} / P_{maxk} \tag{12-11}$$

式中，T_k——每个轮子传至轨顶的横向水平荷载标准值。

T_{max} 由吊车梁上翼缘与柱的连接构件传递给柱，因此其作用位置在吊车梁顶标高处。厂房设计时应考虑吊车的横向水平荷载，如图12-14所示。

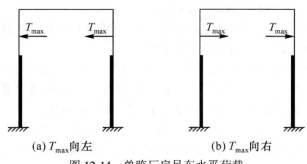

（a）T_{max} 向左　　　　　（b）T_{max} 向右

图 12-14　单跨厂房吊车水平荷载

3）吊车荷载 T 与 D 的组合

在对吊车荷载进行组合时应注意，只有当吊车起吊重物行驶到某柱的最不利位置，且小车横向刹车时，T_{max} 才会出现，此时 D_{max} 也是存在的，即"有 T 必定有 D"；但吊车行驶到该位置时，小车不一定会沿厂房横向运动，即使运动也不一定会刹车，即"有 D 不一定有 T"。也就是说，图12-14不能单独作为一种荷载工况，它必须与图12-13相结合；而图12-13则可以单独存在。

2. 风荷载

风是以一定速度运动的气流，当它遇到建筑物受阻时，会在建筑物的迎风面产生压力，在背风面和侧面产生吸力。作用在建筑物表面的风压力和风吸力称为风荷载。

1）风荷载标准值

计算主厂房刚架时，作用在建筑物表面单位面积上的风荷载标准值按下式计算：

$$w_k = \beta_z \mu_s \mu_z w_r \tag{12-12}$$

式中，w_k——风荷载标准值，kN/m²；

β_z——z 高度处的风振系数；

μ_s——风荷载体型系数；

μ_z——风压高度变化系数；

w_r——风压，kN/m^2。

式（12-12）中的风压 w_r、风荷载体型系数 μ_s、风压高度变化系数 μ_z、风振系数 β_z 应按 GB/T 51394—2020《水工建筑物荷载标准》[43] 和 GB 50009—2012《建筑结构荷载规范》[44] 的规定取用。

2）作用在主厂房横向刚架上的风荷载

依式（12-12）计算得到的是厂房表面上 z 高度处单位面积上的风荷载标准值。对厂房刚架，其总风荷载值为各表面的风荷载值之和。

当厂房高度不大时，作用在屋面梁轴线以下的风荷载可按均布荷载考虑，μ_z、β_z 偏安全地按横梁轴线标高取值；当厂房高度较大时，为减小误差，横梁轴线以下的风荷载可按阶梯形分布考虑，如图 12-15 所示。各段的 μ_z、β_z 可按本段柱上端的标高取值。风荷载标准值按下式计算：

$$q_{ki} = \beta_{zi}\mu_{si}\mu_{zi}w_r B \tag{12-13}$$

式中，q_{ki}——第 i 段柱风荷载标准值，kN/m；

　　　β_{zi}、μ_{zi}、μ_{si}——第 i 段柱的风振系数、风压高度变化系数和风荷载体型系数；

　　　B——如图 12-8（a）所示的刚架的负荷宽度，m。

作用在屋面梁轴线以上的风荷载仍然是均布荷载，但对刚架的影响可按作用在柱顶的水平集中风荷载 F_{wk} 考虑。F_{wk} 为梁轴线以上的各表面风荷载的合力的水平分量之和。图 12-15（b）中的 F_{wk} 可按下式计算，式中的 β_z、μ_z 按檐口标高确定。

$$F_{wk} = \beta_z \mu_z \left[(\mu_{s3} + \mu_{s4})h_1 + (\mu_{s6} - \mu_{s5})h_2 \right] w_r B \tag{12-14}$$

上式中风压力、风吸力已按实际作用方向考虑，故风荷载体型系数 μ_{s3}、μ_{s4}、μ_{s5}、μ_{s6} 均按其绝对值代入。

风的方向是随机的，因此在计算主厂房刚架时，要考虑左风和右风两种情况。

3. 雪荷载

雪荷载是指建筑物上积雪的重量。水电站厂房屋面水平投影面上的雪荷载标准值按下式计算：

$$s_k = \mu_r s_r \tag{12-15}$$

式中，s_k——雪荷载标准值，kN/m^2；

　　　μ_r——建筑物顶面积雪分布系数。可根据厂房屋面特征，按 GB 50009—2012《建筑结构荷载规范》的规定取用；

　　　s_r——雪压，kN/m^2。应按 GB/T 51394—2020《水工建筑物荷载标准》和 GB 50009—2012《建筑结构荷载规范》的规定取用。

对山区的基本雪压，应通过年最大雪压观测值分析确定。当无实测资料时，可按当地空旷平坦地面的基本雪压值的 1.2 倍取用确定。

雪荷载不与屋面活荷载同时考虑，只取两者中的较大值进行内力计算。

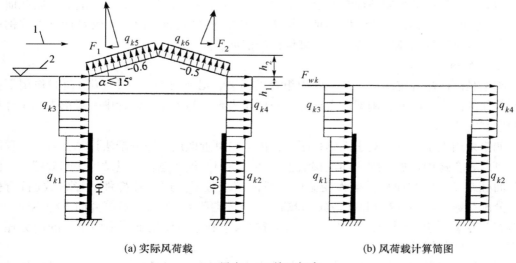

(a) 实际风荷载　　　　　　　　(b) 风荷载计算简图

1—风向；2—檐口标高

图 12-15　作用在主厂房刚架上的风荷载

12.3.3　刚架内力计算及内力组合

作用在刚架上的荷载有很多种(组)，在这些荷载中，除恒载(也称永久荷载或永久作用)是在厂房使用期内一直作用在结构上以外，其余可变荷载(也称活荷载)则有时出现，有时不出现，有时单独出现，有时又与其他活荷载一起出现，而且这类荷载对结构产生的效应也各不相同。结构设计中为了求得截面的最不利内力，一般是先分别求出各种(组)荷载作用下的刚架内力，然后按照一定的规律将所有可能同时出现的荷载所产生的内力进行组合(叠加)，从中挑出最不利(或最大)内力作为截面设计依据。此外，在对构件进行截面设计时，往往是以一个或几个控制截面的内力为依据。例如，简支梁的正截面受弯承载力取跨中截面弯矩；斜截面受剪承载力取支座截面剪力等。因此，在进行刚架内力计算时，只需求出控制截面的最不利内力。

1. 刚架梁、柱的控制截面

所谓控制截面是指对构件配筋和下部块体结构或基础设计起控制作用的那些截面。对刚架横梁，一般是两个支座截面及跨中截面为控制截面，如图 12-16 中 1-1、2-2、3-3 截面。支座截面是最大负弯矩和最大剪力作用的截面，在水平荷载作用下还可能出现正弯矩；跨中截面则是最大正弯矩作用的截面。对于刚架柱，每一柱段的弯矩最大值都在上、下端两个截面，而轴力、剪力在同一柱段中的变化不

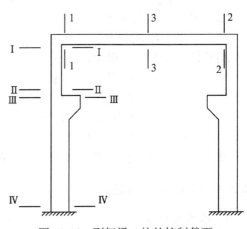

图 12-16　刚架梁、柱的控制截面

大，因此，各柱段的控制截面都取上、下端两个截面。如图 12-16 所示，上柱控制截面为 Ⅰ-Ⅰ、Ⅱ-Ⅱ；下柱控制截面为 Ⅲ-Ⅲ、Ⅳ-Ⅳ。其中Ⅳ-Ⅳ截面的内力不仅是计算下柱钢筋的依据，也是下部块体结构或柱下基础设计的依据。

2. 刚架内力计算

刚架是高次超静定结构。为了内力组合的需要，必须计算每一种（组）荷载作用下各控制截面的内力。因此，刚架内力计算是一项相当繁重的工作，设计中一般都借助于计算机程序来完成。

如果采用人工手算，对于无侧移刚架，内力也可近似用弯矩分配法计算；对有侧移刚架，可以联合运用弯矩分配法和位移法进行计算。但必须注意：水电站厂房刚架柱为一阶变截面柱或二阶变截面柱，梁为变截面梁或两端加腋梁。这两种杆件的形常数（抗弯强度、分配系数、传递系数）和载常数（固端弯矩、固端剪力）等与一般等截面直杆不同，可参考相关专著[95]进行计算。另外，在吊车横向水平刹车力作用下，平面刚架的内力还需考虑厂房空间作用的影响。

对于屋架或屋面梁与柱顶铰接的排架的内力，也可参阅建筑工程专业用的《钢筋混凝土结构》教材或利用已有手册提供的图表等进行计算。

3. 作用效应组合

刚架作用效应组合包括两方面的内容：一是内力组合，即根据截面承载力计算要求，确定需要组合的内力；二是荷载组合，即确定应选择哪几种荷载参与组合才能得到最不利内力值。

对刚架梁，一般需要进行正截面承载力及斜截面承载力计算，因此，应组合弯矩和剪力。对刚架柱，一般为偏心受压构件，正截面承载力计算时，需要组合轴力和弯矩，且当轴力一定时，不论大、小偏心受压构件，弯矩越大越不利；当弯矩一定时，对大偏心受压构件轴力越小越不利，对小偏心受压构件则轴力越大越不利。另外，当水平荷载产生的剪力较大时，柱子还应进行斜截面承载力计算，此时应组合剪力及相应轴力；对下柱柱底截面（如图 12-16 的Ⅳ-Ⅳ截面），为满足下部结构或柱下基础设计需要，也应组合剪力及相应轴力。因此，刚架应进行以下内力组合：

刚架梁：跨中截面 M_{max}、M_{min}；

　　　　支座截面 M_{max}、M_{min}、V_{max}。

刚架柱：①M_{max} 及相应 N、V；

　　　　②M_{min} 及相应 N、V；

　　　　③N_{max} 及相应 M、V；

　　　　④N_{min} 及相应 M、V；

　　　　⑤V_{max} 及相应 M、N。

其中，只有下柱柱底截面和剪力较大的其他柱截面才需要进行第⑤项组合。

12.3.4　截面设计和构造

1. 承载力计算

刚架梁跨中截面、支座截面的纵向钢筋，根据组合的 M_{max}、M_{min} 按第 4 章梁的正截面承载力计算确定。

刚架柱的纵向钢筋，由前述的①~④组不同组合的 M、N 分别进行正截面受压承载力计算后，取最大钢筋截面面积。当柱采用对称配筋时，第①、②组内力可只取弯矩绝对值较大的一组进行承载力计算。当需考虑柱的纵向弯曲影响时，其计算长度 l_0 可参考规范 NB/T 11011—2022 确定。

对刚架梁支座截面和需要进行斜截面承载力计算的刚架柱，应进行斜截面受剪承载力计算，确定梁的箍筋、弯起钢筋和柱中箍筋。

刚架梁、柱的纵筋和箍筋应满足第 5 章~第 7 章的有关构造规定。对地震区的厂房，还应满足 GB 50011—2010（2016 版）《建筑抗震设计规范》和 NB/T 11011—2022《水工混凝土结构设计规范》关于抗震构造的规定。

2. 厂房刚度要求

水电站厂房刚架应具有足够的刚度。在正常使用极限状态标准组合下，吊车梁轨顶标高处柱的最大水平位移不得超过吊车正常行驶所允许的限值，无厂家资料时可取 10mm[96]。

3. 刚架节点构造

现浇刚架横梁与立柱连接处的应力分布与其内折角的形状有关，如图 12-17 所示，内折角做得愈平顺，转角处的应力集中就愈小。因此，若转角处的弯矩不大，可将转角做成直角或加一不大的填角；若弯矩较大，则应将内折角做成斜坡状的支托，如图 12-18（a）所示，以缓和应力集中现象。此外，当梁支座截面处剪力 $V > \dfrac{1}{\gamma_d}(0.25f_c b h_0)$，而又不能加大梁截面高度时，或当梁、柱刚度相差较大及有其他构造要求时，也应在梁端设支托。支托的坡度一般为 1:3；长度 l_1 一般取 $(1/8 \sim 1/6)l_n$，且不小于 $l_n/10$；高度 h_1 不大于 $0.4h$。

当有支托时，应沿支托表面设置附加直钢筋，如图 12-18（b）所示。直钢筋的直径和根数与横梁下部伸入支托的钢筋相同。伸入梁内的长度 l_{a1}，当钢筋为受拉时，取 $1.2l_a$ 且不小于 300mm，当为受压时，取 $0.85l_a$ 且不小于 200mm。伸入柱内的长度 l_{a2}，当钢筋可能受拉时取 l_a；当不可能受拉时须伸至柱中心线，且 l_{a2} 不应小于 l_a。支托内的箍筋要适当加密，支托终点处增设两个附加箍筋，附加箍筋直径与梁内箍筋相同。

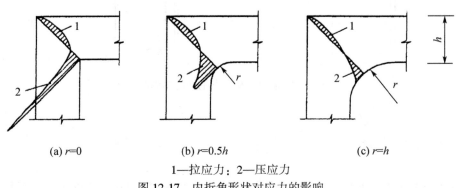

(a) r=0　　　　　　(b) r=0.5h　　　　　　(c) r=h

1—拉应力；2—压应力

图 12-17　内折角形状对应力的影响

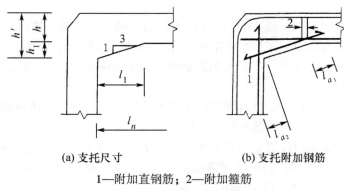

(a) 支托尺寸　　　　　　(b) 支托附加钢筋

1—附加直钢筋；2—附加箍筋

图 12-18　支托尺寸及配筋

　　刚架顶层端节点处，可以将柱外侧纵向钢筋的相应部分弯入梁内作梁上部纵向钢筋使用；也可以将梁上部纵向钢筋与柱外侧纵向钢筋在顶层端节点及其附近部位搭接。搭接接头可沿顶层端节点外侧及梁端顶部布置，如图 12-19(a)所示，搭接长度不应小于 $1.5l_{ab}$。搭接接头也可以沿柱顶外侧布置，如图 12-19(b)所示，此时，搭接长度竖直段不应小于 $1.7l_{ab}$。

　　当梁上部和柱外侧钢筋配筋率过高时，将引起顶层端节点核心区混凝土的斜压破坏，因此，刚架顶层端节点处梁上部纵向钢筋的截面面积 A_s 应符合下列规定：

$$A_s \leqslant \frac{0.35f_cb_bh_0}{f_y} \tag{12-16}$$

式中，b_b——梁腹板宽度，mm。

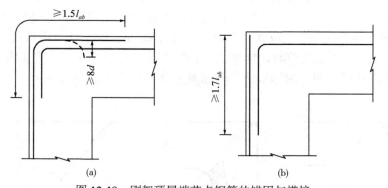

(a)　　　　　　　　　　　　(b)

图 12-19　刚架顶层端节点钢筋的锚固与搭接

12.4　立柱独立牛腿计算与构造

　　立柱独立牛腿(以下简称牛腿)是从柱侧伸出的短悬臂构件，用来支承吊车梁、屋架等构件。

如图 12-20 所示，根据牛腿竖向力 F_v 的作用点至下柱边缘的水平距离 a 的大小，一般把牛腿分为两类：当 $a \leqslant h_0$ 时为短牛腿；当 $a > h_0$ 时为长牛腿。此处，h_0 为牛腿根部与下柱交接处垂直截面的有效高度，$h_0 = h - a_s$。水电站厂房柱上支承吊车梁、屋架等的牛腿一般为短牛腿。

本节内容主要针对短牛腿进行讨论，至于长牛腿，其受力特点与悬臂梁相似，可按悬臂梁设计。

12.4.1 牛腿的受力特征和破坏形态

相关试验表明，当只有竖向荷载 F_v 作用时，一般在极限荷载的 20%～40% 时最先在牛腿顶面与上柱相交的部位出现垂直裂缝①（见图 12-20），但该裂缝开展很小，对牛腿受力性能影响不大。随着荷载增加，约在极限荷载的 40%～60% 时，在加载垫板内侧附近出现第一条斜裂缝②。此后，随荷载增加，该斜裂缝不断发展，到与下柱相交时，就不再向柱内延伸。约在极限荷载的 80% 时，在斜裂缝②外侧混凝土压杆内出现许多短小的斜裂缝；或突然出现一条与斜裂缝②大致平行的斜裂缝③，这预示牛腿即将破坏。达到极限荷载时，压杆范围内的短小斜裂缝逐渐贯通，混凝土压坏。当 a/h_0 较大，且纵向受力钢筋的配筋率较小时纵筋也可达到屈服强度。

当牛腿顶部还有水平拉力 F_h 作用时，各裂缝将会提前出现。

随着剪跨比 a/h_0 值的不同，牛腿在竖向荷载作用下主要有三种破坏形态：

（1）剪切破坏。当 $a/h_0 \leqslant 0.1$，或 a/h_0 值虽较大但牛腿边缘高度 h_1 较小时，可能在加载垫板内侧沿牛腿与下柱交接面上出现一系列短斜裂缝，最后牛腿沿该裂缝从柱上切下而破坏，如图 12-21（a）所示。此时牛腿内纵向钢筋应力较低。

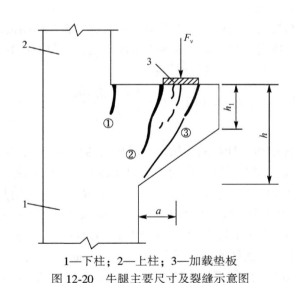

1—下柱；2—上柱；3—加载垫板

图 12-20　牛腿主要尺寸及裂缝示意图

（2）斜压破坏。当 $a/h_0 = 0.1 \sim 0.75$ 时，在出现斜裂缝②后，在该斜裂缝外侧的压杆范围内，出现较多短小斜裂缝，当这些短小斜裂缝逐渐贯通，压杆混凝土剥落崩出时，牛腿即告破坏，如图 12-21(b) 所示。也有少数牛腿会突然在加载垫板内出现一条通长斜裂缝③，然后沿此斜裂缝破坏，如图 12-21(c) 所示。

(3) 弯压破坏。当 $a/h_0 > 0.75$，且纵向受力钢筋配筋率较低时，在出现斜裂缝②后，纵向钢筋应力逐渐增大并达到屈服强度，斜裂缝外侧部分绕牛腿下部与柱的交接点转动，致使该部分混凝土压碎而引起牛腿破坏，如图 12-21(d) 所示。

此外，还有由于加载垫板太小而引起的垫板下混凝土局部压碎破坏和因纵向受力钢筋锚固不足而被拔出等破坏形态。

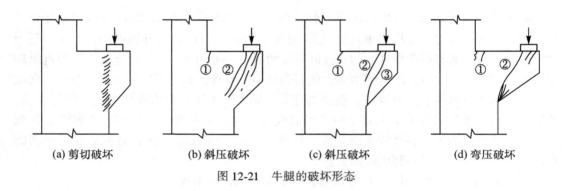

(a) 剪切破坏　　　(b) 斜压破坏　　　(c) 斜压破坏　　　(d) 弯压破坏

图 12-21　牛腿的破坏形态

12.4.2　牛腿的设计

牛腿设计包括确定牛腿的截面尺寸、承载力计算和配筋构造等内容。

1. 牛腿截面尺寸的确定

牛腿的宽度一般与柱的宽度相同，因此只需要确定牛腿截面高度即可。由于牛腿的破坏都是发生在斜裂缝形成和开展以后，故牛腿截面高度以斜截面抗裂为控制条件确定。一般是先假定牛腿高度 h，再按下式进行验算：

$$F_{vk} \leqslant \beta \left(1 - 0.5 \frac{F_{hk}}{F_{vk}} \right) \frac{f_{tk}bh_0}{0.5 + \dfrac{a}{h_0}} \tag{12-17}$$

式中，F_{vk}——按荷载标准组合计算的作用于牛腿顶面的竖向力值，N。

$\quad\quad F_{hk}$——按荷载标准组合计算的作用于牛腿顶面的水平拉力值，N。

$\quad\quad \beta$——裂缝控制系数。对水电站厂房吊车梁的牛腿取 $\beta = 0.65$；对其他牛腿取 $\beta = 0.80$。

$\quad\quad a$——竖向力作用点至下柱边缘的水平距离，mm。应考虑安装偏差 20mm；当考虑安装偏差后竖向力作用点仍位于下柱截面以内时，取 $a = 0$。

$\quad\quad h_0$——牛腿与下柱交接处的垂直截面有效高度，mm。取 $h_0 = h_1 - a_s + c\tan\alpha$，$h_1$、$a_s$、$c$ 及 α 的意义如图 12-22 所示，当 $\alpha > 45°$ 时，取 $\alpha = 45°$。

$\quad\quad b$——牛腿宽度，mm。

$\quad\quad f_{tk}$——混凝土轴心抗拉强度标准值，N/mm²。

此外，牛腿外形尺寸还应满足以下要求(参见图 12-22)：

（1）牛腿外边缘高度 h_1 不应小于 $h/3$，且不应小于 200mm；

（2）吊车梁外边缘至牛腿外缘的距离不应小于 100mm；

（3）牛腿顶面在竖向力设计值 F_v 作用下，其局部受压应力不应超过 $0.9f_c$，否则应采取加大受压面积、提高混凝土强度等级或配置钢筋网片等有效措施；

（4）牛腿底面倾斜角 α 不宜大于 $45°$（一般取 $\alpha=45°$），以防止斜裂缝出现后可能引起底面与下柱交接处产生严重的应力集中。

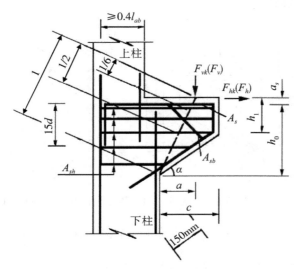

图 12-22　牛腿的尺寸和配筋构造

2. 牛腿的承载力计算及配筋构造

牛腿的剪跨比不同，其破坏形态也不相同，因此牛腿的承载力计算方法和配筋构造与剪跨比有关。

1）剪跨比不小于 0.2 的牛腿

（1）计算简图

相关试验表明，若牛腿的剪跨比 $a/h_0 \geqslant 0.2$ 时，当第一条斜裂缝（见图 12-20 裂缝②）出现后，加载垫板内侧钢筋应力骤增且沿长度应力分布趋于均匀，如同桁架中的拉杆。混凝土的斜向压应力集中分布在斜裂缝外侧一定宽度的压力带内，如图 12-23（a）所示，在该压力带内，斜压应力分布比较均匀。牛腿破坏时，如配筋率不大，钢筋应力可达到抗拉屈服强度，混凝土斜向压应力可达到其抗压强度，如图 12-23（b）所示。承载力计算时，可将牛腿简化成一个以纵向钢筋为拉杆、混凝土斜压带为压杆的三角形桁架，如图 12-23（c）、（d）所示。

（2）纵向受力钢筋计算和构造

由图 12-23（d），取力矩平衡，得承载力要求为：

$$F_v a + F_h(z + a_s) \leqslant \frac{1}{\gamma_d} f_y A_s z \tag{12-18}$$

391

近似取 $z \approx 0.85h_0$，$a_s/z \approx 0.2$ 后，得：

$$A_s \geqslant \gamma_d \left(\frac{F_v a}{0.85 f_y h_0} + 1.2 \frac{F_h}{f_y} \right) \tag{12-19}$$

式中，F_v——作用在牛腿顶部的竖向力设计值，N；

　　　　F_h——作用在牛腿顶部的水平拉力设计值，N；

　　　　A_s——牛腿中承受竖向力所需的受拉钢筋和承受水平拉力所需的锚筋组成的受力钢筋的总截面面积，mm^2。

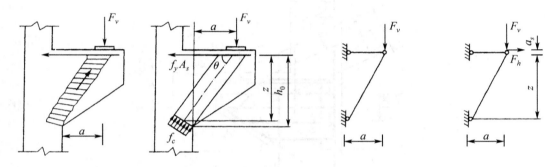

|(a) 混凝土斜压带|(b) 破坏时应力状态|(c) 竖向力作用时计算简图|(d) 竖向力和水平拉力共同作用时计算简图|

图 12-23　牛腿承载力计算简图

牛腿的受力钢筋宜采用 HRB400 和 HRB500 钢筋。

承受竖向力所需的受拉钢筋的配筋率(以截面 bh_0 计)不应小于 0.2%，也不宜大于 0.6%，且根数不宜少于 4 根，直径不应小于 12mm。承受水平拉力的锚筋应焊在预埋件上，且不应少于 2 根，直径不应小于 12mm。纵向受拉钢筋和锚筋不得下弯兼作弯起钢筋。

当牛腿设于上柱柱顶时，宜将牛腿对边的柱外侧纵向受力钢筋沿柱顶水平弯入牛腿，作为牛腿纵向受拉钢筋使用。当牛腿顶面纵向受拉钢筋与牛腿对边的柱外侧纵向钢筋分开配置时，牛腿顶面纵向受拉钢筋应弯入柱外侧，并应符合如图 12-19 所示的刚架顶层端节点钢筋搭接的有关规定。

(3)水平箍筋和弯起钢筋

牛腿中除应计算配置纵向受力钢筋外，还应按构造配置水平箍筋和弯起钢筋。

牛腿内水平箍筋的直径不应小于 6mm，间距为 100~150mm，且在上部 $2h_0/3$ 范围内的水平箍筋总截面面积不应小于承受竖向力的受拉钢筋截面面积的 1/2。

当牛腿的剪跨比 $a/h_0 \geqslant 0.3$ 时，宜设置弯起钢筋 A_{sb}。弯起钢筋宜采用 HRB400 和 HRB500 钢筋，并宜使其与集中荷载作用点到牛腿斜边下端点连线的交点位于牛腿上部 $l/6$ 至 $l/2$ 之间的范围内，l 为该连线的长度，如图 12-22 所示，其截面面积不应少于承受竖向力的受拉钢筋截面面积的 1/2，根数不应少于 2 根，直径不应小于 12mm。

(4)纵向受拉钢筋和弯起钢筋的锚固

全部纵向受拉钢筋和弯起钢筋应沿牛腿外边缘向下伸入下柱边缘内不少于 150mm；另一端应伸至柱外侧纵向钢筋内边并向下弯折，其包括弯弧段在内的水平投影长度不应小于 $0.4l_{ab}$，弯折钢筋在弯折平面内包含弯弧段的投影长度不应小于 $15d$，如图 12-22 所示。

2) 剪跨比小于 0.2 的牛腿

当剪跨比 $a/h_0<0.2$ 时，牛腿的破坏已呈现混凝土被剪切破坏的特征。在相同荷载作用下，这一范围内的牛腿随着剪跨比的减小，顶部纵筋及箍筋的应力都在不断降低。此时，承载力由顶部纵向受力钢筋、水平箍筋与混凝土三者共同提供。牛腿中由承受竖向力所需的受拉钢筋和承受水平拉力所需的锚筋组成的受力钢筋的总截面面积 A_s 按下式计算：

$$A_s \geq \frac{\beta_s(\gamma_d F_v - f_t b h_0)}{(1.65 - 3a/h_0)f_y} + 1.2\frac{\gamma_d F_h}{f_y} \quad (12\text{-}20)$$

牛腿中承受竖向力所需的水平箍筋总截面面积 A_{sh} 应符合下式要求：

$$A_{sh} \geq \frac{(1 - \beta_s)(\gamma_d F_v - f_t b h_0)}{(1.65 - 3a/h_0)f_{yh}} \quad (12\text{-}21)$$

式中，f_{yh}——牛腿高度范围内的水平箍筋抗拉强度设计值，N/mm²；

β_s——受力钢筋配筋量调整系数，即竖向力作用下牛腿顶部水平纵向受拉钢筋和水平箍筋的用量分配系数。取 $\beta_s = 0.6 \sim 0.4$，剪跨比较大时取大值，剪跨比较小时取小值。

承受竖向力所需的受拉钢筋的配筋率(以截面 bh_0 计)不应小于 0.15%。

水平箍筋宜采用 HRB400 钢筋，直径不小于 8mm，竖向间距 100~150mm，其配筋率 $\rho_{sh} = \dfrac{A_{sh}}{bh_0}$ 应不小于 0.15%，此处 A_{sh} 为水平箍筋的总截面面积。

当牛腿的剪跨比 $a/h_0<0$ 时，可不进行牛腿的配筋计算，仅按构造要求配置水平箍筋。但当牛腿顶面作用有水平拉力 F_h 时，承受水平拉力所需锚筋的截面面积应按 $1.2\gamma_d F_h/f_y$ 计算。

剪跨比 $a/h_0<0.2$ 的牛腿的其他配筋构造和锚固要求与 $a/h_0 \geq 0.2$ 时相同。

12.5 柱下独立基础

基础是建筑物向基岩或地基传递荷载的下部结构。从图 12-1 和图 12-10 可以看出，水电站主厂房机组段刚架柱上的荷载是通过底墙或下部块体结构传至尾水管基础底板，再传给基岩。机组段之外的其他刚架或排架柱上的荷载则必须通过基础传给下部地基或基岩。柱下基础的类型很多，本节只介绍较常见的柱下钢筋混凝土独立基础。这种基础在水电站主厂房中并不多见，但在其他水工建筑物(如水工渡槽的排架基础)和建筑工程中却经常采用。

12.5.1 柱下独立基础的型式和构造要求

常用的柱下独立基础有阶梯形基础和锥形基础两种型式，如图 12-24 所示。

柱下独立基础应满足以下构造要求：

（1）基础垫层。钢筋混凝土基础通常在底板下面浇筑一层素混凝土垫层，该垫层可以作为绑扎钢筋的工作面，以保证底板钢筋混凝土的施工质量。垫层混凝土强度等级不宜低于 C10；厚度不宜小于 70mm；垫层四周各伸出基础底板不小于 50mm。

（2）底板厚度。钢筋混凝土基础底板厚度应经计算确定。阶梯形基础每阶高度 300～500mm，第一阶的高度 h_1 一般不小于 200mm，也不宜大于 500mm；各阶挑出的宽度在第一阶可采用 $b_1 \leq 1.75h_1$，其余各阶 $b_i \leq h_i$。如图 12-24(a)所示。锥形基础底板的外边缘厚度不宜小于 200mm，两个方向的坡度不宜大于 1∶3，基础顶面四边应比柱子宽出 50mm 以上，以便于安装柱子模板，如图 12-24(b)所示。

（3）底板钢筋。底板受力钢筋用 HRB400 或 HPB300 钢筋，配筋率不应小于 0.15%，钢筋直径不宜小于 10mm，间距不宜大于 200mm，也不宜小于 100mm。当有垫层时钢筋保护层厚度不应小于 40mm；无垫层时不应小于 70mm。当基础底面边长大于 2.5m 时，底板受力钢筋的长度可取基础边长的 0.9 倍，并交错布置，如图 12-24(a)、(c)所示。

（4）混凝土强度等级。基础混凝土强度等级不应低于 C20。

（5）柱与基础的连接。对现浇钢筋混凝土柱的基础，应预留插筋与柱内纵向钢筋搭接，如图 12-24(a)、(b)所示。基础内预留插筋的根数、直径、位置应与柱内钢筋相同；插筋伸出基础顶面的长度应不小于与柱内钢筋的搭接长度；插筋下端宜弯 75～100mm 直钩，以便与底板钢筋网绑扎固定。基础内固定插筋的箍筋数量一般为 2～3 个，其直径和尺寸应与柱内箍筋相同。

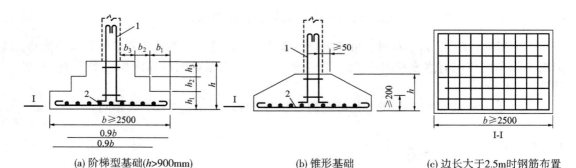

(a) 阶梯型基础($h>900mm$)　　(b) 锥形基础　　(c) 边长大于2.5m时钢筋布置

1—预留插筋与柱内纵筋搭接；2—基础底板钢筋

图 12-24　柱下独立基础型式和构造

12.5.2　柱下独立基础设计

柱下独立基础设计包括确定基础底面尺寸、确定基础高度及底板配筋计算等内容。

1. 基础底面尺寸确定

在基础类型和埋置深度确定后，即可根据地基承载力条件确定基础底面尺寸。

1）轴心受压基础

轴心受压时，假定基础底面的压力为均匀分布，设计时应满足下式要求：

$$p_k = \frac{N_k + G_k}{A} \leqslant f_a \tag{12-22}$$

式中，p_k——按荷载效应标准组合计算的基础底面平均压应力值，kPa。

N_k——按荷载效应标准组合计算的柱传到基础顶面的轴向压力值，kN。

G_k——基础自重及其上回填土重标准值，kN。$G_k = \gamma_m A d$，其中 γ_m 为基础和回填土的平均重度，一般可取 $\gamma_m = 20\text{kN/m}^3$。$d$ 为基础埋深，单位为 m。

A——基础底面面积，m^2。

f_a——经埋深与基础宽度修正后的地基承载力特征值，kPa。按 GB 50007—2011《建筑地基基础设计规范》[101] 确定。

将 $G_k = \gamma_m A d$ 代入式(12-22)，得：

$$A \geqslant \frac{N_k}{f_a - \gamma_m d} \tag{12-23}$$

轴心受压基础底面一般用正方形或边长比不大于 1.5 的矩形，边长宜取 100mm 的倍数。

2)偏心受压基础

偏心受压基础的底面尺寸通常由试算法确定。设计时先不考虑偏心影响，按轴心受压由式(12-23)确定基础底面积，再根据偏心情况将该面积放大 20%~40%，即偏心受压基础的面积先按下式估算：

$$A \geqslant (1.2 \sim 1.4) \times \frac{N_k}{f_a - \gamma_m d} \tag{12-24}$$

然后再由 A 确定基础底面长边尺寸 b 和短边尺寸 l，如图 12-25(a)所示。b/l 一般取 1.5~2.0，不应大于 3.0；b 和 l 应为 100mm 的整倍数；长边 b 平行于弯矩作用方向。

最后由选定的基础底面尺寸，验算地基承载力是否满足要求。在偏心受压基础顶面，作用有柱传来的轴力 N_k、弯矩 M_k 和剪力 V_k，如图 12-25(b)所示，应先将这些内力连同基础自重转化为作用在基础底面形心处的内力，再计算基底压力。

作用在基础底面形心处的内力标准值：

$$N_{bot} = N_k + G_k = N_k + \gamma_m A d \tag{12-25}$$

$$M_{bot} = M_k + V_k h \tag{12-26}$$

$$V_{bot} = V_k \tag{12-27}$$

N_{bot} 的偏心距为：

$$e = \frac{M_{bot}}{N_{bot}} \tag{12-28}$$

基底压力按偏心受压公式计算，当 $e \leqslant b/6$ 时(参见图 12-25(c)、(d))：

$$\left.\begin{array}{r} p_{k\max} \\ p_{k\min} \end{array}\right\} = \frac{N_{bot}}{bl}\left(1 \pm \frac{6e}{b}\right) \tag{12-29}$$

当 $e > b/6$ 时(参见图 12-25(e))：

$$p_{k\max} = \frac{2N_{bot}}{3l(0.5b - e)} \tag{12-30}$$

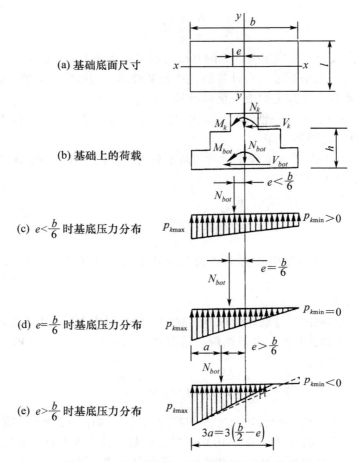

(a) 基础底面尺寸

(b) 基础上的荷载

(c) $e < \dfrac{b}{6}$ 时基底压力分布

(d) $e = \dfrac{b}{6}$ 时基底压力分布

(e) $e > \dfrac{b}{6}$ 时基底压力分布

图 12-25 单向偏压基础底面尺寸及压力分布

偏心受压基础的基底压力应满足以下要求：

$$p_{k\max} \leqslant 1.2 f_a \qquad (12\text{-}31)$$

$$p_{k,\,m} = \frac{1}{2}(p_{k\max} + p_{k\min}) \leqslant f_a \qquad (12\text{-}32)$$

若不满足上述两式的要求，则应增大基底尺寸。若满足上述两式的要求，但基底压应力很小，则可适当减小基底尺寸，而后再进行第二次验算。

2. 基础高度确定

柱下独立基础的高度（阶梯基础还包括各阶高度）主要取决于基础受冲切承载力要求。试验证明，当基础高度（或变阶处高度）不够时，柱传给基础的荷载将使基础发生冲切破坏，基础从柱的周边（或变阶处）开始沿 45°角斜面拉裂，形成冲切角锥体，如图 12-26 所示。为防止这种破坏，

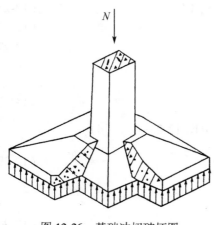

图 12-26 基础冲切破坏图

基础要有足够的高度。此外，基础高度还应满足柱内受力钢筋锚固长度的要求。

基础设计时，一般先按经验和构造要求拟定基础高度 h 和各阶高度 h_i（h 和 h_i 宜取 100mm 的倍数），然后再按下列公式验算柱与基础交接处以及基础变阶处的受冲切承载力：

$$F_l \leqslant \frac{1}{\gamma_d}(0.7\beta_h f_t b_m h_0) \tag{12-33}$$

$$F_l = p_s A \tag{12-34}$$

$$b_m = \frac{1}{2}(b_t + b_b) \tag{12-35}$$

式中，F_l——相应于荷载的基本组合时地基净反力在冲切面上产生的冲切力设计值，kN。

β_h——受冲切承载力截面高度影响系数。当 $h \leqslant 800\text{mm}$ 时，取 $\beta_h = 1.0$；当 $h \geqslant 2000\text{mm}$ 时，取 $\beta_h = 0.9$，其间按线性内插法取用。

b_m——冲切破坏锥体最不利一侧计算长度，m。

b_t——冲切破坏锥体最不利一侧斜截面的上边长，m。当计算柱与基础交接处的受冲切承载力时，取柱宽；当计算基础变阶处的受冲切承载力时，取上阶宽。

b_b——冲切破坏锥体最不利一侧斜截面在基础底面积范围内的下边长，m。当冲切破坏锥体的底面落在基础底面以内（图 12-27），计算柱与基础交接处的受冲切承载力时，取柱宽加两倍基础有效高度；当计算基础变阶处的受冲切承载力时，取上阶宽加两倍该处的基础有效高度。

h_0——基础冲切破坏锥体的有效高度，m。

A——冲切验算时取用的部分基底面积（图 12-27 中的阴影面积 $ABCDEF$），m^2。

在图 12-27（a）中，$A = \left(\dfrac{b}{2} - \dfrac{h_c}{2} - h_0\right)l - \left(\dfrac{l}{2} - \dfrac{b_c}{2} - h_0\right)^2$

在图 12-27（b）中，$A = \left(\dfrac{b}{2} - \dfrac{b'}{2} - h_{01}\right)l - \left(\dfrac{l}{2} - \dfrac{l'}{2} - h_{01}\right)^2$，此处 b'、l' 指上台阶的尺寸，h_{01} 指下台阶的有效高度。

p_s——基础底面地基净反力的设计值，即荷载设计值作用下基础底面单位面积上的净反力（扣除基础自重及其上的土重）。对轴心受压基础，$p_s = N/bl$；对偏心受压基础，用最大地基净反力，$p_s = p_{max} - \gamma_G \gamma_m d$。

当基础底面短边尺寸小于或等于柱宽加两倍基础有效高度（$l \leqslant b_c + 2h_0$）时，应按下列公式验算柱与基础交接处截面受剪承载力：

$$V_s \leqslant \frac{1}{\gamma_d}(0.7\beta_{hs} f_t A_0) \tag{12-36}$$

$$\beta_{hs} = \left(\frac{800}{h_0}\right)^{\frac{1}{4}} \tag{12-37}$$

式中，V_s——相应于荷载的基本组合时，柱与基础交接处的剪力设计值，kN。为图 12-28 中的阴影面积乘以基底净反力平均值。

β_{hs}——受剪切承载力截面高度影响系数，当 $h_0 < 800\text{mm}$ 时，取 $h_0 = 800\text{mm}$；当 $h_0 > 2000\text{mm}$ 时，取 $h_0 = 2000\text{mm}$。

A_0——验算截面处基础的有效截面面积，m^2。当验算截面为阶梯形或锥形时，可将其截面折算成矩形截面。阶梯形截面的折算宽度可按式(12-42)确定。

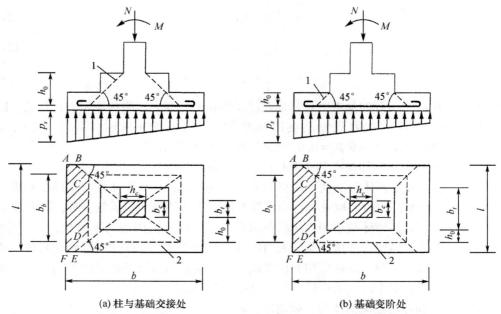

(a) 柱与基础交接处　　　　　　(b) 基础变阶处

1—冲切破坏锥体最不利一侧的斜截面；2—冲切破坏锥体的底面线

图 12-27　计算阶梯形基础的受冲切承载力截面位置

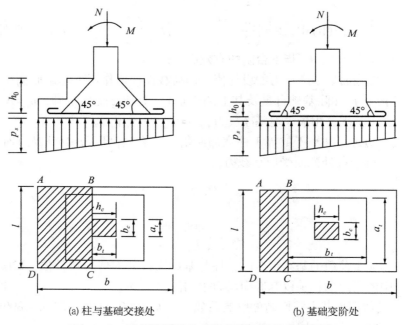

(a) 柱与基础交接处　　　　　　(b) 基础变阶处

图 12-28　验算阶梯形基础的受剪切承载力示意图

当基础底面落在冲切破坏锥体的底面线(图 12-27 中虚线框 2)以内 ($l \leqslant b_c + 2h_0$, $b \leqslant h_c + 2h_0$) 时，可不进行受冲切承载力验算。

3. 基础底板配筋计算

基础底板在地基净反力作用下，在沿 b、l 方向都产生向上的弯矩，因此，需要在底板两个方向都配置受力钢筋。计算钢筋的控制截面，一般取柱与基础交接处和阶梯形基础的变阶处，计算底板弯矩时，将基础看作固定在柱周边或上台阶周边的四边挑出的悬臂板，如图 12-29 所示。在轴心荷载或单向偏心荷载作用下的矩形基础，当台阶的宽高比小于或等于 2.5 且偏心距小于或等于基础宽度的 1/6 时，沿 b 方向的 I-I 截面和沿 l 方向的 II-II 截面处的弯矩可按下列公式计算：

$$沿 b 方向 \qquad M_{\mathrm{I}} = \frac{1}{12}b_0^2[(2l + l')(p_{\max} + p - 2\gamma_G\gamma_m d) + (p_{\max} - p)l] \tag{12-38}$$

$$沿 l 方向 \qquad M_{\mathrm{II}} = \frac{1}{12}l_0^2(2b + b')(p_{\max} + p_{\min} - 2\gamma_G\gamma_m d) \tag{12-39}$$

式中，M_{I}、M_{II}——相应于荷载效应基本组合时，截面 I-I、II-II 的弯矩设计值，kN·m；

$p_{\max}$、$p_{\min}$——相应于荷载效应基本组合时的基础底面边缘最大和最小地基反力设计值，kPa；

p——相应于荷载效应的基本组合时，在计算截面 I-I 处基础底面地基反力设计值，kPa。

其余符号如图 12-29 所示。

沿 b 方向的 I-I 截面和沿 l 方向的 II-II 截面处的钢筋面积可按下列公式计算：

$$沿 b 方向 \qquad A_{s\mathrm{I}} = \frac{\gamma_d M_{\mathrm{I}}}{0.9f_y h_{0\mathrm{I}}} \tag{12-40}$$

$$沿 l 方向 \qquad A_{s\mathrm{II}} = \frac{\gamma_d M_{\mathrm{II}}}{0.9f_y h_{0\mathrm{II}}} \tag{12-41}$$

式中，M_{I}、M_{II}——相应于荷载效应基本组合时，截面 I-I、II-II 的弯矩设计值，N·mm；

$A_{s\mathrm{I}}$、$A_{s\mathrm{II}}$——I-I、II-II 截面处所需钢筋截面面积，mm²。

布置钢筋时，沿长边方向的钢筋放在下层，沿短边方向的钢筋放在上层，如图 12-29 所示，因此，$h_{0\mathrm{II}}$ 与 $h_{0\mathrm{I}}$ 相差一钢筋直径 d。

对于阶梯形基础，应计算柱边缘和变阶处的钢筋面积，此时式(12-38)、式(12-39)中 l'、b' 应分别取柱截面尺寸 b_c、h_c 和上台阶尺寸(单位为 m)，式(12-40)、式(12-41)中的 $h_{0\mathrm{I}}$、$h_{0\mathrm{II}}$ 分别取基础有效高度和下台阶有效高度(单

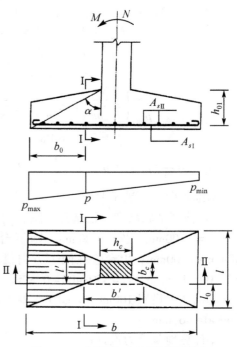

图 12-29 矩形基础底板计算简图

位为 mm）。最后按各自方向上的较大钢筋面积配筋。

基础底板的配筋率不应小于 0.15%。计算最小配筋率时，对阶梯形或锥形基础截面，可按 GB 50007—2011《建筑地基基础设计规范》[101]的规定将其截面折算成矩形截面。

阶梯形截面的计算宽度按下式确定：

$$b_{eq} = \frac{\sum b_i h_i}{\sum h_i} \tag{12-42}$$

式中，b_{eq}——阶梯形截面的计算宽度，mm；

b_i、h_i——分别为第 i 台阶的宽度和高度，mm。

例 12-1　某偏心受压柱截面尺寸 $b_c \times h_c = 400mm \times 600mm$；柱底内力标准值为 $N_k = 1000kN$，$M_k = 320kN \cdot m$，$V_k = 50kN$；设计值为 $N = 1130kN$，弯矩 $M = 362kN \cdot m$，剪力 $V = 57kN$。基础埋深 $d = 1.8m$，经埋深与基础宽度修正后的地基承载力特征值 $f_a = 280kPa$，基础混凝土强度等级 C20($f_t = 1.1N/mm^2$)，底板钢筋 HPB300($f_y = 270N/mm^2$)，结构系数 $\gamma_d = 1.2$，试设计该柱基础。

解： 采用阶梯形单独基础。

（1）确定基础底面尺寸。按轴心受压基础计算基底面积，然后扩大 40%，即

$$A \geqslant \frac{1.4N_k}{f_a - \gamma_m d} = \frac{1.4 \times 1000}{280 - 20 \times 1.8} = 5.74(m^2)$$

取 $b = 3.0m$，$l = 2.0m$，$A = bl = 3.0 \times 2.0 = 6.0m^2$，$b/l = 3.0/2.0 = 1.5$。

（2）验算地基承载力。初设基础高度 $h = 0.9m$，基底压力及应力标准值为

$$N_{bot} = N_k + G_k = N_k + \gamma_m A d = 1000 + 20 \times 6 \times 1.8 = 1216(kN)$$

$$M_{bot} = M_k + V_k h = 320 + 50 \times 0.9 = 365(kN \cdot m)$$

$$e = \frac{M_{bot}}{N_{bot}} = \frac{365}{1216} = 0.3m < \frac{b}{6} = \frac{3.0}{6} = 0.5(m)$$

$$\left.\begin{array}{c} p_{max} \\ p_{min} \end{array}\right\} = \frac{N_{bot}}{bl}\left(1 \pm \frac{6e}{b}\right) = \frac{1216}{3 \times 2} \times \left(1 \pm \frac{6 \times 0.3}{3}\right) = \left\{\begin{array}{c} 324.3kPa \\ 81.1kPa \end{array}\right.$$

$$p_{kmax} = 324.3kPa < 1.2 \times f_a = 1.2 \times 280 = 336(kPa)$$

$$p_{k,m} = \frac{1}{2}(p_{kmax} + p_{kmin}) = \frac{1}{2} \times (324.3 + 81.1) = 202.7(kPa) < f_a = 280(kPa)$$

基础底面尺寸满足要求。

（3）验算基础高度。设基础下阶高度 $h_1 = 500mm$，上阶高度 $h_2 = 400mm$，上台阶平面尺寸 $b' = 1300mm$，$l' = 1000mm$，则下台阶在 b、l 两个方向的挑出长度 b_1、l_1 分别为 850mm 和 500mm；上台阶在两个方向挑出长度 b_2、l_2 分别为 350mm 和 300mm，$b_1/h_1 = 850/500 = 1.7$，$b_2/h_2 = 350/400 = 0.875$。

基础底下设置 100mm 厚 C10 混凝土垫层，$h_0 = h - 40 = 900 - 40 = 860mm$，$h_{01} = h_1 - 40 = 500 - 40 = 460mm$。

①计算地基反力设计值。

$$N_{bot} = N + G = N + \gamma_G \gamma_m A d = 1130 + 1.10 \times 20 \times 6.0 \times 1.8 = 1367.6(kN)$$

$$M_{bot} = M + Vh = 362 + 57 \times 0.9 = 413.3(\text{kN} \cdot \text{m})$$

$$e = \frac{M_{bot}}{N_{bot}} = \frac{413.3}{1367.6} = 0.302\text{m} < \frac{b}{6} = \frac{3}{6} = 0.5(\text{m})$$

$$\left.\begin{array}{l} p_{max} \\ p_{min} \end{array}\right\} = \frac{N_{bot}}{bl}\left(1 \pm \frac{6e}{b}\right) = \frac{1367.6}{3 \times 2} \times \left(1 \pm \frac{6 \times 0.302}{3}\right) = \begin{cases} 365.6\text{kPa} \\ 90.3\text{kPa} \end{cases}$$

$$p_s = p_{max} - \gamma_G\gamma_m d = 365.6 - 1.1 \times 20 \times 1.8 = 326.0(\text{kPa})$$

②柱边缘截面(参见图 12-27(a))。

因为上台阶 $b_2/h_2 = 350/400 = 0.875 < 1.0$,上台阶底面落在沿柱边的冲切破坏锥体以内,本基础不会发生沿柱边的冲切破坏,不必验算。

③基础变阶处截面(参见图 12-27(b))。

$$b_t = l' = 1000\text{mm}, \quad b_b = l' + 2h_{01} = 1000 + 2 \times 460 = 1920(\text{mm}) < l = 2200(\text{mm})$$

$$b_m = \frac{1}{2}(b_t + b_b) = \frac{1}{2} \times (1000 + 1920) = 1460(\text{mm})$$

$$A = \left(\frac{b}{2} - \frac{b'}{2} - h_{01}\right)l - \left(\frac{l}{2} - \frac{l'}{2} - h_{01}\right)^2$$

$$= \left(\frac{3.0}{2} - \frac{1.3}{2} - 0.46\right) \times 2.0 - \left(\frac{2.0}{2} - \frac{1.0}{2} - 0.46\right)^2 = 0.7784(\text{m}^2)$$

$$F_l = p_s A = 326.0 \times 0.7784 = 253.76(\text{kN})$$

$$h_1 = 500\text{mm} < 800\text{mm}, \quad \beta_h = 1.0$$

$$\frac{1}{\gamma_d}(0.7\beta_h f_t b_m h_{01}) = \frac{1}{1.2} \times (0.7 \times 1.0 \times 1.1 \times 10^3 \times 1.46 \times 0.46) = 430.9(\text{kN})$$

$F_l < \dfrac{1}{\gamma_d}(0.7\beta_h f_t b_m h_0)$,变阶处基础高度满足抗冲切承载力要求。

(4)计算底板钢筋(参见图 12-29)。对阶梯形基础,b 方向和 l 方向均需计算柱边缘和基础变阶处的钢筋。

①b 方向柱边缘。

基础底板外挑长度 $b_0 = b_l + b_2 = 0.85 + 0.35 = 1.2(\text{m})$,$l' = b_c = 0.4(\text{m})$

$$p = p_{min} + (p_{max} - p_{min})\frac{b - b_0}{b} = 90.3 + (365.6 - 90.3) \times \frac{3.0 - 1.2}{3.0} = 255.5(\text{kPa})$$

$$M_I = \frac{1}{12}b_0^2[(2l + l')(p_{max} + p - 2\gamma_G\gamma_m d) + (p_{max} - p)l]$$

$$= \frac{1}{12} \times 1.2^2 \times [(2 \times 2.0 + 0.4) \times (365.6 + 255.5 - 2 \times 1.1 \times 20 \times 1.8) + (365.6 - 255.5) \times 2.0]$$

$$= 312.55(\text{kN} \cdot \text{m})$$

$$A_{sI} = \frac{\gamma_d M_I}{0.9 f_y h_{01}} = \frac{1.2 \times 312.55 \times 10^6}{0.9 \times 270 \times 860} = 1795(\text{mm}^2)$$

②b 方向基础变阶处。

$$b_0 = b_1 = 0.85\text{m}, \quad l' = 1\text{m}$$

$$p' = 90.3 + (365.6 - 90.3) \times \frac{3.0 - 0.85}{3.0} = 287.6(\text{kPa})$$

$$M'_{\text{I}} = \frac{1}{12} \times 0.85^2 \times [(2 \times 2.0 + 1) \times (365.6 + 287.6 - 2 \times 1.1 \times 20 \times 1.8) + (365.6 - 287.6) \times 2.0]$$

$$= 182.19(\text{kN} \cdot \text{m})$$

$$A'_{s\text{I}} = \frac{\gamma_d M'_{\text{I}}}{0.9 f_y h'_{01}} = \frac{1.2 \times 182.19 \times 10^6}{0.9 \times 270 \times 460} = 1956(\text{mm}^2)$$

③b 方向按最小配筋率要求的钢筋截面积。

柱边缘：阶梯形基础的截面计算宽度

$$b_{eq} = \frac{\sum b_i h_i}{\sum h_i} = \frac{2000 \times 500 + 1000 \times 400}{500 + 400} = 1555.6(\text{mm})$$

按最小配筋率确定底板钢筋面积：$A_{s\min} = 0.0015 \times 1555.6 \times 860 = 2007(\text{mm}^2)$。

沿 b 方向的钢筋面积取 $A_{s\text{I}}$、$A'_{s\text{I}}$ 及 $A_{s\min}$ 中较大者，即 $A_s = 2007\text{mm}^2$，选用 14 Φ 14，$A_s = 2155\text{mm}^2$。

下台阶配筋率验算：$\rho = \dfrac{A_s}{lh_{01}} = \dfrac{2155}{2000 \times 460} = 0.23\% > \rho_{\min} = 0.15\%$，满足要求。

④l 方向柱边缘。

基础底板外挑长度 $l_0 = l_1 + l_2 = 0.5 + 0.3 = 0.8\text{m}$，$b' = h_c = 0.6\text{m}$

$$M_{\text{II}} = \frac{1}{12} l_0^2 (2b + b')(p_{\max} + p_{\min} - 2\gamma_G \gamma_m d)$$

$$= \frac{1}{12} \times 0.8^2 \times (2 \times 3.0 + 0.6) \times (365.6 + 90.3 - 2 \times 1.1 \times 20 \times 1.8)$$

$$= 132.6(\text{kN} \cdot \text{m})$$

$$A_{s\text{II}} = \frac{\gamma_d M_{\text{II}}}{0.9 f_y h_{0\text{II}}} = \frac{1.2 \times 132.6 \times 10^6}{0.9 \times 270 \times (860 - 14)} = 774(\text{mm}^2)$$

⑤l 方向基础变阶处。

$$l_0 = l_1 = 0.5\text{m}, \quad b' = 1.3\text{m}$$

$$M'_{\text{II}} = \frac{1}{12} \times 0.5^2 \times (2 \times 3.0 + 1.3) \times (365.5 + 90.3 - 2 \times 1.1 \times 20 \times 1.8)$$

$$= 57.3(\text{kN} \cdot \text{m})$$

$$A'_{s\text{II}} = \frac{\gamma_d M'_{\text{II}}}{0.9 f_y h'_{0\text{II}}} = \frac{1.2 \times 57.3 \times 10^6}{0.9 \times 270 \times (460 - 14)} = 634(\text{mm}^2)$$

⑥l 方向的最小配筋率要求的钢筋截面积。

柱边缘：阶梯形基础的截面计算宽度

$$b_{eq} = \frac{\sum b_i h_i}{\sum h_i} = \frac{3000 \times 500 + 1300 \times 400}{500 + 400} = 2244(\text{mm})$$

按最小配筋率确定底板钢筋面积：$A_{s\min} = 0.0015 \times 2244 \times 846 = 2848(\text{mm}^2)$。

沿 l 方向的钢筋面积取 $A_{s\text{II}}$、$A'_{s\text{II}}$、A_{smin} 中较大者，即 $A_s = 2848\text{mm}^2$，选用 19 Φ 14，实际 $A_s = 2924\text{mm}^2$。

因为 $b = 3.0\text{m} > 2.5\text{m}$，沿 b 方向的钢筋（14 Φ 14）长度可取为 $0.9 \times 3.0 = 2.7\text{m}$，一端靠基础端部，交错放置，如图 12-24(a)、(c)所示。

思考题与计算题

一、思考题

1. 水电站厂房在水工枢纽中起什么作用？厂房有几种类型？

2. 与一般工业与民用建筑楼(屋)面相比，水电站厂房楼板有何特点？如何分析计算其内力？

3. 水电站厂房构架的结构型式有哪几种？各适用于哪类屋盖结构？

4. 厂房构架上的荷载是如何传递到地基或下部结构上去的？

5. 吊车梁传到厂房构架上的荷载有哪些？各如何确定？

6. 牛腿有哪几种破坏形态？牛腿截面高度的控制条件是什么？牛腿的承载力计算简图是如何简化得来的？

7. 柱下独立基础有几种形式？柱下独立基础的底面尺寸、高度和配筋是按哪些条件确定的？

二、计算题

1. 牛腿尺寸如图 12-30 所示，承受竖向力设计值 $F_v = 650\text{kN}$，水平拉力设计值 $F_h = 21\text{kN}$，相应内力标准值 $F_{vk} = 550\text{kN}$，$F_{hk} = 18\text{kN}$；混凝土强度等级 C30，纵向受拉钢筋 HRB400，水平箍筋 HPB300，结构系数 $\gamma_d = 1.2$，试设计该牛腿(牛腿宽度 $b = 350\text{mm}$)。

2. 轴心受压柱截面尺寸 300mm×300mm；柱底轴向压力设计值 $N = 521\text{kN}$，标准值 $N_k = 453\text{kN}$；柱下采用钢筋混凝土独立锥形基础，基础埋深 $d = 1.8\text{m}$，修正后的地基承载力特征值 $f_a = 200\text{kPa}$；基础混凝土强度等级 C20，HPB300 钢筋，基础下设垫层厚度 100mm，基础自重及其上回填土平均重度 $\gamma_m = 20\text{kN/m}^3$，结构系数 $\gamma_d = 1.2$，试设计该基础。

3. 某厂房柱截面 $b_c \times h_c = 400\text{mm} \times 800\text{mm}$；柱底内力设计值为 $N = 640\text{kN}$，$M = 281\text{kN·m}$，$V = 21\text{kN}$，标准值为 $N_k = 560\text{kN}$，$M_k = 246\text{kN·m}$，$V_k = 18\text{kN}$；修正后的地基承载力设计值 $f_a = 200\text{kPa}$，基础埋深 $d = 1.6\text{m}$，混凝土强度等级 C20，钢筋 HPB300，基础下设垫层厚度 100mm，基础自重及其上回填土平均重度 $\gamma_m = 20\text{kN/m}^3$，结构系数 $\gamma_d = 1.2$，试设计该基础。

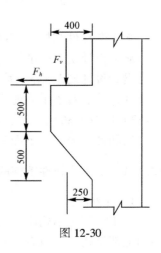

图 12-30

第 13 章　水工非杆件结构

一个大型的水利枢纽包括挡水和泄水建筑物、输水和取水建筑物、发电建筑物等。混凝土挡水坝和水电站厂房是水利枢纽中最主要的建筑物。在这些主要建筑物中，有一部分可以简化为杆件结构进行内力计算，然后按前面各章已讲述的原理进行承载力计算，但还有另外相当大的部分是属于需要配筋的非杆件结构。这些结构包括：

（1）水工混凝土结构中的各种深梁或短梁；

（2）混凝土重力坝中的孔口结构，即设置于坝内的各种廊道、泄水孔及其他孔口；

（3）混凝土坝内压力管道和坝后压力管道；

（4）泄水建筑物中的闸墩及支撑体结构。

这些结构由于型体复杂、外型尺寸大、空间整体性强，不易简化成杆件结构，而往往要用试验方法或弹性力学及其有限元的方法求得应力。对于这类结构如何计算其应力和内力以及如何进行配筋计算，正是本章要论述的问题。解决非杆件结构的配筋计算问题，目前有三种途径，它们是：

（1）应用规范 NB/T 11011—2022 附录 D 给出的按应力图形配筋计算的公式进行计算；

（2）对各种非杆件结构，分别进行专门的理论分析和模型试验，建立各自的计算公式；

（3）直接运用钢筋混凝土有限元方法对结构进行全过程分析，解决其抗裂和承载力计算问题。

13.1　水工非杆件结构的设计原则

水工非杆件结构与其他水工结构（包括杆件结构）一样，都必须按照《水利水电工程结构可靠度设计统一标准》和《水工混凝土结构设计规范》《混凝土重力坝设计规范》《水电站压力钢管设计规范》等一系列国家标准和电力行业、水利行业标准所确定的原则和条文进行设计计算。对于承载能力和正常使用极限状态的计算，其设计表达式仍是第 3 章的式 (3-33) 和式 (3-36)。当然，在具体应用这两个表达式时，不同的非杆件结构，有不同的设计方法和计算公式。下面就非杆件结构设计中几个主要的问题作原则性的说明。

13.1.1　水工非杆件结构的内力和应力计算

1. 内力计算

水工混凝土结构中，有些属于杆件结构，如水电站厂房的上部结构、渡槽的排架、水闸的上部结构等。也有一些结构虽其形状不像杆件，但经简化后仍可作杆件计算，如水闸的底板(可简化成弹性地基梁)、船闸的闸室、矩形渡槽的槽身等都可简化成梁、柱、刚架进行计算。一些非杆件结构,初步设计时可以简化成杆件结构,如蜗壳简化成 Γ 形刚架,尾水管下段简化成平面刚架等。简化成杆件结构后,即可用结构力学的方法进行内力计算。

2. 应力计算

多数水工非杆件结构,如果把它们简化成杆件结构计算可能带来较大的误差,而用弹性力学及有限单元法进行计算可以得到较精确的结果。例如坝内孔口结构,一定条件下可以看成无限域中的小孔口结构,可用弹性理论求得解析结果,并制成数表,供设计人员查用。复杂的结构则可用有限元法求出应力,以往还经常用试验方法测定应力,与理论计算结果和数值计算结果进行比较。不过自 20 世纪 80 年代以后,用试验方法求应力,已越来越少见了。

13.1.2 水工非杆件结构的承载能力计算

1. 按应力图形进行配筋的计算方法

如果把实际的非杆件结构简化成杆件结构求其内力,则其承载力的计算可按前面第 3~8 章的有关公式进行。

当用弹性力学或试验方法求得弹性阶段的截面应力图形时,则可按应力图形进行配筋计算。这种按弹性应力图形配筋的方法,在我国已经历了三个不同的发展阶段(图 13-1):

(1)20 世纪 50—60 年代实行的"按全面积配筋"方法。这种方法认为靠混凝土承担拉应力是不可靠的,全部拉应力都由钢筋来承担。

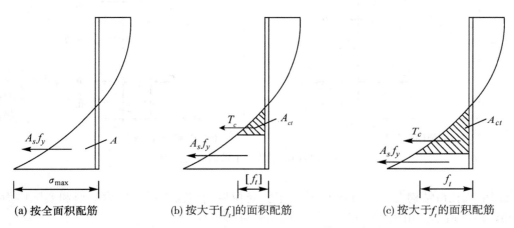

图 13-1 按三种不同的方法配筋的示意图

(2)20 世纪 70 年代末开始实行的按"大于$[f_t]$的面积配筋"方法。这一方法认为混凝土可以承担一部分拉应力。弹性拉应力图形中小于$[f_t]$的部分由混凝土承担,大于$[f_t]$的部分由钢筋承担。$[f_t]$为混凝土的容许拉应力。

(3)20 世纪 90 年代以后实行的按"大于f_t的面积配筋"方法。这一方法认为上述两种方法均偏于保守，于是根据专题组试验研究成果[102]以及与原规范相衔接的原则，提出了按这一方法的计算公式。这即是《水工混凝土结构设计规范》1996 版、2009 版、2022 版等版本附录 H、D、D 沿用多年的公式。

现把规范 NB/T 11011—2022 附录 D 所确定的按应力图形进行配筋计算的方法介绍如下：

（1）当截面的应力图形接近线性分布时，可换算成内力，按内力进行配筋计算；

（2）若截面应力图形偏离线性分布较大，可按下式计算受拉钢筋面积：

$$T \leqslant \frac{1}{\gamma_d}(0.6T_c + f_y A_s) \tag{13-1}$$

式中，T——由荷载设计值(包括结构重要性系数 γ_0 及设计状况系数 ψ)确定的主拉应力在配筋方向上形成的总拉力，$T=Ab$，A 为截面主拉应力在配筋方向投影图形的总面积(见图 13-1(a))，b 为结构截面的宽度。

T_c——混凝土承担的拉力，$T_c=A_{ct}b$，A_{ct} 为截面主拉应力在配筋方向投影图形中拉应力小于混凝土轴心抗拉强度设计值 f_t 的图形面积，见图 13-1(c)。

A_s、f_y——受拉钢筋的面积及钢筋抗拉强度设计值。

γ_d——钢筋混凝土结构的结构系数，γ_d 取 1.2。

武汉大学土木建筑工程学院"大体积混凝土应力配筋研究"专题组根据模型试验结果也得出与此相同的公式[102]，简要说明如下：

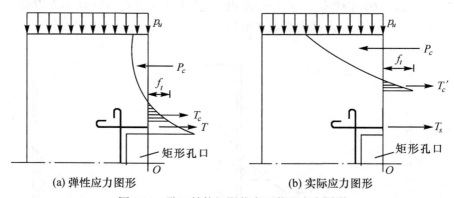

(a) 弹性应力图形　　　　　　　　　(b) 实际应力图形

图 13-2　孔口结构极限状态下截面应力图形

设深梁或孔口结构在极限荷载 P_u 作用下，受拉控制截面上弹性应力图形和实际应力图形如图 13-2 所示。由图 13-2(b)可知，截面的抗拉承载力为：

$$T_u = T_c' + T_s \tag{13-2}$$

由于混凝土的开裂，图 13-2(a)所示的弹性应力图形已不复存在，实际产生的总拉力也不再是 T，现假定为 ξT，ξ 反映了截面上应力重分布后总拉力的变化程度，于是上式可写成：

$$\xi T = T_c' + T_s \tag{13-3}$$

这里的 T_c' 就是图 13-2(b)中阴影部分图形的面积 A_{ct}' 乘以结构的厚度 b，但 A_{ct}' 很难直

接求出。现设

$$T_c' = \alpha_c A_{ct} b = \alpha_c T_c$$
$$T_s = \alpha_s A_s f_y$$

代入式(13-3)，得：

$$T = \frac{\alpha_c}{\xi} T_c + \frac{\alpha_s}{\xi} A_s f_y$$

或
$$T = \xi_c T_c + \xi_s A_s f_y \tag{13-4}$$

这里的 A_{ct}、T_s、T_c 的意义与式(13-1)相同。$\alpha_c = T_c'/T_c$，$\xi_c = \alpha_c/\xi$，$\xi_s = \alpha_s/\xi$。α_c 是截面上经应力重分布以后混凝土承担的总拉力与弹性拉应力图形中应力小于 f_t 的那一部分拉力的合力的比值；α_s 为钢筋的应力系数。用专题组的模型试验数据(圆形孔口试件 6 个，矩形孔口试件 2 个，深梁模型试件 29 个)分别求得各模型的 T、T_c 以及 $A_s f_y$，把 T/T_c 和 $A_s f_y/T_c$ 的值点绘于图 13-3 上，经回归得：

$$\xi_c = 1.154, \quad \xi_s = 1.160$$

为了安全可靠，可把回归线下移，使 $\xi_c = 0.6$，并近似取 $\xi_s = 1.0$，于是得：

$$T = 0.6T_c + A_s f_y \tag{13-5}$$

考虑结构系数 γ_d 后，上式即为式(13-1)。

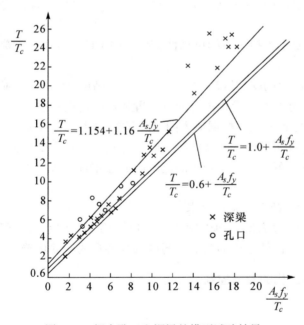

图 13-3　坝内孔口和深梁的模型试验结果

2. 由模型试验和理论分析建立的专门计算方法

一些结构虽然属于非杆件结构，不能直接按杆件结构进行内力计算和配筋计算，但可通过理论分析并结合模型试验，建立专门的计算模型和计算公式，并列入规范条文。例如深梁和短梁、坝内埋管和坝后背管、弧门闸墩及闸门支承体、平面闸门门槽等结构都有专门的计算公式。这些结构应按规范规定的条文进行计算。

3. 应用钢筋混凝土有限元进行全过程分析的方法

这一方法在理论上比较完善，原则上可以用于所有非杆件结构的分析计算，得到加载全过程结构的应力-应变状态、裂缝开展过程、开裂荷载和破坏荷载。这一方法是 20 世纪 80 年代以后发展起来的学科，在我国水利工程的非杆件结构中已得到了广泛的应用。根据在水工非杆件结构中应用的经验，《水工混凝土结构设计规范》1996 版、2009 版以及 2022 版的节 5.3 中均提出了一些应用这一方法进行设计计算的原则。

13.1.3　水工非杆件结构的配筋构造

1. 可简化为杆件结构构件的配筋构造

对于可简化成杆件结构按内力配筋的构件，其配筋构造应符合规范 NB/T 11011—2022 第 10、11 章的规定。

2. 按应力图形配筋时的规定

当按应力图形配筋时，还需满足规范 NB/T 11011—2022 附录 D 的如下规定：

(1) 式(13-1) 中 T_c 的存在是有条件的，即弹性拉应力的范围相对于截面的总高度而言不能太大，否则裂缝可能贯穿整个截面，混凝土的抗拉能力即不能保证。因此，附录 D 规定，当弹性应力图形的受拉区高度大于结构截面高度的 2/3 时，式(13-1) 中的 T_c 应取为零。

(2) 为了保证混凝土承担拉力的可靠性，按式(13-1) 计算时，混凝土承担的拉力 T_c 不宜超过总拉力的 30%。

(3) 当弹性应力图形的受拉区高度小于结构截面高度的 2/3，且截面边缘最大拉应力 σ_{max} 不大于 $0.5f_t$ 时，可不配置受拉钢筋或仅配置适量的构造钢筋。

(4) 受拉钢筋的配置方式应根据应力图形及结构的受力特点确定。当配筋主要是为了承载能力且结构具有较明显的弯曲破坏特征时，可集中配置在受拉区边缘；当配筋主要是为了控制裂缝宽度时，可在拉应力较大的范围内分层布置，各层钢筋的数量宜与拉应力图形的分布相对应。

3. 其他非杆件结构的配筋构造要求

水工结构中的深受弯构件、坝内廊道及孔口、蜗壳及尾水管、弧形闸门的闸墩及支座、平面闸门门槽等非杆件结构的配筋，还应满足各自的配筋构造要求。

13.1.4　水工非杆件结构的裂缝控制

1. 抗裂验算

水工钢筋混凝土结构如果有可靠的防渗措施或不影响正常使用，也可不进行抗裂验算。坝内埋管、蜗壳、下游坝面管、压力隧洞等非杆件结构，一般都有钢板衬砌，《水工混凝土结构设计规范》DL/T 5057—2009 和《水工混凝土结构设计规范》NB/T 11011—2022 中除弧门支座及闸墩颈部给出了抗裂验算公式外，对其他水工非杆件结构的抗裂问题均未作出明确的规定。一些非杆件结构分析计算的结果为应力，当有必要时建议用上述规范规定的原则进行抗裂验算，即：

$$\sigma_{tk} \leq \gamma_m \alpha_{ct} f_{tk} \tag{13-6}$$

式中，σ_{tk}——受拉边缘按标准组合计算的应力；

f_{tk}——混凝土轴心抗拉强度标准值；

a_{ct}——拉应力限制系数，取 0.85；

γ_m——截面抵抗矩塑性影响系数，按具体情况确定。

2. 裂缝开展宽度验算

需要进行裂缝开展宽度验算的水工非杆件结构，其最大的裂缝开展宽度的计算值不应超过规范 NB/T 11011—2022 规定的允许值。非杆件结构当其截面应力图形接近线性分布时，可换算成内力，而后按第 9 章第 9.4 节相应的公式进行裂缝开展宽度的验算，而当其截面应力图形偏离线性分布较大时，可通过限制钢筋应力间接控制裂缝宽度，即：

$$\sigma_{sk} \leq \alpha_s f_{yk} \tag{13-7}$$

式中，σ_{sk}——标准组合下受拉钢筋的应力。$\sigma_{sk}=T_k/A_s$，T_k 为钢筋承担的总拉力，按规范附录 D 计算。

f_{yk}——钢筋强度标准值。

a_s——考虑环境影响的钢筋应力限制系数，a_s 可取 0.6~0.4。

13.2 深受弯构件的计算

深受弯构件在建筑工程中有时会遇到，在港口码头中则经常遇到。水工结构大多是"庞然大物"，独立的深梁和短梁虽然并不多见，但水电站厂房的尾水管结构、一些厚度与其长宽尺寸比相对较大的厚板，常常可简化成深受弯构件来计算。

深受弯构件系指跨高比 $l_0/h<5$ 的受弯构件，包括深梁、短梁和厚板。深梁为跨高比 $l_0/h \leq 2$（简支）或 $l_0/h \leq 2.5$（连续）的梁。介于深梁和浅梁（$l_0/h \geq 5$）之间的梁为短梁。深受弯构件虽属非杆件结构，但通过 40 多年的试验研究已建立了一套完整的承载力计算的方法及配筋构造方法。

13.2.1 深受弯构件的应力和内力计算

用于深受弯构件承载力计算的荷载效应仍为内力和应力。应力的计算以往用弹性理论或偏光弹性试验求得，后来则用有限单元法计算求得，其应力成果用于按应力图形的配筋方法。规范 NB/T 11011—2022 以及其他相关规范关于深受弯构件的计算中，荷载效应仍然同杆件结构一样，用的是内力（弯矩和剪力）。

简支的深受弯构件，弯矩 M 和剪力 V 很容易由静力平衡求得，连续深受弯构件的内力不能像杆件结构那样通过解超静定结构而求得。因为它的内力不单纯与构件的截面刚度 EI 有关，而且还与其高跨比有关。因此，它的内力应采用弹性力学的方法求得。武汉大学土木建筑工程学院在 20 世纪 80 年代中期，用有限单元法对各种高跨比的深梁进行了分析计算，得到了等跨等截面连续深梁在均布荷载和集中荷载作用下的内力系数表[103]。可供工程设计时方便地查用。短梁的内力则可近似地按杆件结构力学方法求得。

13.2.2　深受弯构件的工作特性

武汉大学土木建筑工程学院深梁专题组进行的试验表明[104]：随着荷载的增加，首先在跨中产生垂直裂缝，继而在两侧出现斜裂缝，形成以纵筋为拉杆、斜裂缝上部混凝土为拱腹的"拉杆拱"受力机构。最后的破坏形态与纵筋的配筋率有关。简支深受弯构件的破坏可归结为两种形态：

（1）弯曲破坏。当纵筋配筋率比较小时，则纵向受拉钢筋屈服，跨中挠度明显增大而破坏。

（2）剪切破坏。即拉杆拱受力机构的拱腹混凝土压碎，承力机构突然崩垮而破坏。

连续深受弯构件的工作特性和破坏形态也可以分成"弯曲破坏"和"剪切破坏"。纵筋配筋率比较低时，跨中受拉钢筋先屈服，垂直裂缝向上开展，然后中间支座上侧出现垂直裂缝。当该截面的受拉钢筋也屈服时，结构产生较大变形而破坏（图 13-4（a））。当纵筋配筋率较高时，除了在跨中产生垂直裂缝外，还在梁腹产生斜裂缝，形成"拉杆拱"受力机构，这种机构的破坏也是由拉筋屈服和拱腹压碎而引起的（图 13-4（b））。

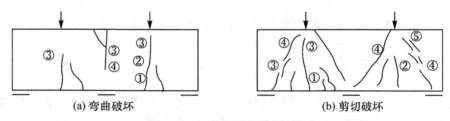

|(a) 弯曲破坏|(b) 剪切破坏|

图 13-4　连续深梁的破坏形态

13.2.3　深受弯构件的承载力计算

1. 深受弯构件的正截面受弯承载力计算

根据大量的简支和连续深梁和短梁的试验结果，规范 NB/T 11011—2022 的正截面受弯承载力计算公式为：

$$M \leqslant \frac{1}{\gamma_d} f_y A_s z \tag{13-8}$$

$$z = \alpha_d (h_0 - 0.5x)$$

$$\alpha_d = 0.80 + 0.04 \frac{l_0}{h}$$

式中，γ_d——钢筋混凝土结构系数；

M——弯矩设计值；

f_y——钢筋抗拉强度设计值；

A_s——纵向受拉钢筋截面面积；

z——内力臂；当 $l_0/h < 1$ 时，取 $z = 0.6 l_0$；

x、h_0——截面受压区高度和截面有效高度。

2. 深受弯构件受剪承载力计算

1) 深受弯构件受剪承载力的影响因素

与普通浅梁一样，影响其斜截面受剪承载力的主要因素有混凝土强度等级、纵筋配筋率、剪跨比、腹筋的强度及数量等。对于深受弯构件，当截面尺寸、混凝土强度等级、纵筋配筋率等因素相同时，影响其受剪承载力的因素有跨高比、剪跨比以及腹筋的数量及其强度。图 13-5 示出了简支梁在均布荷载和集中荷载作用下的试验研究结果[105]，可以看出：抗剪承载力随跨高比和剪跨比的增大而下降，在均布荷载作用下，主要的影响因素是高跨比 l_0/h_0，而在集中荷载作用下，主要的影响因素是剪跨比 λ。

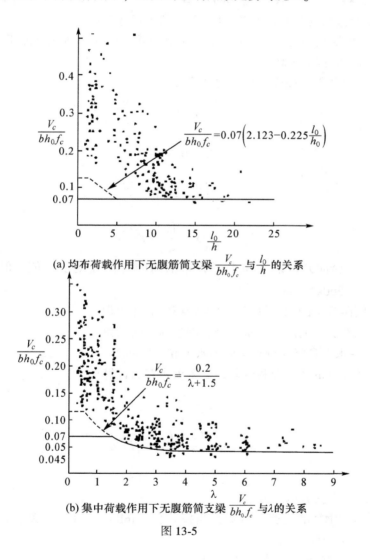

(a) 均布荷载作用下无腹筋简支梁 $\dfrac{V_c}{bh_0f_c}$ 与 $\dfrac{l_0}{h}$ 的关系

(b) 集中荷载作用下无腹筋简支梁 $\dfrac{V_c}{bh_0f_c}$ 与 λ 的关系

图 13-5

2) 截面尺寸的限制条件

为避免发生斜压破坏，深梁和短梁的截面尺寸应符合下列要求：

① $\dfrac{h_w}{b} \leqslant 4$ 时
$$V \leqslant \frac{1}{60\gamma_d}\left(\frac{l_0}{h} + 10\right)f_c b h_0 \tag{13-9}$$

② $\dfrac{h_w}{b} \geqslant 6$ 时
$$V \leqslant \frac{1}{60\gamma_d}\left(\frac{l_0}{h} + 7\right)f_c b h_0 \tag{13-10}$$

③ $4 < \dfrac{h_w}{b} < 6$ 时，按直线内插法取用。

式中，V——斜截面上的最大剪力设计值；

l_0——计算跨度，$l_0/h<2$ 时，取 $l_0/h=2$；

b——矩形截面的宽度和 T 形、I 形截面的腹板宽度；

h_w——截面腹板高度，对矩形截面取有效高度 h_0，对 T 形截面，取 h_0 减去翼缘高度，对 I 形截面，取腹板净高。

3）深梁和短梁的斜截面受剪承载力计算公式

$$V \leqslant \frac{1}{\gamma_d}(V_c + V_{sv} + V_{sh}) \tag{13-11}$$

$$V_c = \left(2 - 0.3\frac{l_0}{h}\right)f_t b h_0 \tag{13-12}$$

$$V_{sv} = \frac{1}{3}\left(\frac{h_0}{h} - 2\right)f_{yv}\frac{A_{sv}}{s_h}h_0 \tag{13-13}$$

$$V_{sh} = \frac{1}{6}\left(5 - \frac{l_0}{h}\right)f_{yh}\frac{A_{sh}}{s_v}h_0 \tag{13-14}$$

式中，f_{yv}、f_{yk}——竖向分布钢筋和水平分布钢筋的抗拉强度设计值，但取值不应大于 $360\text{kN}/\text{mm}^2$；

A_{sv}——间距为 s_h 的同一排竖向分布钢筋的截面面积；

A_{sk}——间距为 s_v 的同一层水平分布钢筋的截面面积；

s_v、s_h——水平和竖向分布钢筋的水平和竖向间距。

4）承受分布荷载的实心厚板的斜截面受剪承载力计算

$$V \leqslant \frac{1}{\gamma_d}(V_c + V_{sb}) \tag{13-15}$$

$$V_c = 0.7\left(\frac{8 - l_0/h_0}{3}\right)f_t b h_0 \tag{13-16a}$$

$$V_{sb} = 0.8f_{yb}A_{sb}\sin\alpha_s \tag{13-16b}$$

式中，V_c——混凝土受剪承载力；

V_{sb}——弯起钢筋的受剪承载力；当按式（13-16b）计算的 V_{sb} 大于 $0.08f_tbh_0$ 时，取 $V_{sb}=0.08f_tbh_0$；

f_{yb}——弯起钢筋的抗拉强度设计值；

A_{sb}——同一弯起平面内弯起钢筋的截面面积；

α_s——弯起钢筋的弯起角，一般可取为 60°。

13.2.4 深受弯构件的正常使用极限状态验算

1. 抗裂验算

（1）使用上不允许出现垂直裂缝的深受弯构件应进行抗裂验算。其验算公式仍为第 9 章式（9-7），但式中的截面抵抗矩塑性系数 γ_m 除了应乘以梁高修正系数（$0.7+300/h$）外，还应乘以跨高比修正系数 α_γ：

$$\alpha_\gamma = 0.70 + 0.06l_0/h \qquad (13\text{-}17)$$

当 $l_0/h<1$ 时，取 $l_0/h=1$。

（2）使用上要求不出现斜裂缝的深梁，应满足下式的要求：

$$V_k \leqslant 0.5f_{tk}bh \qquad (13\text{-}18)$$

式中，V_k——按荷载效应标准组合计算的剪力值。

2. 裂缝宽度验算

使用上要求限制裂缝宽度的深受弯构件应验算裂缝宽度，最大垂直裂缝宽度计算公式同第 9 章式（9-37），但式中构件受力特征系数 α_{cr} 应取为：

$$\alpha_{cr} = \frac{(0.74l_0/h + 1.85)}{3} \qquad (13\text{-}19)$$

当 $l_0/h<1$ 时，可不作裂缝宽度验算。

3. 挠度验算

深受弯构件可不进行挠度验算。

13.2.5 深受弯构件的配筋构造

（1）深梁的下部纵向受拉钢筋应均匀地布置在下边缘以上 $0.2h$ 范围内。

（2）连续深梁中间支座截面上部纵向受拉钢筋在不同高度范围内的布置应按分段范围和配筋比例均匀布置在相应高度范围内。

（3）深梁应配置不少于两片由水平和竖向分布钢筋组成的钢筋网。

深受弯构件的其他配筋构造及钢筋布置按规范 NB/T 11011—2022 节 11.8 的要求配置，此处从略。

13.3 混凝土坝内廊道及孔口结构

混凝土重力坝内设置的廊道及孔口，主要是为了提供交通并进行施工期的灌浆、运行期的观测和排水等，还有的是作为施工导流、泄洪及输水用。根据其功能不同，可分为泄洪孔、导流孔、输水管道、排水管道、灌浆廊道、监测廊道、交通廊道、闸门操作廊道、电梯井、电缆洞、通风孔、水泵房等。其形状主要有圆形、矩形、马蹄形（下方上圆）及椭圆形。在混凝土坝内设置这些孔口和廊道不可避免地破坏了坝剖面的连续性。其影响有两个方面：一是坝剖面整体的应力分布发生了改变；二是在孔口周围产生了较大的应力集中，从而提出了孔口周边的强度问题。前者的影响对于小孔口而言是微小的，一般可忽略不计，坝剖面的应力仍可按无孔口的情况作为连续体进行分析。后者的影响正是本节要讨论的问题。这些问题是：孔口周围的应力如何计算，如何保证孔口周围的强度。

13.3.1　作用在孔口和廊道上的荷载

1. 内水压力

对于坝内输水道，内水压力则是最主要的荷载。简化计算时，可把孔口中心处的水压力作为均匀的压力计算。孔口尺寸较大时，应考虑顶底部的压力差。

2. 坝体应力

坝体应力是指坝剖面在孔口中心处的应力分量 σ_x、σ_y、τ_{xy}（或 σ_1、σ_2），它是由作用在混凝土重力坝上的荷载而引起的。这些作用包括永久荷载、可变荷载和偶然荷载。

坝体应力的计算应考虑基本组合和偶然组合两大类。混凝土坝在荷载作用下产生的应力，一般可用材料力学的公式计算，必要时需进行模型试验或用有限单元法进行计算。具体的计算方法可参阅现行的《混凝土重力坝设计规范》。

3. 温度作用

一些孔口产生裂缝常由温度应力引起。温度应力大致有 3 类：

（1）由施工中混凝土的水化热产生的温差引起的应力；

（2）边界温度的季节温差引起的应力；

（3）孔口内的水温变化引起的应力。

第 2、3 类由水温和气温变化产生的温度应力，有时可能还比较大，必要时要进行温度应力计算。

13.3.2　坝内孔口和廊道的应力计算

这里所讲的孔口和廊道的应力，都是指"小孔口"应力。所谓"小孔口"是指坝内设置该孔口后并不改变通过孔口的截面上的整体应力分布，而仅在孔口周围产生局部的应力改变。反之，如果有孔时的截面应力分布与无孔时的分布不仅在孔口周边，而且在其他部位均差别较大，则称为"大孔口"。

1. 圆形孔口的应力计算

1）圆孔在坝体荷载作用下的应力

这里的"坝体荷载"是指坝剖面在圆孔中心处的应力分量，把它作为孔口应力分析的荷载。具体做法是这样的：按无孔情况计算坝剖面的应力分布，求得圆孔中心的应力分量，然后截取一平面计算单元进行二次应力分析，如图 13-6 所示。这种计算单元当圆孔

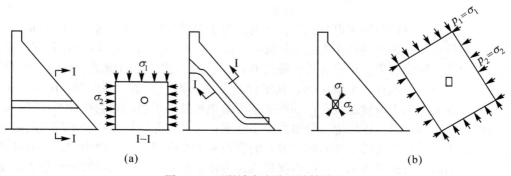

（a）　　　　　　　　　　　　　　　　（b）

图 13-6　无限域中小孔口计算单元

的形心距边界超过直径 3 倍时，其计算结果与无限域中的圆孔的应力分布是十分接近的，而无限域中的圆孔可用弹性理论求得经典解析解（G. Kirch 公式）。应力分布如图 13-7（b）所示，最大应力 $\sigma_{\theta\max}$ 发生于圆孔的边缘。σ_θ 随 r 的增大迅速减小，当 $r/r_0 = \sqrt{3}$ 时，$\sigma_\theta = 0$。拉应力图形的总面积可由积分求得，r、r_0、θ 见图 13-7（a）。

2）圆孔在均匀内水压力作用下的应力

圆孔在均匀内水压力作用下，也可以由弹性理论得到应力计算公式，其应力分布如图 13-7（c）所示。

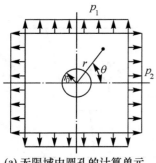

(a) 无限域中圆孔的计算单元　　(b) 圆孔在坝体荷载作用下的应力　　(c) 圆孔在内水压力作用下的应力

图 13-7　圆孔的弹性应力

3）圆孔在温度作用下的应力

如已知温度分布曲线 $T(r)$，设混凝土为理想弹性体，并认为可简化成轴对称厚壁圆筒，则可用弹性理论方法求得温度作用下的径向应力 σ_r、切向应力 σ_θ、轴向应力 σ_z。

2. 矩形孔口和马蹄形孔口的应力计算

这里讨论的仍是无限域中的小孔口。当孔口为矩形、马蹄形或其他形式时，由于边界复杂，就很难像圆孔那样可用初等方法解答，而需要用复势函数法求解。复势函数法的计算过程和最终的理论公式都十分冗长，但现在已可以把复势函数法编制成计算机程序进行计算，特别是把计算结果制成了数表，供工程技术人员查用，十分方便[106]。

在 20 世纪 80 年代以前，工程界广泛采用美国垦务局光弹性实验室做出的标准廊道的数表进行应力计算。这些数表至今仍在应用。有文献认为：光弹试验的应力偏大一些，且目前已经有了用复变函数法计算得到的（用计算机计算）一系列数表。因此，应以这些新的成果代替比较陈旧的试验结果，在工程界推广使用。

13.3.3　孔口和廊道的配筋

这里主要说明坝内无压孔口和廊道的配筋问题。无压孔口主要受坝体荷载的作用，其破坏形态较复杂，缺乏实际工程破坏的例子。只是观察到裂缝的存在，也很难判断这些裂缝对坝体危害的程度。坝内孔口和廊道的破坏，仅有一些模型试验的资料，但模型试验毕竟与实际工程有些差异。图 13-8 所示为武汉大学土木建筑工程学院《大体积混凝土应力配筋研究》专题组做的三种孔口模型的试验结果[102, 107]。其破坏形态都是在受拉控制截面（竖直截面 A-A）上先产生裂缝，受拉钢筋应力增大，裂缝逐步向上、下两个方向发展（局

415

部破坏),当荷载 p_y 很大时,孔口两侧产生斜向或竖向的劈裂破坏(整体破坏)。受拉钢筋有的在整体破坏前即已屈服。

事实上,整体破坏属于混凝土坝的破坏。它必须通过降低坝内的应力来解决,是属于整个坝剖面的设计问题,不是通过配筋来防止这种破坏。孔口结构的破坏应属于局部破坏,孔口和廊道的配筋是为了解决其周边的局部强度问题。通过配筋来增大周边的强度,限制裂缝开展,不产生大范围的裂缝,保持孔口周围混凝土的整体性,以确保混凝土坝的整体安全[108]。

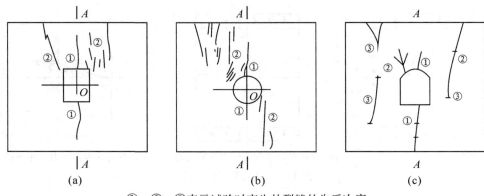

①、②、③表示试验时产生的裂缝的先后次序

图 13-8　孔口的模型试验

孔口和廊道作为非杆件结构,配筋的依据是孔口周边的拉应力图形。其配筋面积按式(13-1)计算。

配筋构造问题已在第一节中说明。图 13-9 给出了矩形孔口和标准廊道的配筋示意图。

关于坝内孔口和廊道的配筋,还有一些尚待研究解决的问题。根据一些研究和观测的成果来看,坝内的一些小型廊道和孔口,周围的拉应力区范围及拉应力值都很有限,一些

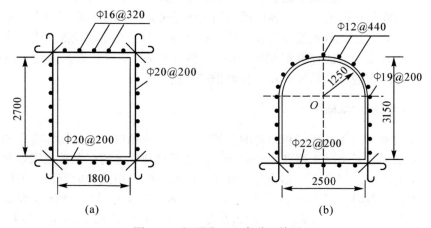

图 13-9　矩形孔口和廊道配筋图

工程技术人员及研究人员认为，这种情况下是可以不配筋的。国内外的工程实践中，也有不配筋的廊道，如我国的富春江大坝的灌浆廊道，新安江大坝的部分检查廊道等都没有配筋。这些廊道，有的有裂缝，有的没有。裂缝大多是由温度作用引起的。因此，当孔口应力较小，且孔口与上游坝面的距离较大、裂缝不致扩展到上游坝面、结构上又采用了椭圆形或其他避免应力集中的措施、施工时又有严格的温控时，则可以少配置或不配置钢筋。以往美国垦务局的工程师们也认为，如果孔口周边的混凝土拉应力小于 $0.05f_c$(f_c 为混凝土圆柱体抗压强度)，则一般不需要配筋。这与规范 NB/T 11011—2022 附录 D 关于"σ_{max} 不大于 $0.5f_t$ 时，可不配筋或仅配构造筋"的规定是大致相当的[108]。但是，当廊道或孔口处于坝内高应力区时，或裂缝一旦产生就会继续扩展，甚至可能扩展到坝体上游面，造成水渗透入廊道，且危及坝的整体安全时，则必须按式(13-1)计算所需的面积配置钢筋。

13.4　蜗壳和尾水管结构

蜗壳和尾水管均是水电站厂房中重要的也是最复杂的结构。它们都是非杆件结构。

蜗壳是水轮机的过流部分，分为金属蜗壳和混凝土蜗壳。金属蜗壳适用于中高水头电站，断面一般为圆形。根据构造方法不同，有两种不同的受力方式：金属蜗壳与外围混凝土分开单独受力的方式和金属蜗壳与外围混凝土联合受力的方式。目前，我国通常采用单独受力的方式，联合受力则用得不多。混凝土蜗壳适用于水头低于 40m 的电站，断面形式一般采用梯形。蜗壳承受的荷载有：结构自重、机墩传来的静荷载和动荷载、水轮机层的活荷载和设备重力、内水压力、外水压力和温度应力。

尾水管是水轮机的出流部分。大中型水电站多采用弯形尾水管，由弯管段和扩散段组成，几何形状十分复杂。作用在尾水管上的荷载有结构自重、上部传来的设备和结构重力、上部厂房排架柱脚或挡水墙传来的荷载、内水压力、外水压力、基础扬压力等。

蜗壳和尾水管的荷载组合按《水工建筑物荷载设计规范》和《水电站厂房设计规范》的规定进行。

13.4.1　金属蜗壳外围混凝土结构设计

1. 金属蜗壳与外围混凝土分开单独受力

此种结构型式的蜗壳，其金属蜗壳只承受内水压力，机墩和水轮机层传来的荷载由外围混凝土结构承受。

1)计算简图

金属蜗壳外围混凝土结构的内力，一般选择几个截面，按平面 Γ 形框架计算。该法不考虑外围混凝土结构的环向整体作用，沿径向切取构件，环向取单位长度。框架的简化方式可分为等截面框架和变截面框架两种。

(1)将外围混凝土结构近似取为等截面框架(如图 13-10(b)、(c)所示)。框架水平梁的座环端一般看作铰支，如为圆筒式机墩也可取为固结；柱的底端看作固结，高程一般取在水轮机安装高程(图 13-10(c))或取在钢蜗壳底(图 13-10(b))，可视相对刚度而定。由于蜗壳外围混凝土结构尺寸较大，所以，一般取构件截面中心线组成框架的杆件，在节点宽度范围内应考虑刚性域。由于杆件的截面高度与杆长之比较大，计算中应考虑剪切变形的影响。简化计算时，计算跨中弯矩可采用中心线长度，而计算节点弯矩采用净跨(如图 13-10(b)中的 l_1 和 h_1)。

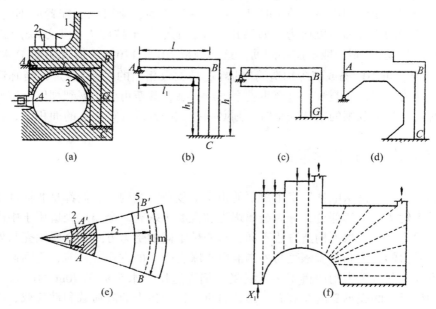

1—风罩墙；2—机墩；3—弹性垫层；4—座环；5—蜗壳墙

图 13-10　蜗壳外围混凝土结构计算图

(2)将外围混凝土结构作为变截面刚架(图 13-10(d))。按平面 Γ 形框架计算时，所取出的沿蜗壳墙中心线单宽 1m，实际上是一沿径向切出的扇形图形，如图 13-10(e)所示，所以此时按框架计算时，框架上的荷载也应折算为单宽上的荷载，如图中阴影部分的分布荷载 q_0 应折算为单宽 1m 上的荷载 q:

$$q = \frac{AA'}{1}q_0 = \frac{r_1}{r_2}q_0 \tag{13-20}$$

2)内力计算

按等截面 Γ 形框架计算内力时，可采用考虑剪切变形及刚性节点影响的杆件形常数和载常数，按一般弯矩分配法计算杆件内力。按变截面平面 Γ 形框架计算时，可采用 I_0/I 余图法计算内力，或直接采用力法计算(图 13-10(f))。力法的基本原理读者可参阅本书第一、二版或文献[109]。

3)配筋计算及构造

求出内力以后，可按照杆件结构进行截面设计。Γ 形框架的水平杆按深受弯构件配筋；竖杆按偏心受压构件配筋，并沿切向配置水平的环向构造钢筋。

分开单独受力的金属蜗壳外围混凝土结构，由于不承受内水压力，且尺寸较粗大，受力计算结果往往不需要钢筋或按构造配筋。必须注意，虽在计算中假定其环向不受力，但实际上它是空间整体受力的,因此,在环向仍需配置一定数量的构造钢筋。图13-11为蜗壳配筋示意图。

2. 金属蜗壳与外围混凝土联合受力

对一些高水头、大容量的水电站来说,由金属蜗壳承担全部内水压力时,外围混凝土中的钢筋强度未充分利用,而金属却需要大量的厚钢板,而且在弯板成形、焊接方法和焊接质量等诸方面,都存在较大困难。因此,金属蜗壳与混凝土联合作用的结构型式值得研究和探讨。我国从20世纪60年代就开始这方面的研究。近年来,随着水电站单机容量的不断增大,金属蜗壳与混凝土联合作用的结构型式的研究得到了进一步的发展,并应用于一些水电站中[110]。

金属蜗壳与外围混凝土联合受力的结构,仍可用平面 Γ 形框架法进行近似计算,在工程实际中也可以得到较满意的结果。但目前一般采用三维有限单元法进行分析计算。

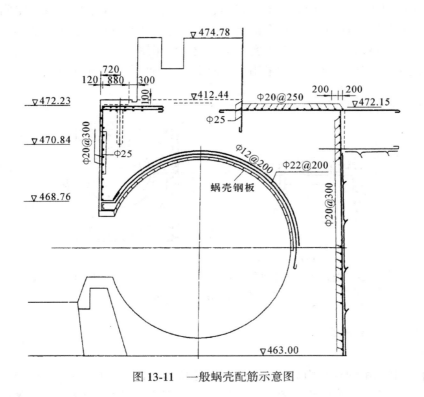

图 13-11 一般蜗壳配筋示意图

13.4.2 混凝土蜗壳设计

混凝土蜗壳一般做成梯形截面,由顶板、侧墙、下游压力墙、尾水锥体组成,如图13-12所示。

1. 蜗壳的内力分析

一般采用平面框架法进行计算,以往还运用环形板墙法计算,大型混凝土蜗壳结构宜采用三维有限单元法进行计算。

1) 平面框架法

平面框架法沿蜗壳径向切取几个平面框架，框架横梁（顶板）一端与水轮机座环铰接，另一端与蜗壳侧墙刚接，侧墙固定于蜗壳底板或尾水管顶板上，形成 Γ 形框架。这种计算模型同样也应考虑节点刚性域和剪切变形。由于此法忽略了平面框架之间的相互作用，即环向作用，计算结果不够精确，因此，在配筋时需在环向予以加强。

2) 环形板墙法

环形板墙法将蜗壳分成几部分，各部分按其支承条件和荷载条件分别采用不同方法计算。即顶板近似按弹性力学环形板公式计算；侧墙根据外形及边界条件近似按单向板、双向板或交叉梁法进行计算；尾锥体可近似按等厚等高的厚壁短圆筒计算[109]。这种方法将整体结构分割成几个部分单独进行计算，与蜗壳的实际整体状态差别比较大。

3) 有限单元法

蜗壳（包括混凝土蜗壳和金属蜗壳外围混凝土结构）是形体十分复杂的空间结构，前述的计算方法都是相当近似的，只有按空间结构来计算才能够反映实际受力状态。采用三维有限单元法计算蜗壳结构越来越为实际工程设计所采用。

对于大型蜗壳结构，常常同时采用上述的 1) 和 3) 两种方法进行相互验证。

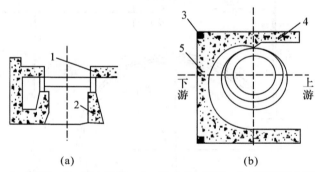

(a)　　　　　　　　　　　(b)

1—顶板；2—尾水锥体；3—柱；4—侧墙；5—下游压力墙

图 13-12　梯形截面混凝土蜗壳的组成

2. 混凝土蜗壳的配筋

1) 顶板

若按平面 Γ 形框架计算内力，顶板按偏心受拉构件计算。顶板径向钢筋是受力钢筋，钢筋应分上、下两层呈辐射状布置，下层钢筋宜与固定导叶（座环蝶形边）焊接，上层钢筋靠侧墙一端应加密，并与侧墙钢筋间距保持协调一致。配筋还应满足附录 3 附表 3-3 最小配筋率的要求。环向按计算假定并无内力，但仍应配置上下层环向构造钢筋，其数量不少于径向受力钢筋的 50%。

环向钢筋为了施工方便，宜用环形而避免用螺旋形。为与顶板外围轮廓相适应，环向钢筋可用圆弧形钢筋分段电焊搭接。环向钢筋间距为 200~300mm。

2) 侧墙

按平面 Γ 框架计算时，侧墙竖向受力钢筋按偏心受拉构件计算配置，环向按计算假定并无内力，但应配置足够数量的构造钢筋。

侧墙的竖向高度一般不大，故在沿墙身整个高度上可按最大弯矩截面配置钢筋，在竖向不切断。为考虑计算中的近似性，墙内外两侧均配置钢筋。进口段侧墙较高，竖直方向钢筋应配得多一些，往后沿水流方向钢筋用量逐渐减少。环向布置的构造钢筋，沿内外层水平放置。侧墙的竖向钢筋面积应不小于最小配筋率，应满足附录3附表3-3的要求，且每延米不少于5根，截面面积不少于1500mm²。在内外层钢筋之间，需配置必要的横向连系钢筋，其间距为500~1000mm，直径不小于8mm。在截面折角处，另加45°斜筋用来承受局部压力。

3）尾水锥体

尾水锥体可简化成等厚圆筒进行内力分析和配筋计算。尾水锥体常常按构造配置钢筋，沿其表面在垂直及水平方向均配置16~20mm、间距200~500mm的钢筋。

4）按三维有限元法计算时的配筋

当蜗壳按三维有限元法计算时，可根据各部位控制截面的应力分布图形，按式(13-1)进行配筋计算，并应符合上述构造要求。

3. 混凝土蜗壳的裂缝控制验算

当按平面框架进行内力分析时，相应的抗裂和裂缝宽度的验算按第9章的有关公式进行验算。当按有限单元法计算弹性应力时，可按式(13-7)进行裂缝控制验算。

13.4.3 尾水管结构设计

1. 计算简图

尾水管的计算简图，通常沿水流方向切取单位宽度按平面框架计算，如图13-13所示。

根据各剖面构件的相对刚度，分别假定按上端固定的倒框架、下端固定或铰接的框架、弹性地基上的框架以及深梁等进行计算。当尾水管按弹性地基上的板或框架计算时，基础反力由计算确定。简化计算时，可假定基础反力分布图形。在软弱地基上，且尾水管底板相对刚度又很大（$\beta l_n < 1$）时，反力可假定为均匀分布，如图13-14（b）所示；在坚硬地基上，且底板相对刚度较小（$\beta l_n > 3$）时，反力可假定为三角形分布，如图13-14（c）所示；当底板相对刚度中等（$\beta l_n = 3 \sim 1$）时，地基反力呈曲线分布。此处，β 为反映底板刚度的特征系数，l_n 为底板净跨长度。

2. 尾水管的结构内力和应力计算

1）肘管段的内力计算

尾水管的肘管段(也称弯管段)通常指中墩的墩头到锥管下这一段(见图13-13)，肘管段实际为复杂的空间结构，可以采用简化方法计算，如将底板与边墩视为框架结构按整体计算，或将底板单独分开计算等。肘管段的顶板一般都很厚，可视为边墩固定于顶板，边墩连同底板按倒框架计算，并假定底板基础反力均匀分布。通常切取1~2个剖面，如图13-13的Ⅰ-Ⅰ剖面和Ⅱ-Ⅱ剖面。由于杆件截面较大，计算中应考虑节点刚性和剪切变形的影响。

2）扩散段的结构内力计算

扩散段可选择有代表性的部位，沿垂直水流方向切取单位宽度作为框架，如图13-13所示，按平面问题计算框架内力。底板与墩子设缝分离时，框架底端可视为铰支座；如二者为整体结构，则构成闭合框架。

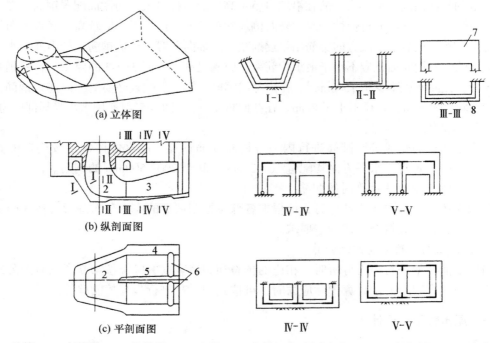

(a) 立体图

I-I　　II-II

III-III

(b) 纵剖面图

IV-IV　　V-V

(c) 平剖面图

IV-IV　　V-V

1—锥管；2—弯管段；3—扩散段；4—边墩；5—中墩；6—尾水闸门；7—上部深梁；8—下部框架

图 13-13　弯形尾水管体形图及计算简图

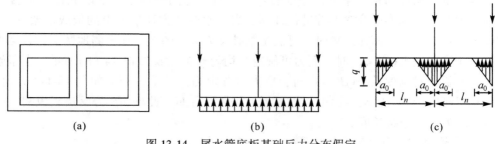

(a)　　　　　　　　(b)　　　　　　　　(c)

图 13-14　尾水管底板基础反力分布假定

按框架计算时，应考虑剪切变形及节点刚性的影响，节点刚性段长度可取节点宽度的一半，当切取单位宽度的平面框架计算时，框架上的竖向荷载与基础反力之间往往不平衡，两者的差值必须由所切框架截面之间相互作用的剪力来平衡。不平衡剪力可按框架截面各部分对截面重心轴的面积矩分配到顶板、底板和墩子上。

3. 尾水管顶板按深受弯构件的计算方法

尾水管顶板和整体式底板符合深受弯构件条件时，可按深受弯构件进行计算。顶板上的二期混凝土可视为荷载，而不作为深受弯构件的高度。弯管段顶板一般是单跨，如该截面边墩很厚，可作为单跨固端深受弯构件；如边墩较薄，则作为单跨简支深受弯构件。扩散段顶板一般是 2 跨或 3 跨，为连续深受弯构件。

4. 尾水管按有限单元法计算应力

尾水管与蜗壳一样，都是形体复杂、尺寸巨大的非杆件结构，上述结构计算均为简化方法。大型的尾水管结构，宜采用三维有限元方法进行分析，得出尾水管的变形和应力分布。

5. 尾水管的裂缝控制验算

当按平面框架进行内力分析时，相应的抗裂和裂缝宽度的验算按第 9 章的有关公式进行验算。当按有限单元法计算弹性应力时，可按式(13-7)进行裂缝控制验算。

6. 尾水管的配筋计算及其构造

(1)根据上述分析得出的顶板、底板和侧墙的内力，按前面各章进行承载力计算和裂缝控制验算；当采用三维有限元法计算时得到的是应力，此时应按式(13-1)进行配筋计算，并依构造进行配筋；

(2)顶、底板按深受弯构件计算内力时，则按本章第二节进行配筋计算并依构造进行配筋；

(3)顶、底板的分布钢筋不应少于受力钢筋的 30%，肘管段顺水流方向的钢筋不应少于垂直水流向钢筋的 75%，且每延米不少于 5 根，直径不小于 16mm；

(4)顶、底板垂直水流方向的受力钢筋最小配筋率应符合附录 3 附表 3-3 的规定；

(5)侧墙水平分布钢筋应不少于竖向受力钢筋的 30%，且每延米不少于 5 根，直径不小于 16mm；

(6)整体式尾水管的顶、底板与侧墙交角处的外侧钢筋宜做成封闭式，内侧宜设置加强斜筋。孔洞等易产生应力集中的部位亦应配置加强钢筋。

尾水管形状复杂，钢筋图较难表达。在选择钢筋间距时应尽可能做到协调一致，以方便施工，钢筋的直径和种类宜尽量减少。绘制配筋图时宜参考已建工程图纸。图 13-15 为尾水管的一般配筋图。

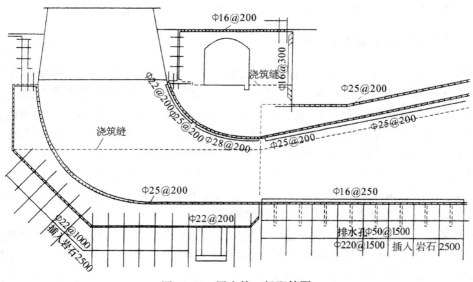

图 13-15 尾水管一般配筋图

13.5　水工弧形闸门支承结构

13.5.1　概述

　　水利水电工程中的泄水闸是用来控制水位和调节流量的水工建筑物，特别是在大中型水利水电枢纽工程中，泄水闸更是不可缺少的组成部分。对于整个枢纽的安全运行和综合利用，泄水闸起了巨大的作用。

　　当闸孔跨径较大时，多采用弧形闸门来控制水位和调节流量。在高水头、大流量的水流作用下，弧形闸门承受了巨大的水推力，这种水推力通过弧形闸门的肢腿传给支承结构。支承结构是指支承弧形闸门的闸墩及设置在闸墩上的弧形闸门支座。弧形闸门支座和闸墩的可靠性直接关系到泄水闸以及整个枢纽的安全运行。水推力的传递路径为：

　　水压力→弧门面板→弧门肢腿→弧门支座→闸墩→底板或溢流坝。

　　中小型的泄水建筑物，由于水推力不大，支承结构一般可用钢筋混凝土结构。大型的泄水建筑物，特别是当弧门的总推力标准值达到 25000kN 时，宜采用预应力混凝土结构。最早采用预应力锚块支座的是美国在 1962 年修建的 Wanapum 坝的闸墩。我国在 20 世纪 70 年代末首次将这一技术用于长江葛洲坝水利枢纽工程，后来又在安康、水口以及三峡等水电站使用。弧门支座和闸墩组成的联合体是三维的非杆件结构。20 世纪 80 年代以前，我国对于弧门的支承结构的受力性能、抗裂计算和承载力计算均缺乏系统的研究。为了系统地修订《水工混凝土结构设计规范》，武汉大学土木建筑工程学院和长江水利委员会枢纽处及水利水电科学研究院联合开展了专题研究，进行了结构模型试验和计算分析，前后提出了两批研究报告[5, 111-114]，对弧门支承结构的受力性能、破坏形态及设计理论和方法提出了很有价值的建议。《水工混凝土结构设计规范》的 1996 版、2009 版、2022 版各版本均充分吸收了这些建议，对弧门支承结构的计算和构造作了专门的规定。

13.5.2　弧门闸墩及支座的型式和特征

　　闸墩的作用除了支承闸门外，还有分隔闸孔，支承工作桥、交通桥、胸墙等作用。其型式除了保证自身的稳定和承载力外，还要满足上部结构的运行和水流条件的要求。

　　闸墩上游部分的高程应高出上游最高水位，并有足够的超高。根据统计，泄水闸上的混凝土中墩，其厚度约为闸孔孔径的 1/7~1/9，缝墩的厚度为 1/10~1/12。10m 闸孔的中墩厚一般为 1.1~1.3m，缝墩厚一般为 0.8~1.0m。闸墩的长度取决于水闸上下游的水位差，还与闸门的型式以及工作桥和交通桥布置有关。弧形闸门的闸墩长度比平面闸门的闸墩的长度更长。水闸及溢洪道上的闸墩的长度一般与顺水流方向的底板宽度相同。图 13-16 示出了长江葛洲坝二江泄水闸预应力闸墩的结构图[111]。

　　弧门支座是一个与闸墩整体相连且局部突出的短悬臂非杆件结构。支座的位置，从受力合理的角度来看理应布置在闸墩中部，距闸墩的下边缘应有一段距离，但由于建筑物整体布置的需要，不得不布置在闸墩的下游边缘，如图 13-16 所示。各种弧门支座的尺寸、剪跨比 a/h_0（推力至闸墩边缘之距离 a 与支座有效高度 h_0 之比）、宽高比 b/h 等特征值均

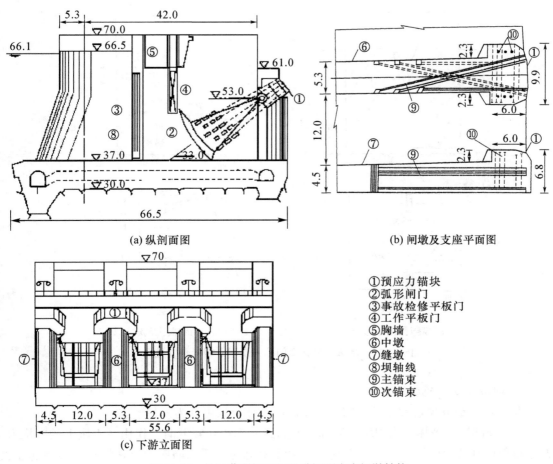

(a) 纵剖面图　　　　　　　　(b) 闸墩及支座平面图

①预应力锚块
②弧形闸门
③事故检修平板门
④工作平板门
⑤胸墙
⑥中墩
⑦缝墩
⑧坝轴线
⑨主锚束
⑩次锚束

(c) 下游立面图

图 13-16　长江葛洲坝二江泄洪闸预应力闸墩结构

不同，文献[113]列出了国内 21 个大中型工程的支座尺寸、a/h 和 b/h 的值，可供读者参考。大量的统计资料表明，采用方形支座是不经济的，近年来均趋向于采用长方形支座。从调查资料可知，弧门支座尺寸的重要特征是：支座高度 h 较大，悬臂长度 c 较小，所以可近似地认为支座承受的荷载是均布的，而且剪跨比 a/h_0 值一般在 0.10～0.40 范围内。

13.5.3　弧门闸墩及支座的受力特征和破坏形态

1. 弧门推力作用下闸墩及支座的裂缝开展过程

图 13-17 示出了试验模型在推力作用下裂缝分布及开展过程图。当弧门推力 F 达到 $(0.3～0.5)F_u$（最大推力）时，首先在支座与闸墩交界处出现局部裂缝①，随着推力的增大，裂缝不断向支座内闸墩厚度方向发展（裂缝④）。当 F 增大至 $(0.4～0.6)F_u$ 时，裂缝向闸墩支座两侧发展（裂缝②、③）。随着推力的继续增大，裂缝④不断深入，裂缝②、③也继续发展，并相继出现裂缝⑤、⑥。裂缝④的深入发展，使闸墩局部区域形成破坏锥体，并产生拉脱位移，最终产生局部拉脱破坏。

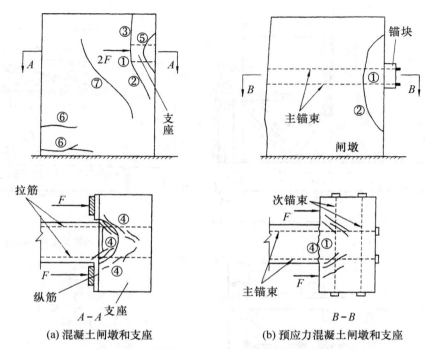

图 13-17　闸墩模型在弧门推力作用下裂缝开展过程

2. 闸墩及支座的破坏形态

从上述裂缝开展过程来看，闸墩及支座的破坏大致可分为三种形态：

（1）局部拉脱破坏。当闸墩内局部拉筋的配筋率相对较低时，作用在支座上的门推力 F 通过斜压柱传给闸墩，产生斜裂缝，与裂缝相交的局部钢筋应力迅速增长，最终屈服，形成拉脱破坏（见图 13-18（a））。

（2）支座正截面破坏。当闸墩内局部拉筋较多而支座内的纵筋和箍筋较少时，随着门推力的增大，将产生如图 13-18（b）所示的正截面裂缝，纵筋的应力则不断增大，直至屈服。此时支座上斜裂缝较少，极限承载力取决于受力纵筋和上部箍筋的面积和钢筋的强度，以及内力臂的大小。

（3）支座斜截面破坏。当闸墩内局部拉筋及支座内的纵向受力筋均较多时，将发生支座斜截面破坏，如图 13-18（c）所示。此时在门推力作用下，支座内将出现一系列斜裂缝，并形成一斜压柱，破坏的标志是斜压柱的压碎。这一破坏形态的极限承载力取决于混凝土的强度和加荷垫板的尺寸。

上述破坏的第 2、3 种形态，与柱上牛腿的破坏形态类似，但第 1 种拉脱破坏却是柱上牛腿所没有的。

3. 闸墩及支座的受力性能及受力机构

由上述第一种破坏形态可看出，在双侧门推力的作用下，在闸墩与支座交接的局部范围具有明显的轴心受拉的特性；而在单侧门推力作用下，则具有偏心受拉的特性。但受拉区的范围受周围混凝土的影响，这里的关键是如何确定局部受拉的有效范围。确定了这一

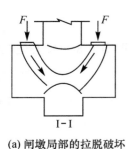

(a) 闸墩局部的拉脱破坏

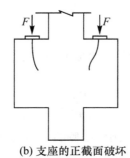

(b) 支座的正截面破坏

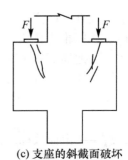

(c) 支座的斜截面破坏

图 13-18　闸墩及支座的破坏形态

范围，即可建立拉脱的抗裂计算和拉脱破坏的承载力计算。弧门支座和柱上牛腿都是短悬臂构件，但作用在支座上的门推力要通过局部拉筋的悬吊作用间接传递到整个闸墩上去；而作用到柱上牛腿的荷载是通过牛腿的混凝土的斜压杆传给下柱的。两者的受力性能有较大的差异。图 13-19(b) 给出了有限元应力分析得到的主压应力轨迹线图，显然两者是很不相同的。图 13-19(c) 示出了弧门支座和柱上牛腿不同的受力机构模型。根据上述试验结果可知，随着支座附近局部裂缝的开展以及支座垂直裂缝和斜裂缝的开展，可逐步形成以闸墩局部拉筋为吊筋、弧门支座纵筋为拉杆、支座斜压混凝土为压杆(拱)的受力模型，即"悬吊拉杆拱"的受力模型。而柱上牛腿，一般可假定为以水平纵筋为拉杆，以牛腿斜压混凝土为压杆的三角桁架的受力模型。

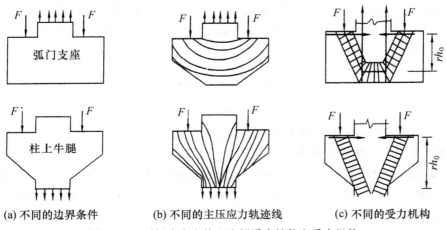

(a) 不同的边界条件　　　　(b) 不同的主压应力轨迹线　　　　(c) 不同的受力机构

图 13-19　弧门支座和柱上牛腿受力性能和受力机构

13.5.4　混凝土闸墩与弧门支座的裂缝控制和承载力计算

1. 闸墩局部受拉区的裂缝控制

如前所述，在弧门推力作用下，支座附近的闸墩局部拉裂区可分为轴心受拉(双侧门推力作用时)和偏心受拉(单侧门推力作用时)两种受力状态。因此，闸墩局部裂缝控制可按如下公式进行计算：

1）双侧门推力作用下

此时可把局部受拉区看成 $b_0 \times B$ 的矩形截面轴心受拉构件，根据第 8 章轴心受拉构件抗裂验算公式，可得：

$$\frac{2F_k}{b_0 B} \leqslant \alpha_{ct} f_{tk} \tag{13-21}$$

式中，F_k——由荷载标准值计算的闸墩一侧的弧门支座推力；

B——闸墩厚度；

b_0——支座的计算宽度，即闸墩局部受拉的有效宽度；

f_{tk}——混凝土抗拉强度标准值；

α_{ct}——混凝土拉应力限制系数。

根据试验结果，当双侧门推力作用时，可取 $b_0 = 1.7b$，α_{ct} 可取 0.85，代入上式并偏于安全地取其近似值，即得出如下抗裂验算公式：

$$F_k \leqslant 0.7 f_{tk} bB \tag{13-22}$$

b 为弧门支座宽度。

2）单侧门推力作用下

此时，可把局部受拉区看成 $b_0 \times B$ 的矩形截面偏心受拉构件。根据第 8 章偏心受拉构件抗裂验算的公式，可得：

$$\frac{F_k e_0}{W_0} + \frac{\gamma_m F_k}{A_0} \leqslant \alpha_{ct} \gamma_m f_{tk} \tag{13-23}$$

式中，$A_0 = b_0 B$，$W_0 = b_0 B^2 / 6$。根据试验结果，单侧门推力作用时，可取局部受拉有效计算宽度 $b_0 = 3b$，同样取 $\alpha_{ct} = 0.85$，截面塑性抵抗矩系数 γ_m 取 1.24，代入上式并简化后可得如下抗裂公式：

$$F_k \leqslant \frac{0.55 f_{tk} bB}{\dfrac{e_0}{B} + 0.20} \tag{13-24}$$

式中，e_0——弧门支座推力对闸墩厚度中心线的偏心距。

2. 弧门支座的裂缝控制验算

弧门支座的裂缝控制验算是指支座产生斜裂缝时的斜截面抗裂验算。根据试验结果，影响支座斜截面抗裂荷载的因素除了支座的截面尺寸和混凝土强度外，还受剪跨比 a/h_0 的影响。但是实际工程中，弧门支座的 a/h_0 都在 0.3 范围内，所以可不考虑这一因素的影响。于是规范 NB/T 11011—2022 给出如下的抗裂验算公式：

$$F_k \leqslant 0.7 f_{tk} bh \tag{13-25}$$

式中，b、h 分别为弧门支座的宽度和高度；0.7 为拉应力限制系数；其余符号同前。

3. 闸墩局部受拉区的承载力计算

如前所述闸墩局部受拉区可产生拉脱破坏，于是可按轴心受拉（双侧门推力作用时）和偏心受拉（单侧门推力作用时）的受力模型建立承载力的计算公式。

（1）双侧门推力作用时

$$F \leqslant \frac{1}{\gamma_d} f_y \sum_{i=1}^{n} A_{si} \cos\theta_i \qquad (13\text{-}26)$$

（2）单侧门推力作用时

$$F \leqslant \frac{1}{\gamma_d} \left(\frac{B_0' - a_s}{e_0 + 0.5B - a_s} \right) f_y \sum_{i=1}^{n} A_{si} \cos\theta_i \qquad (13\text{-}27)$$

式中，F——闸墩一侧弧门支座推力的设计值；

$\quad\gamma_d$——钢筋混凝土结构的结构系数；

$\quad A_{si}$——闸墩一侧局部受拉有效范围内第 i 根局部受拉钢筋的截面面积；

$\quad f_y$——局部受拉钢筋的强度设计值；

$\quad B_0'$——受拉边局部受拉钢筋中心至闸墩另一边的距离；

$\quad a_s$——纵向钢筋合力点至截面近边缘的距离；

$\quad \theta_i$——第 i 根局部受拉钢筋与弧门推力方向的夹角。

4. 弧门支座承载力计算

从试验结果得出，弧门支座可能发生正截面和斜截面两种破坏形态。因此应分别对"悬吊拉杆拱"受力模型中的拉杆和拱的强度进行计算，以两者中的较小值作为弧门支座承载力设计值。试验表明，当支座截面尺寸满足式（13-25）要求后，支座斜截面（拱）强度也一定能满足。因此，可不再进行斜截面承载力计算，但应按构造要求设置水平箍筋。支座纵向受拉钢筋面积（拉杆面积）可按下列公式计算：

$$A_s = \frac{\gamma_d F a}{0.8 f_y h_0} \qquad (13\text{-}28)$$

式中，a——弧门推力作用点至闸墩边缘距离，h_0 为有效高度（$h_0 = h - a_s$），其余符号同前。

5. 配筋及构造要求

1）局部受拉钢筋的布置形式

闸墩局部受拉钢筋宜优先考虑扇形配筋方式（见图 13-20），扇形配置的钢筋与弧门推力方向的夹角不宜大于 30°，扇形配置的钢筋应处在支座高度中点截面（截面 2-2）上长度 $2b$（b 为支座宽度）的有效范围内。

闸墩局部受拉钢筋从弧门支座支承面（截面 1-1）算起的延伸长度，应不小于 $2.5h$（h 为支座高度）。局部受拉钢筋宜长短相间地截断。闸墩局部受拉钢筋的另一端应伸过支座高度中点截面（截面 2-2），并且至少有一半钢筋应伸至支座底面（截面 3-3），并采取可靠的锚固措施。

2）弧门支座的构造尺寸

弧门支座的剪跨比 a/h_0 宜小于 0.3，其截面尺寸应符合下列要求（图 13-20）：

（1）满足式（13-25）的要求。

（2）支座的外边缘高度 h_1 不应小于 $h/3$。

（3）在弧门支座推力设计值 F 作用下，支座支承面上的局部受压应力不应超过 $0.9f_c$，否则应采取加大受压面积、提高混凝土强度等级或设置钢筋网等有效措施。

3）支座受力钢筋和箍筋的构造要求

承受弧门支座推力所需的纵向受力钢筋的配筋率不宜小于 0.2%。中墩支座内的纵向

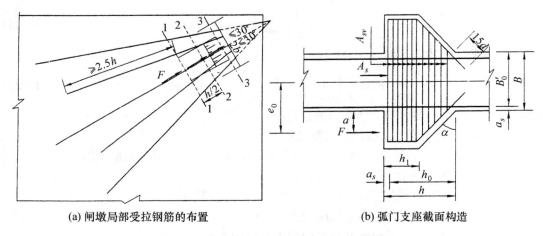

(a) 闸墩局部受拉钢筋的布置　　　　　(b) 弧门支座截面构造

图 13-20　闸墩局部受拉的计算模型及配筋图

受力钢筋宜贯穿中墩厚度，纵筋应沿弧门支座下弯并伸入墩内不小于 $15d$。边墩支座内的纵向受力钢筋应伸过边墩中心线后再延伸一个锚固长度 l_a，另一端伸入墩内的长度不小于 $15d$(图 13-20(b))。

弧门支座应设置箍筋，箍筋直径不应小于 12mm，间距可为 150~250mm，且在支座顶部 $2h_0/3$ 范围内的水平箍筋总截面面积不应小于纵向受力钢筋截面面积 A_s 的 1/2。

对于承受大推力的弧门支座，宜在垂直水平箍筋方向布置适当的竖向箍筋。

13.5.5　预应力混凝土闸墩与弧门支座的裂缝控制和承载力计算

当弧形闸门承受的总推力标准值在 25000kN 以上时，宜采用预应力混凝土闸墩。预应力闸墩通过主锚束和次锚束对闸墩颈部及支座锚块施加预应力，以控制颈部和支座锚块的裂缝开展。并由于采用了高强度的预应力钢筋，从而大大提高了承载能力。

预应力闸墩的颈部及弧门支座有两种型式，一种是颈部无缩窄的，或支座锚块为实体无开缝的，称为简单锚块。另一种是颈部采取缩窄或在支座锚块中开缝的(为了提高预应力效果)，称为复杂锚块[5]。下文中的"支座锚块"专指简单锚块。预应力钢筋的布置见图 13-16 和图 13-21。

预应力闸墩及锚块属非杆件结构，宜采用三维有限元法进行应力分析，必要时还可采用模型试验加以验证。

1. 弧门支座锚块的截面尺寸

预应力闸墩弧门支座锚块的截面尺寸应符合下列要求

(1)满足斜截面抗裂的要求

$$F_k \leqslant 0.75 f_{tk} bh \tag{13-29}$$

式中，b 和 h 分别为支座的宽度(垂直推力方向)和高度(沿推力方向)，其余符号同前。

(2)剪跨比 a/h_0 宜控制在 0.2 以内。

(3)支座锚块的宽度应满足弧门支座安装尺寸的要求及预应力锚束布置尺寸的要求。

2. 颈部抗裂控制验算

在弧门推力标准组合下，闸墩颈部抗裂按下式验算：

$$\sigma_{ck} - \sigma_{pc} \leqslant 0.7 f_{tk} \qquad (13\text{-}30)$$

式中，σ_{ck}——弧门推力标准组合下颈部截面边缘混凝土法向拉应力；

σ_{pc}——扣除全部预应力损失后，颈部截面边缘混凝土的法向压应力。

σ_{ck} 和 σ_{pc} 可按有限元法进行计算，初步设计时可按以材料力学为基础的应力修正法计算(参见规范 NB/T 11011—2022 附录 M)。按有限元法计算时，σ_{ck} 和 σ_{pc} 可取颈部截面受拉区边缘至最外侧主锚束孔中心之间的混凝土法向应力的平均值。

3. 颈部正截面受拉承载力计算

1) 中墩颈部采用对称配筋时

在双侧门推力作用下，承载力按下式计算

$$F \leqslant \frac{1}{\gamma_d}\left(f_y \sum_{i=1}^{n} A_{si}\cos\theta_i + f_{py} \sum_{j=1}^{m} A_{pj}\cos\beta_j\right) \qquad (13\text{-}31)$$

在单侧门推力作用下，承载力按下式计算

$$F'_e \leqslant \frac{1}{\gamma_d}\left[f_y \sum_{i=1}^{n} A_{si}\cos\theta_i (B'_0 - a_{si}) + f_{py} \sum_{j=1}^{m} A_{pj}\cos\beta_j (B'_0 - a_{pj})\right] \qquad (13\text{-}32)$$

2) 边墩或缝墩颈部采用非对称配筋时

在单侧门推力作用下，承载力按下面两式计算

$$F \leqslant \frac{1}{\gamma_d}\left(f_y \sum_{i=1}^{n} A_{si}\cos\theta_i + f_{py} \sum_{j=1}^{m} A_{pj}\cos\beta_j - f'_y \sum_{i=1}^{n} A'_{si}\cos\theta'_i + (\sigma'_{p0} - f'_{py}) \sum_{j=1}^{m} A'_{pj}\cos\beta'_j - f_c b x\right)$$
$$(13\text{-}33)$$

$$F_e \leqslant \frac{1}{\gamma_d}\left[f_c b x\left(B_0 - \frac{x}{2}\right) + f'_y \sum_{i=1}^{n} A'_{si}\cos\theta'(B_0 - a'_{si}) - (\sigma'_{p0} - f'_{py}) \sum_{j=1}^{m} A'_{pj}\cos\beta'_j (B_0 - a'_{pj})\right]$$
$$(13\text{-}34)$$

以上式(13-31)~式(13-34)中，

F——闸墩一侧弧门推力设计值；

f_y、f_{py}、f'_y、f'_{py}——非预应力钢筋和预应力钢筋抗拉和抗压强度设计值；

A_{si}、A_{pj}、A'_{si}、A'_{pj}——颈部受拉(压)一侧第 $i(j)$ 根非预应力钢筋(预应力钢筋)的截面面积；

B_0、B'_0——颈部截面有效高度；

a_{si}、a_{pj}、a'_{si}、a'_{pj}——颈部受拉(压)一侧第 $i(j)$ 根非预应力钢筋(预应力钢筋)合力作用点至受拉(压)边缘的距离；

e、e'——弧门推力作用点至受拉(压)区非预应力钢筋和预应力钢筋合力作用点之间的距离；

θ_i、θ'_i、β_j、β'_j——颈部受拉(压)区一侧第 $i(j)$ 根非预应力钢筋(预应力钢筋)在立面上与弧门推力方向投影的夹角；

n、m——颈部受拉区一侧非预应力钢筋和预应力钢筋的数量；

x——混凝土受压区计算高度，应满足 $x \leqslant \xi b h$ 和 $x \geqslant 2a'$ 的条件。

4. 弧门支座锚块的承载力计算

1) 支座锚块锚固区局部受压承载力计算

锚块锚具下局部受压区的截面尺寸及受压承载力计算均应满足第 10 章式(10-65)、式(10-67)的要求。在弧门一侧推力设计值 F 的作用下,锚块支承面上的局压应力不应超过 $0.9f_c$,否则应加大受压面积,提高混凝土强度或设置钢筋网片。

2) 支座锚块预应力水平次锚束计算

支座锚块的第一排水平次锚束的面积可按下式计算

$$A_{p1} \geqslant \frac{F_k a}{(h - a_{p1})\sigma_{pe}} \tag{13-35}$$

式中,A_{p1}——靠近弧门支承面的第一排水平次锚束的截面面积;

　　　F_k——一侧弧门推力标准值;

　　　a——推力作用点至闸墩边缘的距离;

　　　h——锚块高度;

　　　a_{p1}——第一排水平次锚束的重心至支承面的距离;

　　　σ_{pe}——次锚束的有效预应力。

3) 支座锚块承载力计算

锚块正截面受弯承载力按下式计算

$$F \leqslant \frac{1}{\gamma_d}\left\{\frac{0.8\left[A_s f_y h_0 + A_p f_{py}(h - a_{p1})\right]}{a}\right\} \tag{13-36}$$

式中的所有符号同前。

5. 闸墩体内锚束锚固区(锚孔)的计算

锚孔局部承压应满足第 10 章式(10-67)的要求。

锚孔顶、底(或侧边)的局部受拉承载力按下式计算

$$F_p \leqslant \frac{1}{\gamma_d}f_y\sum_{i=1}^{n} A_{si}\cos\theta_i \tag{13-37}$$

式中,F_p——单个锚孔预应力钢筋张拉力的设计值;

　　　f_y——非预应力钢筋抗拉强度设计值;

　　　A_{si}——锚孔顶、底部第 i 根钢筋的截面面积;

　　　θ_i——锚孔顶、底部第 i 根钢筋与锚固力作用方向的夹角;

　　　n——锚孔顶、底部钢筋的数量。

还可以按有限单元法计算锚固区及锚孔周边的应力状态,然后按式(12-1)计算锚孔侧边的钢筋面积。

6. 配筋及构造要求

1) 闸墩颈部主锚束的布置应符合的要求(图 13-21)

(1)主锚束在闸墩立面上应沿门推力方向呈辐射状扩散,扇形总扩散角不宜大于 20°。主锚束长度宜长短相间布置。

(2)主锚束在闸墩水平面上布置可按下列方法:中墩主锚束宜对称布置;边、缝墩宜非对称布置;主锚束在闸墩平面上的投影宜平行闸墩侧立面或与其成 1°~3°的夹角;主锚

束宜尽量靠近闸墩外侧面，但与其相距也不宜小于 500mm；主锚束的水平间距宜为 500~600mm。

（3）锚束的孔道直径应根据锚束直径确定，并留有空隙和灌浆通道。

（4）主锚束可锚固在闸墩中的预留锚孔、浅槽、竖井以及闸墩上游面等。但宜采用预留水平锚孔的方法。

（5）当闸墩厚度为 3~6m 且颈部截面的法向应力值为 3.0~7.0N/mm² 时，锚固位置至弧门推力作用点的距离 L 宜符合下式规定：

$$L \geq 12 + (3.5 - B/2)(\sigma_{ck} - 2) \tag{13-38}$$

式中，B 为闸墩厚度（m），σ_{ck} 为弧门推力效应标准组合下颈部抗裂验算边缘混凝土的法向应力（N/mm²）。

（6）锚孔净距不应小于 2D，D 为锚孔直径。

2）锚块内水平次锚束及纵向受拉钢筋的布置

水平次锚束的布置见图 13-21 的 B-B 剖面，水平次锚束不宜少于 3 排，各排的面积宜与第一排的面积相同，每排宜不等间距布置，上、下游面各布置一排，其余布置在离上游支承面 2h/5 的范围内。

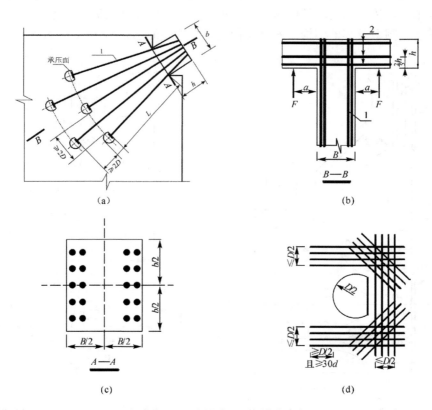

（a）

（b）

（c）

（d）

1—主锚索；2—次锚索；D—锚孔直径

图 13-21　预应力闸墩的钢筋布置

3)闸墩体内锚孔的钢筋布置

锚孔钢筋的布置宜采用网状配筋,如图 13-21(d)所示。布置的具体要求可参阅规范 NB/T 11011—2022 第 11.12.7 条。

13.5.6　弧门支承结构设计实例

受篇幅限制,本书不再给出弧门支承结构的设计实例,读者可参阅本书原第一版和第二版中的设计实例。

13.6　水工平面闸门门槽结构

水利水电工程中,水电站厂房输水管道的进水口和尾水出口、水渠或运河的进水口控制闸、江河湖口的节制闸等,常常要用到平面钢闸门。这些平面闸门,有的是工作闸门,有的是检修闸门和事故闸门。上一节讲到的弧形闸门的支承结构是其牛腿(或锚块)和闸墩,平面闸门的支承结构则是门槽及其闸墩(图 13-22)。

平面闸门承受的荷载主要是水压力,巨大的水压力作用在闸门上,通过闸门边梁上的滚轮或胶木滑块传递到闸墩的门槽上,再扩散到闸墩以及闸底板或坝体上,因此门槽的可靠性对于整个闸墩及其他结构的安全运行是至关重要的。

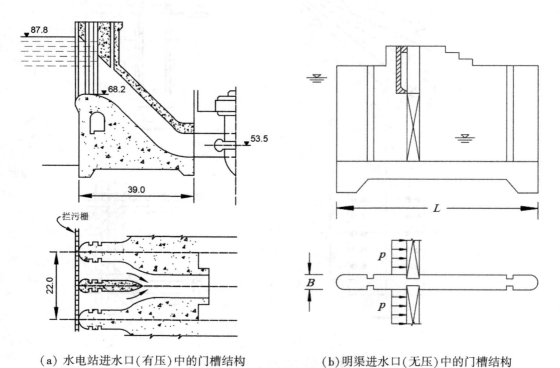

(a)水电站进水口(有压)中的门槽结构　　　(b)明渠进水口(无压)中的门槽结构

图 13-22　平面闸门的门槽和闸墩结构

平面闸门工作时是关闭的，此时闸门的下部与底板接触。被封闭的孔口及其闸门承受着巨大的水压力。门槽、闸墩及其底板形成了一个空间整体结构。这种整体结构的受力是比较复杂的，很难简化为平面问题进行计算，更难简化为杆件结构进行计算。平面闸门的门槽结构属于非杆件结构。

平面闸门的门槽结构与上一节的弧形闸门的支承牛腿（或预应力闸墩的支承锚块）结构的工作条件有很大的不同：牛腿是一个与闸墩相连的独立结构，承受的是弧门肢腿传来的集中荷载；而门槽是与闸墩相连的连续结构，虽然闸门的滚轮传来的是集中荷载、胶木滑块传来的是间断的线荷载，但经过轨道和二期混凝土传递到门槽的一期混凝土以后，完全可以认为门槽承受的是分布荷载。因此弧门牛腿和预应力支承锚块的承载力计算及其可靠性问题更为突出。而对于平面闸门门槽而言，在闸墩和底板的承载力得到保障且闸门门槽的尺寸和钢筋的布置符合构造要求的前提下，加之门槽、闸墩及其底板所构成的结构空间整体性更强，因此平面闸门门槽的承载力问题也更容易解决。

13.6.1 闸门门槽的受力特征和破坏形态

平面闸门门槽是沿着闸墩高度方向的连续结构。对其受力特征和破坏形态的研究可以有两种办法：一是实验研究，二是用有限单元法进行应力分析计算。研究表明，门槽的破坏都是局部的，其破坏形态与弧门闸墩类似，可以分为三种情况：

（1）门槽颈部的局部拉脱。在双向门推力作用下，如果沿水流方向的纵向钢筋的配筋率比较低，则在颈部槽齿的角部产生裂缝②后形成拉脱破坏。还有一种情况是在颈部产生横向裂缝①，随着横向裂缝的开展，钢筋的应力迅速增加而屈服，最后产生同样的局部拉脱破坏。此处，门槽的颈部是指闸墩开槽以后存在的局部狭窄部位。槽齿指的就是门槽支承闸门的部位，即两个门槽之间的突出部分（图13-23）。

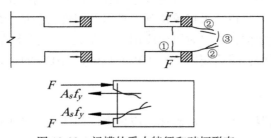

图 13-23　门槽的受力特征和破坏形态

（2）槽齿的正截面破坏。当槽齿的剪跨比比较大，且沿水流方向的闸墩纵筋配筋率足够多而槽齿的水平横向钢筋的配筋率相对比较少时，随着齿角裂缝的开展，槽齿的水平横向钢筋可能屈服，从而产生槽齿的正截面破坏。

（3）槽齿的斜压破坏和剪切破坏。当槽齿的剪跨比较小，且上述纵筋和横向钢筋均比较多，从而保证不产生颈部的拉脱破坏和槽齿的正截面破坏时，随着推力的增大，以及齿角斜向裂缝的继续开展，逐步形成一个斜压柱，最后产生斜压破坏。如果剪跨比更小则还可能发生剪切破坏。

（4）槽齿二期混凝土的局部承压破坏。这是由于门槽的支承轨道有时是在闸墩浇筑以后通过二期混凝土埋置的，最终形成轨道及其埋件、二期混凝土和闸墩的整体结构。平面闸门传来的荷载首先传给轨道，再传给二期混凝土。因此还存在二期混凝土的局部承压破坏的情况。

不难看出，上述这些破坏形态都与柱上牛腿、弧门支座等结构的破坏形态相似。这一类结构都属于某种大型连续结构的悬突部分，与一般的悬臂梁的受力特性不一样，它们一般没有悬臂梁的弯曲破坏和剪压破坏的特点，而更多地呈现出斜压破坏或剪切破坏的特点。

13.6.2　门槽的承载力计算

1. 门槽的内力和应力计算

虽然门槽结构为空间非杆件结构，但是在承载力计算时还是可以沿门槽高度截取单位延米按平面问题进行简化计算。

平面闸门承受的荷载主要是水压力。水压力沿闸门的高度是变化的，闸门的底部最大，向上逐步减小。因此门推力传到门槽的荷载沿着高度是不均匀的。但是巨大的水压力首先是通过滚轮或且胶木滑块传到轨道及其埋设轨道的二期混凝土上，然后再传到门槽的一期混凝土上。经过如此的传递和扩散，最终使传到门槽一期混凝土的荷载更趋均匀。初步设计时深孔闸门可以取闸门承受的总荷载的平均值作为单位延米的推力设计值。一般可以沿门槽选取不同高度的单位延米作为计算单元，再根据相应高度的荷载分布确定计算单元的推力设计值。

闸门挡水时，其下沿是与底板接触的，门推力是作用在门槽、闸墩和底板组成的整体结构上。当采用单位延米作为隔离体计算单元时，单元的上下水平面上还存在剪力，这些剪力势必要平衡掉一部分门推力。因此实际作用在计算单元上的有效门推力比按照单位延米计算得到的门推力要小一些。必要时可以运用有限单元法对门推力作用下的整体结构进行应力分析计算，按照其分析结果对单位延米求得的门推力作适当的折减。

由于门槽是非杆件结构，必要时可以应用有限单元法对整体结构进行应力分析计算，得到控制截面的应力图形，然后按照规范 NB/T 11011—2022 的附录 D，即式（13-1）进行配筋计算。

2. 门槽的局部承压计算

为了防止门槽二期混凝土的承压破坏，应根据闸门传到轨道上的荷载大小以及具体的轨道构造情况按照第 10 章节 10.4 式（10-67）进行局部受压承载力计算。

3. 门槽颈部局部受拉区的承载力计算

如前所述，门槽在闸门推力作用下，颈部可能产生局部拉脱破坏。因此可以建立如图 13-23 所示的受力模型，按轴心受拉构件（双侧门推力作用时）和偏心受拉构件（单侧门推力作用时）进行承载力计算。

（1）双侧门推力作用时

$$F \leqslant \frac{1}{\gamma_d} f_y A_s \tag{13-39}$$

（2）单侧门推力作用时

$$F \leq \frac{1}{\gamma_d}\left(\frac{b'_0 - a_s}{e_0 + 0.5b - a_s}\right)f_y A_s \tag{13-40}$$

式中，F——闸墩一侧单位延米门推力的设计值；

γ_d——钢筋混凝土结构的结构系数；

A_s——闸墩一侧沿高度方向单位延米局部受拉钢筋截面面积；

f_y——受拉钢筋的强度设计值；

b——门槽颈部的宽度；

b'_0——局部受拉钢筋中心至颈部另一边边缘的距离；

a_s——受拉钢筋至颈部边缘的距离；

e_0——门推力对闸墩厚度中心的偏心距。

如前所述，门槽局部受拉区的承载力计算还可以用有限单元法对门槽的整体结构进行弹性应力分析，然后选取局部受拉区主要的控制截面的应力图形，按式（13-1）计算配筋面积。同时还应当符合 13.1 节关于非杆件结构配筋构造的各项规定。

4. 槽齿的正截面承载力计算

槽齿的正截面承载力问题，《水工混凝土结构设计规范》并未提出专门的计算公式。虽然考虑到门推力的线荷载经过二期混凝土的扩散到达门齿时已经变成了面荷载，与柱上独立牛腿以及弧门支座牛腿所受到的集中荷载有所不同，对门齿的受力状态有所改善。但当剪跨比大于 0.25 时，为了防止齿角裂缝的深入发展以及由此引起的正截面破坏，建议沿用柱上牛腿或弧门支座牛腿的计算模型用式（13-41）计算槽齿水平横向钢筋的面积：

$$A_s = \gamma_d \frac{Fa}{0.8f_y h_0} \tag{13-41}$$

式中，F——闸墩一侧单位延米门推力设计值；

a——剪跨，门推力作用点（面荷载的合力作用点）与颈部边缘的距离；

h_0——槽齿的有效截面高度（见图 13-24）。

5. 槽齿的受剪承载力问题

门槽的槽齿由于其高度比较大（这里的"高度"实际上是指两个门槽之间的净距，或是最靠下游的门槽与闸墩下游临空面边缘的距离），而且剪跨比又比较小，因此其受剪破坏的形态为斜压破坏或者剪切破坏。这与柱上牛腿以及弧门支座的受剪破坏是类似的。众所周知，斜压破坏是突然的脆性破坏，一般不是通过配置抗剪切受力钢筋来提高抗剪承载力，而是通过增大混凝土截面尺寸（即截面尺寸不小于规定的尺寸）以及配置构造腹筋来防止斜压破坏。

1）门槽构造尺寸的有关规定

门槽轨道中心线至闸墩边缘的距离，即门槽深度 f 与剪跨 a 之差不宜小于 250mm；

当布置两道或两道以上门槽时，相邻门槽之间的净距 h 不宜小于 1500mm；

剪跨比 a/h_0，不宜大于 0.25。

2）槽齿的受剪承载力计算

槽齿的受剪破坏形态属于斜压破坏或者剪切破坏，新的规范 NB/T 11011—2022 通过实验研究提出了门齿的受剪承载力的计算公式。读者可参阅规范第 11 章 11.16.4 节和

437

11.16.5 节的有关条文进行受剪的承载力计算。

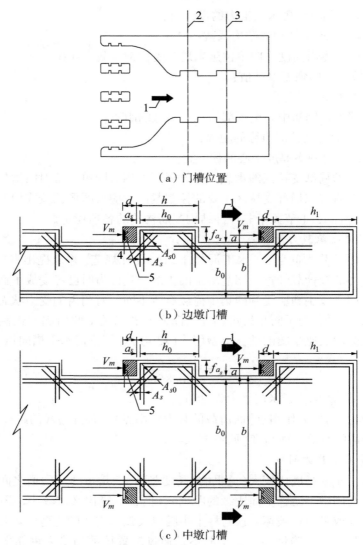

（a）门槽位置

（b）边墩门槽

（c）中墩门槽

1—水流方向；2—第一道门槽中心线；3—最下游一道门槽中心线；
4—金属预埋件；5—二期混凝土

图 13-24　门槽的几何尺寸及钢筋布置

13.6.3　门槽的裂缝控制验算

规范 NB/T 11011—2022 对门槽的裂缝控制没有做专门的规定。但门槽是非杆件结构，因此宜运用有限单元法对门槽结构进行弹性应力分析，以求得各控制截面的应力分布，而后按本章 13.1.4 中的式（13-6）和式（13-7）进行验算。

13.6.4　门槽的配筋构造

门槽的几何尺寸和钢筋布置如图 13-24 所示。

门槽钢筋宜采用 HRB400 或 HRB500 钢筋，沿高度方向每米水平横向钢筋根数不宜少于 5 根，直径不应小于 25mm，门槽角隅处应布置斜向钢筋，其根数和直径与水平横向钢筋相同。

门槽属于非杆件结构，结构尺寸比较大，许多情况下内力和应力可能不大，按上述各公式进行承载力计算所需的受力钢筋面积可能不是很大。所以无论是颈部的纵向受拉钢筋或是槽齿的横向受拉钢筋都应当满足附录 3 附表 3-3 最小配筋率的要求。

门槽颈部沿水流方向的纵向受力钢筋应贯穿整个门槽，而且沿水流方向伸入槽齿的长度不应小于受拉钢筋的锚固长度 l_a。槽齿的水平横向受力钢筋伸入颈部边缘的长度也不应小于 l_a，必要时可贯穿整个闸墩厚度。

门槽和闸墩以及闸底板本是一个整体性的空间结构，各种钢筋错综复杂，所以门槽的配筋应当与闸墩的其他钢筋相协调。

鉴于门槽的受剪破坏属于斜压破坏或且剪切破坏，也可以通过配置构造钢筋来加以防止，建议参照弧门牛腿的配筋构造，在槽齿的一定范围内布置适量的水平横向构造钢筋。

附录 1 材料的强度和弹性模量

附表 1-1　　　　　　　　　　　　　混凝土强度标准值　　　　　　　　　（单位：N/mm²）

强度种类	符号	混凝土强度等级								
		C20	C25	C30	C35	C40	C45	C50	C55	C60
轴心抗压	f_{ck}	13.4	16.7	20.1	23.4	26.8	29.6	32.4	35.5	38.5
轴心抗拉	f_{tk}	1.54	1.78	2.01	2.20	2.39	2.51	2.64	2.74	2.85

附表 1-2　　　　　　　　　　　　　混凝土强度设计值　　　　　　　　　（单位：N/mm²）

强度种类	符号	混凝土强度等级								
		C20	C25	C30	C35	C40	C45	C50	C55	C60
轴心抗压	f_c	9.6	11.9	14.3	16.7	19.1	21.1	23.1	25.3	27.5
轴心抗拉	f_t	1.10	1.27	1.43	1.57	1.71	1.80	1.89	1.96	2.04

附表 1-3　　　　　　　　　　　混凝土弹性模量 E_c　　　　　　　　（单位：×10⁴ N/mm²）

混凝土强度等级	C20	C25	C30	C35	C40	C45	C50	C55	C60
E_c	2.55	2.80	3.00	3.15	3.25	3.35	3.45	3.55	3.60

附表 1-4　　　　　　　　　　　　普通钢筋强度标准值　　　　　　　　　（单位：N/mm²）

牌号	符号	公称直径 d/(mm)	屈服强度标准值 f_{yk}	极限强度标准值 f_{stk}
HPB300	Φ	6~22	300	420
HRB400	Φ	6~50	400	540
RRB400	ΦR	8~50	400	540
HRB500	Φ	6~50	500	630

附表 1-5 　　　　　　　　　　预应力筋强度标准值 　　　　　　　　　（单位：N/mm²）

种类		符号	公称直径 d(mm)	屈服强度标准值 f_{pyk}	条件屈服强度标准值 f_{pyk}	极限强度标准值 f_{ptk}
中强度预应力钢丝	螺旋肋	Φ^{HM}	5、7、9	–	680	800
				–	825	970
				–	1080	1270
消除应力钢丝	光面螺旋肋	Φ^P Φ^H	5	–	1335	1570
				–	1580	1860
			7	–	1335	1570
			9	–	1250	1470
				–	1335	1570
钢绞线	1×3（三股）	Φ^S	8.6、10.8、12.9	–	1335	1570
				–	1580	1860
				–	1665	1960
	1×7（七股）		9.5、12.7、15.2、17.8	–	1460	1720
				–	1580	1860
				–	1665	1960
			21.6	–	1580	1860
预应力螺纹钢筋	螺纹	Φ^T	18、25、32、40、50	785	–	980
				830	–	1030
				930	–	1080
				1080	–	1230
				1200	–	1330

附表 1-6 　　　　　　　　　　普通钢筋强度设计值 　　　　　　　　　（单位：N/mm²）

牌号	符号	抗拉强度设计值 f_y	抗压强度设计值 f_y'
HPB300	Φ	270	270
HRB400	Φ	360	360
RRB400	Φ^R	360	360
HRB500	Φ	435	435

附表 1-7　　　　　　　　　　预应力筋强度设计值　　　　　　　　（单位：N/mm²）

种类	极限强度标准值 f_{ptk}	抗拉强度设计值 f_{py}	抗压强度设计值 f'_{py}
中强度预应力钢丝	800	560	400
	970	680	
	1270	900	
消除应力钢丝	1470	1040	410
	1570	1110	
	1860	1320	
钢绞线	1570	1110	390
	1720	1220	
	1860	1320	
	1960	1390	
预应力螺纹钢筋	980	650	400
	1030	690	
	1080	770	
	1230	900	
	1330	1000	

附表 1-8　　　　　　　　　　钢筋弹性模量 E_s　　　　　　　　（单位：N/mm²）

钢筋牌号或种类	E_s
HPB300 钢筋	$2.1×10^5$
HRB400、RRB400、HRB500 钢筋	$2.0×10^5$
中强度预应力钢丝、预应力螺纹钢筋	$2.0×10^5$
消除应力钢丝	$2.05×10^5$
钢绞线	$1.95×10^5$

附表 1-9　　　　　　　普通钢筋及预应力筋的最大力总延伸率限值

钢筋品种	普通钢筋			预应力筋	
	HPB300	HRB400 HRB500	RRB400	中强度预应力钢丝	消除应力钢丝、钢绞线、预应力螺纹钢筋
δ_{gt}（%）	10.0	7.5	5.0	4.0	4.5

附录 2 钢筋的计算截面面积及理论质量

附表 2-1   钢筋的公称直径、公称截面积及理论质量

公称直径 d/(mm)	不同根数钢筋的公称截面面积(mm^2)									单根钢筋理论质量(kg/m)
	1	2	3	4	5	6	7	8	9	
6	28.3	57	85	113	142	170	198	226	255	0.222
8	50.3	101	151	201	252	302	352	402	453	0.395
10	78.5	157	236	314	393	471	550	628	707	0.617
12	113.1	226	339	452	565	678	791	904	1017	0.888
14	153.9	308	461	615	769	923	1077	1231	1385	1.21
16	201.1	402	603	804	1005	1206	1407	1608	1809	1.58
18	254.5	509	763	1017	1272	1527	1781	2036	2290	2.00
20	314.2	628	942	1256	1570	1884	2199	2513	2827	2.47
22	380.1	760	1140	1520	1900	2281	2661	3041	3421	2.98
25	490.9	982	1473	1964	2454	2945	3436	3927	4418	3.85
28	615.8	1232	1847	2463	3079	3695	4310	4926	5542	4.83
32	804.2	1609	2413	3217	4021	4826	5630	6434	7238	6.31
36	1017.9	2036	3054	4072	5089	6107	7125	8143	9161	7.99
40	1256.6	2513	3770	5027	6283	7540	8796	10053	11310	9.87
50	1964	3928	5892	7856	9820	11784	13748	15712	17676	15.42

附表 2-2   各种钢筋间距时每米板宽中的钢筋截面面积

钢筋间距(mm)	钢筋直径(mm)为下列数值时的钢筋截面面积(mm^2)															
	6	6/8	8	8/10	10	10/12	12	12/14	14	14/16	16	16/18	18	20	22	25
70	404	561	718	920	1122	1369	1616	1907	2199	2536	2872	3254	3635	4488	5430	7012
75	377	524	670	859	1047	1278	1508	1780	2053	2367	2681	3037	3393	4189	5068	6545
80	353	491	628	805	982	1198	1414	1669	1924	2219	2513	2847	3181	3927	4752	6136
85	333	462	591	758	924	1127	1331	1571	1811	2088	2365	2680	2994	3696	4472	5775

续表

钢筋间距(mm)	钢筋直径(mm)为下列数值时的钢筋截面面积(mm²)															
	6	6/8	8	8/10	10	10/12	12	12/14	14	14/16	16	16/18	18	20	22	25
90	314	436	559	716	873	1065	1257	1484	1710	1972	2234	2531	2827	3491	4224	5454
95	298	413	529	678	827	1009	1190	1405	1620	1868	2116	2398	2679	3307	4001	5167
100	283	393	503	644	785	958	1131	1335	1539	1775	2011	2278	2545	3142	3801	4909
110	257	357	457	585	714	871	1028	1214	1399	1614	1828	2071	2313	2856	3456	4462
120	236	327	419	537	654	798	942	1113	1283	1479	1676	1898	2121	2618	3168	4091
125	226	314	402	515	628	767	905	1068	1232	1420	1608	1822	2036	2513	3041	3927
130	217	302	387	495	604	737	870	1027	1184	1365	1547	1752	1957	2417	2924	3776
140	202	280	359	460	561	684	808	954	1100	1268	1436	1627	1818	2244	2715	3506
150	188	262	335	429	524	639	754	890	1026	1183	1340	1518	1696	2094	2534	3272
160	177	245	314	403	491	599	707	834	962	1109	1257	1424	1590	1963	2376	3068
170	166	231	296	379	462	564	665	785	906	1044	1183	1340	1497	1848	2236	2887
180	157	218	279	358	436	532	628	742	855	986	1117	1265	1414	1745	2112	2727
190	149	207	265	339	413	504	595	703	810	934	1058	1199	1339	1653	2001	2584
200	141	196	251	322	393	479	565	668	770	887	1005	1139	1272	1571	1901	2454
220	129	178	228	293	357	436	514	607	700	807	914	1035	1157	1428	1728	2231
240	118	164	209	268	327	399	471	556	641	740	838	949	1060	1309	1584	2045
250	113	157	201	258	314	383	452	534	616	710	804	911	1018	1257	1521	1963
260	109	151	193	248	302	369	435	514	592	683	773	876	979	1208	1462	1888
280	101	140	180	230	280	342	404	477	550	634	718	813	909	1122	1358	1753
300	94	131	168	215	262	319	377	445	513	592	670	759	848	1047	1267	1636
320	88	123	157	201	245	299	353	417	481	555	628	712	795	982	1188	1534
330	86	119	152	195	238	290	343	405	466	538	609	690	771	952	1152	1487

附表 2-3　预应力混凝土用螺纹钢筋的公称直径、公称截面面积及理论质量

公称直径(mm)	公称截面面积(mm²)	理论质量(kg/m)	公称直径(mm)	公称截面面积(mm²)	理论质量(kg/m)
18	254.5	2.11	40	1256.6	10.34
25	490.9	4.10	50	1963.5	16.28
32	804.2	6.65			

附表 2-4　　　　预应力混凝土用钢绞线公称直径、公称截面面积及理论质量

种类	公称直径（mm）	公称截面面积（mm²）	理论质量（kg/m）	种类	公称直径（mm）	公称截面面积（mm²）	理论质量（kg/m）
1×2	5.0	9.8	0.077	1×3 I	8.74	38.6	0.303
	5.8	13.2	0.104	1×7	9.5	54.8	0.430
	8.0	25.1	0.197		11.1	74.2	0.582
	10.0	39.3	0.309		12.7	98.7	0.775
	12.0	56.5	0.444		15.2	140	1.101
1×3	6.2	19.8	0.155		15.7	150	1.178
	6.5	21.2	0.166		17.8	191	1.500
	8.6	37.7	0.296	(1×7)C	12.7	112	0.890
	8.74	38.6	0.303		15.2	165	1.295
	10.8	58.9	0.462		18.0	223	1.750
	12.9	84.8	0.666				

附表 2-5　　　　预应力混凝土用钢丝公称直径、公称截面面积及理论质量

公称直径（mm）	公称截面面积（mm²）	理论质量（kg/m）	公称直径（mm）	公称截面面积（mm²）	理论质量（kg/m）
4.0	12.57	0.099	7.0	38.48	0.302
4.8	18.10	0.142	8.0	50.26	0.394
5.0	19.63	0.154	9.0	63.62	0.499
6.0	28.27	0.222	10.0	78.54	0.616
6.25	30.68	0.241	12.0	113.10	0.888

附表 2-6　　　　预应力混凝土用钢棒公称直径、公称截面面积及理论质量

公称直径（mm）	不同根数钢棒的公称截面面积（mm²）									单根钢棒理论质量（kg/m）
	1	2	3	4	5	6	7	8	9	
6	28.3	57	85	113	142	170	198	226	255	0.222
7	38.5	77	116	154	193	231	270	308	347	0.302
7.1	40.0	80	120	160	200	240	280	320	360	0.314
8	50.3	101	151	201	252	302	352	402	453	0.394
9	64.0	128	192	256	320	384	448	512	576	0.502
10	78.5	157	236	314	393	471	550	628	707	0.616
10.7	90.0	180	270	360	450	540	630	720	810	0.707
11	95.0	190	285	380	475	570	665	760	855	0.746
12	113.0	226	339	452	565	678	791	904	1017	0.888
12.6	125.0	250	375	500	625	750	875	1000	1125	0.981
13	133.0	266	399	532	665	798	931	1064	1197	1.044
14	153.9	308	461	615	769	923	1077	1231	1385	1.209
16	201.1	402	603	804	1005	1206	1407	1608	1809	1.578

附录3 一般构造规定

附表 3-1   纵向受力钢筋的混凝土保护层最小厚度   （单位：mm）

环境类别	构件类别		
	墙、板	梁、柱、墩	截面厚度不小于 2.5m 的底板及墩墙
一	20	25	30
二	25	35	40
三	30	45	50
四	45	55	60
五	50	60	65

注：1. 表中数值为设计使用年限 50 年的混凝土保护层厚度，对于设计使用年限为 100 年的混凝土结构，应将表中数值增大 5~10mm。

2. 钢筋端头保护层不应小于 15mm。

3. 直接与地基土接触的结构底层钢筋或无检修条件的，保护层厚度宜适当增大。

4. 有抗冲耐磨要求的结构面层钢筋，保护层厚度应适当增大。

5. 钢筋表面涂塑或结构外表面敷设永久性涂料或面层时，保护层厚度可以适当减小。

6. 严寒和寒冷地区受冰冻的部位，保护层厚度还应符合现行《水工建筑物抗冰冻设计规范》的规定。

附表 3-2   普通受拉钢筋的基本锚固长度 l_{ab}

项次	钢筋类型	混凝土强度等级			
		C20	C25	C30、C35	≥C40
1	HPB300	$40d$	$35d$	$30d$	$25d$
2	HRB400、RRB400	$50d$	$40d$	$35d$	$30d$
3	HRB500	—	—	$45d$	$35d$

注：1. 表中 d 为钢筋直径。

     2. 表中 HPB300 级钢筋的基本锚固长度 l_{ab} 值不包括弯钩长度。

附表 3-3　　　　　钢筋混凝土构件纵向受力钢筋的最小配筋率 ρ_{min}　　　　（单位:%）

项次	分　类		钢筋强度等级	
			HPB300	HRB400、RRB400、HRB500
1	受弯构件、偏心受拉、轴心受拉构件—侧受拉钢筋	梁	0.25	0.20
		板	0.20	0.15
2	受压构件全部纵向钢筋		0.60	0.55
3	受压构件一侧纵向钢筋	柱、肋拱	0.25	0.20
		墩墙、板拱	0.20	0.15

注：1. 项次 1、3 中的配筋率是指钢筋截面面积与构件肋宽乘以有效高度的混凝土截面面积的比值，即 ρ 为 $\dfrac{A_s}{bh_0}$ 或 ρ' 为 $\dfrac{A'_s}{bh_0}$；项次 2 中的配筋率是指全部纵向钢筋截面面积与构件截面面积的比值。

2. 偏心受拉构件中的受压钢筋，应按受压构件一侧纵向钢筋考虑。

3. 温度、收缩等因素对结构产生的影响较大时，纵向受拉纵筋的最小配筋率宜适当增大。

4. 当结构有抗震设防要求时，钢筋混凝土框架结构构件的最小配筋率应按本规范第 13 章的规定取值。

附录4　正常使用验算的有关限值

附表 4-1　　　　　　　　　　　　　　　　环境条件类别

环境类别	环 境 条 件
一	室内干燥环境
二	露天环境；室内潮湿环境；长期处于地下或淡水水下的环境
三	淡水水位变动区；弱腐蚀环境；海水水下环境；受除冰盐影响环境；盐渍土环境
四	海上大气区；海水水位变动区；轻度盐雾作用区；受除冰盐作用环境；中等腐蚀环境
五	海水浪溅区；重度盐雾作用区；强腐蚀环境

注：1. 大气区与浪溅区的分界线为设计最高水位加 1.5m；浪溅区与水位变动区的分界线为设计最高水位减 1.0m；水位变动区与水下区的分界线为设计最低水位减 1.0m。

2. 重度盐雾作用区为离涨潮岸线 50m 内的陆上室外环境；轻度盐雾作用区为离涨潮岸线 50～500m 的陆上室外环境。

3. 受除冰盐影响环境是指受到除冰盐盐雾影响的环境；受除冰盐作用环境是指被除冰盐溶液溅射的环境。

4. 冻融比较严重的三、四类环境条件的建筑物，可将其环境类别提高一类。

附表 4-2　　　　　　　　　钢筋混凝土结构构件的最大裂缝宽度限值　　　　　（单位：mm）

环 境 类 别	w_{lim}
一	0.40
二	0.30
三	0.25
四	0.20
五	0.15

注：1. 当结构构件承受水压且水力梯度 i 大于 20 时，表列数值宜减小 0.05。

2. 结构构件的混凝土保护层厚度大于 50mm 时，表列数值可增加 0.05。

3. 若结构构件表面设有专门的防渗面层等防护措施时，最大裂缝宽度限值可适当加大。

附表 4-3   预应力混凝土构件裂缝控制等级、混凝土拉应力限制系数及最大裂缝宽度限值

环境类别	裂缝控制等级	w_{lim} 或 α_{ct}
一	三级	$w_{lim} = 0.2mm$
二	二级	$\alpha_{ct} = 0.7$
三、四、五	一级	$\alpha_{ct} = 0.0$

注：1. 表中规定适用于采用预应力钢丝、钢绞线、钢棒及螺纹钢筋的预应力混凝土构件，当采用其他类别的钢丝或钢筋时，其裂缝控制要求可按专门标准确定。

2. 表中规定的预应力混凝土构件的裂缝控制等级和最大裂缝宽度限值仅适用于正截面的裂缝控制验算。

3. 当有可靠的论证时，预应力混凝土构件的抗裂要求可以适当放宽。

附表 4-4   受弯构件的挠度限值

项次	构 件 类 型		挠度限值
1	吊车梁	手动吊车	$l_0/500$
		电动吊车	$l_0/600$
2	渡槽槽身和架空管道	当 $l_0 \leq 10m$ 时	$l_0/400$
		当 $l_0 > 10m$ 时	$l_0/500(l_0/600)$
3	工作桥及启闭机下大梁		$l_0/400$
4	屋盖、楼盖	当 $l_0 < 7m$ 时	$l_0/200(l_0/250)$
		当 $7m \leq l_0 \leq 9m$ 时	$l_0/250(l_0/300)$
		当 $l_0 > 9m$ 时	$l_0/300(l_0/400)$

注：1. l_0 为构件的计算跨度。计算悬臂构件的挠度限值时，其计算跨度 l_0 按实际悬臂长度的 2 倍取用。

2. 如果构件制作时预先起拱，则在验算最大挠度值时，可将计算所得的挠度减去起拱值；预应力混凝土构件尚可减去预加应力所产生的反拱值。

3. 表中括号内的数值适用于使用上对挠度有较高要求的构件。

4. 构件制作时的反拱值和预加力所产生的反拱值，不宜超过构件在相应作用组合作用下的计算挠度值。

附表 4-5　　　　　　　　　　　　截面抵抗矩的塑性系数 γ_m 值

项次	截面特征		γ_m	截面图形
1	矩形截面		1.55	
2	翼缘位于受压区的 T 形截面		1.50	
3	对称 I 形或箱形截面	$b_f/b \leqslant 2$，h_f/h 为任意值	1.45	
		$b_f/b > 2$，$h_f/h \geqslant 0.2$	1.40	
		$b_f/b > 2$，$h_f/h < 0.2$	1.35	
4	翼缘位于受拉区的倒 T 形截面	$b_f/b \leqslant 2$，h_f/h 为任意值	1.50	
		$b_f/b > 2$，$h_f/h \geqslant 0.2$	1.55	
		$b_f/b > 2$，$h_f/h < 0.2$	1.40	
5	圆形和环形截面		$1.6 - \dfrac{0.24 d_1}{d}$	
6	U 形截面		1.35	

　　注：1. 对 $b_f' > b_f$ 的 I 形截面，可以按项次 2 与项次 3 之间的数值采用；对 $b_f' < b_f$ 的 I 形截面，可以按项次 3 与项次 4 之间的数值采用。

　　2. 根据 h 值的不同，表内数值尚应乘以修正系数 $(0.7 + 300/h)$，当 h 小于 750mm 时，取 750mm；当 h 大于 3000mm 时，取 3000mm。对圆形和环形截面，h 即外径 d。

　　3. 对于箱形截面，表中 b 值系指各肋宽度的总和。

附录5 等跨等截面连续梁在常用荷载作用下的内力系数表

梁内力按如下公式计算：

1. 在均布及三角形荷载作用下

$$M = 表中系数 \times ql^2$$
$$V = 表中系数 \times ql$$

2. 在集中荷载作用下

$$M = 表中系数 \times pl$$
$$V = 表中系数 \times p$$

内力正负号规定如下：

M——使截面下部受拉，上部受压为正；

V——对邻近所产生的力矩沿顺时针方向者为正。

附表 5-1 　　　　　　　　　　　　两跨梁内力系数表

荷载图	跨内最大弯矩		支座弯矩	剪 力		
	M_1	M_2	M_B	V_A	V_{Bl} V_{Br}	V_C
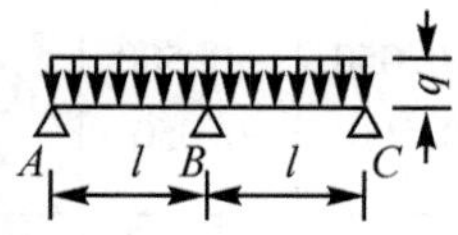	0.070	0.0703	−0.125	0.375	−0.625 0.625	−0.375
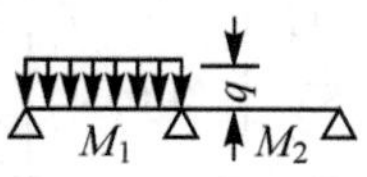	0.096	—	−0.063	0.437	−0.563 0.063	0.063
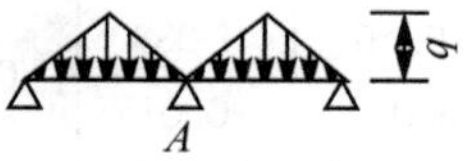	0.048	0.048	−0.078	0.172	−0.328 0.328	−0.172
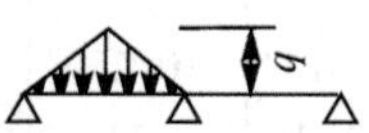	0.064	—	−0.039	0.211	−0.289 0.039	0.039
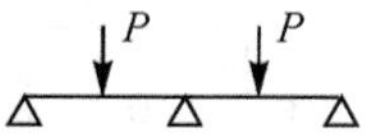	0.156	0.156	−0.188	0.312	−0.688 0.688	−0.312

荷载图	跨内最大弯矩		支座弯矩	剪　力		
	M_1	M_2	M_B	V_A	V_{Bl} V_{Br}	V_C
	0.203	—	-0.094	0.406	-0.594 0.094	0.094
	0.222	0.22	-0.333	0.667	-1.333 1.333	-0.667
	0.278	—	-0.167	0.833	-1.167 0.167	0.167

附表 5-2　　　　　　　　三跨梁内力系数表

荷载图	跨内最大弯矩		支座弯矩		剪　力			
	M_1	M_2	M_B	M_C	V_A	V_{Bl} V_{Br}	V_{Cl} V_{Cr}	V_D
	0.080	0.025	-0.100	-0.100	0.400	-0.600 0.500	-0.500 0.600	-0.400
	0.101	—	-0.050	-0.050	0.450	-0.550 0	0 0.550	-0.450
	—	0.075	-0.050	-0.050	0.050	-0.050 0.500	-0.500 0.050	0.050
	0.073	0.054	-0.117	-0.033	0.383	-0.617 0.583	-0.417 0.033	0.033
	0.094	—	-0.067	0.017	0.433	-0.567 0.083	0.083 -0.017	-0.017
	0.054	0.021	-0.063	-0.063	0.183	-0.313 0.250	-0.250 0.313	-0.188
	0.068	—	-0.031	-0.031	0.219	-0.281 0	0 0.281	-0.219

续表

荷载图	跨内最大弯矩		支座弯矩		剪 力			
	M_1	M_2	M_B	M_C	V_A	V_{Bl} / V_{Br}	V_{Cl} / V_{Cr}	V_D
	—	0.052	−0.031	−0.031	0.031	−0.031 / 0.250	−0.250 / 0.031	0.031
	0.050	0.033	−0.073	−0.021	0.177	−0.323 / 0.302	−0.198 / 0.021	0.021
	0.063	—	−0.042	0.010	0.208	−0.292 / 0.052	0.052 / −0.010	−0.010
	0.175	0.100	−0.150	−0.150	0.350	−0.650 / 0.500	−0.500 / 0.650	−0.350
	0.213	—	−0.075	0.075	0.425	−0.575 / 0	0 / 0.575	−0.425
	—	0.175	−0.075	−0.075	−0.075	−0.075 / 0.500	−0.500 / 0.075	0.075
	0.162	0.137	−0.175	−0.050	0.325	−0.675 / 0.625	−0.375 / 0.050	0.050
	0.200	—	−0.100	0.025	0.400	−0.600 / 0.125	0.125 / −0.025	−0.025
	0.244	0.067	−0.267	−0.267	0.733	−1.267 / 1.000	−1.000 / 1.267	−0.733
	0.289	—	−0.133	−0.133	0.866	−1.134 / 0	0 / 1.134	−0.866
	—	0.200	−0.133	−0.133	−0.133	−0.133 / 1.000	−1.000 / 0.133	0.133
	0.229	0.170	−0.311	−0.089	0.689	−1.311 / 1.222	−0.778 / 0.089	0.089
	0.274	—	−0.178	0.044	0.822	−1.178 / 0.222	0.222 / −0.044	−0.044

附表 5-3

四跨梁内力系数

荷载图	跨内最大弯矩 M₁	M₂	M₃	M₄	支座弯矩 M_B	M_C	M_D	剪力 V_A	V_{Bl} / V_{Br}	V_{Cl} / V_{Cr}	V_{Dl} / V_{Dr}	V_E
	0.077	0.036	0.036	0.077	−0.107	−0.071	−0.107	0.393	−0.607 / 0.536	−0.464 / 0.464	−0.536 / 0.607	−0.393
	0.100	—	0.081	—	−0.054	−0.036	−0.054	0.446	−0.554 / 0.018	0.018 / 0.482	−0.518 / 0.054	0.054
	0.072	0.061	—	0.098	−0.121	−0.018	−0.058	0.380	−0.620 / 0.603	−0.397 / −0.040	−0.040 / 0.558	−0.442
	—	0.056	0.056	—	−0.036	−0.107	−0.036	−0.036	−0.036 / 0.429	−0.571 / 0.571	−0.429 / 0.036	0.036
	0.094	0.071	—	—	−0.067	0.018	−0.004	0.433	−0.567 / 0.085	0.085 / −0.022	0.022 / 0.004	0.004
	—	0.071	—	0.052	−0.049	−0.054	0.013	−0.049	−0.049 / 0.496	−0.504 / 0.067	0.067 / −0.013	−0.013
	0.052	0.028	0.028	0.052	−0.067	−0.045	−0.067	0.183	−0.317 / 0.272	−0.228 / 0.228	−0.272 / 0.317	−0.183
	0.067	—	0.055	—	−0.034	−0.022	−0.034	0.217	−0.284 / 0.011	0.011 / 0.239	−0.261 / 0.034	0.034

续表

荷载图	跨内最大弯矩 M₁	M₂	M₃	M₄	支座弯矩 M_B	M_C	M_D	剪力 V_A	V_{B左}/V_{B右}	V_{B'}/V_G	V_{D'}/V_D	V_E
（荷载图）	0.049	0.042	—	0.066	−0.075	−0.011	−0.036	0.175	−0.325 / 0.314	−0.186 / −0.025	−0.025 / 0.286	−0.214
（荷载图）	—	0.040	0.040	—	−0.022	−0.067	−0.022	−0.022	−0.022 / 0.205	−0.295 / 0.295	−0.205 / 0.022	−0.022
（荷载图）	0.063	0.051	—	—	−0.042	0.011	−0.003	0.208	−0.292 / 0.053	0.053 / −0.014	−0.014 / 0.003	0.003
（荷载图）	—	—	0.183	—	−0.031	−0.034	0.008	−0.031	−0.031 / 0.247	−0.253 / 0.042	0.042 / −0.008	−0.008
（荷载图）	0.169	0.116	0.116	0.169	−0.161	−0.107	−0.161	0.339	−0.661 / 0.554	−0.446 / 0.446	−0.554 / 0.661	−0.339
（荷载图）	0.210	—	0.183	—	−0.080	−0.054	−0.080	0.420	−0.580 / 0.027	0.027 / 0.473	−0.527 / 0.080	0.080
（荷载图）	0.159	0.146	—	0.206	−0.181	−0.027	−0.087	0.319	−0.681 / 0.654	−0.346 / −0.060	−0.060 / 0.587	−0.413
（荷载图）	—	0.142	0.142	—	−0.054	−0.161	−0.054	0.054	−0.054 / 0.393	−0.607 / 0.607	−0.393 / 0.054	0.054

续表

荷载图	跨内最大弯矩				支座弯矩			剪力							
	M_1	M_2	M_3	M_4	M_B	M_C	M_D	V_A	$V_{B左}$	$V_{B右}$	$V_{C左}$	$V_{C右}$	$V_{D左}$	$V_{D右}$	V_E
	0.200	—	—	—	−0.100	0.027	−0.007	0.400	−0.600	0.127	0.127	−0.033	−0.033	0.007	0.007
	—	0.173	—	—	−0.074	−0.080	0.020	−0.074	−0.074	0.493	−0.507	0.100	0.100	−0.020	−0.020
	0.238	0.111	0.111	0.238	−0.286	−0.191	−0.286	0.714	1.286	1.095	−0.905	0.905	−1.095	1.286	−0.714
	0.286	—	0.222	—	−0.143	−0.095	−0.143	0.857	−1.143	0.048	0.048	0.952	−1.046	0.143	0.143
	0.226	0.194	—	0.282	−0.321	−0.048	−0.155	0.679	−1.321	1.274	−0.726	−0.107	−0.107	1.155	−0.845
	—	0.175	0.175	—	−0.095	−0.286	−0.095	−0.095	0.095	0.810	−1.190	1.190	−0.810	0.095	0.095
	0.274	—	—	—	−0.178	0.048	−0.012	0.822	−1.178	0.226	0.226	−0.060	−0.060	0.012	0.012
	—	0.198	—	—	−0.131	−0.143	0.036	−0.131	−0.131	0.988	−0.012	0.178	0.178	−0.036	−0.036

附表 5-4

五跨梁内力系数表

荷载图	跨内最大弯矩 M_1	M_2	M_3	支座弯矩 M_B	M_C	M_D	M_E	V_A	$V_{B左}$ / $V_{B右}$	$V_{C左}$ / $V_{C右}$	$V_{D左}$ / $V_{D右}$	$V_{E左}$ / $V_{E右}$	V_F
	0.078	0.033	0.046	−0.105	−0.079	−0.079	−0.105	0.394	−0.606 / 0.526	−0.474 / 0.500	−0.500 / 0.474	−0.526 / 0.606	−0.394
	0.100	—	0.085	−0.053	−0.040	−0.053	0.053	0.447	−0.553 / 0.013	0.013 / 0.500	−0.500 / −0.013	−0.013 / 0.553	−0.447
	—	0.079	—	−0.053	−0.040	−0.040	−0.053	−0.053	−0.053 / 0.513	−0.487 / 0	0 / 0.487	−0.513 / 0.053	0.053
	0.073	② 0.059 / 0.078	0.064	−0.119	−0.022	−0.044	−0.051	0.380	−0.620 / 0.598	−0.402 / −0.023	−0.023 / 0.493	−0.507 / 0.052	0.052
	① — / 0.098	0.055	0.064	−0.035	−0.111	−0.020	−0.057	0.035	0.035 / 0.424	0.576 / 0.591	−0.409 / −0.037	−0.037 / 0.557	−0.433
	0.094	—	—	−0.067	0.018	−0.005	0.001	0.433	0.567 / 0.085	0.085 / 0.023	0.023 / 0.006	0.006 / −0.001	0.001
	—	0.074	—	−0.049	−0.054	0.014	−0.004	0.019	−0.049 / 0.495	−0.505 / 0.068	0.068 / −0.018	−0.018 / 0.004	0.004
	—	—	0.072	0.013	0.053	0.053	0.013	0.013	0.013 / −0.066	−0.066 / 0.500	−0.500 / 0.066	0.066 / −0.013	0.013

457

续表

荷载图	M_1	M_2	M_3	M_B	M_C	M_D	M_E	V_A	V_{Bl} / V_{Br}	V_{Cl} / V_{Cr}	V_{Dl} / V_{Dr}	V_{El} / V_{Er}	V_F
				跨内最大弯矩				支座弯矩			剪　力		
	0.053	0.026	0.034	-0.066	-0.049	0.049	-0.066	0.184	-0.316 / 0.266	-0.234 / 0.250	-0.250 / 0.234	-0.266 / 0.316	0.184
	0.067	—	0.059	-0.033	-0.025	-0.025	0.033	0.217	0.283 / 0.008	0.008 / 0.250	-0.250 / -0.008	-0.008 / 0.283	0.217
	—	0.055	—	-0.033	-0.025	-0.025	-0.033	0.033	-0.033 / 0.258	-0.242 / 0	0 / 0.242	-0.258 / 0.033	0.033
	① $\frac{0.049}{0.066}$	② $\frac{0.041}{0.053}$	0.044	-0.075	-0.014	-0.028	-0.032	0.175	0.325 / 0.311	-0.189 / -0.01	-0.014 / 0.246	-0.255 / 0.032	0.032
	0.063	0.039	—	-0.022	-0.070	-0.013	-0.036	-0.022	-0.022 / 0.202	-0.298 / 0.307	-0.193 / -0.023	-0.023 / 0.286	-0.214
	—	—	—	-0.042	0.011	-0.003	0.001	0.208	-0.292 / 0.053	0.053 / -0.014	-0.014 / 0.004	0.004 / -0.001	-0.001
	—	0.051	—	-0.031	-0.034	0.009	-0.002	-0.031	-0.031 / 0.247	-0.253 / 0.043	0.043 / -0.011	-0.011 / 0.002	0.002
	—	—	0.050	0.008	-0.033	-0.033	0.008	0.008	0.008 / -0.041	-0.041 / 0.250	-0.250 / 0.041	0.041 / -0.008	-0.008

续表

荷载图	跨内最大弯矩			支座弯矩				剪　力					
	M_1	M_2	M_3	M_B	M_C	M_D	M_E	V_A	$V_{B左}$ / $V_{B右}$	$V_{C左}$ / $V_{C右}$	$V_{D左}$ / $V_{D右}$	$V_{E左}$ / $V_{E右}$	V_F
(荷载图)	0.171	0.112	0.132	-0.158	-0.118	-0.118	-0.158	0.342	-0.658 / 0.540	-0.460 / 0.500	-0.500 / 0.460	-0.540 / 0.658	-0.342
(荷载图)	0.211	—	0.191	-0.079	-0.059	-0.059	-0.079	0.421	-0.579 / 0.020	0.020 / 0.500	-0.500 / -0.020	-0.020 / 0.579	-0.421
(荷载图)	—	0.181	—	-0.079	-0.059	-0.059	-0.079	-0.079	-0.079 / 0.520	-0.480 / 0	0 / 0.480	-0.520 / 0.079	0.079
(荷载图)	0.160	② $\dfrac{0.144}{0.178}$	—	-0.179	-0.032	-0.066	-0.077	0.321	-0.679 / 0.647	-0.353 / -0.034	-0.034 / 0.489	-0.511 / 0.077	0.077
(荷载图)	① 0.207	0.140	0.151	-0.052	-0.167	-0.031	-0.086	-0.052	-0.052 / 0.385	-0.615 / 0.637	-0.363 / -0.056	0.056 / 0.586	-0.414
(荷载图)	0.200	—	—	-0.100	0.027	-0.007	0.002	0.400	-0.600 / 0.127	0.127 / -0.031	-0.034 / 0.009	0.009 / -0.002	-0.002
(荷载图)	—	0.173	—	-0.073	-0.081	0.022	-0.005	-0.073	-0.073 / 0.493	-0.507 / 0.102	0.102 / -0.027	-0.027 / 0.005	0.005
(荷载图)	—	—	0.171	0.020	-0.079	-0.079	0.020	0.020	0.020 / -0.099	-0.099 / 0.500	-0.500 / 0.099	0.099 / -0.020	-0.020

续表

荷载图	跨内最大弯矩			支座弯矩				剪　力					
	M_1	M_2	M_3	M_B	M_C	M_D	M_E	V_A	V_{Bl} / V_{Br}	V_{Cl} / V_{Cr}	V_{Dl} / V_{Dr}	V_{El} / V_{Er}	V_F
	0.240	0.100	0.122	−0.281	−0.211	0.211	−0.281	0.719	−1.281 / 1.070	−0.930 / 1.000	−0.1000 / 0.930	1.070 / 1.281	−0.719
	0.287	—	0.228	−0.140	−0.105	−0.105	−0.140	0.860	−1.140 / 0.035	0.035 / 1.000	1.000 / −0.035	−0.035 / 1.140	−0.860
	—	0.216	—	−0.140	−0.105	−0.105	−0.140	−0.140	−0.140 / 1.035	−0.965 / 0	0.000 / 0.965	−1.035 / 0.140	0.140
	0.227	② $\dfrac{0.189}{0.209}$	0.198	−0.319	−0.057	−0.118	−0.137	0.681	−1.319 / 1.262	−0.738 / −0.061	−0.061 / 0.981	−1.019 / 0.137	0.137
	① $\dfrac{-}{0.282}$	0.172	—	−0.093	−0.297	−0.054	−0.153	0.093	−0.093 / 0.796	−1.204 / 1.243	−0.757 / −0.099	−0.099 / 1.153	−0.847
	0.274	—	0.198	−0.179	0.048	−0.013	0.003	0.821	−1.179 / 0.227	0.227 / −0.061	−0.061 / 0.016	0.016 / −0.003	−0.003
	—	0.198	—	−0.131	−0.144	0.038	−0.010	−0.131	−0.131 / 0.987	−1.013 / 0.182	0.182 / −0.048	−0.048 / 0.010	0.010
	—	—	0.193	0.035	−0.140	−0.140	0.035	0.035	0.035 / −0.175	−0.175 / 1.000	−1.000 / 0.175	0.175 / −0.035	−0.035

注：1. 分子及分母分别为 M_1 和 M_5 的弯矩系数；2. 分子及分母分别为 M_2 和 M_4 的弯矩系数。

附录 6 双向板的内力和挠度系数表

1. 内力计算公式

$$M = 表中系数 \times ql$$

l 取 l_x 和 l_y 之间的较小值。

表中内力系数为泊松比 $v=0$ 时求得的系数，当 $v \neq 0$ 时，表中系数需要按下式换算：

$$m_x^v = m_x + v m_y$$
$$m_y^v = m_y + v m_x$$

对混凝土结构可以取 $v = 0.17$。

表中系数：

m_x，$m_{x\max}$——分别为平行于 l_x 方向板中心点单位板宽内的弯矩和板跨内最大弯矩；

m_y，$m_{y\max}$——分别为平行于 l_y 方向板中心点单位板宽内的弯矩和板跨内最大弯矩；

m_{ox}，m_{oy}——分别为平行于 l_x 和 l_y 方向自由边的中点单位板宽内的弯矩；

m_x'——固定边中点沿 l_x 方向单位板宽内的弯矩；

m_y'——固定边中点沿 l_y 方向单位板宽内的弯矩；

m_{xz}'——平行于 l_x 方向自由边上固定端单位板宽内的支座弯矩。

2. 挠度计算公式

$$f(或 f_{\max}) = 表中系数 \times \frac{ql^4}{B_c}$$

$$B_c = \frac{Eh^3}{12(1-v^2)} \qquad (刚度)$$

式中，l 取 l_x 和 l_y 之间的较小值；

      E——弹性模量；

      h——板厚；

      v——泊松比；

      f，$f_{\max}$——分别为板中心点的挠度和最大挠度。

3. 正负号规定

弯矩——使板的受荷面积受压者为正；

挠度——变位方向与荷载方向相同者为正。

4. 边界约束符号规定

_____代表自由边；========= 代表简支边；⊥⊥⊥⊥⊥⊥ 代表固定板。

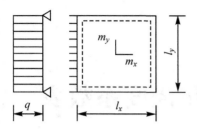

附表 6-1　　　　　　　　　　　　　**四边简支板**

l_x/l_y	f	m_x	m_y	l_x/l_y	f	m_x	m_y
0.50	0.01013	0.0965	0.0174	0.80	0.00603	0.0561	0.0334
0.55	0.00940	0.0892	0.0210	0.85	0.00547	0.0506	0.0348
0.60	0.00867	0.0820	0.0242	0.90	0.00496	0.0456	0.0358
0.65	0.00793	0.0750	0.0271	0.95	0.00449	0.0410	030364
0.70	0.00727	0.0683	0.0296	1.00	0.00406	0.0368	0.0368
0.75	0.00663	0.0620	0.0317				

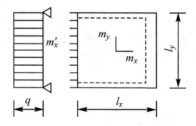

附表 6-2　　　　　　　　　　　　　**三边简支一边固定板**

l_x/l_y	l_y/l_x	f	f_{max}	m_x	$m_{x\,max}$	m_y	$m_{y\,max}$	m_x'
0.50		0.00488	0.00504	0.0583	0.0646	0.0060	0.0063	−0.1212
0.55		0.00471	0.00492	0.0563	0.0618	0.0081	0.0087	−0.1187
0.60		0.00453	0.00472	0.0539	0.0589	0.0104	0.0111	−0.1153
0.65		0.00432	0.00448	0.0513	0.0559	0.0126	0.0133	−0.1124
0.70		0.00410	0.00422	0.0485	0.0529	0.0148	0.0154	−0.1087
0.75		0.00388	0.00399	0.0457	0.0496	0.0168	0.0174	−0.1048
0.80		0.00365	0.00376	0.0428	0.0463	0.0187	0.0193	−0.1007
0.85		0.00343	0.00352	0.0400	0.0431	0.0204	0.0211	−0.0965
0.90		0.00321	0.00329	0.0372	0.0400	0.0219	0.0226	−0.0922
0.95		0.00299	0.00306	0.0345	0.0369	0.0232	0.0239	−0.0880
1.00	1.00	0.00279	0.00285	0.0319	0.0340	0.0243	0.0249	−0.0839
	0.95	0.00316	0.00324	0.0324	0.0345	0.0280	0.0287	−0.0882
	0.90	0.00360	0.00368	0.0328	0.0347	0.0322	0.0330	−0.0926
	0.85	0.00409	0.00417	0.0329	0.0347	0.0370	0.0378	−0.0970
	0.80	0.00464	0.00473	0.0326	0.0343	0.0424	0.0433	−0.1014
	0.75	0.00526	0.00536	0.0319	0.0335	0.0485	0.0494	−0.1056

l_x/l_y	l_y/l_x	f	f_{max}	m_x	$m_{x\,max}$	m_y	$m_{y\,max}$	m_x'
	0.70	0300595	0.00605	0.0308	0.0323	0.0553	0.0562	−0.1096
	0.65	0.00670	0.00680	0.0291	0.0306	0.0627	0.0637	−0.1166
	0.60	0.00752	0.00762	0.0268	0.0289	0.0707	0.0717	−0.1166
	0.55	0.00835	0.00848	0.0239	0.0271	0.0792	0.0801	−0.1193
	0.50	0.00927	0.00935	0.0205	0.0249	0.0880	0.0888	−0.1215

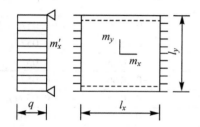

附表 6-3　　　　　　　　　**两边简支、两对边固定板**

l_x/l_y	l_y/l_x	f	m_x	m_y	m_x'
0.50		0.00261	0.0416	0.0017	−0.0843
0.55		0.00259	0.0410	0.0028	−0.0843
0.60		0.00255	0.0402	0.0042	−0.0834
0.65		0.00250	0.0392	0.0057	−0.0826
0.70		0.00243	0.0379	0.0072	−0.0814
0.75		0.00236	0.0366	0.0088	−0.0799
0.80		0.00228	0.0651	0.0103	−0.0782
0.85		0.00220	0.0335	0.0118	−0.0763
0.90		0.00211	0.0319	0.0133	−0.0743
0.95		0.00201	0.0302	0.0146	−0.0721
1.00	1.00	0.00192	0.0285	0.0158	−0.0698
	0.95	0.00223	0.0296	0.0189	−0.0746
	0.90	0.00260	0.0306	0.0224	−0.0797
	0.85	0.00303	0.0314	0.0266	−0.0850
	0.80	0.00354	0.0319	0.0316	−0.0904
	0.75	0.00413	0.0321	0.0374	−0.0959
	0.70	0.00482	0.0318	0.0441	−0.1013
	0.65	0.00560	0.0308	0.0518	−0.1066
	0.60	0.00647	0.0292	0.0604	−0.1114
	0.55	0.00743	0.0267	0.0698	−0.1156
	0.50	0.00844	0.0234	0.0798	−0.1191

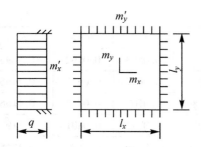

附表 6-4 四边固定板

l_x/l_y	l_y/l_x	f	m_y	m_x'	m_y'
0.50	0.00253	0.0400	0.0038	−0.0829	−0.0570
0.55	0.00246	0.0385	0.0056	−0.0814	−0.0571
0.60	0.00236	0.0367	0.0076	−0.0793	−0.0571
0.65	0.00224	0.0345	0.0095	−0.0766	−0.0571
0.70	0.00211	0.0321	0.0113	−0.0735	−0.0569
0.75	0.00197	0.0296	0.0130	−0.0701	−0.0565
0.80	0.00182	0.0271	0.0144	−0.0664	−0.0559
0.85	0.00168	0.0246	0.0156	−0.0626	−0.0551
0.90	0.00153	0.0221	0.0165	−0.0588	−0.0541
0.95	0.00140	0.0198	0.0172	−0.0550	−0.0528
1.00	0.00127	0.0176	0.0176	−0.0513	−0.0513

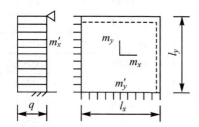

附表 6-5 两邻边简支、两邻边固定

l_x/l_y	l_y/l_x	f	m_x	$m_{x\max}$	m_y	$m_{y\max}$	m_x'	m_y'
0.50	0.00468	0.00471	0.0559	0.0562	0.0079	0.0135	−0.1179	−0.0786
0.55	0.00445	0.00454	0.0529	0.0530	0.0104	0.0153	−0.1140	−0.0782
0.60	0.00419	0.00429	0.0496	0.0498	0.0129	0.0169	−0.1095	−0.0782
0.65	0.00391	0.00399	0.0461	0.0465	0.0151	0.0183	−0.1045	−0.0777
0.70	0.00363	0.00368	0.0426	0.0432	0.0172	0.0195	−0.0992	−0.0770
0.75	0.00335	0.00340	0.0390	0.0396	0.0189	0.0206	−0.0938	−0.0760
0.80	0.00308	0.00313	0.0356	0.0361	0.0204	0.0218	−0.0883	−0.0748
0.85	0.00281	0.00286	0.0322	0.0328	0.0215	0.0229	−0.0829	−0.0783
0.90	0.00256	0.00261	0.0291	0.0297	0.0224	0.0238	−0.0776	−0.0716
0.95	0.00232	0.00237	0.0261	0.0267	0.0230	0.0244	−0.0726	−0.0698
1.00	0.00210	0.00215	0.0234	0.0240	0.0234	0.0249	−0.0677	−0.0677

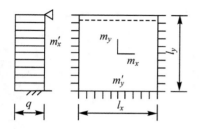

附表 6-6　　　　　　　　　　　　　　一边简支、三边固定板

l_x/l_y	l_y/l_x	f	f_{max}	m_x	$m_{x\,max}$	m_y	$m_{y\,max}$	m_x'	m_y'
0.50		0.00257	0.00258	0.0408	0.0409	0.0028	0.0089	−0.0836	−0.0569
0.55		0.00252	0.00255	0.0398	0.0399	0.0042	0.0093	−0.0827	−0.0570
0.60		0.00245	0.00249	0.0384	0.0386	0.0059	0.0105	−0.0814	−0.0571
0.65		0.00237	0.00240	0.0368	0.0371	0.0076	0.0116	−0.0796	−0.0572
0.70		0.00227	0.00229	0.0350	0.0354	0.0093	0.0127	−0.0774	−0.0572
0.75		0.00216	0.00219	0.0331	0.0335	0.0109	0.0137	−0.0750	−0.0572
0.80		0.00205	0.00208	0.0310	0.0314	0.0124	0.0147	−0.0722	−0.0570
0.85		0.00193	0.00196	0.0289	0.0293	0.0138	0.0155	−0.0693	−0.0567
0.90		0.00181	0.00184	0.0268	0.0273	0.0159	0.0163	−0.0663	−0.0563
0.95		0.00169	0.00172	0.0247	0.0252	0.0160	0.0172	−0.0631	−0.0558
1.00	1.00	0.00157	0.00160	0.0227	0.0231	0.0168	0.0180	−0.0600	−0.0550
	0.95	0.00178	0.00182	0.0229	0.0234	0.0194	0.0207	−0.0629	−0.0599
	0.90	0.00201	0.00206	0.0228	0.0234	0.0223	0.0288	−0.0656	−0.0653
	0.85	0.00227	0.00233	0.0225	0.0231	0.0255	0.0273	−0.0683	−0.0711
	0.80	0.00256	0.00262	0.0219	0.0224	0.0290	0.0311	−0.0707	−0.0772
	0.75	0.00286	0.00294	0.0208	0.0214	0.0329	0.0354	−0.0729	−0.0837
	0.70	0.00319	0.00327	0.0194	0.0200	0.0370	0.0400	−0.0748	−0.0903
	0.65	0.00352	0.00365	0.0175	0.0182	0.0412	0.0446	−0.0762	−030970
	0.60	0.00386	0.00403	0.0153	0.0160	0.0454	0.0493	−0.0778	−0.1033
	0.55	0.00419	0.00437	0.0127	0.0133	0.0496	0.0541	−0.0780	−0.1093
	0.50	0.00449	0.00463	0.0099	0.0103	0.0534	0.0588	−0.0784	−0.1146

参 考 文 献

[1]卢亦焱. 钢纤维混凝土材料及其在路面工程中的应用[J]. 公路, 1999(4): 41-45.

[2]卢亦焱, 李传才, 张鹏, 等. 乐天溪特大桥钢纤维混凝土应用研究[J]. 武汉水利电力大学学报, 1996(2): 22-26.

[3]卢亦焱, 陈娟, 黄银燊, 等. 预应力 FRP 加固工程结构技术研究进展[J]. 中国工程科学, 2008(8): 40-44.

[4]李传才, 刘幸, 黄振兴, 等. 坝后钢衬钢筋混凝土压力管道的非线性有限元分析[J]. 武汉水利电力学院学报, 1990(6): 39-45.

[5]李传才, 贺采旭, 肖明俊. 大推力弧门支座新结构型式的研究[J]. 水利水电技术, 1993(9): 43-46.

[6]李传才, 王兴梅, 刘向东. 高层建筑桩基承台按应力图形配筋的设计方法[J]. 土木工程学报, 2002(2): 86-91.

[7]卢亦焱, 史健勇, 赵国藩. 碳纤维布和角钢复合加固轴心受压混凝土柱的试验研究[J]. 建筑结构学报, 2003(5): 18-23.

[8]卢亦焱, 陈少雄, 赵国藩. 外包钢与碳纤维布复合加固钢筋混凝土柱抗震性能试验研究[J]. 土木工程学报, 2005(8): 10-17.

[9]中华人民共和国住房和城乡建设部. 混凝土结构设计规范(2015 年版): GB 50010—2010[S]. 北京: 中国建筑工业出版社, 2016.

[10]能源行业水电勘测设计标准化技术委员会. 水工混凝土结构设计规范: NB/T 11011—2022[S]. 北京: 中国水利水电出版社, 2022.

[11]水利部水利水电规划总院. 水工混凝土结构设计规范: SL 191—2008[S]. 北京: 中国水利水电出版社, 2009.

[12]中华人民共和国住房和城乡建设部. 混凝土物理力学性能试验方法标准: GB/T 50081—2019[S]. 北京: 中国建筑工业出版社, 2019.

[13]中华人民共和国住房和城乡建设部. 混凝土强度检验评定标准: GB/T 50107—2010[S]. 北京: 中国建筑工业出版社, 2010.

[14]PARK R, PAULAY T. Reinforced Concrete Structures[M]. Canada: John Wiley & Sons, Inc., 1975.

[15]过镇海, 张秀琴, 张达成, 等. 混凝土应力-应变全曲线的试验研究[J]. 建筑结构学报, 1982(1): 1-12.

[16]王玉起, 王春瑞, 陈云霞, 等. 混凝土轴心受压时的应力应变关系[J]. 天津大学学报, 1983(2): 29-40.

［17］全国钢标准化技术委员会．钢筋混凝土用钢 第 1 部分：热轧光圆钢筋：GB 1499.1—2017［S］．北京：中国标准出版社，2018.

［18］全国钢标准化技术委员会．钢筋混凝土用钢 第 2 部分：热轧带肋钢筋：GB/T 1499.2—2018［S］．北京：中国标准出版社，2018.

［19］全国钢标准化技术委员会．预应力混凝土用钢丝：GB/T 5223—2014［S］．北京：中国标准出版社，2014.

［20］General Principle on Reliability for Structures：ISO 2394：1998［S］．Switzerland：ISO，1998.

［21］中华人民共和国住房和城乡建设部．工程结构可靠性设计统一标准：GB 50153—2008［S］．北京：中国建筑工业出版社，2009.

［22］中华人民共和国住房和城乡建设部．水利水电工程结构可靠性设计统一标准：GB 50199—2013［S］．北京：中国计划出版社，2014.

［23］中华人民共和国住房和城乡建设部．建筑结构可靠性设计统一标准：GB 50068—2018［S］．北京：中国建筑工业出版社，2019.

［24］中华人民共和国住房和城乡建设部．工程结构通用规范：GB 55001—2021［S］．北京：中国建筑工业出版社，2021.

［25］中华人民共和国住房和城乡建设部．混凝土结构通用规范：GB 55008—2021［S］．北京：中国建筑工业出版社，2022.

［26］赵国藩．工程结构可靠性理论与应用［M］．大连：大连理工大学出版社，1996.

［27］李继华，林忠民，李明顺．建筑结构概率极限状态设计［M］．北京：中国建筑工业出版社，1990.

［28］侯建国，安旭文．水利水电工程结构可靠性设计理论与方法［J］．计算力学学报，2014，31（增刊）：9-16，21.

［29］侯建国，安旭文．结构可靠度理论在水工结构设计标准中的应用［J］．长江科学院院报，2019，36（8）：1-9.

［30］Structural Use of Concrete，Part 1，Code of Practice for Design and Construction：BS 8110：1997［S］．British Standards Institution，1997.

［31］Design of concrete structures —Part 1-1：General rules and rules for buildings：EN 1992-1-1：2004 Eurocode 2［S］．2004.

［32］Building Code Requirements for Structural Concrete（ACI 318-19），Commentary on Building Code Requirements for Structural Concrete（ACI 318R-19）：ACI 318-19［S］．Farmington Hills，Mich：American Concrete Institute，2019.

［33］电力工业部水电水利规划设计总院．水工混凝土结构设计规范：DL/T 5057—1996［S］．北京：中国电力出版社，1996.

［34］电力行业水电施工标准化技术委员会．水工混凝土结构设计规范：DL/T 5057—2009［S］．北京：中国电力出版社，2009.

［35］中华人民共和国水利电力部．水工钢筋混凝土结构设计规范（试行）：SDJ 20—1978［S］．北京：水利电力出版社，1979.

[36] 黄振兴，程学文，侯建国．水工钢筋混凝土结构可靠度分析和分项系数确定——《水利水电工程结构可靠度设计统一标准》附件二[M]//罗孝昌．水利水电工程结构可靠度设计统一标准专题文集．成都：四川科学技术出版社，1994：34-62.

[37] 侯建国，贺采旭．水工混凝土结构分项系数设计法可靠度研究[J]．人民长江，1994（7）：1-6.

[38] 侯建国，贺采旭．《水工混凝土结构设计规范》材料性能指标修订方案介绍[J]．水利水电技术，1994（10）：11-17.

[39] 侯建国，贺采旭，石波，等．《水工钢筋混凝土结构设计规范（SDJ20—78）》可靠度校准分析[J]．水力发电，1995（3）：27-31.

[40] 侯建国，贺采旭．水工混凝土结构设计分项系数取值方案探讨[J]．武汉水利电力大学学报，1995（6）：613-618.

[41] 侯建国，贺采旭．水工混凝土结构设计分项系数的确定[J]．水利学报，1996（7）：37-41.

[42] 电力工业部水电水利规划设计总院．水利水电工程结构可靠度设计统一标准：GB 50199—94[S]．北京：中国计划出版社，1994.

[43] 中华人民共和国住房和城乡建设部．水工建筑物荷载标准：GB/T 51394—2020[S]．北京：中国计划出版社，2020.

[44] 中华人民共和国住房和城乡建设部．建筑结构荷载规范：GB 50009—2012[S]．北京：中国建筑工业出版社，2012.

[45] 张学易，译，郑顺伟，校．СНИП 2.06.08—87《水工建筑物混凝土和钢筋混凝土结构》[M]．北京：水利水电勘测设计标准化情报网，1990.

[46] 张学易．水工混凝土的强度特性[M]//水利水电工程结构可靠度设计统一标准专题文集．成都：四川科学技术出版社，1994：63-76.

[47] 混凝土基本力学性能研究组．混凝土的几个基本力学指标[M]//钢筋混凝土研究报告选集．北京：中国建筑工业出版社，1997：21-36.

[48] 钢筋混凝土结构可靠度研究小组．钢筋混凝土结构的可靠性和极限状态设计方法[M]//国家建委建筑科学研究院．钢筋混凝土结构研究报告选集（2）．北京：中国建筑工业出版社，1984：1-18.

[49] 全国钢标准化技术委员会．钢筋混凝土用余热处理钢筋：GB 13014—2013[S]．北京：中国标准出版社，2013.

[50] 全国钢标准化技术委员会．预应力混凝土用中强度钢丝：GB/T 30828—2014[S]．北京：中国标准出版社，2014.

[51] 全国钢标准化技术委员会．预应力混凝土用钢绞线：GB/T 5224—2014[S]．北京：中国标准出版社，2014.

[52] 全国钢标准化技术委员会．预应力混凝土用螺纹钢筋：GB/T 20065—2016[S]．北京：中国标准出版社，2016.

[53] 侯建国，李春霞，刘晓华，等．关于荷载分项系数的修订建议[J]．工程建设标准化，2000（5）：34-36.

[54] 侯建国,夏敏,国茂华,等. 中美混凝土结构设计规范综合安全系数的比较[J]. 工程建设标准化,2001(6):11-17.

[55] 侯建国,吴春秋,龚治国. 中外钢结构设计规范安全度水平的比较[J]. 武汉大学学报(工学版),2003(5):75-78.

[56] HOU J, AN X, HE Y. Comments on Design Methods of Penstocks[J]. Journal of Pressure Vessel Technology, 2004, 126(3):391-398.

[57] 侯建国,宋础,刘晓春,等. 美国新版混凝土结构设计规范的安全度分析[J]. 工程建设标准化,2004(5):42-44.

[58] 水电水利规划设计总院. 水电工程水工建筑物抗震设计规范:NB 35047—2015[S]. 北京:中国电力出版社,2015.

[59] 邵卓民. 建筑结构设计准则的演进[J]. 建筑结构,1993(2):52-54.

[60] 贡金鑫,赵国藩. 国外结构可靠性理论的应用与发展[J]. 土木工程学报,2005(2):1-7.

[61] 程志军. 亚太地区建筑标准的协调[J]. 工程建设标准化,2001(6):34-35.

[62] 卓平. 欧洲统一工程结构规范的进展[J]. 工程建设标准化,1999(5):36-38.

[63] 邵卓民. 市场经济条件下建筑标准化改革的探讨[J]. 工程建设标准化,1998(2):11-15.

[64] 贺鸣,卓平. 欧洲工程结构设计规范发布实施[J]. 工程建设标准化,2004(4):29-30.

[65] 侯建国,安旭文,张京穗,等. 关于水工结构设计标准按结构可靠度理论进行修编的建议[J]. 武汉水利电力大学学报,2000,33(3):59-63.

[66] 侯建国,沈涛,王逢庆. 国内外工程结构设计标准述评[J]. 武汉大学学报(工学版),2003,10(增刊):15-20.

[67] 李传才,侯建国. 一级注册结构工程师专业考试指南[M]. 北京:中国水利水电出版社.

[68] MACGREGOR J G. The Shear Strength of Reinforced Concrete Members[J]. Journal of the Structural Division, 1973, 99(6):1091-1187.

[69] 抗剪强度计算研究组. 钢筋混凝土梁的抗剪强度计算[M]//国家建委建筑科学研究院. 钢筋混凝土结构研究报告选集. 北京:中国建筑工业出版社,1977.

[70] 李寿康,喻永言. 钢筋混凝土简支梁考虑剪跨比影响的抗剪强度计算[M]//中国建筑科学研究院. 钢筋混凝土结构研究报告选集(2). 北京:中国建筑工业出版社,1981.

[71] 王传志,滕智明. 钢筋混凝土结构理论[M]. 北京:中国建筑工业出版社,1985.

[72] 赵志缙,何秀杰. 建筑施工[M]. 2版. 北京:中国建筑工业出版社,1984.

[73] 中国建筑标准设计研究所. 22G101-1 混凝土结构施工图平面整体表示方法制图规则和构造详图[M]. 北京:中国计划出版社,2022.

[74] 钢筋混凝土结构设计规范修订组. 钢筋混凝土构件正截面强度计算[J]. 建筑结构,1984(3):1-6.

[75] 白生翔,黄成若. 钢筋混凝土结构设计与构造[M]. 北京:中国建筑科学研究院,1985.

[76]童岳生，梁兴文．钢筋混凝土结构设计[M]．北京：科学技术文献出版社，1995．

[77]THURLIMANN B. Torsional Strength of Reinforced and Prestressed Concrete Beams-CEB Approach[J]. ACI Symposium Publication, 1979, 59.

[78]谭晓华．对钢筋混凝土结构裂缝宽度限值分类及取值的意见[J]．建筑结构，1982（3）：57-60．

[79]中国建筑科学研究院结构所规范室．CEB-FIP 1990 模式规范——混凝土结构[M]．1991．

[80]李金玉，曹建国．水工混凝土耐久性的研究和应用[M]．北京：中国电力出版社，2004．

[81]电力行业水电施工标准化技术委员会．水工混凝土试验规程：DL/T 5150—2017[S]．北京：中国电力出版社，2018．

[82]蔡绍怀．抗裂塑性系数取值方法的改进[M]//钢筋混凝土研究报告选集．北京：中国建筑工业出版社，1977：21-36．

[83]赵国藩．预应力混凝土、钢筋混凝土及混凝土构件抗裂性通用计算法[J]．土木工程学报，1964(2)：1-16．

[84]SALIGER R. High Grade Steel in Reinforced Concrete[C]//International Association for Bridges and Structural Engineering. Proceedings of the 2nd Congress of IABSE. Berlin/Munich, Germany: Preliminary Publication, 1936: 293-315.

[85]МУРАЩЕВ В. Трещиноустойчивость, Жестксть Прочность Железобетона[M]. Москва, 1950.

[86]BROMS B B. Crack Width and Crack Spacing In Reinforced Concrete Members[J]. ACI Journal, 1965, 62(10): 1237-1256.

[87]BASE G D, READ J B, BEEBY A W, et al. An Investigation of the Crack Control Characteristics of Various Types of Bar in Reinforced Concrete Beams[R]. London, UK: Cement and Concrete Association, 1966.

[88]GERGELY P, LUTZ L A. Maximum Crack Width in Reinforced Concrete Flexural Members[J]. ACI Symposium Publication, 1968, 20: 87-117.

[89]赵国藩，王清湘．钢筋混凝土构件裂缝宽度分析的应力图形和计算模式[J]．大连工学院学报，1984(4)：87-94．

[90]蓝宗建，丁大钧．钢筋混凝土受弯构件裂缝宽度的计算[J]．南京工学院学报，1985（2）：64-72．

[91]陶学康．后张预应力混凝土设计手册[M]．北京：中国建筑工业出版社，1996．

[92]李传才，向贤华，张欣．混凝土结构单向板与双向板区分界限的研究[J]．土木工程学报，2006（3）：62-67．

[93]郑元锋，李溪喧，李传才．混凝土整体式肋形结构主梁计算模型的简化[J]．武汉大学学报(工学版)，2008(5)：82-86．

[94]中国工程建设标准化协会．钢筋混凝土连续梁和框架考虑内力重分布设计规范（CECS51：93）[M]．北京：中国计划出版社，1994．

[95] 建筑结构静力计算手册编写组. 建筑结构静力计算手册[M]. 2 版. 北京：中国建筑工业出版社, 1998.

[96] 能源行业水电勘察设计标准化技术委员会. 水电站厂房设计规范：NB 35011—2016 [S]. 北京：中国电力出版社, 2017.

[97] 张治滨, 季奎, 王筱生, 等. 水电站建筑物设计参考资料[M]. 北京：中国水利水电出版社, 1997.

[98] 李仲奎, 马吉明, 张明. 水力发电建筑物[M]. 北京：清华大学出版社, 2007.

[99] 马善定, 汪如泽. 水电站建筑物[M]. 2 版. 北京：中国水利水电出版社, 1996.

[100] 能源行业水电勘测标准化技术委员会. 水工建筑物抗冰冻设计规范：NB/T 35024—2014[S]. 北京：中国电力出版社, 2015.

[101] 中华人民共和国住房和城乡建设部. 建筑地基基础设计规范：GB 50007—2011[S]. 北京：中国建筑工业出版社, 2012.

[102] 李传才, 刘幸, 何少溪, 等. 水工非杆件结构按应力图形配筋的若干问题[J]. 水利水电勘测设计标准化, 1996.

[103] 中国工程建设标准化协会标准. 钢筋混凝土深梁设计规程（CECS39：92）[M]. 北京：中国建筑工业出版社, 1993.

[104] 钱国梁, 李传才, 徐康明. 集中荷载作用下钢筋混凝土连续深梁试验研究[J]. 武汉水利电力学院学报, 1986(1)：1-9.

[105] 钱国梁, 陈跃庆, 何英明. 钢筋砼梁与深梁承载力统一计算方法的探讨[J]. 建筑结构, 1995(8)：24-29.

[106] 林可冀. 坝内的孔口和廊道[M]. 北京：水利电力出版社, 1986.

[107] 李传才, 李东兵. 坝内廊道配筋的非线性计算方法[J]. 武汉水利电力学院学报, 1992(5)：470-476.

[108] 李传才. 水工非杆件结构的工作特性和破坏标志的研究[J]. 武汉水利电力大学学报, 1993(4)：290-299.

[109] 李传才. 特种结构[M]. 北京：中国电力出版社, 1998.

[110] 匡会健, 伍鹤皋, 马善定. 二滩水电站钢蜗壳与外围钢筋混凝土联合承载研究[M]//钟秉章. 水电站压力管道、岔管、蜗壳. 杭州：浙江大学出版社, 1994.

[111] 贺采旭, 钟小平, 方镇国, 等. 水工弧门钢筋砼支座受力性能的试验研究[J]. 武汉水利电力学院学报, 1989(2)：16-26.

[112] 贺采旭, 李宏. 弧门钢筋砼支座受力性能试验研究[J]. 武汉水利电力学院学报, 1991(4)：418-426.

[113] 贺采旭, 方镇国, 何亚伯. 水工弧门闸墩钢筋混凝土支座设计与试验研究[J]. 水利水电勘测设计标准化, 1996.

[114] 贺采旭, 李传才, 何亚伯. 大推力预应力闸墩的设计方法[J]. 水利水电技术, 1997(6)：24-29.